YOUJI HUAXUE HECHENG FANYING YUANLI
JI XINJISHU YANJIU

有机化学合成反应原理 及新技术研究

主 编 伍 丹 韦瑞松 王 莹
副主编 胡素萍 付 鹏 任庆云 格根塔娜

中国水利水电出版社
www.waterpub.com.cn

内 容 提 要

本书分 13 章,主要内容包括导言、氧化还原反应、常见有机合成反应、碳环合成反应、缩合与聚合反应、重氮化和偶合反应、分子重排反应、不对称合成技术、逆合成技术、催化技术、分子拆分技术、保护基团与导向基的引入、有机合成新技术等。

图书在版编目(CIP)数据

有机化学合成反应原理及新技术研究/伍丹,韦瑞松,王莹主编. --北京:中国水利水电出版社,2014.10(2022.10重印)

ISBN 978-7-5170-2509-2

Ⅰ.①有… Ⅱ.①伍… ②韦… ③王… Ⅲ.①有机化学—有机合成—研究 Ⅳ.①O621.3

中国版本图书馆 CIP 数据核字(2014)第 214934 号

策划编辑:杨庆川 责任编辑:杨元泓 封面设计:崔 蕾

书 名	有机化学合成反应原理及新技术研究
作 者	主编 伍 丹 韦瑞松 王 莹 副主编 胡素萍 付 鹏 任庆云 格根塔娜
出版发行	中国水利水电出版社 (北京市海淀区玉渊潭南路 1 号 D 座 100038) 网址:www. waterpub. com. cn E-mail:mchannel@263. net(万水) sales@mwr.gov.cn 电话:(010)68545888(营销中心)、82562819(万水)
经 售	北京科水图书销售有限公司 电话:(010)63202643、68545874 全国各地新华书店和相关出版物销售网点
排 版	北京鑫海胜蓝数码科技有限公司
印 刷	三河市人民印务有限公司
规 格	184mm×260mm 16 开本 25 印张 640 千字
版 次	2015年4月第1版 2022年10月第2次印刷
印 数	3001-4001册
定 价	86.00元

凡购买我社图书,如有缺页、倒页、脱页的,本社发行部负责调换

版权所有·侵权必究

前　言

在科学技术的领域中,化学与人类日常生活关系最为密切,影响也特别巨大。从合成DDT开始的化学农药,合成氨开始的化学肥料,将人类的农业生产推向了前所未有的高度。种类繁多的化学材料大大地改善了人们的生活。尽管化学为人类创造了大量新物质,但由此带来的污染也是不容忽视的,进入21世纪,化学开始全方位地向着"绿色化"方向发展,以求达到既满足人们的需求,同时又能维持生态的平衡,更好地保护生存环境的目的。

有机化学是化学的一个分支。自从有机化学成为一门科学以来,人们了解了分子的结构、性能,合成出各种各样有用的化工产品,这种根据一定的结构建立有机分子的手段称为有机合成。有机合成化学是有机化学学科的核心内容,它既是一门科学,又是一门艺术,同时也具有极强的实用性。有机合成方法、技术、手段的不断更新和发展,使得有机合成向当前化学家提出了更新的课题与更高的要求。由于有机合成在药物、农药、燃料、日用化学品、光电材料等领域具有广泛的应用,因此不断深入研究有机合成化学反应的原理与技术是十分必要的。

本书共分13章,主要就现代有机合成化学中的一些普遍关注、富有发展前景的重要专题进行了阐述,包括氧化还原反应、常见有机合成反应(如卤化反应、磺化反应、硝化反应、氨解反应、烷基化反应、酰基化反应)、碳环合成反应、缩合与聚合反应、重氮化和偶合反应、分子重排反应、不对称合成技术、逆合成技术、催化技术、分子拆分技术、保护基团与导向基的引入,以及一些新的有机合成技术(如微波辐射有机合成技术、等离子有机合成技术、有机电化学合成技术、有机声化学合成技术、绿色有机合成技术、无水无氧操作技术等)。本书吸纳了一些重要研究领域出现的新成就,构思新颖、内容丰富,叙述由浅入深、通俗易懂,力求体现有机合成化学的基础性、系统性、科学性和前沿性。

本书由伍丹、韦瑞松、王莹担任主编,胡素萍、付鹏、任庆云、格根塔娜担任副主编,并由伍丹、韦瑞松、王莹负责统稿,具体分工如下:

第1章第1节、第2章、第3章、第9章:伍丹(贵州民族大学);

第6章、第8章、第12章:韦瑞松(河池学院);

第4章、第11章:王莹(昆明学院);

第13章:胡素萍(河南化工职业学院);

第5章:付鹏(郑州大学);

第1章第2节、第7章:任庆云(集宁师范学院);

第1章第3节～第5节、第10章:格根塔娜(内蒙古医科大学)。

鉴于学术水平和时间局限,加之各位编者个人经验、风格的差异,书中肯定存在不少欠妥和错漏之处,恳请学者与专家不吝赐教。

编者
2014年7月

目　　录

第1章 导　言

1.1　有机合成化学的发展

化学是一门中心学科,其核心是合成化学。有机合成是指从简单化合物出发,运用有机化学的理论或反应来合成新的有机化合物的过程。

1.1.1　有机合成化学发展简史

有机化学作为化学的一个重要分枝,其历史可以追溯到古代的酿酒、染色与制药等行业。18世纪工业革命后,随着分离提纯的快速发展,先后分离出酒石酸(1769年)、乳酸(1780年)、奎宁(1820年)等。瑞典化学家Berzelius(1779～1848年)于1806年提出了有机化学的概念,但Berzelius认为有机物只能从有生命的动植物中分离提取,人工合成是不可能的——生命力学说,这种思想曾一度牢固地统治着有机化学界,制约了有机化学的发展。

1828年,德国化学家Wöhler由无机物氰酸铵合成有机了尿素,并于1825年发表了"关于氰基化合物"的论文。此后,他又采用不同的无机物合成了尿素,1828年发表了"论尿素的人工合成"一文,动摇了"生命力"的基础。1845年Kolbe合成了醋酸,1854年Berthelot合成了油脂等,使得"生命力"学说被彻底否定。

$$NH_4OCN \xrightarrow{\Delta} NH_2CONH_2$$

$$C \xrightarrow{Fes_2} CS_2 \xrightarrow{Cl_2} CCl_4 \xrightarrow{红热管} Cl_2C=CCl_2 \xrightarrow{h\nu, H_2O} CCl_2COOH \xrightarrow{电解} CH_3COOH$$

1856年Perkin苯胺紫的合成是有机合成的另一重大成就,这是第一个合成的染料,被视为第一个精细工业有机合成。此后,有机合成主要是围绕以煤焦油为原料的染料和药物等的合成工业。例如,1869年Greaebe和Liebermann合成的茜素,1878年Bayer合成靛蓝;1890年Fischer合成的六碳糖的各种异构体以及嘌呤等杂环化合物,并与1902年继van't Hoff第二位获得诺贝尔化学奖的化学家。尤其值得一提的是,1901年德国化学家Willstater以环庚酮为原料经二十多步反应,第一次完成了托品酮的合成,这是当时有机合成的一项卓越成就。

苯胺紫　　　　　　　　　靛蓝　　　　托品酮

1917年英国化学家Robinson通过仿生途径,以丁二醛、甲胺和丙酮为原料,用"一步法"合成了托品酮,这一合成曾被Willstater称为"出类拔萃"的合成,是这一时期有机合成的创举。与此同时,许多具有生物活性的复杂化合物相继被合成,如获得1930年诺贝尔化学奖的Fischer合成的血红素;1944年Woodward合成的奎宁等。以上这些化合物的合成标志着有机合成又达到了另一个高峰,奠定了以后有机合成辉煌发展的基础。

氯高铁红血素　　　　奎宁

此后,有机合成进入了 Woodward 艺术期。在这一时期,有机合成进入了快速发展轨道。有机合成大师 Woodward 由于其有机合成的独创思维和精湛技艺,先后合成了奎宁、可的松、马钱子碱、利血平、叶绿素、四环素、头孢菌素 C 等一系列复杂有机化合物而荣获了 1965 年诺贝尔化学奖。1973 年他与包括 Eschenmoser 小组在内的 14 个国家 101 位化学家合作,完成了结构十分复杂的维生素 B_{12} 的全合成。在维生素 B_{12} 的全合成中,不仅创立了一些新的合成技术,还与 Hofmann 在研究周环反应时提出了分子轨道对称守恒原理。正是这一原理使有机合成从艺术走向理性。

维生素 B_{12}

自 20 世纪 60 年代,有机合成进入 Corey 时代。美国哈佛大学生物化学家 Corey 提出逆向合成方法,即从合成目标分子结构出发,对合成反应的知识进行逻辑分析,利用经验和推理艺术设计合成路线。这种逻辑方法的产生与完善对复杂分子的多步合成有很大的帮助。运用逆向合成方法,Corey 小组完成了一百多种复杂天然产物的全合成,包括银杏内酯、植物生长激素赤霉酸和前列腺素等,几乎每种复杂化合物的成功合成都有新的发现。Corey 由于合成理论方面的杰出贡献而荣获 1990 年的诺贝尔化学奖。

此外,Wilkinson 和 Fischer 合成并确定了过渡金属二茂夹心式化合物,对金属有机化学和配位化学的发展起了重大推动作用,荣获 1973 年诺贝尔化学奖。1979 年 Brown 和 Witting 因分别发展了有机硼和 witting 反应而共获诺贝尔化学奖。这一时期还兴起了选择性合成,尤其是不对称合成至今仍为有机合成方法学研究的热点。其中,Merrifield 因发展的固相多肽合成法,推动了有机合成方法学和生命科学,而荣获 1984 年的诺贝尔化学奖。

时至 20 世纪 90 年代,美国 Harvard 大学的 Kishi 教授带领 24 名研究生和博士后完成了海葵毒素(palytaxin)的全合成。海葵毒素是由海洋生物中分离得到的一种剧毒物质,它含有 129 个碳原子、64 个手性中心和 7 个骨架内双键,可能的异构体数为 2^{71} 个。这是目前通过全合成获得的具有最大分子质量、最多手性中心的次生代谢产物,是有机合成史上最浩大的工程之一,是天然产物合成的一个里程碑。

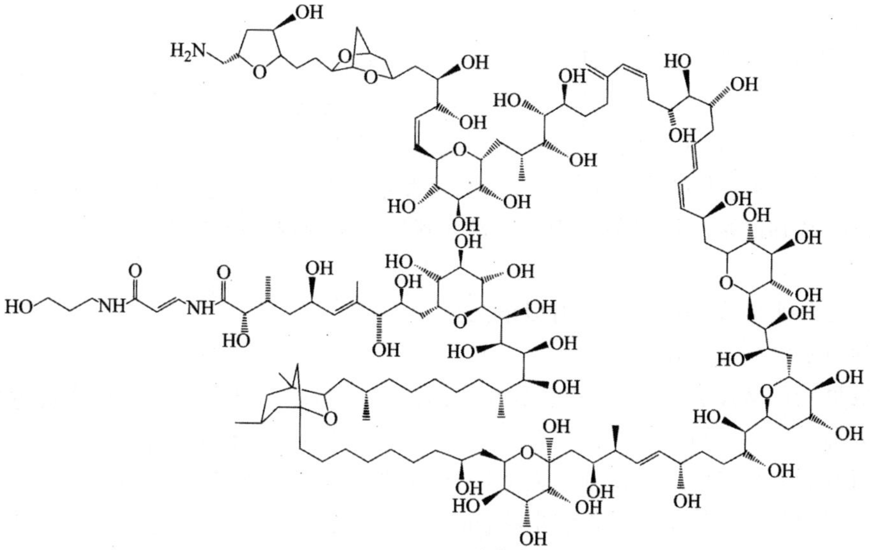

海葵毒素

近年来,有机合成化学家将有机合成与探寻生命奥秘联系起来,更多的从事生物活性的目标分子的合成,尤其是具有高生物活性和有药用前景分子的合成。目前,已合成了免疫抑制剂FK506、抗癌物质埃斯坡毒素、紫杉醇等物质。至此,有机合成进入了化学生物学发展时期。

1.1.2 有机合成化学发展趋势

随着人类进入 21 世纪,人类社会面临环境污染和能源枯竭。有机合成也面临对环境污染问题,如何最大限度地利用原料分子中的每一个原子,将原料转化为目标产物,成为人们关注的重点。因此,绿色化学、环境友好化学、洁净生成技术、替代能源成为有机合成的追求。微波、新型催化剂、酶催化剂、有机电化学等新合成技术日益受到重视。合成在生命、材料科学中具有特定功能的分子和分子聚集体,成为有机合成的研究重点和发展方向。有机合成的发展趋势可以概括为两点:

①合成什么,包括合成在生命、材料学科中具有特定功能的分子和分子聚集体。

②如何合成,包括高选择性合成、绿色合成、高效快速合成等。

这是合成化学家主要关注的问题。一般认为有机合成化学的发展大体上可以分为两个方面:

①发展新的基元反应和方法。

②发展新的合成策略,合成路线,以便创造新的有机分子或者是实现或改进有各种意义的已知或未知有机化合物的合成。

就发展新的合成策略和合成路线而言,在 21 世纪有机合成主要要求新的合成策略和路线具备以下特点:

①条件温和、合成更易控制。当今的有机合成模拟生命体系酶催化反应条件下的反应。这类高效定向的反应正是合成化学家追求的一种理想境界。

②高合成效率、环境友好及原子经济性。在当今社会,人类追求经济和社会的可持续发展,合成效率的高低直接影响着资源耗费,合成过程是否环境友好,合成反应是否具有原子经济性预示着对环境破坏的程度大小。

③定向合成和高选择性。定向合成具有特定结构和功能的有机分子是目前最重要的课题之一。

④高的反应活性和收率。反应活性和收率是衡量合成效率的一个重要方面。

⑤新的理论发现。任何新化合物的出现,都会导致新理论的突破。

在发展新的基元反应和方法方面,Seabach D 认为从大的反应类型上讲,合成反应已很少再有新的发现,当然新的改进和提高还在延续。而过渡金属参与的反应,对映和非对映的选择性反应以及在位的多步连续反应则可望成为以后发现新反应的领域。这以后十几年的发展大致印证了这些预计。

有机合成近年来的发展趋势主要有以下几点。

(1)多步合成

发现和发展新的多步合成反应,或者称在位的多步连接反应是近年来有机合成方法学另一个主要发展方面。"一个反应瓶"内的多步反应可以从相对简单易得的原料出发,不经中间体的分离,直接获得结构复杂的分子,这显然是更经济、更为环境友好的反应。"一个反应瓶"内的多步反应大致分为两种:a.串联反应或者叫多米诺反应;b.多组分反应。实际上 1917 年 Robison 的颠茄酮的合成就是一个早年的"一个反应瓶"的多步反应:

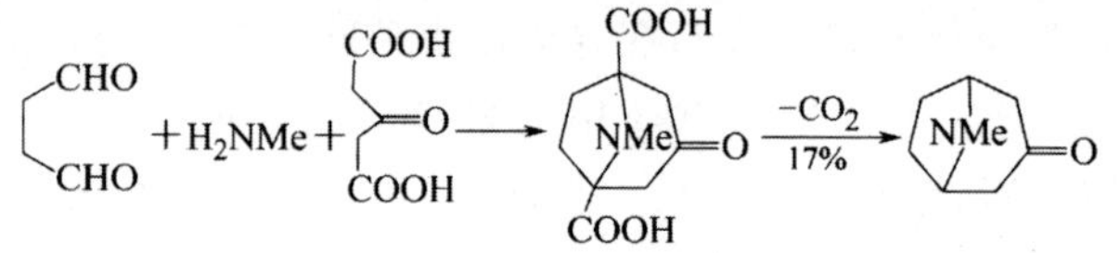

Noyoli 的前列腺素的合成是一个典型的串联反应,自此串联反应才成为一个流行的合成反应名称。

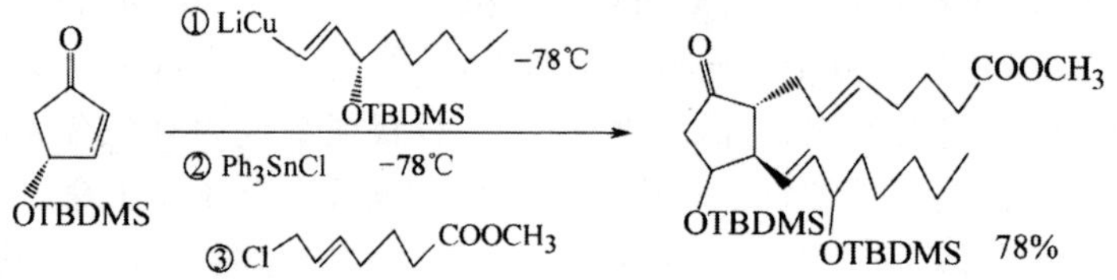

(2)过渡金属参与的有机合成反应

近年来,过渡金属尤其是钯参与的合成反应占新发展的有机合成反应的绝大部分,例如,烯烃的复分解反应,已经成为形成碳—碳双键的一个非常有效的方法,包括以下三个类型:

①开环聚合反应。

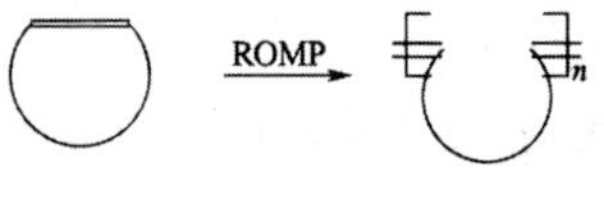

②关环复分解反应。

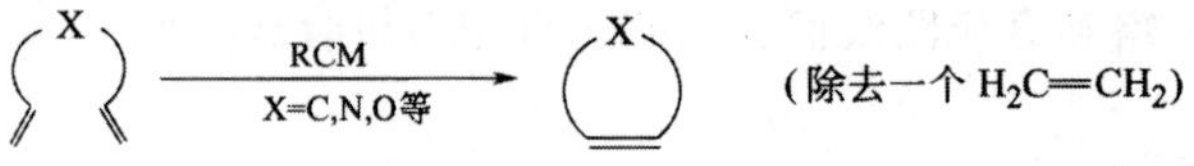

③交叉复分解反应。

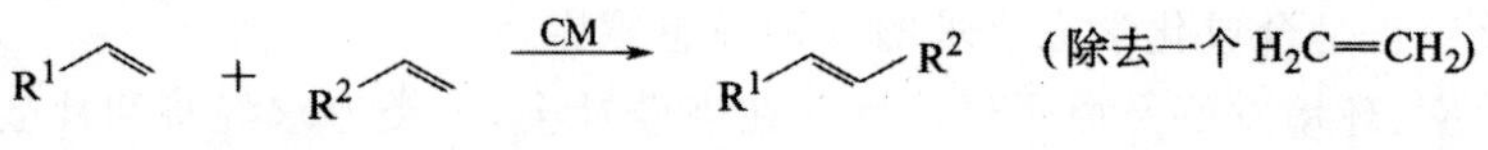

催化剂主要是钼卡宾化合物。

1993 年，Schrock 等又一次合成了光学纯烯烃复分解催化剂，由此也拉开了不对称催化烯烃复分解反应的帷幕。

在现代化学合成中，催化烯烃复分解反应已经成为常用的化学转化之一，通过这种重要的反应，可以方便、有效、快捷地合成一系列小环、中环、大环碳环或杂环分子。

(3)天然产物新合成路线

天然产物中一些古老的分子用简捷高效的新的合成路线合成成为近年来一种新的趋势，例如，奎宁是一种治疗疟疾的经典药物，2001 年，Stork 报道了奎宁的立体控制全合成。这一合成是经典之作，合成过程中没有使用任何新奇的反应，但却极其简捷、有效。2004 年又有人用不同的方法对奎宁合成进行了报道。

尽管以上这几个方面不能完全展示有机合成在最近几十年的巨大进步和成果，但由此也可以看出有机合成方法学上的突飞猛进和发展趋势。

1.2　有机化学合成的定义与分类

1.2.1　有机化学合成的定义

有机合成是指从简单化合物出发，运用有机化学的理论或反应来合成新的有机化合物的过程。有机合成是以有机反应为工具，通过合理设计的合成路线，把结构较复杂的分子变成结构较简单的所需化合物分子的过程。

早期的有机合成主要是在实验室内仿造与验证自然界中已存在的化学物质。而现在人们已可以依据结构与性质的关系规律，合成自然界中并不存在的新物质，以适应国计民生的需要。今后的发展趋势是设计合成预期有优异性能的或具有重大意义的化合物。

有机合成是一个极富有创造性的领域。它不仅可以合成天然化合物，可以确切地确定天然产物的结构，也可以合成自然界不存在但预期会有特殊性能的新化合物。事实上，有机合成就是用基本且易得的原料与试剂，加上人类的智慧与技术来创造更复杂、更奇特的化合物。

人们在了解自然、认识自然的过程中，阐明了很多天然产物的化学结构。有机合成化学家则在实验室内用人工的办法来复制、合成这种自然界的产物并用以证明它的结构，这种证明往往是最直接、最严格的。合成化学家的目的不仅于此，还可以根据人们的需要来改造这种结构或是创造出全新的结构。这样，经过世代合成工作者的努力，成百万的新化合物在实验室里逐一出现。未来有机合成的发展趋势是设计和合成预期性能优良的有机化合物。目前，有机合成已成为当代有机化学的主要研究方向之一。

现在化合物已超过了 2200 多万个，其中绝大部分是有机化合物。这样众多化合物的出现，带来了很多生物、物理和化学特性的信息，为大千世界增添了更多的色彩和内容。

1.2.2 有机化学合成的分类

采用不同的分类标准有机反应就有几种不同类型,可以按产物的结构分,也可以按有机化合物的转化状况分。其中最常见的是按反应的类型分。

1.氧化—还原

当电子从一个化合物中被全部或部分取走时,我们就可以认为该化合物发生了氧化反应。由于某些有机化合物在反应前后的电子得失关系不如无机化合物明显,因此对有机反应来说,从有机化合物分子中完全夺取一个或几个电子,使有机化合物分子中的氧原子增多或氢原子减少的反应,都称为氧化反应。例如:

夺取电子 $\qquad PhO^{-} \xrightarrow{Ce^{4+}} PhO\cdot$

得到氧 $\qquad RCHO \xrightarrow{[O]} RCO_2H$

失去氢 $\qquad RCH_2OH \xrightarrow{-[2H]} RCHO$

而还原反应则恰好是其逆定义。

一个反应体系中的氧化与还原总是相伴发生的,一种物质被氧化的同时另一种物质也必然被还原。通常所说氧化或还原都是针对重点讨论的有机化合物而言的。例如,醇与重铬酸盐的反应属于氧化反应。

2.加成

加成反应包括亲核加成和亲电加成两种。

(1)亲核加成

醛和酮能与亲核试剂发生亲核加成反应,其中亲核试剂的加成是速率控制步骤。其反应通式为

$$R_2C{=}O + CN^- \xrightarrow{慢} R_2\underset{\underset{CN}{|}}{C}{-}O^- \xrightarrow[H_2O]{慢} R_2\underset{\underset{CN}{|}}{C}{-}OH + OH^-$$

羰基邻位存在大的基团时,加成反应将受到阻碍。芳醛、芳酮的反应比脂肪族同系物要慢,这是由于在形成过渡态时,破坏了羰基的双键与芳环之间共轭的稳定性。芳环上带有吸电子基团,可使加成反应容易发生,而带有供电子基团,则对反应起阻碍作用。

存在于酸、酰卤、酸酐、酯和酰胺分子中的羰基也可接受亲核试剂的攻击,得到的产物是脱去了电负性基团,而不是添加了质子,因此,这个反应也可看成是取代反应。例如,酰氯的水解反应就是通过脱去氯离子而得到羧酸的。

$$R{-}\underset{\underset{Cl}{|}}{C}{=}O + OH^- \longrightarrow R{-}\overset{\overset{OH}{|}}{\underset{\underset{Cl}{|}}{C}}{-}O^- \xrightarrow{-Cl^-} R{-}CO_2H \xrightarrow{OH^-} R{-}CO_2^-$$

(2)亲电加成

亲电加成的典型例子是烯烃的加成。该反应分为两个阶段,首先是生成碳正离子中间产物,它是速率控制步骤。

$$RCH{=}CH_2 + HCl \xrightarrow{慢} R\overset{+}{C}H{-}CH_3 + Cl^-$$

然后是

$$R\overset{+}{C}H{-}CH_3 + Cl^- \xrightarrow{\text{快}} R{-}\underset{\underset{Cl}{|}}{CH}{-}CH_3$$

如果烯烃双键的碳原子上含有烷基,在受到亲电试剂攻击时,会有更多烷基取代基的位置优先生成碳正离子。这是由于供电子的烷基可使碳正离子稳定化。

$$(CH_3)_2C{=}CHCH_3 + HCl \longrightarrow (CH_3)_2\overset{+}{C}{-}CH_2CH_3 + Cl^- \longrightarrow (CH_3)_2\underset{\underset{Cl}{|}}{C}{-}CH_2CH_3$$

反之,吸电子基团能降低直接与之相连的碳正离子的稳定性。例如:

$$O_2N{-}CH{=}CH_2 + HCl \rightarrow O_2N{-}CH_2{-}\overset{+}{C}H_2 + Cl^- \rightarrow O_2N{-}CH_2CH_2Cl$$

当烯烃受到亲电试剂攻击生成中间产物碳正离子后,存在着质子消除和亲核试剂加成两个竞争反应。在加成反应受到空间位阻时,将有利于发生质子消除反应。例如:

$$(C_6H_5)_3C{-}\underset{\underset{CH_3}{|}}{C}{=}CH_2 \xrightarrow{Br_2} (C_6H_5)_3C{-}\underset{\underset{CH_3}{|}}{\overset{+}{C}}{-}CH_2Br \xrightarrow{-H^+}$$

$$(C_6H_5)_3C{-}\underset{\underset{CH_2}{\|}}{C}{-}CH_2Br \ + \ (C_6H_5)_3C{-}\underset{\underset{CH_3}{|}}{C}{=}CHBr$$

含有两个或更多共轭双键的化合物在进行加成反应时,由于中间产物碳正离子的电荷可离域到两个或更多个碳原子上,得到的产物可能会是混合物。例如:

$$CH_2{=}CH{-}CH{=}CH_2 \xrightarrow{Br_2} [CH_2{=}CH{-}\overset{+}{C}H{-}\underset{\underset{Br}{|}}{CH_2} \leftrightarrow \overset{+}{C}H_2{-}CH{=}CH{-}\underset{\underset{Br}{|}}{CH_2}]$$

$$\xrightarrow{Br_2} CH_2{=}\underset{\underset{Br}{|}}{CH}{-}\underset{\underset{Br}{|}}{CH_2}] + \underset{\underset{Br}{|}}{CH_2}{-}CH{=}CH{-}\underset{\underset{Br}{|}}{CH_2}$$

3.取代

连接在碳上的一个基团被另一个基团取代的反应有同步取代、先加成再消除和先消除再加成三种不同的途径。

(1)同步取代

参加同步取代反应的试剂可以是亲核的或亲电的。S_N2 反应的通式是

$$Nu{:} \quad \underset{|}{\overset{|}{C}}{-}Le \longrightarrow Nu{-}\overset{|}{\underset{|}{C}} + Le$$

式中,Nu 为亲核试剂;Le 为离去基团。

表 1-1 给出了不同亲核试剂与卤烷反应得到的产物。

表 1-1　不同亲核试剂与卤代烷反应得到的产物

亲核试剂	产物
OH^-	醇　$R—OH$
$R'O^-$	醚　$R—OR'$
$R'S^-$	硫　$R—SR'$
$R'CO_2^-$	酯　$R—OCOR'$
$R'—G≡C$	炔烃　$R—C≡C—R'$
CN^-	腈　$R—C≡N$
NH_3	胺　$R—NH_2$
R'_3N	季铵盐　$R'_3RN^+Z^-$

亲核试剂的进攻是沿着离去基团的相反方向靠近,这样在发生取代的碳原子上就将会发生构型转化。

S_N2 取代反应与 E2 消除反应相互竞争,其中受各种因素的影响,优势也有所不同。例如,在进行 S_N2 反应时,受空间位阻的影响,烷基活泼性的顺序是伯＞仲＞叔。当下列化合物与 $C_2H_5O^-$ 在 55℃、乙醇中进行反应时,表现出不同的 $S_N2/E2$ 比。

$$CH_3CH_2Br \longrightarrow CH_3CH_2—OC_2H_5 + CH_2=CH_2$$
$$90\% \qquad 10\%$$

$$CH_3—CHBr \longrightarrow (CH_3)_2CH—OC_2H_5 + CH_3CH=CH_2$$
$$\overset{|}{CH_3}$$
$$21\% \qquad 79\%$$

$$CH_3—\overset{\overset{\displaystyle CH_3}{|}}{\underset{\underset{\displaystyle CH_3}{|}}{C}}—Br \longrightarrow (CH_3)_2C=CH_2$$
$$100\%$$

（2）先加成再消除

不饱和化合物的取代反应,一般要经过先加成再消除两个阶段,比较重要的反应有以下几种。

①芳香碳原子上的亲电取代。芳环与亲电试剂的反应按加成－消除历程进行。多数情况下第一步是速率控制步骤,如苯的硝化反应;也有一些反应第二步脱质子是速率控制步骤,如苯的磺化反应。

不同于烯烃的亲电加成反应,由烯烃与亲电试剂作用所生成的碳正离子,在正常情况下将继续与亲核试剂进行加成,而由芳香化合物得到的芳基正离子,则接下来是发生消除反应。此外,亲电试剂与芳烃的反应比烯烃慢,如苯与溴不容易反应,而烯烃与溴立即反应,这是因为向苯环上加成,要伴随着失去芳香稳定化能,尽管在某种程度上可通过正离子的离域而得到部分稳定化能的补偿。

②芳香碳原子上的亲核取代。卤苯本身发生亲核取代要求十分激烈的条件,在其邻、对位带

有吸电子取代基时,反应容易得多。

③芳香碳原子上的游离基取代。游离基或原子与芳香化合物之间的反应是通过加成－消除历程进行的。例如:

$$PhCOO—OOCPh \rightarrow 2PhCO_2 \cdot$$

$$PhCO_2 \cdot \rightarrow Ph \cdot + CO_2$$

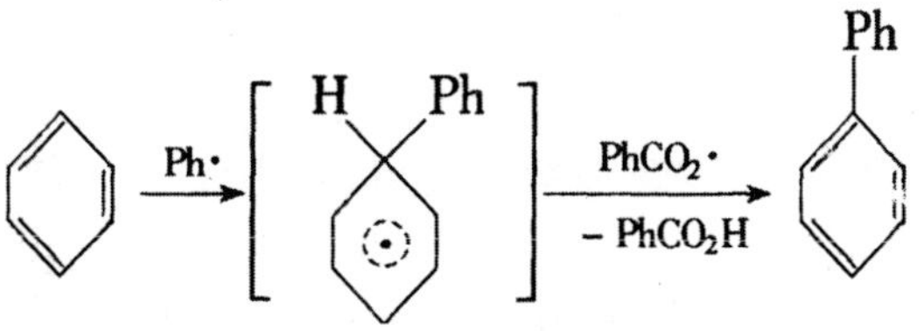

在取代基的邻、对位发生取代时,有利于中间游离基产物的离域,这就使得取代反应优先发生在邻位和对位。

④羰基上的亲核取代。羧酸衍生物中的羰基与吸电子基团相连接时,容易按加成-消除历程进行取代反应。例如:

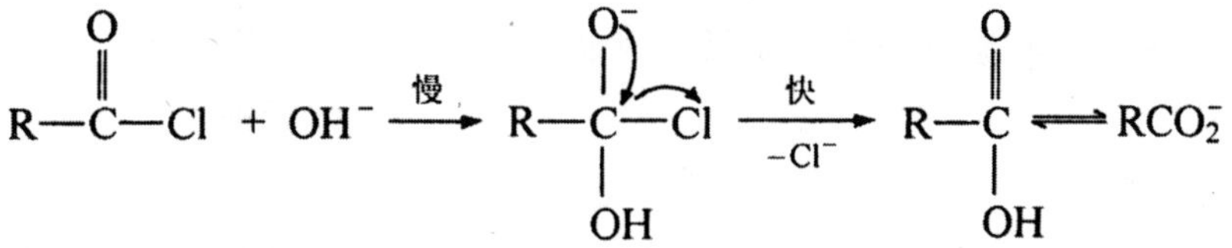

酰基衍生物的活泼顺序是酰氯>酸酐>酯>酰胺。

强酸对羧酸的酯化具有催化作用,其主要原因在于可增加羰基碳原子的正电性。

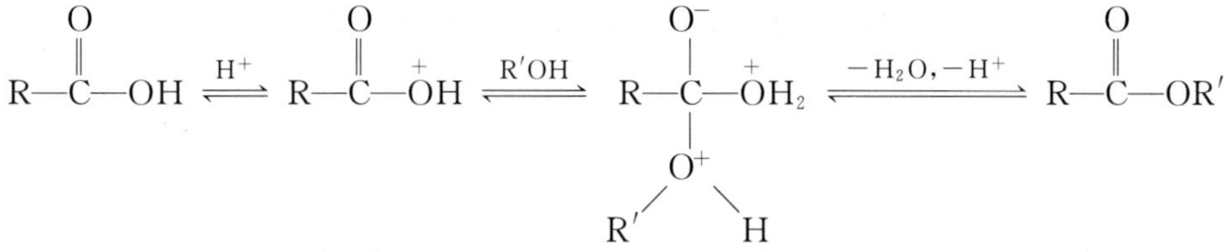

亲电试剂和亲核作用物,或亲核试剂和亲电作用物,常常是一种反应的两种表示方法。

(3)先消除再加成

当碳原子与一个容易带着一对键合电子脱落的基团相连接时,可发生单分子溶剂分解反应(S_N1)。例如:

$$(CH_3)_3C—Cl \rightarrow (CH_3)_3C^+ + Cl^-$$

$$(CH_3)_3C^+ + H_2O \rightarrow (CH_3)_3C\overset{+}{—}OH_2 \xrightarrow{-H^+} (CH_3)_3C—OH$$

分子上若带有能够使碳正离子稳定化的取代基,则反应进行相对容易。对于卤烷而言,其活泼性顺序是叔>仲>伯。

S_N1 溶剂分解反应与 E1 消除反应也是相互竞争的,由于二者之间的竞争发生在形成碳正离子以后,因此 $E1/S_N1$ 之比与离去基团的性质无关。例如:

$$(CH_3)_3C—Cl \xrightarrow{H_2O/C_2H_5OH} (CH_3)_3C—OH + (CH_3)_2C=CH_2$$

4.消除

消除反应包括 β-消除和 α-消除两种。

（1）α-消除

α-消除反应过程为：

$$\overset{\displaystyle |}{\underset{\displaystyle |}{-C}}-A \xrightarrow{\ -A,-B\ } -\overset{\displaystyle |}{\underset{\displaystyle |}{C}}$$

相较于 β-消除反应 α-消除反应要少得多。氯仿在碱催化下可发生 α-消除反应，反应分成两步，其中第二步是速率控制步骤。

$$CHCl_3 + OH^- \Longleftrightarrow CCl_3^- + H_2O$$

$$CCl_3^- \xrightarrow[\text{二氯碳烯}]{\text{慢}} :CCl_2$$

二氯碳烯是活泼质点，不能通过分离得到，但在碱性介质中它将水解成酸。

$$HO^- + :CCl_2 \to HO—\overset{..}{C}Cl \xrightarrow{\text{水解}} HCO_2H \xrightarrow{OH^-} HCO_2^-$$

亚甲基比二氯碳烯的稳定差，要得到也是极其困难的。

（2）β-消除

β-消除反应过程为：

$$-\overset{\displaystyle |}{\underset{\displaystyle A}{C}}-\overset{\displaystyle |}{\underset{\displaystyle B}{C}}- \xrightarrow{\ -A,-B\ } -C{=}C-$$

β-消除反应历程可分为两种：双分子历程（E2）和单分子历程（E1）。

①双分子 β-消除反应。

受催化剂碱性逐渐增强的影响，反应速度加快；带着一对电子离开的第二个消除基团的能力增大，反应速度加快。已知键的强度顺序是

$$C—I < C—Br < C—Cl < C—F$$

则参加 E2 反应的卤烷，其反应由易到难的顺序是

$$-I > -Br > -Cl > -F$$

已知烷基当中活性的顺序是叔＞仲＞伯，例如：

$$(CH_3)_3C—Br \xrightarrow{\text{碱催化}} (CH_3)_2C{=}CH_2 \qquad （Ⅰ）$$

$$(CH_3)_2CHBr \xrightarrow{\text{碱催化}} CH_3CH{=}CH_2 \qquad （Ⅱ）$$

$$CH_3CH_2Br \xrightarrow{\text{碱催化}} CH_2{=}CH_2 \qquad （Ⅲ）$$

反应速度的顺序是（Ⅰ）＞（Ⅱ）＞（Ⅲ）。

在新生成的双键与已存在的不饱和键处于共轭体系的情况下，消除反应的发生更容易。

例如：

$$CH_2\underset{\underset{Br}{|}}{\overset{\overset{H}{|}}{-CH-CH=O}} \xrightarrow{\text{碱催化}} CH_2=CH-CH=O$$

需要注意的是，S_N2反应常常与E2反应相竞争，消除反应所占的比例取决于碱的性质和烷基的性质。

②单分子β-消除反应。没有碱参加的消除反应属于单分子反应（E1），反应分为两步，其中第一步单分子异裂是速率控制步骤。其通式为：

$$-\overset{\overset{H}{|}}{C}-\overset{|}{C}-X \xrightarrow{\text{慢}} -\overset{\overset{H}{|}}{C}-\overset{+}{C}- +X^-$$

$$-\overset{\overset{H}{|}}{C}-\overset{+}{C}- \xrightarrow{\text{快}} -C=C- +H^+$$

在单分子消除反应中，由于形成碳正离子是控制步骤，而在烷基当中叔碳正离子的稳定性较高，因此不同烷基的活泼性顺序是叔＞仲＞伯，离去基团的性质对反应速度的影响与E2相同。

在同一个化合物存在两种消除途径时，其中共轭性较强的烯烃将是主要产物。例如：

$$CH_3-\underset{\underset{CH_2CH_3}{|}}{\overset{\overset{CH_3}{|}}{C}}-Cl \longrightarrow CH_3-\underset{\underset{CH_2CH_3}{|}}{\overset{+}{C}}-CH_3 +Cl^- \longrightarrow$$

$$(CH_3)_2C=CH-CH_3 + CH_2=\underset{\underset{CH_2CH_3}{|}}{C}-CH_3$$

$$4 \qquad : \qquad 1$$

E1与S_N1反应之间也存在着相互竞争。此外，还也有可能发生碳正离子的分子内重排。

5.重排

重排反应包括分子内重排与分子间重排两类。

（1）分子内重排

下面是一个分子内重排反应：

$$CH_3-\underset{\underset{CH_3}{|}}{\overset{\overset{CH_3}{|}}{C}}-CH_2-Br \longrightarrow CH_3-\underset{\underset{CH_3}{|}}{\overset{\overset{CH_3}{|}}{C}}-\overset{+}{C}H_2 \longrightarrow CH_3-\overset{+}{C}-\underset{}{\overset{\overset{CH_3}{|}}{C}}H_2 \xrightarrow{\text{EtOH}}$$

$$(CH_3)_2C=CHCH_3 + (CH_3)_2\underset{\underset{OEt}{|}}{C}-CH_2CH_3$$

分子内重排反应的主要特征在于：

①发生迁移的推动力在于叔碳正离子的稳定性大于伯碳正离子。

②能够产生碳正离子的反应,当通过重排可得到更稳定的离子时,也将发生重排反应。

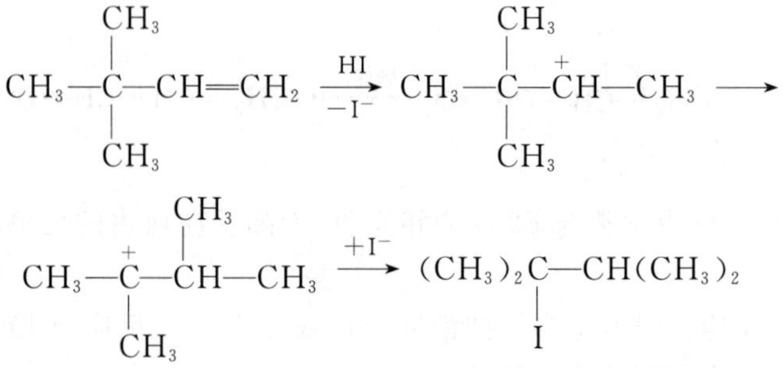

③位于 β 碳原子上的不同基团发生迁移时,最能提供电子的基团将优先迁移到碳正离子上。如苯基较甲基容易迁移。

④基于迁移是速率控制步骤的缘故,位于 β 位上的芳基不仅比烷基容易迁移,而且能使反应加速。如 $C_6H_5C(CH_3)_2CH_2Cl$ 的溶剂分解反应要比新戊基氯快数千倍。原因是生成的中间产物不是高能量的伯碳正离子,而是离域的跨接苯基正离子。正电荷离域在整个苯环上,使能量显著下降。

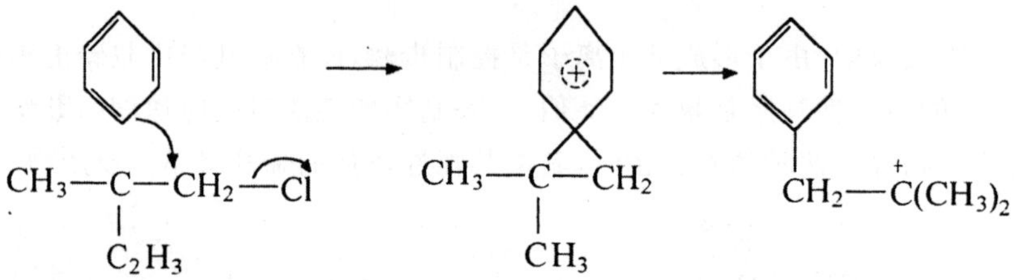

(2)分子间重排

分子间重排可以看做是上述过程的组合。例如,在盐酸催化下 N-氯乙酰苯胺的重排反应,首先是通过置换生成氯,而后氯与乙酰苯胺发生亲电取代。

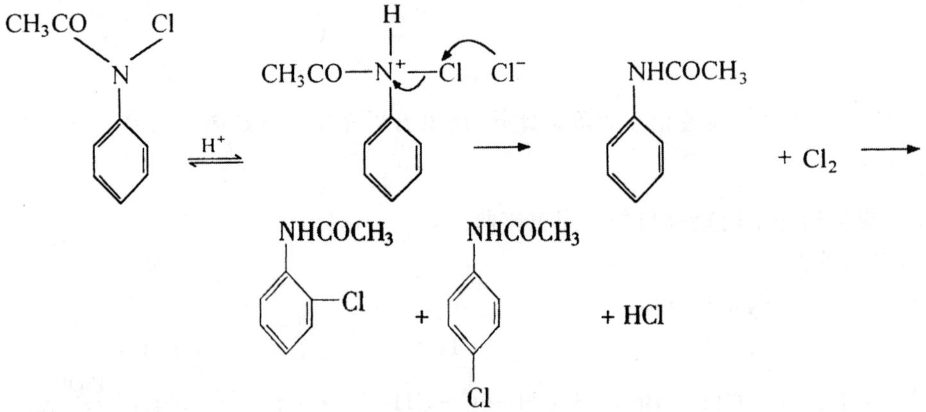

6.缩合

形成新的 C—C 键的反应可以看做缩合反应。缩合反应的涉及面很广,几乎包括了前面已提到的各种反应类型。例如,在克莱森缩合中关键的一步是碳负离子在酯的羰基上发生亲核取代。

$$CH_3\overset{\displaystyle O}{\overset{\|}{C}}-OEt\ +\ ^-CH_2COOEt\ \longrightarrow\ CH_3\overset{\displaystyle O}{\overset{\|}{C}}-CH_2COOEt\ +OEt^-$$

在醇醛缩合中,在醛或酮的羰基上发生的则是亲核加成。

$$CH_3-\overset{\displaystyle O}{\overset{\|}{C}}-H\ +\ ^-CH_2CHO\ \longrightarrow\ CH_3-\overset{\displaystyle O^-}{\overset{|}{\underset{|}{C}}}-H\ \xrightarrow{H_2O}\ CH_3-\overset{OH}{\overset{|}{C}H}CH_2CHO$$
$$\overset{}{\underset{CH_2CHO}{}}$$

7. 周环反应

周环反应是在有机反应中除离子反应和游离基反应外的一类反应,此反应有以下特征:

① 既不需要亲电试剂,也不需要亲核试剂,只需要热或光作动力。

② 大多数反应不受溶剂或催化剂的影响。

③ 反应中键的断裂和生成,经过多中心环状过渡态协同进行。

周环反应可分成五种典型的类型:环化加成、烯与烯的反应、电环化反应、σ 移位重排和螯键反应。

(1)环化加成

由两个共轭体系合起来形成一个环的反应就是环化加成反应。环化加成反应中包括著名的 Diels-Alder 反应。例如:

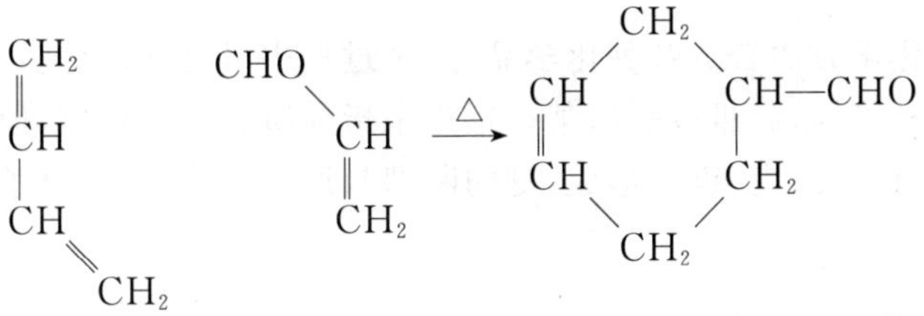

(2)烯与烯的反应

烯丙基化合物与烯烃之间的反应就是烯与烯的反应。例如:

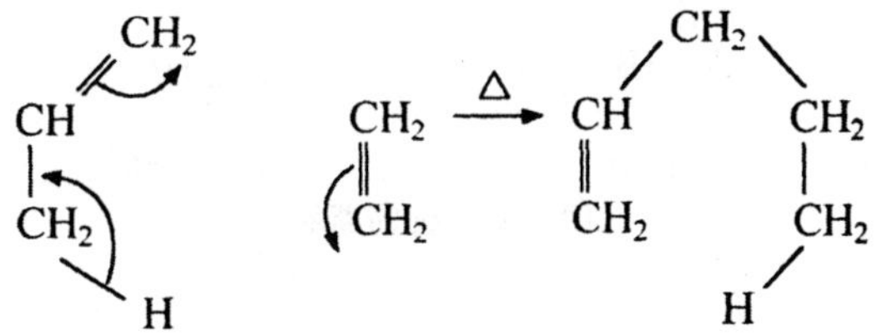

(3)电环化反应

电环化反应属于分子内周环反应,在形成环结构时将生成一个新的 σ 键,消耗一个 π 键,或是颠倒过来。例如:

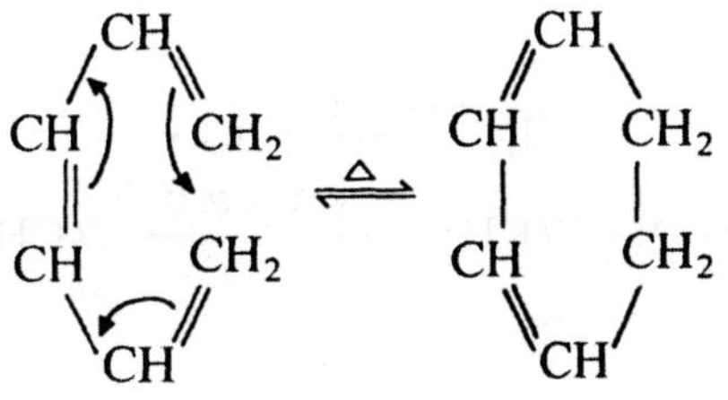

（4）σ移位重排

在σ移位重排反应中，同一个π电子体系内一个原子或基团发生迁移，而并不改变σ键或π键的数目。例如：

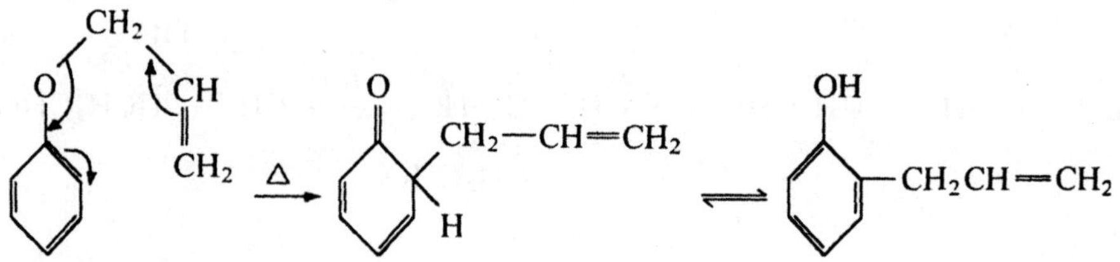

（5）螯键反应

在一个原子的两端有两个π键协同生成或断裂的反应就是螯键反应。例如：

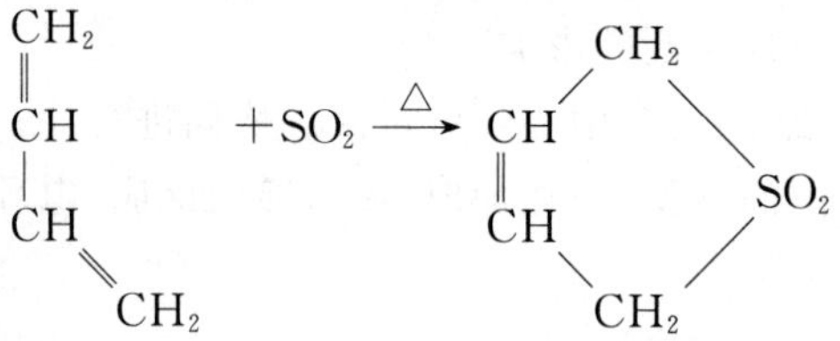

1.3　有机化学合成的基本过程

有机合成是采用化学方法合成各种化学品，这个过程中可能涉及许多不同的反应，其反应历程和合成条件更是多种多样，尚难以提出某一理论来指导所有这些合成，但在完成这些不同类型的反应时，往往离不开键的断裂、键的形成、键的断裂与形成同步发生、分子内重排和电子传递五个基本过程。

1.3.1　键的断裂

键的断裂可以分为均裂与异裂两种情况，如图1-1所示。

（a）均裂　　　　　　　　　（b）异裂

图1-1　键的断裂

1.均裂

均裂一般发生在分子本身的键能较小（如O—O，Cl—Cl），或是在裂解时能同时释放出一个键合很牢的分子（如N_2、CO_2）的情况下。但是不论是哪一种情况，发生键的均裂都必须从外界接受一定的能量才能完成。最常见的方法是通过加热或光照提供能量。

例如：

$$Cl_2 \xrightarrow{\text{加热或光照}} 2Cl\cdot$$

$$(CH_3)_2C-N=N-C(CH_3)_2 \xrightarrow{60℃\sim70℃} 2(CH_3)_2C\cdot + N_2$$
$$\quad\quad |\quad\quad\quad\quad\quad | \quad\quad\quad\quad\quad\quad\quad\quad\quad |$$
$$\quad\quad CN\quad\quad\quad\quad CN \quad\quad\quad\quad\quad\quad\quad\quad CN$$

$$C_6H_5CO-O-O-COC_6H_5 \xrightarrow{60℃\sim90℃} 2C_6H_5COO\cdot \longrightarrow 2C_6H_5\cdot + 2CO_2$$

偶氮二异丁腈和过氧化二苯甲酰都是常用的引发剂。一旦通过引发剂或外加能量产生某种游离基后,这些游离基将与没有解离的分子发生反应,生成新的游离基,从而完成各种化学反应。如卤素与烯烃的游离基加成、烃类的氧化等就属于这种类型的反应。

2.异裂

断键后形成的带电荷质点相对稳定时,键容易发生异裂。大多数反应均为异裂反应。

例如:

$$(CH_3)_3C—Cl \underset{慢}{\rightleftharpoons} (CH_3)_3C^+ + Cl^-$$

$$(CH_3)_3C^+ + H_2O \xrightarrow{快} (CH_3)_3C—\overset{+}{O}H_2 \xrightarrow{-H^+} (CH_3)_3C—OH$$

已知烷基正离子稳定性的顺序是

$$叔—C^+ > 仲—C^+ > 伯—C^+ > CH_3^+$$

则发生异裂由易到难的顺序是

$$叔\ C—Cl > 仲\ C—Cl > 伯\ C—Cl > CH_3—Cl$$

由此可知,叔丁基氯的水解要比氯甲烷容易得多。

在正离子相同的情况下,阴离子离去基团稳定性的高低就是判断键的异裂难易的重要依据。例如,以下含叔丁基的化合物发生异裂的难易顺序是

$$(CH_3)_3C—Cl > (CH_3)_3C—Ac > (CH_3)_3C—OH$$

这一顺序与酸的强弱顺序恰好一致。

1.3.2 键的形成

键的形成包括两个游离基结合成键、两个带相反电荷的质点结合成键、一个离子与一个中性分子成键三种情况。

1.两个游离基结合成键

两个游离基结合成键可看做是均裂的逆反应,如两个氯原子可重新结合成氯分子的反应,尽管活化能很低,但通常都可以快速进行。

$$2Cl\cdot \xrightarrow{加热或光照} Cl_2$$

对于一个游离基反应来说,由于中性分子的浓度远远大于游离基,因而链的传递反应将优先于链的终止反应。当然,并非所有的游离基质点都非常活泼,也有一些游离基是比较稳定的。例如,由氯原子与氧分子所构成的质点便是不活泼的,这就要求在进行甲苯侧链氯化时不宜采用含氧氯气作氯化剂。

$$Cl\cdot + O_2 \rightarrow \cdot ClO_2$$

2.两个带相反电荷的质点结合成键

两个带相反电荷的质点结合成键可看做是异裂的逆反应。

例如:

$$(CH_3)_3C^+ + Cl^- \rightarrow (CH_3)_3C—Cl$$

基于正负电荷相互吸引这一原理,成键反应是很容易进行的。然而对于价键已经饱和的正离子,如季铵离子[$(CH_3)_4N^+$]则不能再与负离子结合生成共价键。季铵离子在溶液中是稳定的离子,因为季氮原子不再具有能够接受两个电子的空轨道。

3.一个离子与一个中性分子成键

当中性分子的某一原子上包含有一对未共用电子时,它能与正离子成键。

例如:

$$(CH_3)_3C^+ + H_2O \longrightarrow (CH_3)_3C\overset{+}{-}OH_2$$

当中性分子中具有可接受电子对的空轨道时,它能与负离子成键。

例如:

$$Cl^- + AlCl_3 \longrightarrow AlCl_4^-$$

在这一成键过程中涉及了亲电试剂和亲核试剂两种。亲电试剂是指能够从其他化合物中接受一对电子成键且带有正离子或缺少电子的分子。亲核试剂是指能够供给一对电子给其他化合物成键且带有负离子或未共用电子对的分子。醋酸根离子便是亲核试剂。

$$(CH_3)_3C^+ + Ac^- \longrightarrow (CH_3)_3C-Ac$$

1.3.3 断键与成键同步发生

在完成某一化学反应时,断键与成键同步发生的反应可以有以下两种情况。

(1)断裂一个单键,形成一个单键

例如:

$$CN^- + CH_3I \longrightarrow [CN\cdots CH_3\cdots I] \longrightarrow CH_3CN + I^-_{过渡态}$$

当 CN^- 向 CH_3I 靠近时,C—I 键减弱,同时新的 C-C 键部分形成,即形成过渡态结构,经进一步作用后得到腈和碘离子。反应是通过 CN^- 向碳原子发生亲核攻击,在形成一个新键的同时,使另一个键发生异裂。

再如:

$$RO^- + CH_3-OSO_2OCH_3 \longrightarrow RO-CH_3 + CH_3OSO_2O^-$$

过渡态可表示为

$$RO^{\delta-}\cdots\overset{\overset{\displaystyle H}{|}}{\underset{\underset{\displaystyle H\quad H}{}}{C}}\cdots^{\delta-}OSO_2OCH_3$$

则下面模式就可以来表示这一类反应的电子迁移过程

$$RO^- \quad CH_3-OSO_2OCH_3 \longrightarrow ROCH_3 + CH_3OSO_2O^-$$

(2)一个双键转化成单键(或三键转化成双键),同时形成一个单键

例如:

$$CH_2=CH_2 + HCl \longrightarrow [CH_2-CH_2\cdots H\cdots Cl^{\delta-}] \longrightarrow$$
$$^+CH_2-CH_3 + Cl^- \longrightarrow C_2H_5Cl$$

1.3.4 分子内重排

分子内重排是指在分子内产生的基团重排,主要是通过基团的迁移,使得该分子从热力学不稳定状态转化为热力学稳定状态。分子内重排中的迁移有以下三种情况。

1.基团带着一对电子迁移

例如：

$$CH_3-\underset{\underset{CH_3}{|}}{\overset{\overset{CH_3}{|}}{C}}-\overset{+}{C}H_2 \longrightarrow CH_3-\overset{+}{C}-\underset{\underset{CH_3}{|}}{\overset{\overset{CH_3}{|}}{C}}H_2$$

已知叔碳正离子比伯碳正离子稳定,由此可解释 3,3-二甲基-2-丁醇的脱水反应生成的主产物是 2,3-二甲基-2-丁烯。

$$(CH_3)_3C-\underset{\underset{OH}{|}}{C}H-CH_3 \xrightarrow[-H_2O]{H^+\ 催化} (CH_3)_2\overset{+}{C}-\underset{\underset{CH_3}{|}}{C}H-CH_3 \longrightarrow$$

$$(CH_3)_2C=C(CH_3)_2 + \overset{\overset{CH_2}{||}}{CH_3-C}-CH(CH_3)_2$$
$$（大量）\qquad\qquad （小量）$$

2.基团带着原来键中的一个电子迁移

例如,下面右式中的游离基可以离域到两个相邻苯环,进而增加其稳定性。

$$C_6H_5-\underset{\underset{C_6H_5}{|}}{\overset{\overset{C_6H_5}{|}}{C}}-CH_2\cdot \longrightarrow C_6H_5-\underset{\underset{C_6H_5}{|}}{\overset{\overset{C_6H_5}{|}}{\overset{+}{C}}}-CH_2$$

3.基团迁移时不带原来的键合电子

例如,由于氧负离子要比碳负离子稳定,因而从热力学不稳定状态重排到热力学较稳定的状态。

$$C_6H_5-CH-\overset{\overset{CH_3}{|}}{O} \longrightarrow C_6H_5CH-\overset{\overset{CH_3}{|}}{O}^-$$

1.3.5　电子传递

一个有强烈趋势释放出一个电子的质点能够通过电子转移与一个具有强烈趋势接受电子的质点发生反应。

例如,式中的 RO—OH 是电子接受者,而二价铁离子则作为电子供给者,二者可进行氧化－还原反应

$$Fe^{2+}+RO-OH \rightarrow Fe^{3+}+RO\cdot+OH^-$$

再如,三价铁离子遇苯酚反应

$$Fe^{3+}+PhO-H \rightarrow Fe^{2+}+PhO\cdot+H^+$$

丙酮从镁原子接受一个电子,生成负离子游离基,通过二聚、酸化,即得到片呐醇。

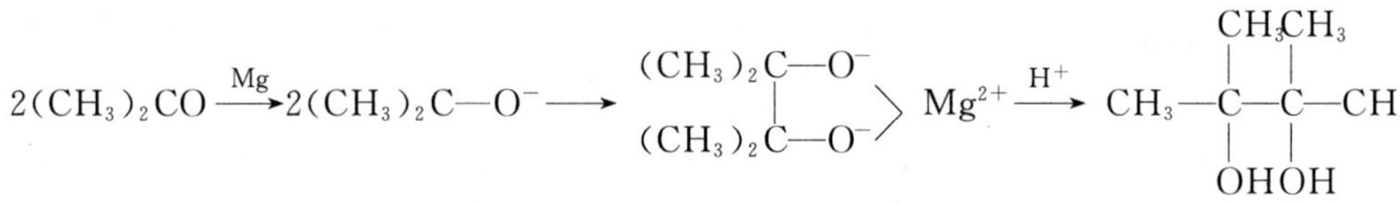

$$2(CH_3)_2CO \xrightarrow{Mg} 2(CH_3)_2C-O^- \longrightarrow \begin{array}{c} (CH_3)_2C-O^- \\ (CH_3)_2C-O^- \end{array} \Big\rangle Mg^{2+} \xrightarrow{H^+} \begin{array}{c} CH_3 \ CH_3 \\ | \quad | \\ CH_3-C-C-CH_3 \\ | \quad | \\ OH \ OH \end{array}$$

1.4 合成路线设计及评价标准

1.4.1 有机合成路线设计

设计合成路线和方法是有机合成的首要任务。有机合成路线的设计是合成工作的第一步，也是非常重要的一步。一条好的合成路线能会得到好的结果。同样，一个合格的有机合成工作者必须具备合成路线的设计能力。

只要合成路线能合成出所期望的化合物，就应该说是合理的。但是，在多条合理的合成路线之间，存在着效率的差异。要具有较高的合成路线设计能力，应熟悉和掌握各类有机反应、比较与把握同一目的不同有机合成反应的使用、深刻理解与灵活运用各步实验操作条件、熟练掌握产品的纯化方法和检测手段。另外，还要具有较强的逻辑思维、归纳和演绎能力，便于对各步有机反应的选择及先后顺序的排列，达到运用自如的效果。这就是有机合成中所讲的"艺术"。

下面以颠茄酮的合成为例来说明有机合成路线设计的重要性。颠茄酮的合成有两条不同的路线。

1. Willstatter 合成路线

1986 年，Willstatter 设计了一条以环庚酮为原料经过卤化、氨解、甲基化、消除等二十多步反应第一次合成颠茄酮。虽然路线中每步的收率都较高，但总收率仅为 0.75%。

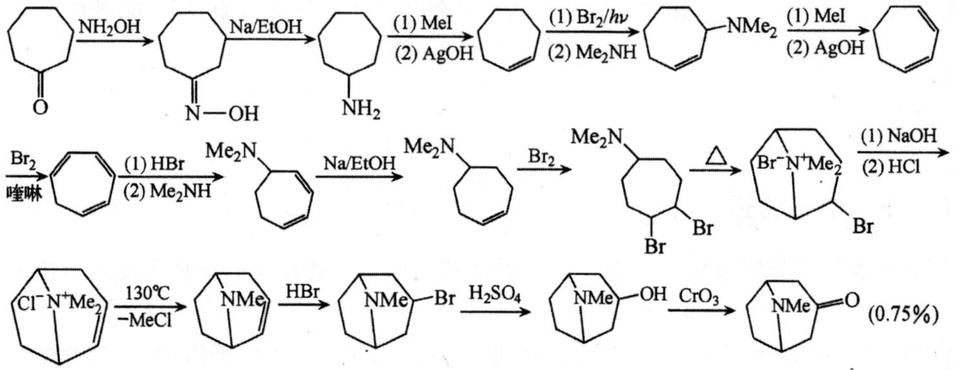

2. Robinson 合成路线

1917 年，Robinson 设计了以丁二醛、甲胺和 3-氧代丙二酸钙为原料，Mannich 反应为主要反应的合成路线，仅 3 步，总收率达 90%。

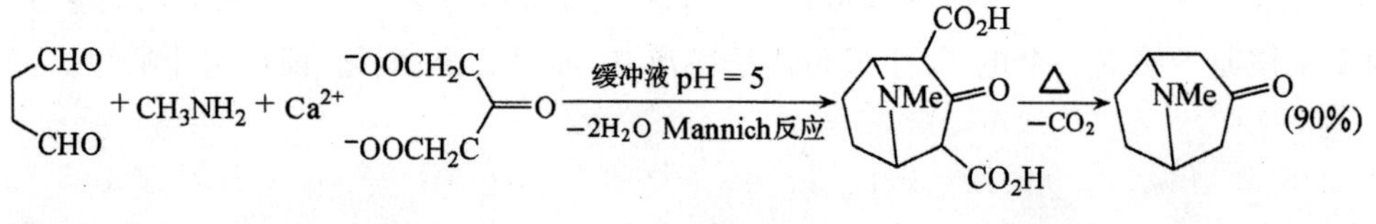

比较这两条合成路线可知:第二条比第一条要优越得多,既节约了很多设备和原料,又实现了较高的收率,这充分说明了有机合成路线设计的重要性。

1.4.2　合成设计路线的评价标准

合成一个有机物常常有多种路线,由不同的原料或通过不同的途径获得目标产物。一般说来,如何选择合成路线是个非常复杂的问题,它不仅与原料的来源、产率、成本、中间体的稳定性及分离、设备条件、生产的安全性、环境保护等都有关系,而且还受生产条件、产品用途和纯度要求等制约,往往必须根据具体情况和条件等做出合理选择。

通常有机合成路线设计所考虑的主要有以下几个方面:

1. 原料和试剂的选择

选择合成路线时,首先应考虑每一合成路线所用的原料和试剂的来源、价格及利用率。

原料的供应是随时间和地点的不同而变化的,在设计合成路线时必须具体了解。由于有机原料数量很大,较难掌握,因此,对在有机合成上怎样才算原料选择适当,通常可以简单地归纳为如下几条:

①小分子比大分子容易得到,直链分子比支链分子容易得到。脂肪族单官能团化合物,小于六个碳原子的通常是比较容易得到的,至于低级的烃类,如三烯一炔(乙烯、丙烯、丁烯和乙炔)则是基本化工原料,均可由生产部门得到供应。

②脂肪族多官能团的化合物容易得到,在有机合成中常用的有 $CH_2=CH—CH=CH_2$、$X(CH_2)_nX(X$ 为 $Cl、Br,n=1\sim6)CH_2(COOR)_2$、$HO—(CH_2)_n—OH(n=2\sim4,6)XCH_2COOR$、$ROOCCOOR'$ 等。

③脂环族化合物中,环戊烷、环己烷及其单官能团衍生物较易得到。其中常见的为环己烯、环己醇和环己酮。

④芳香族化合物中甲苯、苯、二甲苯、萘及其直接取代衍生物($—NO_2$、$—X$、$—SO_3H$、$—R$、$—COR$ 等),以及由这些取代基容易转化成的化合物($—OH$、$—OR$、$—NH_2$、$—CN$、$—COOH$、$—COOR$、$—COX$ 等)均容易得到。

⑤杂环化合物中,含五元环及六元环的杂环化合物及其衍生物较容易得到。在实验室的合成中一般不受成本的约束,但在以后的工业化可行性中尽量避免采用昂贵的原理和试剂,这是工业成本核算原则中必须要考虑的问题。在成本核算中还需考虑供应地点和市场价格的变动。

2. 合成步数和反应总收率

合成路线的长短直接关系到合成路线的价值,所以对合成路线中反应步数和总收率的计算是评价合成路线最直接和最主要的标准。当然,设计一个新的合成路线不可避免地会遇到个别以前不熟悉的新反应,因此简单地预测和计算反应总收率常常是困难的。

一般主要从影响收率的三个方面进行考虑。

①在对合成反应的选择上,要求每个单元反应尽可能具有较高的收率。

②应尽可能减少反应步骤。可减少合成中的收率损失、原料和人力,缩短生产周期,提高生产效率,体现生产价值。

③应用收敛型的合成路线也可提高合成路线收率。

例如,某化合物(T)有两条合成路线:第一条路线是由原料 A 经7步反应制得(T);第二条路线是分别从原料 H 和 L 出发,各经3步得中间体 K 和 O,然后相互反应得靶分子(T)。假定两条路线的各步收率都为 90％，则从总收率的角度考虑，显然选择第二条路线较为适宜。

线路一：

$$A \rightarrow B \rightarrow C \rightarrow D \rightarrow E \rightarrow F \rightarrow G \rightarrow (T)$$

$$总收率 = (90\%)^7 \approx 0.478$$

线路二：

$$
\begin{array}{l}
H \rightarrow I \rightarrow J \rightarrow K \\
\hspace{6.5em} \rightarrow (T) \\
L \rightarrow M \rightarrow N \rightarrow O
\end{array}
$$

$$总收率 = (90\%)^4 \approx 0.656$$

3. 中间体的分离与稳定

一个理想的中间体应稳定存在且易于纯化。一般而言，一条合成路线中有一个或两个不太稳定的中间体，通过选取一定的手段和技术是可以解决分离和纯化问题的。但若存在两个或两个以上的不稳定中间体就很难成功。因此，在选择合成路线时，应尽量少用或不用存在对空气、水气敏感或纯化过程繁杂、纯化损失量大的中间体的合成路线。

4. 反应设备的简单化

在有机合成路线设计时，应尽量避免采用复杂、苛刻的反应设备，当然，对于那些能显著提高收率，缩短反应步骤和时间，或能实现机械化、自动化、连续化、显著提高生产力以及有利于劳动保护和环境保护的反应，即使设备要求高一些、复杂一些，也应根据情况予以考虑。

5. 生产安全

在许多有机合成反应中，经常遇到易燃、易爆和有剧毒的溶剂、基础原料和中间体。为了确保安全生产和操作人员的人身健康和安全，在进行合成路线设计和选择时，应尽量少用或不用易燃、易爆和有剧毒的原料和试剂，同时还要密切关注合成过程中一些中间体的毒性问题。若必须采用易燃、易爆和有剧毒的物质，则必须配套相应的安全措施，防止事故的发生。

6. 环境保护

当今人们赖以生存的地球正受到日益加重的污染，这些污染严重地破坏着生态平衡，威胁着人们的身体健康，国际社会针对这一状况提出了"绿色化学"、"绿色化工"、"可持续发展"等战略概念，要求人们保护环境，治理已经污染的环境，在基础原料的生产上应考虑到可持续发展问题。化工生产中排放的三废是污染环境、危害生物的重要因素之一，因此在新的合成路线设计和选择时，要优先考虑不排放"三废"或"三废"排放量少、少污染环境且容易治理的工艺路线。要做到在进行合成路线设计的同时，对路线过程中存在的"三废"的综合利用和处理方法提出相应的方案，确保不再造成新的环境污染。

1.5 有机合成中的选择性问题

1.5.1 反应的选择性

反应的选择性（selectivity）是指在一定条件下，同一底物分子的不同位置或方向上都可能发生反应并生成两种或两种以上种类的不同产物的倾向性。当其中某一种反应占主导且生成的产物为主产物时,这种反应的选择性就较高,如果两种反应趋势相当,这种反应的选择性就较差。有机合成选择性包括化学选择性(chemoselectivity)、区域选择性(regioselectivity)和立体选择性(stereoselectivity)。所谓化学选择性就是指不使用保护或活化等策略,使分子中多个官能团之一发生某种所需反应的倾向,或一个官能团在同一反应体系中可能生成不同产物的控制情况,也就是指反应试剂对不同官能团或处于不同化学环境的相同官能团的选择性反应。区域选择性则是在一个化合物中具有两个反应的部位,试剂与之反应时具有的选择性。立体选择性包括对映选择(enantioselectivity)和非对映选择(diastereoelectivity)。

1.5.2 选择性的控制

1. 底物结构对反应选择性控制

在合成中,底物的结构对反应的选择性控制起着重要的作用。例如:

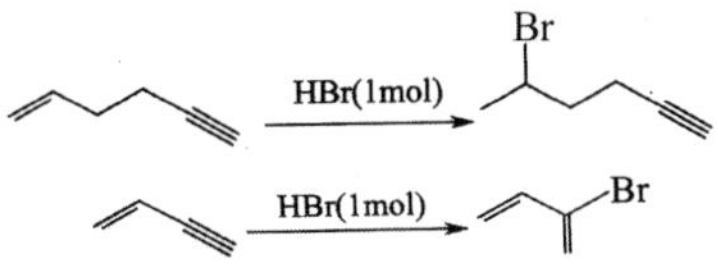

2. 反应条件的控制

在合成反应中选择合适的反应条件可实现反应的选择性,这也是目前有机合成研究的热点之一。例如,苯胺可以与醛反应形成亚胺,也可以与 4-氯嘧啶发生亲核取代。考虑到亚胺的形成在弱酸性水溶液中是一个可逆的过程,在该条件下,已成功实现了高选择性的亲核取代。

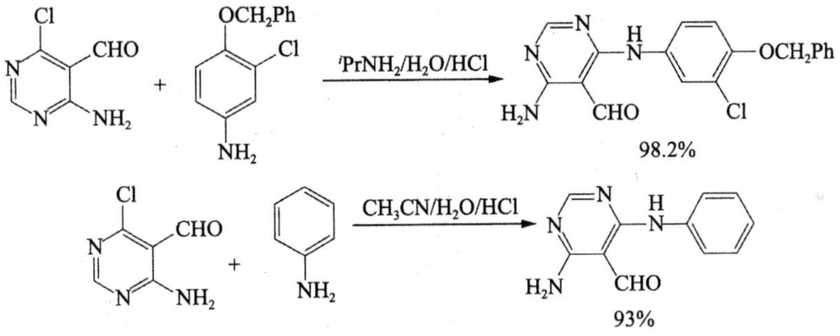

即使是两个完全相同的官能团,也可以使用适当的选择性试剂使其中之一发生反应,例如,硫氢化钠(铵)、硫化物以及二氯化锡都是还原芳环上硝基的选择性还原剂,不仅有数目上的选择,还有芳环位置上的选择。

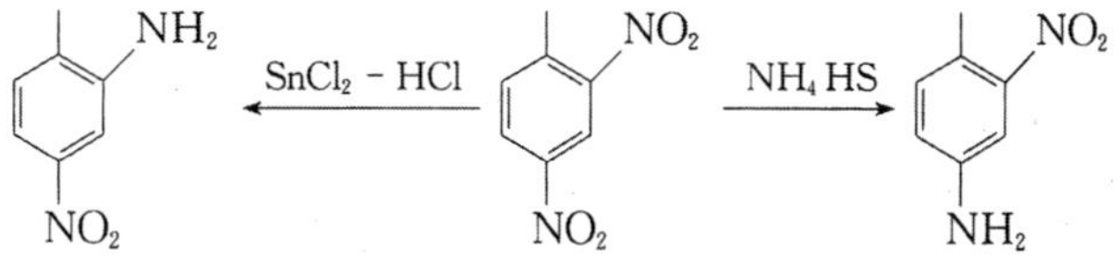

3. 立体选择性控制

人们所用的有机医药、植物调节剂、香料等具有一定的生理活性,这是由它们的特定结构决定的即立体结构的差异性。例如,作为铃兰香料的羟基醛的顺反异构体表现出不同的性质:顺式异构体无气味,而反式异构体则具有强烈的气味。

在对映选择性反应中,合成具有光学活性有机物,不仅具有学术上的意义,也是实际应用中

顺-4-(1-甲基-1-羟基乙基) 环己甲醛　反-4-(1-甲基-1-羟基乙基) 环己甲醛

面临解决的问题。通过对映选择性得到光学纯的化合物的途径有：

①外消旋化合物的拆分。拆分是有机合成的一种重要分离技术。

②手性源途径。以手性源化合物为起始原料,如天然氨基酸、糖类等。

③生物酶催化的有机反应。酶催化的不对称合成能得到光学纯度比较高的化合物,但因各种条件的限制,应用范围还不是很广泛。

④不对称合成。不对称合成是现代有机合成中解决立体选择性问题的重要方法,已经形成了许多不对称合成的新方法,如 Sharpless 环氧化。

第 2 章　氧化还原反应

2.1　氧化还原反应概述

2.1.1　氧化反应

1.氧化反应的基本概念

氧化反应是一类最普通、最常用的有机化学反应,借助氧化反应可以合成种类繁多的有机化合物。醇、醛、酮、酸、酚等含氧化合物都可以由氧化反应制备。

从广义上讲,氧化反应是指参与反应的原子或基团失去电子或氧化数增加的反应,一般包括以下几个方面:

①氧对底物的加成,如酮转化为酯的反应。

②脱氢,如烃变为烯、炔,醇生成醛、酸等反应。

③从分子中失去一个电子,如酚的负离子转化成苯氧自由基的反应。

所以利用氧化反应可以制得醇、醛、酮、羧酸、酚、环氧化合物和过氧化物等有机含氧的化合物外,还可以制备某些脱氢产物。氧化反应不涉及形成新的碳卤、碳氢、碳硫键。

增加氧原子:

$$CH_2=CH_2 \xrightarrow{[O]} HOCH_2CH_2OH$$

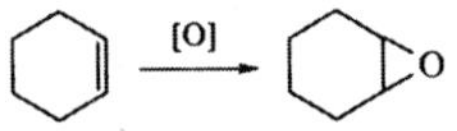

减少氢原子:

$$CH_3CH_2OH \longrightarrow CH_3CHO$$

既增加氧原子,又减少氢原子:

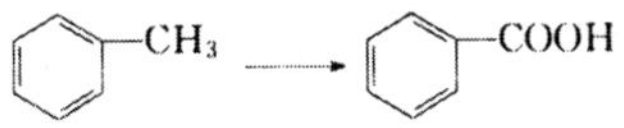

从反应时的物态来分,可以将氧化反应分成气相氧化和液相氧化。在操作方式上可以分成化学氧化、电解氧化、生物氧化和催化氧化等。

氧化过程是一个复杂的反应系统。一方面是一种氧化剂可以对多种不同的基团发生氧化反应;另一方面,同一种基团也可以因所用的氧化剂和反应条件不同,给出不同的氧化产物。通常,氧化产物是多种产物构成的混合物。为了提高目标产物的选择性和收率,要选择合适的催化剂和氧化方法,严格控制氧化条件。

工业上应用最广的是价廉易得的空气,用空气作氧化剂的催化氧化,反应可以在气相进行,也可以在液相中进行。在精细化工生产中,常用化学氧化剂,如高锰酸钾、六价铬的衍生物、高价金属氧化物、硝酸、双氧水和有机过氧化物等。电解氧化和生物氧化法具有条件温和、"三废"少、选择性高等优势。

氧化反应的机制研究已有很悠久的历史,但是许多氧化反应的机理迄今还不太清楚。因氧化剂、被氧化物结构的不同,而导致不同的反应机理;也因具体反应条件的不同,机理不同而产物也不同。因此,氧化剂的选择与反应条件的控制是氧化反应是否顺利进行的关键。

2.氧化剂

一般把有机物氧化的试剂分为以下几类:

①金属元素的高价化合物,如 $KMnO_4$、MnO_2、CrO_3、$Na_2Cr_2O_7$、PbO_2、$SnCl_4$、$FeCl_3$ 和 $CuCl_2$ 等。

②非金属元素的高价化合物,如 N_2O_4、HNO_3、$NaNO_2$、H_2SO_4、SO_3、$NaClO$、$NaIO_4$ 等。

③无机富氧化合物,如 O_3、H_2O_2、Na_2O_2、$Na_2C_2O_4$、$NaBO_3 \cdot 4H_2O$ 等。

④有机富氧化合物,如有机过氧化合物、硝基化合物等。

⑤非金属元素,如卤素、硫磺等。

氧化剂的种类不同,氧化能力不同,高锰酸钾、重铬酸钾、硝酸等属于强氧化剂,主要用于制备羧酸和醌类,在温和条件下也可用于制备醛、酮以及在芳环上引入羟基。其他类型的氧化剂大部分属于温和型氧化剂,具有特定的应用范围。

(1)有机氧化剂

常用的有机氧化剂有有机过氧酸、二甲亚砜、异丙醇铝、醌类化合物、高碘酸酯、N-甲基吗啉-N-氧化物等。

①有机过氧酸。有机过氧酸是重要的氧化剂之一,氧化烯烃为环氧化合物,转变酮为酯类化合物。常用的有机过氧酸有过氧乙酸(CH_3CO_3H)、过氧三氟乙酸(F_3CCO_3H)、过氧苯甲酸($C_6H_5CO_3H$,PBA)、过氧间氯苯甲酸($m\text{-}ClC_6H_4CO_3H$,$m\text{-}CPBA$ 或 MCPBA)。一般有机过氧酸不稳定,要在低温下储备或在制备后立即使用。过氧间氯苯甲酸是晶体,熔点为 $92℃\sim94℃$,比较稳定,可以在室温下储存。过氧酸可形成五元环状分子内氢键:

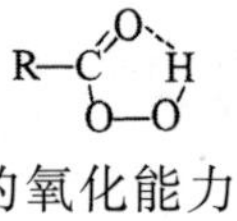

$$R-C\underset{O-O}{\overset{O}{|}}H$$

因而其酸性比相应的羧酸弱。过氧酸的氧化能力与其酸性的强弱成正比:

$$CF_3CO_3H > p\text{-}NO_2C_6H_4CO_3H > m\text{-}ClC_6H_4CO_3H > C_6H_5CO_3H > CH_3CO_3H$$

有机过氧酸一般用过氧化氢氧化相应的羧酸得到。例如:

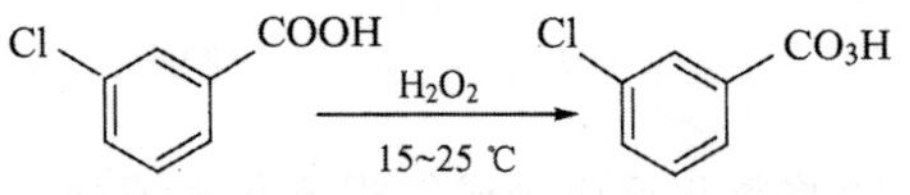

过氧酸与烯键环氧化反应是亲电性反应,因此碳碳双键上的烷基越多,环氧化反应速率越大。当分子中有两个烯键时,优先环氧化碳碳双键上烷基多的烯键。

烯烃与过氧酸作用生成环氧化合物。烯烃的环氧化常受空间位阻的影响,过氧酸一般从位阻小的一边接近双键。

烯丙式醇用过氧酸氧化时,由于醇羟基和过氧酸之间形成氢键,使过氧酸的亲电性氧原子在与羟基同一边接近烯键,因而生成的产物为 syn 式。

除间氯过氧苯甲酸外,其余的过氧酸如过氧乙酸、过氧苯甲酸不稳定。过硼酸钠(SPB)和过碳酸钠(SPC)是固体,与羧酸或酸酐作用时产生过氧酸,可直接用做氧化剂。

除间氯过氧酸外,烃基过氧化氢如叔丁基过氧化氢在钒金属配合物存在时也氧化烯键为环氧化物。手性烯丙式醇也氧化为 syn 式产物。

在酸性催化剂存在下,酮(RCOR′)与过氧酸作用生成酯(RCOOR′)。这是一个氧化反应,也是一个重排反应。

②二甲亚砜。二甲亚砜与乙酐(Ac$_2$O)的混合试剂叫做 Albright-Goldman 氧化剂,二甲亚砜与草酰氯[(COCl)$_2$]的混合试剂叫做 Swern 氧化剂,二甲亚砜与 DCC(二环己基碳酰二亚胺)的混合试剂叫做 Moffatt 氧化剂。它们都是温和的氧化剂,能把伯醇和仲醇氧化为相应的醛和酮,并且对烯键没有影响。

Swern 氧化剂和 Moffatt 氧化剂也能将邻二醇氧化为 α-二酮,并避免碳碳键发生断裂。例如:

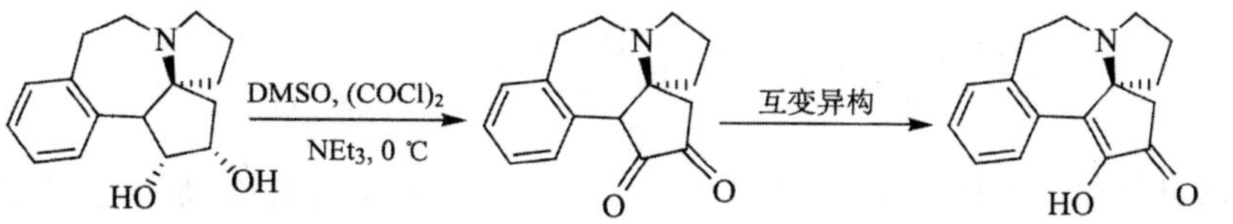

③异丙醇铝。以酮为氧化剂,异丙醇铝[Al(OCHMe$_2$)$_3$]为催化剂,可将醇氧化为醛酮。这一反应称为 Oppernauer 氧化反应。反应式如下:

$$R_2CHOH + R'_2C=O \xrightarrow{Al(OCHMe_2)_3} R_2C=O + R'_2CHOH$$

这是一个酮与一个醇的交叉氧化还原反应。氧化剂酮过量则反应向右进行。在 Oppernauer 氧化反应中,碳碳双键常发生异构化,β,γ-不饱和醇被转化成 α,β-不饱和酮。

Oppernauer 氧化反应的逆反应为 Meerwein-Ponndorf-Verley 还原反应。如以异丙醇为溶剂,异丙醇铝可将醛酮还原为醇。

在异丙醇铝或其他醇铝催化下,两分子醛可以被转化为一分子酯。反应通式如下:

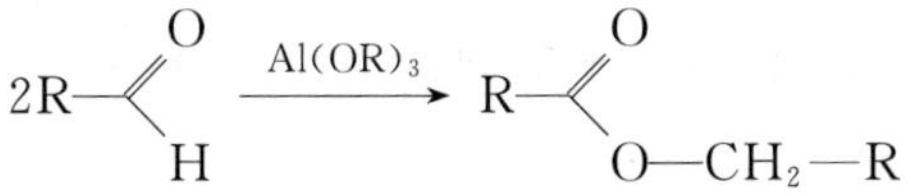

④醌。带有强吸电子基团的对苯醌是常用的氧化剂。例如,2,3-二氯-5,6-二氰基-1,4-苯醌(DDQ)能在温和的条件下氧化烯丙式醇和活性亚甲基为相应的羰基化合物,DDQ 被还原为二酚形式。反应一般在无水条件下进行。

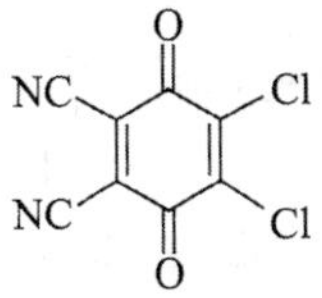

DDQ 特别适用于脱氢反应形成 α,β-不饱和化合物。对苯醌在较高温度下也可将烯丙式醇氧化成相应的羰基化合物。

⑤m-CPBA 氧化剂。m-CPBA 作为有机氧化剂可在较温和的反应条件下进行 Baeyer-Villiger 氧化反应。

Kobayashi 等在以 1,1,1,3,3,3-六氟-2-丙醇(HFIP)为共溶剂的条件下,室温下实现了 4-甲氧基苯基氟代酮的完全转化,反应时间随着取代基的不同从 10min 到 12h 不等。典型的反应为:

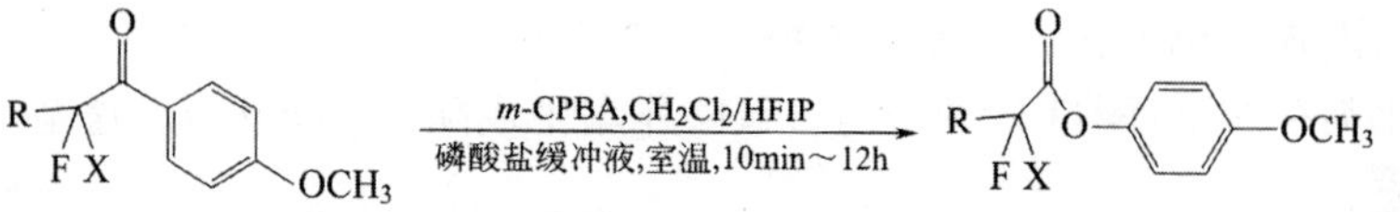

$$（X＝F、H）$$

⑥高碘酸酯。高碘酸酯（Dess-Martin 试剂）是指在室温、中性条件下氧化醇为醛酮的氧化剂，发生的反应称为 Dess-Martin 氧化反应。高碘酸酯由邻碘苯甲酸制备。高碘酸酯特别适合对酸、热敏感的化合物的氧化。

（2）其他氧化剂

①臭氧。将含有 6％臭氧的氧气在低温下通入烯烃的溶液中，臭氧迅速与烯键作用生成臭氧化物：

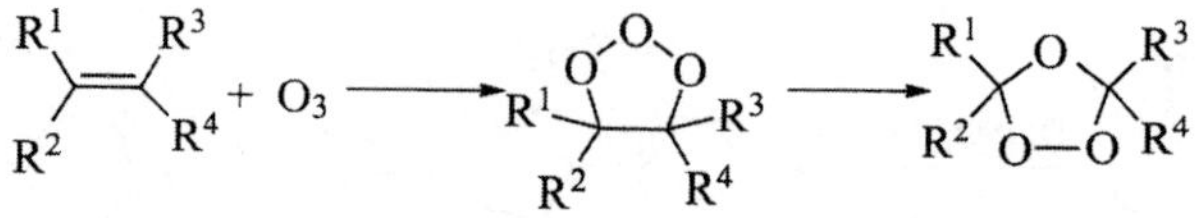

在生成的臭氧化物中加氧化剂，臭氧化物转变成相应的酮或羧酸；加弱还原剂，臭氧化物转变成相应的醛或酮；加强还原剂，臭氧化物则转变成相应的醇：

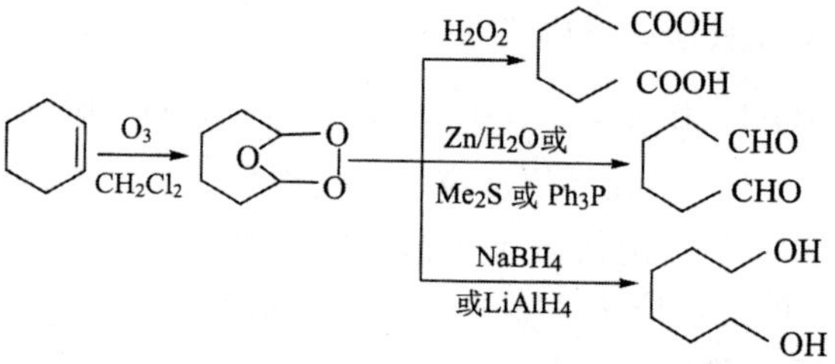

②Fremy 盐、铁氰化钾、过二硫酸钾。酚和芳胺类化合物极易被氧化，用普通的氧化剂氧化时一般氧化成复杂产物，因此，要采用弱氧化剂选择性氧化酚和芳胺。

Fremy 盐是自由基-离子型亚硝基二磺酸钾盐〔$(KSO_3)_2NO\cdot$〕，它在稀碱溶液中将酚或芳胺氧化成醌。例如：

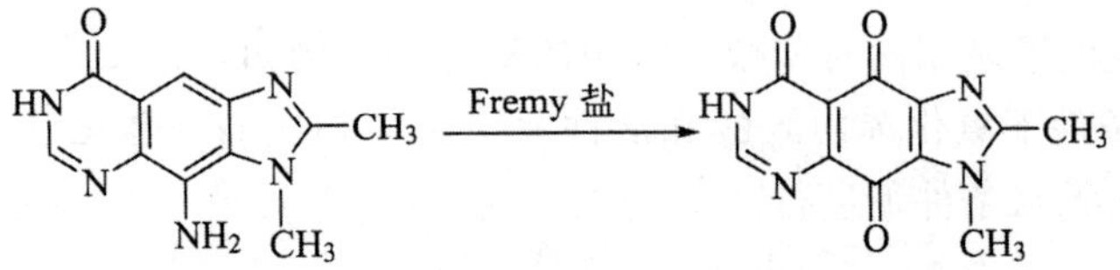

酚被氧化时，常发生偶合形成碳碳键，即发生氧化偶合反应，常用氧化剂是铁氰化钾｛$K_3[Fe(CN)_6]$｝。在铁氰化钾作用下，酚失去一个电子，生成的自由基相互偶合生成醌类化合物，后者异构为酚。产物的比例取决于反应温度、反应物浓度、溶剂等。酚的氧化偶合反应可以用来合成一些结构复杂的化合物。

过二硫酸钾（$K_2S_2O_8$）在冷的碱溶液中能将酚氧化，在原有酚羟基的对位导入羟基：

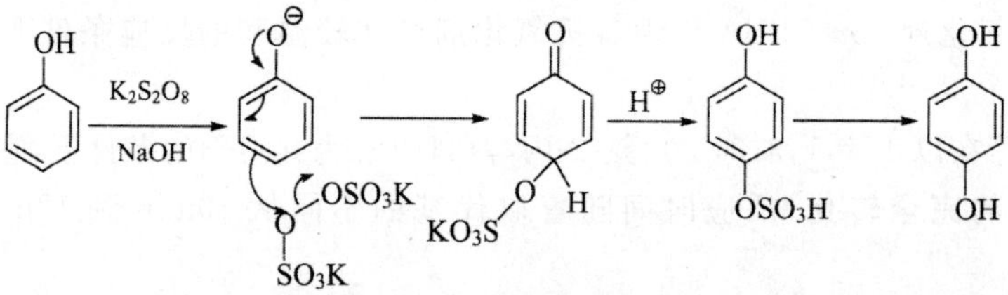

对位有取代时反应在邻位发生，这一反应叫做 Elbs 氧化反应。Elbs 氧化是芳环上的亲电

取代反应。Elbs 氧化反应产率虽然不太高,但它是导入酚羟基的重要方式。

③Barton 反应。以 Cl—NO 为氧化剂,在光照下可在非活性的 δ-碳上发生氧化反应,此反应叫做 Barton 反应。在 Barton 反应中,由亚硝酸酯光解产生的氧自由基通过六元环状过渡态,夺取 δ-碳上的氢原子,产生 δ-位自由基从而得到 σ-位氧化产物。反应机理如下:

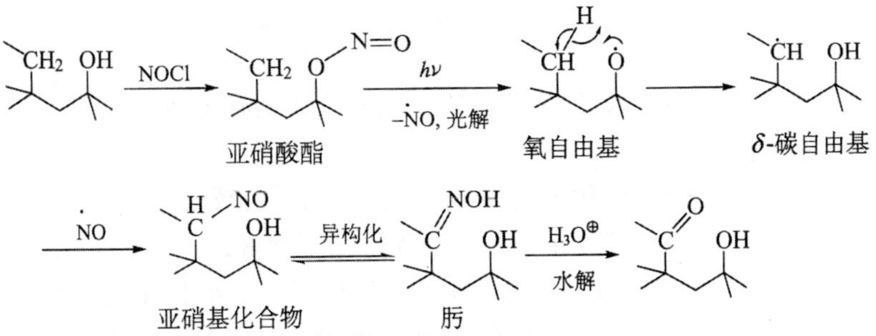

化合物中有几个 σ-位,空间上处于接近的顺式有可能形成环状过渡状态,因而有利于反应进行。在四乙酸铅/碘存在下光照时,也可发生 Barton 反应。

④水滑石类氧化剂。对于水滑石类材料中的 Brucite 层进行正离子的同晶置换,也可获得高性能的固体醇氧化催化剂。

钌置换的水滑石的分子通式为 $M_6A_{12}Ru_{0.5}(OH)_{16}CO_3$（M＝Mg、Co、Mn、Fe、Zn）,它们能有效地催化氧化烯丙醇、苄醇及杂环醇为相应的醛、酮化合物,并且反应条件比较温和。如肉桂醇在常压氧气、10％Ru 的 Ru-Co-Al-COaHT 和甲苯溶剂的作用下,于 60℃反应 40 min 后,肉桂醛的收率为 94％。该水滑石催化剂可以很容易地从反应混合物中分离出来,回收后重新使用未见其活性及选择性有明显的降低,连续反应 3 次,肉桂醛的收率都在 92％以上,但催化剂对脂肪醇氧化的催化效果不很理想。

将钯置换于 Mg-Al 水滑石中也得到了用于醇氧化的催化剂,反应体系中需吡啶作为溶剂。在 80℃、常压氧气气氛、溶剂为甲苯的条件下,反应 2h 苯甲醇反应的收率接近 100％;对于 1-十二醇,反应 6h 收率也可以达到 86％。

Choudary 等制备了 Ni-Al 水滑石,发现该催化剂也可在温和条件下,利用分子氧实现多种醇类的氧化。典型的反应如在 90℃、氧气气氛中,对硝基苯甲醇反应 6h,可获得 98％的对硝基苯甲醇。

⑤羟基磷灰石氧化剂。通过对羟基磷灰石(HAP)的改性,也可制得高性能的醇氧化催化剂。该研究的特色是对生体材料的使用,HAP 是骨灰的主要成分。分别将钌和钯修饰于 HAP 的表面,获得性能优异的固体催化。改性后的 Ru-HAP 催化剂具有将多种醇类在 80℃下通过分子氧进行氧化的能力。在对 HAP 进一步改性的过程中发现,钯的改性使得固相催化剂的催化效率大大提高,在极其温和的条件下达到了很好的醇催化氧化性能。

2.1.2　还原反应

还原反应在精细有机合成中占有重要的地位。广义地讲,在还原剂的作用下,能使某原子得到电子或电子云密度增加的反应称为还原反应。狭义地讲,能使有机物分子中增加氢原子或减少氧原子的反应,或者两者兼而有之的反应称为还原反应。

还原反应内容丰富,其范围广泛,几乎所有复杂化合物的合成都涉及还原反应。

$$PhOH \longrightarrow PhH$$
$$CH_3(CH_2)_7 = CH(CH_2)_7COOH \longrightarrow CH_3(CH_2)_{16}COOH$$
$$PhNO_2 \longrightarrow PhNH_2$$

按照还原反应使用的还原剂和操作方法的不同,还原方法可分为催化加氢法、化学还原法和电解还原法。

（1）催化加氢法

催化加氢法是指在催化剂存在下,有机化合物与氢发生的还原反应。

（2）化学还原法

化学还原法是指使用化学物质作为还原剂的还原方法。化学还原剂包括无机还原剂和有机还原剂。目前使用较多的是无机还原剂。常用的无机还原剂有:

①活泼金属及其合金,如 Fe、Zn、Na、Zn-Hg（锌汞齐）、Na-Hg（钠汞齐）等。

②低价元素的化合物,它们多数是比较温和的还原剂,如 Na_2S、$Na_2S_2O_3$、Na_2S_x、$FeCl_2$、$FeSO_4$、$SnCl_2$ 等。

③金属氢化物,它们的还原作用都很强,如 $NaBH_4$、$LiAlH_4$、$LiBH_4$ 等。常用的有机还原剂有烷基铝、有机硼烷、甲醛、乙醇、葡萄糖等。

（3）电解还原法

电解还原法是指有机物从电解槽的阴极上获得电子而完成的还原反应。电解还原法的收率高、产物纯度高。

通过还原反应可制得一系列产物。例如,由硝基还原得到的各种芳胺可以大量用于合成染料、农药、塑料等化工产品;将醛、酮、酸还原制得相应的醇或烃类化合物;由醌类化合物还可得到相应的酚;含硫化合物还原是制取硫酚或亚硫酸的重要途径。

2.2 催化氧化反应

为了提高氧化反应的选择性,并加快反应速度,在实际生产科研中,常选用适当催化剂。在催化剂存在下进行的氧化反应称为催化反应。催化氧化反应根据反应的温度和反应物的聚集状态,分为液相催化氧化和气相催化氧化。

2.2.1 液相催化氧化

液相空气氧化即液相催化氧化是液态有机物在催化剂作用下,与空气或氧气进行的氧化反应,反应温度一般为 100℃～250℃。反应在气液两相间进行,通常采用鼓泡型反应器。烃类的液相空气氧化在工业上可直接制得有机过氧化物、醛、醇、酮、羧酸等一系列产品。有机过氧化物的进一步反应可以制得酚类和环氧化合物,因而应用广泛。

1.液相空气氧化历程

液相空气氧化是一个气液相反应过程,其包括空气从气相扩散并溶解于液相和液相中的氧化反应历程。液相中的氧化属于自由基反应,其反应历程包括链引发、链传递、链终止三个步骤,其中决定性步骤为链引发。被氧化物在光照或热条件下生成自由基,再经链传递结合为过氧化氢物,烃类自动氧化产物可生产醇、酮、羧酸等。

（1）空气或纯氧的扩散过程

空气氧或纯氧的扩散及其溶解是液相催化氧化的前提，其过程可为：

①空气氧或纯氧从气相向气液相界面扩散，并在界面处溶解。

②界面处溶解的氧向液相内部扩散。

③溶解氧与液相中被氧化物反应，生产氧化产物。

④氧化产物向其浓度下降方向扩散。

空气氧或纯氧的扩散、溶解是物理过程，可用双模模型解释，如图 2-1 所示。图中，P_{O_2} 为气相主体中氧分压；$P_{O_2,i}$ 为相界面处氧分压；c_{O_2} 为液相主体中氧浓度；$c_{O_2,i}$ 为气液相界面氧浓度。

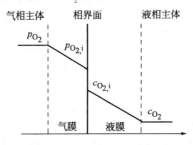

图 2-1　氧气扩散传递模型示意

在相界面，气液相达到平衡：

$$P_{O_2,i} = H_{O_2} c_{O_2,i}$$

式中，H_{O_2} 为亨利系数。

影响空气氧或纯氧扩散的因素有氧气分压、温度和压力气膜厚度；影响空气氧或纯氧溶解的因素有液相反应物对氧的溶解性、氧气分压、温度和压力等。为使空气氧或纯氧均匀分散并溶解在液相，便于其在液相中反应，一般采取提高气流速度，增强液相湍动程度，增加相接触面积，以提高氧的扩散和溶解速度。

（2）氧化反应的历程

液相中的氧化属于自由基反应，其反应历程包括链引发、链传递、链终止三个步骤。

①链的引发。在能量（热能、光辐射和放射线辐射）、可变价金属盐或游离基 X· 的作用下，被氧化物 R—H 发生 C—H 键的均裂而生成游离基 R· 的过程（R 为各种类型的烃基）。例如：

$$R{-}H \xrightarrow{能量} R\cdot + H\cdot$$
$$R{-}H + Co^{3+} \longrightarrow R\cdot + H^+ + Co^{2+}$$
$$R{-}H + X\cdot \longrightarrow R\cdot + HX$$

式中，X 是 Cl 或 Br；游离基 R· 的生成给自动氧化反应提供了链传递物。

若无引发剂或催化剂，氧化初期 R—H 键的均裂反应速率缓慢，R· 需要很长时间才能积累一定的量，氧化反应方能以较快速率进行。自由基 R· 的积累时间，称作诱导期。诱导期之后，氧化反应加速，此现象称自动氧化反应。链引发是氧化反应的决速步骤，加入引发剂或催化剂，可缩短氧化反应的诱导期。

②链传递。自由基 R· 与空气中的氧相互作用生成有机过氧化氢物，再生成自由基 R· 的过程。

$$R\cdot + O_2 \longrightarrow R{-}H{-}O\cdot$$
$$R{-}O{-}O\cdot + R{-}H \longrightarrow R{-}O{-}OH + R\cdot$$

③链终止。自由基 R· 和 R—O—O· 在一定条件下会结合成稳定的产物,从而使自由基消失。也可以加入自由基捕获剂终止反应。例如:

$$R· + R· \longrightarrow R—R$$
$$R· + R—O—O· \longrightarrow R—O—O—R$$

在反应条件下,如果有机过氧化氢物稳定,则为最终产物;若不稳定,则分解产生醇、醛、酮、羧酸等产物。

当被氧化烃为 R—CH$_3$(伯碳原子)时,在可变价金属作用下,生成醇、醛、羧酸的反应为:

有机过氧化氢物分解为醇:

$$\underset{\underset{H}{|}}{\overset{\overset{H}{|}}{R—C}}—O—O—H + R—CH_2—H \longrightarrow R—CH_2—OH + HO· + ·\underset{\underset{H}{|}}{\overset{\overset{H}{|}}{C}}—R$$

有机过氧化氢物分解为醛:

$$\underset{\underset{H}{|}}{\overset{\overset{H}{|}}{R—C}}—O—O· + Co^{2+} \longrightarrow \underset{H}{\overset{R}{\diagdown}}C{=}O + OH^- + Co^{3+}$$

有机过氧化氢物分解为羧酸:

$$\underset{\underset{O}{\|}}{R—C}—O—OH \xrightarrow{Co^{2+}} \underset{\underset{O}{\|}}{R—C}—O—OH^- + Co^{3+} \quad \underset{\underset{O}{\|}}{R—C}—O \xrightarrow{RMe} \underset{\underset{O}{\|}}{R—C}—OH + R—CH_2$$

当被氧化烃为 R$_2$CH$_2$—(仲碳原子)或当被氧化烃为 R$_3$CH—(伯碳原子)时,则分解产物为酮。实际上,烃基在氧化成醛、醇、酮、羧酸的反应,十分复杂。

2.液相空气氧化反应影响因素

(1)引发剂和催化剂

在不加引发剂或催化剂时,烃分子反应初期进行的非常缓慢,加入引发剂或催化剂后促使自由基产生,以缩短反应的诱导期。

常用的催化剂一般是可变价金属盐类,它利用可变价金属的电子转移,使被氧化物在较低温度下产生自由基;反应产生的低价金属离子再氧化为高价金属离子,反应过程中不消耗。可变价金属催化剂,如 Co、Cu、Mn、V、Cr、Pb 的水溶性或油溶性有机酸盐,例如醋酸钴、丁酸钴、环烷酸钴、醋酸锰等,钴盐最常用水溶性的醋酸钴、油溶性的环烷酸钴、油酸钴,其用量仅占是被氧化物的百分之几至万分之几。

在铬、锰催化剂中加入溴化物,可以提高催化能力。因为产生的溴自由基,促进链的引发。

$$HBr + O_2 \longrightarrow Br· + H—O—O·$$
$$NaBr + Co^{3+} \longrightarrow Br· + Na^+ + Co^{2+}$$
$$RCH_3 + Br· \longrightarrow RCH_2· + HBr$$

可变价金属离子能促使有机过氧化氢的分解,若制备有机过氧化氢物或过氧化羧酸,不宜采用可变价金属盐催化剂。

在较低温度下,引发剂可产生活性自由基,与被氧化物作用产生烃自由基,引发氧化反应。

常用引发剂有偶氮二异丁腈、过氧化苯甲酰等。异丙苯氧化产物过氧化氢异丙苯也有引发作用。

（2）捕获剂

捕获剂是能与自由基结合成稳定化合物的物质，会销毁自由基，造成链终止，导致自动氧化速率下降。常见的捕获剂有酚类、胺类、醌类和烯烃等。例如：

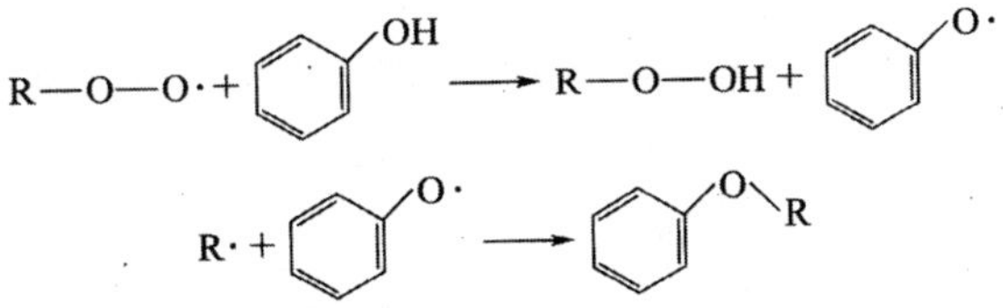

在催化氧化反应中，原料中不应含有抑制剂，此外反应过程中产生的抑制剂也应及时除去。例如，异丙苯氧化过程中产生微量的苯酚副产物，应及时除去。水也是捕获剂，丁烷氧化制醋酸，原料含水 3% 时，氧化反应无法进行。

（3）被氧化物的结构

被氧化物 R—H 键均裂生成自由基的难易程度与被氧化物的结构有关。

一般来说，R—H 键均裂从易到难依次为：

$$R_3C—H > R_2—CH—H > R—CH_2—H$$

例如，2-异丙基甲苯氧化时，主要生成叔碳过氧化氢物。

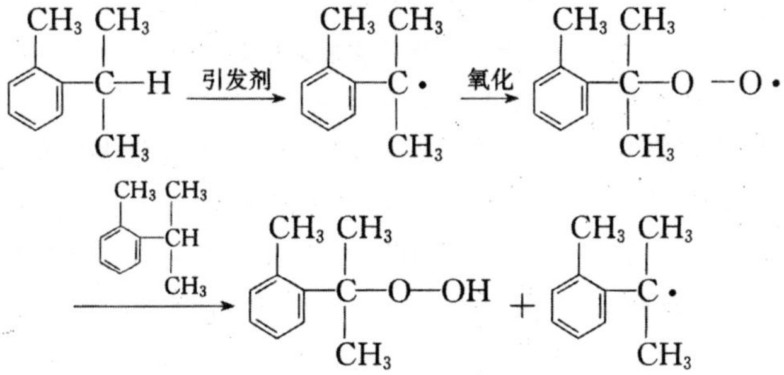

乙苯氧化时，主要生成仲碳过氧化氢物。

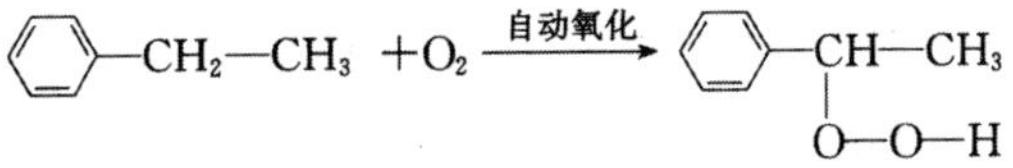

（4）转化率

大多数自动氧化反应，随着氧化深度提高，一部分进一步氧化或氧化产物分解，使副产物增多。有些副产物不仅会阻滞氧化反应，而且还会促进产物进一步分解，所以氧化反应的单程转化率不能太高。转化率控制须视具体情况而定。例如，制羧酸时，产品不易进一步氧化，可选取较高转化率。若氧化产物是反应的中间产物，它比原料更易氧化，当产物积累到一定程度后，其进一步氧化与原料的氧化产生竞争。要获得高选择性，必须控制转化率。

3. 液相空气氧化实例

液相空气氧化，可以生产多种化工产品，例如脂肪醇、醛或酮、羧酸和有机过氧化物等。下面介绍一些代表型的液相空气催化氧化过程。

（1）甲苯液相空气氧化制苯甲酸

苯甲酸是一种非常重要的化工产品，主要用作食品和医药的防腐剂，用苯甲酸作原料还可以合成染料中间体间硝基苯甲酸、农药中间体苯甲酰氯、塑料增塑剂二苯甲酸二甘醇酯等精细化工产品。在 $150\sim170℃$、$1MPa$ 下,以甲苯为原料,醋酸钴为催化剂,空气为氧化剂,进行液相空气催化氧化生产苯甲酸。

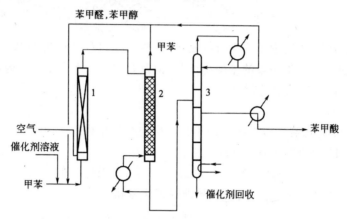

反应所用催化剂醋酸钴的用量为 $0.005\%\sim0.01\%$,反应器为鼓泡式氧化塔,物料混合借助空气鼓泡及塔外冷却循环,生产工艺流程如图 2-2 所示。

图 2-2 甲苯液相氧化制苯甲酸流程
1—氧化反应塔;2—气提塔;3—精馏塔

在鼓泡式反应塔中,原料液甲苯、2%醋酸钴溶液和空气从氧化塔底部连续通入,反应物料借助空气鼓泡和反应液外循环混合及冷却,氧化液由氧化塔顶部溢流采出,其中苯甲酸含量约35%。未能反应的甲苯由气提塔回收,氧化的中间产物苯甲醇和苯甲醛在气提塔及精馏塔由塔顶采出后与未反应甲苯一起返回氧化塔循环使用。产品苯甲酸由精馏塔侧线出料,塔釜中主要成分为苯甲酸苄酯和焦油状物、催化剂钴盐等,醋酸钴可以回收重复使用。氧化塔尾气夹带的甲苯经冷却后再用活性炭吸附,吸附的甲苯可以用水蒸气吹出回收,活性炭同时得到再生。苯甲酸收率按消耗的甲苯计算,收率可达 $97\%\sim98\%$,产品纯度可达 99% 以上。

(2)环己烷催化氧化制己二酸

己二酸是一种重要的有机二元酸,主要用于制造尼龙 66,聚氨酯泡沫塑料,增塑剂、涂料等。在有机合成工业中,为己二腈、己二胺的基础原料。己二酸生产以环己烷为原料,环己酮为引发剂,醋酸钴为催化剂,醋酸为溶剂,在 $90℃\sim95℃$、$1.96\sim2.45MPa$ 与空气中的氧反应。

$$\text{环己烷} + O_2 \xrightarrow[90\sim95℃,1.96\sim2.45MPa]{\text{醋酸钴}} HOOC(CH_2)_4COOH$$

氧化液经回收未反应的环己烷、醋酸及醋酸钴后,经冷却、结晶、离心分离、重结晶、分离、干燥后得到产品己二酸。

(3)异丙苯氧化制过氧化氢异丙苯

过氧化氢异丙苯(CHP)是制苯酚和丙酮的主要原料。过氧化氢异丙苯的生产,以异丙苯为原料,空气氧化剂,经液相催化氧化而得。

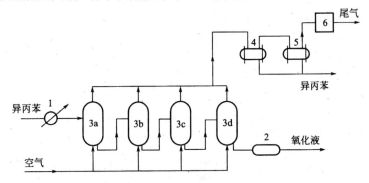

$$\Delta H_{298}^{\ominus}=116\text{kJ/mol}$$

过氧化氢异丙苯在反应条件下比较稳定,可作为液相空气氧化的最终产物。过氧化氢异丙苯受热易分解,氧化温度要求控制在 110℃～120℃,否则容易引起事故。过氧化氢异丙苯作为引发剂,保持其一定浓度,反应可连续进行,不必再加引发剂。

异丙苯氧化使用鼓泡塔反应器,为了增强气液相接触,塔内由筛板分成数段,塔外设循环冷却器及时移出反应热,采用多塔串联流程,如图 2-3 所示。

图 2-3　异丙苯液相氧化制过氧化氢异丙苯的工艺流程

1—预热器;2—过滤器;3a～3d—氧化反应器;4,5—冷却器;6—尾气处理装置

异丙苯液相氧化的工艺过程:

①原料液异丙苯和循环回收的异丙苯及助剂碳酸钠,由第一反应器 3a 加入,依次通过各台反应器。

②每台氧化反应器均由底部鼓入空气。

③氧化产生的尾气由顶部排出,经冷却器 4、5 回收夹带的异丙苯后放空。

④含有过氧化氢异丙苯的氧化液,由最后一台氧化塔 3d 排出,经过滤器送下一工序。

由于过氧化氢异丙苯受热易分解,氧化反应温度要严格控制,逐台依次降低,由第一台的 115℃至第 4 台的 90℃,以控制各台的转化率;氧化液过氧化氢异丙苯的浓度(质量分数)控制,逐台增加依次为:9%～12%,15%～20%,24%～29%,32%～39%,反应总停留时间为 6h,过氧化氢异丙苯的选择性为 92%～95%。

在酸性催化剂条件下,过氧化氢异丙苯通过重排分解为苯酚和丙酮。如下:

异丙苯氧化-酸解是工业生产苯酚和丙酮的重要方法,其合成路线为:

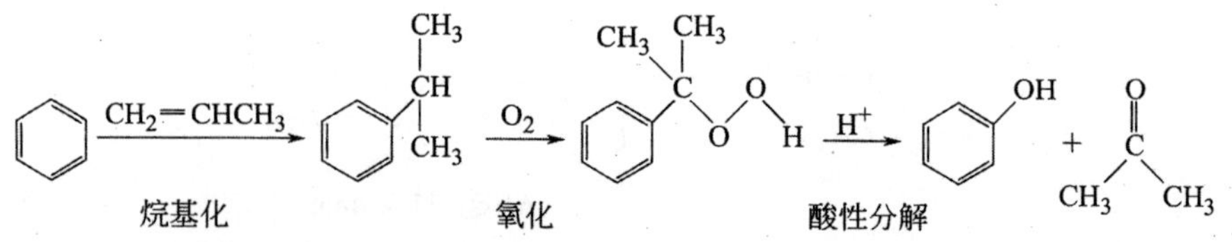

（4）直链烷烃氧化制高级脂肪醇

高级脂肪醇是制备阴离子表面活性剂的重要原料。高级脂肪醇生产以正构高碳烷烃混合物（液体石蜡）为原料，0.1%$KMnO_4$ 为催化剂，硼酸为保护剂，空气为氧化剂，在 165℃～170℃、常压反应 3h 所得。烷烃单程转化率可达 35%～45%，反应生成仲基过氧化物，分解为仲醇后，立即与硼酸作用，生成耐高温的硼酸酯，从而防止仲醇进一步氧化，氧化液经处理后，减压蒸馏出未反应烷烃，将硼酸酯水解，即得粗高级脂肪醇。

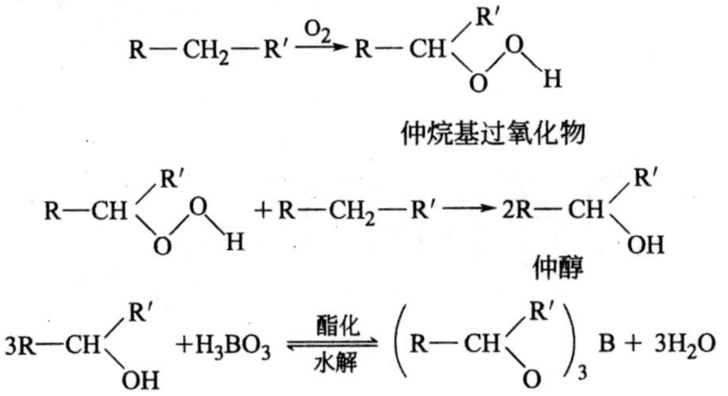

2.2.2 气相催化氧化

1.气相空气氧化方法概述

气相空气氧化即气-固相催化氧化反应，气态相混合物在高温（300～500℃）下，通过固体催化剂，在催化剂表面进行选择性氧化反应。气相是气态被氧化物或其蒸气、空气或纯氧，固相是固体催化剂。常用于制备丙烯醛、甲醛、环氧乙烷、顺丁烯二酸酐、邻苯二甲酸酐及腈类。

气相催化氧化的催化剂，一般为两种以上金属氧化物构成的复合催化剂，活性成分是可变价的过渡金属的氧化物，如 MoO_3、BiO_3、Co_2O_3、V_2O_5、TiO_2、P_2O_5、CoO、WO_3 等；载体多为硅胶、氧化铝、活性炭、氧化钛等；也有可吸附氧的金属，用于环氧化和醇氧化的金属银；新型分子筛催化剂、杂多酸的应用研究，目前备受关注。

气相空气氧化反应的特点：

①由于固体催化剂的活性温度较高，通常在较高温度下进行反应，这有利于热能的回收与利用，但是要求有机原料和氧化产物在反应条件下足够稳定。

②反应速度快，生产效率高，有利于大规模连续化生产。

③由于气相催化氧化过程涉及扩散、吸附、脱附、表面反应等多方面因素，对氧化工艺条件要求高。

④由于氧化原料和空气或纯氧混合，构成爆炸性混合物，需要严格控制工艺条件。

2.气相空气氧化过程

气相催化反应属非均相催化反应过程，可分为以下步骤：

①扩散，反应物由气相扩散到催化剂外表面，从催化剂外表面向其内表面扩散。

②表面吸附,反应物被吸附在催化剂表面。

③反应,吸附物在催化剂表面反应、放热、产物吸附于催化剂表面。

④脱附,氧化产物在催化剂表面脱附。

⑤反扩散,脱附产物从催化剂内表面向其外表面扩散,产物从催化剂外表面扩散到气流主体。

上述步骤中,①和⑤是物理传递过程,②、③和④为表面化学过程。物理过程的主要影响因素有反应物或产物的性质、浓度和流动速度,催化剂的结构、尺寸、形状、比表面积,反应温度和压力等。表面化学过程的主要影响因素有催化剂的表面活性,反应物浓度及其停留时间,反应温度和压力等。为防止深度氧化,应及时移走反应热,控制反应温度。

在工业生产中,通过开发高效能的催化剂,选择合适的反应器,改善流体流动形式,提高气流速度,选择适宜的温度、压力以及停留时间,以提高过程的传质、传热效率,避免对催化剂表面积累造成的深度氧化,提高氧化反应的选择性和生产效率。

3. 气相空气氧化的工业实例

气固相催化氧化法适用于制备热稳定性好,而且抗氧化性好的羧酸和酸酐。如萘或邻苯二甲苯制邻苯二甲酸酐、丁烷氧化制顺丁烯二酸酐、乙烯氧化制环氧乙烷以及 3-甲基吡啶氧化制3-吡啶甲酸等。

(1)芳烃催化氧化制邻苯二甲酸酐

邻苯二甲酸酐(简称苯酐)是重要的有机合成中间体,广泛用于涂料、增塑剂、染料、医药等精细化学品的生产。邻苯二甲酸酐的沸点为 284.5℃,凝固点(干燥空气中)131.11℃,具有刺激性的固体片状物。

苯酐的生产路线有两条,一条是邻二甲苯气相催化氧化法,另一条是萘催化氧化法。

①邻二甲苯气相催化氧化法。此法是将冷的二甲苯预热后喷入净化的热空气使之气化,然后让混合气体通过装有 V-Ti-O 体系催化剂的多管反应器,氧化产物经冷凝、分离、脱水减压蒸而得到产品苯酐。

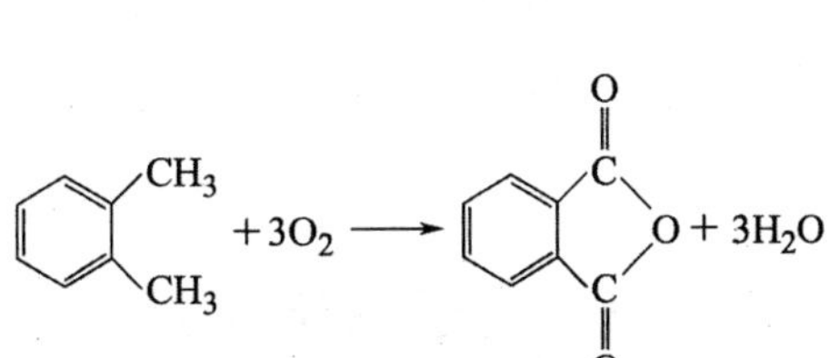

邻二甲苯催化氧化反应体系很复杂,主反应和副反应均为不可逆放热反应。

主反应为:

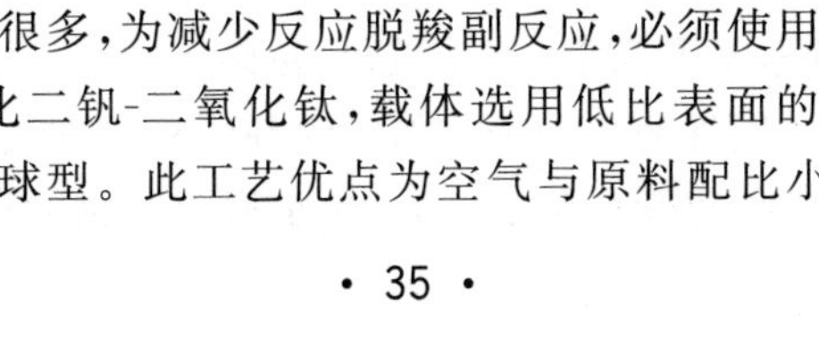

副反应产生的副产物有很多,为减少反应脱羧副反应,必须使用表面型催化剂。固定床氧化器,催化剂活性组分是五氧化二钒-二氧化钛,载体选用低比表面的三氧化二铝或带釉瓷球等。催化剂可制成耐磨的环型或球型。此工艺优点为空气与原料配比小,可节省动力消耗,收率高,催化剂使用寿命长。

②萘气相催化氧化法。

$$\text{（萘）} + 4.5O_2 \longrightarrow \text{（苯酐）} + 2CO_2 + 2H_2O$$

萘法是降解氧化反应,两个碳原子被氧化为二氧化碳,碳原子损失,常温下萘为固体,不易加工处理。而邻二甲苯氧化无碳原子损失,原子利用率高,邻二甲苯为液体,易于加工处理,来源丰富,价格比较便宜。目前苯酐工业生产以邻二甲苯气相催化氧化法为主。

（2）氨氧化制腈类

氨氧化法指在催化剂作用下,带甲基的有机物与氨和空气的混合物进行高温氧化反应,生成腈或含氮有机物的反应过程。例如:

$$2\text{（}CH_3\text{）} + 3O_2 + 2NH_3 \xrightarrow[350℃]{Cr-V} 2\text{（}CN\text{）} + 6H_2O$$

$$CH_2\!=\!CHCH_3 + 1.5O_2 + NH_3 \longrightarrow CH_2\!=\!CHCN + 3H_2O$$

氨氧化反应工业应用的典型实例是丙烯氨氧化生产丙烯腈。丙烯腈具有不饱和双键和氰基,化学性质活泼,是优良的氰乙基化剂。丙烯腈大量用于合成纤维、合成橡胶、塑料以及涂料等产品的生产,是重要的有机化工中间产品。

丙烯腈沸点为 $77.3℃$,呈无色液体,味甜,微臭,有毒,室内允许浓度 $0.002\text{mg} \cdot L^{-1}$,在空气中的爆炸极限为 $3.05\% \sim 17.5\%$。丙烯腈可与水、甲醇、异丙醇、四氯化碳、苯等形成二元恒沸物。

丙烯氨氧化生产丙烯腈的化学反应是一个复杂的化学反应体系,伴随着许多副反应,反应除获得主产物丙烯腈之外,还有副产物乙腈、氢氰酸、羧酸、醛和酮类、一氧化碳和二氧化碳等。

丙烯氨氧化的催化剂常用 V_2O_5,此外,还要加入各种助催化剂以改善其选择性。载体一般是粗孔硅胶,常使用流化床反应器。

（3）乙烯环氧化制环氧乙烷

环氧乙烷是重要的化工原料,被广泛地应用于洗涤、制药、印染等工业,如为非离子表面活性剂脂肪醇聚氧乙烯醚(AEO-9)原料。反应的催化剂活性成分为银,常在反应气体中掺入少量二氯乙烷以控制副反应,采用固定床催化剂。以前用空气氧化法,催化剂寿命短,工艺流程复杂,尾气需要净化,乙烯消耗定额高。现在常采用氧气氧化法,催化剂寿命长,工艺流程简单,尾气排放少,乙烯消耗定额低。可循环利用反应生成的二氧化碳来调整反应气体中乙烯和二氧化碳的浓度以防止爆炸。

2.3 化学氧化反应

化学氧化法由于选择性高,工业简单,条件温和,易操作,所以是日常应用的常规氧化反应方法。化学氧化是除空气或氧气以外的化学物质作氧化剂的氧化方法。

化学氧化过程需要使用多种化学氧化剂,如高价金属化合物,卤素,含氮或硫的化合物、过氧化物等,氧化过程产生锰盐、氧化锰、铬盐、氧化铬等副产物,氧化原子经济性很差,不仅增加产物分离提纯难度,而且还带来污染环境的问题。有些化学氧化需在酸性或碱性介质中进行,如重铬酸钠氧化需要酸介质,高锰酸钾常用中性或碱介质。化学氧化过程产生大量含酸或碱、重金属盐的化学废水。一些化学氧化过程还产生废气,如硝酸氧化产生氧化氮气体。因此,选择和实施化学氧化,不仅要考虑氧化剂的选择、氧化选择性和收率等问题,更要考虑化学氧化过程对环境的污染问题,考虑并解决"三废"处理问题,避免造成环境污染。

2.3.1 高锰酸钾氧化

高锰酸的钠盐易潮解,钾盐具有稳定结晶状态,故用高锰酸钾作氧化剂。高锰酸钾是强氧化剂,无论在酸性、中性或碱性介质中,都能发挥氧化作用。在强酸性介质中的氧化能力最强,Mn^{7+} 还原为 Mn^{2+};在中性或碱性介质中,氧化能力弱一些,Mn^{7+} 还原为 Mn^{4+}。

$$2KMnO_4 + 3H_2SO_4 \longrightarrow 2MnSO_4 + K_2SO_4 + 3H_2O + 5[O]$$

$$2KMnO_4 + 2H_2O \longrightarrow 2MnO_2 + 2KOH + 3[O]$$

在酸性介质中,高锰酸钾的氧化性太强,选择性差,不易控制,而锰盐难于回收,工业上很少用酸性氧化法。在中性或碱性条件下,反应容易控制,MnO_2 可以回收,不需要耐酸设备;反应介质可以是水、吡啶、丙酮、乙酸等。

高锰酸钾是强氧化剂,能使许多官能团或 α-碳氧化。当芳环上有氨基或羟基时,芳环也被氧化。例如:

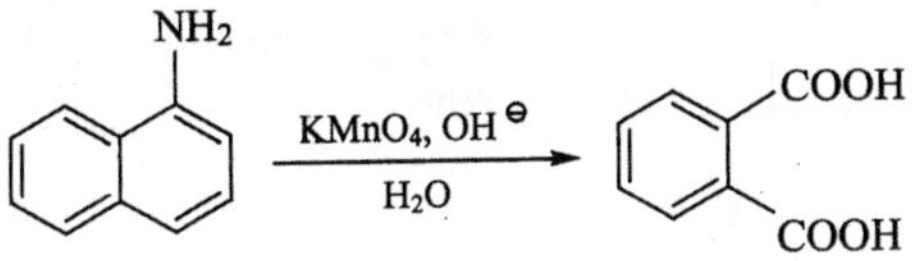

因此,当使用高锰酸钾作氧化剂时,对于芳环上含有氨基或羟基的化合物,要首先进行官能团的保护。

高锰酸钾氧化含有 α-氢原子的芳环侧链,无论侧链长短均被氧化成羧基。无 α-氢原子的烷基苯如叔丁基苯很难氧化,在激烈氧化时,苯环被破坏性氧化。当芳环侧链的邻位或对位含有吸电子基团时,很难氧化,但使用高锰酸钾作氧化剂反应能顺利进行。

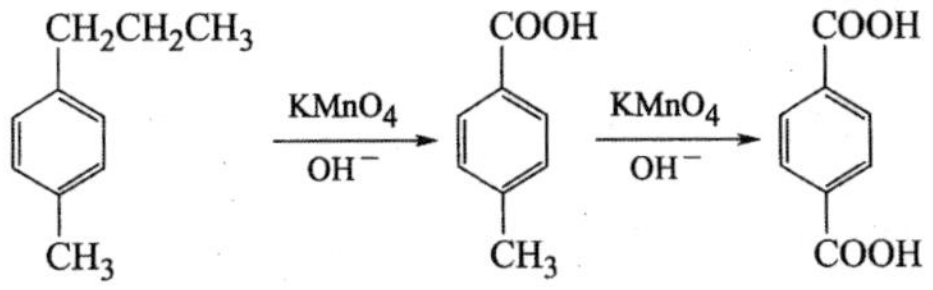

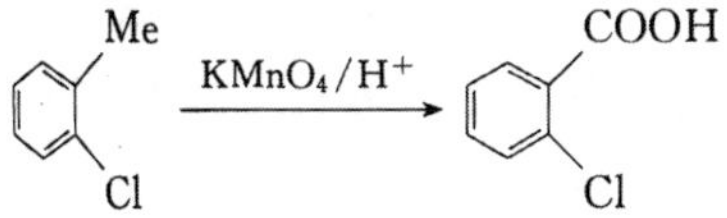

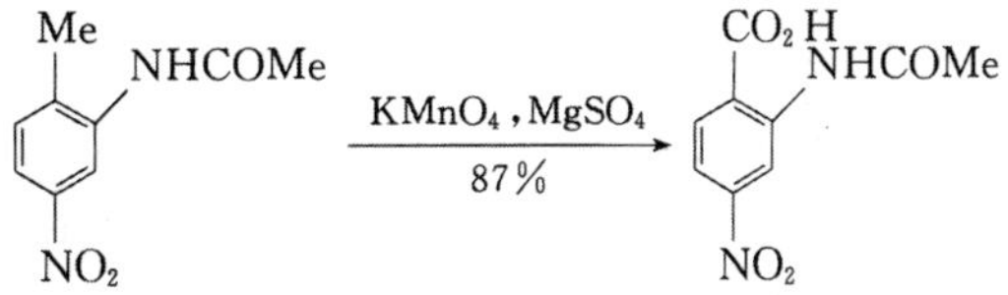

在酸性介质中,高锰酸钾氧化烯键,双键断裂生成羧酸或酮。例如:

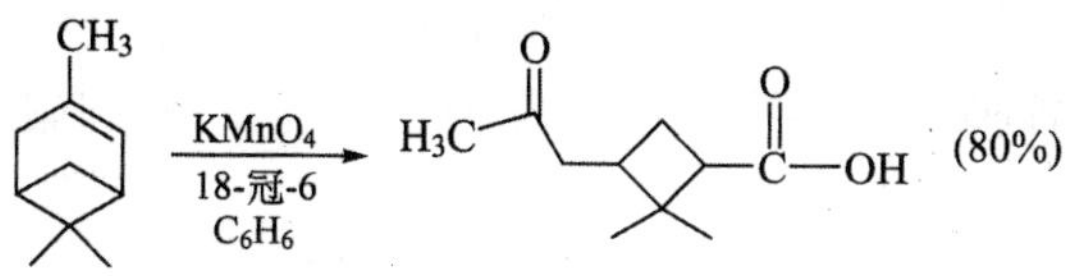

在碱性介质中,高锰酸钾和赤血盐一起氧化 3,4,5-三甲氧基苯甲酰肼得到磺胺增效剂 TMP 的中间体 3,4,5-三甲氧基苯甲醛。

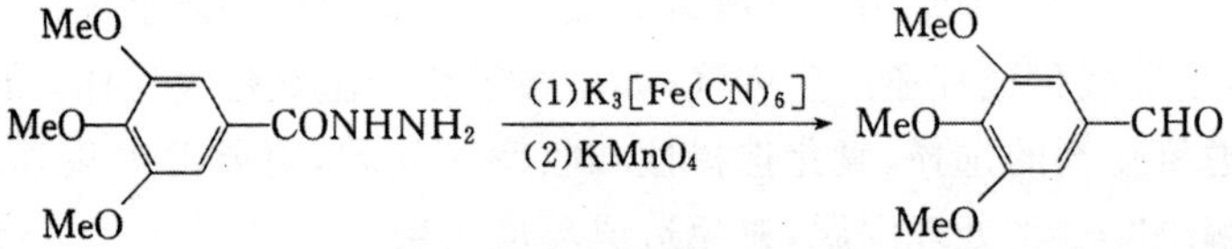

二氧化锰是较温和的氧化剂,可用于芳醛、醌类或在芳环上引入羟基等。二氧化锰特别适合于烯丙醇和苄醇羟基的氧化,反应在室温下,中性溶液(水、苯、石油醚和氯仿)中进行。在浓硫酸中氧化时,二氧化锰的用量可接近理论值,在稀硫酸中氧化时,二氧化锰需过量。

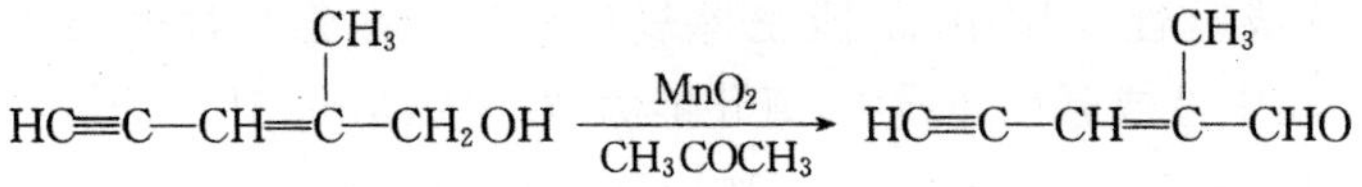

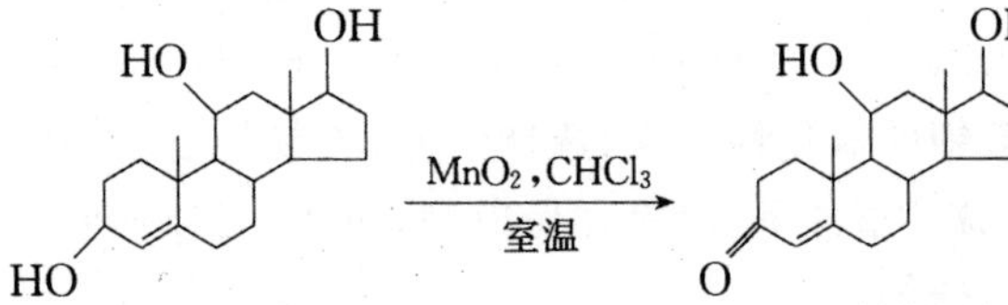

在脂肪醇存在下,二氧化锰能实现烯丙醇和苄醇的选择性氧化。例如,合成生物碱雪花胺的过程。

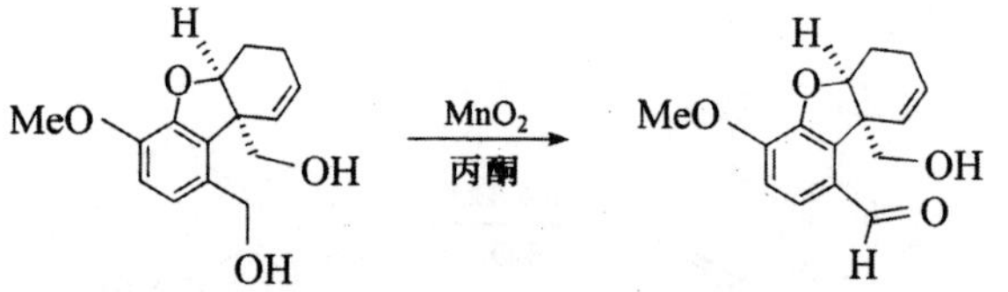

97%

三价硫酸锰也是温和的氧化剂,可将芳环侧链的甲基氧化成醛基。例如:

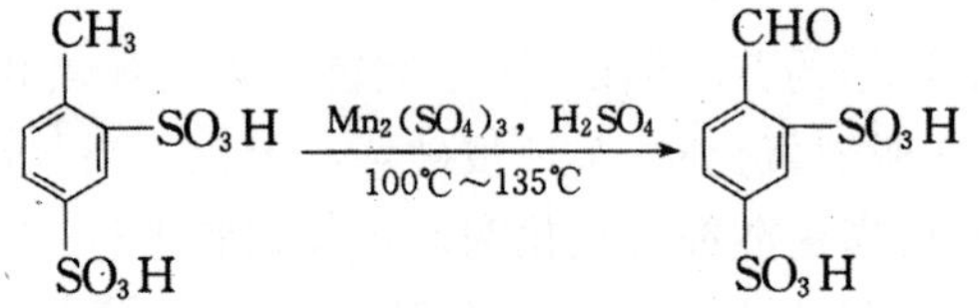

2.3.2　铬化合物的氧化

最常用的铬氧化物为 $[Cr(Ⅵ)]$,存在形式有 $CrO_3 + OH^-$、$HCrO_4^-$、$Cr_2O_7^{2-} + H_2O$。$Cr(Ⅵ)$ 氧化剂常用的有重铬酸钾(钠)的稀硫酸溶液($K_2Cr_2O_7$-H_2SO_4);三氧化铬溶于稀硫酸的溶液(Jones 试剂,CrO_3-H_2SO_4);三氧化铬加入吡啶形成红色晶体(Collins 试剂,CrO_3·2 吡啶;Sarett 试剂,CrO_3/吡啶);三氧化铬加入吡啶盐酸中形成橙黄色晶体(PCC,CrO_3-Pyr-HCl);重铬酸吡啶盐亮橙色晶体(PDC,$H_2Cr_2O_7$·2Pyr)。

Sarett 试剂、Collins 试剂、PCC 和 PDC 试剂都是温和的选择性氧化剂,可溶于二氯甲烷、氯仿、乙腈、DMF 等有机溶剂,能将伯醇氧化成为醛,仲醇氧化成酮,碳碳双键不受影响。

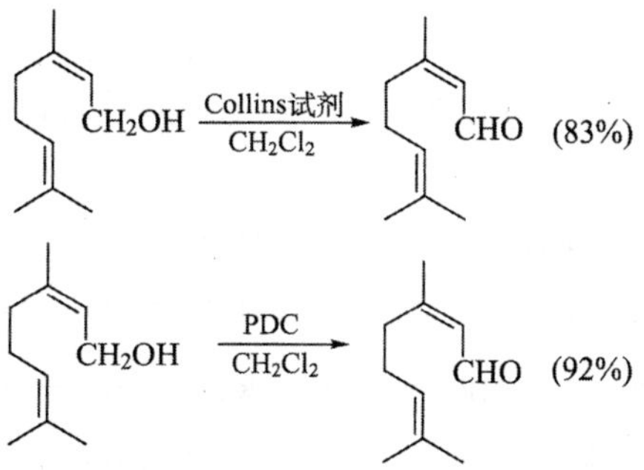

(83%)

(92%)

溶剂的极性对氧化剂的氧化能力有很大的影响。如 PDC 氧化剂,在不同极性的溶剂中可得到不同的产物。

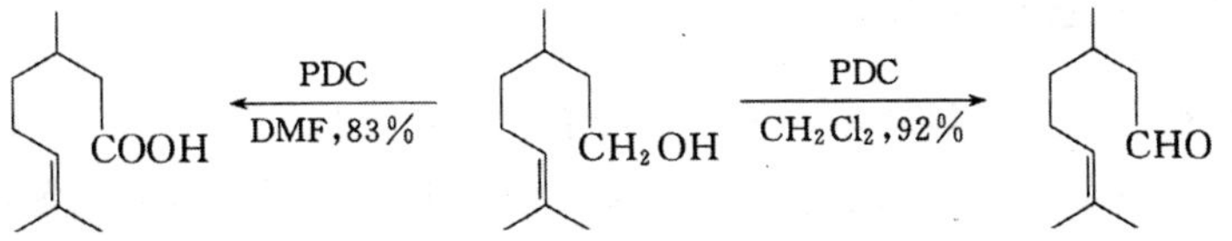

2.3.3　过氧化氢的氧化

过氧化氢是温和的氧化剂,通常使用 $30\% \sim 42\%$ 的过氧化氢水溶液。过氧化氢氧化后生成水,无有害残留物。但是双氧水不够稳定,只能在低温下使用,工业上主要用于有机过氧化物和环氧化合物的制备。

1. 制备有机过氧化物

过氧化氢与羧酸、酸酐或酰氯反应生成有机过氧化物。如在硫酸存在下,甲酸或乙酸用过氧化氢氧化,中和得过甲酸或过乙酸水溶液。

$$CH_3\overset{\displaystyle O}{\overset{\displaystyle \|}{C}}-OH + H_2O_2 \xrightarrow{H_2SO_4} CH_3\overset{\displaystyle O}{\overset{\displaystyle \|}{C}}-O-OH + H_2O$$

酸酐与过氧化氢作用,可直接制得过氧二酸。

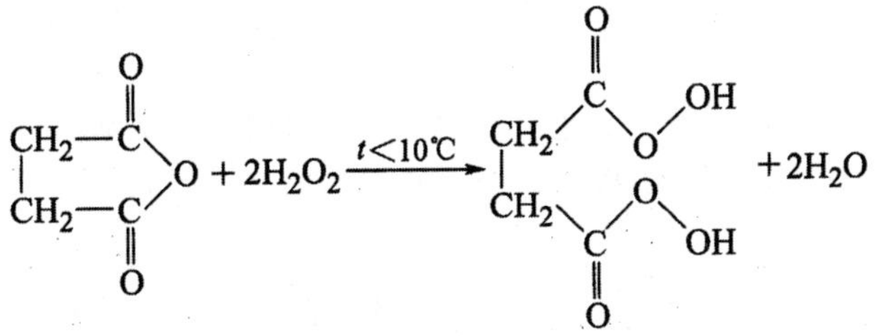

在碱性溶液中,苯甲酰氯用过氧化氢氧化,可得过氧化苯甲酰。

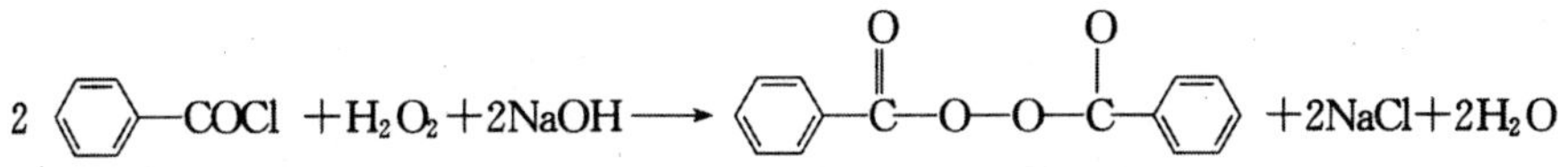

氯代甲酸酯与过氧化氢的碱性溶液作用,得多种过氧化二碳酸酯,其中重要的酯有二异丙酯、二环己酯、双-2-苯氧乙基酯等。

2.制备环氧化物

用过氧化氢氧化不饱和酸或不饱和酯,可制得环氧化物。例如,精制大豆与在硫酸和甲酸或乙酸存在下与双氧水作用可制取环氧大豆油。

$$HCOOH + H_2O_2 \longrightarrow HCOOOH + H_2O$$

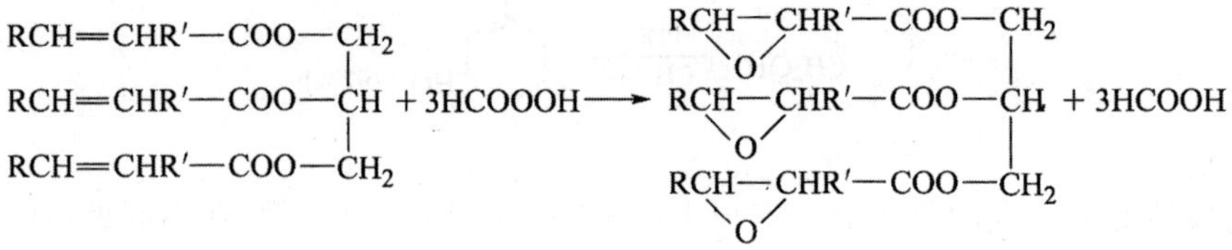

$$
\begin{array}{l}
RCH = CHR' - COO - CH_2 \\
RCH = CHR' - COO - CH \quad + 3HCOOOH \longrightarrow \\
RCH = CHR' - COO - CH_2
\end{array}
\quad
\begin{array}{l}
RCH - CHR' - COO - CH_2 \\
\quad\;\; O \\
RCH - CHR' - COO - CH \quad + 3HCOOH \\
\quad\;\; O \\
RCH - CHR' - COO - CH_2 \\
\quad\;\; O
\end{array}
$$

2.3.4 有机过氧酸的氧化

有机过氧酸是重要的氧化剂之一。过氧酸的氧化性主要是应用于对 C=C 双键的环氧化和把酮氧化成酯的反应。常用的有机过氧酸有过氧乙酸(CH_3CO_3H)、过氧三氟乙酸(F_3CCO_3H)、过氧苯甲酸($C_6H_5CO_3H$,PBA)、过氧间氯苯甲酸(m-$ClC_6H_4CO_3H$,m-CPBA)。一般有机过氧酸不稳定,要在低温下储备或在制备后立即使用。过氧间氯苯甲酸(m-CPBA)的应用较广泛,主要是它的酸度适中,反应效果好,易于控制,比较稳定,可以在室温下储存。

过氧酸的氧化能力与其酸性的强弱成正比:

$$CF_3CO_3H > p\text{-}NO_2C_6H_4CO_3H > m\text{-}ClC_6H_4CO_3H > C_6H_5CO_3H > CH_3CO_3H$$

有机过氧酸一般用过氧化氢氧化相应的羧酸得到。例如:

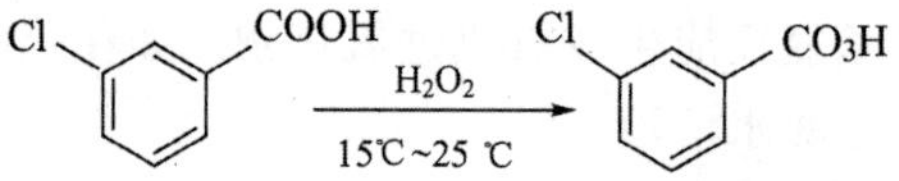

间氯苯甲酸   过氧间氯苯甲酸

①过氧酸与烯键环氧化反应是亲电性反应,该反应的机理如下:

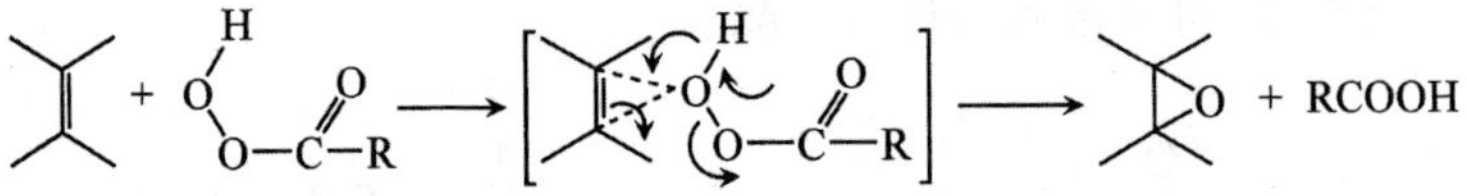

不同取代程度的烯烃,环化的相对速率不同。碳碳双键上的烷基越多,环氧化速率越大。当分子中有两个烯键时,优先环氧化碳碳双键上烷基多的烯烃。例如:

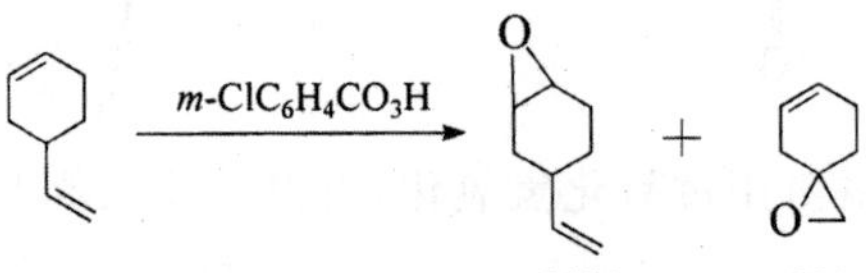

91%   3%

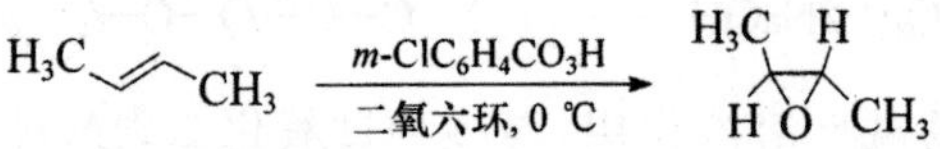

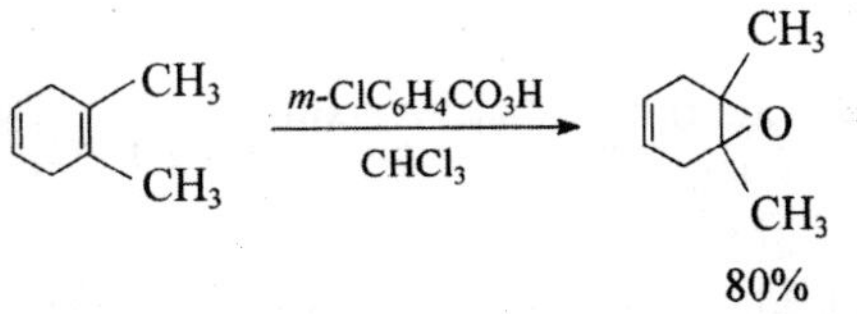

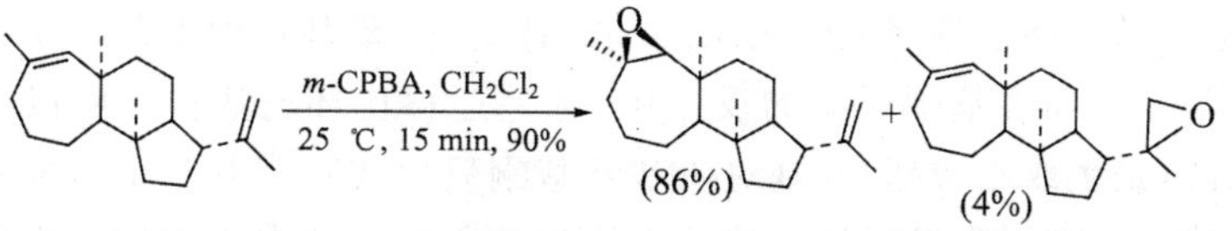

80%

(86%)　　　(4%)

　　烯烃与过氧酸的反应是空间立体定向的反应,当环烯烃上有取代基时,由于分子存在空间位阻的影响,过氧酸一般从位阻小的一面进攻双键,主要生成反式的环氧化物。例如,降冰片烯的环氧化,反应式如下:

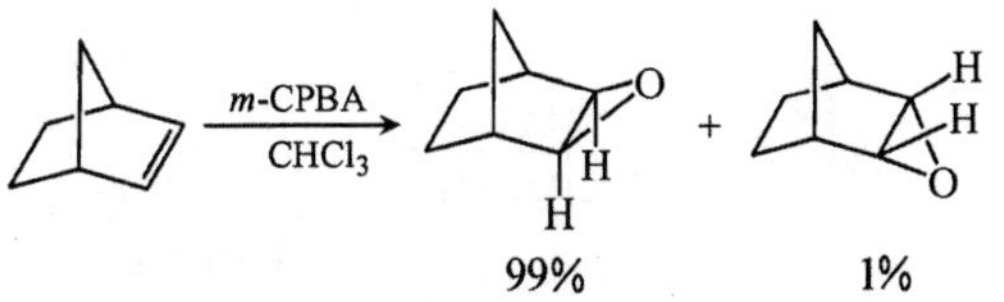

99%　　　1%

　　但是烯丙式醇用过氧酸氧化时,由于过氧酸和醇羟基之间形成氢键,使过氧酸的亲电性氧原子与羟基在同一面进攻烯键,生成的产物 syn 式。例如:

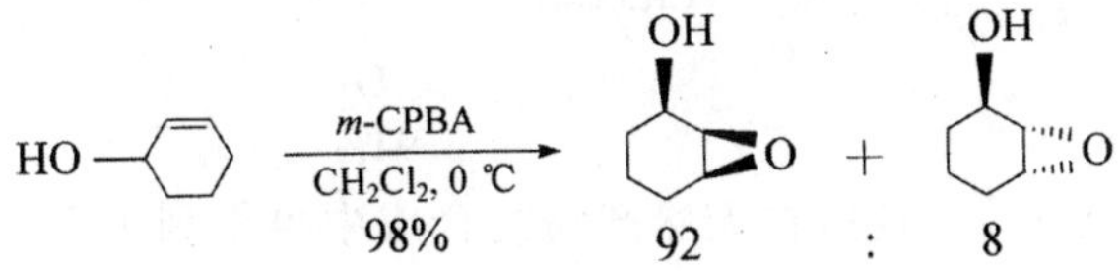

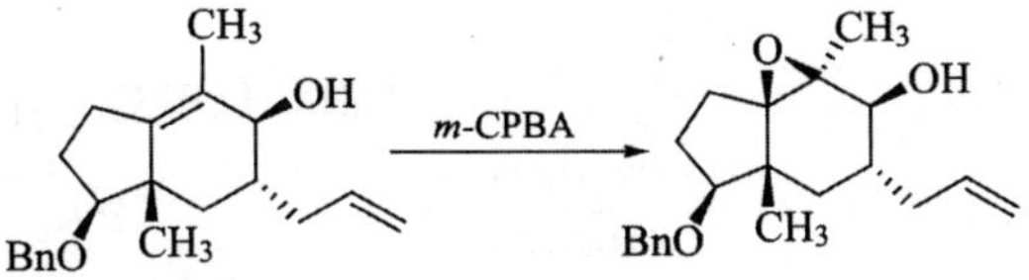

98%　　92　:　8

　　②Baeger-Villiger 反应,是酮类化合物在过氧化物或过氧化氢氧化下,在羰基和一个邻近烃基之间引入一个氧原子,得到相应的酯的反应。其反应机理如下:

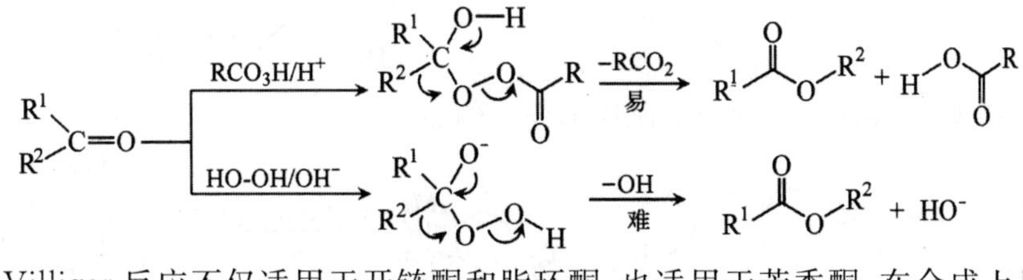

　　Baeger-Villiger 反应不仅适用于开链酮和脂环酮,也适用于芳香酮,在合成上用于制备多种甾族和萜类内酯以及中环和大环内酯化合物。此外,该反应还提供了一种由酮制备醇的方法,即将生成的酯水解。例如:

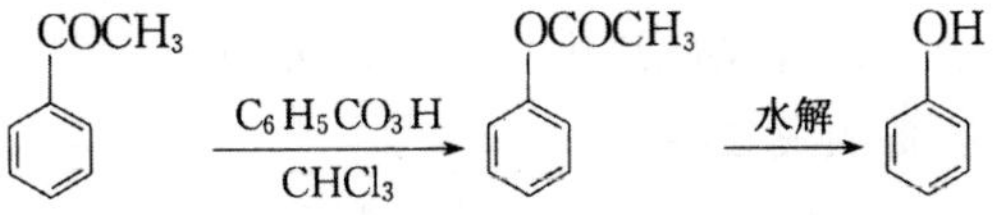

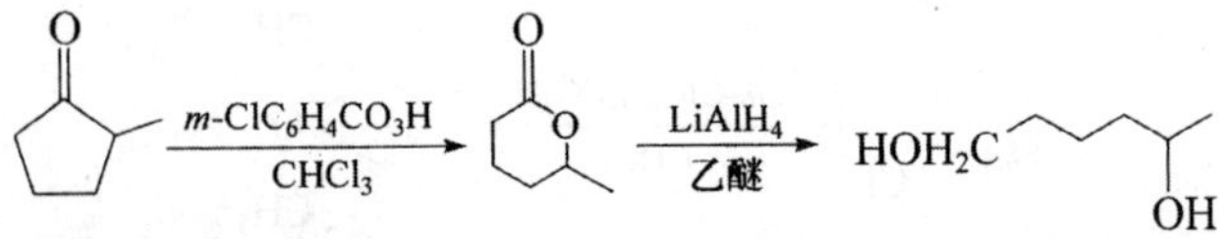

对于不对称酮,羰基两边的基团不同,两个基团都可以发生迁移,基团的亲核性越大,迁移的倾向性也越大,重排基团移位顺序大致为叔烷基＞仲烷基,苯基＞伯烷基＞甲基,对甲氧苯基＞苯基＞对硝基苯基。在环己基苯甲酮的反应中,苯基迁移比环己炔快。所以在 Baeger-Villiger 反应中,甲基酮类总是生成乙酸酯;苯基对硝基苯基酮只生成对硝基苯甲酸酯;叔丁基甲基酮也只生成乙酸叔丁酯。这是因为基团的迁移的难易与其所处过渡态中容纳正电荷的能力有关,但在某些情况下似乎也与立体效应有关[①],同时与实验条件也有一定的关系。在桥环二酮的 Baeger-Villiger 反应中,这种影响特别明显。例如,1-甲基降樟脑用过氧乙酸氧化时,可以生成正常的内酯,而表樟脑则只生成反常产物。

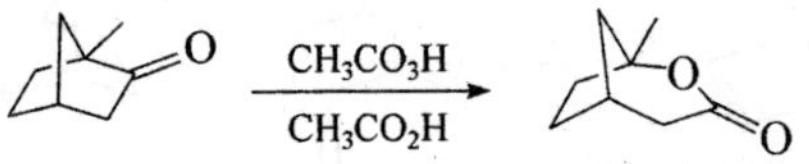

桥环二酮的 Baeger-Villiger 反应在天然产物的合成中也得到了广泛的应用。例如,合成前列腺素的中间体的制备:

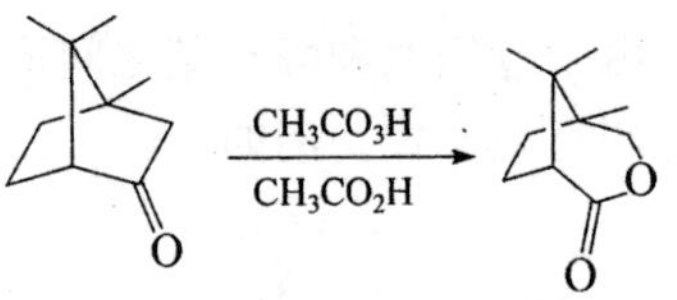

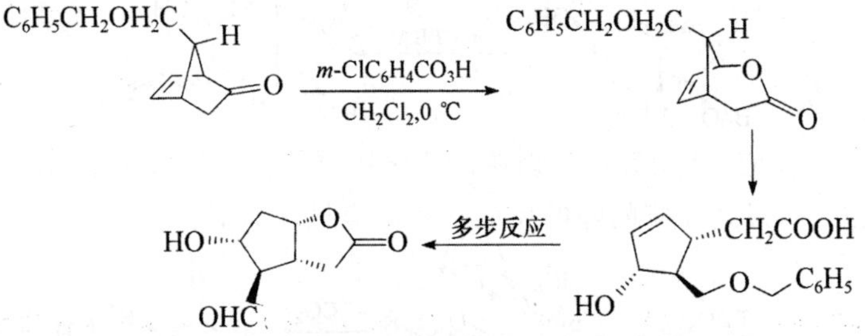

当迁移基团是手性碳时,手性构型保持不变。例如:

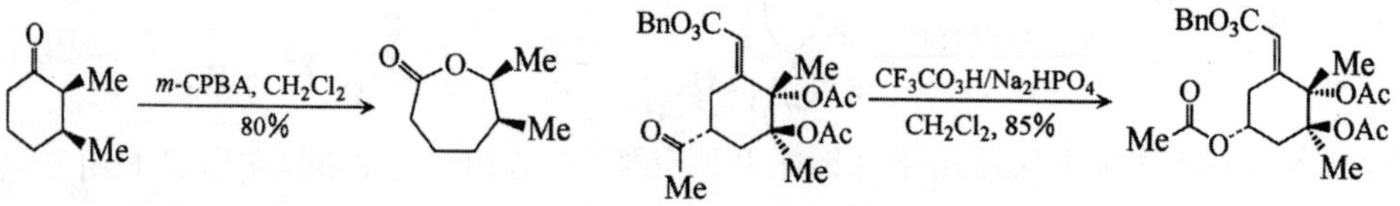

2.3.5 四氧化锇氧化

烯烃与四氧化锇反应是烯烃顺式双羟基化的最好方法,但由于四氧化锇昂贵而且有毒,这种反应只适合于实验室中少量制备顺式二醇。

四氧化锇氧化烯烃,首先生成锇-碳键的四元环状配合物,该配合物被还原水解或氧化水解

① 王玉炉. 有机合成化学. 北京:科学出版社,2009.

后生成相应的顺式二醇，有机碱特别是吡啶能加速反应，通常将吡啶加至反应介质中，几乎定量地析出光亮的有色配合物，在该配合物中锇与两分子碱配位。如果用手性的碱代替吡啶，可以得到对映体过量的手性二醇。

四氧化锇可以作为催化剂和其他氧化剂一起配合使用。以前用的氧化剂是氯酸盐和过氧化氢，现在采用叔丁基过氧化氢和叔胺氧化物效果更好。在这种反应中，初始的锇酸酯被氧化剂氧化水解生成四氧化锇，再生的四氧化锇继续参与反应，因此少量四氧化锇就能满足需要。用氯酸盐和过氧化氢的缺点是在某些情况下能形成过度氧化的产物，不能氧化三取代和四取代双键，而采用叔丁基过氧化氢则可克服上述缺点。加入四氧化锇反应时由于试剂的空间要求较大；反应通常优先发生在位阻较小的双键一侧。

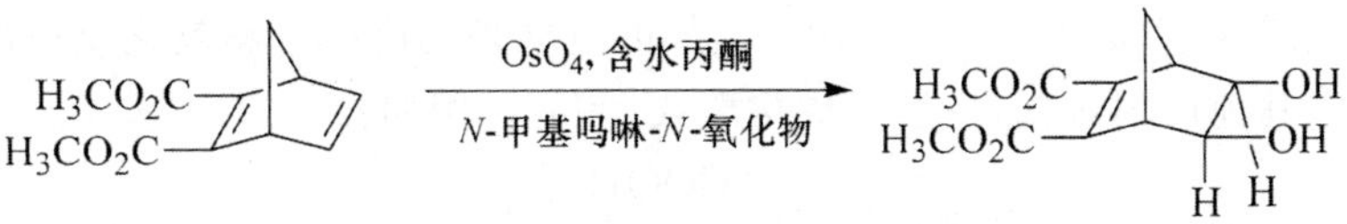

四氧化锇对烯丙醇类化合物的氧化是一种制备 1，2，3-三醇的方法。此外，四氧化锇与醇及相应醚的反应具有高度的立体选择性，选择地形成羟基和新导入的相邻羟基呈赤式关系的异构体。例如，2-环己烯醇被四氧化锇氧化生成三醇。反应是通过四氧化锇对烯丙醇的选择性加成进行的，即优先与羟基相反的双键一侧加成。

2.3.6　其他氧化方法

1. 二甲亚砜的氧化

二甲亚砜是一种重要的非质子极性溶剂，具有氧化剂的特性。它可使卤代酮、醇的对甲基苯磺酸酯氧化成相应的醛或酮，也能使环氧乙烷氧化成 α-羟基酮。例如：

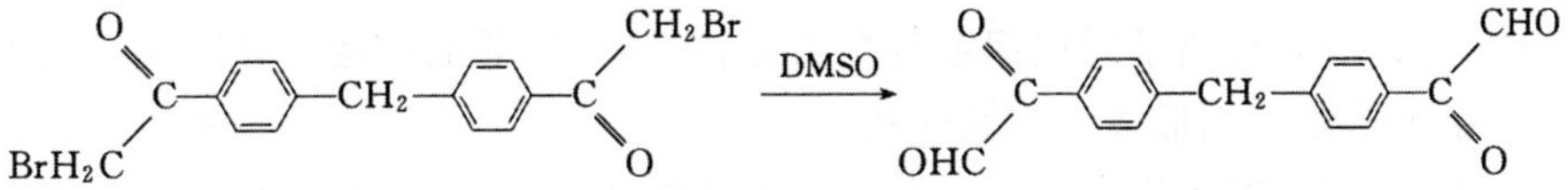

$$(Me)_2S{=}O + R{-}CH_2{-}X \xrightarrow{-X^-} (Me)_2\overset{+}{S}H{-}O{-}CH_2{-}R \xrightarrow{-H^+} (Me)_2S + RCHO$$

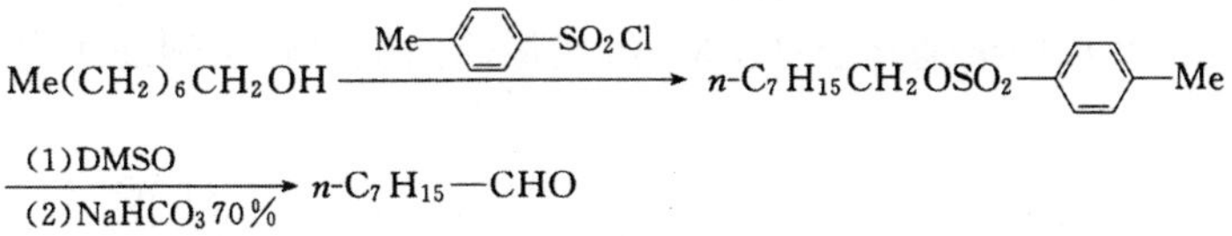

$$(Me)_2S{=}O + R{-}CH_2{-}O{-}\overset{O}{\overset{\|}{C}}{-}Cl \xrightarrow[-Cl^-]{OH^-} (Me)_2{-}\overset{+}{S}{-}O{-}\overset{O}{\overset{\|}{C}}{-}OCH_2R \longrightarrow (Me)_2S + RCHO$$

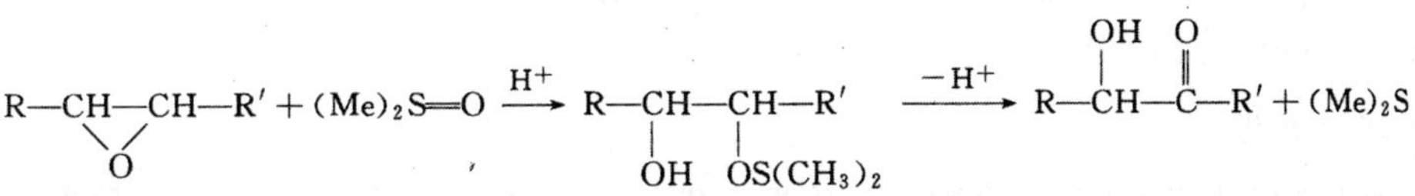

二甲亚砜与乙酐的混合试剂叫做 Albright-Goldman 氧化剂，二甲亚砜与草酰氯的混合试剂叫做 Swern 氧化剂，二甲亚砜与 DCC(二环己基碳酰二亚胺)的混合试剂叫做 Moffatt 氧化剂。它们都是温和的氧化剂，能把伯醇和仲醇氧化为相应的醛和酮，并且对烯键没有影响。例如：

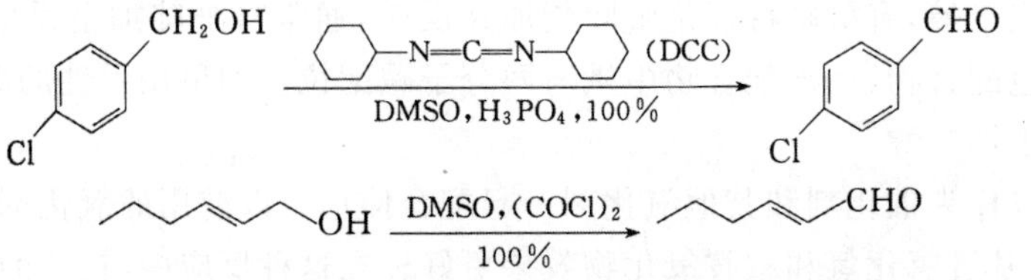

2.臭氧分解

烯烃与臭氧反应形成的臭氧化物裂解是断裂碳-碳双键的一种非常方便的方法。臭氧分子作为亲电试剂与碳-碳双键反应首先形成臭氧化物,该臭氧化物能发生氧化断裂或还原断裂,形成羧酸、酮或醛。烯烃的臭氧化通常是在室温或低于室温下,将烯烃溶于适当溶剂(如二氯甲烷或甲醇)或悬浮在溶剂中,通入含 2%～10% 臭氧的氧气来完成的。臭氧化反应的粗产物不经分离,用过氧化氢或其他试剂氧化,一般形成羧酸和/或酮。例如:

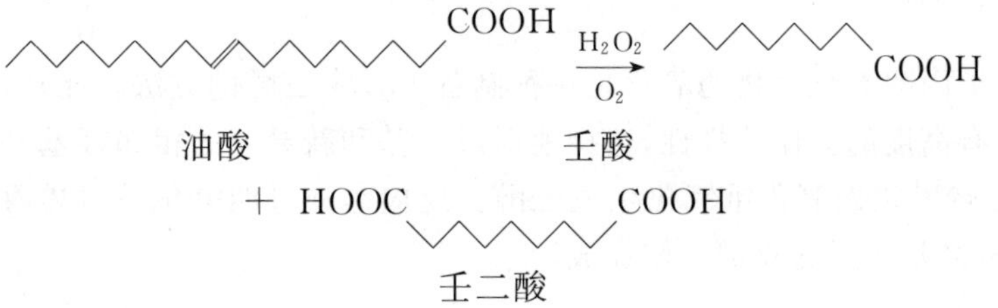

粗臭氧化物经还原生成醛和酮,可以用催化氢化、锌和酸或亚磷酸三乙酯来还原,醛的收率通常不高。而在中性条件下,用二甲硫醚还原,则可高收率地得到醛,分子中的硝基和羰基通常不受影响。这是因为烯烃在甲醇溶液中被臭氧化后,生成的氢过氧化物被二甲硫醚还原为半缩醛。采用无味的硫脲同样能得到较好的结果。

烯烃的臭氧化首先形成一种臭氧环化物,其分解生成两性离子和羰基化合物。在惰性溶剂中,羰基化合物可以与两性离子反应而形成臭氧化物,两性离子也可能二聚形成过氧化物或形成聚合物。在质子型溶剂中则形成氢过氧化物。

在惰性溶剂中,四甲基乙烯的臭氧氧化分解得到环状过氧化物和两酮,但在反应混合物中加入甲醛时,分离出异丁烯的臭氧化物。显然,在惰性溶剂中,两性离子中间体发生了二聚;而在甲醛中,两性离子优先与活泼的羰基化合物反应,虽然烯烃的臭氧化机理还不是十分清楚,但得到实验的证实。

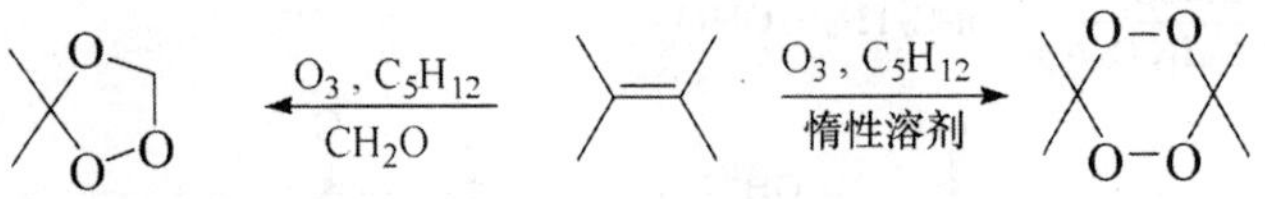

α,β-不饱和酮或酸臭氧化生成的产物,碳原子数有时会减少。例如,三环 α,β-不饱和酮臭氧化生成少一个碳原子的酮酸。

3.钯催化氧化

乙烯被氧和 Pd(Ⅱ)的盐酸水溶液氧化为乙醛,是工业制备乙醛的重要方法,称为 Wacker 反应。反应中,Pd(Ⅱ)被还原为金属钯,在氯化铜催化下,空气或氧气将金属钯再氧化为 Pd(Ⅱ)。此反应开始是通过乙烯的反式羟钯化形成一种不稳定的配合物,然后该配合物迅速发生 β-消除,并通过钯将乙烯的一个碳上的氢转移到另一个碳上,最后断裂 C—Pd 键得到乙醛和 $PdCl_2$。其反应机理如下:

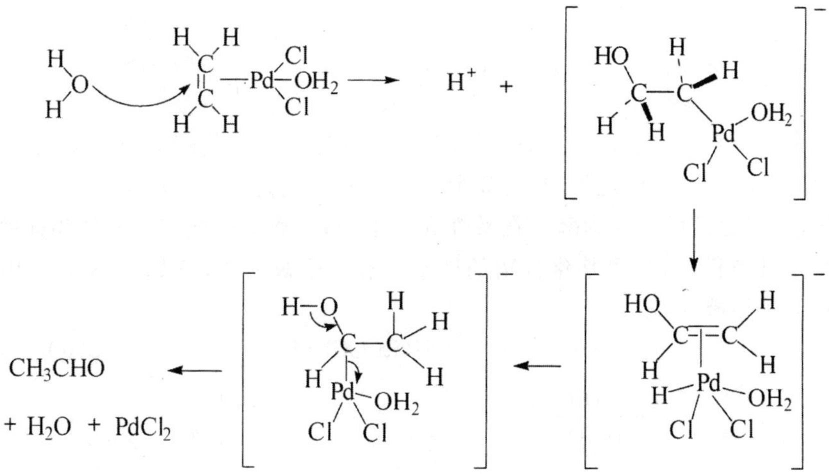

若反应在氧化氘中进行,生成的乙醛中不含氘,说明是碳上的氢发生转移,而不是反应介质中的氘发生转移。末端烯烃也可以通过反式羟钯化氧化为甲基酮。

4. 硝酸铊

在甲醇溶液中,烯烃与硝酸铊反应生成羰基化合物或 1,2-二醇的二甲醚。硝酸铊与环烯烃反应,通过氧化重排生成环状缩合产物。六元和七元环烯最容易发生这种反应。例如,在室温甲醇溶液中,环己烯几乎可以瞬间与硝酸铊反应,生成环戊基甲醛缩二甲醇;环庚烯被转化为环己基甲醛缩二甲醇。

用硝酸铊的甲醇溶液处理苯乙烯类化合物时也能形成 1,2-二甲氧基衍生物,而在稀硝酸中反应将发生重排生成芳基乙醛类化合物,收率较高。

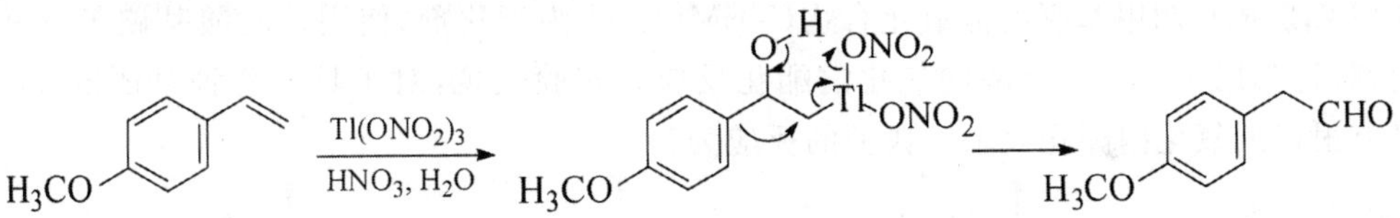

炔烃通过硝酸铊氧化所得的产物与其结构有关。在酸性溶液或甲醇中,二芳基炔与两当量的硝酸铊反应生成高收率的联苯酰类化合物;二烷基炔与硝酸铊反应生成偶姻类化合物。硝酸铊氧化烷基芳基炔,在酸性溶液中生成混合物;在甲醇中发生重排生成 α-烷基芳基乙酸甲酯。在酸化的甲醇中,用硝酸铊氧化乙酰苯类化合物,同样能得到芳基乙酸酯类。

在酸性溶液中,单烷基乙炔能被两当量的硝酸铊氧化,生成失去端碳原子的羧酸。例如,1-辛炔被硝酸铊氧化首先生成 α-酮醇,再被第二分子的硝酸铊降解生成庚酸。

5. 芳香烃的氧化

苯环上不存在具有活化作用的羟基或氨基时,芳香烃与铬酸或高锰酸钾的反应只能缓慢进行,并且烷基支链将降解形成苯甲酸。这是制备苯甲酸类化合物常用的方法。如苯环上存在羟基或氨基,可将其转变为甲醚或乙酰衍生物,否则羟基或氨基将活化被进攻的苯环,形成苯醌或与过量试剂作用发生完全氧化形成二氧化碳和水。对于比甲基长的支链,氧化进攻总是发生在苄基碳原子上。例如,乙苯氧化时除苯甲酸外还生成苯乙酮。

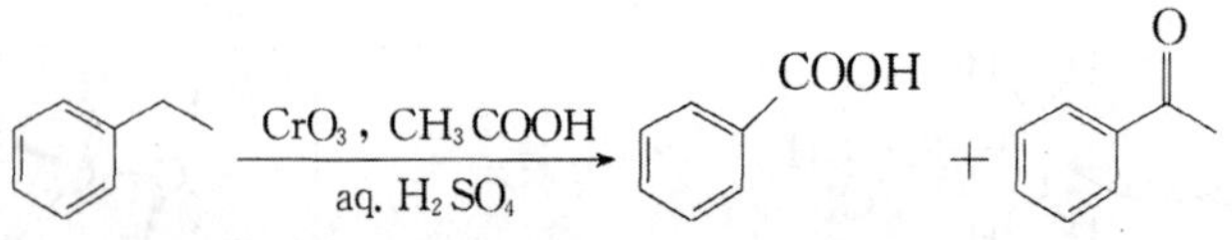

在醋酸酐中用三氧化铬氧化,或用铬酰氯的二硫化碳或四氯化碳溶液氧化,能使连在苯环上的甲基转变为氢甲酰基。反应过程中,首先形成的一种组成为烃:$CrO_2Cl_2 = 1:2$ 的复合物抑制了进一步氧化,经水处理后转变为醛。在酸性介质中,高铈离子也能将与芳环相连的甲基氧化为氢甲酰基。在正常条件下,多甲基化合物的甲基只有一个被氧化,例如,1,3,5-三甲基苯定量地生成 3,5-二甲基苯甲醛。

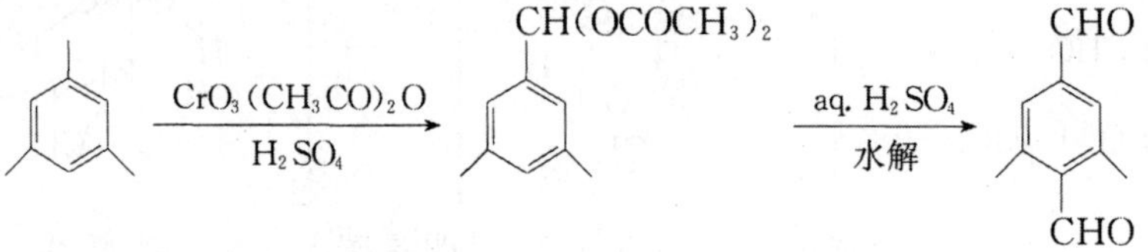

6. N-溴代丁二酰亚胺(NBS)的氧化

N-溴代丁二酰亚胺(NBS)不仅是一个活泼的溴代剂,而且在水存在下还是一个具有高度选择性的氧化剂。例如,在二氧六环-水溶剂中,NBS 将仲醇氧化成酮,把 α-羟基酮氧化成邻二酮。

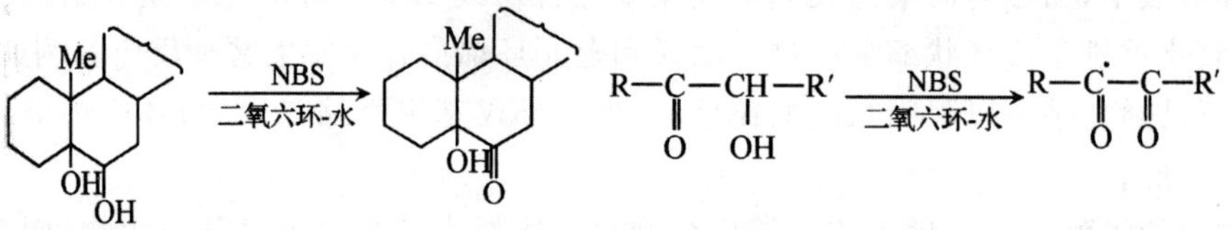

7. TEMPO 氧化

使用 2,2,6,6-四甲基哌啶氮氧化合物(TEMPO)作为氧化剂,使用二乙酸基碘苯(BAIB)为共氧化剂,将其用于 1,5-二元醇的氧化内酯化反应。实验发现,对于具有各种基团的 1,5-二元醇均具有很好的氧化内酯化效果。典型的反应为:

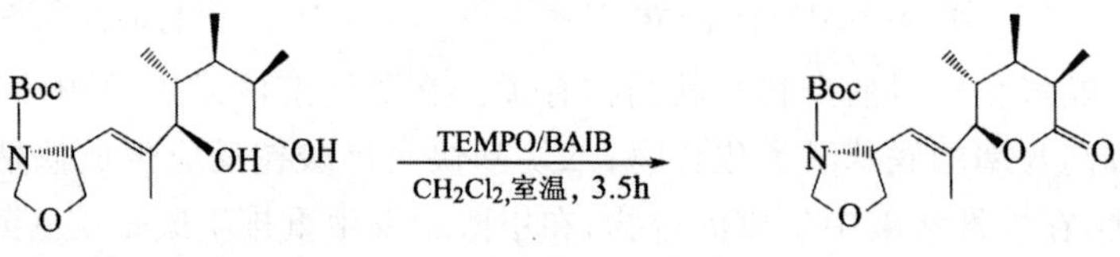

8. 离子液体为溶剂的氧化反应

采用离子液体[PF$_6$]作为反应溶剂,并将 OsO_4 形成有机络合物,可以成功地应用于各类烯烃的双羟基化。典型的反应有:

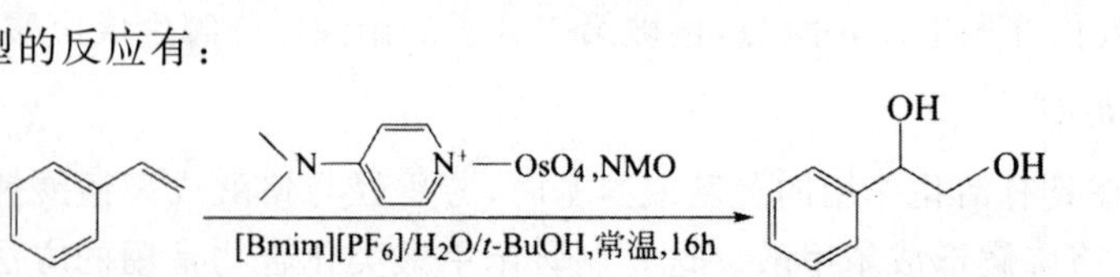

9. 微波促进的氧化反应

微波在有机反应中有很多应用,其最大的优点是可有效地提高反应速率、缩短反应时间。Chakraboraborty 等以微波为强化条件,以吡啶氯代铬酸盐为氧化剂,可在 2min 内完成包括直链脂肪肟在内的各种肟有效氧化。典型的反应有:

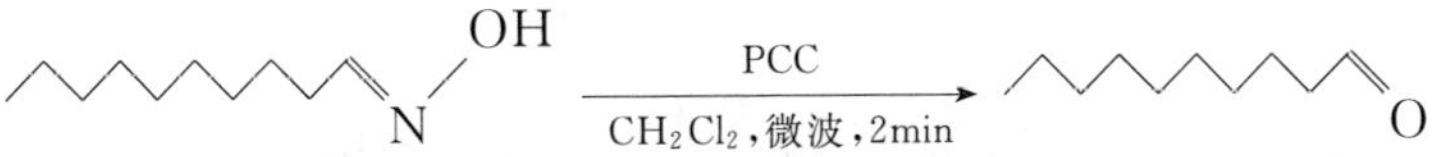

在将氧化剂固载化的过程中,发现以二氧化硅为固载材料在微波下具有最佳的效果。Bendale 等将 CrO_3 负载于二氧化硅上,可在数以秒计的时间内完成多种肟的氧化。典型的反应有:

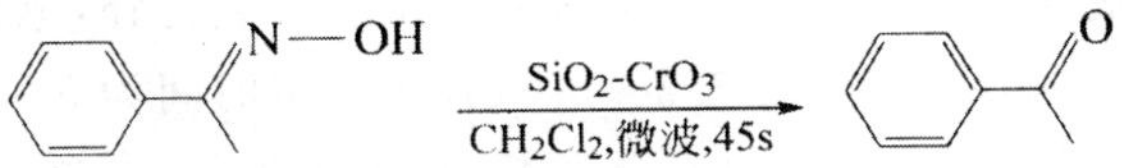

2.4　电解氧化反应

2.4.1　电解氧化法的概述

电解氧化是指有机化合物的溶液或悬浮液,在电流作用下,负离子向阳极迁移,失去电子的反应。电解氧化与化学氧化或催化氧化相比,具有较高的选择性和收率,所使用的化学试剂简单,反应条件比较温和,产物易分离且纯度高,"三废"污染较少。但是,电解氧化需要解决电极、电解槽和隔膜材料等设备、技术问题,电能消耗较大。由于是一种有效地绿色合成技术,近年来发展很快。

根据化学反应和电解反应是否在同一电解槽中进行,电解氧化分为直接电解氧化和间接电解氧化。

1. 直接电解氧化法

直接电解氧化是在电解质存在下,选择适当的阳极材料,并配合以辅助电极(阴极),化学反应直接在电解槽中发生。该方法设备和工序都较简单,但不容易找到合适的电解条件。

对叔丁基苯甲醛可由对叔丁基甲苯经直接电解氧化得到。在无隔膜聚乙烯塑料电解槽中,碳棒为阳极和阴极,甲醇、乙酸和氟硼酸钠的混合液为电解液,电解对叔丁基甲苯,获得对叔丁基苯甲醛 40% 的选择性。

电化学方法是传统制备内酯的方法之一。Kashiwagi 等将(6S,7R,10R)-SPIROX-YL 固定在石墨电极上,用于二元醇的催化氧化内酯化,可获得对映选择性非常高的内酯物。

例如,苯或苯酚在阳极氧化得对苯醌的反应,其反应式如下:

阳极反应:

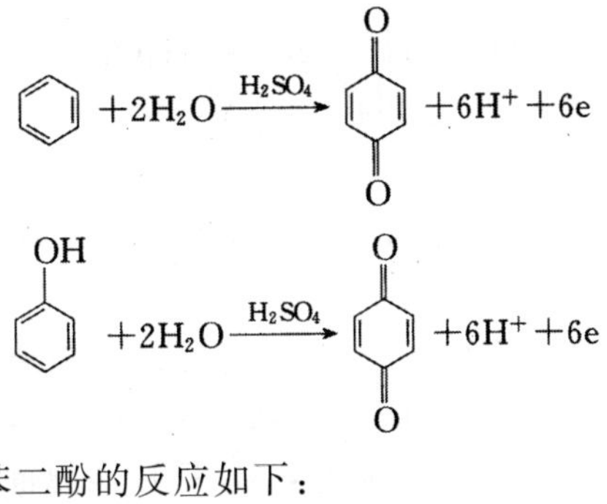

对苯醌在阴极还原为对苯二酚的反应如下:

阴极反应:

$$\text{（苯醌结构）} + 2H_2O + 2e \xrightarrow{H_2SO_4} \text{（对苯二酚结构）} + 2OH^-$$

反应用的电解质溶液为 10％ H_2SO_4，阳极采用镀钛的二氧化钋，电极电压为 4.5V，电流密度为 $4A/dm^2$，电解温度为 40℃，压力为 0.2～0.5MPa，停留时间为 5～10s，对苯二酚收率可达80％，电流效率 44％。虽然对苯二酚的收率提高了，但是反应更加耗能。

若反应以稀硫酸为电解质，以屏蔽的镍或铜为阳极，铂-钛合金为阴极，在 34℃～39℃下，苯酚氧化电解，对苯二酚收率可达 60％，而电流效率仅为 28.1％。

对电解条件不易选择，不易解决电解质及电极表面污染等问题时，可用间接电解氧化法。

2.间接电解氧化法

间接电解氧化是化学反应与电解反应不在同一设备中进行。以可变价金属离子作为传递电子的媒介，高价金属离子作为氧化剂将有机物氧化，高价金属离子被还原成低价金属离子；在阳极，低价金属离子氧化为高价离子，并引出电解槽循环使用。

电解氧化的电极在工作条件下，应稳定，否则影响反应的方向及效率。用水作介质时，阳极应选氧超电压高的材料，防止氧气放出。阴极选用氢超电压低的材料，以有利于氢的放出。常用阳极材料有铂、镍、银、二氧化铅、二氧化铅/钛、钋/钛等，阴极材料有碳、镍、铁等。

用于间接电解氧化的媒质有金属离子对如 Ce^{4+}/Ce^{3+}、Co^{3+}/Co^{2+}、Mn^{3+}/Mn^{2+}、$Cr_2O_7^{2-}/Cr^{3+}$ 等和非金属媒质，如 BrO^-/Br、ClO^-/Cl^-、$S_2O_8^{2-}/SO_4^{2-}$、IO_3^-/IO_4^-。以 Mn^{3+}/Mn^{2+} 为媒质对甲苯电解氧化合成苯甲醛为例，媒质电解反应式为：

$$\text{阳极} \quad Mn^{2+} \longrightarrow Mn^{3+} + e$$
$$\text{阴极} \quad 2H^+ + 2e \longrightarrow H_2 \uparrow$$

反应物的氧化反应为：

$$C_6H_5CH_3 + 4Mn^{3+} + H_2O \longrightarrow C_6H_5CHO + 4Mn^{2+} + 4H^+$$

对二甲苯可被间接电解氧化为对甲基苯甲醛。电解液为偏钒酸铵的硫酸水溶液和对二甲苯的混合液。在无隔膜的槽内式间接电氧化过程中，电极反应与氧化反应在同一电解质中进行，电解槽发生的主要反应为

阳极反应
$$V^{4+} \longrightarrow V^{5+} + e$$
$$2H_2O \longrightarrow O_2 + 4H^+ + 4e$$

阴极反应
$$O_2 + 2H^+ + 2e \longrightarrow H_2O_2$$
$$V^{5+} + e \longrightarrow V^{4+}$$

溶液中发生的反应为

$$p\text{-}C_6H_4(CH_3)_2 + 4V^{5+} + H_2O \longrightarrow p\text{-}CH_3C_6H_4O + 4V^{4+} + 4H^+$$
$$V^{4+} + H_2O_2 \longrightarrow V^{5+} + OH^- + HO\cdot$$
$$p\text{-}C_6H_4(CH_3)_2 + HO\cdot + O_2 \longrightarrow p\text{-}CH_3C_6H_4CHO + \text{其他}$$
$$V^{4+} + HO\cdot \longrightarrow V^{5+} + OH^-$$

在硫酸浓度 $10mol\cdot L^{-1}$、电流密度 $1.5mA\cdot cm^{-2}$、反应温度 60℃、反应时间 2h、V^{5+} 浓度 $0.4mol\cdot L^{-1}$ 以及溴化十六烷基三甲铵（CTAB）浓度 $0.001mol\cdot L^{-1}$ 的条件下，生成对甲基苯甲醛的电流效率为 61.9％，反应后的水溶液相可以循环利用。

2.4.2　电解氧化法的应用实例

1. 电解氧化制对氟苯甲醛

对氟苯甲醛是一种非常重要的化工原料,是合成农药、医药等化学产品的中间体。目前国内主要以芳烃为原料,经氟化,再用浓硫酸水解而制得。由于氟化过程易产生异构体,因而影响纯度,产生大量的有机废液,因此用锰盐为媒质,间接电解氧化对氟甲苯制备对氟苯甲醛是一种绿色合成的办法。

电解氧化的过程主要反应分为

电解反应:

$$Mn^{2+} \longrightarrow Mn^{3+} + e^-$$

合成反应:

$$p\text{-}FC_6H_4CH_3 + 4Mn^{3+} + H_2O \longrightarrow p\text{-}FC_6H_4CHO + 4Mn^{2+} + 4H^+$$

反应后的母液经过净化处理,回到电解槽中循环使用,对环境不造成污染。采用电解氧化法合成对氟苯甲醛,工艺简单,经济适用,产品纯度高,不仅可以生产对氟苯甲醛,还可以生产邻氟苯甲醛、间氟苯甲醛等多种异构体。

2. 电解氧化制维生素 K_3

以铬酐、β-甲基萘为原料,相转移合成维生素 K_3 的工艺过程中,会产生大量的铬废液,既不经济也不环保。采用电解氧化法,可以有效避开由于铬废液带来的问题。其工艺过程主要反应:

阳极氧化反应:

$$2Cr^{3+} + 7H_2O \longrightarrow Cr_2O_7^{2-} + 14H^+ + 6e$$

合成反应:

$$C_{11}H_{10} + H_2Cr_2O_7 + 3H_2SO_4 \longrightarrow C_{11}H_8O_2 + Cr_2(SO_4)_3 + 5H_2O$$

采用电解氧化,对有机合成路线较为复杂的产品或污染较大的产品具有很大的优势,尤其是附加值高的精细化工产品,还要一些特殊用途的新材料、高分子聚合物等,都具有很好的环境和经济效益。

2.5　催化氢化反应

在所有还原有机物的方法中较方便的方法之一为催化氢化。其主要原因为还原操作很简单,只要在合适的溶剂及氢气中,使反应物与催化剂一起搅拌或者振摇就可以进行反应。利用仪器可测量吸氢量,反应结束时将催化剂过滤掉,产物从滤液中分离出来,通常就具有较高的纯度。

催化氢化不只是简单地将氢原子加到一个或多个不饱和基团上,有时也会伴随键的断裂,此时称为氢解。有机化学中绝大多数不饱和基团,都可在适当的条件下被催化还原,然而难易程度不尽相同。某些基团,特别是烯丙羟基、苄基羟基以及氨基和碳-卤单键等,很容易进行氢解反应,导致碳-杂原子键的断裂。

多数情况下,反应所需要的压力在标准大气压或稍高于标准大气压下就可以顺利进行,反应温度在室温或接近室温。而在其他情况下,则需要高温高压条件,这时需要特殊的高压仪器。

"催化氢转移反应"为另一种还原反应,即氢原子从另一个有机化合物转移到反应底物上。

该类反应操作简单,只需在催化剂存在下,一起加热底物和氢供体,催化剂通常为钯。

催化氢化的应用范围很广,从双键到三键,从芳环到杂环,都可以被还原成饱和结构。在一定条件下,可以优先选择对氢化催化活性高的基团。不同基团被催化氢化的大致难易次序为:

$$RCOCl(\longrightarrow RCHO) > RNO_2(\longrightarrow RNH_2) > -C\equiv C-(\longrightarrow -CH=CH-) >$$

$$RCHO(\longrightarrow RCH_2OH) > -CH=CH-(\longrightarrow -CH-CH-) > R-\overset{O}{\underset{\parallel}{C}}-R(\longrightarrow RCHOHR) >$$

$$PhCH_2OR(\longrightarrow PhCH_3+ROH) > RCN(\longrightarrow$$

$$RCH_2NH_2) > \text{[萘]} > RCOOR' > RCONHR' > \text{[苯]} > RCOOH$$

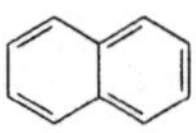

2.5.1 多相催化氢化反应

多相催化氢化反应通常指在不溶于反应体系中的固体催化剂的作用下,氢气还原液相中的底物的反应,主要包括碳-碳、碳-氧、碳-氮等不饱和重键的加氢和某些单键发生的裂解反应。

1. 碳-碳不饱和重键的加氢反应

(1)烯烃和炔烃的氢化反应

烯烃和炔烃的氢化反应几乎能使各种类型的碳-碳双键或叁键以不同的难易程度加氢成为饱和键。钯、铂、镍为常用的催化剂。这种方法具有如下优点:成本低;操作简便;产率高;产品质量好;选择性好。

所以成为精细有机合成和工业生产中广泛采用的方法。

具有两个烯键的亚油酸酯比只有一个烯键的油酸酯或异油酸酯更易氢化。在工业上一般采用镍作催化剂,在温度为200℃、氢气压力0.9~1.0MPa的条件下进行氢化生产硬脂酸酯,其具体反应式如下:

$$\underset{\text{亚油酸酯}}{CH_3(CH_2)_4CH=CHCH_2CH=CH(CH_2)_7COOR}$$

$$\Big\downarrow H_2/Ni$$

$$\underset{\text{油酸酯}}{CH_3(CH_2)_7CH=CH(CH_2)_7COOR} + \underset{\text{异油酸酯}}{CH_3(CH_2)_4CH=CH(CH_2)_{10}COOR}$$

$$\Big\downarrow H_2/Ni$$

$$CH_3(CH_2)_{16}COOR$$

在烯烃化合物中,双键上取代基的数目不同,相应地被还原的速率也不同,取代基数目越多,则越难被还原,所以产生了下述由易到难的反应大致活性顺序:

$$RCH=CH_2 > RCH=CHR' \sim R'RC=CH_2 > R'RC=CHR'' > R_2C=CR_2$$

在同样的条件下,催化剂采用 Pt-SiO$_2$,反应温度控制在 20℃,观察发现在环状化合物中也有类似情况:

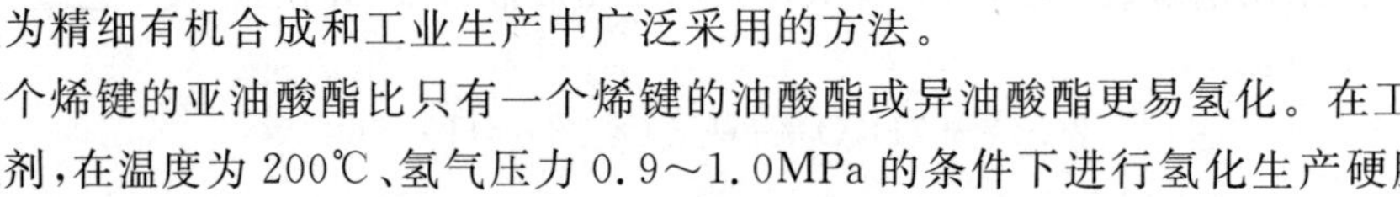

非共轭的多烯烃的氢化与单烯烃相似,同样受到取代基的影响,然而随着取代基数目的增多,反应变得比较困难,所以可在多烯分子中有选择性地还原其中的一个双键。

共轭双烯在催化剂表面上的吸附能力比其他烯烃强,因此首先受到催化剂的作用,其具有更

快的氢化速率。当氢化成孤立的烯键后,速率明显下降。示意如下:

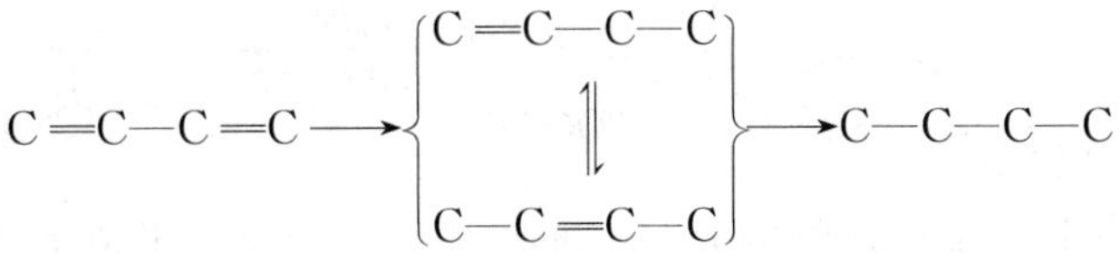

烯烃与炔烃相比较,在单独进行催化氢化时,烯烃比炔烃快 10～100 倍;若将两者先混合在一起再进行氢化,只有当其中的炔烃全部被还原成烯烃后,此时烯烃才开始加氢。其原因在于烯烃和炔烃在催化剂表面上的吸附能力不同。进行催化氢化反应时,关键步骤为底物须首先吸附在催化剂表面上。研究发现,各类烃化物在第Ⅷ族金属表面上的吸附能力有如下顺序:

$$炔烃＞双烯烃＞烯烃＞烷烃$$

当烯烃和炔烃共存时,催化剂的表面首先吸附炔烃,炔烃被活化,能与吸附在催化剂表面上的氢发生反应。然而烯烃由于吸附能力不如炔烃,而被排斥在催化剂表面之外,从而不能发生催化氢化反应。仅当其中的炔烃被全部氢化后,烯烃才有可能被吸附在催化剂的表面,开始进行氢化反应。

对于既含有双键又含有炔键的化合物,若双键和叁键不共轭,选择氢化其中的叁键成为双键并不困难。当烯键和炔键共轭时,通常采用林德拉催化剂能氢化多种分子中的炔键成为烯键,然而不影响其他烯键。林德拉催化剂是用乙酸铅处理钯－碳酸钙催化剂使之钝化。加入喹啉还可进一步提高选择性。该法在维生素 A 的合成中发挥了重要作用,反应式如下:

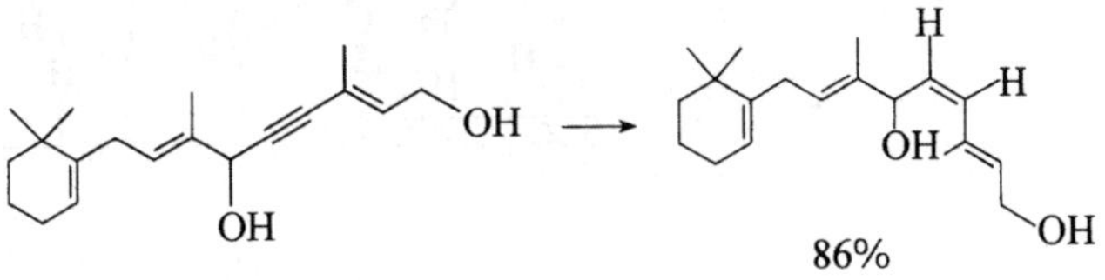

Raney Ni 采用乙酸锌处理也具有类似的作用。

催化氢化反应也是合成顺式取代的乙烯衍生物的重要方法。二取代的炔经部分氢化产生顺式取代的烯烃衍生物。原因为两个氢原子在炔分子的同一侧同时加成。环状烯烃同样具有相似的情况。例如,1,2-二甲基环己烯在乙酸中用氢和 PtO_2 还原时主要生成顺式 1,2-甲环己烷,反应式如下:

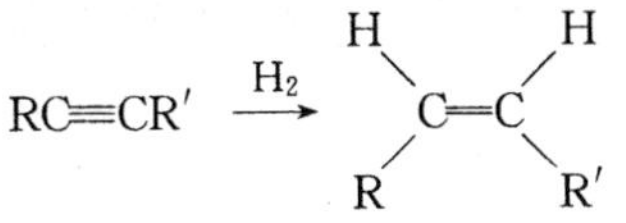

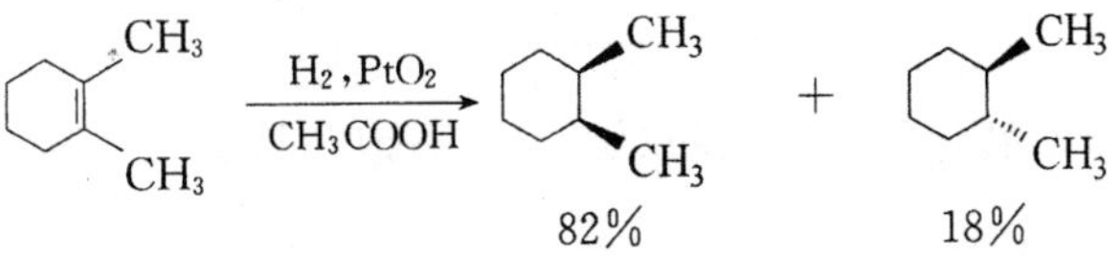

烯烃用钯系金属催化剂进行催化氢化时常伴随双键的位移。例如,四环三萜烯衍生物与氧化铂和氘在氘代乙酸中反应生成它的异构体,从产物中氘原子的位置可推知原来双键所在的位置,反应式如下:

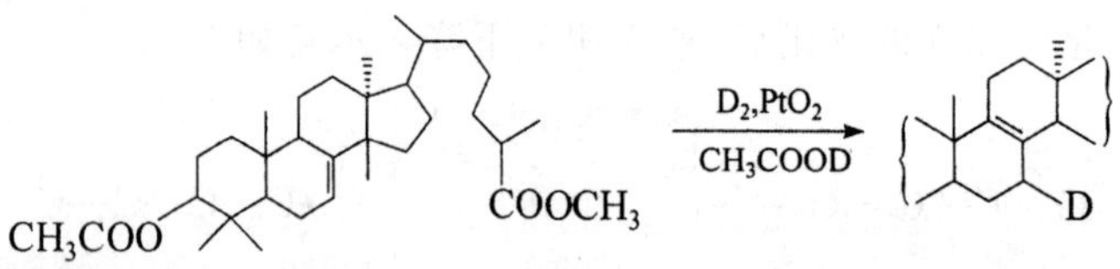

实验结果表明催化氘化反应产物的分子中通常都是多于或少于两个氘原子,因此可进一步证明烯烃的催化氢化反应并不是两个氢原子对原有双键的简单加成。

烯烃双键催化氢化顺式加成现象、发生异构化以及催化氘化生成的产物中每个分子含有多于或少于两个氘原子的问题。由一种机理认为氢原子从催化剂上转移到被吸附的反应物上是分步进行的,该反应过程涉及 π 键形式的 A 和 B 与半氢化形式的 C 之间的平衡。其中 C 既能吸收另一个氢原子又能重新转化成起始原料或异构化的烯烃 D。该机理表示如下:

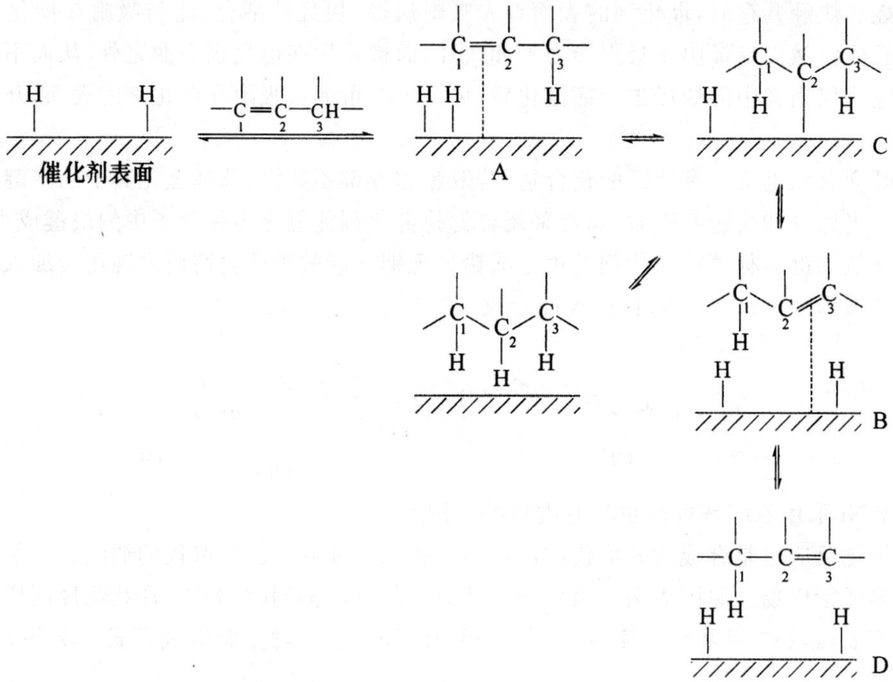

钯催化下,除了分子中含有芳香烃硝基、叁键和酰氯外,其他不饱和基团一般不影响对烯烃双键的选择性还原。例如:

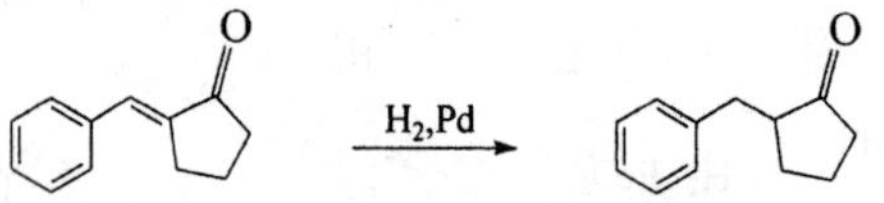

使用 Pd/C 催化剂催化氢化酮的碳-碳双键、α,β 不饱和醛具有很高的区域和立体选择性。例如:

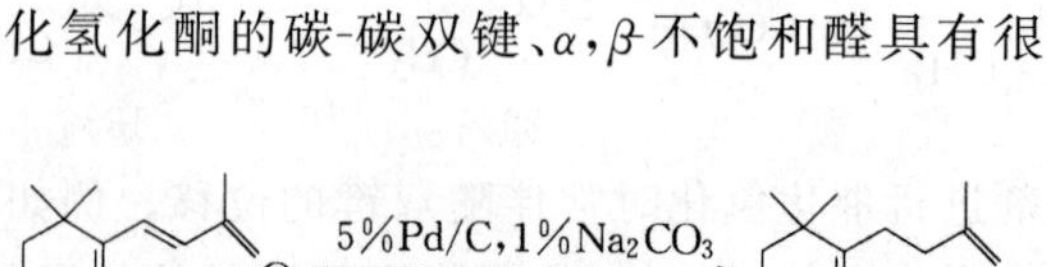

甲醇和镁在回流中催化还原 α,β 不饱和酯可定量给出口,α,β-碳-碳双键还原产物。例如:

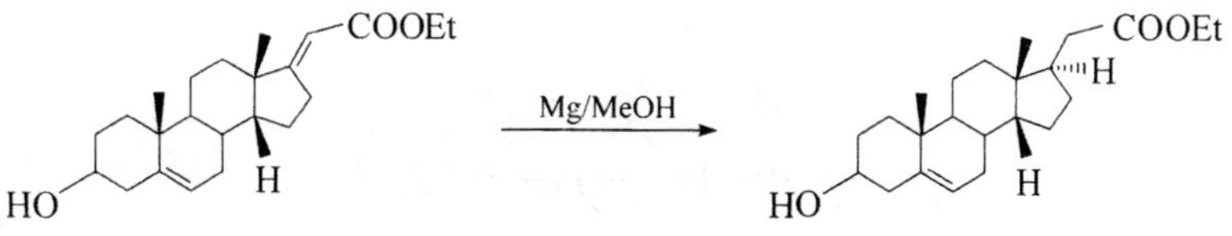

98%

$RhCl_3$在相转移催化条件下可催化选择还原 α,β-不饱和酮的碳-碳双键，并且具有高立体选择性。例如：

$$4\text{-}CH_3C_6H_4COCH{=}CHC_6H_5 \xrightarrow[H_2O/(CH_2Cl)_2,H_2,4h,\text{室温}]{[(C_8H_{17})_3NCH_3]^+[RhCl_4]^-} \underset{96\%}{4\text{-}CH_3C_6H_4CO(CH_2)_2C_6H_5}$$

$RuCl_2$催化还原查尔酮，碳-碳双键选择性 100%，其反应速度极快。例如：

$$C_6H_5HC{=}CHCOC_6H_5 \xrightarrow[PTC,H_2O,10\ min,109℃]{RuCl_2(PPh_3)_3,HCOONa} C_6H_5 * (CH_2)_2COC_6H_5$$

铜负载于无机载体 SiO_2 或 Al_2O_3 上，催化氢化 α,β-不饱和酮的碳-碳双键，然而分子中其他的双键不受影响。例如：

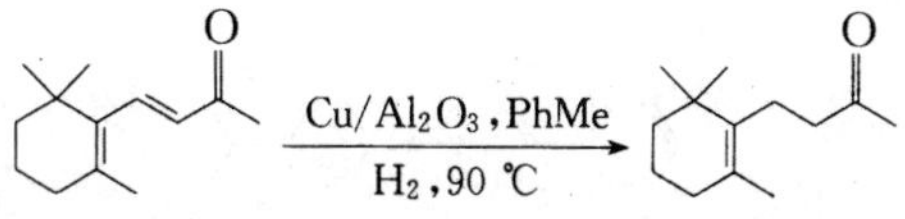

81%

含有腈基、酯基和双键官能团的化合物，碳-碳双键优先催化氢化。例如：

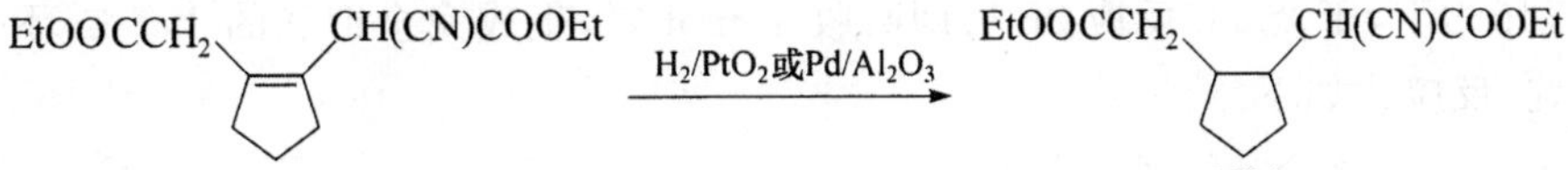

95%

合成高聚物与天然高聚物均作为钯的载体，因为高聚物上有多种可与金属配位的官能团，从而增加了负载型催化剂配体的可调范围及幅度，继而提高了催化剂的活性和选择性。

二茂铁胺硫钯络合物(4)是通用性很好的催化剂，可选择催化氢化 α,β-不饱和醛、羧酸、酮、酰胺、酯和类酯的碳-碳双键，且产率和选择性几乎都大于 99%。例如：

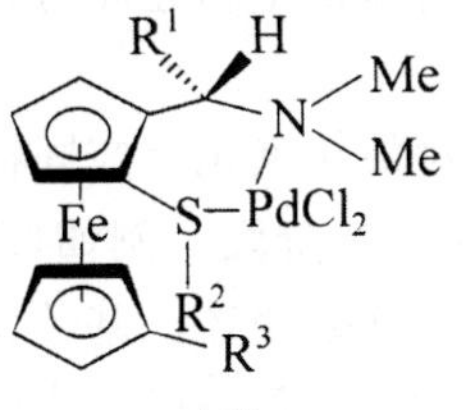

(4)

R^1:Me;R^2:*n*-Pr;R^3:H

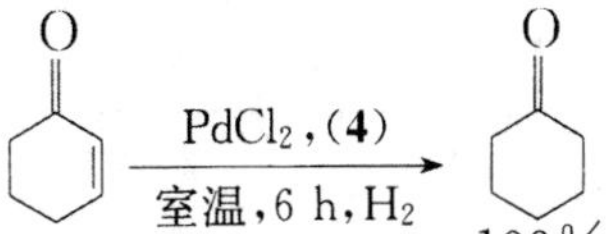

100%

然而它还原 α,β-不饱和五元环酮其结果并不不理想。如果采用 O_2 作用下的膦配位双钯络合物(5)于室温条件下催化氢化，产率则可达 98%。例如：

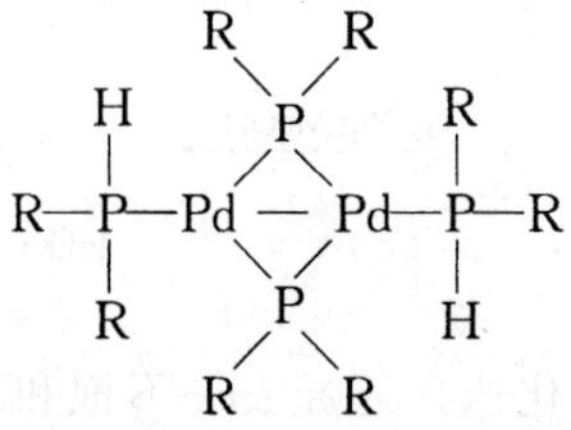

(5)

R:Bu+

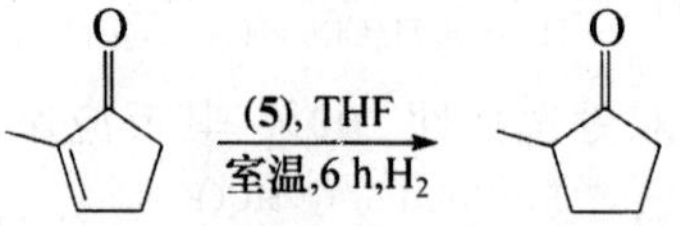

(2)芳香环系的加氢反应

芳香族化合物也可进行催化氢化,转变成饱和的脂肪族环系,然而这要比脂肪族化合物中的烯键氢化困难很多。例如,异丙烯基苯在常温、常压下,其侧链上的烯键则可被氢化,而苯环保持不变,其反应式如下:

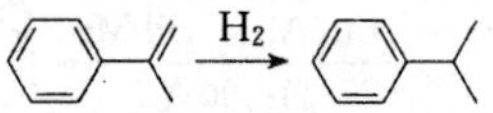

这种催化氢化的差别不仅能用于合成,也可用于定量分析测定非芳环的不饱和键。

1,1-二苯基-2-(2′-吡啶基)乙烯是一个共轭体系很大的化合物其乙醇溶液用钯-碳催化,在10MPa 氢气压力下,于200℃反应 2h 后即吸收 10mol 氢,生成完全饱和的 1,1-二环己基-2-(2′-哌啶基)乙烷,反应式如下:

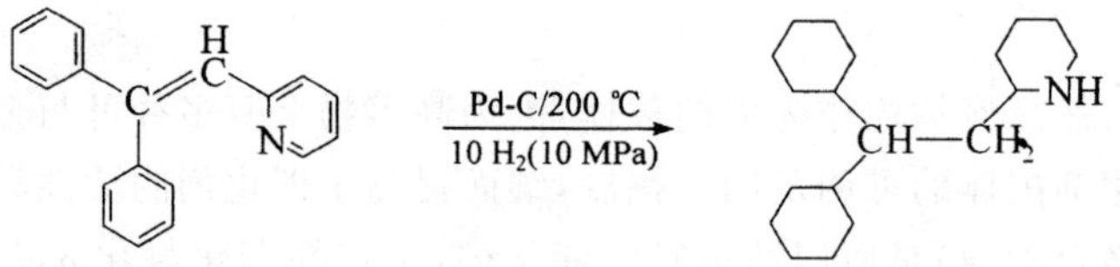

芳香杂环体系在比较温和的条件下就能实现氢化。

苄基位上带有含氧或含氮官能团的苯衍生物还原时,这些基团容易发生氢解,特别是用钯作催化剂时更是这样。

苯环上烃基取代基的数目和位置对催化氢化反应同样存在影响。

在多核芳烃中,催化氢化可控制在中间阶段。例如,联苯可氢化为环己基苯,在更强烈的条件下才能完全氢化,成为环己基环己烷,这表明环己基苯比联苯更难氢化,反应式如下:

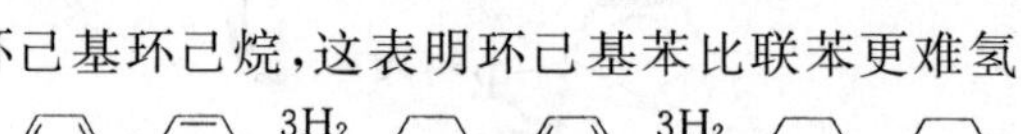

在稠环化合物中也有类似的情况。起始化合物比中间产物更容易氢化,从而可以达到合成中间产物的目的。例如:

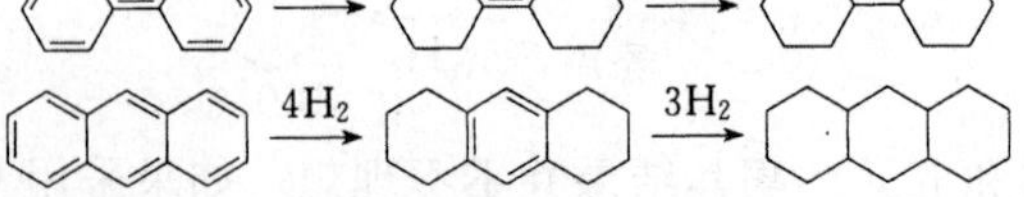

2.碳-氧不饱和重键的加氢反应

(1)脂肪醛酮的加氢

饱和脂肪醛或酮加氢只发生在羰基部分,生成与醛或酮相应的伯醇或仲醇。

$$RCHO + H_2 \rightarrow RCH_2OH$$

$$R-\overset{O}{\overset{\|}{C}}-R' + H_2 \longrightarrow R-\overset{OH}{\overset{|}{CH}}-R'$$

在这一反应中常用负载型镍、铜催化剂或铜-铬催化剂。若原料含硫,则需采用镍、钨或钴的氧化物或硫化物催化剂。

醛基更易加氢,因此条件较为缓和,一般温度为 $50℃\sim150℃$(采用镍或铬催化剂)或 $200℃\sim250℃$(采用硫化物催化剂);而酮基加氢相应条件为 $150℃\sim250℃$ 及 $300℃\sim350℃$。为了加速反应及提高平衡转化率,此类反应通常在加压下反应,铬催化剂为 $5\sim20MPa$,镍催化剂为 $1\sim2MPa$,硫化物催化剂为 $30MPa$。

醛加氢时生成的醇会与醛缩合成半缩醛及醛缩醇。

$$RCHO + RCH_2OH \Longrightarrow RHC\overset{OCH_2R}{\underset{OH}{\big\langle}} \underset{+RCH_2OH}{\overset{+RCH_2OH}{\Longleftrightarrow}} RHC\overset{OCH_2R}{\underset{OCH_2R}{\big\langle}} + H_2O$$

这些副产物的加氢比醛要困难得多。若反应温度过低或催化剂活性低时会出现这些副产物。但温度过高时醛易发生缩合,然后加氢为二元醇。

$$2RCH_2CHO \longrightarrow RCH_2-\underset{OH}{\overset{|}{CH}}-\underset{R}{\overset{|}{CH}}-CHO \overset{+H_2}{\longrightarrow} RCH_2-\underset{OH}{\overset{|}{CH}}-\underset{R}{\overset{|}{CH}}-CH_2OH$$

为避免或减少此副反应,需选择适宜的反应温度,并可用醇进行稀释。

饱和脂肪醛加氢是工业上生产伯醇的重要方法,如正丙醇、正丁醇以及高级伯醇。

$$CH_2\!=\!CH_2 + CO + H_2 \overset{Co}{\longrightarrow} CH_3CH_2CHO \overset{+H_2}{\longrightarrow} CH_3CH_2CH_2CH_2OH$$

利用醛缩合后加氢是工业上制取二元醇的方法之一。例如,由乙醛合成 1,3-丁二醇:

$$2CH_3CHO \longrightarrow CH_3CH(OH)-CH_2CHO \overset{+H_2O}{\longrightarrow} CH_3\underset{OH}{\overset{|}{CH}}CH_2CH_2OH$$

对不饱和醛或酮进行加氢时,反应可有三种方式。

①保留羰基而使不饱和双键加氢生成饱和醛或酮。

②保留不饱和双键,将羰基加氢生成不饱和醇。

③不饱和双键与羰基同时加氢生成饱和醇。

$$RCH\!=\!CHCHO \overset{+H_2}{\longrightarrow} \begin{array}{c} \overset{(1)}{\longrightarrow} RCH_2CH_2CHO \overset{+H_2}{\longrightarrow} \\[6pt] \overset{(2)}{\longrightarrow} RCH\!=\!CHCH_2OH \overset{+H_2}{\longrightarrow} \end{array} \overset{(3)}{\longrightarrow} RCH_2CH_2CH_2OH$$

由于酮基不如醛基活泼,不饱和酮双键选择加氢比较容易,采用的催化剂与烯烃加氢催化剂基本相同,主要是镍、铂、铜以及其他金属催化剂。反应条件也与烯烃加氢相似,但必须控制酮基加氢的副反应。不饱和醛双键加氢比较困难,催化剂和加氢条件选择都要特别注意,以避免醛基加氢。如丙烯醛加氢,需在控制加氢量的条件下进行,采用铜催化剂。

$$CH_2\!=\!CHCHO + H_2 \overset{Cu}{\longrightarrow} CH_3CH_2CHO$$

此反应的选择性只能达到 70%,有大量饱和醇副产物的生成。

若要得到不饱和醇,应选用金属氧化物催化剂,但反应时有可能发生氢转移生成饱和醛,因此必须采用缓和的加氢条件。

$$RCH{=}CHCHO \xrightarrow{+H_2} RCH{=}CHCH_2OH \rightarrow RCH_2CH_2CHO \xrightarrow{+H_2} RCH_2CH_2CH_2OH$$

不饱和双键与羰基同时加氢比较容易实现。可用金属或金属氧化物催化剂,反应条件可以较为激烈,只要避免氢解反应即可。

(2)脂肪酸及脂的加氢

脂肪酸中的羧基可以经多步加氢直至生成烷烃。

$$RCOOH \xrightarrow[+H_2]{-H_2O} RCHO \xrightarrow{+H_2} RCH_2OH \xrightarrow[+H_2]{-H_2O} RCH_3$$

醛比酸更易加氢,故最终产品中通常不含有醛。工业上脂肪酸加氢是制备高碳醇的重要工艺。烷烃是不希望的副产物。

脂肪酸加氢在工业上具有广泛的应用价值,它是由天然油脂生产直链高级脂肪醇的重要工艺。而直链高级脂肪醇是合成表面活性剂的主要原料。脂肪酸直接加氢条件不如相应的酯缓和。因而目前在工业上常采用脂肪酸的酯,最常用的是甲酯进行加氢制备脂肪醇。

$$RCOOH+CH_3OH \xrightarrow{-H_2O} RCOOCH_3 \xrightarrow{+2H_2} RCH_2OH+CH_3OH$$

若采用天然油脂为原料时,用甲醇进行酯交换而制得甲酯。

羧基加氢催化剂通常采用金属氧化物,最常用的为 Cu、Zn、Cr 氧化物催化剂。如 $CuO\text{-}Cr_2O_3$、$ZnO\text{-}Cr_2O_3$ 和 $CuO\text{-}ZnO\text{-}Cr_2O_3$。

这种反应的条件比较苛刻,通常为 $250{\sim}350℃$、$25{\sim}30MPa$。

在此反应体系中主要有两种副反应:

$$RCOOCH_3+RCH_2OH \rightleftharpoons RCOOCH_2R+CH_3OH$$
$$RCH_2OH+H_2 \longrightarrow RCH_3+H_2O$$

也可采用脂肪酸直接加氢,利用产物醇与原料酯化,也可降低反应条件,只需在反应初期加入少量产品脂肪醇。

这种工艺工业上主要的产品是十二醇和十八醇。例如:

$$C_{11}H_{23}COOH \xrightarrow[+2H_2]{-H_2O} C_{12}H_{25}OH$$

$$C_{17}H_{35}COOH \xrightarrow[+2H_2]{-H_2O} C_{18}H_{37}OH$$

含饱和二元酸的脂在加氢时得到二元醇。

$$C_2H_5{-}O{-}\overset{\|}{\underset{O}{C}}{-}(CH_2)_4{-}\overset{\|}{\underset{O}{C}}{-}O{-}C_2H_5 \xrightarrow{+4H_2} HO{-}(CH_2)_6{-}OH+2C_2H_5OH$$

不饱和脂肪酸及其酯加氢与不饱和醛或酮类似。

①不饱和键加氢。采用负载型镍催化剂,其反应条件较烯烃加氢时高,工业上应用的实例是硬化油的生产。将液体不饱和油脂加氢制成固体脂,即人造奶油。

$$\begin{array}{l} CH_2{-}OCO{-}C_{17}H_{33} \\ | \\ CH{-}OCO{-}C_{17}H_{33} \quad +3H_2 \xrightarrow{Ni} \\ | \\ CH_2{-}OCO{-}C_{17}H_{33} \end{array} \quad \begin{array}{l} CH_2{-}OCO{-}C_{17}H_{35} \\ | \\ CH{-}OCO{-}C_{17}H_{35} \\ | \\ CH_2{-}OCO{-}C_{17}H_{35} \end{array}$$

②羧基加氢。采用与饱和酸加氢相同的催化剂。最常用的为 $ZnO\text{-}Cr_2O_3$，主要用于制取不饱和醇。例如：

$$C_{17}H_{33}\text{—}COOCH_3 + 2H_2 \xrightarrow{ZnO\text{-}Cr_2O_3} C_{17}H_{33}\text{—}CH_2OH + CH_3OH$$

③同时加氢。可采用金属催化剂。一般为分步加氢。如顺酐加氢

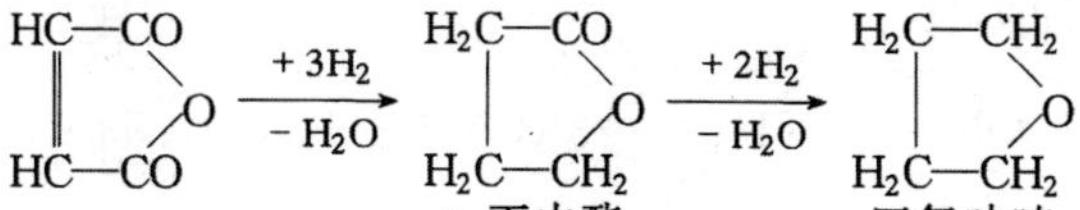

γ-丁内酯　　　　　四氢呋喃

可改变反应条件获得不同的产物。γ-丁内酯的用途为合成吡咯烷酮，而四氢呋喃是良好的溶剂。

(3)芳香族含氧化合物的加氢

酚类、芳醛、芳酮或芳基羧酸的加氢有两种可能，即芳环加氢或含氧基团加氢。

苯酚在镍催化剂存在下，于 130～150℃，0.5～2MPa 的条件下加氢可转化为环己醇。

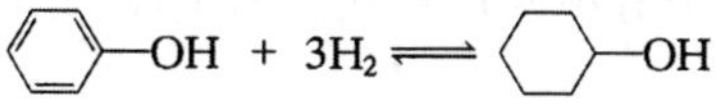

若增高反应温度、降低压力，可有环己酮生成，这一副反应可认为是环己醇脱氢引起的。另外还可能有其他一些副反应：

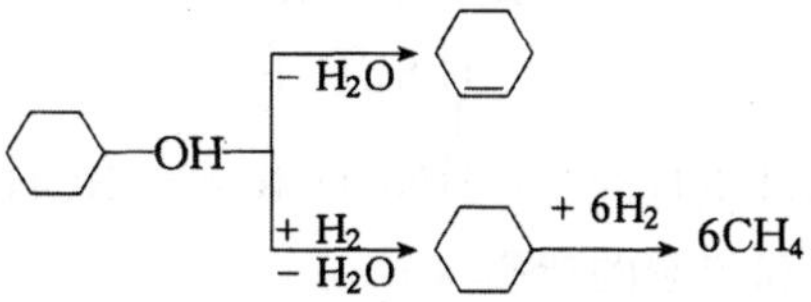

苯酚的同系物，如甲酚以及其他稠环酚也可发生环上加氢的反应。

苯酚也可在加氢时保持芳环不破坏。

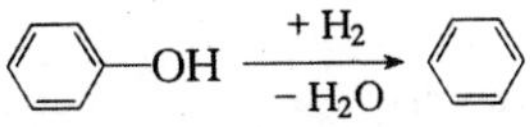

与脂肪醇不同的是芳醇类很容易转化成为碳氢化合物。这样若要用芳酮制备相应的醇，必须采用十分缓和的反应条件，否则就不能得到醇类。

芳醛加氢只局限于相应醇的制备，这是由于芳醛与芳酮的加氢能力有很大的差别。

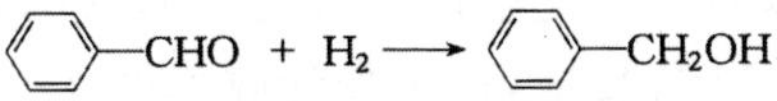

芳醛、芳酮和芳醇不可能在保持含氧基团不反应的情况下进行环上加氢。只有在对基团进行保护后才能进行环上加氢。但芳基羧酸可以进行以下两种反应。

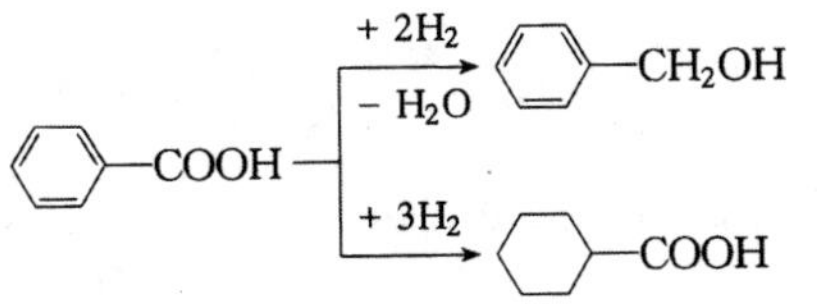

上式中第一个反应与脂肪羧酸加氢类似，催化剂也基本相同；第二个反应采用芳环加氢的一般条件(镍催化剂，160～200℃)，但其加氢难度比苯或苯酚加氢要大。

3.碳—氮不饱和重键的加氢反应

(1)腈的加氢

腈加氢作为制取胺类化合物的重要方法，采用 Ni、Co、Cu 等典型的加氢催化剂，在加压下进

行反应。

$$RCN + 2H_2 \xrightarrow{\text{催化剂}} RCH_2NH_2$$

这是脂肪胺生产的一个主要来源。脂肪胺生产的途径有两种。

①油脂直接制取。

$$\begin{array}{c} CH_2OCOR \\ | \\ CHOCOR \\ | \\ CH_2OCOR \end{array} + 3NH_3 \longrightarrow 3RCN + 3H_2O + \begin{array}{c} CH_2-OH \\ | \\ CH-OH \\ | \\ CH_2-OH \end{array}$$

此法为油脂与氨在 220℃～290℃用特殊催化剂在常压下进行。

②由脂肪胺制备。

$$RCOOH + NH_3 \rightarrow RCOONH_4 \xrightarrow{-H_2O} RCONH_2 \xrightarrow{-H_2O} RCN$$

此方法可在 280℃～360℃低压下进行。

腈类化合物加氢制胺的过程中有中间产物亚胺的生成,并且有二胺、仲铵和叔胺等副产品的生成:

$$RCN \xrightarrow{H_2} RCH=NH \xrightarrow{H_2} RCH_2NH_2$$

$$RCH=NCH_2R + H_2 \rightarrow RCH_2NHCH_2R$$

$$\begin{array}{c} HNCH_2R \\ | \\ RCH=NH + RCH_2NH_2 \rightleftharpoons HNCH_2R \rightleftharpoons RCH=NCH_2R + NH_3 \end{array}$$

氨的过量存在可抑制仲胺和叔胺的产生。

工业上典型的过程是己二腈加氢制己二胺及间苯二甲胺的生产。

$$N\equiv C\left(CH_2\right)_4C\equiv N + 4H_2 \longrightarrow H_2N\left(CH_2\right)_6NH_2$$

(2)硝基苯的催化氢化

①4-氨基二苯胺的制备。苯胺的工业生产方法之一苯酚的氨解法。用 SiO_2-Al_2O_3 系催化剂,在 400℃～480℃、0.98～2.9MPa 反应,以苯酚计收率 90％～95％。有大量廉价苯酚时,采用此法是经济的,在日本建有年产 3 万吨的生产装置。

1975 年杜邦公司开发了苯与氨的直接氨化法。

由于反应生成的氢使 NiO 还原为 Ni,需要将催化剂部分氧化再生,此法虽然原料价廉,选择性 97％,但苯的转化率只有 13％,未能工业化。

日本还开发了氯苯的氨解法,苯胺选择性 91％,但 1966 年已停止使用。

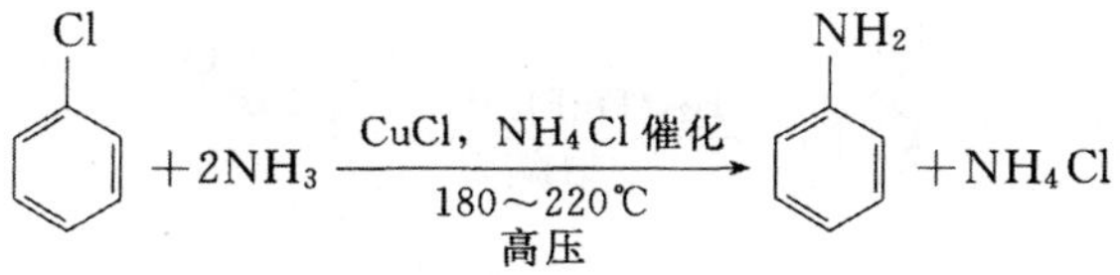

②N-单烷基苯胺的制备。N,N-二甲基苯胺在稀盐酸中、0℃左右与亚硝酸钠反应得 4-亚硝基-N,N-二甲基苯胺。

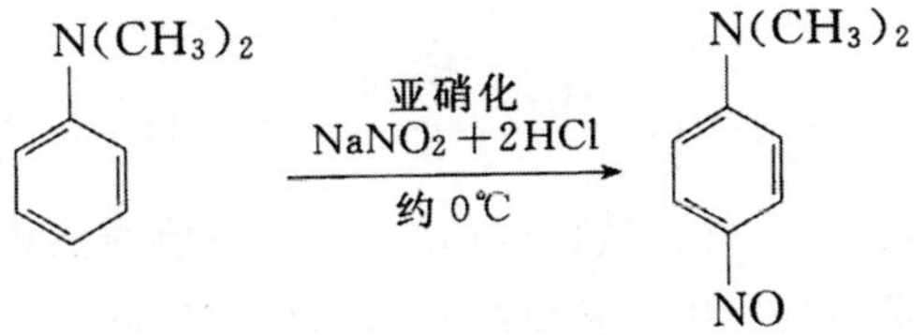

③苯胺的制备。制备纯的 N-单烷基苯胺的传统方法是先将苯胺与醛或酮反应生成亚胺（Schiff's 碱），然后再还原成 N-单烷基苯胺。

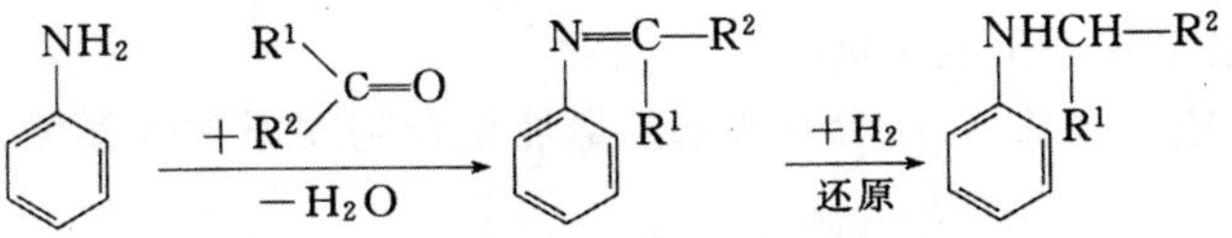

$$R^1，R^2 = H、烷基或芳基$$

2.5.2　均相催化氢化反应

上述讨论的多相催化氢化反应中所用的催化剂尽管十分有用，然而存在以下缺点：

①可能引起双键移位，而双键移位常使氘化反应生成含有两个以上位置不确定的氘代原子化合物。

②一些官能团容易发生氢解，使产物复杂化等。

均相催化氢化反应能够克服上述一些缺点。

均相催化氢化反应的催化剂都是第Ⅷ族元素的金属络合物，它们带有多种有机配体。这些配体能促进络合物在有机溶剂中的溶解度，使反应体系成为均相，从而提高了催化效率。反应可以在较低温度、较低氢气压力下进行，并具有很高的选择性。

可溶性催化剂有多种。这里我们只对三氯化铑[$(Ph_3P)_3RhCl$]，TTC 和五氰基氢化钴络合物 $HCo(CN)_5^{3-}$ 进行讨论。

三氯化铑催化剂可由三氯化铑与三苯基膦在乙醇中加热制得，反应式如下：

$$RhCl_3 \cdot 3H_2O + 4PPh_3 \longrightarrow (Ph_3P)_3RhCl + Ph_3PCl_2$$

在常温、常压下，以苯或类似物作溶剂，TTC 是非共轭的烯烃和炔烃进行均相氢化的非常有效的催化剂。其催化特点为选择氢化碳-碳双键和碳-碳叁键，羰基、氰基、硝基、氯、叠氮等官能团都不发生还原。单取代和双取代的双键比三取代或四取代的双键还原快得多，因而含有不同类型双键的化合物可一部分氢化。例如，氢对里哪醇的乙烯基选择加成，可得到产率为 90％ 的二氢化物；同样香芹酮转化为香芹鞣酮，反应式如下：

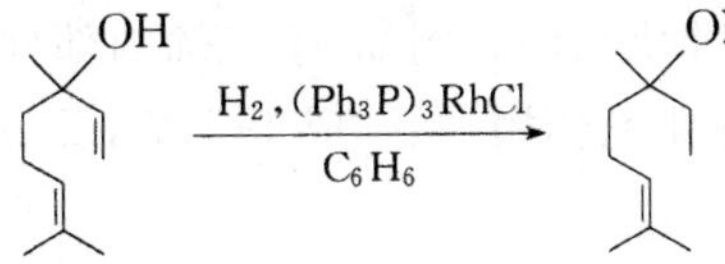

里哪醇

$$\text{香芹酮} \xrightarrow[\text{C}_6\text{H}_6]{\text{H}_2,(\text{Ph}_3\text{P})_3\text{RhCl}}$$

根据 ω 硝基苯乙烯还原为苯基硝基乙烷的该奇特反应可进一步显示出催化剂的选择性。例如：

$$\text{PhCH}=\text{CHNO}_2 \xrightarrow[\text{C}_6\text{H}_6]{\text{H}_2,(\text{Ph}_3\text{P})_3\text{RhCl}} \text{PhCH}_2\text{CH}_2\text{NO}_2$$

对马来酸的催化氘化生成内消旋二氘代琥珀酸,而富马酸的催化氘化则生成外消旋化合物的反应研究可证明:在均相催化反应中氢是以顺式对双键加成的。该试剂的另一个突出优点是氘化反应很规则地进行,即每个双键上只引入两个氘原子,而且是在原来双键的位置上。

这种催化剂另外一个非常有价值的特点,就是不发生氢解反应。所以,烯键可选择性地氢化,而分子中其他敏感基团并不发生氢解。

三氯化铑能使醛脱去羰基,因而含有醛基的烯烃化合物在通常的条件下不能用该种催化剂进行氢化。例如:

$$\text{PhCH}=\text{CHCHO} \xrightarrow{\text{H}_2,(\text{Ph}_3\text{P})_3\text{RhCl}} \underset{65\%}{\text{PhCH}=\text{CH}_2} + \text{CO}$$

$$\text{PhCOCl} \xrightarrow{\text{H}_2,(\text{Ph}_3\text{P})_3\text{RhCl}} \underset{90\%}{\text{PhCl}} + \text{CO}$$

这是因为三氯化铑对一氧化碳具有很强的亲和性。

关于三氯化铑对烯烃化合物进行催化氢化的机理,一般情况下认为是 $(\text{Ph}_3\text{P})_3\text{RhCl}$ 在溶剂 (S) 中离解生成溶剂化的 $(\text{Ph}_3\text{P})_2\text{Rh}(\text{S})$—Cl。该溶剂的络合物在氢存在下与二氢络合物 $(\text{Ph}_3\text{P})_2\text{Rh}(\text{S})\text{ClH}_2$ 建立平衡,在二氢络合物中氢原子是与金属直接相连的。在还原反应中,首先是烯烃取代络合物中的溶剂,并与金属发生配位,然后络合物中的两个氢原子经过一个含有碳-金属键的中间体,立体选择性地从金属上顺式转移到配位松弛的烯键上。被氢化后的饱和化合物从络合物上离去,络合物再与溶解的氢结合,继续进行还原反应。该反应过程表示如下:

$$(\text{Ph}_3\text{P})_2\text{Rh}(\text{S})\text{Cl} \underset{}{\overset{\text{H}_2}{\rightleftharpoons}} (\text{Ph}_3\text{P})_2\text{Rh}(\text{S})\text{ClH}_2 \xrightarrow{\text{RCH}=\text{CHR}'} (\text{Ph}_3\text{P})_2\text{Rh}(\text{Cl})(\text{RCH}=\text{CHR}')\text{H}_2$$
$$\longrightarrow \text{RCH}_2\text{CH}_2\text{R}' + (\text{Ph}_3\text{P})_2\text{Rh}(\text{S})\text{Cl}$$

研究人员采用羰基铑络合物与 α,β-不饱和醛在一定条件下反应,不是脱去羰基,而是高区域选择性还原醛基为醇。例如:

$$\text{Ph} \diagup\!\!\diagdown\!\!\diagup\!\!\diagdown \overset{\text{O}}{\underset{\text{H}}{\text{C}}} \xrightarrow[\text{H}_2/\text{CO},30\text{ ℃}]{\text{Rh}_6(\text{CO})_{16},\text{苯}} \underset{88\%}{\text{Ph} \diagup\!\!\diagdown\!\!\diagup\!\!\diagdown \text{OH}}$$

五氰基氢化钴络合物可用三氯化钴、氰化钾和氢作用制得,反应式如下:

$$\text{CoCl}_3 + \text{KCN} + \text{H}_2 \xrightarrow{\text{水或乙醇}} \text{HCo}(\text{CN})_5^{3-} + \text{KCl}$$

它具有部分氢化共轭双键的特殊催化功能。例如,丁二烯的部分氢化,首先与催化剂加成生成丁烯基钴中间体,然后与第二分子催化剂作用,裂解成 1-丁烯,反应式如下:

$$CH_2{=}CH{-}CH{=}CH_2 + HCo(CN)_5^{3-} \longrightarrow CH_2{=}CH{-}\overset{\overset{\displaystyle CH_3}{|}}{\underset{\underset{\displaystyle H}{|}}{C}}{-}Co(CN)_5^{3-}$$

$$\xrightarrow{HCo(CN)_5^{3-}} CH_2{=}CH{-}\overset{\overset{\displaystyle CH_3}{|}}{CH_2} + 2Co(CN)_5^{3-}$$

$$2Co(CN)_5^{3-} + H_2 \longrightarrow 2HCo(CN)_5^{3-}$$

均相催化剂具有如下优点:效率高;选择性好;反应方向容易控制等优点。

其缺点为:均相催化剂与溶剂、反应物等呈均相,难以分离。近年来,结合多相催化剂和均相催化剂的优点,出现了均相催化剂固相化。使均相催化剂沉积在多孔载体上,或者结合到无机、有机高分子上成为固体均相催化剂,这样既保留了均相催化剂的性能,又具有多相催化剂容易分离的长处。

2.6　化学还原反应

当分子中有多个可被还原的基团时,如果需要氢化还原的是较易还原的基团,而保留较难还原的基团,则选用催化氢化的方法为佳;反之,若需还原的是较难还原的基团,而保留较易还原的基团,则要选用反应选择性较高的化学试剂还原法为好。有的化学还原剂还具有立体选择性。

常用的化学还原剂有:金属、金属复氢化物、肼及其衍生物、硫化物、硼烷等。

2.6.1　金属单质的还原反应

许多有机化合物能被金属还原。这些还原反应有的是在供质子溶剂存在下进行的,有的是反应后用供质子溶剂处理而完成的。常用的活泼金属有:锂、钠、钾、钙、锌、镁、锡、铁等。有时采用金属与汞的合金,以调节金属的反应活性和流动性。

当金属与不同的供质子剂配合时,和同一被还原物质作用,往往可得到不同的产物。

1.钠和钠汞齐

(1)钠-醇

以醇为供质子剂,钠或钠汞齐可将羧酸酯还原成相应的伯醇,酮还原成仲醇,即所谓的 Bouvealt-Blanc 还原反应。主要用于高级脂肪酸酯的还原。例如,十二烷醇的制备:

$$C_{11}H_{23}COOC_2H_5 \xrightarrow{Na, C_2H_5OH} C_{11}H_{23}CH_2OH$$

用同样的方法可以制得十一烷醇(产率 70%)、十四烷醇(产率 70%~80%)、十六烷醇(产率 70%~80%)。

金属钠-醇的还原及催化氢解两个方法都可用来将油脂还原为长链的醇,如果要得到不饱和醇,必须使用金属钠-醇的方法。

(2)钠-液氨-醇

在液氨-醇溶液中,钠可使芳核得到不同程度的氢化还原,称为 Birch 还原。反应过程为

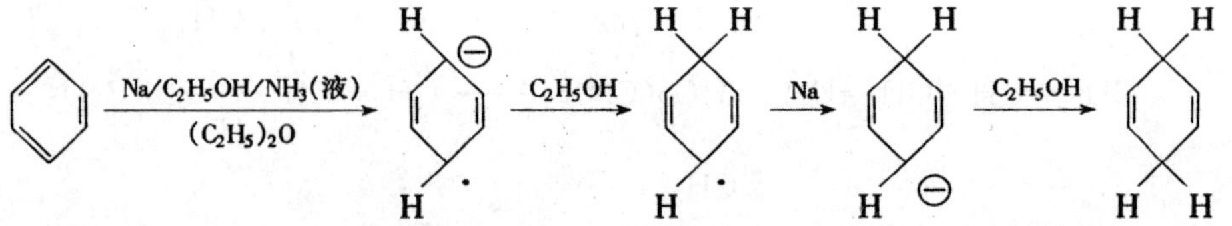

芳核上的取代基性质对反应有很大影响，一般拉电子取代基使芳核容易接受电子，形成负离子自由基，因而使还原反应加速，生成 1,4-二氢化合物；而推电子取代基则不利于形成负离子自由基，反应缓慢，生成的产物为 2,5-二氢化合物。

当芳环上有—X、—NO₂、—C＝O 等基团时不能进行 Birch 还原。液氨在使用上不方便，改进方法是采用低分子量的甲胺、乙胺等代替液氨使用比较安全方便。

2. 锌与锌汞齐

锌的还原性能力依介质而异。它在中性、酸性与碱性条件下均具有还原能力，可还原羰基、硝基、亚硝基、氰基、烯键、炔键等生成相应的还原产物。若将有机化合物与锌粉共蒸馏，亦可起还原作用。

$$PhOH \xrightarrow[\text{Zn 粉}]{100℃} PhH$$

（1）中性及微碱性介质中的还原

通常 Zn 可单独使用，也可在醇液，或 NH_4Cl、$MgCl_2$、$CaCl_2$、水溶液中进行。硝基化合物在低温时用 Zn 进行中性或微碱性还原，可使还原停止在羟胺阶段。

（2）酸性介质中的还原

Zn 的酸性还原可在 HCl、H_2SO_4、$HOAc$ 中进行，锌汞齐与盐酸是特种还原剂，可将醛、酮中的羰基还原为亚甲基，该方法为 Clemmensen 还原法。

锌汞齐由锌粒与 $HgCl_2$ 在稀盐酸溶液中反应制得。锌将 Hg^{2+} 还原为 Hg，继而在锌表面形成锌汞齐。此法对于还原酮，尤其还原芳酮与芳脂混酮等效果较佳，从而是合成纯粹的侧链芳烃的良好方法。但对于醛、脂肪酮、脂环酮还原，可发生双分子还原，甚至生成聚合物而使产品不纯。本法对酮酸与酮酯进行还原时，仅还原酮基为亚甲基而不影响—COOH 与—COOR。

本法宜用于对酸稳定的羰基化合物的还原，若被还原物为对酸敏感的羰基化合物，可改用 Wolff-Kishner-黄鸣龙法进行还原。

$$PhCoMe \xrightarrow{\text{Zn-Hg-HCl}} PhEt$$

$$MeCOCOOEt \xrightarrow{\text{Zn-Hg-HCl}} MeCHOHCOOEt$$

（3）碱性介质中的还原

Zn 在 NaOH 介质中可使芳香族硝基化合物发生还原生成氧化偶氮化合物、偶氮化合物与氢化偶氮化合物等还原产物。

氧化偶氮化合物可能是由还原的中间体亚硝基化合物脱水缩合而成的。

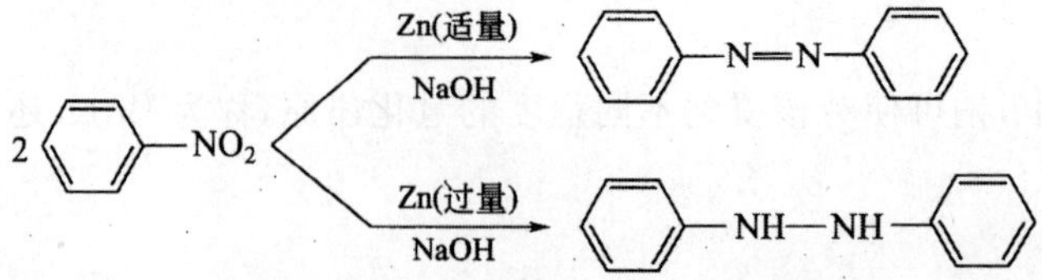

3.铁屑

铁屑还原法虽然产生大量的铁泥和废水,但是铁屑价格低廉,对反应设备要求低,生产较易控制,产品质量好,副反应少,可以将硝基还原为氨基,而卤基、烯基、羰基等存在对其无影响,选择性高,曾得到广泛应用。

铁屑在金属盐如氯化亚铁、氯化铵等存在下,在水介质中使硝基物还原,通过下列两个基本反应来完成。

$$ArNO_2 + 3Fe + 4H_2O \xrightarrow{FeCl_3} ArNH_2 + 3Fe(OH)_2$$

$$ArNO_2 + 6Fe(OH)_2 + 4H_2O \longrightarrow ArNH_2 + 6Fe(OH)_3$$

生成的二价铁和三价铁按下式转变为黑色的磁性氧化铁(Fe_3O_4)。

$$Fe(OH)_2 + 2Fe(OH)_3 \longrightarrow Fe_3O_4 + 4H_2O$$

$$Fe + 8Fe(OH)_3 \longrightarrow 3Fe_3O_4 + 12H_2O$$

总方程式为

$$ArNO_2 + 9Fe + 4H_2O \longrightarrow 4ArNH_2 + 3Fe_3O_4$$

其中 Fe_3O_4 俗称铁泥,为 FeO 与 Fe_2O_3 的混合物,其比例与还原条件及所用电解质有关。

铁屑还原法的适用范围较广,凡能用各种方法使与铁泥分离的芳胺均可采用铁屑还原法生产。因此,该方法的适用范围在很大程度上取决于还原产物的分离。

还原产物的分离可按胺类性质不同而采用不同的分离方法。

①对于容易随水蒸气蒸出的芳胺,可在还原反应结束后用水蒸气蒸馏法将其从反应混合物中蒸出。

②对于易溶于水且可以蒸馏的芳胺,可用过滤法使产物与铁泥分开,再浓缩母液,进行真空蒸馏得到芳胺。

③对于能溶于热水的芳胺,可用热过滤法使产物与铁泥分开,冷却滤液,使产物结晶析出。

④对于含有磺酸基或羧酸基等水溶性基团的芳胺,可将还原产物中和至碱性,使氨基磺酸溶解,滤去铁泥,再用酸化或盐析出产品。

⑤对于难溶于水而挥发性又很小的芳胺,可在还原后用溶剂将芳胺从铁泥中萃取出来。

4.锡和氯化亚锡

锡与乙酸或稀盐酸的混合物也可以用于硝基、氰基的还原,产物为胺,是实验室常用的方法。工业上不用锡而用廉价的铁粉。

使用计算量的氯化亚锡可选择性还原多硝基化合物中的一个硝基,且对羰基等无影响。

2.6.2　金属复氢化物的还原反应

金属复氢化物是能传递负氢离子的物质。例如,氢化铝锂($LiAlH_4$)、硼氢化钠($NaBH_4$)、硼氢化钾(KBH_4)等,应用最多的是 $LiAlH_4$、$NaBH_4$。这类还原剂选择性好、副反应少、还原速率快、条件较缓和、产品产率高,可将羧酸及其衍生物还原成醇,羰基还原为羟基,也可还原氰基、硝基、卤甲基、环氧基等,能还原碳杂不饱和键,而不能还原碳碳不饱和键。

1.氢化铝锂(LiAlH₄)

LiAlH₄是还原性很强的金属复氢化物,用 LiAlH₄ 还原可获得较高收率。氢化铝锂的制备是在无水乙醚中,由 LiH₄ 粉末与无水 AlCl₃ 反应制得。

在水、酸、醇、硫醇等含活泼氢的化合物中,LiAlH₄ 易分解。因此用氢化铝锂还原,要求使用非质子溶剂,在无水、无氧和无二氧化碳条件下进行。无水乙醚、四氢呋喃是常用的溶剂。

四氢铝锂虽然还原能力较强,但价格比四氢硼钠和四氢硼钾贵,限制了它的使用范围。其应用实例列举如下。

(1)酰胺羰基还原成氨亚甲基或氨甲基

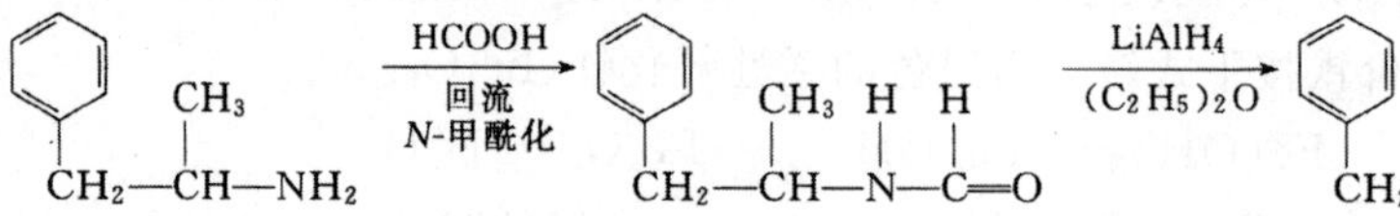

(2)羧基还原成醇羟基

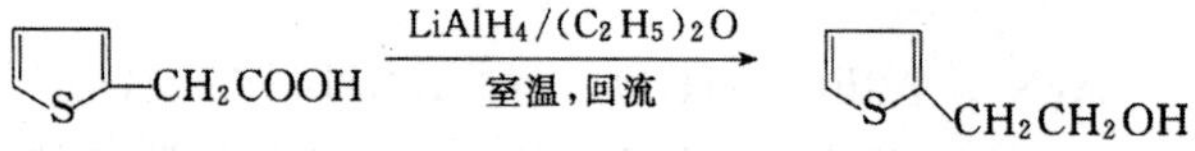

2.硼氢化钠和四氢硼钾

硼氢化钠是由氢化钠和硼酸甲酯反应制得。

四氢硼钠和四氢硼钾不溶于乙醚,在常温可溶于水、甲醇和乙醇而不分解,可以用无水甲醇、异丙醇或乙二醇二甲醚、二甲基甲酰胺等溶剂。四氢硼钠比四氢硼钾价廉,但较易潮解。其应用实例列举如下。

(1)环羰基还原成环羟基

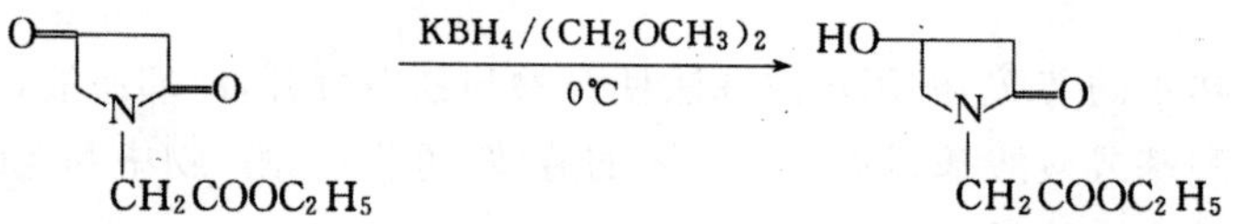

此例中,只选择性地还原了一个环羰基,而不影响另一个环羰基和羧酯基。

(2)醛羰基还原成醇羟基

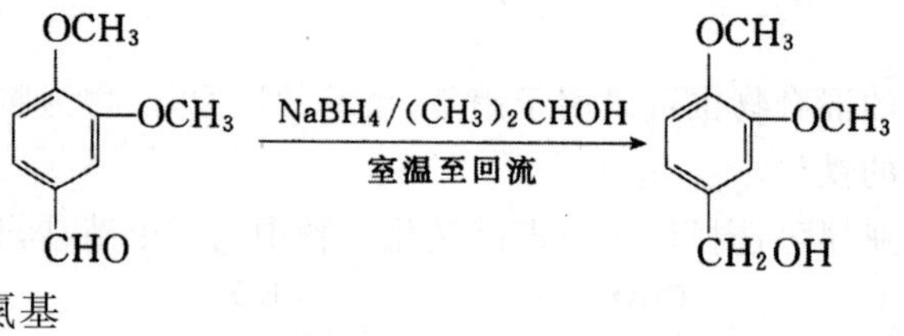

(3)亚氨基还原成氨基

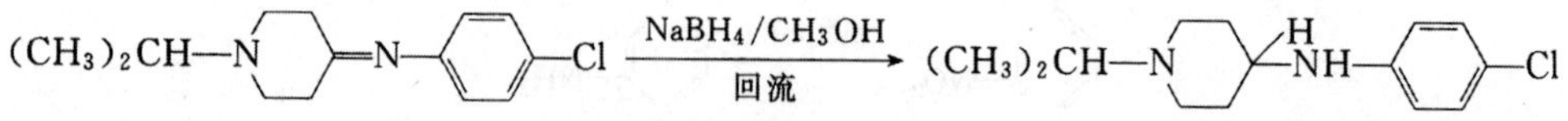

3.用异丙醇铝-异丙醇还原

醛、酮化合物的专用还原剂,可将羰基还原为羟基,而不影响被还原物分子中的官能团,反应选择性好。异丙醇铝是催化剂,异丙醇是还原剂和溶剂。此类还原剂还有乙醇铝-乙醇、丁醇铝-丁醇等。

用异丙醇铝-异丙醇的还原操作:将异丙醇铝、异丙醇与羰基化合物共热回流,若羰基化合物难以还原,则加入共溶剂甲苯或二甲苯,以提高其回流温度。由于反应是可逆的,因而异丙醇铝和异丙醇需要大大过量。另外,加入适量氯化铝,可提高反应速率和收率。还原反应生成丙酮,需要不断蒸出,直至无丙酮蒸出即为终点。

异丙醇铝极易吸潮,遇水分解,反应要求无水条件。

由于 β-二酮及 β-二酮酯易烯醇化,含酚羟基或羧基的羰基化合物,其羟基容易与异丙醇铝生成铝盐,故不宜用此法还原;含氨基的羰基化合物与异丙醇铝能形成复盐,故用异丙醇钠;对热敏感的醛类还原,可改用乙醇铝-乙醇,在室温下,用氮气置换乙醛气体,使还原反应顺利进行。

2.6.3　含硫化合物的还原

含硫化合物一般为较缓和的还原剂,按其所含元素可以分为两类:一类是硫化物、硫氢化物以及多硫化物即含硫化合物;另一类是亚硫酸盐、亚硫酸氢盐和保险粉等含氧硫化物。

1. 硫化物的还原

使用硫化物的还原反应比较温和,常用的硫化物有:硫化钠(Na_2S)、硫氢化钠($NaHS$)、硫化铵$[(NH_4)_2S]$、多硫化物(Na_2S_x,x 为硫指数,等于 $1\sim5$)。工业生产上主要用于硝基化合物的还原,可以使多硝基化合物中的硝基选择性地部分还原,或者还原硝基偶氮化合物中的硝基而不影响偶氮基,可从硝基化合物得到不溶于水的胺类。采用硫化物还原时,产物的分离比较方便,但收率较低,废水的处理比较麻烦。这种方法目前在工业上仍有一定的应用。

(1)反应历程

硫化物作为还原剂时,还原反应过程是电子得失的过程。其中硫化物是供电子者,水或者醇是供质子者。还原反应后硫化物被氧化成硫代硫酸盐。

硫化钠在水-乙醇介质中还原硝基物时,反应中生成的活泼硫原子将快速与 S^{2-} 生成更活泼的 S_2^{2-},使反应大大加速,因此这是一个自动催化反应,其反应历程为

$$ArNO_2 + 3S^{2-} + 4H_2O \longrightarrow ArNH_2 + 3S + 6OH^-$$

$$S + S^{2-} \longrightarrow S_2^{2-}$$

$$4S + 6OH^- \longrightarrow S_2O_3^{2-} + 2S^{2-} + 3H_2O$$

还原总反应式为

$$4ArNO_2 + 6S^{2-} + 7H_2O \longrightarrow 4ArNH_2 + 3S_2O_3^{2-} + 6OH^-$$

用 $NaHS$ 溶液还原硝基苯是一个双分子反应,最先得到的还原产物是苯基羟胺,进一步再被 HS_2^- 和 HS^- 还原成苯胺。

(2)影响因素

①被还原物的性质。芳环上的取代基对硝基还原反应速率有很大的影响。芳环上含有吸电子基团,有利于还原反应的进行;芳环上含有供电子基团,将阻碍还原反应的进行。如间二硝基苯还原时,第一个硝基比第二个硝基快 1000 倍。因此可选择适当的条件实现多硝基化合物的部分还原。

②反应介质的碱性。使用不同的硫化物,反应体系中介质的碱性差别很大。使用硫化钠、硫氢化钠和多硫化物为还原剂使硝基物还原的反应式分别为

$$4ArNO_2 + 6Na_2S + 7H_2O \longrightarrow 4ArNH_2 + 3Na_2S_2O_3 + 6NaOH$$

$$4ArNO_2 + 6NaHS + H_2O \longrightarrow 4ArNH_2 + 3Na_2S_2O_3$$

$$ArNO_2 + Na_2S_2 + H_2O \longrightarrow ArNH_2 + Na_2S_2O_3$$

$$ArNO_2 + Na_2S_x + H_2O \longrightarrow ArNH_2 + Na_2S_2O_3 + (x-2)S$$

Na_2S 作还原剂时,随着还原反应的进行不断有氢氧化钠生成,使反应介质的 pH 值不断升高,将发生双分子还原生成氧化偶氮化合物、偶氮化合物、氢化偶氮化合物等副产物。为了减少副反应的发生,在反应体系中加入氯化铵、硫酸镁、氯化镁等来降低介质的碱性。

使用 Na_2S_2 或 Na_2S 时,反应过程中无氢氧化钠生成,可避免双分子还原副产的生成。但是多硫化钠作为还原剂时,反应过程中有硫生成,使反应产物难分离,实用价值不大。因此对于需要控制碱性的还原反应,常用 Na_2S_2 为还原剂。

2.用含氧硫化物的还原

常用的含氧硫化物还原剂是亚硫酸盐、亚硫酸氢盐和连二亚硫酸盐。亚硫酸盐和亚硫酸氢盐可以将硝基、亚硝基、羟氨基和偶氮基还原成氨基,而将重氮盐还原成肼,此法可以在硝基、亚硝基等基团被还原成氨基的同时在环上引入磺酸基。连二亚硫酸钠在稀碱性介质中是一种强还原剂,反应条件较为温和、反应速率快、收率较高,可以把硝基还原成氨基,但是保险粉价格高且不易保存,主要用于蒽醌及还原染料的还原。

亚硫酸盐和亚硫酸氢盐为还原剂主要用于对硝基、亚硝基、羟氨基和偶氮基中的不饱和键进行的加成反应,反应后生成的加成还原产物 N-氨基磺酸,经酸性水解得到氨基化合物或肼。

其中亚硫酸钠将重氮盐还原成肼的反应历程如下。

$$Ar-\overset{+}{N}\equiv N + : \underset{O}{\overset{O^-}{\underset{\|}{\overset{\|}{S}}}}-O^- \longrightarrow Ar-N=N-SO_3^- \xrightarrow{SO_3^{2-}} Ar-\underset{SO_3^-}{\overset{|}{N}}-N-SO_3^- \xrightarrow[H_2O]{H^+} ArNHNH_2$$

$+2H_2SO_4$

亚硫酸盐与芳香族硝基物反应,可以得到氨基磺酸化合物。在硝基还原的同时,还会发生环上磺化反应,这种还原磺化的方法在工业生产中具有一定的重要性。而亚硫酸氢钠与硝基物的摩尔比为$(4.5～6):1$,为了加快反应速率常加入溶剂乙醇或吡啶。

间二硝基苯与亚硫酸钠溶液共热,然后酸化煮沸,得到 3-硝基苯胺-4-磺酸。

2.6.4 硼烷还原反应

有机硼烷的还原作用在近年来得到很快的发展。硼烷 BH_3 为一种强还原剂,其能进攻许多不饱和官能团,反应在室温下就易进行,所得硼化物中间体水解可得高产率的产物。然而硼烷易与水反应,所以反应要在无水条件下进行。

二硼烷能够十分容易地将羧酸还原为伯醇,即使在有其他不饱和基团存在下也能选择性地进行。

二硼烷还原环氧化物主要生成取代基较少的醇,这恰与络合氢化的还原产物相反。例如:

二硼烷与 $NaBH_4$ 的反应并不完全相同,由于 $NaBH_4$ 是亲核试剂,通过负氢离子对偶极重键

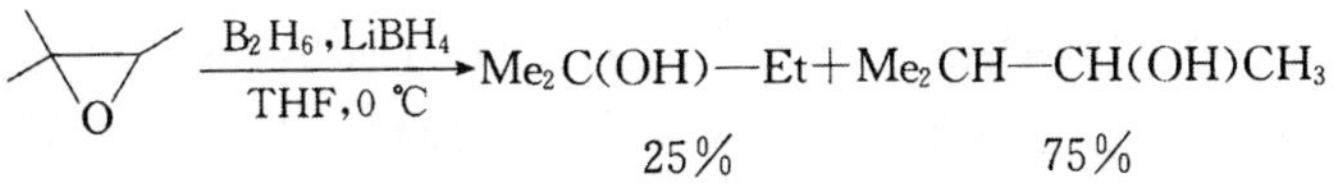

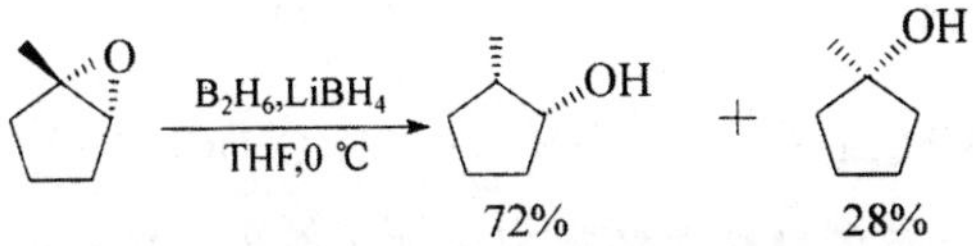

$$\text{（环氧化物）} \xrightarrow[\text{THF},0\ ℃]{B_2H_6,LiBH_4} Me_2C(OH)—Et + Me_2CH—CH(OH)CH_3$$

$$25\% \qquad\qquad 75\%$$

$$\text{（甲基环氧环戊烷）} \xrightarrow[\text{THF},0\ ℃]{B_2H_6,LiBH_4} \text{（环戊醇产物）} + \text{（环戊醇产物）}$$

$$72\% \qquad\qquad 28\%$$

电性较正的一端进行加成,而二硼烷是 Lewis 酸,进攻的是负电子中心。例如,$NaBH_4$ 易将酰氯还原为伯醇,反应被卤原子的吸电子效应促进,然而二硼烷在通常条件下不反应。羰基也可进行选择性反应,如 α,β-不饱和酮和饱和酮,因为它们的电子离域情况不同,亲核性还原剂用于还原饱和酮,而亲电性试剂则用来还原不饱和酮。例如:

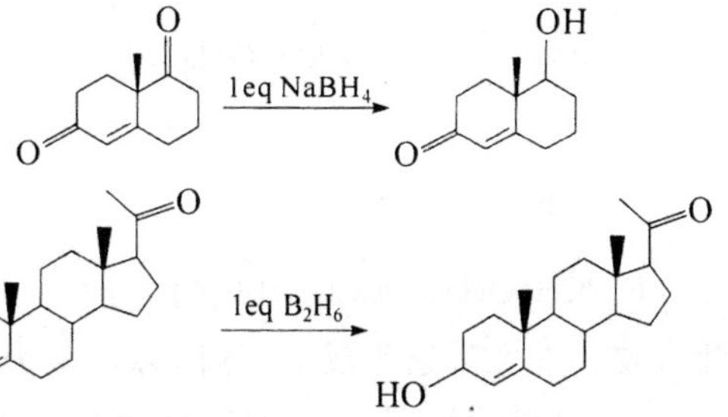

$$\xrightarrow{1eq\ NaBH_4}$$

$$\xrightarrow{1eq\ B_2H_6}$$

一般认为二硼烷对羰基的还原反应首先是缺电子的硼原子对氧原子的加成,然后将负氢不可逆地从硼原子转移到碳原子上。例如:

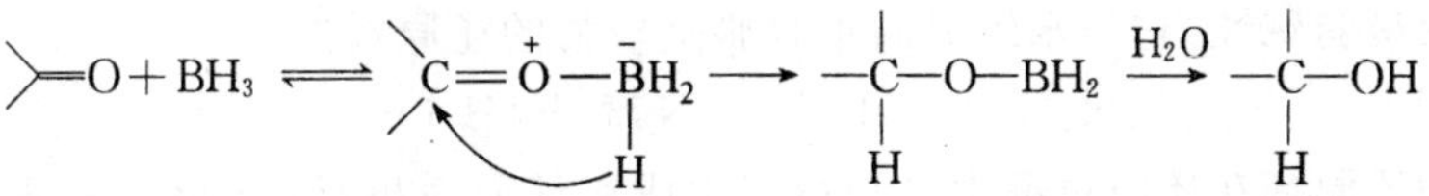

立体障碍较大的硼烷均比硼烷温和、选择性高,且由于烷基的立体效应,反应速率受被还原物结构影响。尽管酮的反应活性受其结构的影响变化很大,然而是醛和酮都能转化为相应的醇。酰氯、酸酐和酯不发生反应。环氧化物只能很慢地被还原,与二硼烷相反,羧酸并不被还原,它们简单地形成二烷基硼的羧酸盐,这种盐水解后重新生成羧酸。这可能是由于形成的羧酸盐中体积大的二烷基硼基阻止了试剂对羰基的进一步进攻。

2.6.5　其他化学还原反应

1. 醇铝还原

醇铝也称为烷氧基铝,这是一类重要的有机还原剂,工业上常用的还原剂是异丙醇铝 $[Al(OCHMe_2)_3]$ 和乙基铝 $[Al(OEt)_3]$。醇铝的选择性高、反应速率快、作用缓和、副反应少、收率高。它是将羰基化合物还原成为相应醇的专一性很高的试剂。只能够使羰基被还原成羟基,对于硝基、氯基、碳碳双键、叁键等均没有还原能力。

麦尔外因-彭道夫-维兰反应即异丙醇铝能使羰基化合物还原成醇,该反应是可逆的。通过反应可使醛转化为伯醇,酮转化为仲醇,一般情况下产率均很高。例如,苯甲酰甲基溴还原为 β-溴-α-苯乙醇,反应具有很好的选择性,用于选择性地还原羰基,且不影响烯烃的双键和许多其他的不饱和官能团。例如:

$$PhCH\!=\!CHCHO \xrightarrow{Al(OPr\text{-}i)_3} PhCH\!=\!CHCH_2OH$$

$$\underset{\text{(邻硝基苯甲醛)}}{\text{NO}_2\text{—CHO}} \xrightarrow{Al(OPr\text{-}i)_3} \text{NO}_2\text{—CH}_2OH$$

$$\text{—COCH}_2Br \xrightarrow{Al(OPr\text{-}i)_3} \text{—CH(OH)CH}_2Br$$

反应可能是由负氢离子通过六元环过渡态转移到羰基化合物上进行的。例如：

$$\underset{R}{\overset{R'}{>}}C\!=\!O + Al(OPr\text{-}i)_3 \rightleftharpoons \cdots \rightleftharpoons \cdots$$

$$\rightleftharpoons \quad +MeCOMe$$

$$\downarrow HCl$$

$$R'RCH(OH) + AlCl_3 + Me_2CH(OH)$$

采用其他金属烷氧化合物也能发生这类反应，然而醇铝最为合适。其原因在于它既能溶解于醇，也能溶解于烃；另外，由于它碱性较弱，不容易导致羰基化合物发生缩合副反应。

2.水合肼还原反应

肼的水溶液呈弱碱性，它与水组成的水合肼是较强的还原剂。

$$N_2H_4 + 4OH^- \longrightarrow N_2\uparrow + 4H_2O + 4e$$

水合肼作为还原剂在还原过程中自身被氧化成氮气而逸出反应体系，于是不会给反应产物带来杂质。同时水合肼能使羰基还原成亚甲基，在催化剂作用下，可发生催化还原。

(1)W-K-黄鸣龙还原

水合肼对羰基化合物的还原称为 Wolff-Kishner 还原。

$$\underset{}{>}C\!=\!O \xrightarrow{NH_2NH_2} \underset{}{>}C\!=\!N\!-\!NH_2 \xrightarrow{OH^-} \underset{}{>}CH_2 + N_2\uparrow$$

此反应是在高温下于管式反应器或高压釜内进行的，这使其应用范围受到限制。我国有机化学家黄鸣龙对该过程进行了改进，采用高沸点的溶剂如乙二醇替代乙醇，使该还原反应可以在常压下进行。此方法简便、经济、安全、收率高，在工业上的应用十分广泛，因而称为 Wolff-Kishner-黄鸣龙还原法，它是直链烷基芳烃的一种合成方法。例如：

$$\underset{}{\text{CH}_3\text{—C}\!=\!O} \xrightarrow[\text{KOH}]{NH_2\!-\!NH_2} \underset{}{\text{CH}_2\text{CH}_3}$$

(2)水合肼催化还原

水合肼在 Pd-C、Pt-C 或骨架镍等催化剂的作用下能使硝基和亚硝基化合物还原成相应的氨基化合物，而对硝基化合物中所含羰基、氰基、非活化碳碳双键不具备还原能力。该方法只需将硝基化合物与过量水合肼溶于甲醇或乙醇中，再在催化剂存在下加热，还原反应即可进行，无需加压，操作方便，反应速率快且温和，选择性好。

水合肼在不同贵金属催化剂上的分解过程,取决于介质的 PH 值,1mol 肼所产生的氢随着介质 PH 值的升高而增加,在弱碱性或中性条件下可以产生 1mol 氢。

$$3N_2H_4 \xrightarrow{Pt、Pd、Ni} 2NH_3 + 2N_2 + 3H_2$$

在碱性条件下如果加入氢氧化钡或碳酸钙则可以产生 2mol 氢。

芳香族硝基化合物用水合肼还原时,可以用 Fe^{3+} 盐和活性炭作为催化剂,反应条件较为温和。间硝基苯甲腈在 $FeCl_3$ 和活性炭催化作用下,用水合肼还原制得间氨基苯甲腈。

3. 金属氢化物转移试剂还原

金属氢化物还原剂最常用的是氢化锂铝和硼氢化钠,可以将其看作如下反应过程:

$$LiH + AlH_3 \longrightarrow Li\overset{+}{Al}\overset{-}{H}_4$$

$$NaH + BH_3 \longrightarrow Na\overset{+}{B}\overset{-}{H}_4$$

这两种复合氢化物的负离子是亲核试剂,它们一般情况下进攻 C=O 或 C=N 极性重键,然后将负离子转移到正电性较强的原子上,通常情况不还原孤立的 C=O 键或 C≡C 键。

每种试剂的四个氢原子均可用于还原反应。氢化锂铝比硼氢化钠的还原性强,可还原大多数官能团。

$LiAlH_4$ 易与含活泼氢的化合物反应,所以需在无水或非羟基溶剂中使用。$NaBH_4$ 与水或大多数醇在室温下缓慢反应,所以此种试剂可在醇液中使用。$NaBH_4$ 的活性低于 $LiAlH_4$,因此其选择性高于 $LiAlH_4$,在室温下很易还原醛和酮,然而一般不与酯或酰胺作用,采用该种试剂能在多数官能团存在下选择性地还原醛和酮。例如:

$$CH_2=CHCH=CHCHO \xrightarrow[\text{或 } NaBH_4]{LiAlH_4} CH_2=CHCH=CHCH_2OH$$

98%

$$O_2N\text{---}CH_2)_3\text{---}CHO \xrightarrow{NaBH_4,EtOH} O_2N\text{---}CH_2)_3\text{---}CH_2OH$$

$LiAlH_4$ 也能还原与羟基相连的叁键,所以使用该反应可用来制备标记的烯丙醇类化合物。例如:

$$CH\equiv C(CH_2)_2C\equiv CCOOEt \xrightarrow{LiAlH_4} CH\equiv C(CH_2)_2CH=CHCH_2OH$$

一般条件下,烯烃双键不能被氢化物还原剂还原,然而在用 $LiAlH_4$ 还原 β-芳基-α,β-不饱和羰基化合物时,C=C 和 C=O 一起被还原,但是在该情况下降温,缩短反应时间,采用 $LiAlH_4$ 或者 $NaBH_4$ 能将羰基选择性地还原。例如:

$$PhCH=CHCHO \quad
\begin{cases}
\xrightarrow[35℃]{\text{过量 } LiAlH_4,\text{乙醚}} PhCH_2CH_2CH_2OH \\
\xrightarrow[-10℃]{NaBH_4 \text{ 或 } LiAlH_4,\text{乙醚}} PhCH=CHCH_2OH
\end{cases}$$

$$CH_3CH=CHCHO \xrightarrow[\text{低温}]{LiAlH_4} CH_3CH=CHCH_2OH$$
$$82\%$$

$$98\%$$

烷基氢化锂铝试剂是比较温和的选择性还原剂,该试剂一个最有效的应用是还原酰氯或二烷基酰胺选择性制备醛。而酰氯与氢化锂铝反应得到相应的醇。例如:

$$NC-\text{⟨⟩}-COCl \xrightarrow[-78℃]{LiAlH(OBu\text{-}t)_3} NC-\text{⟨⟩}-CHO$$

$$\text{CH}_2{=}\text{CH(CH}_2)_8\text{CONMe}_2 \xrightarrow[\text{② } H_3O^+]{\text{① } LiAlH(OEt)_3} \text{CH}_2{=}\text{CH(CH}_2)_8\text{CHO}$$
$$85\%$$

乙酰乙酸乙酯含有酯基和酮基两类官能团,采用下列方法可选择性地得到还原产物,反应式如下:

$$CH_3COCH_2COOEt
\begin{cases}
\xrightarrow{LiAlH_4,\text{乙醚}} CH_3CH(OH)CH_2CH_2OH \\
\xrightarrow{NaBH_4,EtOH} CH_3CH(OH)CH_2COOEt
\end{cases}$$

$$\xrightarrow[\text{② } H_3O^+]{\text{① } LiAlH_4} CH_3COCH_2CH_2OH$$

通常认为 $LiAlH_4$ 还原羰基的机理如下:

$$LiAlH_4 \xrightarrow{-Li^+} H_3\bar{A}lH$$

$$H_3\bar{A}l{-}H + Me_2CO \longrightarrow Me_2CH{-}O\bar{A}lH_3 \xrightarrow{Me_2CO} (Me_2CH{-}O)_2\bar{A}lH_2$$

$$\xrightarrow{Me_2CO} (Me_2CH{-}O)_3\bar{A}lH \xrightarrow{Me_2CO} (Me_2CH{-}O)_4\bar{A}l \xrightarrow{H^+} 4Me_2CH{-}OH$$

一般不对称酮羰基的还原反应生成的是外消旋醇。但是对于含有手性中心的酮来说,生成的两种醇的量是不相同。例如,用 $LiAlH_4$ 还原酮时,主要生成苏式醇,反应式如下:

$$72\% \qquad\qquad 28\%$$

该类反应的主要产物可依据克拉姆规则判断。此规则可用 Newman 投影式来表示:

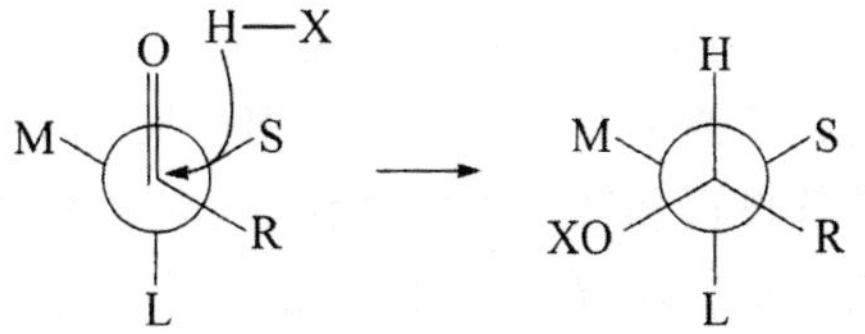

能量最低的过渡态　　　　**主要的立体异构体**

其中 S、M、L 分别表示小、中、大取代基。对于酮的还原来说，金属氢化物负离子从构象中羰基位阻较小的一侧进攻，所以主要产物为苏式醇。

在镧系盐存在下，$NaBH_4$ 能区别酮羰基和醛羰基的不同，选择性地还原活性小的羰基。例如，α,β-不饱和酮能被选择性地还原为饱和酮。在醛存在下，用有四氯化铈存在的等物质的量的 $NaBH_4$ 乙醇水溶液能将酮选择性地还原。一般认为，在这些条件下醛基作为水合物被保护起来，这种水合物通过与铈离子络合而被稳定，在分离出产物后可使醛基再释放出来。例如：

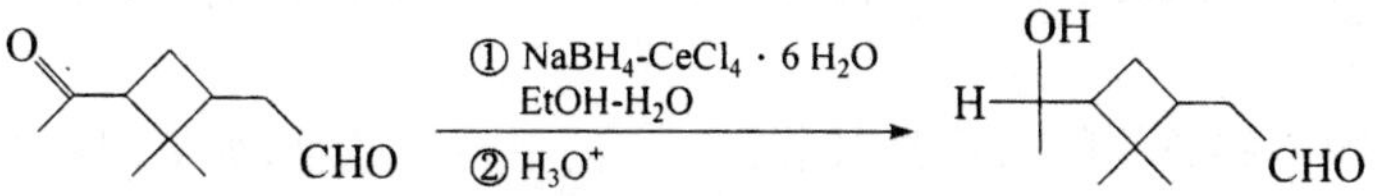

四氯化铈对于 α,β-不饱和酮区域选择性的还原成烯丙醇也是一种有效的催化剂。如果没有四氯化铈存在，双键也同时被还原。例如：

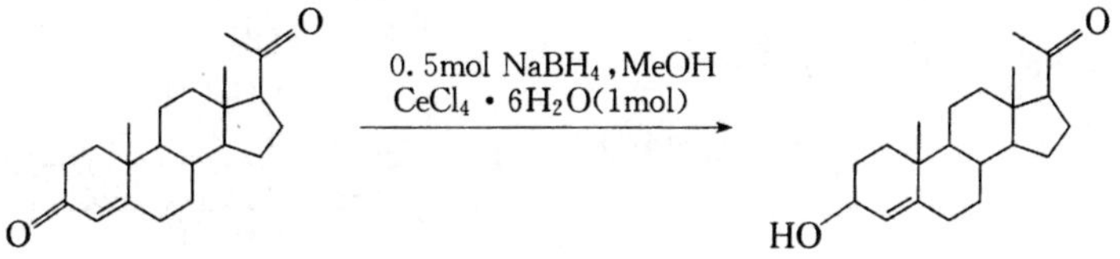

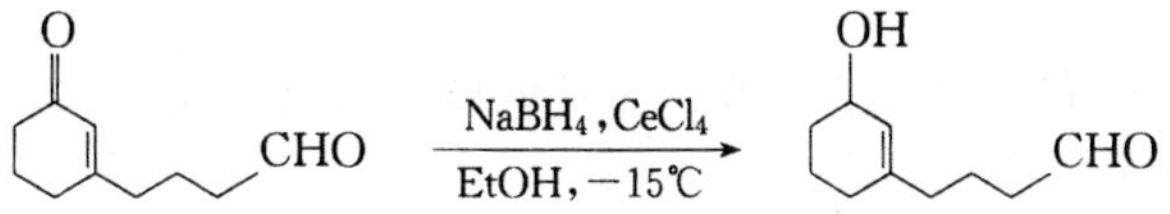

64%

2.7　电解还原反应

2.7.1　电解还原方法的特点与影响因素

1. 电解还原反应的特点

电解还原是一种重要的还原方法。它是电化学反应的重要部分。

电解还原产生于电解池的阴极。在阴极上，电解液离解产生的氢离子接受电子，形成原子氢，再由原子氢还原有机化合物，此类还原方法称为电解还原。电极的不同和电解液的不同，就会有不同的还原反应。

例如，用 Pt/Pt 电极或用 Ni/Ni 电极的还原反应为催化氢化反应；而以汞为电极，以钠盐为电解液时，还原反应则是钠汞齐的作用。因而电解还原在不同的情况下有不同的反应机理，产生不同的还原效果。

电解还原有许多特点，它没有催化剂中毒的问题；与化学还原法相比，有产率高、纯度好、易分离和对环境污染小等优点。而且电解还原的操作简便，在电化学反应中，作为基本反应剂的电子的活性是可以通过电极电势加以调整和控制,从而控制反应速度或改变反应进程。由此可见,无论在实验室还是在工业上,电解还原都有着广阔的应用前景。

电解还原反应速度缓慢,设备投资和维修费用庞大,耗电量大,电池的设计和材料问题较难解决。此外,影响反应的因素比较复杂,除影响热化学反应的反应参数,如温度、压力、时间、pH、溶剂和试剂浓度等因素仍然起作用外,还必须考虑电流密度、电极电势、电极材料、支持电解质、隔膜、双电层以及吸附和解吸等因素的影响。因而电解还原的发展受到了诸多条件的限制。

电解还原还用于硝基化合物、酯、酰胺、腈、羰基等化合物的还原,还可使羧酸还原成醛、醇甚至烃,炔还原成烯,共扼烯烃还原成烃等反应。在国外已有一些产品实现了工业化,如丙烯腈电解还原法生产己二腈。

2.电解还原方法的影响因素

影响电解还原的反应机理和最终产物的因素很多,主要有阴极电位、阴极材料和电解液等。

(1)阴极电位

阴极电位是影响电解还原的最重要因素。对于同一被还原物,如果阴极电位不同,则能产生不同的产物。例如:

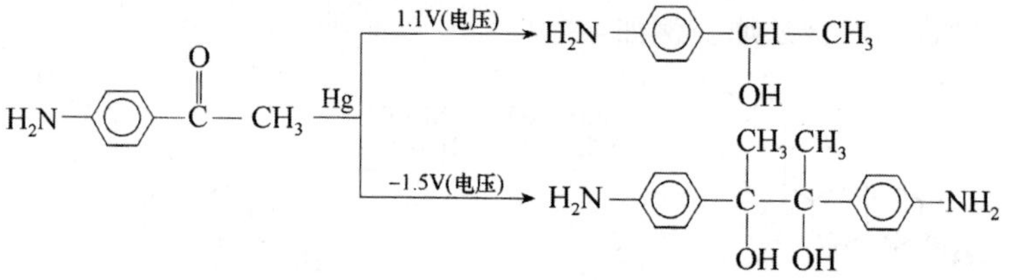

(2)阴极材料

阴极材料对还原反应有决定性的影响。通常电极的材料不同,不仅还原能力有限,而且还可能影响产物的组成和构型。例如:

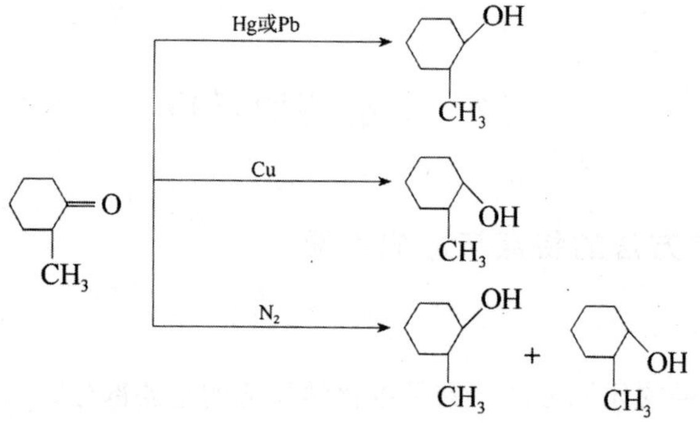

阴极材料最常用的是纯汞和铅,其次是铂和镍。阳极材料可采用石墨、铂、铅、镍。

(3)电解液

电解液最好采用水或某些盐类的水溶液。对于难溶于水的有机物,可以使用水-有机溶剂混合物,常用乙醇、乙酸、丙酮、乙腈、二噁烷、N,N-二甲基甲酰胺等。也可直接采用介电常数较大的有机溶剂作为电解液,如乙醇、乙酸、吡啶、二甲基甲酰胺等。

2.7.2 电解还原方法的应用

1. 己二腈的生产

纯的己二腈为无色透明油状液体,溶于甲醇、乙醇、乙醚和氯仿,微溶与水和四氯化碳主要用于生产尼龙-66 的中间体己二胺。己二腈可由丙烯腈电解二聚法制得。

该生产采用丙烯腈电解二聚法,其反应式为:

$$2CH_2{=\!\!=}CH{-\!\!}CN \xrightarrow[\text{电解二聚}]{Pb} NC(CH_2)_4CN$$

电解池的阴极为铅板,阳极为特殊合金。阴极液为 60% 的对甲苯三乙铵硫酸盐的水溶液,阳极液为稀硫酸。阴极室与阳极室之间用阳离子交换膜隔开。电解槽采用聚丙烯材料组装成的立式板框型结构。

将丙烯腈溶于电解液中,再导入电解槽阴极室。电流密度为 $15\sim30A/dm^2$,电解槽温度 $50℃$,阴极电解液的 pH 为 $7.0\sim9.5$。丙烯腈通过电解液的还原发生二聚作用,生成己二腈,收率可达 90% 以上。

2. 偶氮苯的生产

偶氮苯为黄色或橙黄色片状结晶。易溶于醇、醚、苯和冰乙酸,但不溶于水。主要用做染料中间体,也用于制备橡胶促进剂。它可由硝基苯电解还原制得。

该生产采用电解还原法,其反应式为:

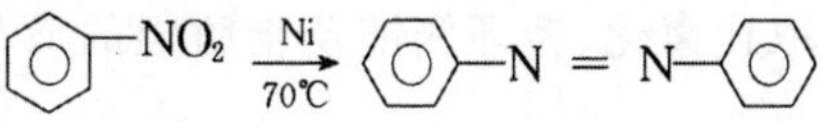

电解池内设有素瓷筒将阳极和阴极隔开。阳极是由 1mm 厚铅片筒状放于素瓷筒内;阴极是由镍网环绕在素瓷筒外,下缘比素瓷筒略长一些。

阴极液为硝基苯、乙醇和醋酸钠组成的液体,阳极液是碳酸钠的饱和水溶液。在 70℃ 水浴中温热,通以 $16\sim20A$ 电流,直到阴极上有氢气放出。电解过程中应随时补充挥发掉的乙醇。电解结束后,取出阴极液,通入空气以氧化可能生成的氢化偶氮苯。待溶液冷却后,偶氮苯呈红色晶体析出。

第 3 章　常见有机合成反应

3.1　卤化反应

在有机化合物分子中引入卤原子,形成碳—卤键,得到含卤化合物的反应被称为卤化反应。根据引入卤原子的不同,卤化反应可分为氯化、溴化、碘化和氟化。其中以氯化和溴化更为常用,氯化反应的应用也最为广泛。

通过向有机化合物分子中引入卤素,主要有两个目的:①赋予有机化合物一些新的性能,如含氟氯嘧啶活性基的活性染料,具有优异的染色性能;②在制成卤素衍生物以后,通过卤基的进一步转化,制备一系列含有其他基团的中间体,例如,由对硝基氯苯与氨水反应可制得染料中间体对硝基苯胺,由 2,4-二硝基氯苯水解可制得中间体 2,4-二硝基苯酚等。

3.1.1　卤化反应原理

1. 取代卤化

取代卤化主要有芳环上的取代卤化、芳环侧链及脂肪烃的取代卤化。取代卤化以取代氯化和取代溴化最为常见。

(1)芳环上的取代卤化

芳环上的取代卤化是亲电取代反应,其反应通式为

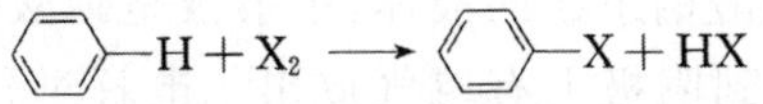

$$\text{⬡—H} + X_2 \longrightarrow \text{⬡—X} + HX$$

这是精细有机合成中的一类重要的反应,可以制取一系列重要的芳烃卤化衍生物。例如:

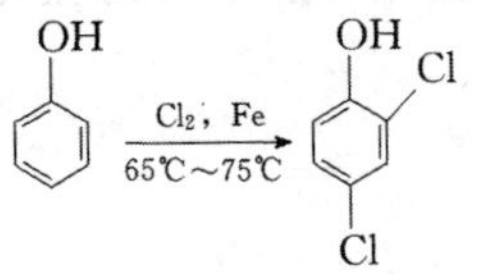

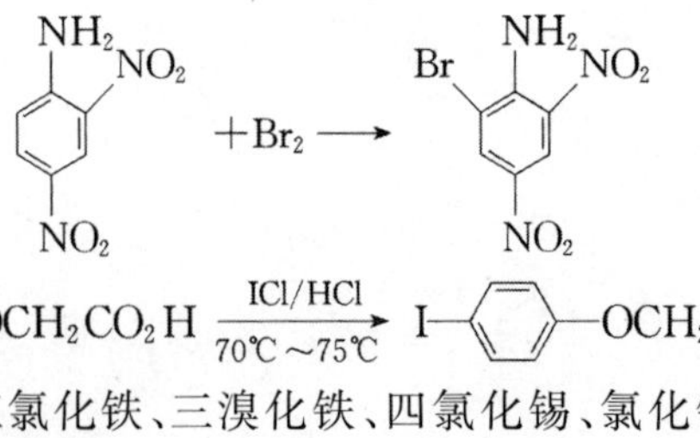

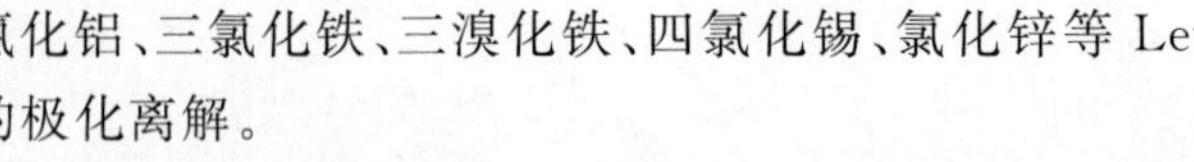

这类反应常用三氯化铝、三氯化铁、三溴化铁、四氯化锡、氯化锌等 Lewis 酸作为催化剂,其作用是促使卤素分子的极化离解。

芳环上的取代卤化一般属于离子型亲电取代反应。首先,由极化了的卤素分子或卤正离子向芳环做亲电进攻,形成 σ-络合物,然后很快失去一个质子而得卤代芳烃。即

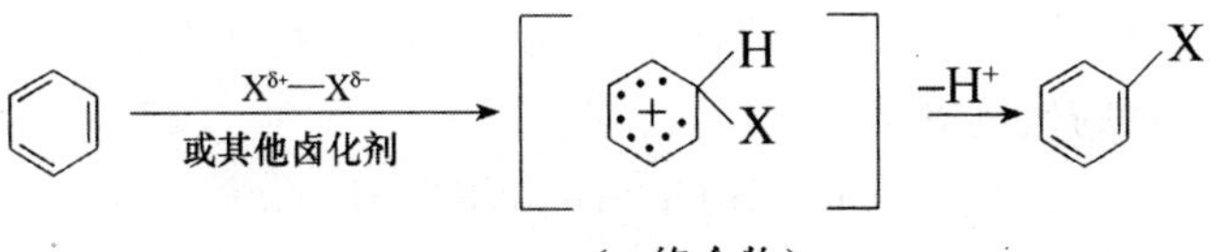

$$（\sigma\text{-络合物}）$$

例如,在无水状态下,用氯气进行氯化时,最常用的催化剂是各种金属氯化物,例如,$FeCl_3$、$AlCl_3$、$SbCl_3$ 等 Lewis 酸。无水 $FeCl_3$ 的催化作用可简单表示如下:

$$FeCl_3 + Cl_2 \rightleftharpoons \left[FeCl_3 \overset{\delta^-}{-} Cl \overset{\delta^+}{-} Cl \right] \rightleftharpoons FeCl_4^- + Cl^+$$

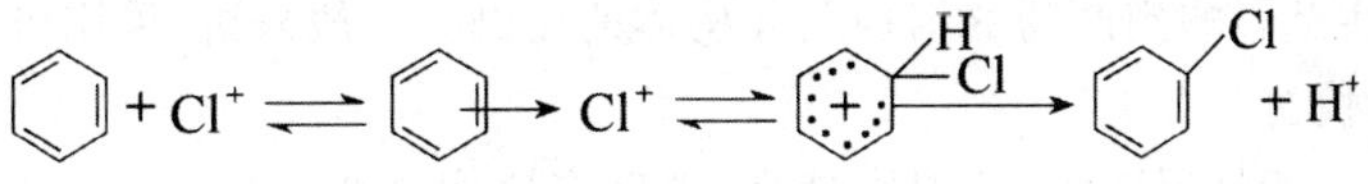

$$FeCl_4^- + H^+ \longrightarrow FeCl_3 + HCl\uparrow$$

在氯化过程中,催化剂 $FeCl_3$ 并不消耗,因此用量极少。

影响反应的主要因素主要有以下几种:

①芳烃取代基。芳环上取代基的电子效应对芳环上的取代卤化的难易及卤代的位置均有很大的影响。芳环上连有给电子基,卤代反应容易进行,且常发生多卤代现象,需适当地选择和控制反应条件,或采用保护、清除等手段,使反应停留在单、双卤代阶段。

芳环上若存在吸电子基团,反应则较困难,需用 Lewis 酸催化剂在较高温度下进行卤代,或采用活性较大的卤化试剂,使反应得以顺利进行。例如,硝基苯的溴化:

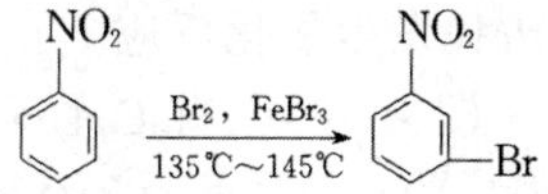

若芳环上除吸电子基团外还有给电子基团,卤化反应就顺利多了。例如,对硝基苯胺的取代氯化,氯基的定位取决于给电子基团。

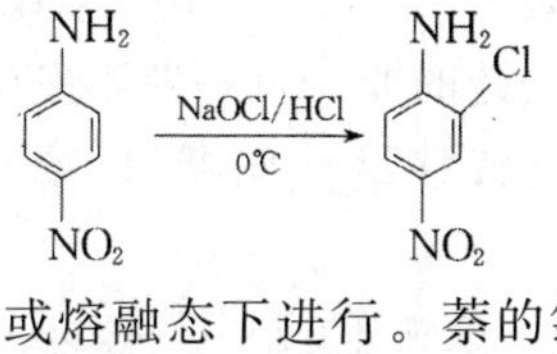

萘的卤化比苯容易,可以在溶剂或熔融态下进行。萘的氯化是一个平行一连串反应,一氯化产物有 α-氯萘和 β-氯萘两种异构体,而二氯化的异构体最多可达 10 种。

②卤化试剂。直接用氟与芳烃作用制取氟代芳烃,因反应十分激烈,需在氩气或氮气稀释下于 $-78℃$ 进行,故无实用意义。

合成其他卤代芳烃用的卤化试剂有卤素、N-溴(氯)代丁二酰亚胺(NBS)、次氯酸、硫酰氯($SOCl_2$)等。若用碘进行碘代反应,因生成的碘化氢具有还原性,可使碘代芳烃还原成原料芳烃,所以需同时加氧化剂,或加碱,或加入能与碘化氢形成难溶于水的碘化物的金属氧化物将其除去,方可使碘代反应顺利进行。若采用强碘化剂 ICl 进行芳烃的碘代,则可获得良好的效果。

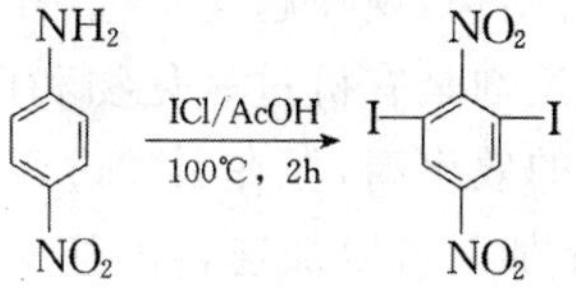

在芳烃的卤代反应中,应注意选择合适的卤化试剂,因这往往会影响反应的速度、卤原子取代的位置、数目及异构体的比例等。

$$Cl_2 > BrCl > Br_2 > ICl > I_2$$

一般来说,比较由不同卤素所构成的卤化剂的反应能力时有如下顺序:

③介质。常用的介质有水、盐酸、硫酸、醋酸、氯仿及其他卤代烃类化合物。反应介质的选取是根据被卤化物的性质而定的。对于卤化反应容易进行的芳烃,可用稀盐酸或稀硫酸作介质,不需加其他催化剂;对于卤代反应较难进行的芳烃,可用浓硫酸作介质,并加入适量的催化剂。

另外,反应若需用有机溶剂,则该溶剂必须在反应条件下显示惰性。溶剂的更换常常影响到卤代反应的速度,甚至影响到产物的结构及异构体的比例。一般来讲,采用极性溶剂的反应速度要比用非极性溶剂快。

④反应温度。一般情况下,反应温度越高,则反应速度越快,也容易发生多卤代及其他副反应。故选择适宜的反应温度亦是成功的关键。对于取代卤化反应而言,反应温度还影响卤素取代的定位和数目。

(2)芳烃的侧链取代卤化

芳环的侧链取代卤化主要是侧链上的氯化,重要的是甲苯的侧链氯化。芳环侧链氢的取代卤化是典型的自由基链反应,其反应历程包括链引发、链增长和链终止三个阶段。

链引发:氯分子在高温、光照或引发剂的作用下,均裂为氯自由基。

$$Cl_2 \xrightarrow{\text{均裂}} 2Cl\cdot$$

链增长:氯自由基与甲苯按以下历程发生氯化反应。

$$C_6H_5CH_3 + Cl\cdot \longrightarrow C_6H_5CH_2\cdot + HCl\uparrow$$
$$C_6H_5CH_2\cdot + Cl_2 \longrightarrow C_6H_5CH_2Cl + Cl\cdot$$
$$C_6H_5CH_3 + Cl\cdot \longrightarrow C_6H_5CH_2Cl + H\cdot$$
$$H\cdot + Cl_2 \longrightarrow Cl\cdot + HCl$$

应该指出,在上述条件下,芳环侧链的非 α 氢一般不发生卤基取代反应。

链终止:自由基互相碰撞将能量转移给反应器壁,或自由基与杂质结合,可造成链终止。例如:

$$Cl\cdot + Cl\cdot \longrightarrow Cl_2$$
$$Cl\cdot + H\cdot \longrightarrow HCl$$
$$Cl\cdot + O_2 \longrightarrow ClOO\cdot \xrightarrow{Cl\cdot} O_2 + Cl_2$$

芳烃的侧链取代卤化的主要影响因素为以下几种:

①光源。甲苯在沸腾温度下,其侧链一氯化已具有明显的反应速度,可以不用光照和引发剂,但是甲苯的侧链二氯化和三氯化,在黑暗下反应速度很慢,需要光的照射。一般可用富有紫外线的日光灯,研究发现高压汞灯对于甲苯的侧链二氯化有良好效果,但光照深度有限,安装光源,反应器结构复杂。为了简化设备结构,现在趋向于选用高效引发剂。

②引发剂。最常用的自由基引发剂是有机过氧化物和偶氮化合物,它们的引发作用是在受热时分解产生自由基。这些引发剂的效率高,但在引发过程中逐渐消耗,需要不断补充。

复合引发剂的效果比较好,其添加剂可以加速自由基反应,添加剂主要有吡啶、苯基吡啶、烯化多胺、六亚甲基四胺、磷酰胺、烷基酰胺、二烷基磷酰胺、脲、膦、磷酸三烷基酯、硫脲、环内酰胺和氨基乙醇等,添加剂的用量一般是被氯化物质量的 $0.1\% \sim 2\%$。

③杂质。凡能使氯分子极化的物质都有利于芳环上的亲电氯基取代反应,因此甲苯和氯气中都不应含有这类杂质。有微量铁离子时,加入三氯化磷等可以使铁离子配合掩蔽,使铁离子不致影响侧链氯化。

氯气中如果含有氧,它会与氯自由基结合成稳定的自由基 ClOO· 导致链终止,所以侧链氯化时要用经过液化后,再蒸发的高纯度氯气。但是当加有被氯化物 PCl_3 时,即使氯气中含有 5% 氧,也可以使用。

④温度。为了使氯分子或引发剂热离解生成自由基,需要较高的反应温度,但温度太高容易引起副反应。现在趋向于在光照和复合引发剂的作用下适当降低氯化温度。

(3)脂肪烃的取代卤化

脂肪烃的取代卤化反应,大多属于自由基取代历程,与芳环侧链卤化的反应历程相似。就烷烃氢原子的活性而言,若无立体因素的影响,叔 C—H＞仲 C—H＞伯 C—H,这与反应过程中形成的碳自由基的稳定性是一致的。

卤化试剂有氯、溴、硫酰氯、N-溴代丁二酰亚胺(NBS)等。它们在高温、光照或自由基引发剂存在下产生卤自由基。就卤素的反应选择性而言,Br·＞Cl·。N-溴代丁二酰亚胺等的选择性均好于卤素。

2. 加成卤化

(1)卤素与烯烃的加成

氟是卤素中最活泼的元素,它与烯烃的加成反应非常剧烈,并有取代、聚合等副反应伴随发生,易发生爆炸,故在有机合成上无实用意义。

碘的化学性质不活泼,与烯烃加成相当困难,且生成的碘化物热稳定性、光稳定性都比较差,反应是可逆的,所以应用亦很少。

氯、溴与烯烃的加成在有机合成上应用广泛。

烯烃的 π 键具有供电性,卤素分子受 π 键影响发生极化,其正电部分作为亲电试剂,对烯烃的双键进行亲电进攻,生成三元环卤翁离子。然后,卤负离子从环的背面向缺电子的碳正离子做亲核进攻,结果生成反式加成产物。

影响反应的主要因素有:

①烯键邻近基团。与烯键碳原子相连的取代基性质不仅影响着烯键极化方向,而且直接影响着亲电加成反应的难易程度。烯键碳原子上接有推电子基团,则有利于烯烃卤加成反应的进行;反之,若烯键碳原子上接有吸电子基团,则不利于该反应的进行。因此,烯烃的反应活性顺序是:

$$R_2C—CR_2＞R_2C—CHR＞R_2C—CH_2＞RCH—CH_2＞CH_2—CH_2＞CH_2—CHCl$$

②卤素活泼性。由于 Cl^+ 的亲电性比 Br^+ 强,所以氯与烯烃的加成反应速度比溴快,但反应选择性比溴差。

③溶剂。当卤化物是液体时,可以不用溶剂或直接卤化产物作溶剂;当卤化物为固体时,一般用四氯化碳、三氯甲烷、二氯甲烷等惰性非质子传递溶剂;在不引起副反应时,也可以用甲醇、乙醇、羧酸等质子传递溶剂。

④温度。温度对于烯烃加成卤化反应有较大影响。一般反应温度不宜太高,如烯烃与氯的

加成,需控制在较低的反应温度下进行,以避免取代等副反应的发生。

(2)卤化氢与烯烃的加成

氟化氢、氯化氢、碘化氢与烯烃的加成,以及在隔绝氧气和避光的条件下,溴化氢与烯烃的加成,均属于离子型亲电加成反应。反应结果生成相应的卤代饱和烃,加成定位方向遵守马氏规则。卤化氢的反应活性顺序为

$$HI>HBr>HCl>HF$$

例如:

$$C_6H_5CH_3CH{=}CH_2+HBr \xrightarrow[0℃,12h]{AcOH} \underset{\underset{71\%}{Br}}{C_6H_5CH_2CHCH_3}$$

而在光照或过氧化物存在下,溴化氢与烯烃进行自由基加成反应,加成产物与马氏规则相反。

$$(CH_3)_2C{=}CHCH_3+HBr \xrightarrow{过氧化苯甲酰} \underset{\underset{Br}{|}}{(CH_3)_2CHCHCH_3}$$

反应历程为:

①离子型亲电加成反应历程。反应首先是卤化氢与烯烃反应,形成碳正离子,然后碳正离子再与卤负离子结合,生成卤代烃。

$$RCH{=}CH_2+H{-}X \longrightarrow [R\overset{+}{C}H{-}CH_3+X^-] \longrightarrow \underset{\underset{X}{|}}{R{-}CH{-}CH_3}$$

由于 Lewis 酸能促进卤化氢分子的离解,因而有加速这类反应的作用。

②自由基加成反应历程。

$$RCH{=}CH_2+Br\cdot \longrightarrow R\overset{\cdot}{C}H{-}CH_2Br \xrightarrow{H{-}Br} RCH_2CH_2Br+Br\cdot$$

影响反应定位方向的主要因素有:

①烯键上取代基的电子效应。卤化氢与烯烃的离子型亲电加成反应的第一步,即烯键质子化是发生在电子云密度较大的烯键碳原子上。当烯键碳原子接有推电子取代基时,加成方向符合马氏规则;接有吸电子取代基时,加成方向反马氏规则。

而溴化氢与烯烃的自由基加成,因溴自由基属于亲电试剂,所以它进攻的部位也主要是电子云密度较大的烯键碳原子。

②活性中间体碳正离子或碳自由基的稳定性。碳正离子或碳自由基的稳定性顺序为叔>仲>伯。当它们与苯环、烯键、烃基等相连接时,由于共轭或超共轭效应的存在,而使其更加稳定,卤加成更易在此碳原子上进行。

另外,反应倾向于生成更稳定的碳正离子,因而发生了碳正离子的重排反应。

(3)取代基的空间效应。

由于基团空间效应的影响,溴自由基与端位烯键碳原子的碰撞会远远多于第二位碳原子,因此产物以 1-溴代化合物为主。这类反应已成为 1-溴代烷的重要合成方法。

3.置换卤化

卤原子能够置换有机物分子中与碳原子相连的羟基、磺酸基及其他卤原子等多种官能团,这

些卤置换反应已成为卤代烃的重要合成方法。

（1）醇羟基的卤置换

醇羟基的卤置换反应通式为

$$ROH + HX \Longleftrightarrow RX + H_2O(X=Cl、Br、I)$$

醇与氢卤酸的反应是可逆的。若使醇或氢卤酸过量，并不断地将产物或生成的水从平衡混合物中移走，可使反应加速，产率提高。去水剂有硫酸、磷酸、无水氯化锌、氯化钙等，亦可采用恒沸带水剂。

醇和氢卤酸的反应属于酸催化下的亲核取代反应，其中叔醇、苄醇一般按 S_N1 历程，而其他醇大多按 S_N2 历程进行反应。

S_N1 历程：

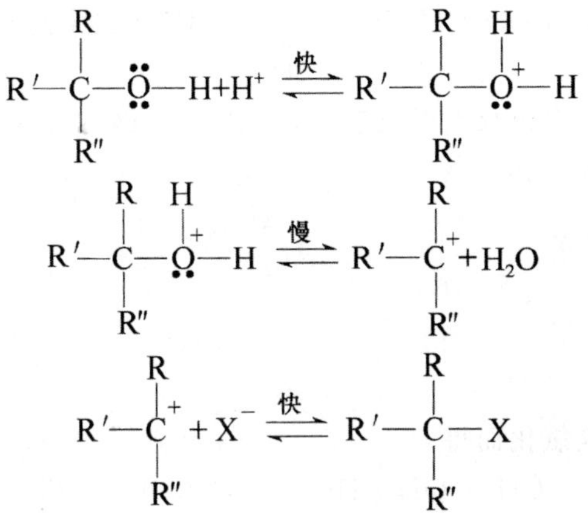

S_N2 历程：

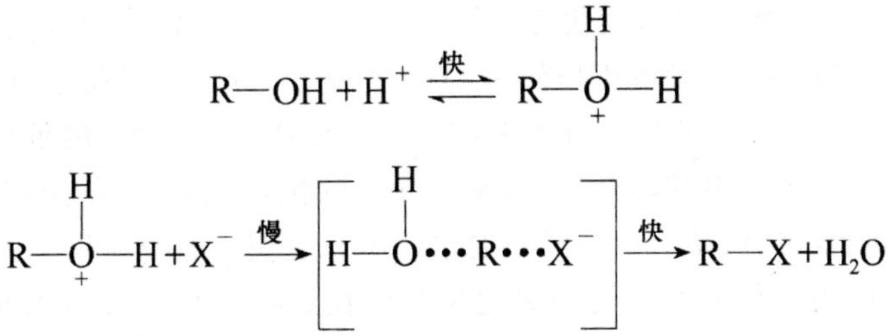

醇的反应活性为：苄醇、烯丙醇＞叔醇＞仲醇＞伯醇。

氢卤酸的反应活性为：$HI > HBr > HCl > HF$。

伯醇卤置换制取氯代烃或溴代烃也可采用卤化钠加浓硫酸作为卤化剂。但是，碘置换不可用此法，因为浓硫酸可使氢碘酸氧化成碘，也不宜直接用氢碘酸作卤化剂，因氢碘酸具有较强的还原性，易将反应生成的碘代烃还原成原料烃。醇的碘置换一般用碘化钾加磷酸作为碘化试剂，用碘加赤磷的办法亦可。

（2）酚羟基的卤置换

酚羟基的活性较小，由酚制备氯代芳烃，一般需用强卤化试剂在较剧烈的条件下反应。由于五氯化磷受热易离解成三氯化磷和氯，温度越高，离解度越大，置换能力也随之而下降；且因氯的存在可能产生芳核上的卤代或烯键加成等副反应，故用五氯化磷进行卤置换反应时，温度不宜过高。

此外,酚还可用有机磷复合卤化试剂进行卤置换,如二卤代三苯基膦,其反应活性更大,反应条件一般比较温和。对于活性较小的酚羟基,也可在较高温度和常压下进行卤置换。

$$\text{OH} \xrightarrow[\substack{CH_3CN, \ 60℃\sim70℃ \\ 最后加热到340℃}]{(C_6H_5)_3PBr_2} \text{Br} + (C_6H_5)_3PO$$

（3）卤代烃的卤置换反应

卤代烃分子中的氯或溴原子,与无机卤化物的氟原子进行交换,这是合成用一般方法难以得到的氟代烃的重要方法。常用的氟化剂有氟化钾、三氟化锑、五氟化锑、氟化汞等,其中以氟化汞的反应性最强。三氟化锑、五氟化锑均能选择性地作用于同一碳原子上的多卤原子,而不与单卤原子发生交换。

$$CCl_3CH_2CH_2Cl \xrightarrow[\substack{SbF_3 \\ SbF_5}]{165℃,2\sim3h} CF_3CH_2CH_2Cl$$

制取氟代烃必须选用耐腐蚀材料做反应器,例如,不锈钢、镍、聚乙烯等。操作中要注意环境的通风,并加强防毒、防腐蚀措施。

3.1.2 卤化反应方法

1.置换氯化

（1）置换羟基

氯甲烷可由甲醇的置换氯化而得。

$$CH_3-OH+HCl \longrightarrow CH_3Cl+H_2O$$

在工业上有三种方法,即气-液相催化法、气-液相非催化法和气-固相接触催化法。

气-液相催化法是将甲醇蒸气和氯化氢气体在$140\sim150℃$和常压通入质量分数75%氯化锌水溶液中。此法反应条件温和、设备流程简单,适于小规模生产,但消耗定额高,设备腐蚀严重。

气-液相非催化法是将甲醇和氯化氢在$120℃$和$1.06MPa$压力下,在回流塔式反应器中连续反应和连续精馏,塔顶蒸出氯甲烷,塔底排出水。此法的优点是:甲醇的选择性好、转化率高,单耗接近理论值,产品纯度高,但是对设备材料要求高。只适用于大规模生产。

气-固相接触催化法是将甲醇蒸气和氯化氢气体在$250℃\sim300℃$连续地通过硅胶催化剂,甲醇的选择性99.8%,单程转化率98.5%。此法对原料中水含量控制严格,反应器制造技术复杂,只适用于大规模生产。

用上述类似的方法可以从乙醇的置换氯化制得氯乙烷,但氯乙烷的制备也可以用乙烯和氯化氢的加成氯化法或乙烷的热取代氯化法。

正十二烷基溴是有机合成原料和溶剂,它是由正十二醇与40%溴化氢水溶液和浓硫酸按$1:1:1$的物质的量之比回流而得,加入醇质量0.5%的四丁基溴化铵,可使收率提高到96%。

1,6-二溴己烷是医药和香料中间体,它是由1,6-己二醇与三溴化磷在$100℃\sim150℃$反应而得,收率80.5%。

（2）置换杂环上的羟基

芳环上和吡啶环上的羟基很难被卤原子置换,但是某些杂环上的羟基则容易被氯原子或溴原子置换。所用的卤化剂可以是$COCl_2$和$SOCl_2$,在要求较高的反应温度时可用三氯氧磷或五氯化磷。例如:

有机中间体

（3）置换硝基

氯置换硝基是自由基反应：

$$Cl_2 \longrightarrow 2Cl \cdot$$

$$ArNO_2 + Cl \cdot \longrightarrow ArCl + NO_2 \cdot$$

$$NO_2 \cdot + Cl_2 \longrightarrow NO_2Cl + Cl \cdot$$

工业上，间二氯苯是由间二硝基苯在 222℃下与氯反应制得。1,5-二硝基蒽醌在邻苯二甲酸酐存在下，在 170℃～260℃通氯气，硝基被氯基置换，制得 1,5-二氯蒽醌。以适量的 1-氯蒽醌为助熔剂，在 230℃熔融的 1-硝基蒽醌中通入氯气，可制得 1-氯蒽醌。当改用 1,5-或 1,8-硝基蒽醌为原料时，则可得到 1,5-或 1,8-氯蒽醌。

通氯的反应器应采用搪瓷或搪玻璃的设备，因为氯与金属可产生极性催化剂，使得在置换硝基的同时，发生离子型取代反应，生成芳环上取代的氯化副产物。

（4）置换磺酸基

在酸性介质中，氯基置换蒽醌环上磺酸基的反应也是一个自由基反应。采用氯酸盐与蒽醌磺酸的稀盐酸溶液作用，可将蒽醌环上的磺酸基置换成氯基。

工业上常采用这一方法生产 1-氯蒽醌以及由相应的蒽醌磺酸制备 1,5-和 1,8-二氯蒽醌。方法是在 96～98℃下将氯酸钠溶液加到蒽醌磺酸的稀盐酸溶液中，保温一段时间即可完成反应；收率为 97%～98%。由于氯蒽醌具有固定的熔点，而且卤基置换蒽醌环上磺酸基的反应几乎是定量进行，因此这一反应也常用于分析、鉴定蒽醌磺酸。

（5）置换重氮基

置换重氮基是制取芳香卤化物的重要方法之一，特别是对于一些不能直接采用卤素亲电取代，或取代后所得异构体难以分离提纯的芳香族化合物具有重要的意义。芳香重氮盐与氯化亚铜或者是溴化亚铜作用制，备芳香氯化物或溴化物的反应称为桑德迈耶尔反应。

$$ArN_2^+ X^- \xrightarrow{CuX} ArX + N_2 \uparrow \quad (X = Cl、Br)$$

反应过程中同时有副产物偶氮化合物（ArN＝NAr）和联芳基化合物（Ar—Ar）生成，置换反应收率在 70%～90%。芳香氯化物的生成速度与重氮盐及一价铜的浓度成正比。增加氯离子浓度可以减少副产物的生成。

重氮基被氯基置换的反应速度受到对位取代基的影响，其影响按以下顺序减小：

$$NO_2 > Cl > H > CH_3 > OCH_3$$

置换重氮基的反应温度一般为 40℃～80℃，卤化亚铜用量按化学计算量是重氮盐的 10%～20%。例如：

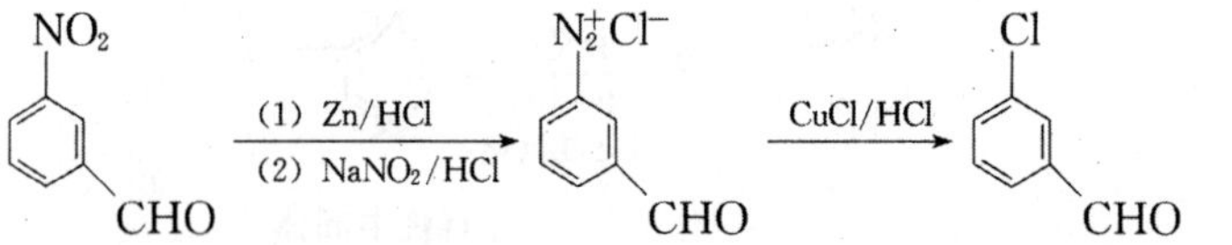

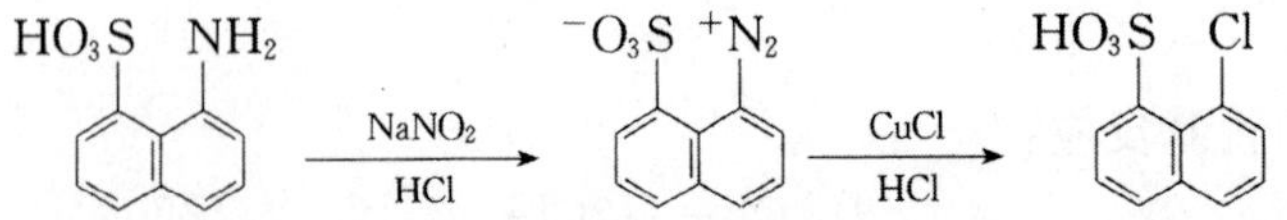

桑德迈耶尔反应包括重氮卤化物溶液的制备,以及将此溶液加入相应的卤化亚铜溶液中。对于易于挥发的物料,必须使用回流冷凝器。在某些情况下,重氮化溶液的制备是在卤化亚铜存在下进行的。此时,可将亚硝酸钠溶液加入到胺和铜盐的热酸溶液中。这样重氮化反应和桑德迈耶尔反应可在一个操作下进行。例如:

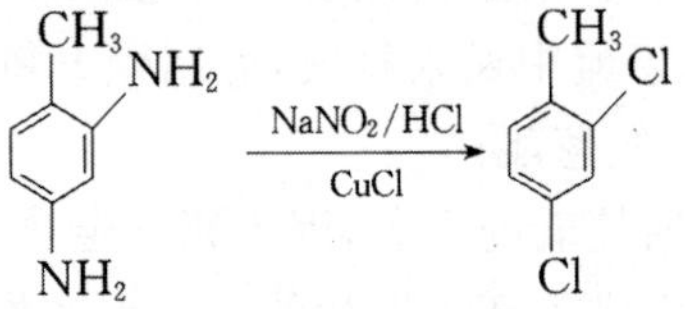

重氮化及其置换为氯基是在同一个反应器中完成的。先将2,4-二氨基甲苯溶解,然后加入盐酸和氯化亚铜,再均匀加入亚硝酸钠,维持反应温度60℃,反应之后分层分离,粗品经水蒸气蒸馏,制得的2,4-二氯甲苯用做抗疟疾药"阿的平"的中间体。

2.溴化技术

由于溴比氯贵4倍,因而在合成中常用溴化物作中间体,卤素所占的成本很可能是相当于氯化物作中间体的10倍左右。所以溴化物只能用于特殊产品性能需要或特殊合成需要的场合。因此溴化物生产规模甚小。

有机化合物的溴化反应与氯化反应基本类似,有双键加成溴化,芳环取代溴化,芳环支链及饱和烷烃溴化以及置换溴化等。就采用的溴化试剂而言,Br_2 的直接溴化在工业上应用得最多,而其他溴化方法也各具特色,在工业上有着特殊用途。

3.碘化技术

由于碘的价格昂贵,碘化反应的实际应用受到很大限制。按碘化试剂分类,在芳环上碘化的方法主要有:ICl 碘化、I_2 直接碘化及重氮基置换法。相对来说,其中 ICl 碘化在工业上应用得最多。

(1)I_2 直接碘化

因 I_2 是活性最低的亲电试剂,因此十分活泼的芳香族化合物工业上可直接用 I_2 直接碘化。但该反应为一平衡反应,为使平衡向着有利于碘化方向进行,要采用加入氧化剂或加碱除去 HI 的方法。这些都在一定程度上限制其在工业上的应用。

$$RH + I_2 \longrightarrow RI + HI$$

(2)ICl 碘化

ICl 是较强的亲电取代试剂,能使碘化反应顺利进行。因此该反应具有反应速度快,反应温度低,产物易分离,而被工业界广泛采纳。

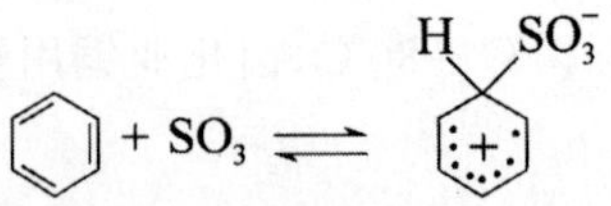

4.氟化技术

高强度的碳－氟键,高电负性的氟和体积比较小的氟原子这三个因素使得氟化物的制备技术与其他卤素有很大的不同,其应用性能亦往往特别优越。

制备全氟化合物的方法主要有三种:F_2 直接氟化、CoF_3 氟化和电解氟化。

(1)F_2 直接氟化

F_2 非常活泼,与有机物猛烈反应,放出大量的热量,导致有机物的降解或破坏,也极易引起燃烧和爆炸。尽管可采用惰性气体稀释氟,或使反应在惰性溶剂中进行,来缓和直接氟化。但所得产物的组成仍很复杂,难以分离;另外设备技术也较复杂,尚未被工业界所接受。

$$CH_4 + 4F_2 \longrightarrow CF_4 + 4HF$$

(2)高价金属盐氟化

高价金属盐氟化剂的氟化能力的顺序为

$$AgF_2 > CoF_3 > MnF_3,PbF_4 > HgF_2$$

从经济和活性角度综合考虑,使用最普遍的是 CoF_3。

相对直接氟化来说,CoF_3 氟化优点是反应释放的热量比 F_2 直接氟化低得多,因此降解产物也少。另外,工业上生产采用了流动床反应器,就可实现连续化操作。最适用从烃类制备全氟化合物。

该方法是在曼哈顿计划中发展形成的,当时用来制造生产核燃料的全氟油,是已经工业化的一种方法。

(3)电解氟化

电解氟化可以制备许多带有功能基团的有机氟化合物及众多含 O、N、S 的全氟杂环化合物。这是前述二种氟化方法所不及的。理论上,只需不断补充 HF 和加入有机底物,电解可连续进行。同时,电解法具有产率高,选择性好和环境污染小等优点。因此,该法在工业上应用非常广泛。

许多有机物能溶于无水氟化氢,将这个溶液在 4.5～6V 低电压下进行电解,在阳极表面的新生态氟,并不释放,而是在阳极和电解质的界面处使有机物氟化。阳极一般用石墨、微孔碳或镍,阴极一般用铁。为了提高电解液的导电性,可加入 KF、$R_3N \cdot HF$ 或 $R_4N^+F^- \cdot HF$ 并使用非质子传递极性有机溶剂,例如,乙腈、环丁砜、二甲基亚砜等。

电解过程中也会发生一系列降解和重排反应而影响目的产物的收率和纯度。因此,电解技术、工艺设计和副产物的综合利用非常重要。例如,当以正辛酰氯为原料时,全氟辛酰氟的收率只有 37% 左右,但同时生成了高达 40% 的全氟环醚。

用电解氟化法可制备全氟羧酸、全氟磺酸、全氟叔胺、全氟环醚等一系列产品,广泛用于制备全氟表面活性剂、织物和皮革的防水、防油、防尘整理剂、高效消防灭火剂、电子元件监测介质和高绝缘电器冷却剂等。但是烃类因不易溶于无水氟化氢,它们的电解氟化不易成功。

(4)卤素－氟交换的间接氟化

此为工业上大量使用的氟化方法,交换能力:I>Br>Cl,但由于有机氯产品价格低,因此工业上多采用 Cl。

氟原子置换氯原子是制备有机氟化物的重要方法之一。常用的氟化剂是无水氟化氢、氟化钠和氟化钾等。用无水氟化氢时反应可在液相进行,也可在气相进行。用氟化钠或氟化钾时,反应都是在液相进行。

脂链上和芳环侧链上的氯原子比较活泼,氟原子置换反应较易进行。

芳环上的氯原子不够活泼,只有当氯原子的邻位或对位有强吸电基时,氯原子才比较活泼,但仍需很强的反应条件。为了使反应较易进行,要使用对氟化钠或氟化钾有一定溶解度的高沸点无水强极性有机溶剂。最常用的溶剂是 N,N-二甲基甲酰胺、二甲基亚砜和环丁砜。为了促使氟化钠分子中的氟离子活化,最好加入耐高温的相转移催化剂。

HF 氟化主要用于交换烷烃上或芳烃侧链上的 Cl。

$$CCl_4 + 2HF \xrightarrow{SbCl_2F_3} CF_2Cl_2 + 2HCl$$

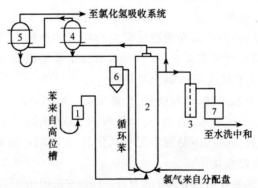

HF 氟化过去采用液相氟化法,现在工业上较多采用更先进的气相氟化法。HF 氟化具有原料价格低、工艺路线成熟的特点,而得以在工业上应用。但安全防护要求高,设备极易腐蚀,不可使用玻璃设备。

KF 氟化主要用于交换芳族和杂环化合物环上的 Cl。KF 氟化同样具有原料易得、反应简单和专一性等优点。尤其是近年来相转移催化技术的发展,可提高产率和减少反应时间,更重要的是可以不使用昂贵的非质子极性溶剂,因此其工业应用日益广泛。

3.1.3 卤化反应的应用

1.氯苯的制备

氯苯用途广泛,需要量很大。目前,国内都采用苯的塔式沸腾连续氯化法,其生产流程如图 3-1 所示。

图 3-1 苯的沸腾氯化流程图

1—转子流量计;2—氯化器;3—液封槽;4,5—列管式石墨冷却器;
6—酸苯分离器;7—氯化液冷却器

原料苯和回收苯经脱水后,与氯气按一定的物质的量之比和一定的流速从底部进入氯化塔,经过充满废铁管的反应区,反应后的氯化液由塔的上侧经液封槽 3 和冷却器 7 后,再经连续水洗、碱洗中和、精馏,即可得到回收苯、产品氯苯和副产混合二氯苯。混合二氯苯再经冷冻结晶得对二氯苯,结晶母液再经高效精馏得高纯邻二氯苯。另外,结晶母液混合二氯苯也可用做溶剂。

氯化反应热使氯化液沸腾,并使一部分苯和氯苯蒸发汽化,随氯化氢气体一起逸出,沸腾温度与氯化液的组成和气体的绝对压力有关,当塔顶的绝对压力为 $0.105\sim0.109$ MPa 时,沸腾温度为 $75\sim82$℃。由塔顶逸出的热的气体经过石墨冷却器 4 和 5 使大部分苯蒸气和氯苯蒸气冷却下来,经过酸苯分离器 6,分离掉微量的盐酸后,循环回氯化塔。先初步冷却至 $20\sim30$℃的氯化氢气体仍含有少量的苯蒸气,再冷却到 5℃左右,使大部分苯蒸气冷凝下来,然后再用预冷到 0℃左右的混合二氯苯结晶母液吸收氯化氢气体中残余的苯蒸气,最后用水吸收氯化氢制成副产盐酸,副产盐酸中仍含有微量苯,使用时应注意安全,防止着火,并不宜用于食品工业。为了让用水吸收氯化氢后的尾气中的含氢量低于爆炸限,要求所用的氯气中的含氢量低于 $4\%\sim6\%$(体积分数)。若尾气中的含氢量高,则需用空气稀释后再排空。

氯苯的生产,过去曾采用过苯蒸气、氯化氢气体和空气的氧化氯化法,但现在已不再使用。

2. α-氯甲苯的制备

甲苯和芳环上有取代基的甲苯衍生物经侧链氯化可制得一系列产品,它们大都是医药中间体和农药中间体。

(1) α-氯甲苯的制备

α-氯甲苯又称一氯苄或苄基氯,一氯甲苯是由甲苯的侧链一氯化制得的。反应可在搪玻璃的釜式或塔式反应器中进行,可间歇操作,也可连续操作。一般采用液氯为氯化剂,反应通常在沸腾条件下进行。引发剂加入量为芳烃质量的 $0.01\%\sim0.1\%$。若以制备苯氯甲烷为主,一般控制甲苯的转化率不大于 50%,通氯后反应液的相对密度在 1.06 左右,按甲苯计算总收率可达 90%以上。

苯氯甲烷一般通过真空蒸馏进行分离精制。精馏设备也应是搪瓷或搪玻璃的,否则设备中的铁及其化合物会引起产品缩合,生成树脂状物。蒸馏前应用干燥空气吹走氯化氢气体,避免氯化产物水解。苯二氯甲烷和苯三氯甲烷一般不经蒸馏直接送去水解,生产苯甲醛、苯甲酸等。

(2) α,α,α-三氯甲苯的制备

α,α,α-三氯甲苯又称三氯苄或次苄基三氯。三氯甲苯的制备也可以采用类似的填料塔连续氯化法,为了缩短反应时间,甲苯的侧链三氯化要在 200℃$\sim$205℃进行。但生产规模不大时,一般采用搪瓷釜间歇氯化法。有专利提出,使用波长 $350\sim470$ nm 的激光照射,进行甲苯的侧链氯化,通氯 1h 可得到 100%的三氯苄。

3. 氯化加成反应的应用

(1) 1,2-二氯乙烷

1,2-二氯乙烷是生产规模很大的产品,它是以乙烯为原料,与氯进行亲电加成氯化而制得的。在工业上主要采用沸腾氯化法,以产品 1,2-二氯乙烷为溶剂,铁环为催化剂。乙烯单程转化率和选择性均接近理论值,单套设备生产能力数十万吨。

(2) 3-甲基-1-氯-2-丁烯

3-甲基-1-氯-2-丁烯是重要的合成香料中间体。它是由异戊二烯与氯化氢进行亲电加成氯化和异构化而制得的。

$$H_2C=C-CH=CH_2 \xrightarrow[\text{亲电加成}]{+HCl} CH_3-\overset{\displaystyle Cl}{\underset{\displaystyle CH_3}{\overset{|}{\underset{|}{C}}}}-CH=CH_2 \underset{\text{异构化}}{\overset{\text{催化}}{\rightleftharpoons}} CH_3-\underset{\displaystyle CH_3}{\overset{|}{C}}=CH-CH_2Cl$$

亲电加成氯化反应可以不用催化剂,但是异构化反应则需要催化剂,在氯化亚铜催化剂存在下,在 0～20℃,向异戊二烯中通入氯化氢气体时亲电加成氯化和异构化是同时进行的,但是异构化反应速度慢,所以加成氯化后,要将反应液保温一定时间,使异构化达到平衡,生成 3-甲基-1-氯-2-丁烯的选择性可达 95% 以上,异戊二烯转化率 90% 以上。

(3)1,1,1-三氯乙烷

1,1,1-三氯乙烷是重要的低毒有机溶剂。其合成路线涉及多种氯化反应。最初用乙炔为原料,其反应步骤如下:

$$CH \equiv CH \xrightarrow[\text{HgCl}_2, \text{FeCl}_3, 15℃～24℃]{+HCl, \text{亲电加成氯化}} CH_2=CHCl \xrightarrow[\text{HgCl}_2, \text{FeCl}_3, 15～24℃]{+HCl, \text{亲电加成氯化}} CH_3-CHCl_2$$

$$\xrightarrow[\text{光,热或引发剂}]{+Cl_2, -HCl, \text{自由基取代氯化}} CH_3-CCl_3$$

由于乙炔法成本高,现主要以乙烯为原料。此外,1,1,1-三氯乙烷被认为是破坏大气臭氧层的氯化物,已被禁止使用。

(4)自由基加成

以二氯丁烯的制备为例,由 1,3-丁二烯与氯进行自由基加成氯化可以制得 1,4-二氯-2-丁烯和 3,4-二氯-1-丁烯,它们都是重要的有机中间体。

丁二烯的加成氯化有气相热氯化、液相热氯化、熔融盐热氯化和氧氯化等方法。气相热氯化不用引发剂,反应速度快、选择性在 90% 以上,设备紧凑,工业上多采用此法。将 1,3-丁二烯与氯按(5～50):1 的物质的量之比,在 200～300℃,0.1～0.7MPa 进行加成氯化时,反应时间可小于 20s。

4.加成溴化反应的应用

四溴乙烷的制备是由乙炔和溴亲电加成而制得的。

$$CH \equiv CH \xrightarrow{+Br_2} CHBr=CHBr \xrightarrow{+Br_2} CHBr_2-CHBr_2$$

沸点 −84℃　　　　108℃～110℃　　　　239～242℃(分解)

密度　　　　　　2.27g/cm³　　　　　2.966g/cm³

乙炔由玻璃反应塔下部通入,溴由塔的上部加入,溴化液由底部移出,利用溴在反应液中溶解,快速下沉,在下部反应区吸收反应热,沸腾汽化移出反应热。由于二溴乙烯的溴化速度比乙炔的溴化速度快,因此,就是使用不足量的溴,二溴乙烯也不能成为主要产物。当乙炔过量 1%～5% 时,合成液中除了四溴乙烷以外,还有少量的二溴乙烯、三溴乙烯、三溴乙烷和少量溴化氢。乙炔中带入的少量水可使反应加快。

5.取代溴化反应的应用

产量最大的实例是芳香族溴系阻燃剂。这类阻燃剂品种很多,它们都是高熔点的固体。在制备不同的溴系阻燃剂时,其溴化反应条件各不相同,而且各有特点。下面介绍四溴双酚 A 的制备。

四溴双酚 A 学名 2,2-双-(2,6-二溴-4-羟基苯基)丙烷,它是由双酚 A 通过四溴化而制得的。

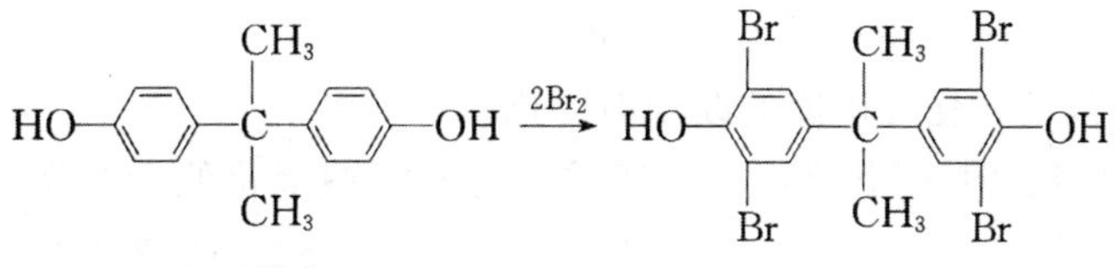

双酚 A

溴化反应是在含水甲醇,乙醇或氯苯介质顺常温用溴素进行的,溴化后期可加入双氧水使副产的溴化氢氧化为溴。溴化完毕后,滤出产品,含溴化氢的溶剂可回收使用。

6.碘化反应的应用

碘化反应的重要实例是制备医药和农药。在制备不同的碘化产物同时,其碘化反应条件也各不相同。下面介绍 3-乙酰氨基-2,4,6-三碘苯甲酸钠的制备。

3-乙酰氨基-2,4,6-三碘苯甲酸钠是人体 X 射线造影用药剂,药名"乌洛康钠"。由间氨基苯甲酸盐在稀盐酸水溶液中,在 25℃ 以下用 ICl 进行碘化、用乙酐乙酰化,再用碳酸钠中和而得。

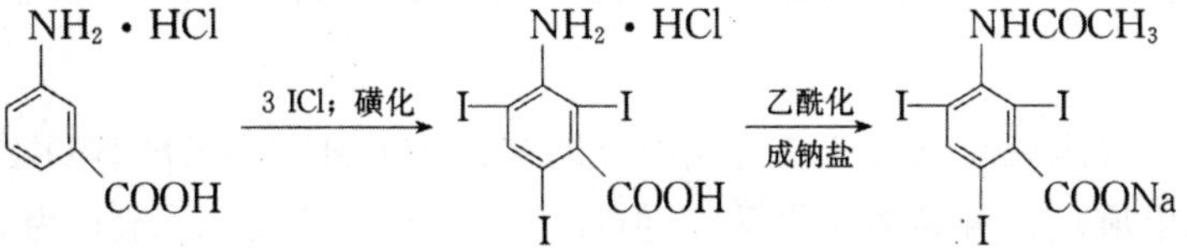

7.氟化反应的应用

1,1,1,2-四氟乙烷是对大气臭氧层无破坏作用的制冷剂组分,它的合成路线主要有三个,即四氯乙烯气相氟化法、三氯乙烯液相二步氟化法和三氯乙烯气相二步氟化法。工业上普遍采用三氯乙烯气相二步氟化法,第一步为放热反应,第二步为吸热反应,要分别在两个固定床气-固相接触催化反应器中进行。催化剂的活性、稳定性和选择性非常重要。

2,4,6-三氟-5-氯嘧啶。其是重要的活性染料中间体。传统的制备方法是 2,4,6-三羟基嘧啶的氯化、氯基置换氟化法,不与氮原子相连的 C—Cl 键相当稳定,不能被氟原子置换。

3.2 磺化反应

磺化是在有机物分子碳原子上引入磺酸基,合成具有碳硫键的磺酸类化合物;在氧原子上引入磺酸基,合成具有碳氧键的硫酸酯类化合物;在氮原子上引入磺酸基,合成具有碳氮键的磺胺类化合物的重要有机合成单元之一。

磺化的任务是使用磺化剂,利用化学反应,在有机化合物分子中引入磺酸基($-SO_3H$),制造磺化物的生产过程。

3.2.1 磺化反应原理

1.磺化动力学

以硫酸、发烟硫酸或三氧化硫作为磺化剂进行的磺化反应是典型的亲电取代反应。磺化剂自身的离解提供了各种亲电质子,硫酸能按下列几种方式离解:

发烟硫酸可按下式发生离解:

$$SO_3 + H_2SO_4 \Longrightarrow H_2S_2O_7$$
$$H_2S_2O_7 + H_2SO_4 \Longrightarrow H_3SO_4^+ + HS_2O_7^-$$

硫酸和发烟硫酸是一个多种质点的平衡体系,存在着 SO_3、$H_2S_2O_7$、H_2SO_4、HSO_3^- 和 $H_3SO_4^+$ 等质点,其含量随磺化剂浓度的改变而变化。

磺化动力学的数据表明:磺化亲电质点实质上是不同溶剂化的 SO_3 分子。在发烟硫酸中亲电质点以 SO_3 为主;在浓硫酸中,以 $H_2S_2O_7$ 为主;在 $80\% \sim 85\%$ 的硫酸中,以 $H_3SO_4^+$ 为主。以对硝基甲苯为例,在发烟硫酸中磺化的反应速度为

$$v = k[ArH][SO_3]$$

在 95% 硫酸中的反应速度为

$$v = k[ArH][H_2S_2O_7]$$

在 $80\% \sim 85\%$ 硫酸中的反应速度为

$$v = k[ArH][H_3SO_4^+]$$

各种质子参加磺化反应的活性差别较大,SO_3 最为活泼,$H_2S_2O_7$ 次之,$H_3SO_4^+$ 活性最差,而反应选择性与此规律相反。磺化剂浓度的改变会引起磺化质点的变化,从而影响磺化反应速度。

2.磺化反应机理

磺化剂浓硫酸、发烟硫酸以及三氧化硫中可能存在 SO_3、H_2SO_4、$H_2S_2O_7$、HSO_3^-、$H_3SO_4^+$ 等亲电质点,这些亲电质点都可参加磺化反应,但反应活性差别很大。一般认为 SO_3 是主要磺化质点,在硫酸中则以 $H_2S_2O_7$ 和 $H_3SO_4^+$ 才为主。$H_2S_2O_7$ 的活性比 $H_3SO_4^+$,而选择性则是 $H_3SO_4^+$ 为高。

$$SO_3 + H_2SO_4 \rightleftharpoons H_2S_2O_7$$
$$H_2S_2O_7 + H_2SO_4 \rightleftharpoons H_3SO_4^+ + HS_2O_7^-$$

磺化是芳烃的特征反应之一,它较容易进行。芳烃的磺化是典型的亲电取代反应,其机理有如下两步反应历程:

(1)形成 σ-络合物

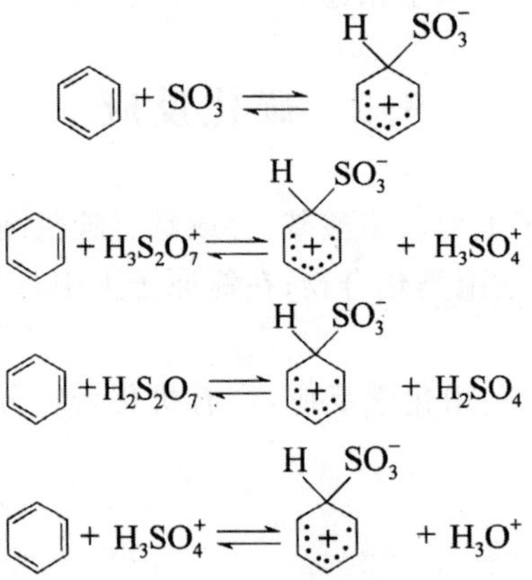

(2)脱去质子

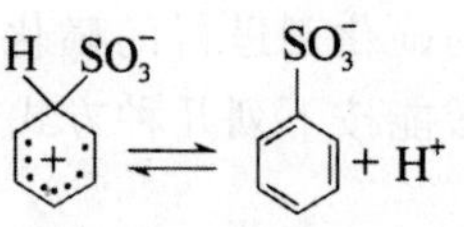

研究证明,用浓硫酸磺化时,脱质子较慢,第二步是整个反应速度的控制步骤。

芳烃的磺化产物芳基磺酸在一定温度下于含水的酸性介质中可发生脱磺水解反应,即磺化的逆反应。此时,亲电质点为 H_3O^+,它与带有供电子基的芳磺酸作用,使其磺基水解,其水解反应历程如下:

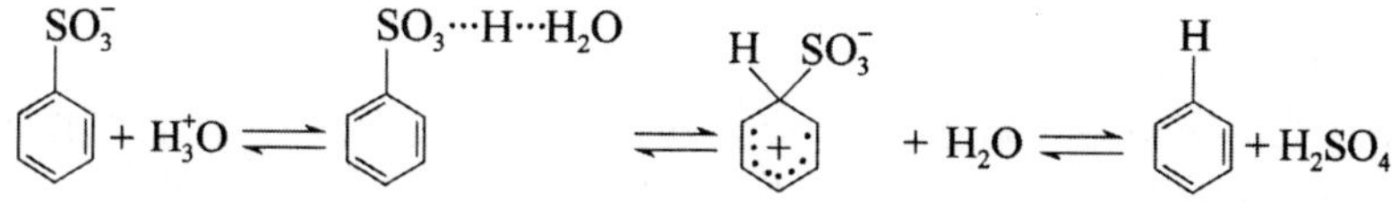

当芳环上具有吸电子基时,磺酸基难以水解;而芳环上具有给电子基时,磺酸基容易水解。

3.2.2　磺化反应方法

根据使用磺化剂的不同,分为过量硫酸磺化法、三氧化硫磺化法、氯磺酸磺化法以及恒沸脱水磺化法等。若按操作方式的不同,分为间歇磺化法和连续磺化法。

1.过量硫酸磺化法

用过量硫酸或发烟硫酸的磺化称过量硫酸磺化法,也称"液相磺化"。过量硫酸磺化法操作灵活,适用范围广;副产大量的酸性废液,生产能力较低。

一般过量硫酸磺化,废酸浓度在 70% 以上,此浓度的硫酸对钢或铸铁的腐蚀不十分明显,因此,多数情况下采用钢制或铸铁的釜式反应器。

磺化釜配置搅拌器,搅拌器的形式取决于磺化物的黏度。高温磺化,物料的黏度不大,对搅拌要求不高;低温磺化,物料比较黏稠,需要低速大功率的锚式搅拌器,常用锚式或复合式搅拌器。复合式搅拌器是由下部的锚式或涡轮式、上部的桨式或推进搅拌器组合而成。

磺化是放热反应,但磺化后期因反应速率较慢需要加热保温,故可用夹套进行冷却或加热。

过量硫酸磺化可连续操作,也可间歇操作。连续操作,常用多釜串联磺化器。间歇操作,加料次序取决于原料性质、磺化温度及引入磺基的位置和数目。磺化温度下,若被磺化物呈液态,可先将被磺化物加入釜中,然后升温,在反应温度下徐徐加入磺化剂,这样可避免生成较多的二磺化物。如被磺化物在反应温度下呈固态,则先将磺化剂加入釜中,然后在低温下加入固体被磺化物,溶解后再缓慢升温反应,例如萘、2-萘酚的低温磺化。制备多磺酸常用分段加酸法,分段加酸法是在不同时间、不同温度下,加入不同浓度的磺化剂,其目的是在各个磺化阶段都能用最适宜的磺化剂浓度和磺化温度,使磺酸基进入预定位置。例如,萘用分段加酸磺化制备 1,3,6-萘三磺酸:

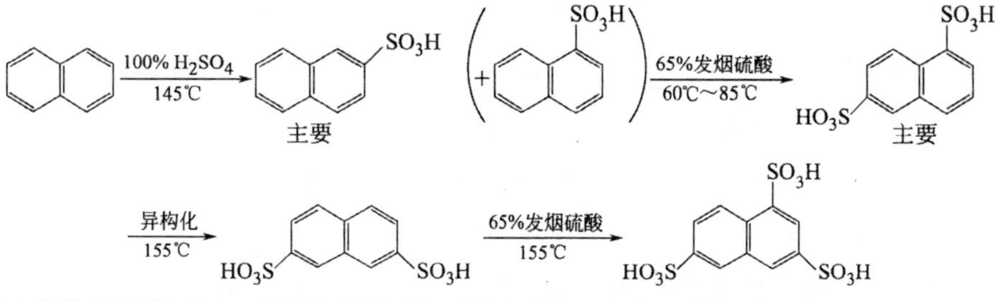

磺化过程按规定温度—时间规程控制,通常加料后需升温并保持一定的时间,直到试样中总酸度降至规定数值。磺化终点根据磺化产物性质判断,例如试样能否完全溶于碳酸钠溶液、清水或食盐水中。

2.三氧化硫磺化法

(1)气体三氧化硫磺化

主要用于十二烷基苯生产十二烷基苯磺酸钠。磺化采用双膜式反应器,三氧化硫用干燥的空气稀释至4%~7%。此法生产能力大,工艺流程短,副产物少,产品质量好,得到广泛应用。

(2)液体三氧化硫磺化

主要用于不活泼的液态芳烃磺化,在反应温度下产物磺酸为液态,而且黏度不大。例如,硝基苯在液态三氧化硫中磺化:

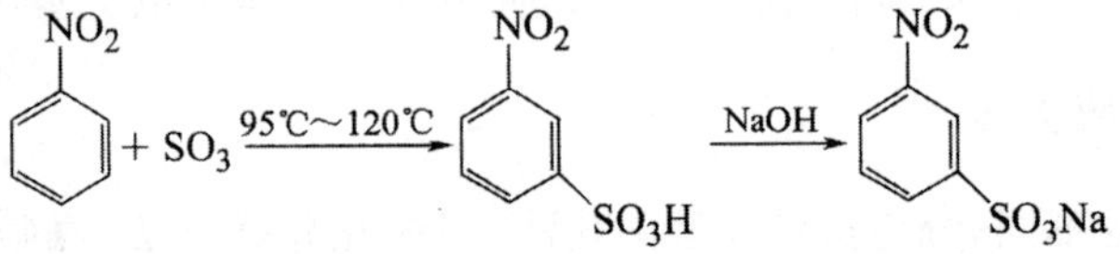

操作是将过量的液态三氧化硫慢慢滴至硝基苯中,温度自动升至70℃~80℃,然后在95℃~120℃下保温,直至硝基苯完全消失,再将磺化物稀释、中和,得间硝基苯磺酸钠。此法也可用于对硝基甲苯磺化。

液态三氧化硫的制备,以20%~25%发烟硫酸为原料,将其加热至250℃产生三氧化硫蒸气,三氧化硫蒸气通过填充粒状硼酐的固定床层,再经冷凝,即得稳定的SO_3液体。液体三氧化硫使用方便,但成本较高。

(3)三氧化硫-溶剂磺化

适用于被磺化物或磺化产物为固态的情况,将被磺化物溶解于溶剂,磺化反应温和、易于控制。常用溶剂如硫酸、二氧化硫、二氯甲烷、1,2-二氯乙烷、1,1,2,2-四氯乙烷、石油醚、硝基甲烷等。

硫酸可与SO_3混溶,并能破坏有机磺酸的氢键缔合,降低反应物黏度。其操作是先在被磺化物中加入质量分数为10%的硫酸,通入气体或滴加液体SO_3,逐步进行磺化。此法技术简单、通用性强,可代替发烟硫酸磺化。

有机溶剂要求化学性质稳定,易于分离回收,可与被磺化物混溶,对SO_3溶解度在25%以上溶剂的选择,需根据被磺化物的化学活泼性和磺化条件确定。一般有机溶剂不溶解磺酸,故磺化液常常很黏稠。

磺化操作可将被磺化物加到SO_3-溶剂中;也可先将被磺化物溶于有机溶剂中,再加入SO_3-溶剂或通入SO_3气体。例如,萘在二氯甲烷中用SO_3磺化制取1,5-萘二磺酸。

(4)SO_3有机配合物磺化

SO_3可与有机物形成配合物,配合物的稳定次序为:

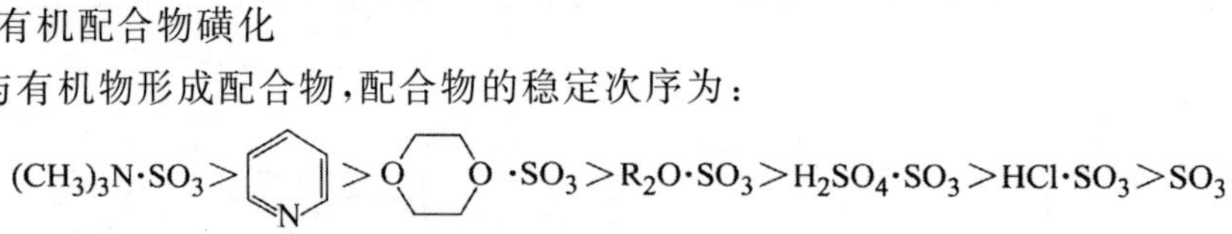

SO_3有机配合物的稳定性比发烟硫酸大,即SO_3有机配合物的反应活性低于发烟硫酸。故用SO_3有机配合物磺化,反应温和,有利于抑制副反应,磺化产品质量较高,适于高活性的被磺化物。SO_3与叔胺和醚的配合物应用最为广泛。

(5)三氧化硫磺化法的问题

①SO_3熔点为16.8℃,沸点为44.8℃,其液相区狭窄,凝固点较低,不利于使用,室温自聚形成二聚体或三聚体。添加适量硼酐、二苯砜和硫酸二甲酯等,可防止SO_3形成聚合体,添加量以

SO_3 质量计，砜酐为 0.02%、二苯砜为 0.1%、硫酸二甲酯为 0.2%。

② SO_3 活性高，反应激烈，副反应多，尤其是纯 SO_3 磺化。为避免剧烈的反应，工业常用干燥空气稀释 SO_3，以降低其浓度。对于容易磺化的苯、甲苯等，可加入磷酸或羧酸抑制砜的生成。

③用 SO_3 磺化，瞬时放热量大，反应热效应显著。

由于被磺化物的转化率高，所得磺酸黏度大。为防止局部过热，抑制副反应，避免物料焦化，必须保持良好的换热条件，及时移除磺化反应热。适当控制转化率或使磺化在溶剂中进行，以免磺化产物黏度过大。

④ SO_3 不仅是活泼的磺化剂，也是氧化剂，必须注意使用安全，特别是使用纯净的 SO_3，应严格控制温度和加料顺序，防止发生爆炸事故。

三氧化硫磺化反应迅速，不产生水，磺化剂用量接近于理论用量，"三废"少，经济合理，常用于脂肪醇、烯烃和烷基苯的磺化。随着工业技术的发展，三氧化硫磺化工艺将日益增多。

3. 氯磺酸磺化法

氯磺酸的磺化能力比硫酸强，比三氧化硫温和。在适宜的条件下，氯磺酸和被磺化物几乎是定量反应，副反应少，产品纯度高。副产物氯化氢在负压下排出，用水吸收制成盐酸。但氯磺酸价格较高，使其应用受限制。根据氯磺酸用量不同，用氯磺酸磺化得芳磺酸或芳磺酰氯。

（1）制取芳磺酸

用等物质的量或稍过量的氯磺酸磺化，产物是芳磺酸。

$$ArH + ClSO_3H \longrightarrow ArSO_3H + HCl\uparrow$$

由于芳磺酸为固体，反应需在溶剂中进行。硝基苯、邻硝基乙苯、邻二氯苯、二氯乙烷、四氯乙烷、四氯乙烯等为常用溶剂。例如：

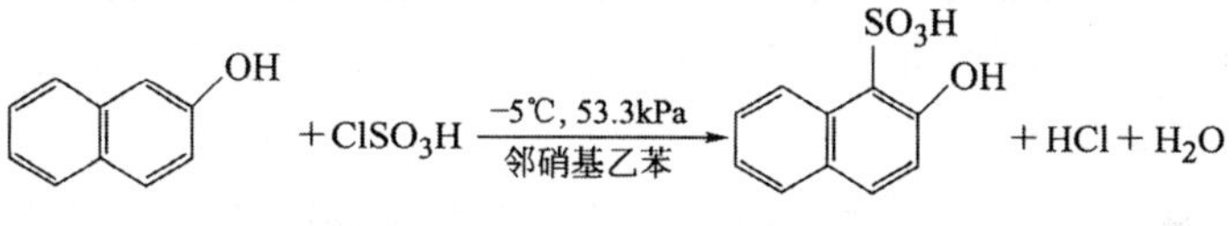

醇类硫酸酯化，也常用氯磺酸为磺化剂，以等物质的量配比磺化，产物为表面活性剂，由于不含无机盐，产品质量好。

（2）制取芳磺酰氯

用过量的氯磺酸磺化，产物是芳磺酰氯。

$$ArSO_3H + ClSO_3H \rightleftharpoons ArSO_2Cl + H_2SO_4$$

由于反应是可逆的，因而要用过量的氯磺酸，一般摩尔比为 $1:(4\sim5)$。过量的氯磺酸可使被磺化物保持良好的流动性。有时也加入适量添加剂以除去硫酸。例如，生产苯磺酰氯时加入适量的氯化钠。氯化钠与硫酸生成硫酸氢钠和氯化氢，反应平衡向产物方向移动，收率大大提高。

单独使用氯磺酸不能使磺酸全部转化成磺酰氯，可加入少量氯化亚砜。

芳磺酰氯不溶于水，冷水中分解较慢，温度高易水解。将氯磺化物倾入冰水，芳磺酰氯析出，迅速分出液层或滤出固体产物，用冰水洗去酸性以防水解。芳磺酰氯不易水解，可以热水洗涤。

芳磺酰氯化学性质活泼，可合成许多有价值的芳磺酸衍生物。

4. 其他磺化法

（1）用亚硫酸盐磺化

不易用取代磺化制取芳磺酸的被磺化物，可用亚硫酸盐磺化法。亚硫酸盐可将芳环上的卤

基或硝基置换为磺酸基,例如:

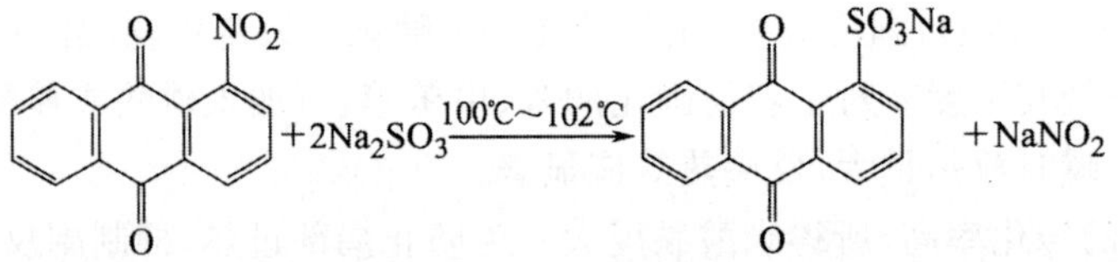

亚硫酸钠磺化用于多硝基物的精制,如从间二硝基苯粗品中除去邻位和对位二硝基苯的异构体。邻位和对位二硝基苯与亚硫酸钠反应,生成水溶性的邻或对硝基苯磺酸钠盐,间二硝基苯得到精制提纯。

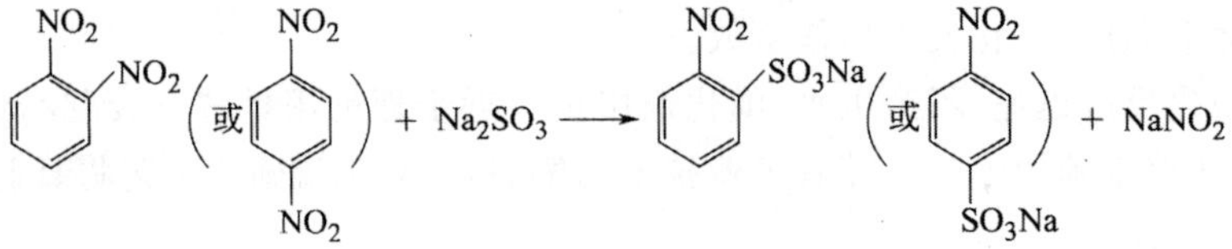

(2)烘焙磺化法

芳伯胺磺化多采用此法。芳伯胺与等物质的量的硫酸混合,制成固态芳胺硫酸盐,然后在180℃~230℃高温烘焙炉内烘焙,故称烘焙磺化,也可采用转鼓式球磨机成盐烘焙。例如,苯胺磺化:

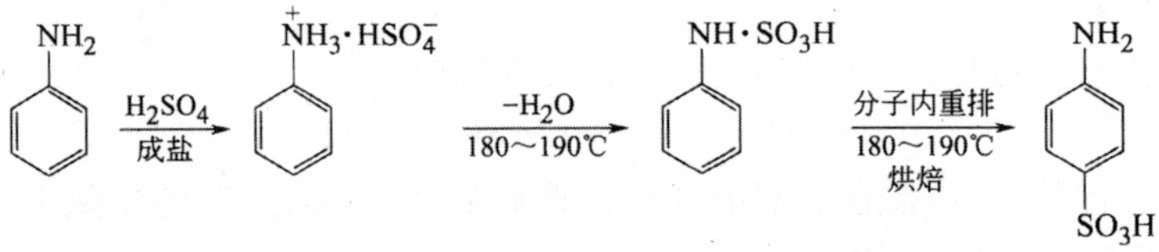

烘焙磺化法硫酸用量虽接近理论量,但易引起苯胺中毒,生产能力低,操作笨重,可采用有机溶剂脱水法,即使用高沸点溶剂,如二氯苯、三氯苯、二苯砜等,芳伯胺与等物质的量的硫酸在溶剂中磺化,不断蒸出生成的水。

苯系芳胺进行烘焙磺化时,其磺酸基主要进入氨基对位,对位被占据则进入邻位。烘焙磺化法制得的氨基芳磺酸如下:

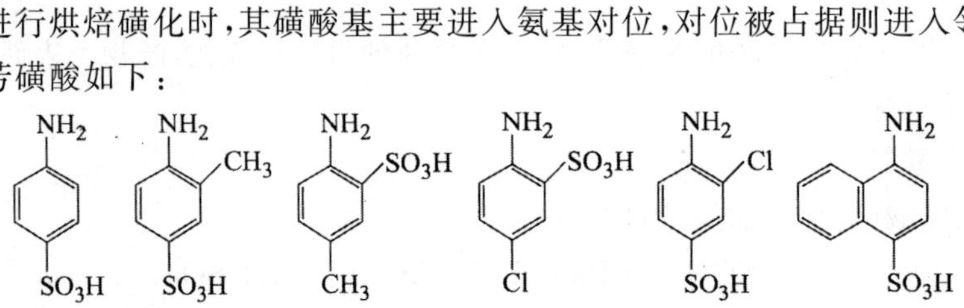

由于烘焙磺化温度较高,含羟基、甲氧基、硝基或多卤基的芳烃,不宜用此法磺化,防止被磺化物氧化、焦化和树脂化。

(3)恒沸脱水磺化法

由于苯与水可形成恒沸物,故以过量苯为恒沸剂带走反应生成的水,苯蒸气通入浓硫酸中磺化,过量苯与磺化生成的水一起蒸出,维持磺化剂一定浓度,停止通蒸气苯,磺化结束;若继续通苯,则生成大量二苯砜。此法适用于沸点较低的芳烃的磺化,如苯、甲苯。

3.2.3 磺化反应的应用

下面介绍十二烷基苯磺酸钠的合成。

1. 磺化反应历程

(1) 磺化与中和反应

$$\underset{}{\overset{C_{12}H_{25}}{\bigcirc}} \xrightarrow[\text{磺化}]{SO_3} \underset{SO_3H}{\overset{C_{12}H_{25}}{\bigcirc}} \xrightarrow[\text{中和}]{NaOH} \underset{SO_3Na}{\overset{C_{12}H_{25}}{\bigcirc}}$$

(2) 磺化反应历程

磺化反应历程包括磺化和老化两步反应, 即

$$R-C_6H_5+2SO_3 \xrightarrow{\text{磺化}} R-C_6H_4-SO_2-O-SO_3H$$
$$\text{焦磺酸}$$

$$R-C_6H_4-SO_2-O-SO_3H+R-C_6H_5 \xrightarrow{\text{老化}} 2R-C_6H_4SO_3H$$

磺化反应具有强烈放热, 反应速度极快的特点, 可在几秒钟内完成, 有可能发生多磺化, 生成砜、氧化、树脂化等副反应。老化反应是慢速的放热反应, 老化时间约需 30min。因此, 两步反应要在不同的反应器中进行。因为苯环上有长碳链的烷基, 使十二烷基苯磺酸在反应条件下呈液态, 并具有适当的流动性。

2. 工艺流程

十二烷基苯磺酸钠的制备最初采用的是搅拌槽式串联连续反应器, 后来又开发了多管降膜反应器、降膜反应器和冲击喷射式反应器三大类。

如图 3-2 所示, SO_3 与空气的混合物先经过静电除雾器以除去所含微量雾状硫酸, 再与十二烷基苯按一定比例从顶部进入多管降膜磺化器, 十二烷基苯沿管壁呈膜状向下流动, 管中心气相中的 SO_3 在液膜上发生磺化反应生成焦磺酸, 反应热由管外的冷却水移除。从塔底逸出的尾气含有少量硫酸、SO_2 和 SO_3, 先经静电除雾器捕集雾状硫酸, 再用氢氧化钠溶液洗涤后放空, 从塔底流出的磺化液进入老化器, 使焦磺酸完全转变为磺酸, 再经水解器使残余的焦磺酸水解成磺酸作为商品, 或再经中和制成十二烷基苯磺酸盐。

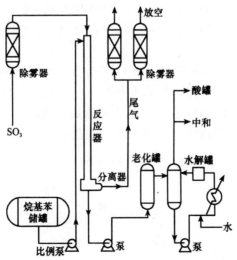

图 3-2　SO_3 模式硫磺化流程示意图

整个生产过程可用计算机进行控制,其主要反应工艺条件是:气体中 SO_3 体积分数为 $5.2\%\sim5.6\%$,露点为 $-60℃\sim-50℃$。SO_3/RH 物质的量之比为 $(1.0\sim1.03):1$;磺化温度为 $35℃\sim53℃$,磺化反应瞬间完成,SO_3 停留时间小于 $0.28s$;离开磺化器时磺化收率约 95%,老化、水解后收率可达 98%。

产品的 Klett 色泽可达 $40\sim45$,原料十二烷基苯的溴值和 SO_3 气体中硫酸雾的含量都会影响产品的色泽。

3.3 硝化反应

3.3.1 硝化反应原理

1.硝化反应质点和历程

芳烃取代硝化是亲电取代反应,亲电质点是硝酰正离子(N^+O_2),反应速率与 N^+O_2 浓度成正比。硝化剂离解的 N^+O_2 量少,硝化能力弱,反应速率慢。图 3-3 是 H_2SO_4-HNO_3-H_2O 系统 N^+O_2 的浓度分布。

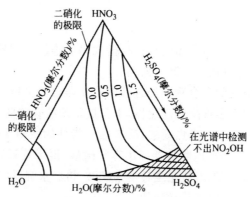

图 3-3 H_2SO_4-HNO_3-H_2O 三元系统中 N^+O_2 的浓度(mol/kg 溶液)

由图可见,N^+O_2 浓度随水含量增加而下降,代表 N^+O_2 可测出极限的曲线与发生硝化反应的混酸组成极限曲线基本重合。

此外,硝化反应质点还有其他形式。有机溶剂中的硝化反应质点是质子化的分子,如 N^+O_2-OH_2 或 $CH_3COONO_2\cdot H^+$ 等。可认为是 N^+O_2 负载于 H_2O 或 CH_3COOH,反应质点形式不同,反应历程相同。用稀硝酸硝化,反应质点可能是 N^+O,其反应历程与 N^+O_2 不同。

硝化反应历程的研究已经实验证实。苯硝化反应历程如下:

$$2HNO_3 \overset{慢}{\rightleftharpoons} N^+O_2 + NO_3^- + H_2O \tag{1}$$

①硝化剂离解产生硝酰正离子 N^+O_2。

②N^+O_2 进攻芳环形成 π-配合物,进而转变为 σ-配合物,这一步是控制步骤。

③σ-配合物脱去质子,形成稳定的硝基化合物。

稀硝酸硝化反应质点是亚硝酰正离子(NO^+)。NO^+由硝酸中痕量亚硝。酸离解产生:

$$HNO_2 \Longrightarrow NO^+ + HO^-$$

NO^+进攻芳环生成亚硝基化合物,随即亚硝基化合物被硝酸氧化,生成硝基化合物,并产生亚硝酸:

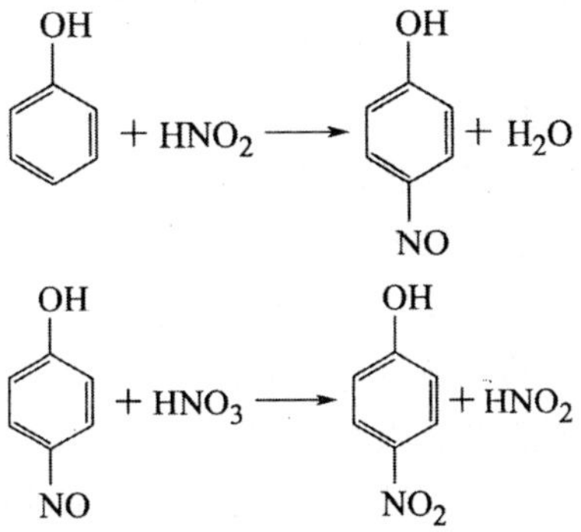

在稀硝酸硝化中,亚硝酸具有催化作用。如硝化前用尿素除去硝酸中的亚硝酸,反应很难发生;只有硝酸氧化产生少量亚硝酸后,硝化才能进行。由于NO^+反应性比N^+O_2弱得多,故稀硝酸硝化只适用于活泼芳烃及其衍生物。

2. 均相硝化过程

均相硝化是被硝化物与硝化剂、反应介质互溶为均相的硝化。均相硝化无相际间质量传递问题,影响反应速率的主要因素是温度和浓度。例如,硝基苯、对硝基氯苯、1-硝基蒽醌,在大过量浓硝酸中硝化属均相硝化,硝化为一级反应:

$$r = k[ArH]$$

浓硝酸含以N_2O_4形式存在的亚硝酸杂质,当其浓度增大或水存在时,产生少量N_2O_3:

$$2N_2O_4 + H_2O \Longrightarrow N_2O_3 + 2HNO_3$$

N_2O_4、N_2O_3均可离解:

$$N_2O_4 \Longrightarrow NO^+ + NO_3^-$$
$$N_2O_3 \Longrightarrow NO^+ + NO_2^-$$

离解产生的NO_3^-、NO_2^-使$H_2NO_3^+$脱质子化,从而抑制硝化反应。加入尿素可破坏亚硝酸:

$$CO(HN_2)_2 + 2HNO_2 \longrightarrow CO_2 \uparrow + 2N_2 \uparrow + 3H_2O$$

反应是定量的。若尿素加入量超过亚硝酸化学计量的1/2,硝化反应速率下降。

硝基苯或蒽醌在浓硫酸介质中的硝化为二级反应:

$$r = k[ArH][HNO_3]$$

式中,k是表观反应速率常数,其数值与硫酸浓度密切相关。

不同结构的芳烃硝化,在硫酸浓度90%左右时,反应速率常数呈现最大值。

甲苯、二甲苯或三甲苯等活泼芳烃,在有机溶剂和过量很多的无水硝酸中低温硝化,可认为硝酸浓度在硝化过程中不变,对芳烃浓度反应为零级。

$$r = K_0$$

式中,K_0为硝酸离解平衡常数。这表明反应(2)中生成σ-配合物的正向速率比反应(1)的逆向速率快得多。硝酸按反应(1)离解成N^+O_2的速率是控制步骤。随着硝化反应体系水含量增加,平衡左移,反应速率下降,当含水量达到一定值时,硝化反应速率与芳烃浓度的关系,由零级反应转成一级。

3.非均相硝化过程

被硝化物与硝化剂、反应介质不互溶呈酸相、有机相,构成液-液非均相硝化系统,例如,苯或甲苯用混酸的硝化。非均相硝化存在酸相与有机相间的质量、热量传递,硝化过程由相际间的质量传递、硝化反应构成。

例如,甲苯用混酸的一硝化过程:

①外扩散:甲苯通过有机相向相界面扩散。

②内扩散:甲苯由相界面扩散进入酸相。

③发生反应:甲苯进入酸相与硝酸反应生成硝基甲苯。

④内扩散:产物硝基甲苯由酸相扩散至相界面。

⑤外扩散:硝基甲苯由相界面扩散进入有机相。

对于硝酸而言,它由酸相向相界面扩散,扩散途中与甲苯进行反应;反应生成水扩散到酸相;某些硝酸从相界面扩散,进入有机相。

上述步骤构成非均相硝化总过程,影响硝化反应速率因素既有化学的,又有物理的。

研究表明,硝化反应主要发生在酸相和相界面,有机相硝化反应极少。苯、甲苯和氯苯的非均相硝化动力学研究认为,硫酸浓度是非均相硝化的重要影响因素,并将其分为缓慢型、快速型和瞬间型,根据实验数据按甲苯一硝化初始反应速率对 $\lg k$ 作图,如图3-4所示。图中表示出相应的硫酸浓度范围,非均相硝化反应特点和三种动力学类型的差异。

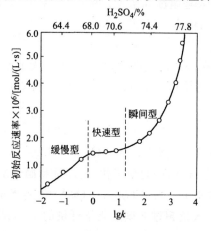

图 3-4　在无挡板容器中甲苯的初始反应速率与 $\lg k$ 的变化图(25℃,2500r/min)

(1)缓慢型

即动力学型。反应主要发生在酸相,反应速率与酸相甲苯浓度、硝酸浓度成正比,特征是反应速率是硝化过程的控制阶段。甲苯在 $62.4\%\sim66.6\%$ 的 H_2SO_4 中硝化,即此类型。

(2)快速型

即慢速传质型。随着硫酸浓度提高,酸相中的硝化速率加快,当芳烃从有机相传递到酸相的速率与其反应而移出酸相的速率达到稳态时,反应由动力学型过渡到传质型。反应主要发生在酸膜中或两相边界层,芳烃向酸膜中的扩散速率是硝化过程的控制阶段,反应速率与酸相交换面积、扩散系数和酸相中甲苯浓度成正比,特征是反应速率受传质速率控制。甲苯在 $66.6\%\sim$

71.6％的 H_2SO_4 中的硝化属此类型。

（3）瞬间型

即快速传质型。继续增加硫酸浓度,反应速率不断加快,硫酸浓度达到某一数值时,液相中反应物不能在同一区域共存,反应在相界面上发生。硝化过程的速率由传质速率控制,如甲苯在71.6％～77.4％的硫酸中的反应。

由于硝化过程中硫酸不断被生成水所稀释,硝酸也因反应不断消耗。因此对于具体硝化过程而言,不同的硝化阶段属不同的动力学类型。例如,甲苯用混酸硝化生产一硝基甲苯,采用多釜串联硝化器。第一釜酸相中硫酸、硝酸浓度较高,反应受传质控制;第二釜硫酸浓度降低,硝酸含量减少,反应速率受动力学控制。一般,芳烃在酸相的溶解度越大,硝化速率受动力学控制的可能性越大。另外,硫酸浓度是非均相硝化的重要影响因素。

4.硝化过程的影响因素

被硝化物、硝化剂、硝化温度、催化剂、反应介质、搅拌以及硝化副反应等,是硝化反应过程的主要影响因素。

（1）被硝化物

被硝化物性质对硝化方法的选择、反应速率以及产物组成,都有显著影响。芳环上有给电子基团时,硝化速率较快,硝化产物常以邻、对位产物为主;芳环上具有吸电子基团,硝化速率较慢,产品以间位异构体为主。卤基使芳环钝化,所得产品几乎都是邻、对位异构体。芳环上—$N^+(CH_3)_3$ 或 NO_2 等强吸电子基团,相同条件下,其反应速率常数只是苯硝化的 10^{-5}～10^{-7}。

一般具有吸电子取代基(—NO_2、—CHO、—SO_3H、—COOH、—CN 或—CF_3 等)芳烃硝化,主要生成间位异构体,产品中邻位异构体比对位异构体的生成量多。

萘 α 位比 β 位活泼,萘的一硝化主要得到 α-硝基萘。蒽醌的羰基使苯环钝化,故蒽醌硝化比苯难,硝基主要进入蒽醌的 α 位,少部分进入 β 位,并有二硝化产物。故制取高纯度、高收率的1-硝基蒽醌,比较困难。

（2）硝化剂

被硝化物不同,硝化剂不同。同一被硝化物,硝化剂不同,产物组成不同。例如,乙酰苯胺使用不同硝化剂,硝化产物组成相差很大。

混酸组成是重要影响因素,混酸中硫酸含量越高,硝化能力越强。如甲苯用混酸的一硝化,硫酸浓度每增加 1％,反应活化能降低约 2.8kJ·mol^{-1};氟苯一硝化,硫酸浓度每增加 1％,活化能降低(3.1±0.53)kJ·mol^{-1}。极难硝化的物质,可使用三氧化硫与硝酸混合物硝化,反应速率快,废酸量少。使用有机溶剂、以三氧化硫代替硫酸,可大幅度减少废酸量。某些芳烃混酸硝化,用三氧化硫代替硫酸可改变产物异构体比例。例如,在二氧化硫介质、三氧化硫存下,温度为−10℃,氯苯一硝化得 90％对位异构体;硝化温度＞70℃,一般得 66％左右的对位异构体;苯甲酸一硝化间硝基苯甲酸比例是 80％,而用上述方法可得 93％间硝基苯甲酸。

在混酸中添加适量磷酸,或在磺酸离子交换树脂参与下硝化,可改变异构体比例,增加对位异构体的含量。

硝酰正离子的结晶盐,如 NO_2PF_6、NO_2BF_4 是最活泼的硝化剂。芳腈用 NO_2BF_4 硝化,得一硝基芳腈和二硝基芳腈;用其他硝化剂硝化,腈基易水解。

使用不同的硝化介质,也能改变异构体组成比例。例如1,5-萘二磺酸硝化,在浓硫酸介质中硝化,主产品是 1-硝基萘-4,8-二磺酸;在发烟硫酸介质中硝化,主产品是 2-硝基萘-4,8-二磺酸。具有强给电子基的芳烃在非质子化溶剂中硝化,生成较多的邻位异构体;而在质子化溶剂中硝化,可得到较多的对位异构体。

(3)硝化温度

温度对乳化液的黏度、界面张力、芳烃在酸相中的溶解度以及反应速率常数,均有影响。甲苯硝化,温度每升高 10℃,反应速率常数增加 1.5～2.2 倍。

硝化是强放热反应,用混酸硝化生成的水稀释硫酸产生稀释热,相当于 7.5%～10% 的反应热,苯的一硝化总热效应 152.7kJ·mol^{-1}。如不及时移除硝化产生的热量,会导致硝化温度迅速上升,引起多硝化、氧化等副反应,造成硝酸分解,产生大量红棕色二氧化氮气体,甚至爆炸。因此,必须及时移除硝化产生的热能,严格控制反应温度。为移除反应热,维持硝化温度,一般硝化设备都配置夹套或蛇管式换热器。

确定硝化温度,应考虑被硝化物性质,对易硝化和易被氧化的活泼芳烃(如酚、酚醚、乙酰芳胺),可低温硝化;对含有硝基或磺酸基等较难硝化的芳烃,可在较高温度下硝化。

此外,温度还影响硝化产物的异构体比例。选择和控制适宜的硝化温度,对于获得优质产品、降低消耗、安全生产十分重要。

(4)搅拌

搅拌是提高非均相硝化的传质、传热效率,保证硝化顺利进行的必需措施。良好的搅拌有利于提高反应速率,增加硝化转化率。图 3-5 表明甲苯一硝化时,搅拌器转速从 600r/min 增到 1100r/min 时,转化率迅速增加,转速超过 1100r/min 时,转化率则无明显变化。由此可见,良好的搅拌装置和适宜的转速,对硝化反应影响显著。

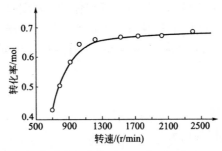

图 3-5 转速对甲苯一硝化转化率的影响

工业搅拌器的转数由硝化釜容积(1～4m³)或直径(0.5～2m)确定,一般要求为 100～400r/min;环形或泵式硝化器,一般转数为 2000～3000r/min。

硝化过程中,若搅拌停止或桨叶脱落、失效非常危险,特别是间歇硝化开始阶段。搅拌器停止或失效,有机相与酸相分层,硝化剂在酸相积累,一旦启动搅拌,反应迅速发生,瞬间释放大量热能,剧烈的反应易失去控制,甚至发生爆炸事故。因此,硝化生产设备需安装自控报警装置,一旦搅拌器停止转动或温度超过规定范围,自动停止加料并报警;硝化操作认真遵守生产工艺规程,保障硝化生产安全。

(5)相比与硝酸比

相比又称酸油比,是混酸与被硝化物的质量比。适宜的相比是非均相硝化的重要因素之一。提高相比,被硝化物在酸相中溶解量增加,反应速率加快;相比过大,设备生产能力下降,废酸量增多;相比过小,硝化初期酸浓度过高,反应剧烈,温度不易控制。生产上采用套用部分废酸(循环酸),不仅可以增加相比保持硝化平稳,还有利于热量传递、减少废酸产生量。

硝酸比是硝酸和被硝化物的摩尔比,被硝化物为限量物,硝酸是过量物。混酸为硝化剂,对容易硝化的芳烃,硝酸过量 1%～5%,对难硝化的芳烃,过量 10%～20%。采用溶剂硝化法,硝酸过量百分数可低些,有时可用理论量的硝酸。

大吨位产品生产如硝基苯等,可以被硝化物为过量物,采用绝热硝化技术,以减少废水对环境的污染。

(6)硝化副反应

由于被硝化物的性质、反应条件选择或操作不当等原因,可导致硝化副反应。例如,氧化、脱烷基、置换、脱羧、开环和聚合等副反应。氧化是影响最大的副反应。氧化可产生一定量的硝某酚:

$$\xrightarrow{\text{HNO}_3,\ \text{H}_2\text{SO}_4}$$

48%　　　　49%　　　　<1%

烷基苯硝化,其硝化液颜色常会发黑变暗,尤其是接近硝化终点,其原因是烷基苯与亚硝基硫酸及硫酸形成配合物,这已得到实验证明。例如,甲苯形成配合物 $C_6H_5CH_3 \cdot 2ONOSO_3H \cdot 3H_2SO_4$。配合物形式与芳环上取代基的结构、数量、位置有关。一般苯不易形成配合物,含吸电子基芳烃衍生物次之,烷基芳烃最易形成,烷基链越长,越易形成。

硝化液中形成配合物颜色变深,常常是硝酸用量不足。形成的配合物,在 45℃～55℃ 及时补加硝酸,可将其破坏;温度高于 65℃,配合物沸腾,温度上升,85℃～90℃ 时再补加硝酸也难以挽救,生成深褐色的树脂状物。

许多副反应与硝化的氮氧化物有关。因此,必须设法减少硝化剂中氮的氧化物,严格控制硝化条件,防止硝酸分解,避免或减少副反应。

3.3.2　硝化反应方法

实施硝化的方法为硝化方法。根据硝基引入方式,分直接硝化法和间接硝化法。直接硝化法是以硝基取代被硝化物分子中的氢原子的方法。硝化剂不同,硝化能力就不同,直接硝化的方式也不相同,主要有混酸硝化法、硝酸硝化法、硝酸-有机溶剂硝化法等。间接硝化法是以硝基置换被硝化物分子中的磺酸基、重氮基、卤原子等原子或基团的方法。

1.硝酸硝化法

硝酸可作为硝化剂直接进行硝化反应,但硝酸的浓度显著地影响其硝化和氧化两种功能。硝酸硝化按浓度不同,分为浓硝酸硝化和稀硝酸硝化。浓硝酸硝化易导致氧化副反应。稀硝酸硝化使用 30% 左右的硝酸浓度,设备腐蚀严重。一般地说,硝酸浓度越低,硝化能力越弱,而氧化作用越强。

(1)烯硝酸硝化法

用稀硝酸硝化,仅限于易硝化的活泼芳烃,使用时要求过量,因为稀硝酸是一种较弱的硝化剂,反应过程中生成的水又不断稀释硝酸,使其硝化能力逐渐下降。例如,含羟基和氨基的芳香化合物可用 20％的稀硝酸硝化,但易被氧化的氨基应在硝化前将其转变为酰胺基,从而给予保护。由于稀硝酸对铁有严重的腐蚀作用,生产中必须使用不锈钢或搪瓷锅作为硝化反应釜。

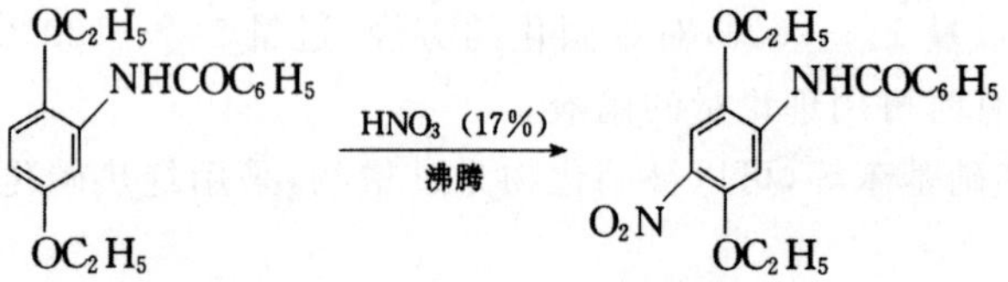

（2）浓硝酸硝化法

硝酸硝化法须保持较高的硝酸浓度,以避免硝化生成水稀释硝酸。为此,液相硝化、气相硝化、通过高分子膜硝化等是其努力的方向。由于经济技术原因,硝酸硝化法限于蒽醌硝化、二乙氧基苯硝化等少数产品生产。这种硝化一般要用过量许多倍的硝酸,过量的硝酸必须设法回收或利用,从而限制了该法的实际应用。

浓硝酸硝化,硝酸过量很多倍,例如,对氯甲苯的硝化,使用 4 倍量 90％硝酸;邻二甲苯二硝化用 10 倍量的发烟硝酸;蒽醌用 98％硝酸硝化,生产 1-硝基蒽醌,蒽醌与硝酸的摩尔比为 1∶15,硝化为液相均相反应。

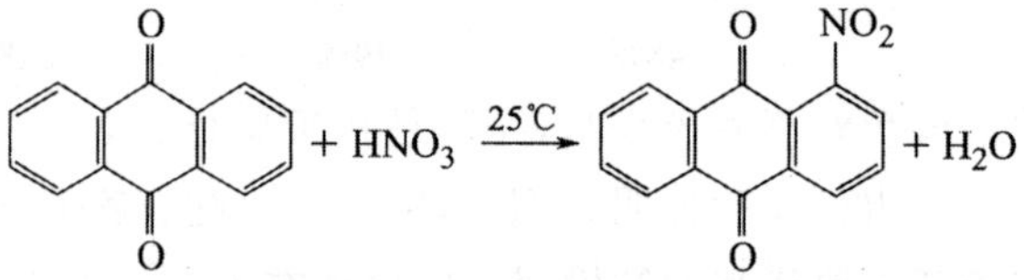

在终点控制蒽醌残留 2％,则可得副产物主要是 2-硝基蒽醌和二硝基蒽醌。

以浓硝酸作为硝化剂有一些缺点,但在工业中也有一定的应用。例如,染料中间体 1-硝基蒽醌的制备即采用硝酸硝化法。

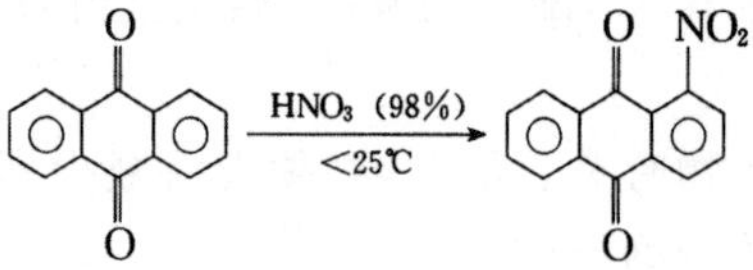

2.混酸硝化法

混酸硝化法主要用于芳烃的硝化,其特点主要有:

①硝化能力强,反应速率快,生产能力大。

②硝酸用量接近理论量,其利用率高。

③硫酸的热容量大,硝化反应平稳。

④浓硫酸可溶解多数有机化合物,有利于被硝化物与硝酸接触。

⑤混酸对铁腐蚀性小,可用碳钢或铸铁材质的硝化器。

一般的混酸硝化工艺流程可以用图 3-6 表示。

（1）混酸的硝化能力

硝化能力太强,虽然反应快,但容易产生多硝化副反应;硝化能力太弱,反应缓慢,甚至硝化不完全。工业上通常利用硫酸脱水值（D. V. S）和废酸计算浓度（F. N. A）来表示混酸的硝化能力,并常常以此作为配制混酸的依据。

①硫酸的脱水值（D. V. S）。D. V. S 是指硝化结束时废酸中硫酸和水的计算质量比。

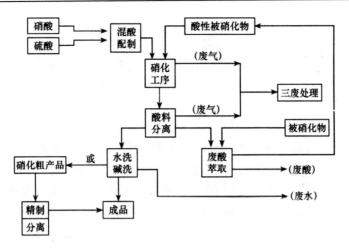

图 3-6　混酸硝化的流程示意图

$$D.V.S = \frac{\text{废酸中硫酸的质量}}{\text{废酸中水的质量}} = \frac{\text{废酸中硫酸的质量}}{\text{混酸中水的质量} + \text{硝化后生成水的质量}}$$

混酸的 D.V.S 越大,表示其中的水分越少,硫酸的含量越高,它的硝化能力越强。

对于大多数芳香烃而言,D.V.S 介于 2~12 之间,具有给电子基团的活泼芳烃宜用 D.V.S 小的混酸,如苯的一硝化时,使用 D.V.S 为 2.4 的混酸;对于难硝化的化合物或引入一个以上的硝基时,需用 D.V.S 大的混酸。

假定反应完全进行,无副反应和硝酸的用量不低于理论用量。以 100 份混酸作为计算基准,D.V.S 可按下式计算求得

$$D.V.S = \frac{S}{(100 - S - N) + \frac{2}{7} \times \frac{N}{\varphi}}$$

式中,S 为混酸中硫酸的质量百分比浓度;N 为混酸中硝酸的质量百分比浓度;φ 硝酸比。

②废酸计算浓度(F.N.A)。F.N.A 是指硝化结束时废酸中的硫酸浓度。当硝酸比 φ 接近于 1 时,以 100 份混酸为计算基准,其反应生成的水为

$$\text{水} = \frac{18}{63} \times N = \frac{2}{7} N$$

$$\text{废酸量} = 100 - N + \frac{2}{7} N = 100 - \frac{5}{7} N$$

$$F.N.A = \frac{S}{100 - \frac{5}{7} N} \times 100 = \frac{140S}{140 - N}$$

当 $\varphi = 1$ 时,可得出 D.V.S 与 F.N.A 的互换关系式为:

$$D.V.S = \frac{F.N.A}{100 - F.N.A}$$

实际生产中,对每一个被硝化的对象,其适宜的 D.V.S 值或 F.N.A 值都由实验得出。

(2)混酸配制

配制混酸的方法有连续法和间歇法两种。连续法适用于大吨位大批量生产,间歇法适用于小批量多品种的生产。

配制混酸时应注意:

①配制设备要有足够的移热冷却,有效的搅拌和防腐蚀措施。

②配酸过程中,要对废酸进行分析测定。

③补加相应成分,调整其组成,配制好的混酸经分析合格后才能使用。

④用几种不同的原料配制混酸时,要根据各组分的酸在配制后总量不变,建立物料衡算方程式即可求出各原料酸的用量。

(3)硝化操作

硝化过程有连续与间歇两种方式。连续法的优点是小设备、大生产、效率高、便于实现自动控制。间歇法具有较大的灵活性和适应性,适用于小批量、多品种的生产。

由于被硝化物的性质和生产方式的不同,一般有正加法、反加法和并加法。正加法是将混酸逐渐加到被硝化物中。该反应比较温和,可避免多硝化,但其反应速度较慢,常用于被硝化物容易硝化的间歇过程。反加法是将硝化物逐渐加到混酸中。其优点是在反应过程中始终保持有过量的混酸与不足量的被硝化物,反应速度快,适用于制备多硝基化合物,或硝化产物难于进一步硝化的间歇过程。并加法是将混酸和被硝化物按一定比例同时加到硝化器中。这种加料方式常用于连续硝化过程。

(4)硝化产物的分离

硝化产物的分离,主要是利用硝化产物与废酸密度相差大和可分层的原理进行的。让硝化产物沿切线方向进入连续分离器。

多数硝化产物在浓硫酸中有一定的溶解度,而且硫酸浓度越高其溶解度越大。为减少溶解度,可在分离前加入少量水稀释,以减少硝基物的损失。

硝化产物与废酸分离后,还含有少量无机酸和酚类等氧化副产物,必须通过水洗、碱洗法使其变成易溶于水的酚盐等而被除去。但这些方法消耗大量碱,并产生大量含酚盐及硝基物的废水,需进行净化处理。另外,废水中溶解和夹带的硝基物一般可用被硝化物萃取的办法回收。该法尽管投资大,但不需要消耗化学试剂,总体衡算仍很经济合理。

(5)废酸处理

硝化后的废酸主要组成是:73%～75%的硫酸,0.2%的硝酸,0.3%亚硝酰硫酸,0.2%以下的硝基物。

针对不同的硝化产品和硝化方法,处理废酸的方法不同,其主要方法有以下几种:

①闭路循环法。将硝化后的废酸直接用于下一批的单硝化生产中。

②蒸发浓缩法。一定温度下用原料芳烃萃取废酸中的杂质,再蒸发浓缩废酸至92.5%～95%,并用于配酸。

③浸没燃烧浓缩法。当废酸浓度较低时,通过浸没燃烧,提浓到60%～70%,再进行浓缩。

④分解吸收法。废酸液中的硝酸和亚硝酰硫酸等无机物在硫酸浓度不超过75%时,加热易分解,释放出的氧化氮气体用碱液进行吸收处理。工业上也有将废酸液中的有机杂质萃取、吸附或用过热蒸气吹扫除去,然后用氨水制成化肥。

(6)硝化异构产物分离

硝化产物常常是异构体混合物,其分离提纯方法有物理法和化学法两种。

①物理法。当硝化异构产物的沸点和凝固点有明显差别时,常采用精馏和结晶相结合的方法将其分离。随着精馏技术和设备的不断改进,可采用连续或半连续全精馏法直接完成混合硝基甲苯或混合硝基氯苯等异构体的分离。但由于一硝基氯苯异构体之间的沸点差较小,全精馏

的能耗很大,因而非常不经济。因此,近年来多采用经济的结晶、精馏、再结晶的方法进行异构体的分离。

②化学法。化学法是利用不同异构体在某一反应中的不同化学性质而达到分离的目的。例如,用硝基苯硝化制备间二硝基苯时,会产生少量邻位和对位异构体的副产物。因间二硝基苯与亚硫酸钠不发生化学反应,而其邻位和对位异构体会发生亲核置换反应,且其产物可溶于水,因此可利用此反应除去邻位和对位异构体。

3. 硝酸-乙酐法

浓硝酸或发烟硝酸与乙酐混合即为一种优良的硝化剂。大多数有机物能溶于乙酐中,使得硝化反应在均相中进行。此硝化剂具有硝化能力较强、酸性小和没有氧化副反应的特点,又可在低温下进行快速反应,所以很适用于易与强酸生成盐而难硝化的化合物或强酸不稳定物质的硝化过程。通常,产物中很少有多硝基存在,几乎是一硝基化合物。当硝化带有邻、对位取代基的芳烃时,主要得到邻硝基产物。

硝酸-乙酐混合物应在使用前临时配置,以免放置太久生成硝基甲烷而引起爆炸,反应式如下:

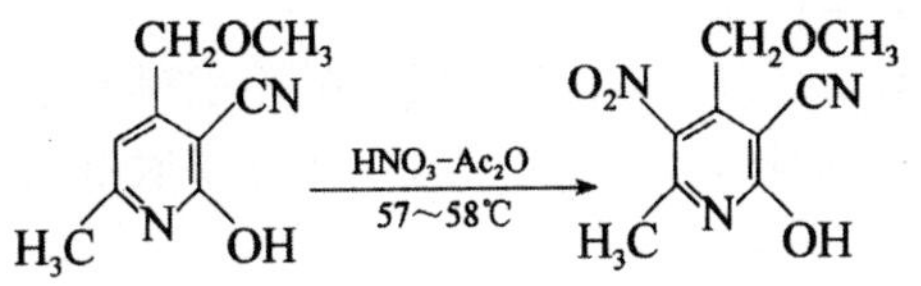

4. 浓硫酸介质中的均相硝化法

当被硝化物或硝化产物在反应温度下是固态时,多将被硝化物溶解在大量的浓硫酸中,然后加入硝酸或混酸进行硝化。这种均相硝化法只需使用过量很少的硝酸,一般产率较高,所以应用范围广。

5. 非均相混酸硝化法

当被硝化物和硝化产物在反应温度下都呈液态且难溶或不溶于废酸时,常采用非均相的混酸硝化法。这时需剧烈的搅拌,使有机物充分地分散到酸相中以完成硝化反应。该法是工业上最常用、最重要的硝化方法。

6. 有机溶剂硝化法

该法可避免使用大量的硫酸作溶剂,从而减少或消除废酸量,常常使用不同的溶剂以改变硝化产物异构体的比例。常用的有机溶剂有二氯甲烷、二氯乙烷、乙酸或乙酐等。

硝化特点如下:

①进行硝化反应的条件下,反应是不可逆的。
②硝化反应速度快,是强放热反应。
③在多数场合下,反应物与硝化剂是不能完全互溶的,常常分为有机层和酸层。

7. 间接硝化法

一些活泼芳烃或杂环化合物直接硝化,容易发生氧化反应,若先在芳或杂环上引入磺酸基,再进行取代硝化,可避免副反应。

芳香族化合物上的磺酸基经过处理后,可被硝基置换生成硝基化合物。硝化酚或酚醚类化合物时,广泛应用该方法。引入磺酸基后,使得苯环钝化,再进行硝化时可以减少氧化副反应的发生。

为了制备某些特殊取代位置的硝基化合物,可使用下述方法:芳伯胺在硫酸中重氮化生成重氮盐,然后在铜系催化剂的存在下,用亚硝酸钠处理,即分解生成芳香族硝基化合物。

3.3.3 硝化反应的应用

下面介绍苯—硝化制硝基苯的制备。

硝基苯主要用于苯胺等有机中间体,早期采用混酸间歇硝化法。随着苯胺需要量的迅速增长,逐步开发了锅式串联、泵—列管串联、塔式、管式、环行串联等常压冷却连续硝化法和加压连续硝化法。

1.常压冷却连续硝化法

图 3-7 是锅式串联连续硝化流程示意图。首先苯取苯、混酸和冷的循环废酸连续加入 1 号硝化锅中,反应物再经过三个串联的硝化锅 2,停留时间约 10～15min,然后进入连续分离器 3,分离成废酸层和酸性硝基苯层,废酸进入连续萃取锅 4,用工业苯萃取废酸中所含的硝基苯,并利用废酸中所含的硝酸,再经分离器 5,分离出的萃取苯用泵 6 连续地送出 1 号硝化锅,萃取后的废酸用泵 7 送去浓缩成浓硫酸。酸性硝基苯经水洗器 8、分离器 9、碱洗器 10 和分离器 11 除去所含的废酸和副产的硝基酚,即得到中性商品硝基苯。吉林染料厂四锅串联法年产硝基苯可达 $5×10^4$ t。

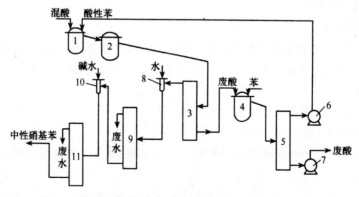

图 3-7 苯连续一硝化流程示意图

1,2—硝化锅;3,5,9,11—连续分离器;4—萃取锅;6,7—泵;8—水洗器;10—碱洗器

近年来改用四台环行硝基器串联或三环一锅串联的方法,该法具有以下优点:

①热面积大,传热系数高,冷却效果好,节省冷却水。

②物料停留时间分布的散度小,物料混合状态好,温度均匀,有利于生产控制;与锅式相比,未反应苯的质量分数下降到0.5%左右。

③减少了滴加混酸处的局部过热,减少了硝酸的受热分解,排放的二氧化氮少,有利于安全生产。

④与锅式法比较,酸性硝基苯中二硝基苯的质量分数下降到0.1%以下,硝基酚质量分数下降到0.005%~0.06%。

2.加压绝热连续硝化法

常压冷却连续硝化法的主要缺点是需要大量的冷却水,20世纪70年代国外又成功开发加压绝热连续硝化法。其要点是将超过理论量5%~10%的苯和预热到约90℃的混酸连续地加到四个串联的无冷却装置的硝化锅进行反应,利用反应热升温,物料的出口温度达到132~136℃,操作压力约0.44MPa,停留时间约11.2min。分离出的质量分数约65.5%的热废酸进入闪蒸器,在90℃和8kPa下,利用本身热量快速蒸出水分浓缩成68%~70%硫酸循环使用,有机相经水洗、碱洗、蒸出过量苯得到工业硝基苯,收率99.1%,二硝基物质的含量低于0.05%。其生产流程如图3-8所示。

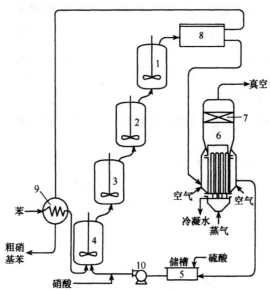

图3-8 苯绝热硝化工艺流程示意图

1,2,3,4—硝化器;5—酸槽;6—闪蒸器;7—除沫器;8—分离器;9—热交换器;10—泵

苯绝热硝化的优点:最后反应温度高、硝化速度快;国外已建成年产1.9×10^5 t硝基苯的生产装置,硝化过程不需要冷却水;利用反应热浓缩废酸,能耗低,因此可降低生产成本。但绝热硝化的水挥发,损失热量,为防止空气氧化,需要在压力下密闭操作,闪蒸设备要用特殊材料钽。国内尚未采用绝热硝化法,而致力于常压冷却连续硝化法的工艺改进。

3.4 氨解反应

氨解反应是指含有各种不同官能团的有机化合物在胺化剂的作用下生成胺类化合物的过程。氨解有时也叫做"胺化"或"氨基化",但是氨与双键加成生成胺的反应则只能叫做胺化不能叫做氨解。

从广义上来说,氨解反应也指用伯胺或仲胺与有机化合物中的不同官能团作用,形成各种胺类的反应。按被置换基团的不同,氨解反应包括卤素的氨解、羟基的氨解、磺酸基的氨解、硝基的氨解、羰基化合物的氨解和芳环上的直接氨解等,通过氨解可以合成得到伯、仲、叔胺。氨解反应的通式可简单表示如下:

$$R—Y+NH_3 \longrightarrow R—NH_2+HY$$

式中,R 可以是脂肪烃基或芳基,Y 可以是羟基、卤基、磺酸基或硝基等。

胺类化合物可分芳香胺和脂肪胺。脂肪胺中,又分为低级脂肪胺和高级脂肪胺。制备脂肪族伯胺的主要方法包括醇羟基的氨解、卤基的氨解以及脂肪酰胺的加氢等,其中以醇羟基的氨解最为重要。芳香胺的制备一般采用硝化还原法,当此方法的效果不佳时,可采用芳环取代基的氨解的方法。这些取代基可以是卤基、酚羟基、磺酸基以及硝基等。其中以芳环上的卤基的氨解最为重要,酚羟基次之。

脂肪胺和芳香胺是重要的化工原料及中间体,可广泛用于合成农药、医药、表面活性剂、染料及颜料、合成树脂、橡胶、纺织助剂以及感光材料等。例如,胺与环氧乙烷反应可得到非离子表面活性剂,胺与脂肪酸作用形成铵盐可以作缓蚀剂、矿石浮选剂,季铵盐可用做阳离子表面活性剂或相转移催化剂等。

3.4.1 氨解反应原理

1.脂肪族化合物氨解反应历程

氨与有机化合物反应时通常是过量的,反应前后氨的浓度变化较小,因此常常按一级反应来处理,但实际为二级反应。

当进行酯的氨解时,几乎仅得到酰胺一种产物。而脂肪醇与氨反应则可以得到伯胺、仲胺、叔胺的平衡混合物,因此研究较多的是酯类氨解的反应历程。酯氨解的反应历程可以表示如下。

$$R—\underset{H}{O}+NH_3 \rightleftharpoons R—\underset{H}{O^+} \cdots H \cdots NH_2^-$$

$$R—\underset{H}{\overset{+}{O}} \cdots H \cdots \overset{-}{N}H_2+R^1COOR^2 \rightleftharpoons \left[R—\underset{H}{O} \cdots H \cdots NH_2—\underset{OR^2}{\overset{R^1}{\overset{|}{C^+}}}—O^- \right] \longrightarrow R^1CONH_2+$$

$R^2OH+ROH$

式中,ROH 代表含羟基的催化剂;R^1 和 R^2 表示酯中的脂肪烃或芳烃基团。

必须注意,在进行酯氨解反应时,水的存在将会使氨解反应产生少部分水解副反应。另外,酯中烷基的结构对氨解反应速率的影响很大,烷基或芳基的分子量越大结构越复杂,氨解反应的速率越慢。

2.芳香族化合物氨解反应历程

(1)氨基置换卤原子

①催化氨解。氯苯、1-氯萘、1-氯萘-4-磺酸和对氯苯胺等,在没有铜催化剂存在时,在235℃、加压下与氨不发生反应;但是当有铜催化剂存在时,上述氯衍生物与氨水共热至200℃

时,都能反应生成相应的芳胺。以氯苯为例催化氨解的反应历程可表示如下。

$$ArCl + [Cu(NH_3)_2]^+ \xrightarrow{\text{慢}} [ArCl \cdot Cu(NH_3)_2]^+$$

$$[ArCl \cdot Cu(NH_3)_2]^+ \xrightarrow{+NH_3} ArNH_2 + [Cu(NH_3)_2]^+ + NH_4Cl$$

$$[ArCl \cdot Cu(NH_3)_2]^+ \xrightarrow{+OH^-} ArOH + [Cu(NH_3)_2]^+ + Cl^-$$

此反应是分两步进行的:第一步是催化剂与氯化物反应生成正离子络合物,这是反应的控制阶段;第二步是正离子络合物与氨、氢氧根离子等迅速反应生成产物苯胺及副产苯酚等的同时又产生铜氨离子。

研究表明在氨解反应中反应速率与铜催化剂和氯衍生物的浓度成正比,而与氨水的浓度无关。全部过程的速度不决定于氨的浓度,但主、副产物的比例决定于氨、OH^- 的比例。

②非催化氨解。对于活泼的卤素衍生物,如芳环上含有硝基的卤素衍生物,通常以氨水为氨解剂,可使卤素被氨基置换。例如,邻硝基氯苯或对硝基氯苯与氨水溶液加热时,氯被氨基置换反应按下式进行。

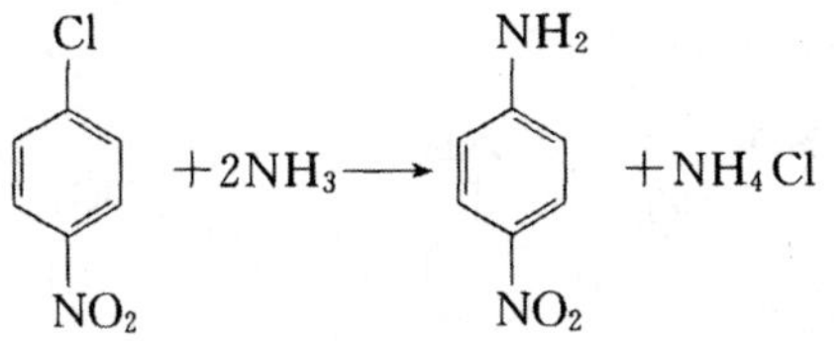

其反应历程属于亲核置换反应。反应分两步进行,首先是带有未共用电子对的氨分子向芳环上与氯原子相连的碳原子发生亲核进攻,得到带有极性的中间加成物,然后该加成物迅速转化为铵盐,并恢复环的芳香性,最后再与一分子氨反应,得到反应产物。决定反应速率的步骤是氨对氯衍生物的加成。例如,对硝基氯苯的氨解历程可表示如下。

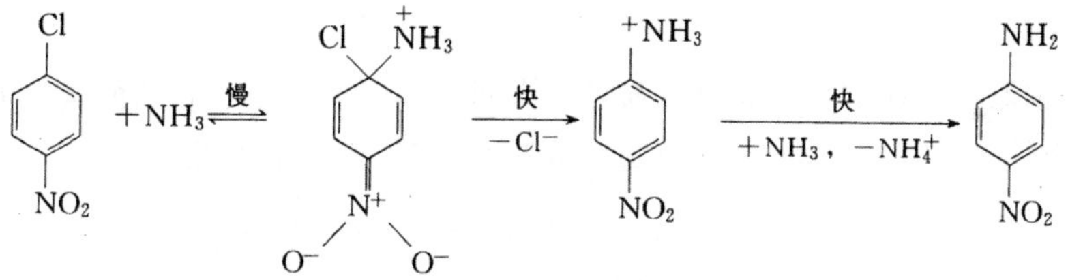

芳胺与 2,4-二硝基卤苯的反应也是双分子亲核置换反应,其反应历程的通式表示如下。

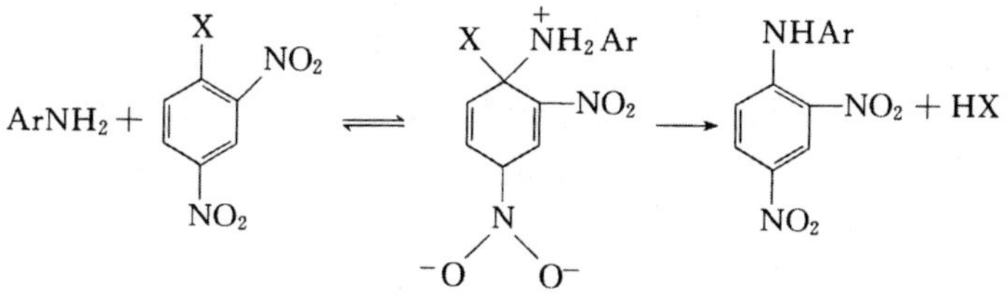

(2)氨基置换羟基

氨基置换羟基的反应以前主要用在萘系和蒽醌系芳胺衍生物的合成上,近年来又发展了在催化剂存在下,通过气相或液相氨解,制取包括苯系在内的芳胺衍生物。羟基被置换成氨基的难易程度与羟基转化成酮式(即醇式转化成酮式)的难易程度有关。一般来说,转化成酮式的倾向性越大,则氨解反应越容易发生。例如:苯酚与环己酮的混合物,在 Pd-C 催化剂存在下,与氨水反应,可以得到较高收率的苯胺。

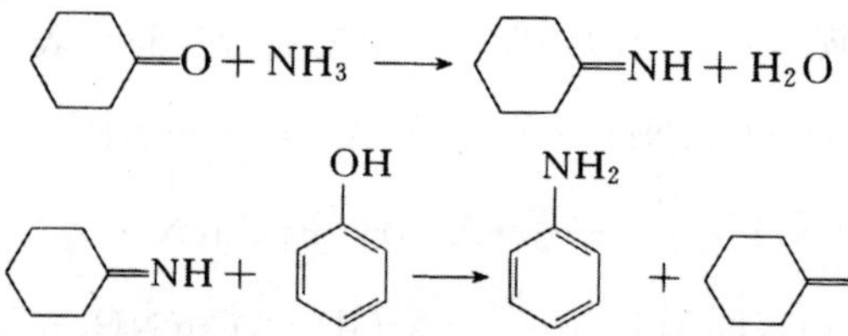

某些萘酚衍生物在酸式亚硫酸盐存在下，在较温和的条件下与氨水作用转变为萘胺衍生物的反应，称为布赫勒（Bucherer）反应。Bucherer 反应主要用于从 2-萘酚磺酸制备 2-萘胺磺酸。其反应可表示如下：

（3）氨基置换硝基

由于向芳环上引入硝基的方法早已成熟，因此近十几年来利用硝基作为离去基团在有机合成中的应用发展较快。硝基作为离去基团被其他亲核质点置换的活泼性与卤化物相似。氨基置换硝基的反应按加成消除反应历程进行。

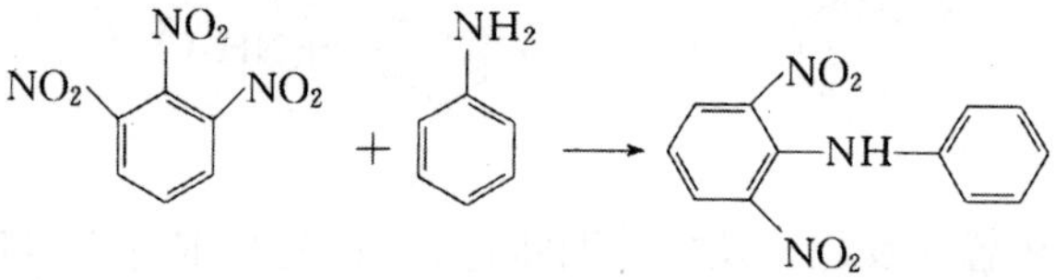

硝基苯、硝基甲苯等未被活化的硝基不能作为离去基团发生亲核取代反应。

3.4.2　氨解反应方法

1. 氯代烃氨解

卤烷与氨、伯胺或仲胺的反应是合成胺的一条重要路线。由于脂肪胺的碱性大于氨，反应生成的胺容易与卤烷继续反应，所以用此方法合成脂肪胺时，产物常为混合物。

$$RX \xrightarrow{\text{NH}_3} RNH_2 \cdot HX$$

$$RX \xrightarrow{\text{RNH}_2} R_2NH \cdot HX$$

$$RX \xrightarrow{\text{R}_2\text{NH}} R_3N \cdot HX$$

一般来说，小分子的卤烷进行氨解反应比较容易，常用氨水作氨解剂；大分子的卤烷进行氨解反应比较困难，要求用氨的醇溶液或液氨作氨解剂。卤烷的活泼顺序是 $RI > RBr > RCl > RF$。叔卤烷氨解时，由于空间位阻的影响，将同时发生消除反应，副产生成大量烯烃。所以一般不用叔卤烷氨解制叔胺。另外，由于得到的是伯胺、仲胺与叔胺的混合物，要求庞大的分离系统，而且必须有廉价的原料卤烷，因此，除了乙二胺等少数品种外，一些大吨位的脂肪胺已不再采用此路线。

芳香卤化物的氨解反应比卤烷困难得多，往往需要强烈的条件（高温、催化剂和强氨解剂）才能进行反应。芳环上带有吸电子基团时反应容易进行，这时氟的取代速度远远超过氯和溴，反应的活泼顺序是：$F \gg Cl \approx Br > I$。原因是亲核试剂加成形成 σ-络合物是反应速率的控制阶段，氟的电负性最强，最容易形成 σ-络合物。

当卤代衍生物在醇介质中氨解时,部分反应可能是通过醇解的中间阶段,即反应遵循下述(a)、(b)两种途径,其中(b)途径先进行醇解,然后再进行甲氧基置换。

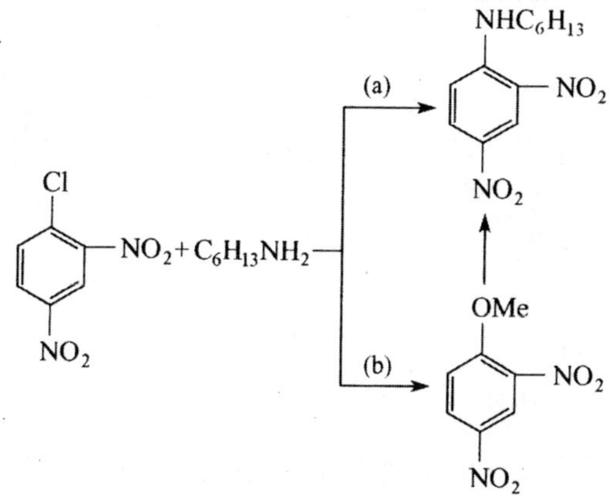

2. 醇的氨解

大多数情况下醇的氨解要求较强烈的反应条件,需要加入催化剂(如 Al_2O_3)和较高的反应温度。

$$ROH + NH_3 \xrightarrow[Al_2O_3]{\triangle} RNH_2 + H_2O$$

通常情况下,得到的反应产物也是伯胺、仲胺、叔胺的混合物,采用过量的醇,生成叔胺的量较多,采用过量的氨,则生成伯胺的量较多,除了 Al_2O_3 外,也可选用其他催化剂,例如:在 CuO/Cr_2O_3 催化剂及氢气的存在下,一些长链醇与二甲胺反应可得到高收率的叔胺。

$$ROH + HN(CH_3)_2 \xrightarrow[H_2/CuO, Cr_2O_3]{220℃ \sim 235℃} RN(CH_3)_2$$

式中,R 为 C_8H_{17}、$C_{12}H_{25}$、$C_{16}H_{33}$。

许多重要的低级脂肪胺即是通过相应的醇氨解制得的,例如由甲醇得到甲胺。

3. 酚的氨解

酚类的氨解方法与其结构有比较密切的关系。不含活化取代基的苯系单羟基化合物的氨解,要求十分剧烈的反应条件,例如,间甲酚与氯化铵在 350℃ 和一定压力下反应 2h 可以得到等量的间甲苯胺和双间甲苯胺,其转化率仅有 35%,由苯酚制取苯胺的工艺始于 1947 年,直到 20 世纪 70 年代后才投入工业生产,称为赫尔(Hallon)合成苯胺法,在这以后,其他苯系羟基化合物的氨解也取得了较多的进展,例如间甲酚在 Al_2O_3-SiO_2 催化剂存在下气相氨解可以制得间甲苯胺。

2-羟基萘-3-甲酸与氨水及氯化锌在高压釜中 195℃ 反应 36h,得到 2-氨基萘-3-甲酸,收率 66%~70%。

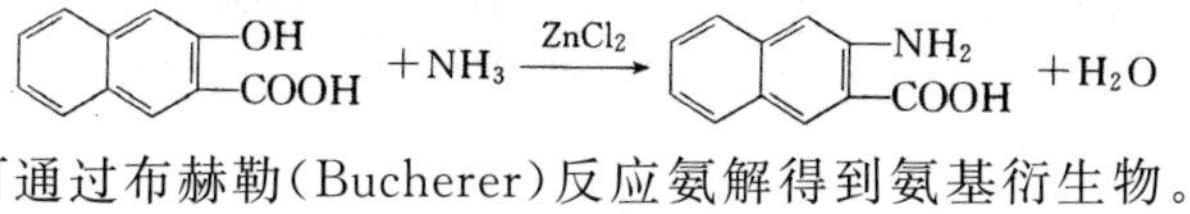

萘系羟基衍生物可通过布赫勒(Bucherer)反应氨解得到氨基衍生物。例如,当 2,8-二羟基萘-6-磺酸进行氨解时,只有 2-位上的羟基被置换成氨基。

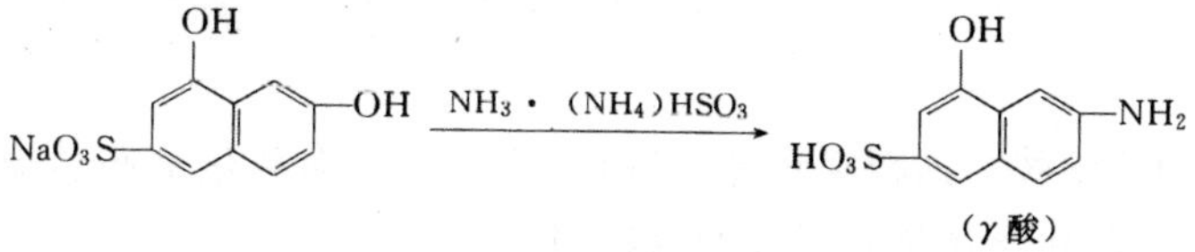

4.磺酸基氨解

磺酸基氨解的一个实际用途是由 2,6-蒽醌二磺酸氨解制备 2,6-二氨基蒽醌,其反应式如下:

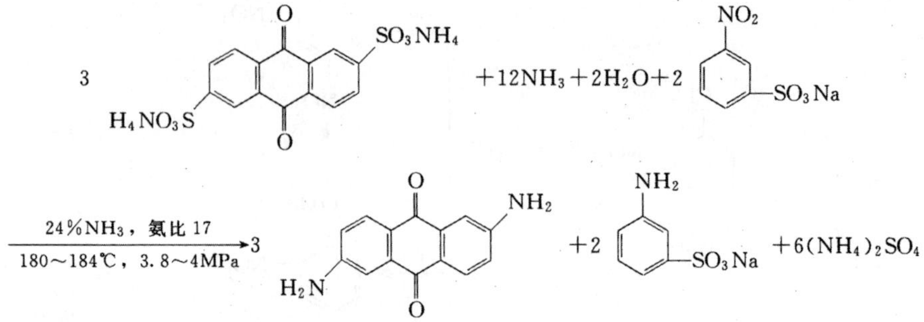

2,6-二氨基蒽醌是制备黄色染料的中间体,反应中的间硝基磺酸被还原成间氨基苯磺酸,使亚硫酸盐氧化成硫酸盐。

5.硝基氨解

硝基氨解主要指芳环上硝基的氨解,芳环上含有吸电子基团的硝基化合物,环上的硝基是相当活泼的离去基团,硝基氨解是其实际应用的一个方面,例如,1-硝基蒽醌与过量的 25% 的氨水在氯苯中于 15℃和 1.7MPa 压力下反应 8h,可得到收率为 99.5% 的 1-氨基蒽醌,其纯度达 99%,采用 $C_1 \sim C_8$ 的直链一元醇或二元醇的水溶液作溶剂,使 1-硝基蒽醌与过量的氨水在 110~150℃反应,可以得到定量收率的 1-氨基蒽醌。

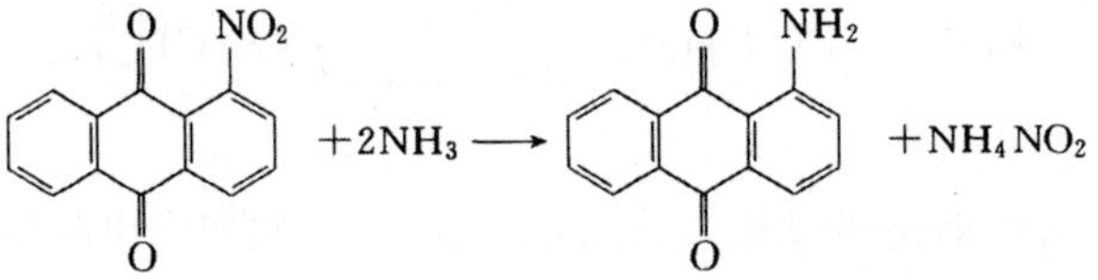

如果反应生成的亚硝酸铵大量堆积,干燥时有爆炸危险性,采用过量较多的氨水使亚硝酸铵溶在氨水中,出料后必须用水冲洗反应器,以防事故发生。

1-硝基蒽醌在苯介质中 50℃时与氢化吡啶的反应速率是 1-氯蒽醌进行同一反应的 12 倍。1-硝基-4-氯蒽醌与丁胺在乙醇中在 50~60℃反应,主要得到硝基被取代的产物,收率 74%。由此可见,作为离去基团,硝基比氯活泼得多。

当 2,3-二硝基萘与氢化吡啶相作用,定量生成 3-硝基-1-氢化吡啶萘。这是由于亲核攻击发生在 α-位,它属于加成-消除反应。

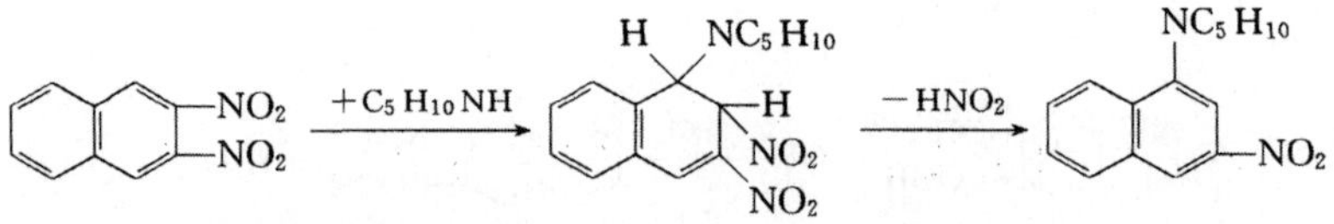

3.4.3　氨解反应的应用

1.苯胺的生产

苯胺是最简单的芳伯胺。据粗略统计,目前大约有 300 多种化工产品和中间体是经由苯胺制得的,合成聚酯和橡胶化学品是它最大的两种用途。

苯胺是一种有强烈刺激性气味的无色液体,微溶于水,易溶于醇、醚及丙酮、苯和四氯化碳中。它是一种重要的芳香胺,主要用作聚氨酯原料,市场需求量大。目前世界上生产苯胺主要有两种方法,即硝基苯加氢还原法和苯酚的氨解法。氨解法的优点是不需将原料氨氧化成硝酸,也不消耗硫酸,三废少,设备投资也少(仅为硝基还原法的 25%)。但是,反应产物的分离精致比较复杂。氨解法中又可分为气相氨解法和液相氨解法,但前者更重要。

(1)方法

气固相催化氨解法。

(2)反应式

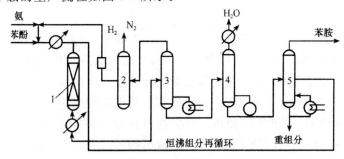

(3)工艺过程

苯酚氨解制苯胺的生产流程如图 3-9 所示。

图 3-9 苯酚氨解制苯胺的生产流程示意图

1—反应器;2—分离器;3—氨回收塔;4—干燥器;5—提纯蒸馏塔

苯酚气体与氨的气体(包括循环回用氨)经混和加热至 385℃后,在 1.5MPa 下进入绝热固定床反应器。通过硅酸铜催化剂进行氨解反应,生成的苯胺和水经冷凝进入氨回收蒸馏塔,自塔顶出来的氨气经分离器除去氢、氮,氨可循环使用。脱氨后的物料先进入干燥器中脱水,再进入提纯蒸馏塔,塔顶得到产物苯胺,塔底为含二苯胺的重馏分,塔中分出的苯酚-苯胺共沸物,可返回反应器继续反应。苯酚的转化率为 95%,苯胺的收率为 93%。

苯酚氨解法生产苯胺的设备投资仅为硝基苯还原法的 1/4,且催化剂的活性高、寿命长,"三废"量少。如有廉价的苯酚供应,此法是有发展前途的路线。

2. 邻硝基苯胺的生产

邻硝基苯胺为橙黄色片状或针状结晶,易溶于醇、氯仿,微溶于冷水。它是制作橡胶防老剂以及农药多菌灵和托布津的重要原料,也是冰染染料的色基(橙色基 GC),可用于棉麻织物的染色。邻硝基苯胺可通过邻硝基氯苯的氨解直得,其生产过程可以是间歇的,也可以是连续的。

(1)方法

高压管道连续氨解法。

(2)反应式

（3）工艺过程

合成工艺有间歇和连续两种。表 3-1 列出这两种合成方法的主要工艺参数。

表 3-1　两种生产邻硝基苯胺方法的工艺参数对比

反应条件	高压管道法	高压釜法
氨水浓度/(g/L)	300～320	290
邻硝基氯苯二氨/物质的量之比	1：15	1：8
反应温度/℃	230	170～175
压力/MPa	15	305
时间/min	15～20	420
收率/%	98	98
成品熔点/℃	69～70	69～69.5
设备生产能力/[kg/(L·h)]	0.6	0.012

由表 3-1 可见采用高压管道法可以大幅度提高生产能力，而且采用连续法生产便于进行自动控制。图 3-10 是采用高压管道法生产邻硝基苯胺的工艺流程。用高压计量泵分别将已配好的浓氨水及熔融的邻硝基氯苯 15：1 的物质的量之比连续送入反应管道中，反应管道可采用短路电流（以管道本身作为导体，利用电流通过金属材料将电能转化为热能，国内已有工厂采用这种电加热方式并取得成功）或道生油加热。反应物料在管道中呈湍流状态，控制温度在 225～230℃，物料在管道中的停留时间约 20min。通过减压阀后已降为常压的反应物料，经脱氨装置回收过量的氨，再经冷却结晶和离心过滤，即得到成品邻硝基苯胺。

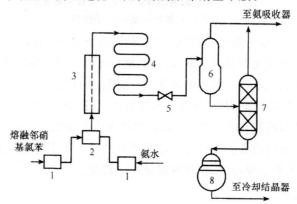

图 3-10　邻硝基苯胺的生产流程示意图
1—高压计量泵；2—混合器；3—预热器；4—高压管式反应器；
5—减压阀；6—氨蒸发器；7—脱氨塔；8—脱氨塔釜

近期专利报道，在高压釜中进行邻硝基氯苯氨解时，加入适量氯化四乙基铵相转移催化剂，在 150℃反应 10h，邻硝基苯胺的收率可达 98.2%，如果不加上述催化剂，则收率仅有 33%。

必须指出，邻硝基苯胺能使血液严重中毒。在生产过程中必须十分注意劳动保护。

3.5　烷基化反应

有机物分子碳、氮、氧等原子上引入烷基,合成有机化学品的过程称为烷基化。被烷基化物主要有烷烃及其衍生物、芳香烃及其衍生物。烷烃及其衍生物,包括脂肪醇、脂肪胺、羧酸及其衍生物等。通过烷基化,可在被烷基化物分子中引入甲基、乙基、异丙基、叔丁基、长碳链烷基等烷基,也可引入氯甲基、羧甲基、羟乙基、腈乙基等烷基的衍生物,还可引入不饱和烃基、芳基等。芳香烃及其衍生物,包括芳香烃及硝基芳烃、卤代芳烃、芳磺酸、芳香胺类、酚类、芳羧酸及其酯类等。

通过烷基化,可形成新的碳碳、碳杂等共价键,从而延长了有机化合物分子骨架,改变了被烷基化物的化学结构,赋予了其新的性能,制造出许多具有特定用途的有机化学品。有些是专用精细化学品,如非离子表面活性剂壬基酚聚氧乙烯醚、邻苯二甲酸酯类增塑剂、相转移催化剂季铵盐类等。

烷基化在石油炼制中占有重要地位。大部分原油中可直接用于汽油的烃类仅含 10%～40%。现代炼油通过裂解、聚合和烷基化等加工过程,将原油的 70% 转变为汽油。将大分子量烃类,变成小分子量易挥发烃类称为裂解加工;将小分子气态烃类,变成用于汽油的液态烃类称为聚合加工;烷基化是将小分子烯烃和侧链烷烃变成高辛烷值的侧链烷烃。烷基化加工是在磺酸或氢氟酸催化作用下,丙烯和丁烯等低分子量烯烃与异丁烯反应,生成主要由高级辛烷和侧链烷烃组成的烷基化物。该种烷基化物是一种汽油添加剂,具有抗爆震作用。

现代炼油过程通过烷基化,按需要将分子重组,增加汽油产量,将原油完全转变为燃料型产物。

实现烷基化反应,需要应用取代、加成、置换、消除等有机化学反应。

实施烷基化过程,使用的烷基化剂、被烷基化物等物料,均为易燃、易爆、有毒害性和腐蚀性的危险化学品,必须严格执行安全操作规程。

烷基化过程包括气相烷基化与液相烷基化,烷基化条件有常压和高压烷基化,烷基化操作伴有物料混配、烷基化液分离、产物重结晶、脱色等化工操作;执行烷基化任务,注意操作安全,认真执行生产工艺规程。

3.5.1　N-烷基化反应

1.卤代烷的 N-烷基化

卤代烷是 N-烷基化常用的烷基化试剂,其反应能力较醇强。若想引入长碳链的烷基时,由于醇类的反应活性随碳链的增长而减弱,因此,需要选用卤代烷作烷基化试剂。此外,对于较难烷基化的芳胺或脂肪胺类,如芳胺磺酸和硝基芳胺也要求采用卤代烷作烷基化试剂。

若烷基不同,则活泼性随烷基碳链的增长而递减。因此为了引入长碳链烷基,需采用溴代烷作烷基化试剂。碘代烷由于价格昂贵而多用于实验室制备。

若烷基相同的卤烷,其活泼次序为

$$RI > RBr > RCl > RF$$

若卤素相同,则伯卤烷的反应活性最好,仲卤烷次之,而叔卤烷会发生消除副反应,生成烯烃,因此不宜直接采用叔卤烷作烷基化试剂。

用卤做烷基化试剂反应通式如下：

$$ArNH_2+RX \rightarrow ArNHR+HX$$

$$ArNHR+RX \rightarrow ArNR_2+HX$$

$$ArNR_2+RX \rightarrow ArN^+ +R_3X^-$$

在卤代烷的 N-烷基化反应中,通常将氨或胺转变成金属衍生物,使 N-烷基化反应更容易发生。一般以胺与丁基锂或芳基锂反应生成锂化合物,再与卤代烃反应制得胺。例如,N-正丁基苯胺的合成。

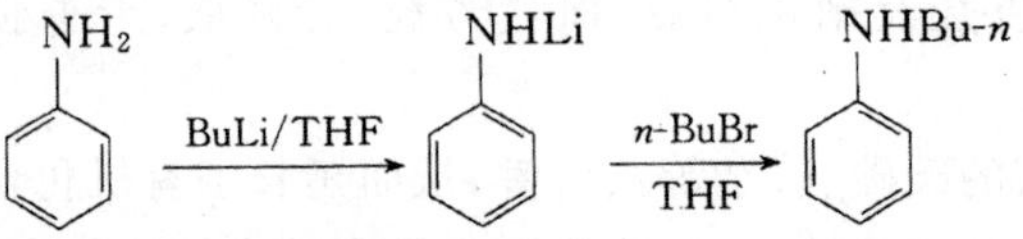

芳香族卤代烃的 N-烷基化反应一般条件下不易发生,往往需要强烈的反应条件或芳环上有活化取代基存在,取代反应才能进行。

邻苯二甲酰亚胺与卤代烃作用生成 N-烃基邻苯二甲酰亚胺,是合成伯胺的重要方法。若在一价铜的催化下,邻苯二甲酰亚胺钾盐亦可与不活泼的卤代烃如芳卤、烯基卤化物等顺利进行 N-烷基化反应。

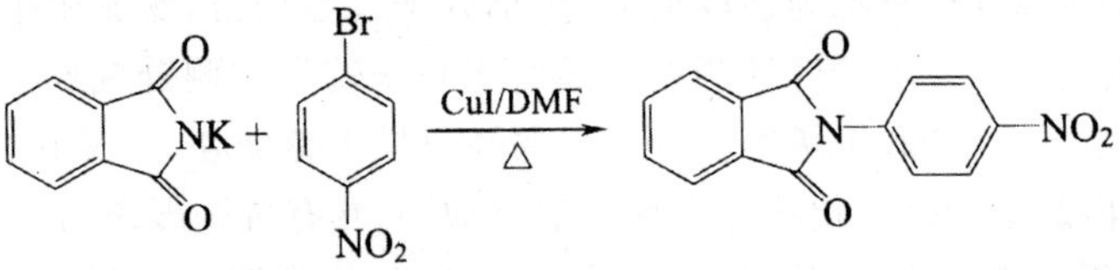

Le 等研究了离子液体中各类含氮杂环如邻苯二甲酰亚胺、苯并咪唑、吲哚等与各类卤代烃之间的烷基化反应,相对于传统的反应条件,在离子液体中,产物分离方便,产率高。

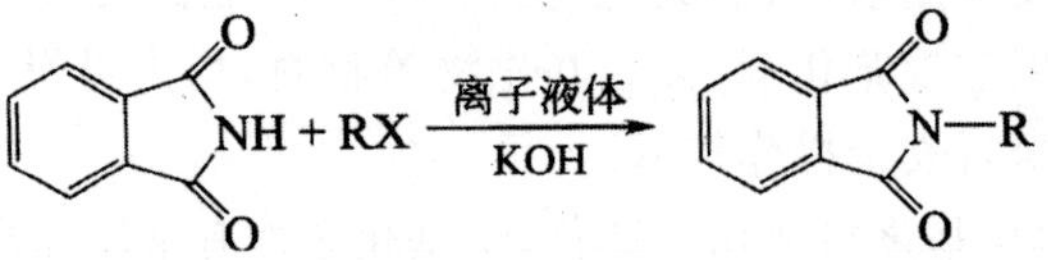

2.醇的 N-烷基化

醇类的烷基化能力很弱,反应时要用强酸(如浓硫酸)作催化剂,且需加压或高温气相催化。但某些低级醇类(如甲醇、乙醇)因价格低、供应量大,工业上仍常选用作为活泼胺类的烷基化试剂。

硫酸对醇类烷基化的催化作用是由于强酸解离出氢质子与醇反应生成活泼的烷基阳离子。

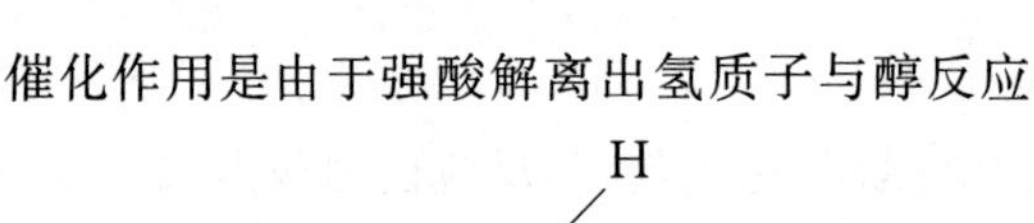

$$ROH+H^+ \rightleftharpoons R-\overset{\overset{H}{|}}{\underset{\underset{H}{|}}{O}}{}^+ \rightleftharpoons R^+ +H_2O$$

生成的烷基阳离子与氨基氮原子上的未共用电子对加成,生成中间络合物,然后脱去质子成为仲胺。

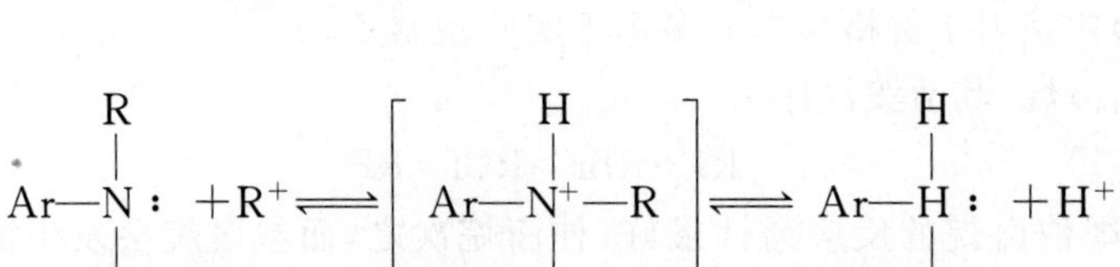

同样,仲胺又和烷基阳离子反应生成叔胺。

$$\text{Ar}-\overset{\underset{\displaystyle H}{|}}{\underset{\underset{\displaystyle H}{|}}{N}}: +R^+ \rightleftharpoons \left[\text{Ar}-\overset{\underset{\displaystyle R}{|}}{\underset{\underset{\displaystyle H}{|}}{N^+}}-R \right] \rightleftharpoons \text{Ar}-\overset{\underset{\displaystyle R}{|}}{\underset{\underset{\displaystyle R}{|}}{H}}: +H^+$$

叔胺分子中氮原子上仍有未共用电子对,故仍能继续与阳离子反应生成季铵盐阳离子。

$$\text{Ar}-\overset{\underset{\displaystyle R}{|}}{\underset{\underset{\displaystyle R}{|}}{N}}: +R^+ \rightleftharpoons \text{Ar}-N+R_3$$

仲胺和叔胺在生成过程中都重新解离出质子,酸起了催化作用。但季铵阳离子生成时不放出质子。所以,总的来说,若按摩尔计算季铵阳离子的生成量不能大于原来加入的酸量。

烷基化反应中还存在着烷基的转移,即烷基化程度不同的胺类之间存在着平衡。如以甲基苯磺酸为催化剂时,N-甲基苯胺可重新转化为苯胺和 N,N-二甲基苯胺。

$$\text{〈◯〉}-\text{NHCH}_3 \xrightleftharpoons{\text{H}^+} \text{〈◯〉}-\text{N(CH}_3)_2 + \text{〈◯〉}-\text{NH}_2$$

醇的烷基化可以 N,N-二甲基苯胺的生产为例,它是制备染料、橡胶硫化促进剂、炸药和某些药物的中间体。

$$\text{〈◯〉}\text{NH}_2 + 2\text{CH}_3\text{OH} \xrightarrow{\text{H}_2\text{SO}_4} \text{〈◯〉}\text{N(CH}_3)_2 + 2\text{H}_2\text{O}$$

3. 环氧乙烷 N-烷基化

含有氧的三元环化合物容易与胺发生开环加成反应生成胺。环氧乙烷是一种活泼的烷基化试剂,与氨在一定压力下反应,生成氨基乙醇、二乙醇胺及三乙醇胺的混合物。要获得某一产物为主,需控制反应条件。

$$\text{NH}_3 + \underset{\underset{\displaystyle O}{\diagdown\diagup}}{\text{CH}_2-\text{CH}_2} \longrightarrow \text{H}_2\text{NCH}_2\text{CH}_2\text{OH} + \text{HN(CH}_2\text{CH}_2\text{OH})_2 - \text{N(CH}_2\text{CH}_2\text{OH})_3$$

环氧乙烷与芳胺发生加成反应,生成 N-β-羟乙基芳胺,并可进一步反应得到叔胺。

$$\text{ArNH}_2 + \underset{\underset{\displaystyle O}{\diagdown\diagup}}{\text{CH}_2-\text{CH}_2} \longrightarrow \text{Ar}-\overset{\underset{\displaystyle H}{|}}{\underset{\underset{\displaystyle CH_2CH_2OH}{|}}{N}}$$

$$\text{Ar}-\overset{\underset{\displaystyle H}{|}}{\underset{\underset{\displaystyle CH_2CH_2OH}{|}}{N}} + \underset{\underset{\displaystyle O}{\diagdown\diagup}}{\text{CH}_2-\text{CH}_2} \longrightarrow \text{Ar}-N \overset{\displaystyle CH_2CH_2OH}{\underset{\displaystyle CH_2CH_2OH}{\diagup\diagdown}}$$

其他的环氧化合物也有类似的性质,在催化剂存在下,能顺利发生开环加成反应。例如,在四苯基三氟乙酸锑存在下,于二氯甲烷溶剂中,环氧丙烷与二乙胺反应生成 N,N-二乙基-2-丙醇。

$$\underset{\diagdown\diagup}{\text{◁}}\text{O} + \text{HNEt}_2 \xrightarrow{\text{Ph}_4\overset{+}{\text{Sb}}\overset{-}{\text{OTf}}/\text{CH}_2\text{Cl}_2} \underset{\underset{\displaystyle OH}{|}}{\diagup\diagdown}\text{NEt}_2$$

4.脂类的 N-烷基化

硫酸酯、磷酸酯和芳磺酸酯都是很强的烷基化试剂,这类烷基化试剂的沸点高,反应可在常压下进行,不过价格也比醇类和卤烷高,实际应用不如醇类或卤烷广泛。

$$ArNH_2 + ROSO_2OR \rightarrow ArNHR + ROSO_2OH$$
$$ArNH_2 + ROSO_2ONa \rightarrow ArNHR + NaHSO_4$$

硫酸的中性酯很容易释放出它所包含的一个烷基,而释放第二个烷基则比较困难。硫酸酯中最常用的是硫酸二甲酯,其毒性极大,能通过呼吸道及皮肤接触使人体中毒,操作时应十分注意安全。用硫酸酯烷基化时,需要加碱中和生成的酸。采用硫酸二甲酯为烷基化试剂的优点是它的烷基化能力很强,并且条件控制适当,可以只在氨基上发生烷基化,而不会影响环上的羟基。

硫酸二甲酯常被应用于阳离子染料的生产。例如,2,4-二溴-1-氨基蒽醌先与二烷氨基磺胺反应,然后用硫酸二甲酯季铵化,得到染聚丙烯酯的蒽醌型阳离子染料。

芳磺酸酯也是一种强烷基化试剂,它与芳胺反应的通式为

$$ArNH_2 + ROSO_2Ar' \rightarrow ArNHR + Ar'SO_3H$$

所用的芳磺酸酯需在反应前制备,芳胺用量比理论量多1倍,主要是为了中和生成的酸。

有时为避免 N-多烷基化,可将胺转化成其金属衍生物,增加它的亲核性。而后再与芳磺酸酯反应。例如,N-炔丙基胺的制备。

3.5.2 C-烷基化反应

1.C-烷基化的历程

用各种烷基化剂进行 C-烷基化反应都属于芳香族亲电取代反应历程。烯烃和卤烷是工业上最常用的烷基化剂,其次是醇、醛和酮。催化剂的作用是使烷基化剂极化成活泼的亲电质点,这种亲电质点进攻芳环生成 σ-络合物,然后脱去质子而变成最终产物。

(1)用卤烷烷基化的反应历程

催化剂三氯化铝先与卤烷生成分子络合物、离子对或离子络合物,然后这些亲电质点再与芳环作用生成 σ-络合物,σ-络合物脱去质子在芳环上引入烷基。

$$R—Cl + AlCl_3 \cdot \overset{\delta+}{R}—\overset{\delta-}{Cl} : AlCl_3 \cdot R^+ \cdots AlCl_4^-$$

一般认为,当 R 为叔烷基或仲烷基时,比较容易生成碳正离子(R^+)或离子对,当 R 为伯烷基时,往往不易生成碳正离子(R^+),一般以分子络合物参加反应。

(2)用烯烃烷基化的反应历程

用质子酸催化烯烃时,质子首先加到烯烃分子上形成活泼质点碳正离子。

$$R-CH=CH_3 + HF \quad R\overset{+}{C}H-CH_3 + F^-$$

形成的活泼质点碳正离子与芳环发生亲电取代反应而在苯环上引入烷基。以苯为例：

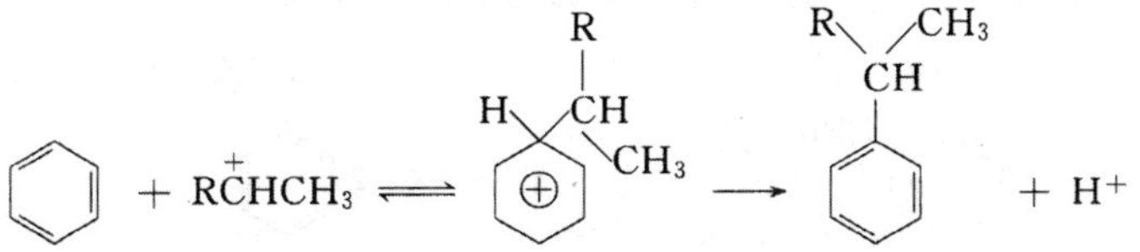

在反应过程中，释放出质子，即在理论上质子并不消耗，因此只要催化剂能提供少量质子即可使反应顺利进行。

用三氯化铝作催化剂时，还必须有少量氯化氢催化剂催化。$AlCl_3$ 能与 HCl 作用生成络合物，该络合物又能与烯烃反应而形成活泼的亲电质点碳正离子。对于多碳烯烃，质子总是加到双键中含氢较多的碳原子上，即正电荷总是在双键中含氢较少的碳原子上。

$$HCl + AlCl_3 \longrightarrow H^{\delta+} \cdots \overset{\delta-}{Cl} \cdot AlCl_3$$

$$R-CH=CH_2 + H^{\delta+} \cdots \overset{\delta-}{Cl} \cdot AlCl_3 \Longrightarrow R\overset{+}{C}H-CH_3 AlCl_4^-$$

（3）用醇、醛、酮进行烷基化的反应历程

当用醇作烷基化剂时，在质子酸催化作用下，醇和质子首先结合生成质子化醇，然后再离解成烷基碳正离子和水。质子化的醇和烷基碳正离子都是亲电质点。

$$R-OH + H^+ \Longrightarrow R-\overset{+}{O}H_2 \Longrightarrow R^+ + H_2O$$

当以三氯化铝为催化剂时，三氯化铝与醇作用以下列方式获得烷基碳正离子。

$$ROH + AlCl_3 \xrightarrow{-H^+} ROAlCl_2 \Longrightarrow R^+ + AlOCl_2^-$$

当用醛作烷基化试剂时，醛在质子酸的作用下生成质子化醛。一分子醛可与 2 个芳环发生 Friedel-Crafts 烷基化反应。原因是质子化醛与一个芳环反应的产物脱羟基后形成的碳正离子比叔碳正离子还稳定。

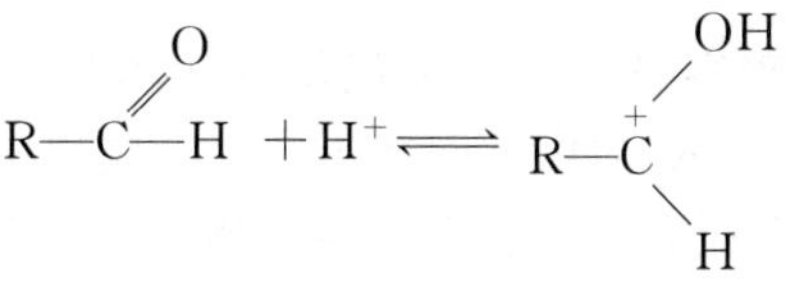

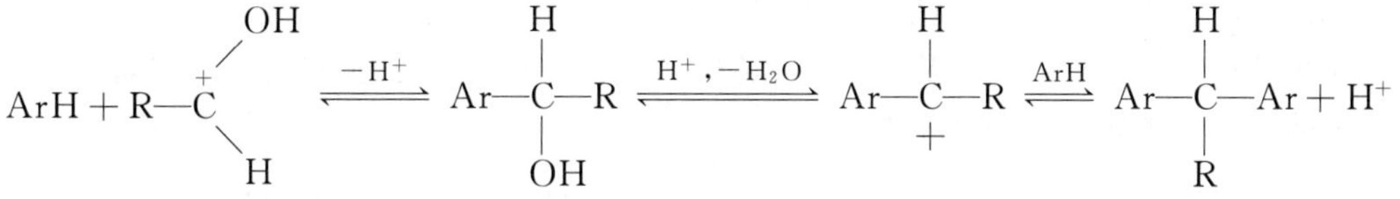

2.C-烷基化的特点

（1）连串反应

芳环上引入烷基，反应活性增强，乙苯或异丙苯烷基化速率比苯快 1.5～3.0 倍，苯-烷基化物容易进一步烷基化，生成二烷基苯和多烷基苯。随着芳环上烷基数目增多，空间效应逐渐增大，烷基化反应速率降低，三或四烷基苯的生成量很少。芳烃过量可控制和减少二烷基或多烷基芳烃生成，过量芳烃可回收循环使用。

（2）可逆反应

由于烷基的影响，与烷基相连的碳原子电子云密度比芳环其他碳原子增加得更多。在强酸作用下,烷基芳烃返回 σ-配合物,进一步脱烷基转变为原料,即反应式。利用 C-烷基化反应的可逆性,实现烷基转移和歧化,在强酸下苯环上的烷基易位,或转移至其他苯分子上。苯用量不足,利于二烷基苯或多烷基苯生成;苯过量,利于多烷基基苯向单烷基苯转化。例如:

$$\underset{\text{CH(CH}_3)_2}{\overset{\text{CH(CH}_3)_2}{\bigcirc}} + \bigcirc \longrightarrow 2\ \underset{}{\overset{\text{CH(CH}_3)_2}{\bigcirc}}$$

（3）烷基重排

烷基正离子重排,趋于稳定结构。一般来说,伯重排为仲,仲重排为叔。例如,苯用 1-氯丙烷的烷基化,产物是异丙苯和正丙苯的混合物,约 30% 正丙苯、70% 异丙苯,这是由于烷基正离子发生了重排:

$$CH_3CH_2\overset{+}{C}H_2 \longrightarrow CH_3 - \overset{+}{C}H - CH_3$$

高碳数的卤烷或长链烯烃作烷化剂,烷基正离子的重排现象更突出,烷基化产物异构体种类更多。

3. 炔烃的 C-烷基化

与炔基直接相连的氢比较活泼,易形成金属炔化物,进一步与卤代烃发生烷基化反应,生成炔烃衍生物,是炔烃碳链延长的重要方法。

炔烃中 sp 杂化碳原子上的碳-氢键具有较弱的酸性。它与强碱氨基钠反应,易生成相应的炔基钠,炔基钠可作为亲核试剂与卤代烷及羰基化合物反应,生成炔烃衍生物。

$$RC\equiv CH + NaNH_2 \longrightarrow RC\equiv CNa \xrightarrow{R'X} RC\equiv CR'$$

$$RC\equiv CNa + \ R'-\overset{\overset{\displaystyle O}{\|}}{C}-R'' \xrightarrow{H^+} \underset{R''}{\overset{R'}{\underset{|}{\overset{|}{C}}}}\underset{OH}{\overset{}{}}-C\equiv CR$$

金属炔化物与卤代烷反应较容易进行。卤代烷反应活性随卤素原子量的增加而增加,即 $RI > RBr > RCl > RF$;而随烷基（—R）的增大而减小。实际应用中以溴代烷最为合适。

炔钠的烃化是经典的炔烃合成方法。若金属炔化物为炔基锂,其化学性质活泼,可溶于多种溶剂,如液氨、四氢呋喃、六甲基磷酰三胺（HMPT）,更显示出在合成上的优点。

末端炔烃在六甲基磷酰三胺及 THF 的混合溶剂中用丁基锂处理,然后与卤代烷反应,可得长链非末端炔烃。例如,4-辛炔的合成。

$$CH_3CH_2CH_2C\equiv CH \xrightarrow[\substack{\text{THF/HMPT} \\ 2.\,CH_3CH_2CH_2I}]{1.\,n\text{-BuLi}} CH_3CH_2CH_2C\equiv CCH_2CH_2CH_3$$

金属炔化物可与羰基化合物（醛或酮）的羰基发生亲核加成反应,结果在羰基碳原子上引入一个炔基,这在工业上具有很大意义。例如,维生素 A 的中间体六碳醇就是用乙炔化钙和甲基乙烯基酮反应制得的。

$$CH\equiv CH \xrightarrow[<-40℃]{Ca,\,NH_3,\,Fe(NO_3)_3\cdot H_2O} (CH\equiv C)_2Ca \xrightarrow[-40℃,\,2h]{\overset{\overset{\displaystyle O}{\|}}{CH_3CCH\equiv CH_2}}$$

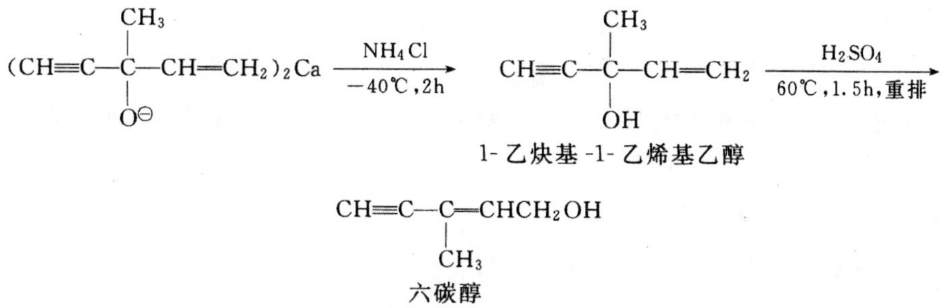

$$(CH\equiv C-\underset{\underset{O^\ominus}{|}}{\overset{\overset{CH_3}{|}}{C}}-CH=CH_2)_2Ca \xrightarrow[-40℃,2h]{NH_4Cl} CH\equiv C-\underset{\underset{OH}{|}}{\overset{\overset{CH_3}{|}}{C}}-CH=CH_2 \xrightarrow[60℃,1.5h,重排]{H_2SO_4}$$

1- 乙炔基 -1- 乙烯基乙醇

$$CH\equiv C-\underset{\underset{CH_3}{|}}{C}=CHCH_2OH$$

六碳醇

3.5.3　O-烷基化反应

1. 卤代烃的 O-烷基化

这类反应容易进行,一般只要将所用的醇或酚与氢氧化钠氢氧化钾或金属钠作用形成醇钠盐或酚钠盐,然后在不太高的温度下加入适量卤烷,即可得到良好的结果。当使用沸点较低的卤烷时,则需要在压热釜中进行反应。

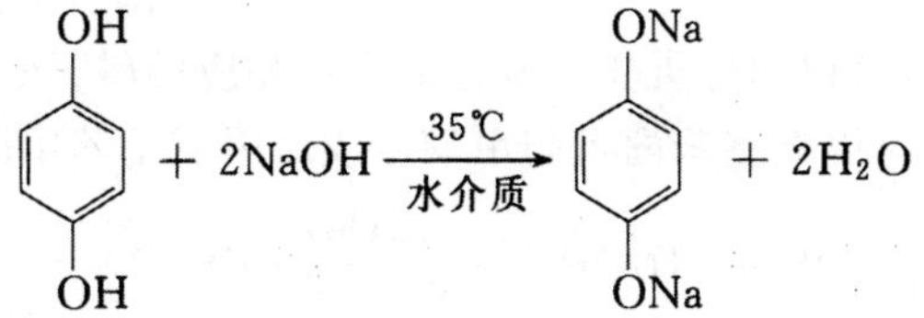

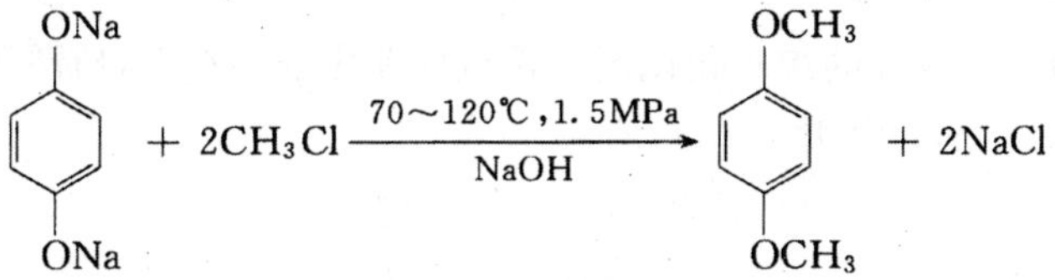

$$+ 2NaOH \xrightarrow[水介质]{35℃} + 2H_2O$$

$$+ 2CH_3Cl \xrightarrow[NaOH]{70\sim120℃,1.5MPa} + 2NaCl$$

通常醇钠易溶于水而难溶于有机溶剂,而卤代烷则易溶于有机溶剂而难溶于水,因此加入相转移催化剂,可使反应产率大为提高,同时也使反应在更温和的条件下进行。例如,在相转移催化剂聚乙二醇(PEG)2000 作用下,2-辛醇与丁基溴在室温下反应生成醚。

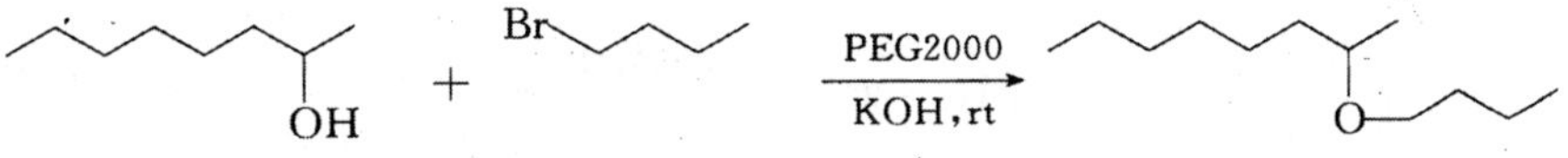

$$\xrightarrow[KOH,rt]{PEG2000}$$

在合适的条件下,酚与卤代烃或醇与活泼芳卤在非质子性强极性溶剂中可直接反应。当反应体系中有相转移催化剂存在,微波加热可使芳醚烷基醚的产率大有提高。例如,在微波促进下,间甲苯酚在相转移催化剂存在下与苄氯反应。

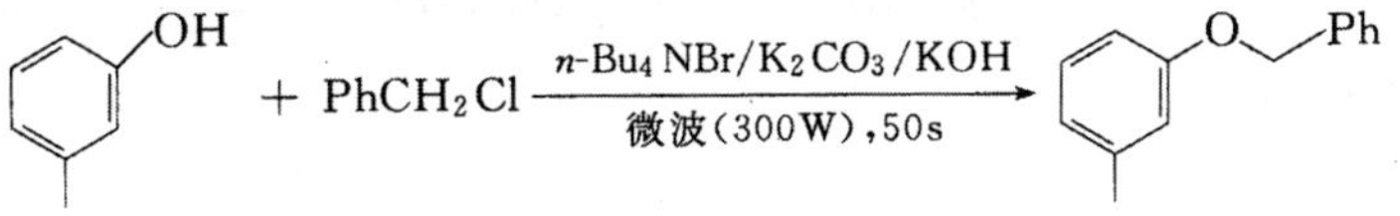

$$+ PhCH_2Cl \xrightarrow[微波(300W),50s]{n\text{-}Bu_4NBr/K_2CO_3/KOH}$$

2. 醇、酚脱水成醚

醇或酚的脱水是合成对称醚的通用方法。醇的脱水反应通常在酸性催化剂存在下进行。常用的酸性催化剂有浓硫酸、浓盐酸、磷酸、对甲苯磺酸等。

$$(CH_3)_2CHCH_2CH_2OH \xrightarrow[\text{加热}]{CH_3\text{—}\langle\ \rangle\text{—}SO_3H} [(CH_3)_2CHCH_2CH_2]_2O + H_2O$$

在浓硫酸催化下,三苯甲醇与异戊醇之间发生脱水生成三苯甲基异戊基醚。此法特别适用于合成叔烷基、伯烷基混合醚。因为叔醇在酸性催化剂存在下极易生成碳正离子,继而伯醇可对此碳正离子进行亲核进攻,形成混合醚。

$$(C_6H_5)_3COH + (CH_3)_2CHCH_2CH_2OH \xrightarrow[H_2SO_4]{\triangle} (C_6H_5)_3COCH_2CH_2CH(CH_3)_2$$

用弱酸或质子化的固相催化剂也可催化醇或酚的分子间或分子内脱水形成醚。例如,在弱酸 $KHSO_4$ 催化下,对乙酰氧基苄醇在减压条件下可发生分子间脱水。

$$2AcO\text{—}\langle\ \rangle\text{—}CH_2OH \xrightarrow[100℃,33Pa]{KHSO_4} AcO\text{—}\langle\ \rangle\text{—}CH_2OCH_2\text{—}\langle\ \rangle\text{—}OAc$$

阳离子交换树脂也是二元醇进行分子内脱水的有效催化剂。

$$HO(CH_2)_5OH \xrightarrow{\text{阳离子交换树脂}} \langle \text{O} \rangle$$

对于某些活泼的酚类,也可以用醇类作烷基化剂生成相应的醚,该方法是生成混合醚的重要方法。例如,在温和条件下,对甲氧基苯酚可与甲醇生成对甲氧基苯甲醚。

$$CH_3O\text{—}\langle\ \rangle\text{—}OH + CH_3OH \xrightarrow{DEAD, Ph_3P} CH_3O\text{—}\langle\ \rangle\text{—}OCH_3$$

3. 脂的 O-烷基化

硫酸酯及磺酸酯均是良好的烷基化试剂。在碱性催化剂存在下,硫酸酯与酚、醇在室温下即能顺利反应,生成较高产率的醚类。

$$\langle\text{OH}\rangle + (CH_3)_2SO_4 \xrightarrow[10℃]{NaOH} \langle\text{OCH}_3\rangle + CH_3OSO_3Na$$
$$72\% \sim 75\%$$

$$\langle CH_2CH_2OH \rangle + (CH_3)_2SO_4 \xrightarrow[NaOH]{(n\text{-}C_4H_9)_4NI^-} \langle CH_2CH_2OCH_3 \rangle$$
$$90\%$$

若用硫酸二乙酯作烷基化试剂时,可不需碱性催化剂;而且醇、酚分子中存在有其他羰基、氰基、羧基及硝基时,对反应亦均无影响。

除上述硫酸酯、磺酸酯外,还有原甲酸酯、草酸二烷酯、羧酸酯、二甲基甲酰胺缩醛、亚磷酸酯等也可用作 O-烷基化试剂。

$$\langle\text{NO}_2,\text{OK}\rangle + (COOC_2H_5)_2 \xrightarrow[120℃]{DMF} \langle\text{NO}_2,\text{OC}_2H_5\rangle$$
$$85\%$$

在对甲苯磺酸催化下,醇与亚磷酸二苯酯反应,以良好产率生成用其他方法难以得到的苯基醚。

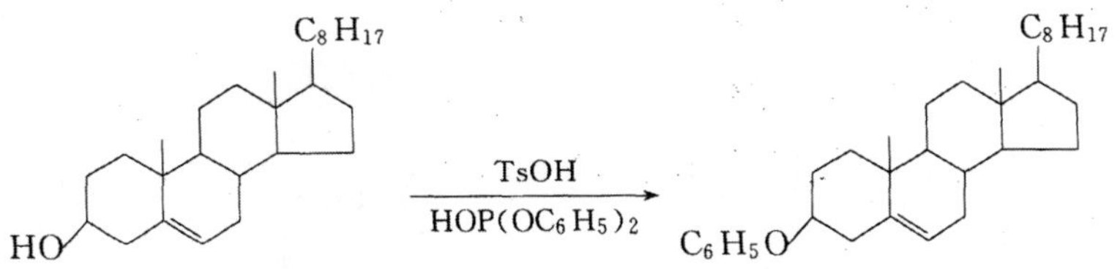

4. 环氧乙烷的 O-烷基化

环氧化合物易与醇、酚类发生开环反应，生成羟基醚。开环反应可用酸或碱催化，但往往生成不同的产品，酸与碱催化开环的反应过程是不相同。

$$\underset{\diagdown O \diagup}{RCH—CH_2} \xrightarrow{H^+} [R\overset{+}{C}HCH_2OH] \xrightarrow{R'OH} \underset{\displaystyle OR'}{\underset{|}{RCHCH_2OH}} + H^+$$

$$\underset{\diagdown O \diagup}{RCH—CH_2} \xrightarrow{R'O^-} \left[\underset{\displaystyle O^-}{\underset{|}{RCHCH_2OR'}}\right] \xrightarrow{R'OH} \underset{\displaystyle OH}{\underset{|}{RCHCH_2OR'}} + R'O^-$$

此种反应在工业上的应用之一是由醇类与环氧乙烷反应生成各种乙二醇醚。

低级脂肪醇如甲醇、乙醇和丁醇用环氧乙烷烷基化可生成相应的乙二醇单甲醚、单乙醚和单丁醚。

$$ROH + \underset{\diagdown O \diagup}{CH_2—CH_2} \longrightarrow ROCH_2CH_2OH$$

当 R 为甲基、乙基或丁基时，可相应制取乙二醇单甲醚、单乙醚及单丁醚等，这些产品都是重要的溶剂。

苯酚与萘酚也能与环氧乙烷反应，其中重要的是烷基酚与环氧乙烷的反应。例如，辛基苯酚与环氧乙烷在碱存在下，生成聚氧化乙烯辛基苯酚醚。

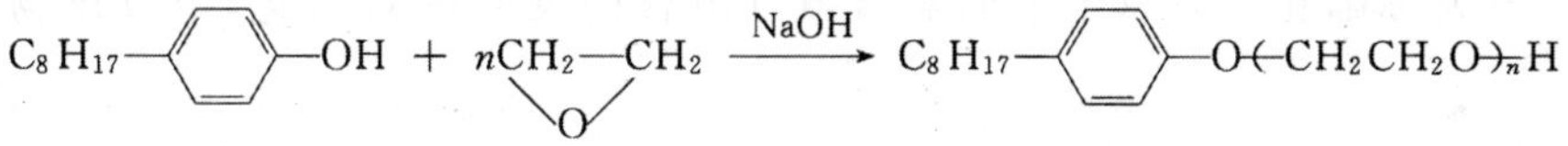

反应中环氧乙烷的量对产品性质的影响极大，可按需要加以控制。环氧乙烷量小的产品在水中难于溶解；环氧乙烷量大的在水中容易溶解。

3.6　酰基化反应

有机酸或无机酸除去分子中的一个或几个羟基后所剩余的原子团，称为酰基。例如：

酸类	分子式	相应的酰基	结构式
碳酸	$HO—\overset{O}{\overset{\|\|}{C}}—OH$	羧基	$HO—\overset{O}{\overset{\|\|}{C}}—$
		羰基	$—\overset{O}{\overset{\|\|}{C}}—$
甲酸	$H—\overset{O}{\overset{\|\|}{C}}—OH$	甲酰基	$H—\overset{O}{\overset{\|\|}{C}}—$
乙酸	$CH_3—\overset{O}{\overset{\|\|}{C}}—OH$	乙酰基	$CH_3—\overset{O}{\overset{\|\|}{C}}—$

苯甲酸	$C_6H_5-\overset{\displaystyle O}{\underset{}{C}}-OH$	苯甲酰基	$C_6H_5-\overset{\displaystyle O}{\underset{}{C}}-$
苯磺酸	$C_6H_5-\overset{\displaystyle O}{\underset{\displaystyle O}{S}}-OH$	苯磺酰基	$C_6H_5-\overset{\displaystyle O}{\underset{\displaystyle O}{S}}-$
硫酸	$HO-\overset{\displaystyle O}{\underset{\displaystyle O}{S}}-OH$	硫酰基	$HO-\overset{\displaystyle O}{\underset{\displaystyle O}{S}}-$
		砜基	$-\overset{\displaystyle O}{\underset{\displaystyle O}{S}}-$
磷酸	$HO-\overset{\displaystyle O}{\underset{\displaystyle OH}{P}}-OH$	磷酰基	$HO-\overset{\displaystyle O}{\underset{}{P}}-OH$
			$HO-\overset{}{\underset{}{P}}-$
			$-\overset{}{\underset{}{P}}-$

酰化反应指的是有机分子中与碳原子、氮原子、磷原子、氧原子或硫原子相连的氢被酰基所取代的反应。能构引入酰基的底物很多,它们共同的特点是含有亲核性的碳。例如,酯、酮、腈等含有活性亚甲基的化合物,烯烃、烯胺和芳香体系也能引入酰基。氨基氮原子上的氢被酰基所取代的反应称 N-酰化,生成的产物是酰胺。羟基氧原子上的氢被酰基取代的反应称 O-酰化,生成的产物是酯,故又称酯化。碳原子上的氢被酰基取代的反应称 C-酰化,生成产物是醛、酮或羧酸。

反应通式:

$$\underset{\displaystyle O}{\overset{\displaystyle R\quad Z}{C}}\cdot G{-}H \longrightarrow R-\overset{\displaystyle O}{\underset{}{C}}-G + HZ$$

其中,RCOZ 为酰化剂,Z 代表—X、—OCOR、—OH、—OR′、NHR′等;GH 为被酰化物,G 代表 ArNH—、R′NH—、R′O—、Ar—等。

3.6.1 N-酰基化反应

1.N-酰基化反应的历程

用羧酸及其衍生物作酰化剂时,酰基取代伯氨基氮原子上的氢,生成羧酰胺的反应历程如下。

$$R\overset{..}{N}H_2 + \overset{}{\underset{\displaystyle O}{C}}{-}R' \rightleftharpoons R-\overset{\displaystyle H}{\underset{\displaystyle H}{N^+}}-\overset{\displaystyle Z}{\underset{\displaystyle O^-}{C}}-R' \rightleftharpoons RNH-\overset{}{\underset{\displaystyle O}{C}}-R' + HZ$$

首先是酰化剂的羰基中带部分正电荷的碳原子向伯胺氨基氮原子上的未共用电子对作亲电进攻,形成过渡络合物,然后脱去 HZ 而形成羧酰胺。

在酰化剂分子中,Z 为—OH、—OCOR 或—Cl,对应的酰化剂分别是羧酸、酸酐或酰氯。

酰基是吸电子基,它使酰基分子中的氨基氮原子上的电子云密度降低,不容易再与亲电的酰化剂相互作用生成 N,N-二酰化物,所以一般情况下容易制得纯度较高的酰胺。

2.N-酰基化反应的影响因素

氨基氮原子上的电子云密度越大,空间阻碍越小,反应活性越强。胺类化合物的酰化活性:其反应活性按以下规律减弱:伯胺,仲胺,脂肪族胺,芳香族胺;无空间阻碍的胺;有空间阻碍的胺。芳环上有给电子基团时,反应活性增加;反之,有吸电子基团时,反应活性下降。

羧酸、酸酐和酰氯都是常用的酰化剂,当它们具有相同的烷基 R 时,酰化反应活性的大小次序为

$$\underset{\delta_1^+}{R-\overset{O}{\overset{\|}{C}}-OH} < \underset{\delta_2^+}{R-\overset{O}{\overset{\|}{C}}-O}-\underset{\delta_2^+}{\overset{O}{\overset{\|}{C}}-R} < \underset{\delta_3^+}{R-\overset{O}{\overset{\|}{C}}-Cl}$$

因为酰氯中氯原子的电负性最大,酸酐的氧原子上又连接了一个吸电子的酰基,因而吸电子的能力比较强。因此,这三类酰化剂的羰基碳原子上的部分正电荷大小顺序为

$$\delta_1^+ < \delta_2^+ < \delta_3^+$$

其反应活性随 R 碳链的增长而减弱。因此要引入长碳链的酰基,必须采用比较活泼的酰氯作酰化剂;引入低碳链的酰基可采用羧酸(甲酸或乙酸)或酸酐作酰化剂。

对于同一类型的酰氯,当 R 为芳环时,由于它的共轭效应,使羰基碳原子上的正电荷降低,因此芳香族酰氯的反应活性低于脂肪族酰氯(如乙酰氯)。如:

$$\underset{\delta_1^+}{R-\overset{O}{\overset{\|}{C}}-Cl} < \underset{\delta_2^+}{H_3C-\overset{O}{\overset{\|}{C}}-Cl}$$

$$\delta_1^+ < \delta_2^+$$

对于酯类,凡是由弱酸构成的酯(如乙酰乙酸乙酯)可用作酰化剂;而由强酸构成的酯,因酸根的吸电子能力强,使酯中烷基的正电荷增大,因而常用作烷化剂,而不是酰化剂,如硫酸二甲酯等。

3.N-酰基化反应的方法

(1)用酰氯的 N-酰化

酰氯是最强的酰化剂,适用于活性低的氨基或羟基的酰化。常用的酰氯有长碳链脂肪酸酰氯、芳羧酰氯、芳磺酰氯、光气等。用酰氯进行 N-酰化的反应通式如下:

$$RNH_2 + R'COCl \rightarrow RNHCOR + HCl$$

反应为不可逆反应,酰氯都是相当活泼的酰化剂,其用量一般只需稍微超过理论量即可。酰化的温度也不需太高,有时甚至要在 0℃ 或更低的温度下反应。

酰化产物通常是固态,所以用酰氯的 N-酰化反应必须在适当的介质中进行。如果酰氯的 N-酰化速率比酰氯的水解速率快得多,反应可在水介质中进行。如果酰氯较易水解,则需要使用惰性有机溶剂,如苯、氯苯、甲苯、醋酸、二氯乙烷、氯仿等。

由于酰化时生成氯化氢与游离氨结合成盐,会降低 N-酰化反应的速率,因此在反应过程中一般要加入缚酸剂来中和生成的氯化氢,使介质保持中性或弱碱性,并使胺保持游离状态,以提高酰化反应速率和酰化产物的收率。常用的缚酸剂有:氢氧化钠、醋酸钠、碳酸钠、碳酸氢钠及三乙胺等有机叔胺。但介质的碱性太强,会使酰氯水解,同时耗用量也增加。当酰氯与氨或易挥发的低碳脂肪胺反应时,则可以用过量的氨或胺作为缚酸剂。在少数情况下,也可以不用缚酸剂而在高温下进行气相反应。

（2）用羧酸的 N-酰化

羧酸是最廉价的酰化剂,用羧酸酰化是可逆过程。

$$RNH_2 + R'COOH \Longrightarrow RNHCOR' + H_2O$$

为了使酰化反应尽可能完全,必须及时除去反应生成的水,并使羧酸适当过量。如果反应物能与水形成共沸物,冷凝后又可与水分层,则可以采用共沸蒸馏,冷凝后使有机层返回反应器;如果反应物和生成物都是难挥发物,则可以直接不断地蒸出水。也可以加苯或甲苯等能与水形成共沸物帮助脱水。少数情况可以加入化学脱水剂如五氧化二磷、三氯化磷等。

乙酰化是最常见的酰化反应过程。由于反应是可逆的,一般要加入过量的乙酸,当反应达到平衡以后逐渐蒸出过量的乙酸,并将水分带出。如合成乙酰苯胺时将苯胺与过量 10%～50% 的乙酸混合,在 120℃（乙酸的沸点 118℃）以下回流一段时间,使反应达到平衡,然后停止回流,逐渐蒸出过量的乙酸和生成水,即可使反应趋于完全。邻位或对位甲基苯胺,以及邻位或对位烷氧基苯胺,也可以用类似的方法酰化。

甲酸在暂时保护性酰化时常常使用,用过量的甲酸与芳胺作用:

$$ArNH_2 + HCOOH \Longrightarrow ArNHCOC_5H_5 + H_2O$$

反应是在保温一段时间以后,真空下在 150℃ 把生成水全部蒸出,反应即可完成。

合成苯甲酰苯胺时,由于反应物沸点都较高,可以采用高温加热除水的方法:

$$C_6H_5NH_2 + HOOC-C_6H_5 \xrightarrow{180℃～190℃} C_6H_5NHCOC_6H_5 + H_2O\uparrow$$

（3）用酸酐的 N-酰化

酸酐对胺类进行酰化反应的通式为

$$RNH_2 + (R'CO)_2O \Longrightarrow RNHCOR' + R'COOH$$

这一反应是不可逆的反应,没有水生成。酸酐的酰化反应活性较羧酸弱,最常用的酸酐是乙酐,在 20～90℃ 反应即可顺利进行,乙酐一般过量 5%～10%。乙酐在室温下的水解很慢,因此对于反应活性较高的胺类,在室温下用乙酐进行酰化时,反应可以在水介质中进行,因为酰化反应的速度大于乙酐水解的速度。

用酸酐对胺类进行酰化时,一般可以不加催化剂。如果是多取代芳胺,或者带有较多的吸电子基,以及空间位阻较大的芳香胺类,需要加入少量强酸作催化剂,以加速反应。例如:

N-甲基邻硝基苯胺与乙酐的反应为

对于二元胺类,如果只酰化其中一个氨基时,可以先用等摩尔比的酸（盐酸或醋酸）使二元胺中的一个氨基加以保护,然后按一般方法进行酰化。例如,间苯二胺的水介质中加入适量盐酸后,再于 40℃用乙酐酰化,先制得间氨基乙酰苯胺盐酸盐,经中和可得间氨基乙酰苯胺,它是一个有用的中间体。

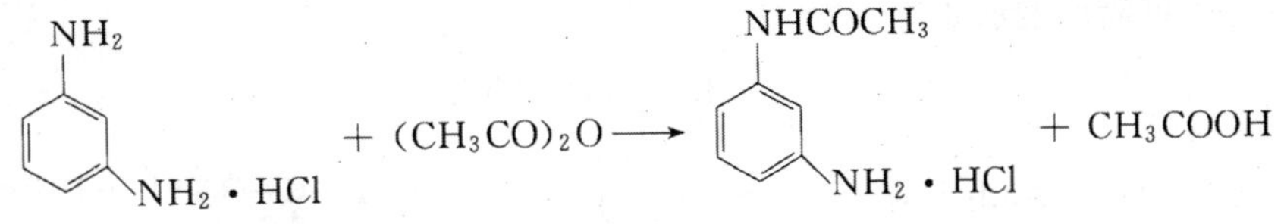

3.6.2　C-酰基化反应

1.C-酰化的反应历程

当用酰氯作酰化剂、以无水 $AlCl_3$ 为催化剂时,其反应历程大致如下。

首先酰氯与无水 $AlCl_3$ 作用生成各种正碳离子活性中间体(a)、(b)、(c)。

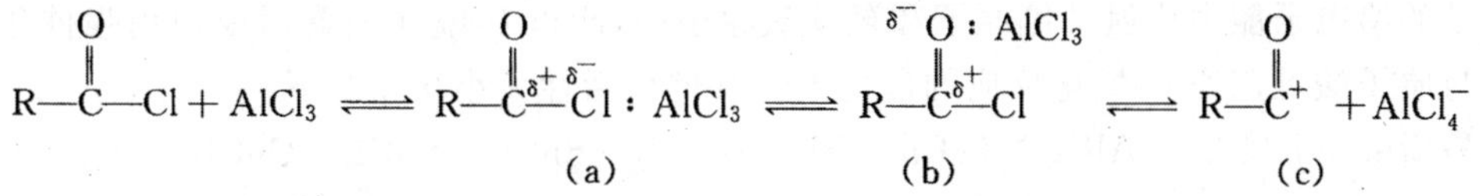

这些活性中间体在溶液中呈平衡状态,进攻芳环的中间体可能是(b)或(c),它们与芳环作用生成芳酮-$AlCl_3$ 络合物,例如:

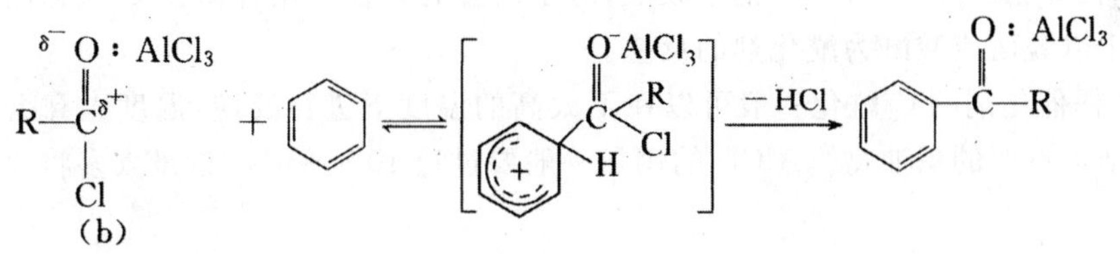

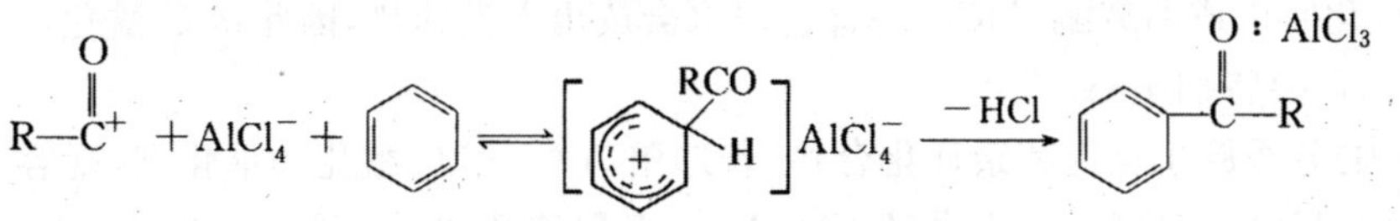

芳酮-$AlCl_3$ 络合物经水解即可得到芳酮。

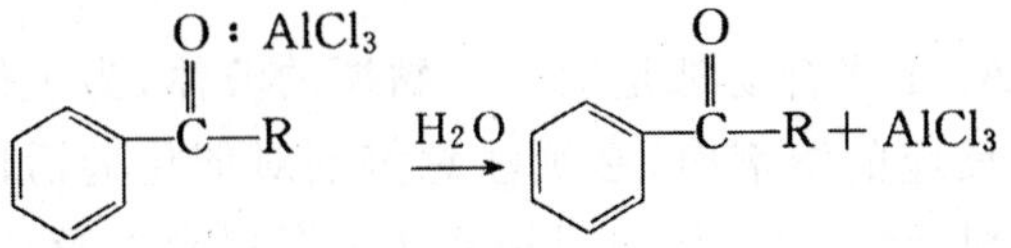

无论何种反应历程,生成的芳酮总是和 $AlCl_3$ 形成 1:1 的络合物。这是因为络合物中的 $AlCl_3$ 不能再起催化作用,故 1mol 酰氯在理论上要消耗 1mol $AlCl_3$。实际上要过量 10%～50%。

当用酸酐作酰化剂时,它首先与 $AlCl_3$ 作用生成酰氯。

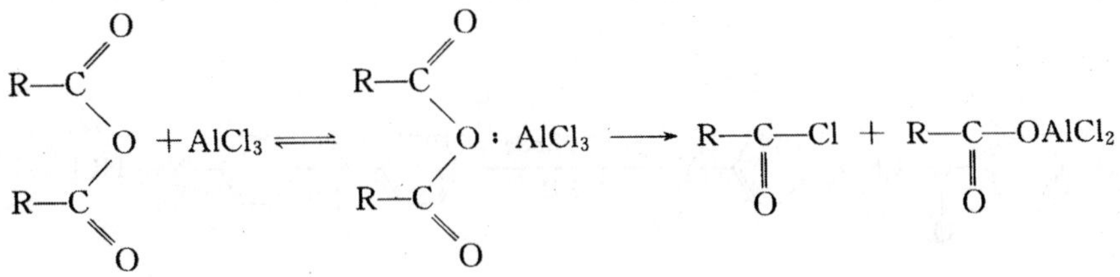

然后酰氯再按照上述的反应历程参加反应。

由以上反应可知,如果只有一个酰基参加酰化反应,1mol 酸酐至少需要 2mol 三氯化铝。这个反应的总方程式可简单表示如下:

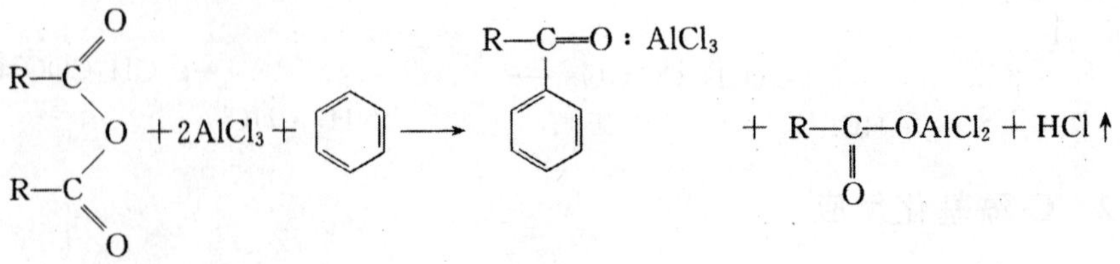

2. C-酰化的影响因素

(1)催化剂

催化剂的作用是通过增强酰基上碳原子的正电荷,来增强进攻质点的反应能力。由于芳环上碳原子的给电子能力比氨基氮原子和羟基氧原子弱,所以 C-酰化通常需要使用强催化剂。路易斯酸与质子酸可用作 C-酰化反应的催化剂。其催化活性大小次序如下。

路易斯酸　　$AlBr_3 > AlCl_3 > FeCl_3 > BF_3 > ZnCl_2 > SnCl_4 > SbCl_5 > CuCl_2$

质子酸　　　　　　　$HF > H_2SO_4 > (P_2O_5)_2 > H_3PO_4$

一般来说,无水 $AlCl_3$ 作用强于质子酸,由于价廉易得,催化活性高,技术成熟是常用的路易斯酸的催化剂。但反应产生大量含铝盐废液,对于活泼的芳香族化合物在 C-酰化时容易引起副反应。适用于以酰卤或酸酐为酰化剂的反应。

用 $AlCl_3$ 作催化剂的 C-酰化一般可以在不太高的温度下进行反应,温度太高会引起副反应甚至会生成结构不明的焦油物。$AlCl_3$ 的用量一般要过量 $10\% \sim 0\%$,过量太多将会生成焦油状化合物。

由于 C-酰化时生成的芳酮-$AlCl_3$ 络合物遇水会放出大量的热,因此将 C-酰化反应物放入水中进行水解时,需要特别小心。

对于活泼的芳香族化合物和杂环化合物,若选用 $AlCl_3$ 作 C-酰化的催化剂,则容易引起副反应,一般需选用温和的催化剂,如无水 $ZnCl_2$、磷酸、多聚磷酸和 BF_3 等。

(2)溶剂

在碳酰化反应中,芳酮-$AlCl_3$ 络合物都是固体或黏稠的液体,为了使反应顺利进行,常常需要使用有机溶剂。选择酰化反应的溶剂时,必须注意溶剂对催化剂活性的影响,例如硝基苯与 $AlCl_3$ 能形成络合物,使催化剂活性下降,所以只适用于较易酰化的反应。某些氯化烃类溶剂在 $AlCl_3$ 作用下,当温度较高时,有可能参与发生在芳环上的取代反应,因此不宜采用过高的反应温度。

随着人们对于替代催化剂的研究,已经可以不用溶剂进行酰基化反应,只是离工业化还有一定的距离,例如,固体超强酸 SO_4^{2-}/ZrO_2 对氯苯或甲苯与苯甲酰氯或邻氯苯甲酰氯有很高的活性。

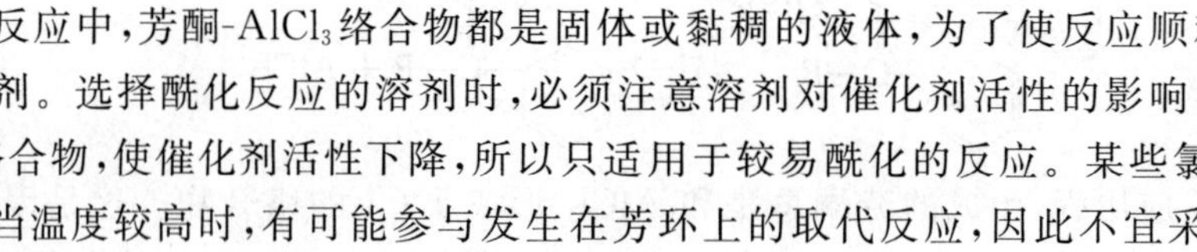

3. C-酰化反应

(1)酰氯的酰化

酰氯的 C-酰化可以用传统的 $AlCl_3$ 作为催化剂,也可以用现今发展起来的离子液体、分子筛等催化剂。

草酰氯与两分子的 N,N-二烷基苯胺在无水三氯化铝催化作用下,生成苯偶酰类化合物,可作为激光调 Q 材料中间体。

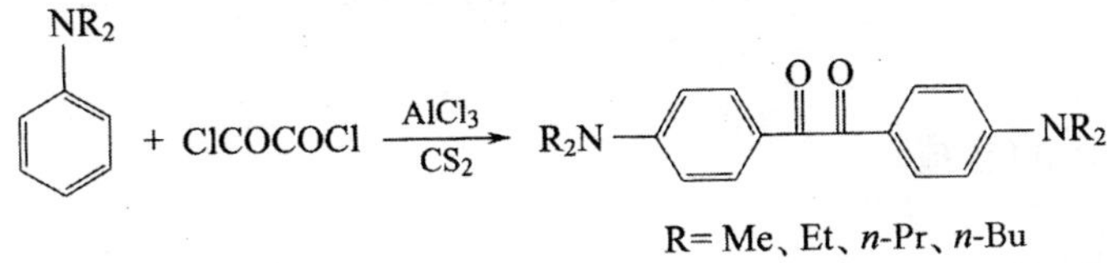

$$R= Me、Et、n\text{-}Pr、n\text{-}Bu$$

Boon 等研究了氯铝酸盐离子液体催化苯、甲苯的乙酰化反应,并提出了酰基化反应的机理,即酰氯与催化剂活性成分 Al_2ClF 快速络合,释放出 RCO^+ 进攻芳环得到了芳酮,并发现苯、乙酰氯与离子液体摩尔比为 1.1∶1∶0.5 时,在 5min 内就完全反应产品选择性很高。

除此之外,沸石分子筛也可以催化 Friedel-Crafts 酰基化反应,优点是可以不用另加溶剂,并可以在常温、液相下进行。尤其是 Hβ 在催化许多酰基化反应中都表现出良好的催化活性和选择性。例如联苯和酰氯的酰化反应。

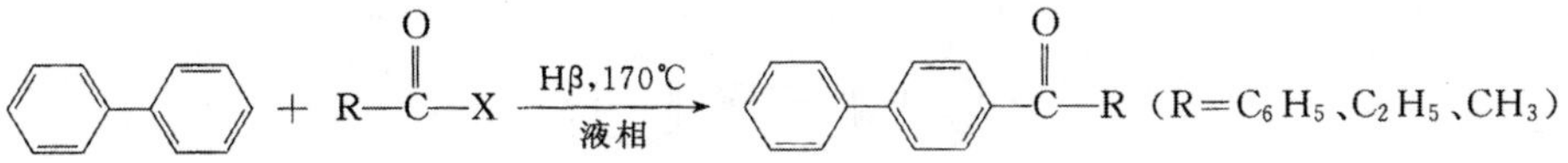

(2)羧酸的酰化

用邻苯二甲酸酐进行环化的 C-酰化是精组有机合成的一类重要反应。酰化产物经脱水闭环制成蒽醌、2-甲基蒽醌、2-氯蒽醌等中间体。如邻苯甲酰基苯甲酸的合成反应如下:

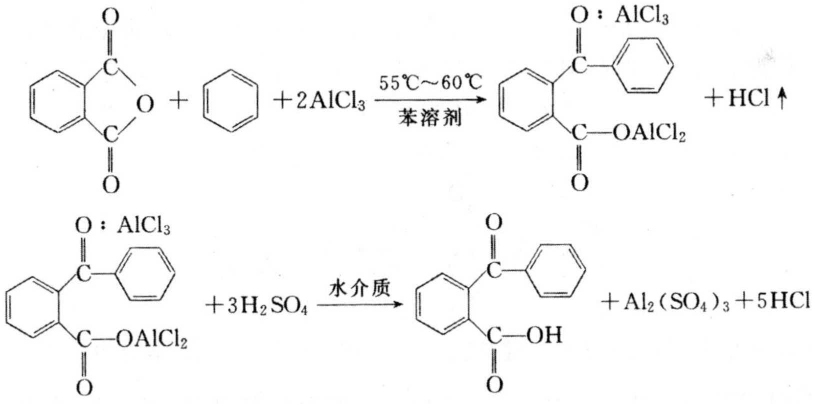

首先将邻苯二甲酸酐与 $AlCl_3$ 和过量 6～7 倍的苯(兼作溶剂)反应,然后将反应物慢慢加到水和稀硫酸中进行水解,用水蒸气蒸出过量的苯。冷却后过滤、干燥,得到邻苯甲酰基苯甲酸。然后将邻苯甲酰基苯甲酸在浓硫酸中 130℃～140℃时脱水闭环得到蒽醌。

第4章　碳环合成反应

4.1　碳环的形成

4.1.1　六元环的合成

1. 六元脂环化合物的合成

合成六元脂环化合物最常用的是狄尔斯-阿尔德(Diels-Alder)反应,此外,分子内的取代反应、缩合反应等也是得到六元脂环化合物常用的方法。

(1)Diels-Alder反应

Diels-Alder反应是共轭二烯(双烯体)与烯、炔(亲双烯体)等进行环化加成生成环己烯及其衍生物的反应,简称 D-A 反应或双烯合成反应,此反应是合成六元环的较为常用的方法之一。例如:

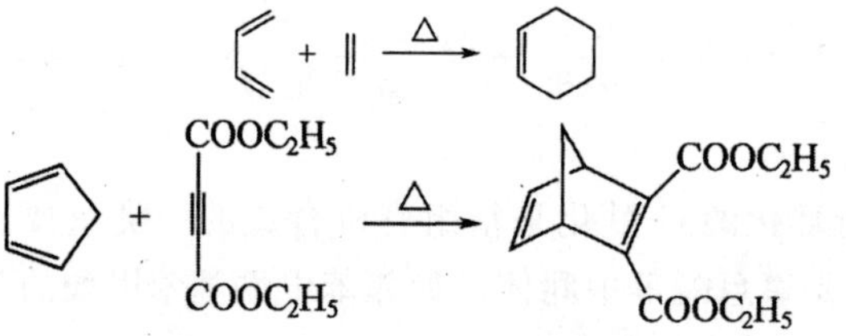

在反应过程中,反应物的 π 体系打开,形成两个新的 σ 键和一个新的 π 键,因此,它是六电子参加的[4+2]环加成反应,同时,其反应过程中旧键的断裂和新键的生成是在同一步骤中完成的,属于协同反应。但是,1,3-丁二烯与乙烯生成环己烯的产率很低。当双烯体上连有供电子基团或亲双烯体上连有吸电子基团时,产率会大幅度提高。例如:

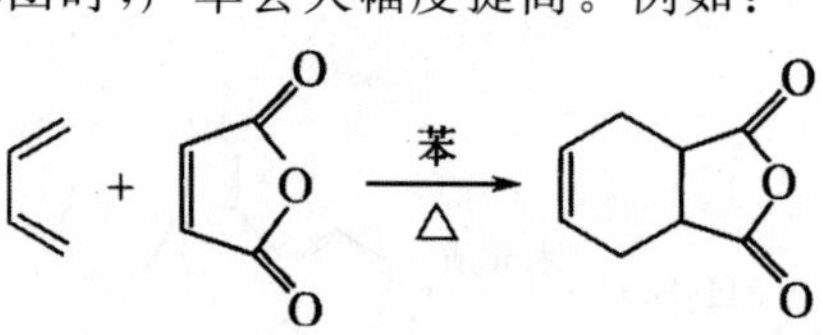

D-A 反应还要求双烯体的两个双键均为 S-顺式构象,如果双烯体的构型固定为 S-反式,如, 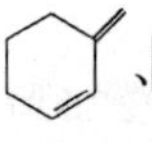 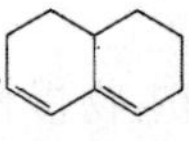 则双烯体不能进行双烯合成反应。而两个双键固定在顺位的共轭二烯烃在双烯合成中的活性特别高,如环戊二烯与马来酐起反应的速度为1,3-丁二烯的 100 倍:

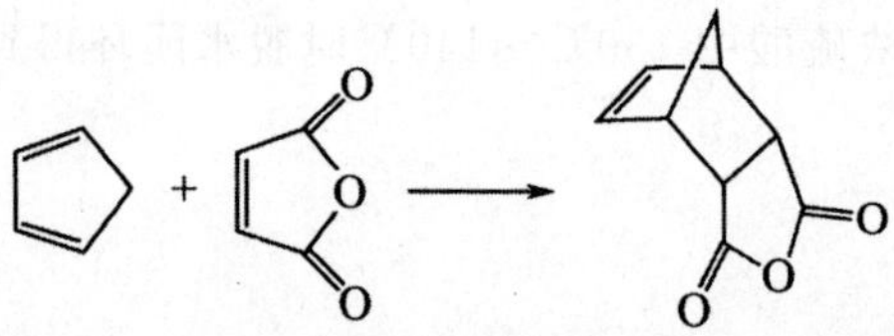

　　空间位阻对 D-A 反应也有影响,有些双烯体虽为 S-顺式构象,但由于 1,4-位取代基位阻较大,因而也不发生该类反应。

　　D-A 反应具有以下几个特点:

　　①D-A 反应是立体定向性很强的顺式加成反应。例如:

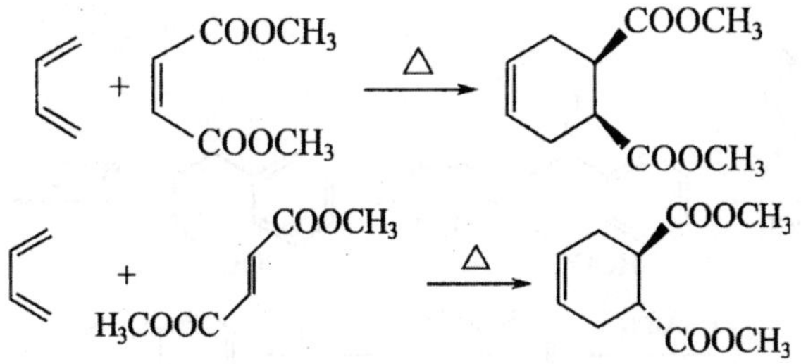

　　②D-A 反应优先生成内型加成产物。内型加成产物是指双烯体中的 C(2)—C(3)键和亲双烯体中与烯键或炔键共轭的不饱和基团处于连接平面同侧时的生成物,两者处于异侧时的生成物则为外型产物。例如:

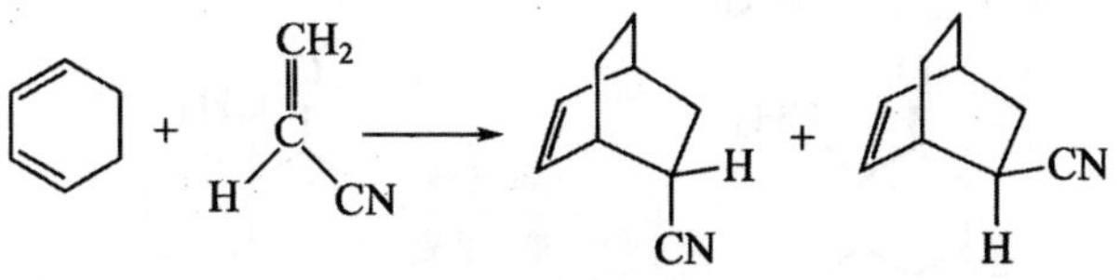

内型产物　　　外型产物
主要产物　　　次要产物

　　内型加成产物是动力学控制的,而外型加成产物是热力学控制的。内型产物在一定条件下放置若干时间,或通过加热等条件,可能转化为外型产物。

　　③D-A 反应是区域选择性很强的反应。当双烯体和亲双烯体是连有取代基的非对称化合物时,主要产物是邻位或对位定向。例如:

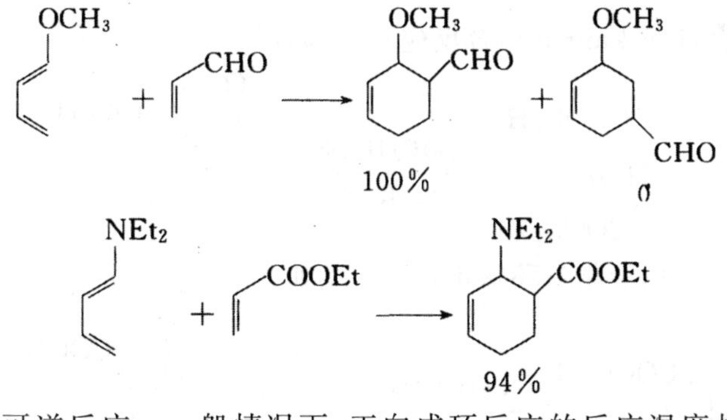

100%

94%

　　D-A 反应是一个可逆反应。一般情况下,正向成环反应的反应温度相对较低,温度升高则发生逆向分解反应。这种可逆性在合成上很有用,它可以作为提纯双烯化合物的一种方法,也可用来制备少量不易保存的双烯体。

　　近年来,为了适应绿色化学的发展要求,人们研究了在水相、固相以及微波辐射下进行的 D-A反应,都取得了很好的结果。

　　(2)分子内取代反应

　　①分子内的亲电取代反应。芳环侧链适当位置上有酰卤基或羟基时,可以发生分子内的傅-克(Friedel-Crafts)反应,生成相应的环状化合物。例如:

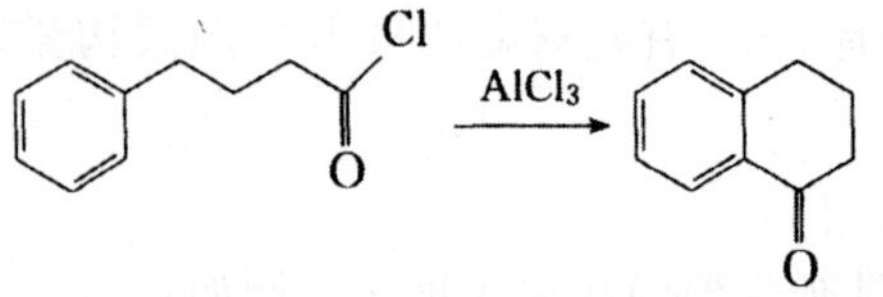

由苯合成四氢萘的过程为

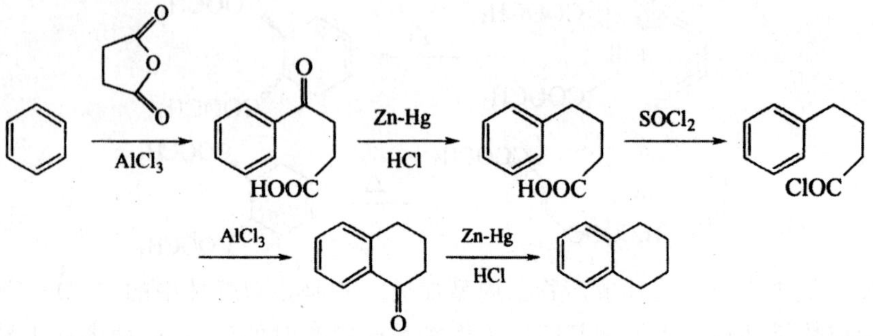

②分子内的亲核取代反应。含活泼氢的化合物如果碳链长度适当,也能够发生分子内的亲核取代反应,形成六元环状化合物。例如:

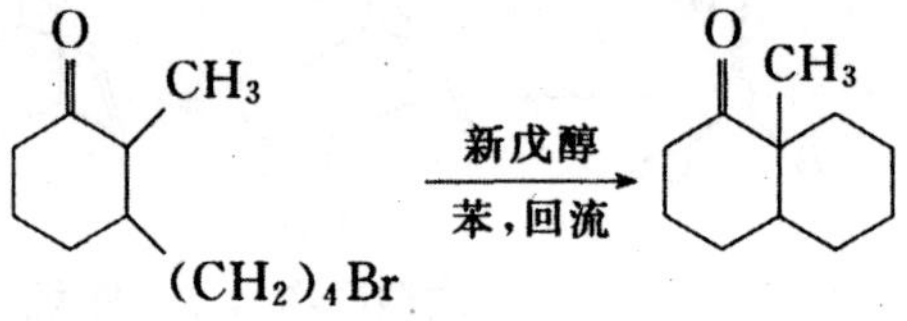

(3)分子内的缩合反应

①分子内的羟醛缩合。例如:

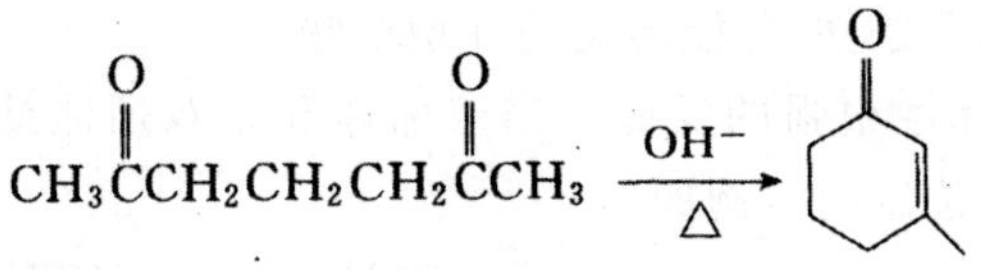

$$CH_3CCH_2CH_2CH_2CCH_3 \xrightarrow[\triangle]{OH^-}$$

②分子内的酯缩合(Dieckmann 缩合反应)。例如:

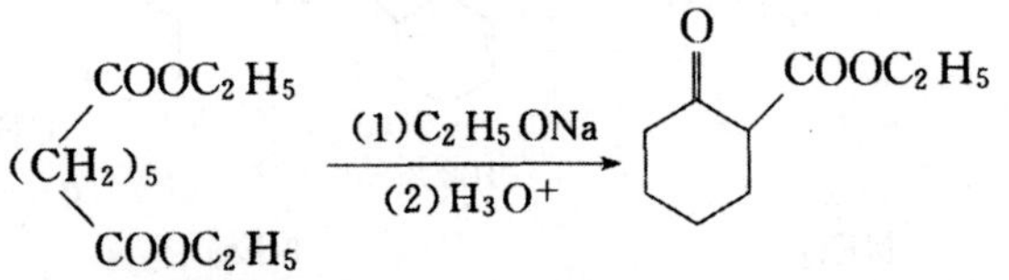

$$(CH_2)_5 \begin{matrix} COOC_2H_5 \\ COOC_2H_5 \end{matrix} \xrightarrow[(2)H_3O^+]{(1)C_2H_5ONa}$$

分子间的酯缩合也可用于制备环状化合物。例如:

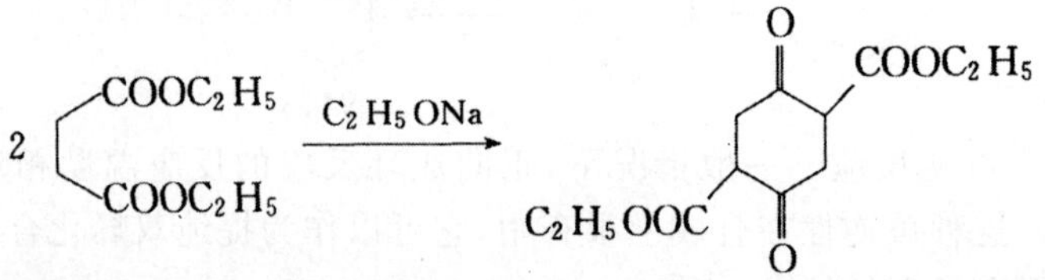

$$2 \begin{matrix} COOC_2H_5 \\ COOC_2H_5 \end{matrix} \xrightarrow{C_2H_5ONa}$$

③Robinson 环合反应:利用 Michael 反应的产物进行分子内的羟醛缩合,形成一个新的六元环,再经消除脱水生成 α,β 不饱和环酮的反应称为 Robinson 环合反应,这是向六元环上并联另一个六元环的重要方法。例如:

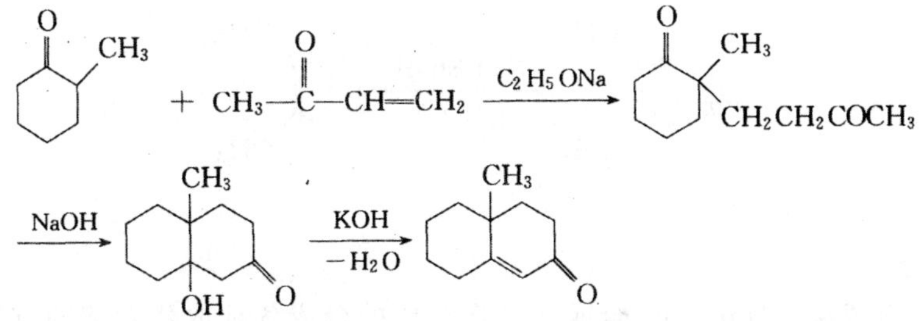
O
CH3
O
+ CH3—C—CH═CH2
C2H5ONa
O
CH3
CH2CH2COCH3
CH3
NaOH
OH
O
CH3
KOH
−H2O
O

④分子内的酮醇缩合：酯和金属钠在乙醚、甲苯或二甲苯中发生双分子还原反应，得到 α-羟基酮，此反应称为酮醇缩合。例如：

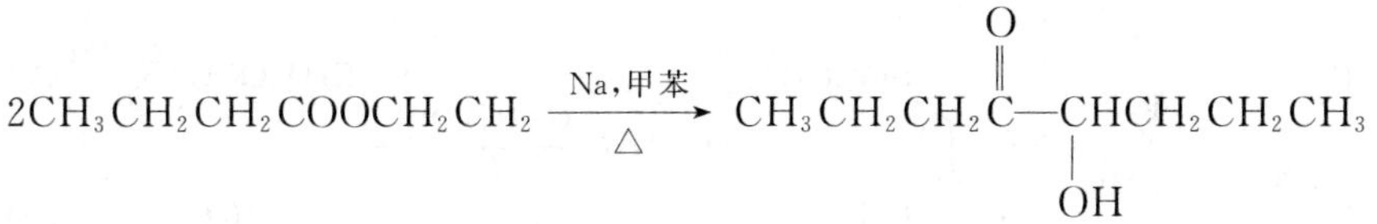
2CH3CH2CH2COOCH2CH2
Na，甲苯
△
O
CH3CH2CH2C—CHCH2CH2CH3
OH

二元酸酯发生分子内酮醇缩合也可生成环状酮醇：

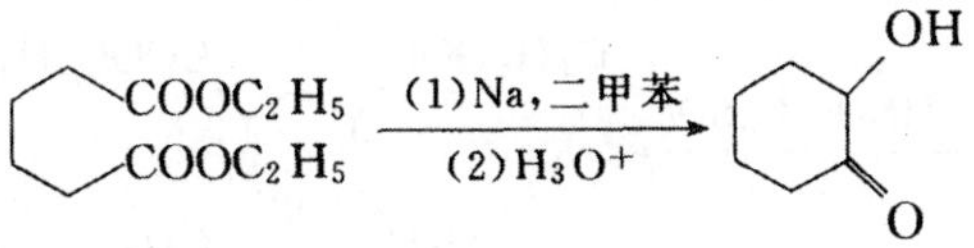
COOC2H5
COOC2H5
(1)Na，二甲苯
(2)H3O+
OH
O

(4)二元羧酸受热、脱羧反应

对于二元羧酸，当两个羧基的相对位置不同时，受热后发生的反应和生成的产物也不同。戊二酸受热后发生分子内的脱水反应，生成六元环状的酸酐，而庚二酸在氢氧化钡存在下受热，既脱羧，又脱水，生成六元环酮：

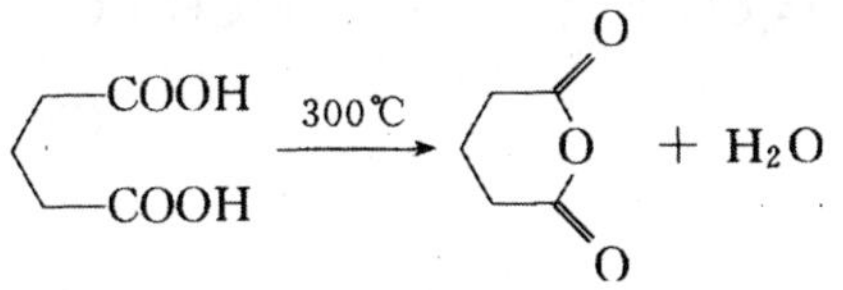
COOH
COOH
300℃
O
O
O
+ H2O

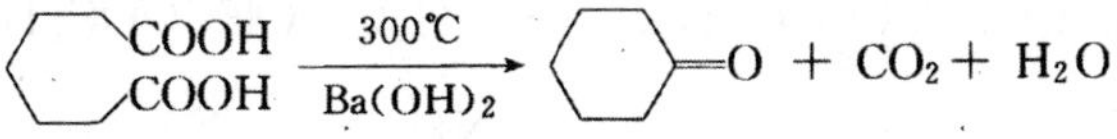
COOH
COOH
300℃
Ba(OH)2
O + CO2 + H2O

(5)β-羟基羧酸受热、脱水反应

β-羟基羧酸受热后脱水生成六元环的内酯：

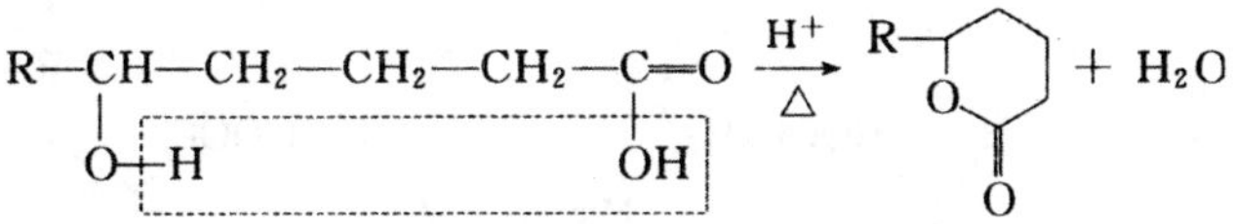
R—CH—CH2—CH2—CH2—C═O
O—H
OH
H+
△
R
O
O
+ H2O

(6)苯系衍生物制备六元环反应

由相应的苯系衍生物制备六元环还可以由芳香族化合物还原得到。例如：

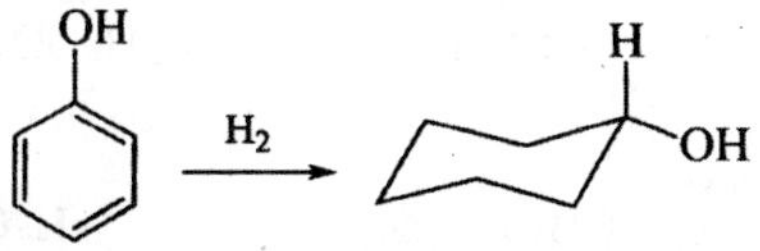
OH
H2
H
OH

若用金属-氨(胺)-醇试剂还原芳烃(Birch 还原)，则得到环己烯或环己烯衍生物。例如：

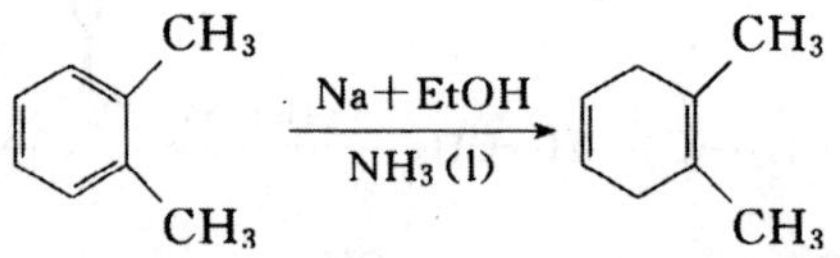

2. 六元杂环化合物的合成

(1) 吡啶的合成

①Hantzsch 合成法。Hantzsch 合成法是最重要的合成各种取代吡啶的方法,是由两分子 β-酮酸酯与一分子醛和一分子氨进行缩合,先生成二氢吡啶环系,再经氧化脱氢而生成取代的吡啶:

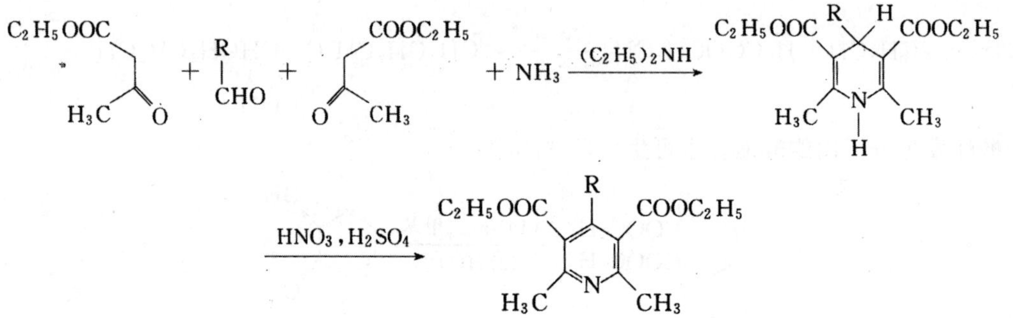

反应过程可能是一分子 β-酮酸酯和醛发生反应,另一分子 β-酮酸酯和氨反应生成 β-氨基烯酸酯:

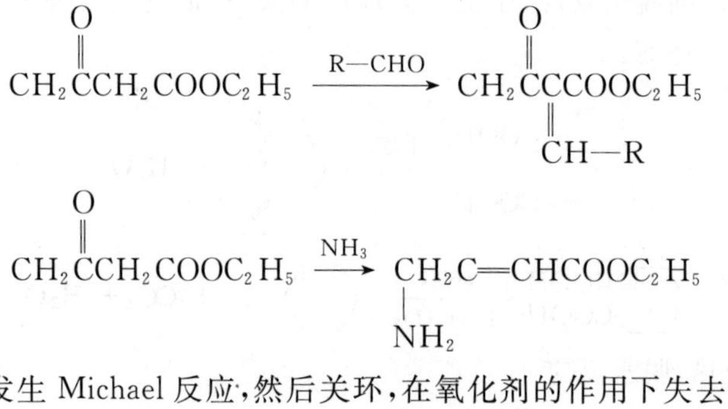

这两个化合物再发生 Michael 反应,然后关环,在氧化剂的作用下失去两个氢原子即得取代的吡啶:

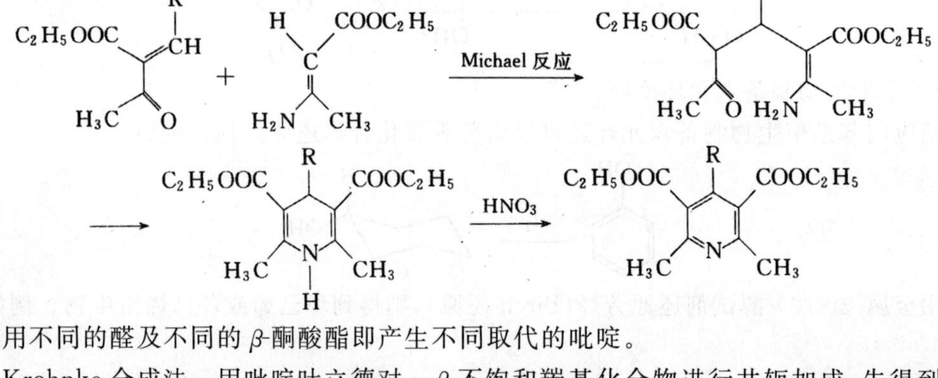

利用不同的醛及不同的 β-酮酸酯即产生不同取代的吡啶。

②Krohnke 合成法。用吡啶叶立德对 α,β-不饱和羰基化合物进行共轭加成,先得到 1,5-二

羰基化合物,然后与氨环合直接得到吡啶衍生物。

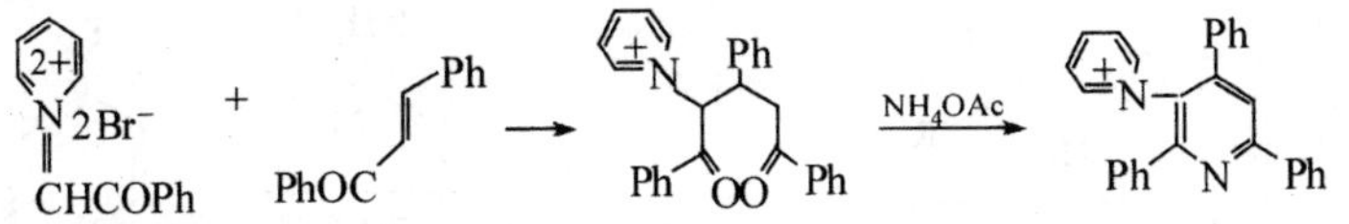

③维生素 B₆ 的合成。维生素 B₆ 是一个吡啶的衍生物,它在自然界分布很广,是维持蛋白质正常代谢必要的维生素。其合成方法如下:

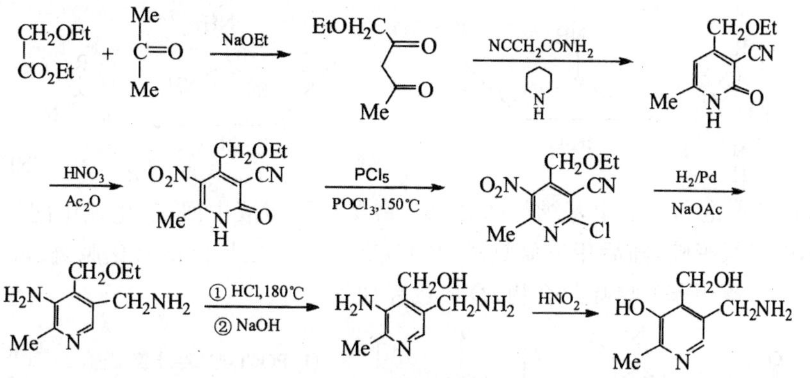

另外,常见的含有吡啶环的衍生物还有烟酸、烟碱(尼古丁)、异烟酰肼(雷米封)。

（2）嘧啶的合成

两个氮原子互处 1,3 位的六元环化合物称为嘧啶。嘧啶衍生物在自然界中极为常见,如作为核苷酸碱基的胸腺嘧啶、脲嘧啶及胞嘧啶。维生素 B₁ 以及常用药磺胺均为嘧啶衍生物。

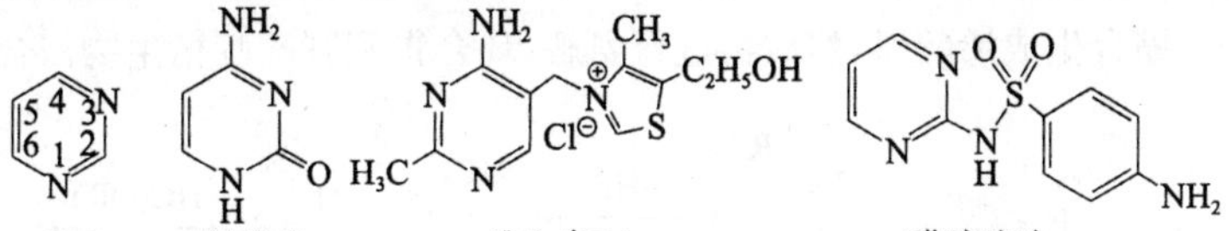

嘧啶　脲嘧啶　维生素B1　磺胺嘧啶

嘧啶的逆合成分析如下所示:

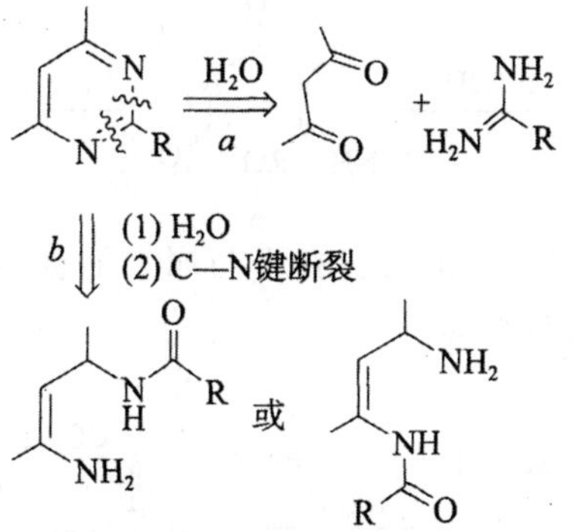

由上图所示,按照路线倪进行回推,首先断裂的是 C(4)—N 和 C(6)—N 键,得到的原料为 1,3-二羰基化合物和取代脒;按照路线乃进行回推,首先断裂的则是 N(1)—C(2)或 N(3)—C(2)键,得到两个中间体。

基于以上的逆合成推导,介绍几种常见的合成方法。

①Pinner 合成法。该法是以 1,3-二酮为原料,分别与脒、酰胺、硫酰胺以及肼类化合物发生缩合反应,生成相应的 2,4,6-三取代嘧啶、2-嘧啶酮、2-硫代嘧啶酮以及 2-氨基嘧啶等嘧啶衍

生物。

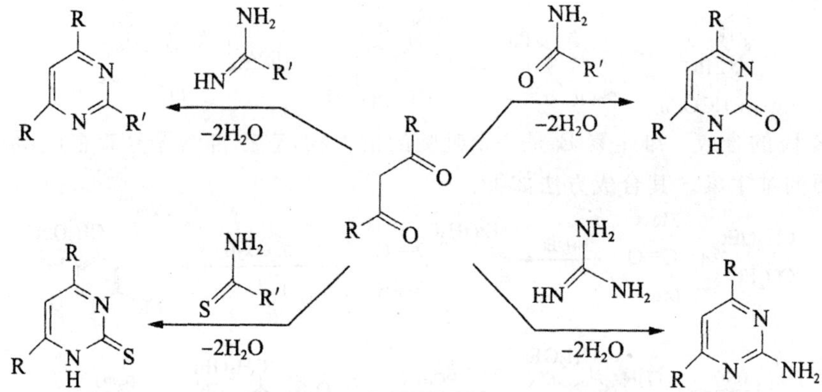

同样,用 α,β-不饱和三氟甲基酮与脒类化合物在乙腈溶液中回流,生成中间体 4-羟基-4-(三氟甲基)-3,5,6-三氢嘧啶,随后用三氯氧磷/吡啶/硅胶以及二氧化锰氧化脱氢,可以较高产率得到 2,6-取代-4-(三氟甲基)-嘧啶化合物,合成过程如下:

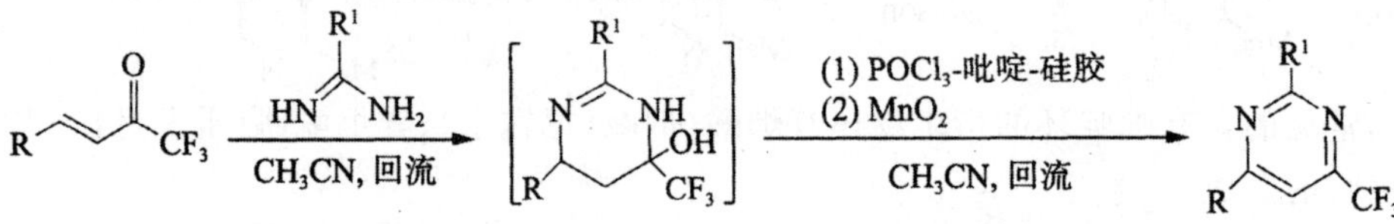

其中,R 和 R′可以相同,也可不同;可以是苯环或含不同取代的芳香环。

②氰基乙酸与 N-烷基化的氨基甲酸酯缩合环化制备。氰基乙酸与 N-烷基化的氨基甲酸酯缩合后与原甲酸酯进一步缩合生成烯醇醚,然后再进行氨解、环合得到脲嘧啶衍生物。合成过程如下:

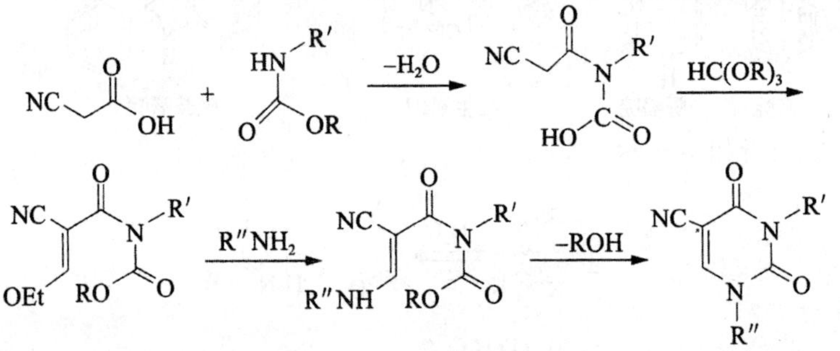

利用丁酮二羧酸二乙酯在原甲酸酯的存在下与尿素缩合,也可以制备嘧啶衍生物,如 4-羟基-4,5-嘧啶二羧酸二乙酯,反应过程如下:

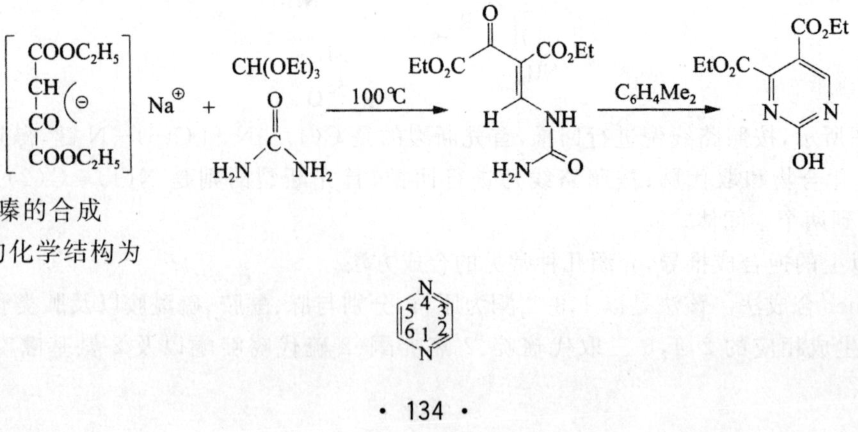

(3)吡嗪的合成

吡嗪的化学结构为

　　两个氮原子互处 1,4 位的六元芳香杂环化合物称为吡嗪。热食品的香味组分中通常含有烷基吡嗪类化合物。

　　吡嗪的逆合成分析如下所示：

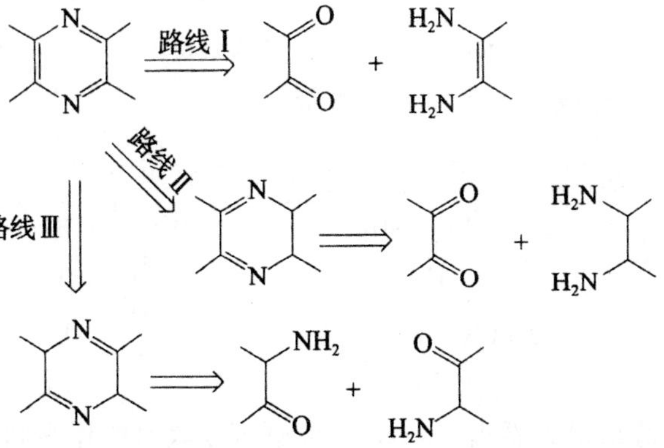

　　从以上的逆合成分析可以看出，若按路线 I 进行回推，可以得到起始原料 1,2-二羰基化合物和 1,2-二氨基乙烯；若按路线 II 和 III 两种形式回推，则可以分别得到不同的二氢吡嗪。其中，路线 II 中的二氢吡嗪可以由起始原料 1,2-二羰基化合物和 1,2-二氨基乙烯进行制备，而路线 III 中的二氢吡嗪可以由两分子的 α-氨基酮自身缩合来制备。

　　1,2-二羰基化合物与 1,2-二氨基乙烷缩合环化制备。在氢氧化钠的乙醇溶液中，1,2-二羰基化合物与 1,2-二氨基乙烷缩合得到的 2,3-二氢吡嗪化合物在氧化铜或二氧化锰的作用下进行氧化脱氢，可以得到吡嗪化合物，反应过程为

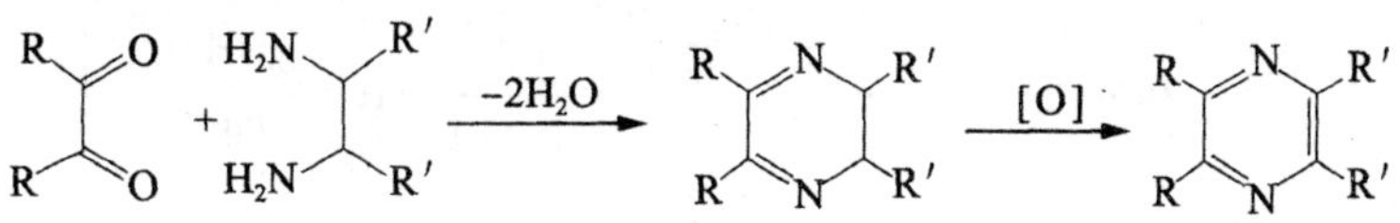

　　若选择对称的二氨基顺丁烯二腈与 1,2-二酮进行缩合，则可以得到 2,3-二氰基吡嗪化合物，反应式为

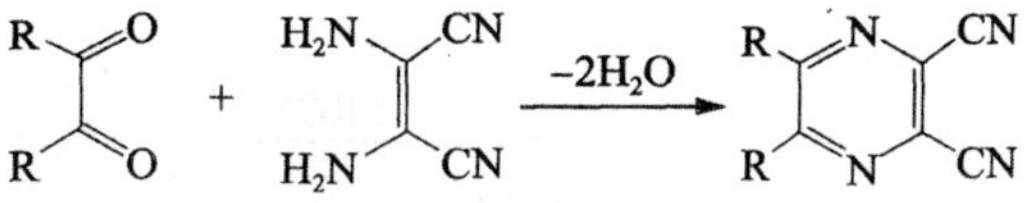

　　制备吡嗪的最经典合成方法是利用旷氨基羰基化合物的自缩合环化反应。在碱性条件下，旷氨基羰基化合物发生自缩合反应，然后再氧化脱氢可以得到取代吡嗪衍生物，反应式为

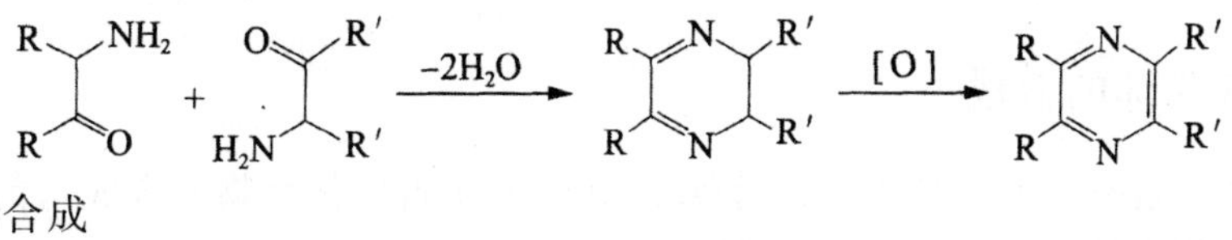

　　（4）三嗪的合成

　　依三个 N 原子互处位置的不同，三嗪化合物可以分为 1,2,3-三嗪、1,2,4-三嗪和 1,3,5-三嗪。典型的三嗪衍生物有 2,4,6-三聚氯氰、2,4,6-三聚氰胺和 2,4,6-三聚氰酸。其中，三聚氯氰是一种重要化工中间体，广泛应用于三嗪类除草剂以及染料的合成。此外，三聚氰胺本来也是一种重要的化工原料，但由于其氮元素的含量很高，因而被不法分子用作"蛋白精"添加到蛋白制品中，最终导致众所周知的三鹿奶粉事件的发生。

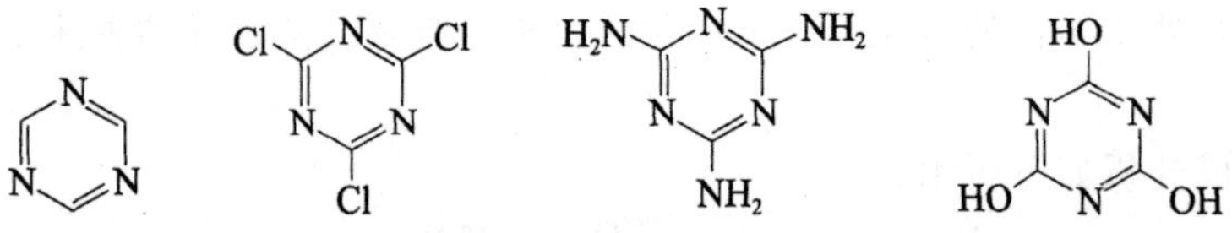

三嗪　　　　三聚氯氰　　　　三聚氰胺　　　　三聚氰酸

例如,1,3,5-三嗪的逆合成反应过程如下所示:

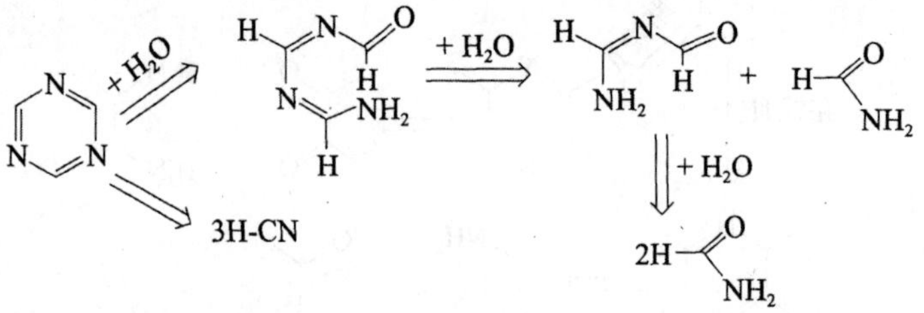

3H-CN

根据以上的逆合成分析可以看出,1,3,5-三嗪既可以氢氰酸作为起始原料来制备,也可以甲酰胺或其类似物为起始原料来制备。例如,原甲酸乙酯与甲咪乙酸盐在加热的条件下发生环缩合反应可以得到1,3,5-三嗪,反应式如下:

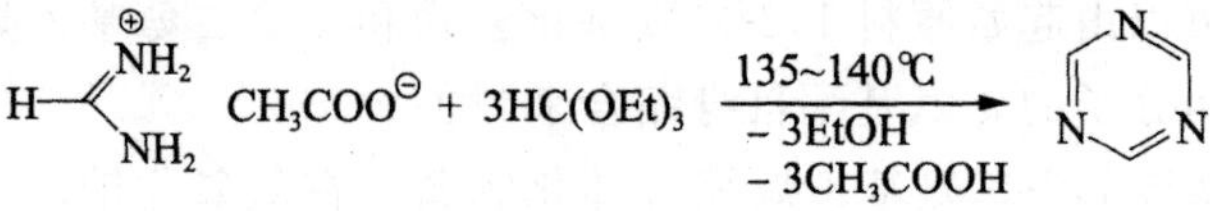

在酸或碱催化下,腈类化合物发生环合三聚可以制得 2,4,6-三取代 1,3,5-三嗪类化合物,反应式为

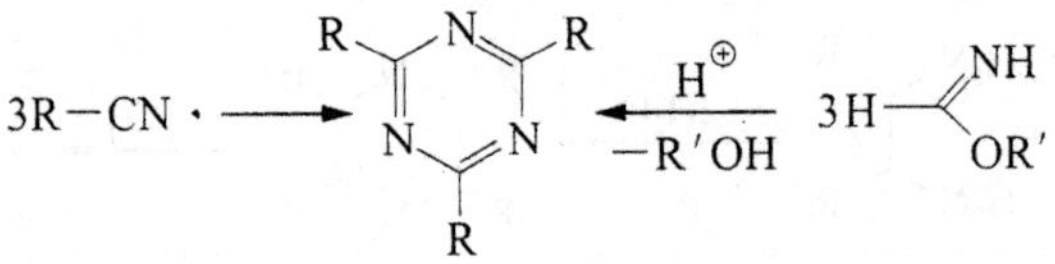

在三价镧离子催化下,腈类化合物还可以与氨气进行环化,制备烷基或芳基取代的 2,4,6-三取代 1,3,5-三嗪,反应式为

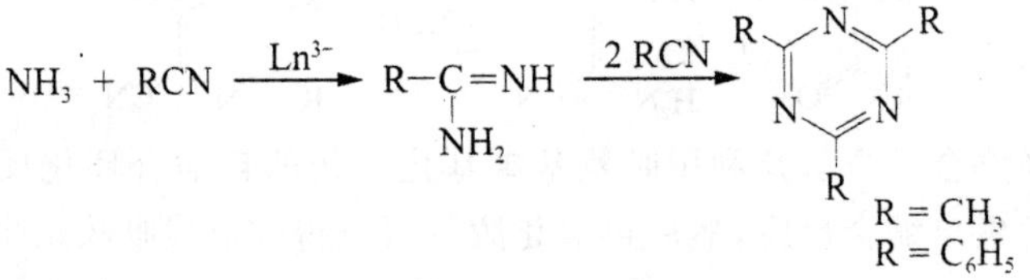

$R = CH_3$
$R = C_6H_5$

4.1.2　五元环的合成

五元环化合物也分为五元脂环和五元杂环,其中五元脂环化合物的合成与前述的六元脂环的合成有许多相似之处,如分子内的羟醛缩合、酯缩合等。

1. 五元脂环化合物的合成

(1)分子内的取代反应

①分子内的亲电取代反应。与六元环化合物的合成相似,芳香环侧链适当的位置有酰卤基、羟基或卤素时,可以发生分子内的傅-克反应生成五元环化合物,例如:

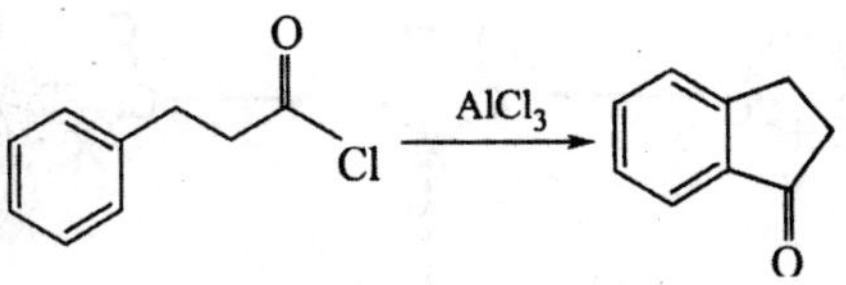

②分子内的亲核取代反应。丙二酸酯、乙酰乙酸乙酯等含活泼亚甲基的化合物中含有活泼的 α-H,在强碱如醇钠、醇钾等的作用下可形成碳负离子,而碳负离子是良好的亲核试剂,能够与卤代烃等发生亲核取代反应,将卤代烃中的烃基引入分子中。如果所用的卤代烃是二卤代烃,且两个卤原子位置适当,则可得到五元环状化合物,例如:

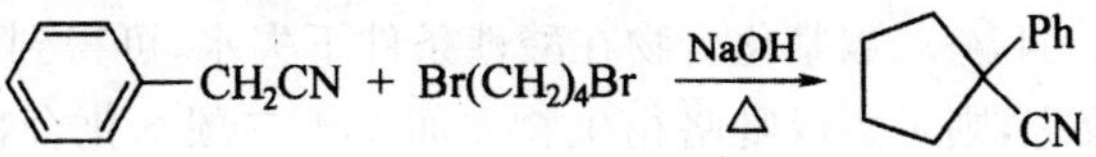

(2)分子内的缩合反应

同六元环化合物的合成相似,分子内的羟醛缩合、酯缩合等也可得到五元环状化合物。

①羟醛缩合:

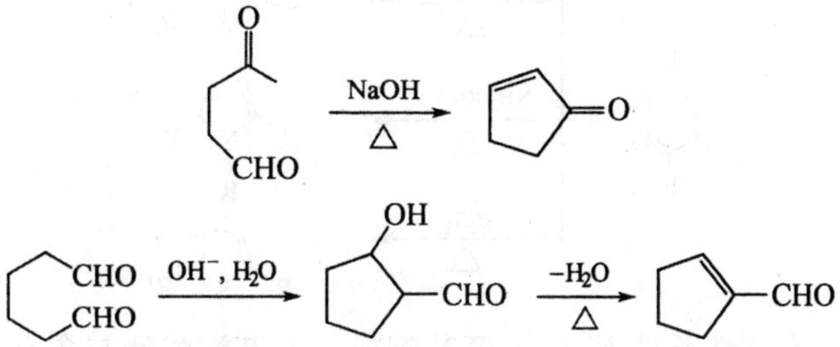

②酯缩合:

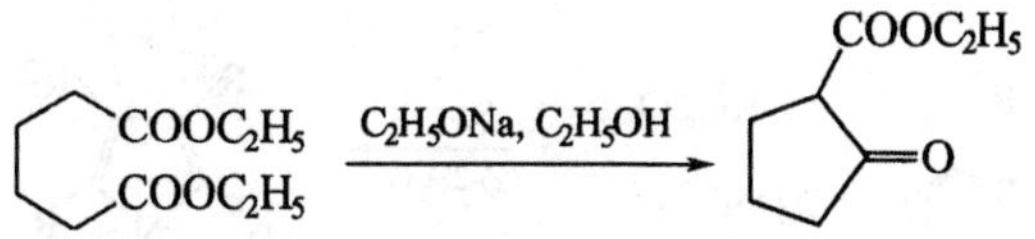

③二元羧酸受热脱水脱羧反应。对于二元羧酸,当两个羧基的相对位置适当时,受热后也可以生成相应的五元环状化合物:

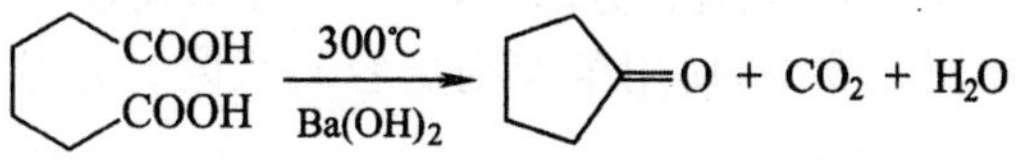

(3)γ-羟基羧酸受热脱水反应

γ-羟基羧酸受热后脱水生成五元环状的内酯,其反应为

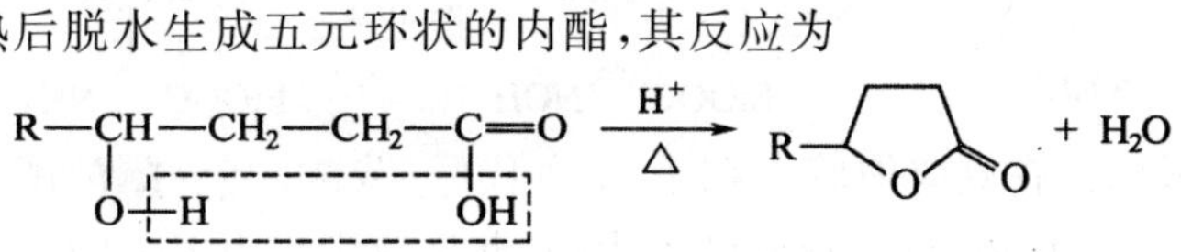

2.五元杂环的合成

(1)单杂原子单环化合物

这类化合物中最常见的是吡咯、呋喃和噻吩的衍生物。根据取代基的不同,构成它们骨架的方式有:

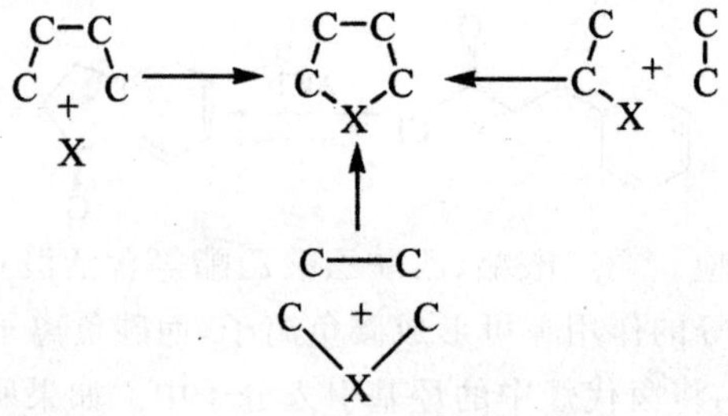

$$X = NR, O, S$$

①Pall-Knorr 合成法。1,4-二羰基化合物在酸性条件下失水,可得到呋喃及其衍生物。1,4-二羰基化合物与氨或伯胺反应,则可生成吡咯衍生物。而 1,4-二羰基化合物与五硫化二磷反应可生成噻吩衍生物。此方法是制备单原子五元环化合物的一种重要方法。该方法的关键是合成合适的1,4-二羰基化合物。反应式为

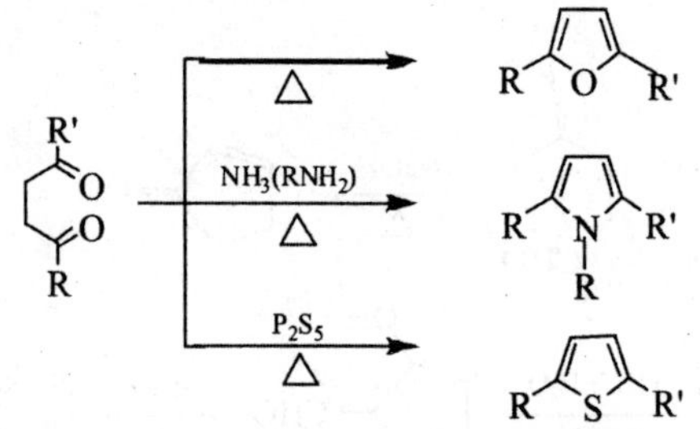

②Knorr 合成法。在酸性条件下,由 α-氨基酮或 α-氨基酮酸酯与含有活泼叶亚甲基的酮反应,可制得吡咯衍生物:

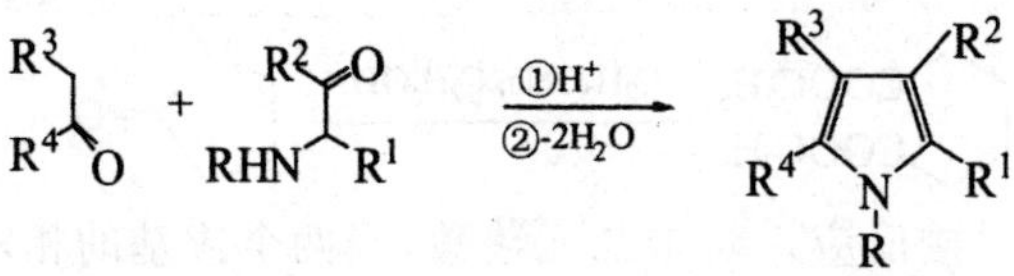

R=H,烷基,芳基;R^3 = 吸电子取代基

如果酯基不是最终产物所需要的,使用苄酯则更容易脱除。氨基酮酸酯可由相应的 β-羰基酯制得:

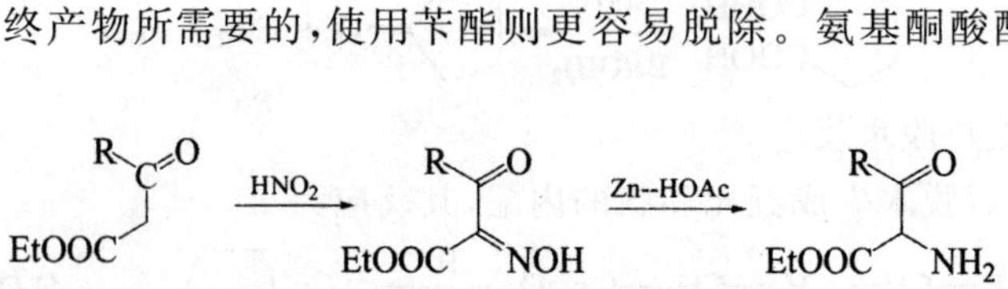

③Hantzsch 合成法。在氨或伯胺存在下,α-卤代醛(或酮)与 β-酮酸酯反应,可生成吡咯衍生物。如果在吡啶存在下反应,则生成呋喃衍生物,此反应则称为 Feist-Benary 反应。例如:

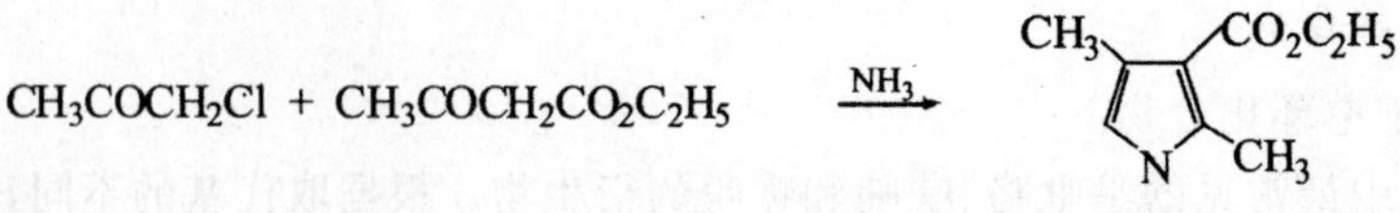

$$CH_3COCH_2Cl + CH_3COCH_2CO_2C_2H_5 \xrightarrow{NH_3}$$

④Hinsberg 合成法。由 α-二羰基化合物与活泼的硫醚二羧酸酯作用生成取代噻吩,这是合成 3,4-二取代噻吩的好方法。例如:

式中,R 和 R′为烷基、芳基、烷氧基、羟基或氢原子等,当 R=R′=Ph 时,产率为 93%。改进的 Hinsberg 反应是利用双叶立德活泼的硫醚二羧酸酯,以避免脱羧步骤。

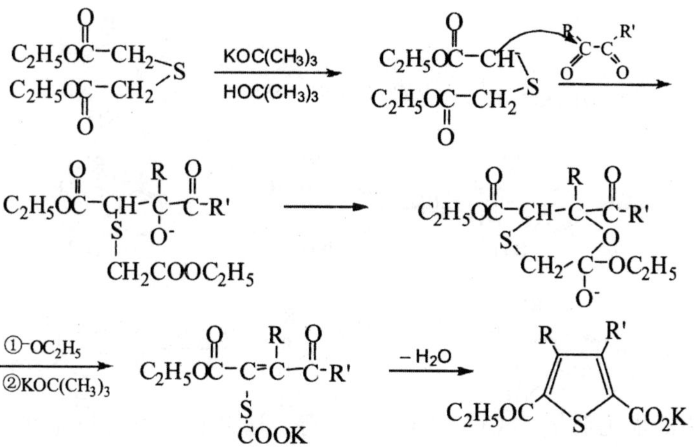

⑤吡咯的衍生物。吡咯的衍生物都极为重要,很多种生理上的重要物质都是由它的衍生物组成的,如叶绿素、血红蛋白及维生素 B_{12} 等都是吡咯的衍生物。

叶绿素存在于绿色细胞内的叶绿体内,和蛋白质结合成为一个复合体,但极易分解。它由蓝绿色的叶绿素 a 和黄绿色的叶绿色 b 组成,且 a、b 结构已测定,并于 1960 年合成了叶绿素 a。

血红蛋白质是高等动物血液输送氧气及二氧化碳的主要物质,由血球蛋白质和血红素结合而成的。

维生素 B_{12} 具有很强的医治贫血的效能。在维生素 B_{12} 的分子中含有一个钴原子,还含有一个氰基,因此维生素 B_{12} 也称为氰基钴胺。经 X 射线测定维生素 B_{12} 有一个大的共平面的基团,即包括 4 个还原的吡咯环的类似卟吩结构的环系。维生素 B_{12} 是自然界存在的结构非常复杂的有机化合物,经过十几年的研究,于 1973 年完成了它的全人工合成工作。这是迄今为止人工合成的最复杂的化合物,是有机合成艺术的一次伟大胜利。

目前工业上生产维生素 B_{12} 主要采用发酵法。

⑥吡咯、呋喃及噻吩的互变。佑尔业夫(Yupev)以氧化铝为催化剂,可以使三种五元杂环互为转变:

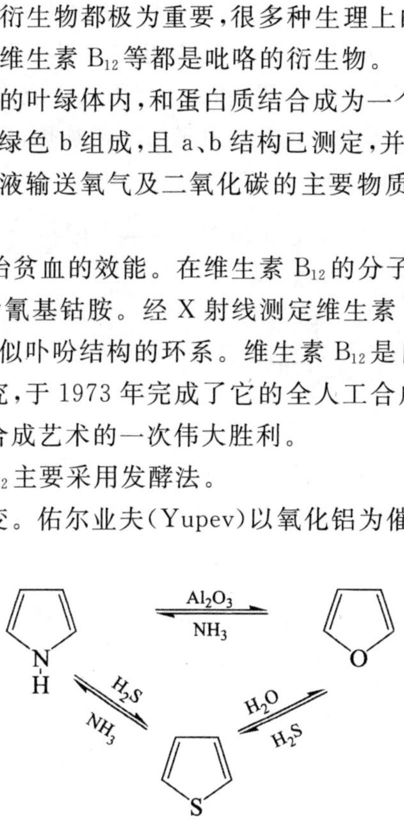

(2)苯并单杂原子五元环化合物

苯并单五元杂环体系包括苯并吡咯(吲哚)、苯并呋喃和苯并噻吩等类化合物,这里主要介绍吲哚类化合物的合成方法。

①Fischer 合成法。由醛或酮的苯腙,在 Lewis 酸催化下环合,可制得各种吲哚衍生物。反应历程为

该反应中常用的催化剂是 ZnCl$_2$、PCl$_3$、PPA 等。羰基化合物可以是醛、酮、醛酸、酮酸以及它们的酯,反应的关键一步是环化反应。苯肼的芳环上可以连有各种取代基,但吸电子取代基对反应不利。间位取代的苯肼,有两种闭环方向,这决定于取代基的性质。给电子取代基,主要生成 6-取代吲哚(即对位闭环),而吸电子取代基时,主要生成 4-取代吲哚(邻位闭环)。

②Bischler 合成法。由等当量的 α-卤代酮和芳胺一起加热,先生成中间体 α-芳胺基酮,然后在酸存在下环化得相应的吲哚衍生物:

式中,R^1,R^2,R^3=R,Ar,H;X=Br,Cl,等。

③Reisset 合成法。由邻硝基甲苯的活泼甲基与草酸酯反应,先生成邻硝基丙酮酸酯,硝基被还原后进而环化,最后得到吲哚-2-羧酸酯。常用的还原剂是 Zn 加醋酸、硫酸铁-氢氧化铵、锌汞齐-盐酸等。例如:

改进的 Reisset 合成法,可以直接得到五元环上无取代基的吲哚衍生物。方法如下:

④消炎痛的合成。消炎痛为吲哚的衍生物,具有显著镇痛和解热作用,用于各类炎症的镇痛解热。其合成方法如下:

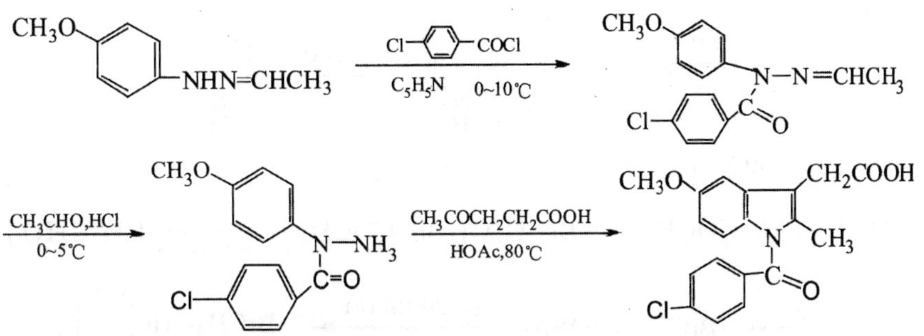

（3）含两个杂原子的五元单环化合物

含有两个杂原子的五元单杂环化合物，根据性质和结构的不同可分为三类，即唑、氢化唑和只含有氧或硫原子的非唑类。其中常见的是前两类。

①1,3-唑类的合成。

a.［4+1］合成法。由 α-酰基氨基酮与胺，五硫化二磷或脱水剂作用，环化成对应的咪唑、噻唑或噁唑类化合物。其反应式为

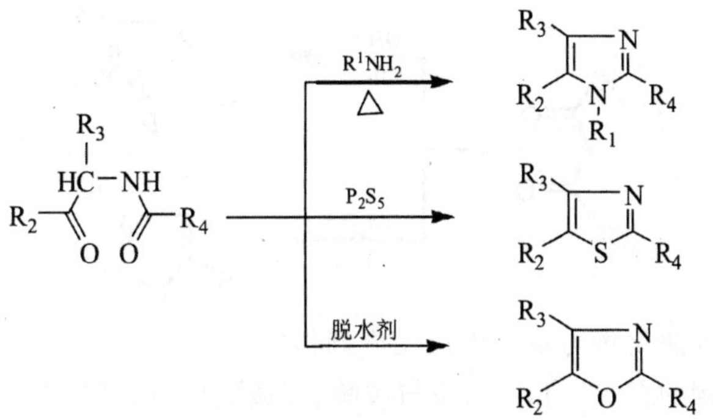

b.［2C+3X］合成法。这里 2C 通常是 α-羟基酮或 α-卤代酮，3X 为酰胺或硫代酰胺等。2C 和 3X 组分一起加热即可环化合成对应的噻唑或噁唑类衍生物。

c.咪唑环的合成。α-氨基醛或酮是合成咪唑类化合物的重要中间体，它们用热的硫氰酸钾水溶液处理，生成 α-巯基咪唑类化合物，巯基可被 Raney-Ni 还原，可得到咪唑类化合物。α-氨基醛或酮和氨基腈作用，生成 α-氨基咪唑类化合物。其反应式为

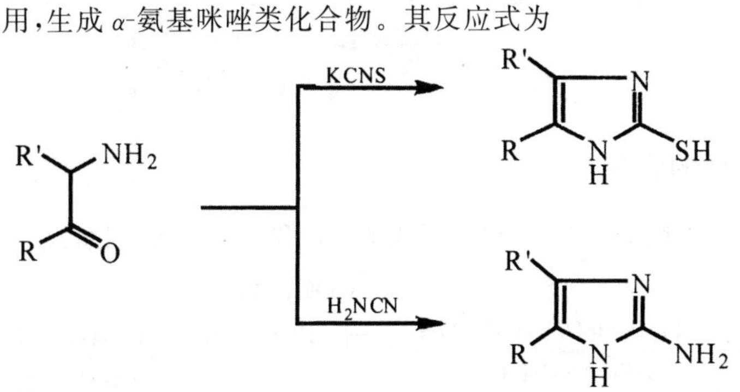

咪唑环本身可通过一个特别方法制备，即：

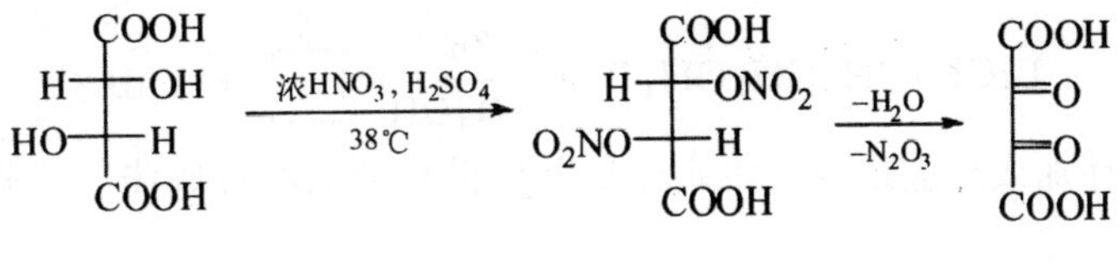

$$\xrightarrow{2NH_3,CH_2O} \begin{array}{c} HOOC \\ HOOC \end{array}\!\!\!\! \text{(imidazole)} \xrightarrow{-2CO_2} \text{(imidazole)}$$

咪唑另一个比较简单制法是以缩醛为原料。例如：

$$H_2C\!=\!CHOCOCH_3 \xrightarrow{Br_2} BrCH_2CHBrOCOCH_3 \xrightarrow[-EtOAc]{EtOH} BrCH_2CHO$$

$$\xrightarrow[HB]{EtOH} BrCH_2CH(OEt)_2 \xrightarrow[\text{少量浓HCl}]{HOCH_2CH_2OH} BrCH_2\!\!-\!\!HC\!\!\!\!\begin{array}{c} O \\ O \end{array}$$

$$\xrightarrow[175℃,6h]{2HCONH_2} \text{(imidazole)}$$

②1,2-唑类（异唑类）化合物的合成。1,3-二羰基化合物与肼或羟胺反应,脱水环合可得到对应的吡唑或并噁唑类化合物。其反应式为

$$\begin{array}{c} R' \\ O \\ \\ O \\ R \end{array} \begin{array}{c} \xrightarrow[-2H_2O]{NH_2NH_2} \text{(pyrazole)} \\ \\ \xrightarrow[-2H_2O]{NH_2OH} \text{(isoxazole)} \end{array}$$

吡唑也可用乙炔或炔化物与重氮甲烷反应制得。

③氢化唑类化合物的合成。1,2-二胺与羧酸、醛或酮反应,可分别得到咪唑啉和咪唑烷：

$$\begin{array}{c} R' \\ NH_2 \\ \\ R \\ NH_2 \end{array} \begin{array}{c} \xrightarrow[-2H_2O]{R''CO_2H} \text{(imidazoline)} \\ \\ \xrightarrow[-H_2O]{R''COR'''} \text{(imidazolidine)} \end{array}$$

4.1.3 四元环的合成

四元环化合物可以由丙二酸二乙酯和适当的二卤代烷来合成,例如：

$$CH_2(COOC_2H_5)_2 \xrightarrow[(2)BrCH_2CH_2CH_2Br]{(1)C_2H_5ONa/C_2H_5OH} \begin{array}{c} COOC_2H_5 \\ \square\!\!-\!\!COOC_2H_5 \end{array} \xrightarrow[(2)H^+/\triangle]{(1)H_2O/OH^-} \square\!\!-\!\!COOH$$

1,4-二卤代物在金属锌作用下脱去卤素也会得到四元环化合物,例如：

$$BrCH_2CH_2CH_2CH_2Br \xrightarrow[C_2H_5OH]{Zn} \square + ZnBr_2$$

烯烃的[2+2]环加成反应是合成四元环化合物很有价值的合成法。某些烯类化合物在光、

热和一些金属盐的影响下可二聚或和另一个烯类化合物进行环化加成,形成环丁烷系化合物;也可和一个炔类化合物加成,形成环丁烯系化合物,例如:

1,3-丁二烯的电环化反应也可以得到四元环的环烯:

分子内的亲核取代反应有时也可以得到四元环化合物:

$$BrCH_2CH_2CH_2CH_2\overset{O}{\overset{\|}{C}}-R \xrightarrow{NaOH} \square\overset{O}{\overset{\|}{C}}-R$$

4.1.4　三元环的合成

三元环化合物可由分子内的取代反应得到,例如:

$$BrCH_2CH_2Br+CH_2(COOC_2H_5)_2 \xrightarrow{2C_2H_5ONa} \text{COOC}_2\text{H}_5 \\ \text{COOC}_2\text{H}_5$$

三元环除由分子内的取代反应合成外,用途较广的合成方法是烯烃与碳烯及类碳烯的加成。

碳烯也称卡宾,是次甲基及其衍生物的总称。碳烯是非常活泼的物质,在有机合成中是一类很重要的活性中间体,最简单的碳烯就是次甲基:CH_2。

碳烯中的碳原子是中性二价碳原子,最外层仅有六个价电子,其中四个价电子参与形成两个 σ 键,与两个氢原子或其他的基团相连,还有两个未成键的电子,这两个未成键的电子可能配对,也可能未配对。若是配对的,两个电子占据同一个轨道,自旋方向相反,总的自旋数为零,这种状态的碳烯称为单线态碳烯;若是未配对的,两个电子占据不同的轨道,自旋方向相同,总的自旋数为三,这种状态的碳烯称为三线态碳烯,单线态的碳原子采取的是 sp^2 杂化,三线态的碳原子采取 sp 杂化。

单线态碳烯（sp^2 杂化）　　　三线态碳烯（sp 杂化）

碳烯可以与烯烃、炔烃等的 π 键进行加成生成环丙烷和环丙烯衍生物,例如:

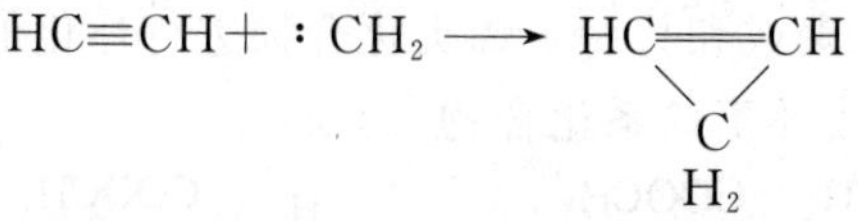

$$HC\equiv CH + :CH_2 \longrightarrow HC\!=\!CH$$

不同电子状态的碳烯和烯烃的加成方式是不同的,因此表现出不同的立体特征。单线态碳烯与烯烃的加成是一步过程,按协同机理进行,因此具有立体定向性,产物能够保持起始烯烃的构型;三线态碳烯与烯烃的加成是按分步完成的双自由基反应历程进行的,由于生成的中间体有足够的时间沿着 C—C 键旋转,因此可得顺反异构体的混合物。例如,顺-2-丁烯与单线态碳烯反应,得到的是顺-1,2-二甲基环丙烷,而与三线态碳烯反应得到的则是顺-1,2-二甲基环丙烷和反-1,2-二甲基环丙烷的混合物。

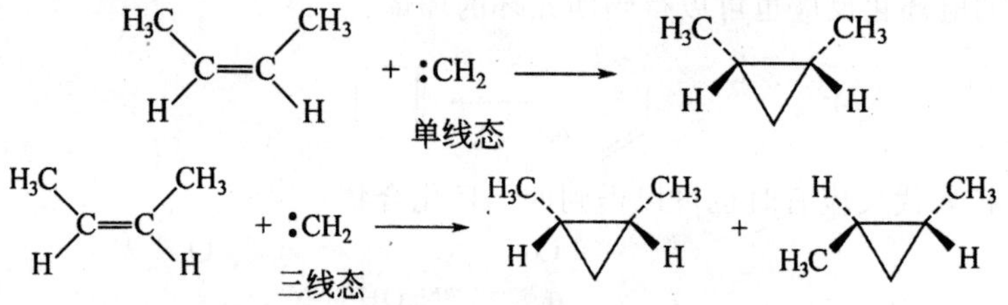

除与烯烃加成得到环丙烷系化合物之外,碳烯也可与苯环进行加成,得到与苯环并环的三元环,但加成产物随时异构化为扩环产物。

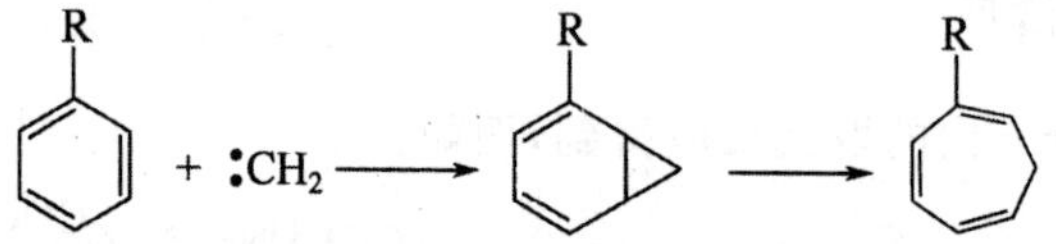

第二种制备环丙烷类化合物的方法是利用金属锌 Zn,例如:

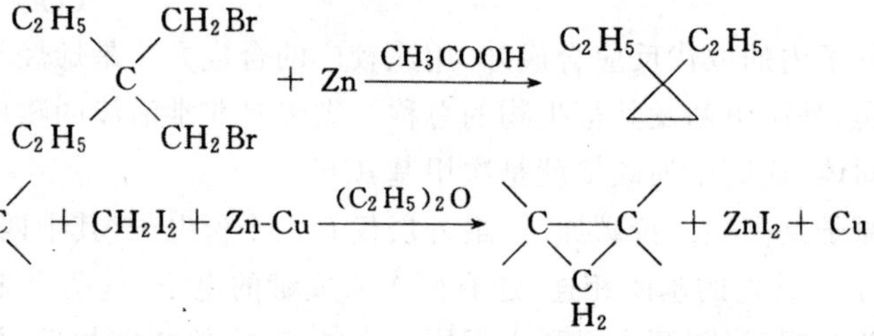

二碘甲烷与锌-铜偶合体制得的有机锌试剂与烯烃作用,生成环丙烷及其衍生物的反应称为 Simmons-Smith 反应,反应过程如下:

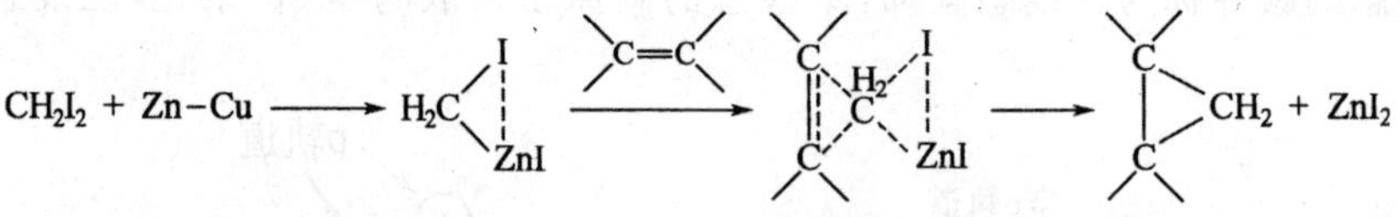

在反应过程中虽然没有产生碳烯,但是反应中产生的 ICH_2ZnI 具有类似碳烯的性质,因此,有机锌试剂 ICH_2ZnI 称为类碳烯。

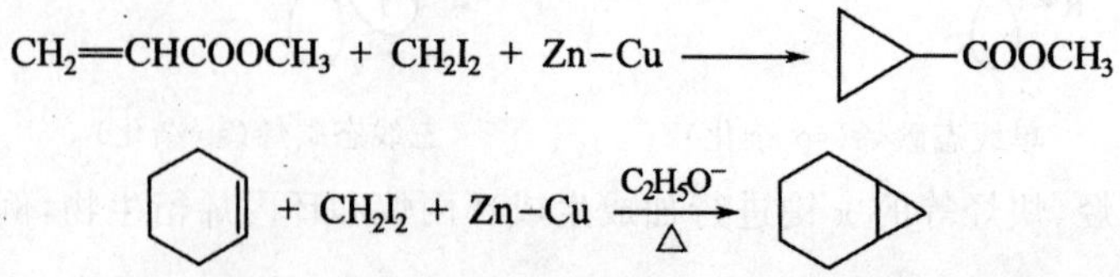

$$CH_2\!=\!CHCOOCH_3 + CH_2I_2 + Zn\text{-}Cu \longrightarrow \text{△}\!\!-\!COOCH_3$$

Simmons-Smith 反应条件温和,产率较高,且是立体专一的顺式加成反应。烯烃中若有其他基团如卤素、羟基、氨基。羰基、酯基等存在均不受影响。

4.1.5 中环与大环的形成

一般的亲核、亲电及自由基环化反应或链状分子间的成键反应都可以用于合成中环和大环，但在中环或大环闭环时，分子内环化受到分子间反应的竞争，因此，若要形成中环和大环，则必须采用特殊的方法，如高度稀释、模板合成、烯烃复分解反应等特殊技术。

1. 高度稀释法

合成脂肪族中环或大环时，为了抑制分子间反应，常采用高度稀释法，一般步骤是将反应物以很慢的速度滴加到较多的溶剂中，确保反应液中反应物始终维持在很低的浓度（一般小于 $10^{-3}\,mol \cdot L^{-1}$）。在这样高度稀释的条件下，Dieckmann 缩合反应、有关酰基化反应将会导致得到中环和大环化合物，例如：

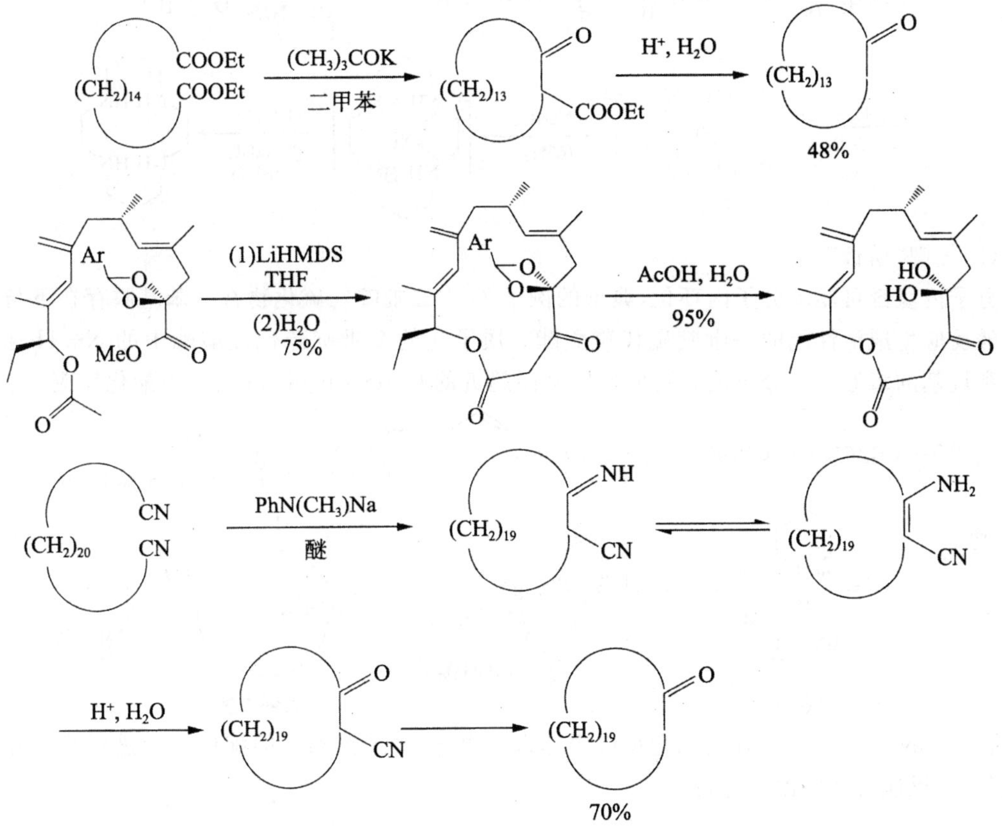

2. 模板合成法

用金属离子或有机分子为"模板"，通过与底物分子之间的配位、静电引力、氢键等非共价作用力预组织使反应中心互相趋近而成环。

（1）金属离子"模板"

合成含杂原子的大环化合物时，使用金属离子为"模板"，能获得相当高的产率。例如，合成冠醚和大环多胺时，一般用直径与产物环大小相近的金属离子为"模板"。

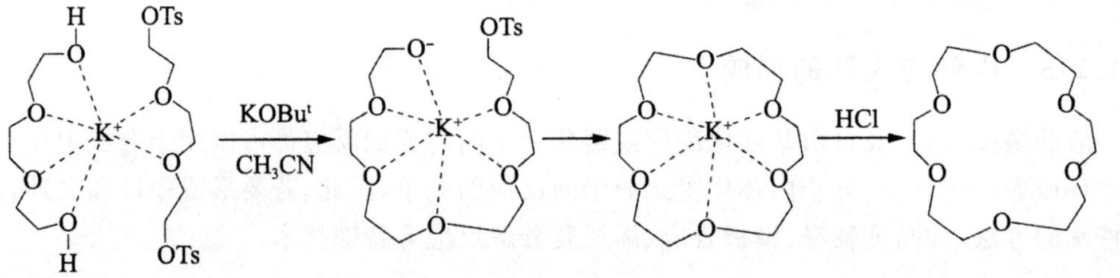

再如，根据软硬酸碱配位原理，杂原子为氧原子时，使用碱金属离子，杂原子为氮或硫原子时，使用金属过渡离子为"模板"。

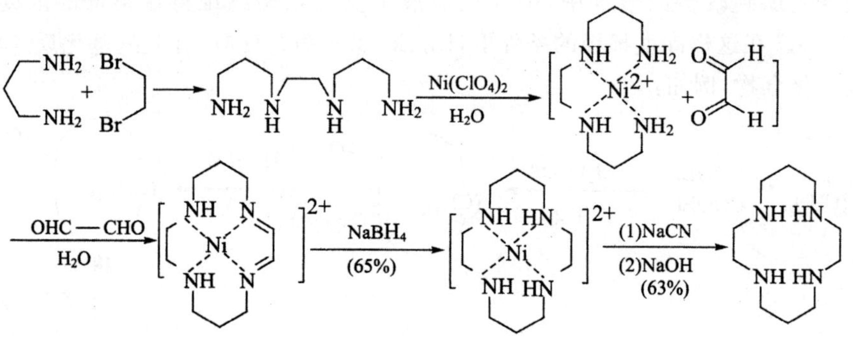

（2）氢键"模板"

分子内氢键可驱动分子内环化，典型的例子 2,2'-二吡啶二硫化物在三苯基膦存在下与 ω-羟基羧酸反应生成活性酯的 2-吡啶硫代羧酸酯。质子化的 2-吡啶硫代羧酸酯中的 N—H 通过与羰基和烷基的氧原子的分子内氢键使反应基团趋近的 Corey-Nicolaou 大环内酯化反应。

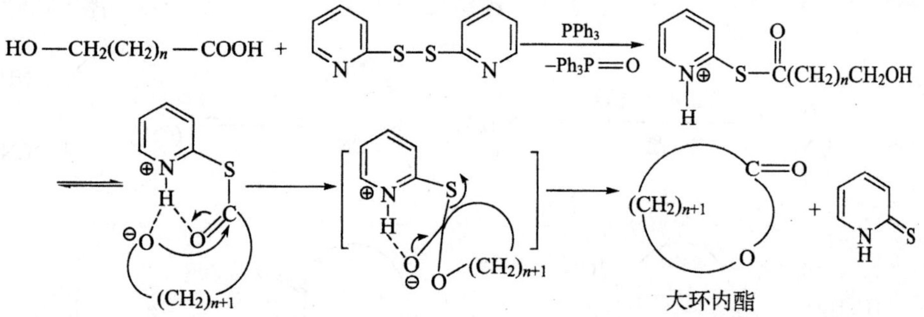

在 Corey-Nicolaou 大环内酯化反应中加入银离子，由于银离子的配位作用进一步活化 2-吡啶硫代脂，反应可在室温下进行：

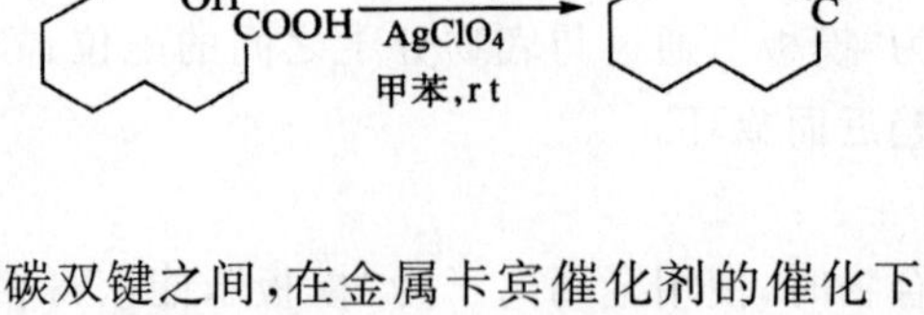

3. 关环复分解反应

烯烃分子内的两个碳碳双键之间，在金属卡宾催化剂的催化下，发生复分解反应，生成环烯化合物。

该反应不仅有较高的效率，而且对官能团的稳定性较好，目前常用于大小环化合物的合成。

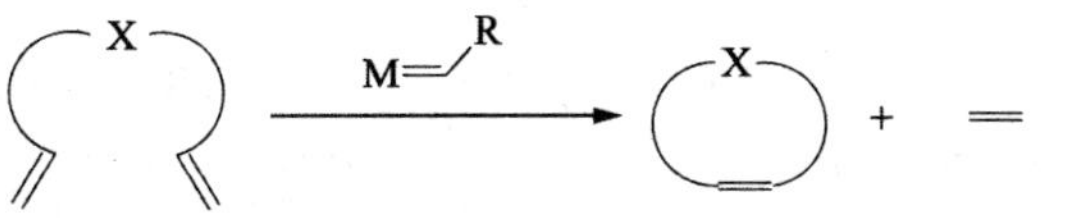

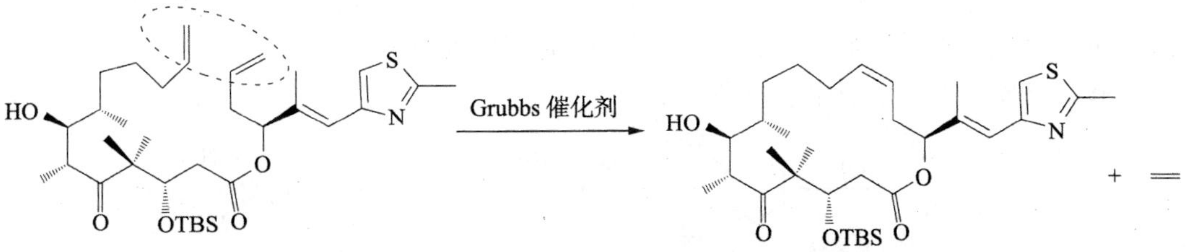

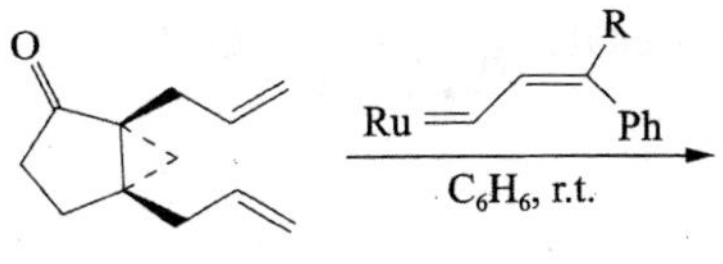

4. 炔的偶联反应

末端炔在氧气存在下与 Cu(Ⅱ)盐或 Cu(Ⅰ)盐反应,可形成双乙炔化物。该反应常用于刚性共轭大环或轮烯的合成[①]。

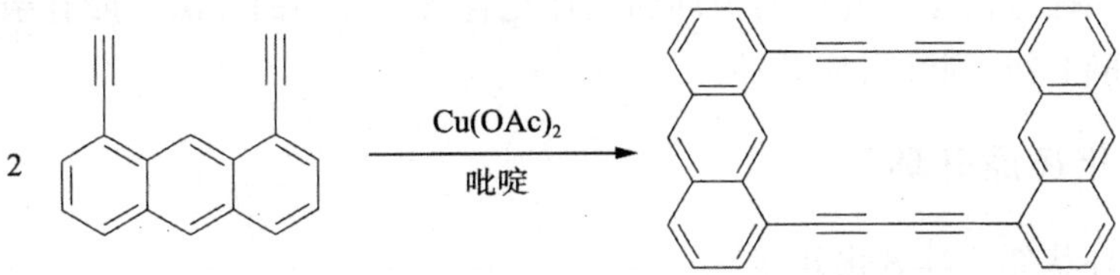

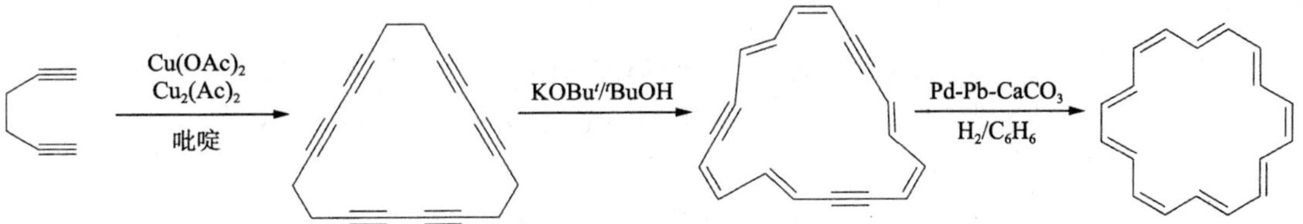

4.2 碳环的扩大和缩小

碳环的扩大和缩小主要通过重排反应发生。

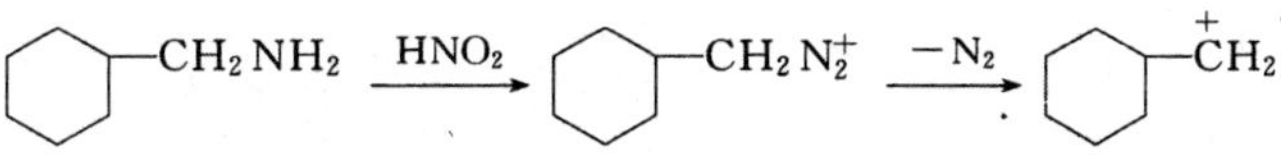

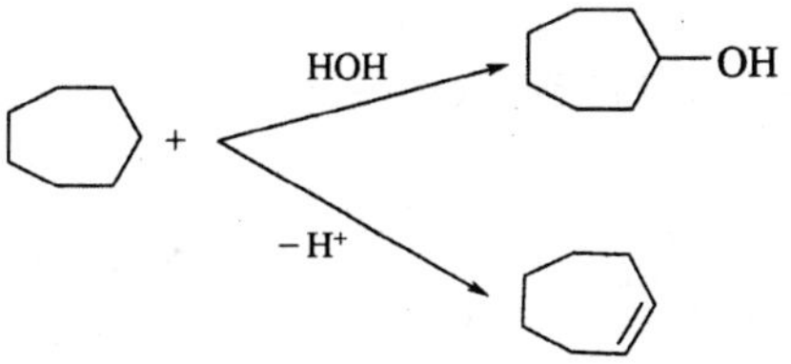

---

① 杨光富. 有机合成. 上海:华东理工大学出版社,2010.

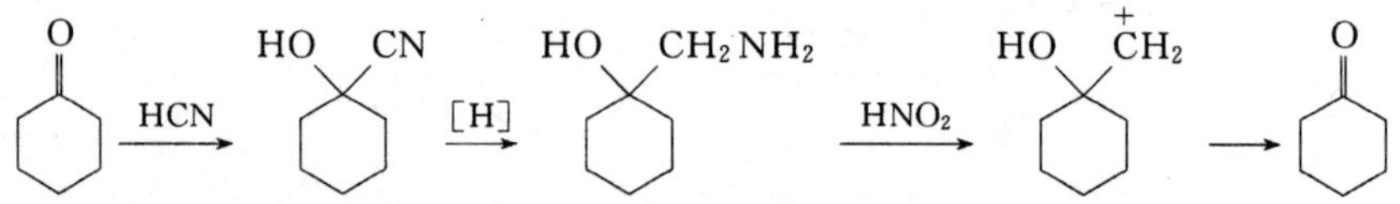

由上述反应可以得出与环相关的第一个碳正离子时，容易引起环的扩大。

α-溴代环己酮在碱性溶液中变成环戊甲酸：

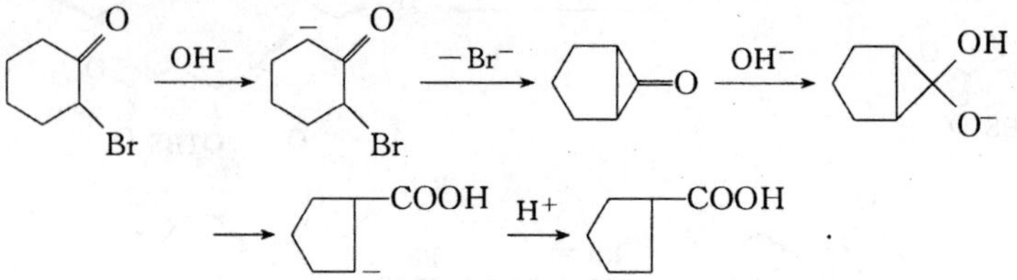

4.3 开环反应

开环反应可以提供相隔若干个碳原子的双官能团化合物。双环和多环化合物中公共键的断裂开环可以得到一般方法难以合成的中环和大环化合物。开环的方法一般有亲核和亲电反应开环、氧化还原开环和通过周环反应开环。

4.3.1 氧化还原开环

(1)环烯烃、环状邻二醇氧化开环

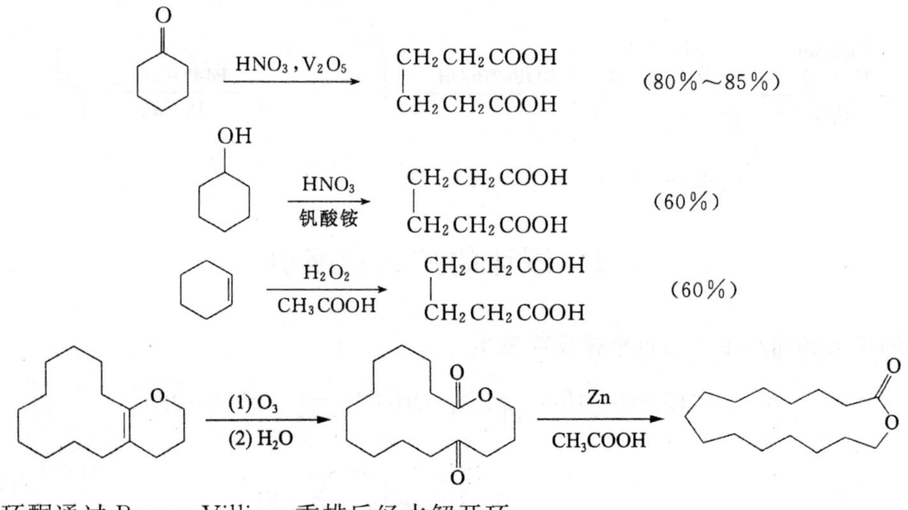

(2)环酮通过 Baeyer-Villiger 重排后经水解开环

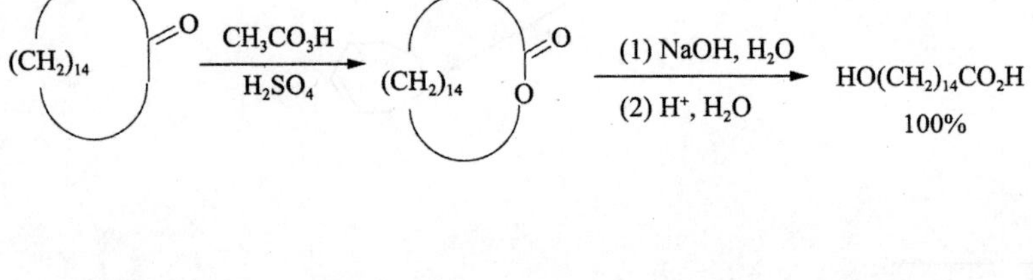

（3）十五内酯的合成应用臭氧氧化开环

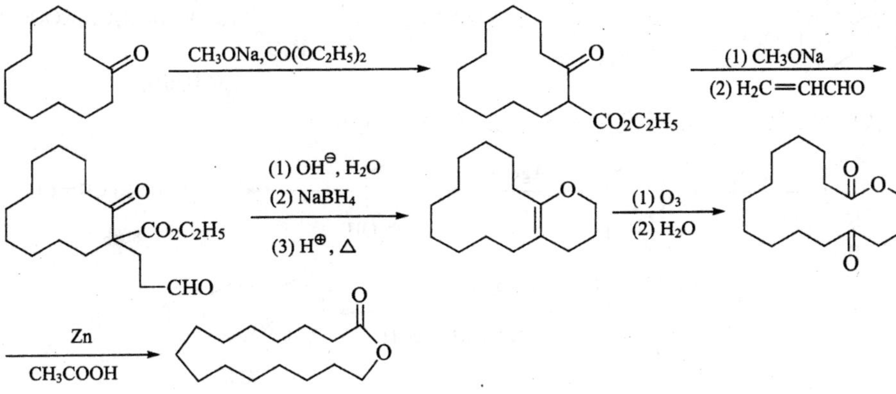

4.3.2 环氧化合物的开环

三元环、四元环不稳定，易加成开环。

$$BrCH_2CH_2CH_2Br \xleftarrow{Br_2} \triangledown \xrightarrow[80℃]{H_2/Ni} CH_3CH_2CH_3$$

$$\square \xrightarrow[120℃]{H_2/Ni} CH_3CH_2CH_2CH_3$$

另外，三元环醚为典型环氧化合物之一，容易与多种试剂发生开环反应。

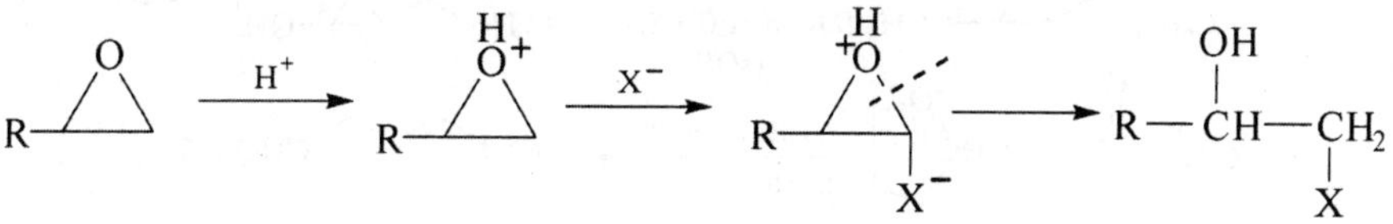

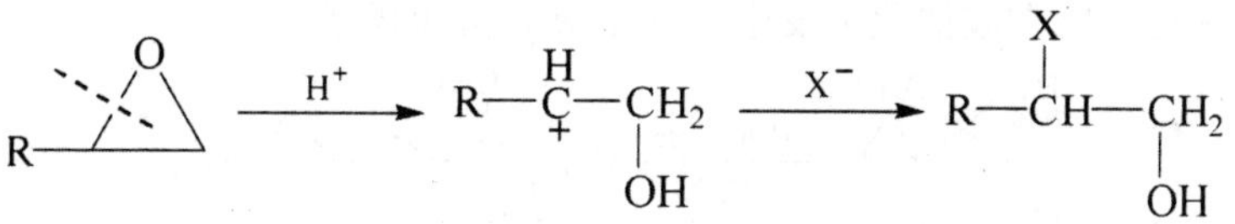

4.3.3 亲核亲电开环

（1）内酯酰胺等可通过一般的水解反应开环

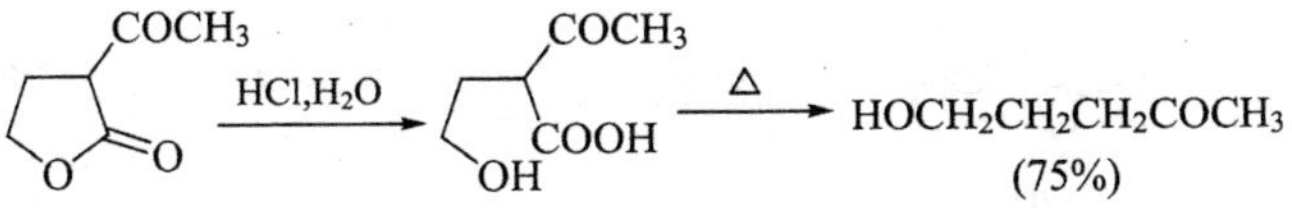

（2）β-环酮酯或 β-环二酮在碱溶液中裂解，生成相应的二酸或酮

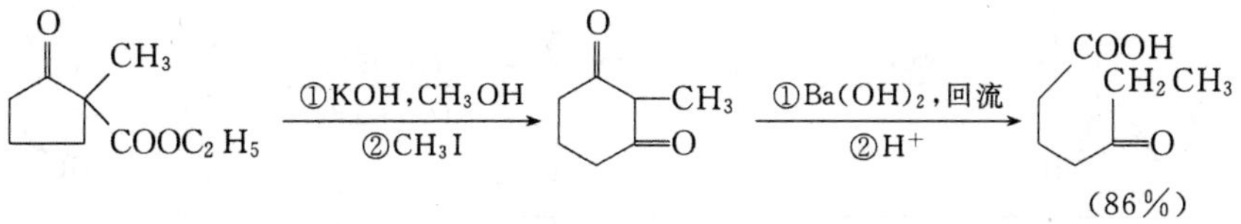

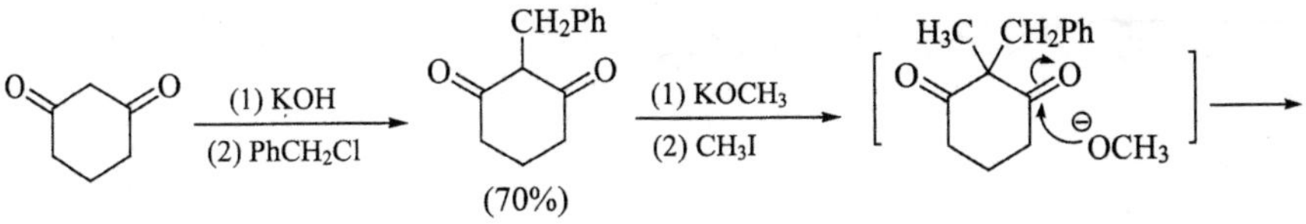

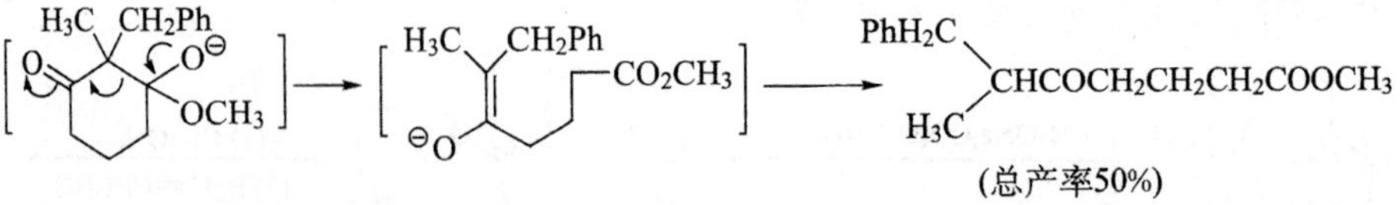

（总产率50%）

（3）环状胺经彻底甲基化后发生 Hofmann 消去反应开环

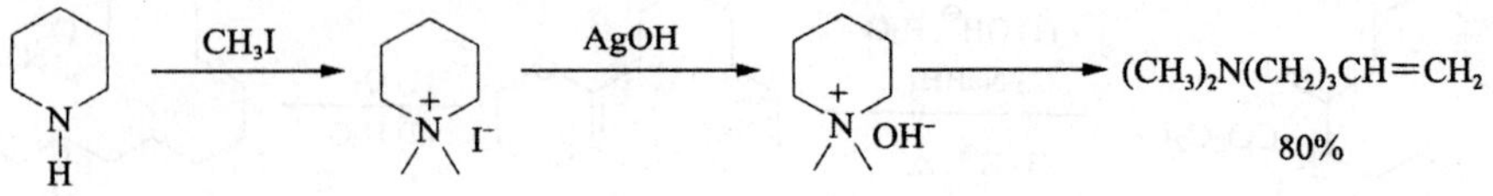

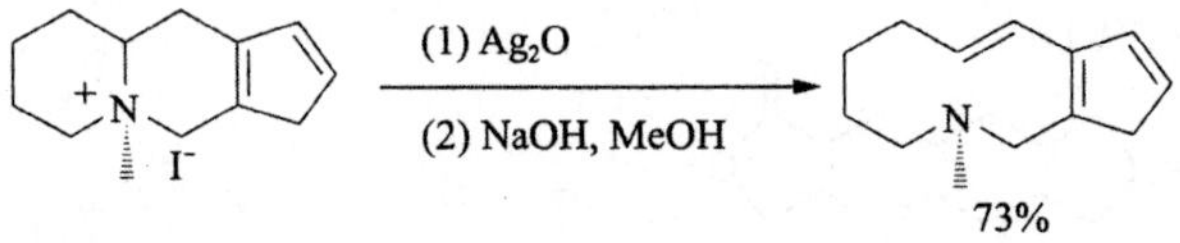

（4）环丙烷衍生物的开环

三元环张力大，因而环丙烷衍生物易开环生成1,4-二官能团化合物作为合成中间体，用于合成环戊酮衍生物及 α,β-不饱和醛等。例如：

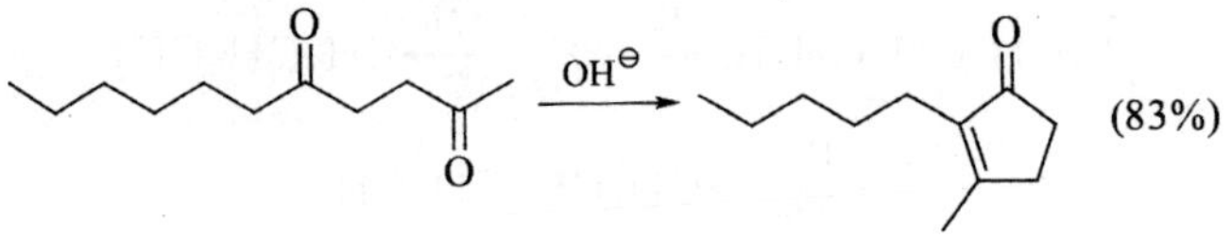

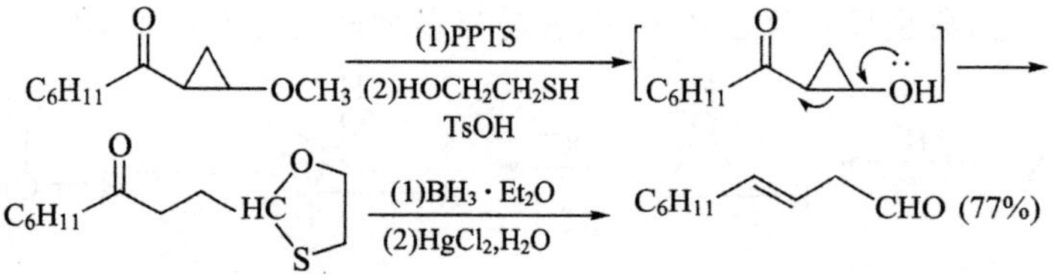

羟甲基环丙烷衍生物在酸催化下发生开环生成 β-卤代烯烃。

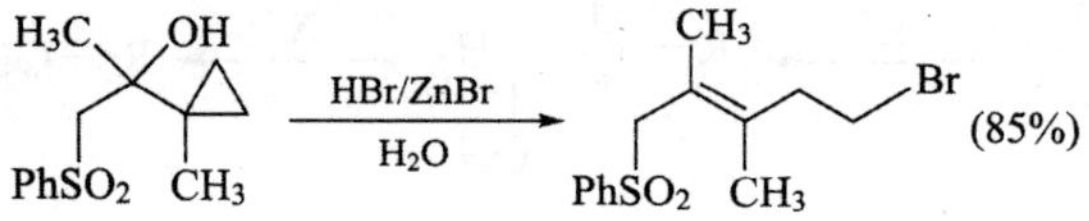

（5）Grob 碎片化反应开环

环状 1,3-二醇单磺酸脂在强碱存在时容易开环：

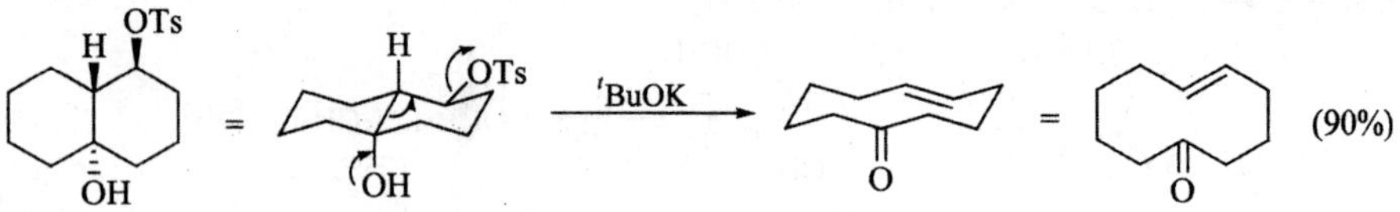

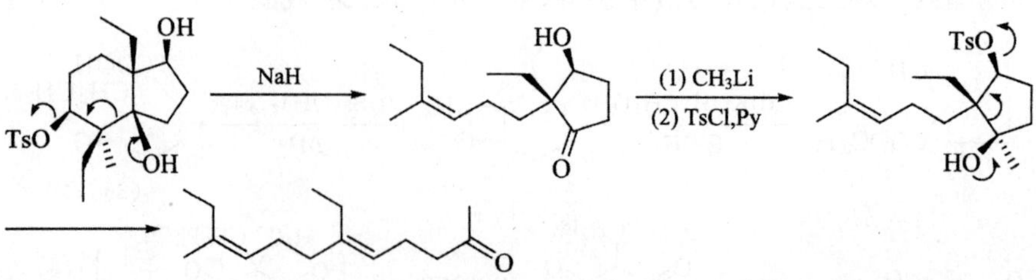

4.3.4 电环化开环反应

电环化反应是可逆反应,可以通过电环化开环反应得到开环产物。

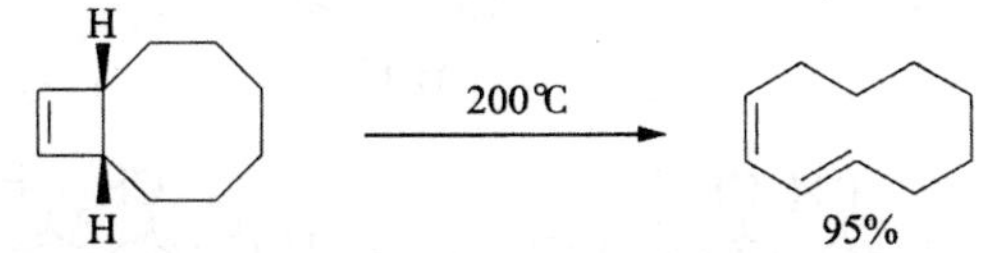

电环化开环也可用于复杂分子的合成中。例如,雌二醇的合成,先经四元环的逆电环化反应开环,接着起 D-A 反应成环。

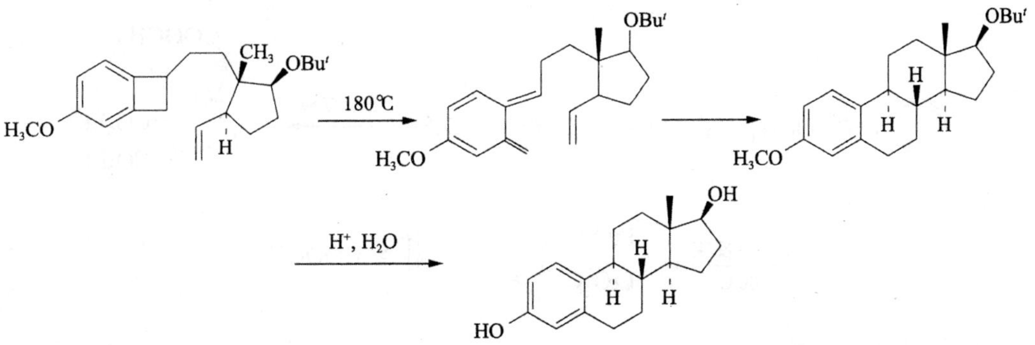

4.3.5 先开环再关环

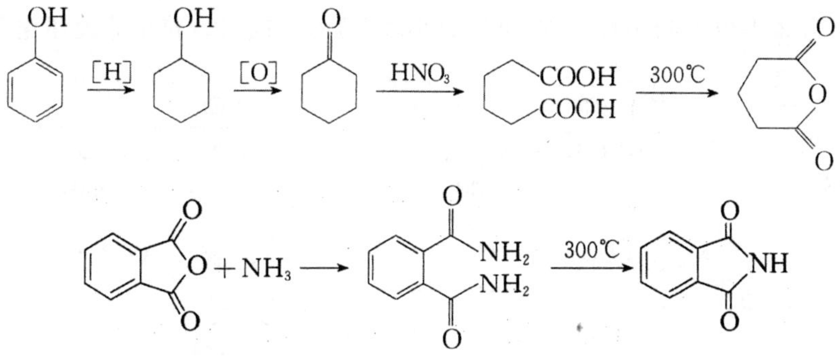

4.3.6 反 Diels-Alder 反应

D-A 反应是可逆反应。但有些 D-A 反应加成物在发生可逆反应时会产生两种情况:在一定条件下可逆为原来的二烯体和亲双烯体;在另一些条件下生成新的二烯体和亲双烯体。前者称为逆 D-A 反应;后者称为反 D-A 反应。反 D-A 反应在有机合成中有着广泛的应用,特别是合成一些常规方法难以获得的化合物,如环丙烯基甲酸甲酯、八甲基萘、环氧苯醌等[①]。

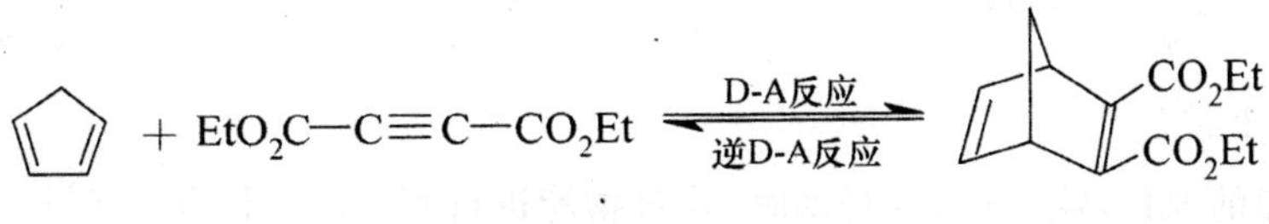

① 谢如刚.现代有机合成化学.上海:华东理工大学出版社,2007.

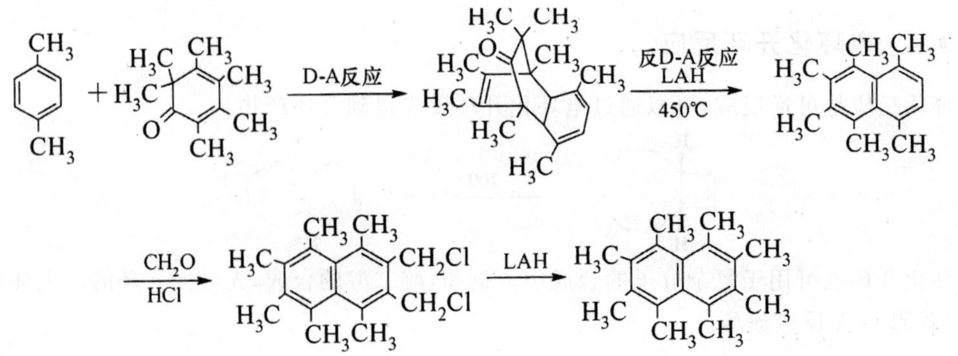

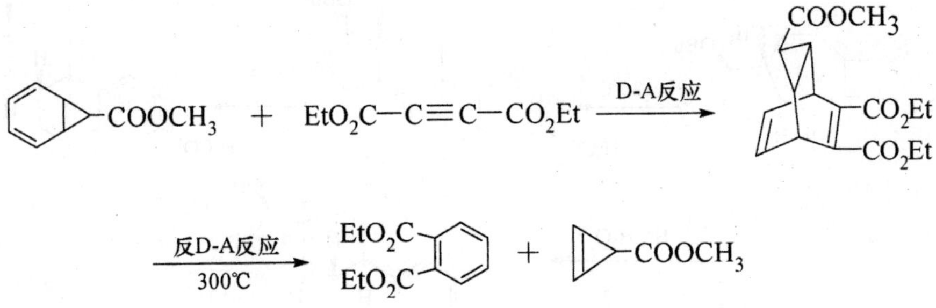

4.3.7 Cope 重排

1. 小环开环

若反应物含有张力较大的小环结构,重排后小环开环,生成张力较小的大环化合物。

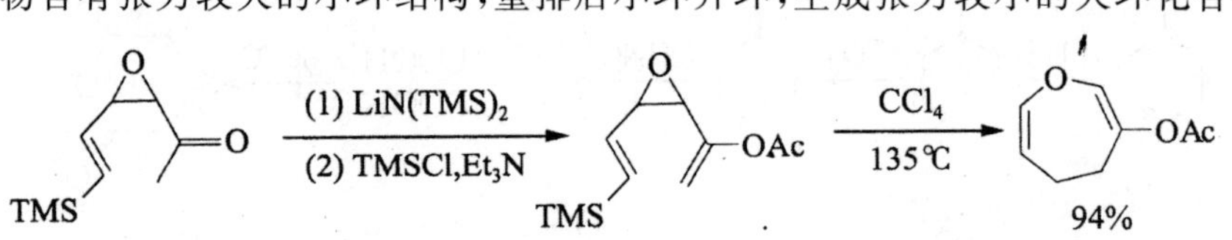

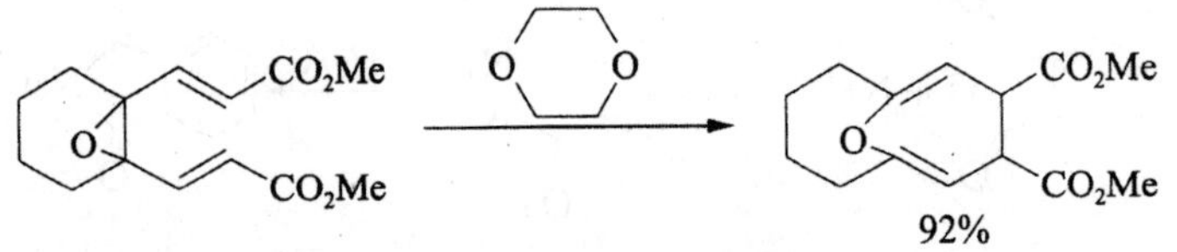

可用共轭二烯及芳烃类与重氮化合物在 Rh(Ⅱ)盐催化下,生成环丙烷类,再经 Cope 重排,得具有生物活性的七元环结构化合物。

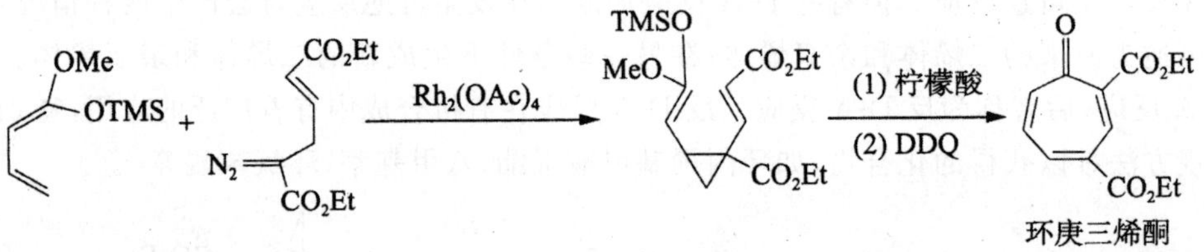

环庚三烯酮

2. 氧-Cope 重排

当 1,5-二烯的 3 位(或 4 位)有羟基时,化合物能进行氧-Cope 重排,得到相应的醛、酮。

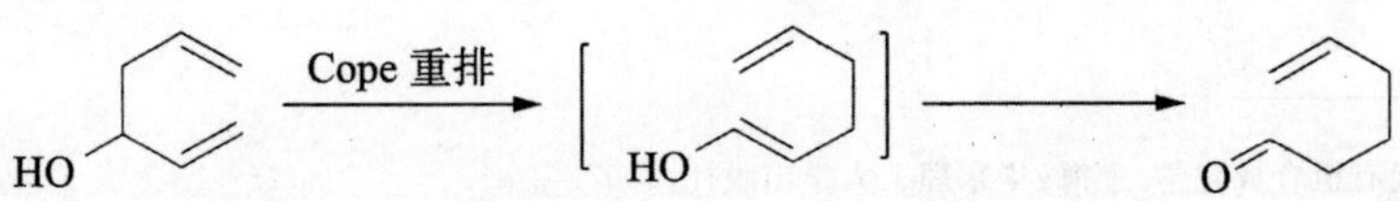

氧-Cope 重排反应为不可逆反应,在反应中若采用碱做催化剂,不仅能降低反应温度,而且能使反应速度提高 $10^{10} \sim 10^{17}$ 倍。

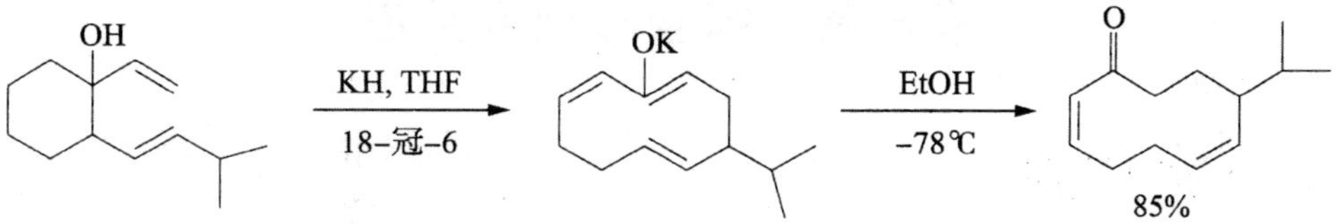

一些甾类化合物也可通过氧-Cope 重排反应制备。

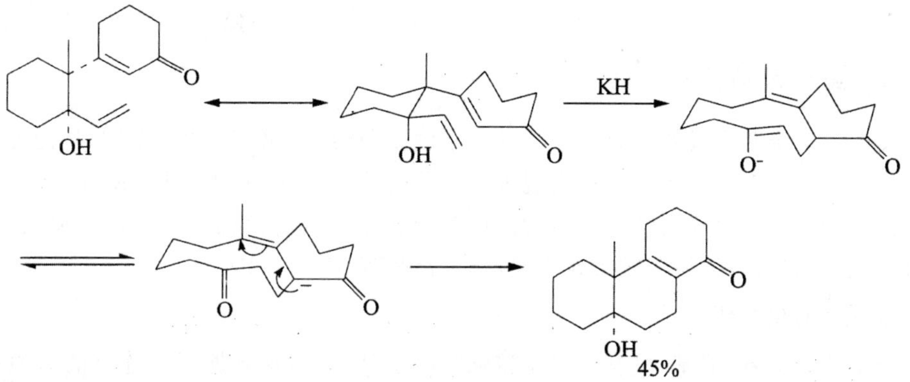

4.3.8　ROM 开环反应

在金属卡宾配合物催化剂存在下,环烯衍生物和一定压力的烯烃作用发生 ROM(ring-opening metathesis)反应而开环。

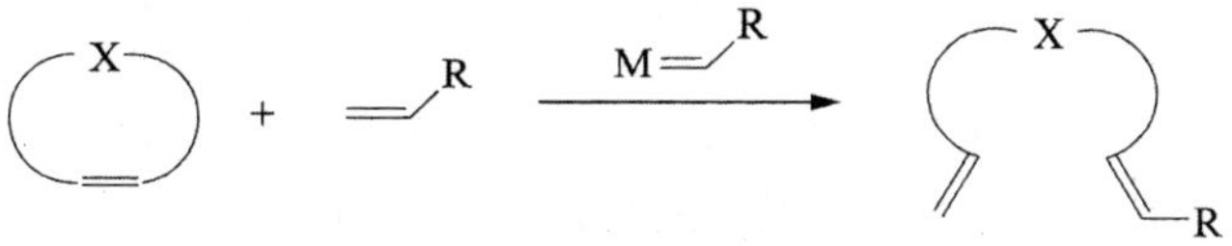

例如,在具有生物活性的类萜化合物 caribenol A 的合成过程中,就利用了连续的开环复分解反应和闭环复分解反应。

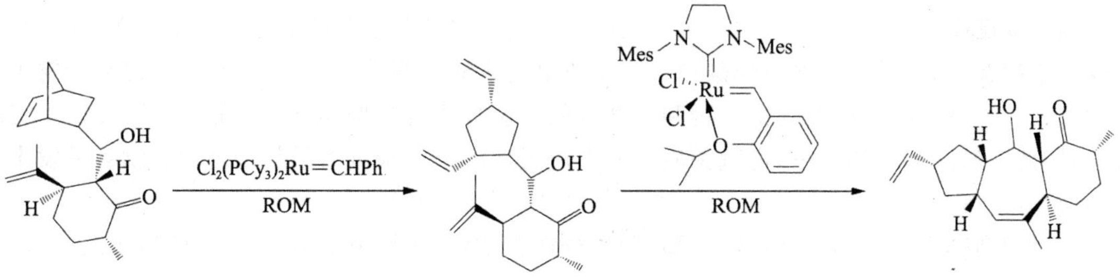

第 5 章　缩合与聚合反应

5.1　缩合与聚合反应概述

5.1.1　缩合反应原理

缩合反应一般指两个或两个以上分子通过生成新的碳-碳、碳-杂或杂-杂键,从而形成较大的分子的反应。在缩合反应过程中往往会脱去某一种简单分子,如 H_2O、HX、ROH 等。缩合反应能提供由简单的有机物合成复杂的有机物的许多合成方法,包括脂肪族、芳香族和杂环化合物,在香料、医药、农药、染料等许多精细化工生产中得到广泛应用。

1. 含活泼氢的化合物

碳原子上连有羰基、醛基、酰基或者是较强吸电子基团时,该碳原子上连有的氢原子一般都表现出一定的酸性,该氢原子一般称为活泼氢,对应的化合物称为含活泼氢的化合物。活泼氢的酸性值可以用 pK_a 表示。即酸性越强,pK_a 越小。

各种吸电子基 Y 对碳原子上氢原子的活化能力次序如下:

$$-NO_2 > -\overset{\displaystyle O}{\underset{\displaystyle \parallel}{C}}-R > -\overset{\displaystyle O}{\underset{\displaystyle \parallel}{C}}-OR > -C\equiv N > -\overset{\displaystyle O}{\underset{\displaystyle \parallel}{C}}-NH_2$$

而在碳原子上连有两个吸电子基 X 和 Y 时,该碳原子上氢的酸性明显增加。

许多缩合反应需在催化剂如酸、碱、盐、金属、醇钠等存在下才能顺利进行,催化剂的选择与缩合反应中脱去的小分子有密切关系。

2. 碱性条件下的反应历程

碳氧双键在进行加成反应时,带负电荷的氧总是要比带正电荷的碳原子稳定得多,因此在碱性催化剂存在下,总是带正电荷的碳原子与带负电的亲核试剂发生反应,即碳氧双键易于发生亲核加成反应。醛、酮、羧酸及其衍生物和亚砜等因 α-碳原子连有吸电子基,使其 α-氢具有一定的酸性,因此在碱的催化作用下,可脱去质子而形成碳负离子。碳负离子与羰基化合物容易发生亲核加成反应。

这种碳负离子可以与醛、酮、羧酸酯、羧酸酐以及烯键、炔键和卤烷发生亲核加成反应,形成新的碳—碳键而得到多种类型的产物。例如:

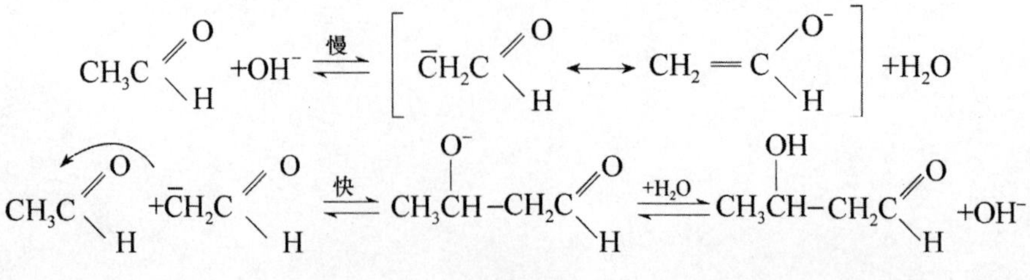

含 α 氢的醛、酮在碱的催化作用下,可脱去质子而形成碳负离子,碳负离子很快与另一分子醛、酮的羰基发生亲核加成反应而得到产物 β-羟基丁醛。

3.酸性条件下的反应历程

在酸催化下的缩合反应首先是醛、酮分子中的羰基质子化成为碳正离子,再与另一分子醛、酮发生亲电加成。丙酮以酸催化的缩合反应历程为

$$CH_3C\!\!=\!\!O+H^+ \xrightarrow{\text{快}} \left[CH_3-\underset{CH_3}{C}\!\!=\!\!OH^+ \longleftrightarrow CH_3-\overset{+}{\underset{CH_3}{C}}-OH \right]$$

$$CH_3-\overset{+}{\underset{CH_3}{C}}+CH_2\!\!=\!\!\underset{OH}{C}-CH_3 \overset{\text{慢}}{\rightleftharpoons} CH_3-\underset{CH_3}{\overset{OH}{C}}-CH_2-\overset{\overset{+}{OH}}{C}-CH_3 \rightleftharpoons CH_3-\underset{CH_3}{\overset{OH}{C}}-CH_2-\overset{O}{C}-CH_3+H^+$$

$$\rightleftharpoons CH_3-\underset{CH_3}{\overset{\overset{+}{OH_2}}{C}}-CH_2-\overset{O}{C}-CH_3 \xrightarrow{H_2O,H^+} CH_3-\underset{CH_3}{C}\!\!=\!\!CH_2-\overset{O}{C}-CH_3$$

对于不同的缩合反应需要使用不同的催化剂。

5.1.2　聚合反应的分类

由低分子单体合成聚合物的反应总称作聚合。聚合反应曾有两种重要分类方法。

1.按照聚合反应中有无小分子生成进行分类

20 世纪 30 年代,Carothers 曾将聚合物按聚合过程中单体-聚合物的结构变化,分成缩聚和加聚两类。随着高分子化学的发展,目前还可以增列开环聚合,即下列三类聚合反应:官能团间的缩聚、双键的加聚、环状单体的开环聚合。

(1)缩聚反应

缩聚反应是数目众多的单体按照一定规律及彼此连接方式,连续、重复进行的多步缩合反应并最终生成大分子的过程。单体在形成缩聚物的同时,均伴随着小分子副产物的生成。例如,在聚酯和聚酰胺等的合成反应中,会伴随着小分子水的生成。大多数缩聚物大分子链上结构单元的化学组成与其单体不同,作为单体的低分子有机化合物的官能团多为—OH、—COOH、—NH$_2$、—NHR等,这些官能团一般会部分或全部在缩聚反应中被生成对应小分子而被脱去,进入大分子的其余部分使大分子主链上含有 O、N 等杂原子,因此缩聚物通常都为杂链聚合物。

(2)加聚反应

加聚反应是数目众多的含不饱和双键或三键的单体(多为烯烃)所进行的连续、多步的加成反应并最终生成大分子的过程。加聚反应过程中无小分子化合物生成,聚合物大分子链结构单元的化学组成与单体完全相同,只是化学结构有所不同,这种结构单元有时也称为单体单元。由于加聚物的分子主链一般不含除碳原子以外的其他杂原子,所以一般加聚物都属于碳链聚合物。如氯乙烯加聚生成聚氯乙烯:

$$n CH_2\!\!=\!\!\underset{Cl}{CH} \longrightarrow \left[CH_2\underset{Cl}{CH}\right]_n$$

(3)开环聚合

环状单体 σ-键断裂而后聚合成线形聚合物的反应称作开环聚合。杂环开环聚合物是杂链聚合物,其结构类似缩聚物;反应时无低分子副产物产生,又有点类似加聚。如环氧乙烷开环聚合成聚氧乙烯:

$$n CH_2 - O \longrightarrow \cdot OCH_2CH_2 \cdot_n$$
$$\backslash \ CH_2 \ /$$

环氧乙烯　　　　聚氧乙烯

2.按聚合机理分类

(1)逐步聚合反应

多数缩聚和聚加成反应属于逐步聚合,其特征是低分子转变成高分子是缓慢逐步进行的,每步反应的速率和活化能大致相同。两单体分子反应,形成二聚体;二聚体与单体反应,形成三聚体;二聚体相互反应,则成四聚体。反应早期,单体很快聚合成二、三、四聚体等低聚物,这些低聚物常称作齐聚物。短期内单体转化率很高,但反应基团的反应程度却很低。随着低聚物间相互缩聚,分子量增加,直至基团反应程度很高,高达 98% 以上时,分子量才达到较高的数值。在逐步聚合过程中,体系由单体和分子量递增的系列中间产物组成。

(2)连锁聚合反应

连锁聚合从活性种开始,活性种可以是自由基、阴离子或阳离子。连锁聚合反应有自由基聚合、阴离子聚合和阳离子聚合。连锁聚合过程包括链引发、链增长、链终止等基元反应。各基元反应的速率和活化能差别很大。链引发是活性种的形成,活性种与单体加成使链迅速增长,活性种的破坏就是链终止。自由基聚合过程中,分子量变化不大,除微量引发剂外,体系始终由单体和高分子量聚合物组成,没有分子量递增的中间产物。转化率随时间而增大,单体相应减少。活性阴离子聚合的特征是分子量随转化率的增大而线性增加。多数烯类单体的加聚反应属于连锁聚合。

5.2　缩合反应方法

5.2.1　醛酮缩合

醛或酮在一定条件下可以发生缩合反应。缩合反应包括自身缩合和交叉缩合两种情况。自身缩合是相同的醛或酮分子间的缩合,交叉缩合是不同的醛或酮分子间的缩合。

1.醛或酮的自身缩合

(1)含活泼氢的醛或酮的自身缩合

在碱或酸的催化下,含有活泼 α-H 氢的醛或酮,生成 β-羟基醛或酮类化合物的反应,称为羟醛或醇醛缩合反应。β-羟基醛或酮经脱水消除便成 α,β-不饱和醛或酮。这类缩合反应需要碱(如苛性钾、醇钠、叔丁醇铝等)的催化,也可用酸作催化。羟醛缩合反应的通式如下:

$$2RCH_2COR' \Longrightarrow RCH_2 - \overset{\overset{\displaystyle OH}{|}}{\underset{\underset{\displaystyle R'}{|}}{C}} - \overset{}{\underset{\underset{\displaystyle R}{|}}{CH}}COR' \xrightarrow{-H_2O} RCH_2 - \overset{}{\underset{\underset{\displaystyle R'}{|}}{C}} = \overset{}{\underset{\underset{\displaystyle R}{|}}{C}}COR'$$

羟醛缩合反应中应用的碱催化较多,有利于夺取活泼氢形成碳负离子,提高试剂的亲核活性,并且和另一分子醛或酮的羰基进行加成,得到的加成物在碱的存在下可进行脱水反应,生产 α,β 不饱和醛或酮类化合物。其反应机理如下:

$$RCH_2COR' + B^- \rightleftharpoons RC^-HCOR' + HB$$

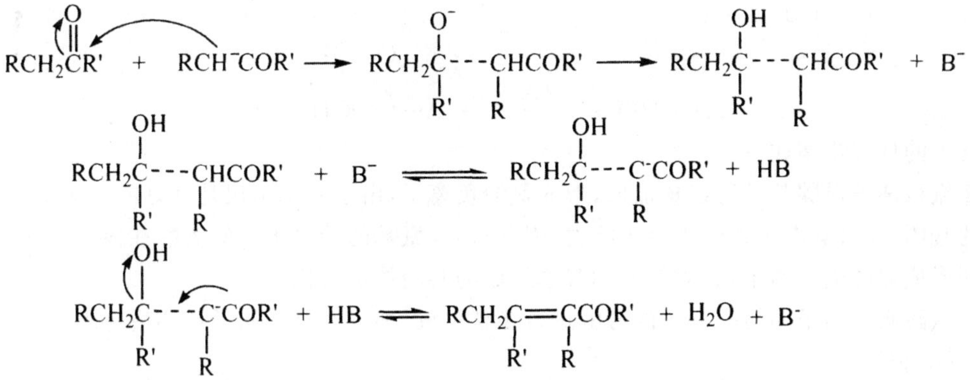

在羟醛缩合中,转变成碳负离子的醛或酮称为亚甲基组分;提供羰基的称为羰基组分。

酸催化作用下的羟醛缩合反应的第一步是羰基的质子化生成碳正离子。这不仅提高了羰基碳原子的亲电性;同时碳正离子进一步转化成烯醇式结构,也增加了羰基化合物的亲核活性,使反应进行更容易。

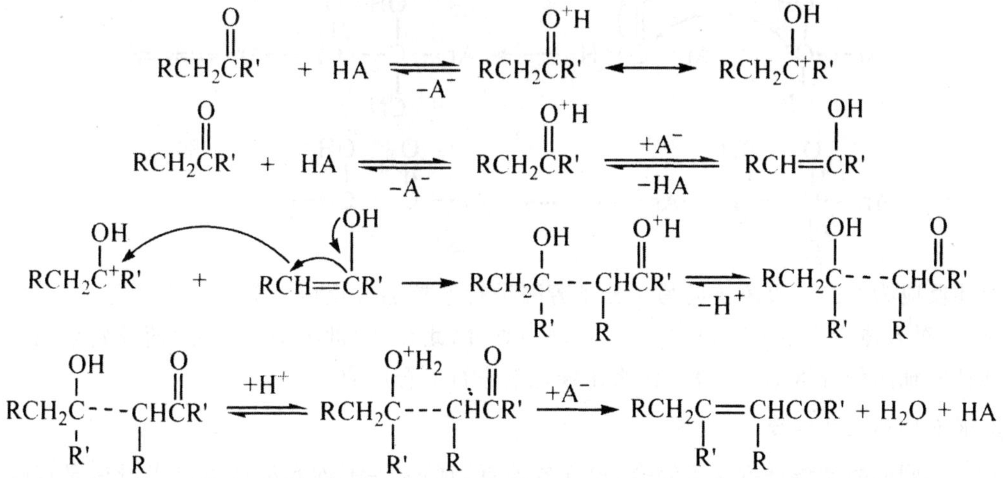

羟醛自身缩合可使产物的碳链长度增加一倍,工业上可利用这种缩合反应来制备高级醇。如以丙烯为起始原料,首先经羰基化合成为正丁醛,再在氢氧化钠溶液或碱性离子交换树脂催化下成为 β 羟基醛,这样就具有了两倍于原料醛正丁醛的碳原子数,再经脱水和加氢还原可转化成2-乙基己醇。

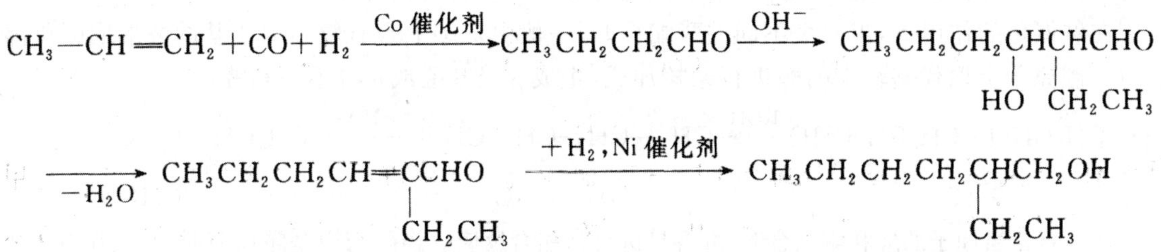

$$CH_3-CH=CH_2 + CO + H_2 \xrightarrow{\text{Co 催化剂}} CH_3CH_2CH_2CHO \xrightarrow{OH^-} CH_3CH_2CH_2\underset{\underset{HO}{|}}{C}H\underset{\underset{CH_2CH_3}{|}}{C}HCHO$$

$$\longrightarrow[-H_2O]{} CH_3CH_2CH_2CH=\underset{\underset{CH_2CH_3}{|}}{C}CHO \xrightarrow{+H_2,\ \text{Ni 催化剂}} CH_3CH_2CH_2CH_2\underset{\underset{CH_2CH_3}{|}}{C}HCH_2OH$$

在工业上 2-乙基己醇常用来大量合成邻苯二甲酸二辛酯,作为聚氯乙烯的增塑剂。

(2)芳醛的自身缩合

芳醛不含 α-活泼氢,不能在酸或碱催化下缩合。但是,在含水乙醇中,芳醛能够以氰化钠或氰化钾为催化剂,加热后可以发生自身缩合,生成 α-羟酮。该反应称为安息香缩合反应,也称为苯偶姻反应。反应通式如下:

$$2ArCHO \xrightarrow{\text{NaCN 或 KCN}} A\cdots\overset{\displaystyle O}{\overset{\|}{C}}\cdots\overset{\displaystyle OH}{\overset{|}{C}}H\text{—}Ar$$

具体的反应步骤如下:

①氰根离子对羰基进行亲核加成,形成氰醇负离子,由于氰基不仅是良好的亲核试剂和易于脱离的基团,而且具有很强的吸电子能力,因此,连有氰基的碳原子上的氢酸性很强,在碱性介质中立即形成氰醇碳负离子,它被氰基和芳基组成的共轭体系所稳定。

②氰醇碳负离子向另一分子的芳醛进行亲核加成,加成产物经质子迁移后再脱去氰基,生成 α 羟基酮,即安息香。

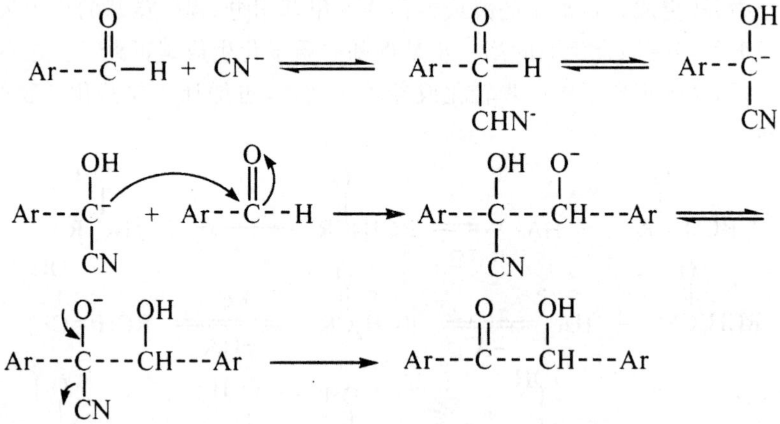

上述反应为氰醇碳负离子向另一分子芳醛进行亲核加成反应。需要注意的是,由于氰化物是剧毒品,对人体易产生危害,且"三废"处理困难,因此在 20 世纪 70 年代后期开始采用具有生物学活性的辅酶纤维素 B1 代替氰化物作催化剂进行缩合反应。

2.醛或酮的交叉缩合

利用不同的醛或酮进行交叉缩合,得到各种不同的 α,β 不饱和醛或酮可以看做是羟醛缩合反应更大的用途。

(1)含有活泼氢的醛或酮的交叉缩合

含 α 氢原子的不同醛或酮分子间的缩合情况是极其复杂的,它可能产生 4 种或 4 种以上的产物。根据反应性质,通过对反应条件的控制可使某一产物占优势。

在碱催化的作用下,当两个不同的醛缩合时,一般由 α 碳上含有较多取代基的醛形成碳负离子向 α 碳原子上取代基较少的醛进行亲核加成,生成 β 羟基醛或 α,β 不饱和醛:

$$CH_3CHO + CH_3CH_2CHO \xrightarrow{KOH} CH_3\text{—}\underset{OH}{\overset{|}{C}}H\text{—}\underset{CHO}{\overset{|}{C}}H\text{—}CH_3 \xrightarrow{-H_2O} CH_3CH\text{=}\underset{CHO}{\overset{|}{C}}\text{—}CH_3$$

在含有 α 氢原子的醛和酮缩合时,醛容易进行自缩合反应。当醛与甲基酮反应时,常是在碱催化下甲基酮的甲基形成碳负离子，该碳负离子与醛羰基进行亲核加成，最终得到 α,β 不饱和酮：

$$(CH_3)_2CHCHO + CH_3\overset{\overset{O}{\|}}{C}C_2H_5 \xrightarrow{NaOEt} (CH_3)_2CHCH=CH\overset{\overset{O}{\|}}{C}C_2H_5$$

当两种不同的酮之间进行缩合反应时，需要至少有一种甲基酮或脂环酮反应才能进行：

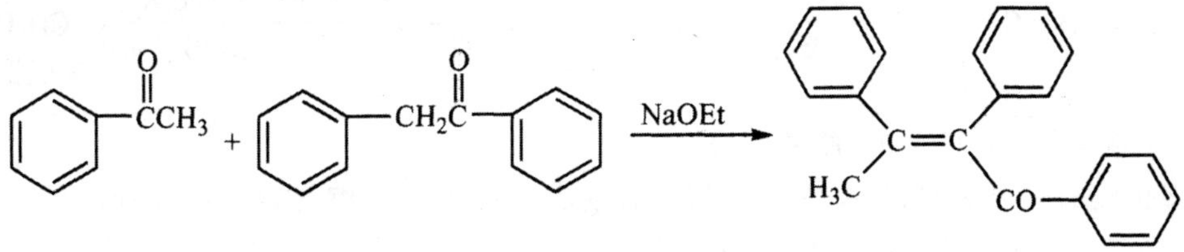

(2)Cannizzaro 反应

没有 α-H 的醛，如甲醛、苯甲醛、2，2-二甲基丙醛和糠醛等，尽管其不能发生自身缩合反应，但是在碱的催化作用下可以发生歧化反应，生成等摩尔比的羧酸和醇。其中一摩尔醛作为氢供给体，自身被氧化成酸；另一摩尔醛则作为氢接受体，自身被还原成醇。其反应历程如下：

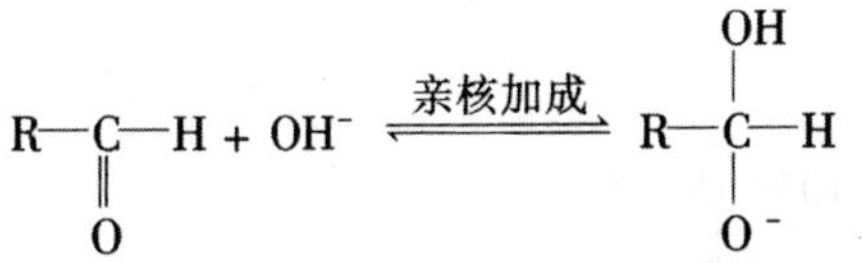

醛　　　　氧负离子

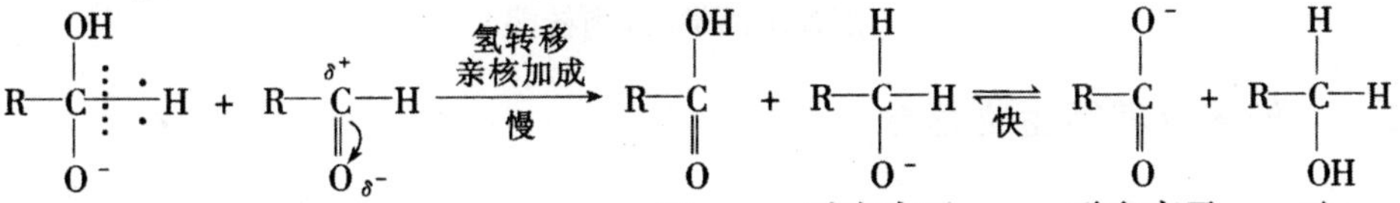

酸　　醇负离子　　酸负离子　　醇

Cannizzaro 反应既是形成 C—O 键的亲核加成反应，又是形成 C—H 键的亲核加成反应。若 Cannizzaro 反应发生在两个不同的没有及氢的醛分子之间，则称为交叉 Cannizzaro 反应。

(3)甲醛与含有 α-H 的醛、酮的缩合

甲醛不含 α-氢原子，它不能自身缩合，但是甲醛分子中的羰基却很容易和含有活泼 α-H 的醛所生成的碳负离子发生交叉缩合反应，主要生成 β-羧甲基醛。例如，甲醛与异丁醛缩合可制得 2，2-二甲基-2-羟甲基乙醛：

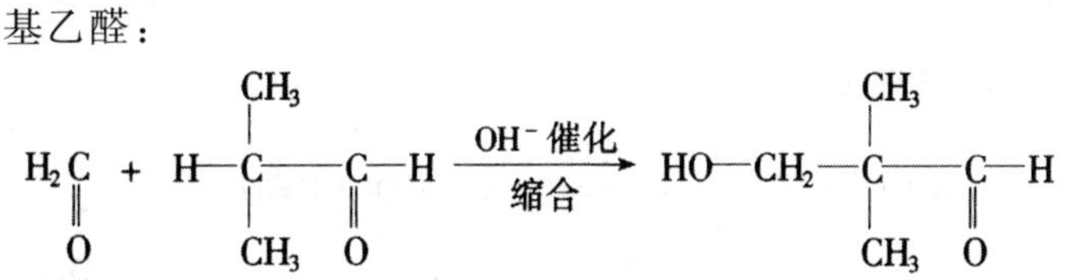

甲醛　　异丁醛　　2，2-二甲基-2-羟甲基乙醛

在碱性介质中，上述这个没有 α-H 的高碳醛可以与甲醛进一步发生交叉 Cannizzaro 反应。这时高碳醛中的醛基被还原成羟甲基(醇基)，而甲醛则被氧化成甲酸。例如，异丁醛与过量的甲醛作用，可直接制得 2，2-二甲基-1，3-丙二醇(季戊二醇)：

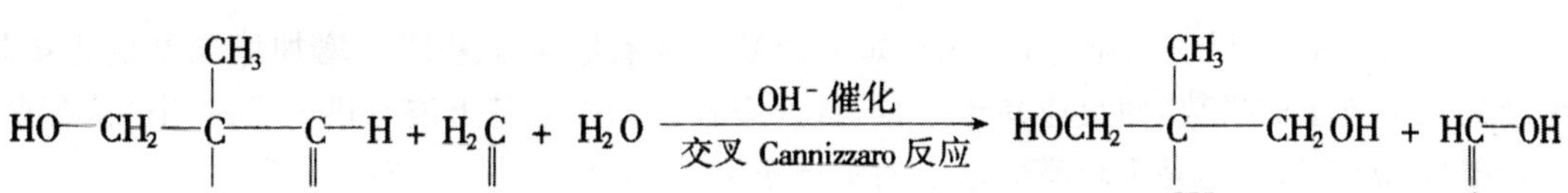

2，2-二甲基-2-羟甲基乙醛　　2，2-二甲基-1，3-丙二醇　甲酸

利用甲醛向醛或酮分子中的羰基 α 碳原子上引入一个或多个羟甲基的反应叫做羟甲基化或 Tollens 缩合。利用这个反应可以制备多羟基化合物。例如,过量甲醛在碱的催化作用下与含有三个活泼 α-H 的乙醛结合可制得三羟甲基乙醛,它再被过量的甲醛还原即得到季戊四醇:

$$3\ H_2C\underset{\overset{\|}{O}}{} + H-\underset{\underset{O}{\overset{\|}{H}}}{\overset{\overset{H}{|}}{C}}-C-H \xrightarrow[\text{缩合}]{OH^- \text{催化}} (HOCH_2)_3-\underset{\overset{\|}{O}}{C}-C-H \xrightarrow[-HCOOH]{+H_2C=O \text{还原}} C(CH_2OH)_4$$

季戊四醇

（4）芳醛与含有 α-H 的醛、酮的缩合

芳醛也没有羰基 α-H,但是它可以与含有活泼 α-H 的脂醛缩合,然后消除脱水生成 β 苯基 α,β 不饱和醛。这个反应又叫做 Claisen-Schimidt 反应。例如,苯甲醛与乙醛缩合可制得 β 苯基丙烯醛（肉桂醛）:

$$\text{苯甲醛} \quad \text{乙醛} \xrightarrow[\text{缩合}]{OH^- \text{催化}} \left[\text{...} \right]$$

苯甲醛　　　　乙醛

$$\xrightarrow[\text{消除脱水}]{-H_2O} \text{...}$$

β-苯基丙烯醛（肉桂醛）

5.2.2　羧酸及其衍生物缩合

1. Perkin 反应

Perkin 反应指的是在强碱弱酸盐的催化下,不含 α-H 的芳香醛加热与含 α-H 的脂肪酸酐脱水缩合,生成 β 芳基 α,β 不饱和羧酸的反应。通常使用与脂肪酸酐相对应的脂肪酸盐为催化剂,产物为较大基团处于反位的烯烃。以脂肪酸盐为催化剂时,反应的通式为:

$$ArC\overset{\overset{O}{\|}}{}-H + CH_3COOCOCH_3 \xrightarrow[\triangle]{CH_3COONa} ArCH=CHCOOH$$

式中,Ar 为芳基。反应的机理表示如下:

$$CH_3COOCOCH_3 \underset{\longleftarrow}{\overset{CH_3COONa}{\longrightarrow}} \bar{C}H_2COOCOCH_3$$

$$ArC\overset{\overset{O}{\|}}{}-H + \bar{C}H_2COOCOCH_3 \longrightarrow Ar\underset{\underset{H}{|}}{\overset{\overset{O^-}{|}}{C}}-CH_2COOCOCH_3 \longrightarrow Ar\underset{\underset{H}{|}}{\overset{\overset{OH}{|}}{C}}-CH_2COOCOCH_3$$

$$\xrightarrow{-H_2O} ArCH=CHCOOCOCH_3 \xrightarrow{H_2O} ArCH=CHCOOH$$

取代基对 Perkin 反应的难易有影响,如果芳基上连有吸电子基团会增加醛羰基的正电性,易于受到碳负离子的进攻,使反应易于进行,且产率较。如果芳基上连有供电子基团会降低醛羰基的正电性,碳负离子不易进攻醛羰基上的碳原子,使反应难以进行,产率较低。

由于脂肪酸酐的 α-H 的酸性很弱,反应需要在较高的温度和较长的时间下进行,但由于原

料易得,目前仍广泛用于有机合成中。例如,苯甲醛与乙酸酐在乙酸钠催化下在 $170\sim180℃$ 温度下加热 5h,得到肉桂酸。若苯甲醛与丙酸酐在丙酸钠催化下反应则可以合成带有取代基的肉桂酸。

$$PhC\overset{O}{-}H + CH_3COOCOCH_3 \xrightarrow[\triangle]{CH_3COONa} PhCH{=}CHCOOH$$

$$PhC\overset{O}{-}H + CH_3CH_2COOCOCH_2CH_3 \xrightarrow[\triangle]{CH_3CH_2COONa} PhCH{=}\overset{CH_3}{C}COOH$$

Perkin 反应的主要应用是合成香料-香豆素,在乙酸钠催化下,水杨醛可以与乙酸酐反应一步合成香豆素。反应分两个阶段:①生成丙烯酸类的衍生物;②发生内酯化进行环合。

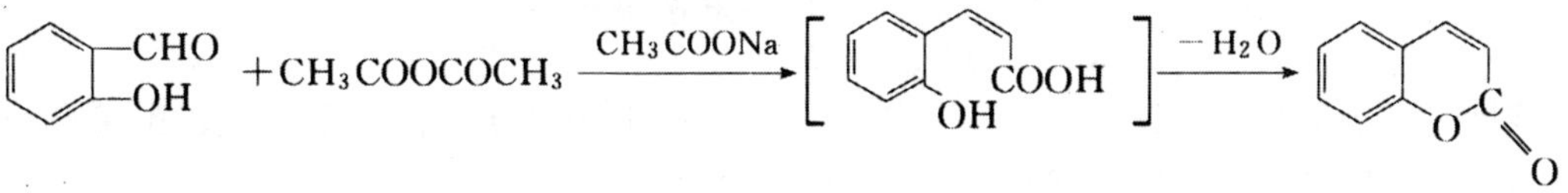

Perkin 反应一般只局限于芳香醛类。但某些杂环醛,如呋喃甲醛也能发生 Perkin 反应产生呋喃丙烯酸,这个产物是医治血吸虫病药物呋喃丙胺的原料。

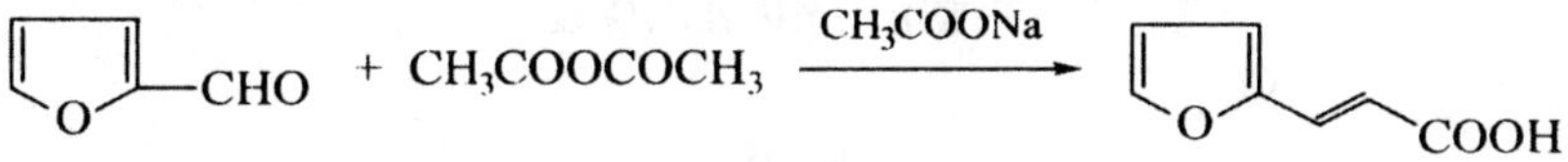

与脂肪酸酐相比,乙酸和取代乙酸具有更活泼的 α-H,也可以发生 Perkin 反应。如取代苯乙酸类化合物在三乙胺、乙酸酐存在下,与芳醛发生缩合反应生成取代 α-H 苯基肉桂酸类化合物,该产物为一种心血管药物的中间体。

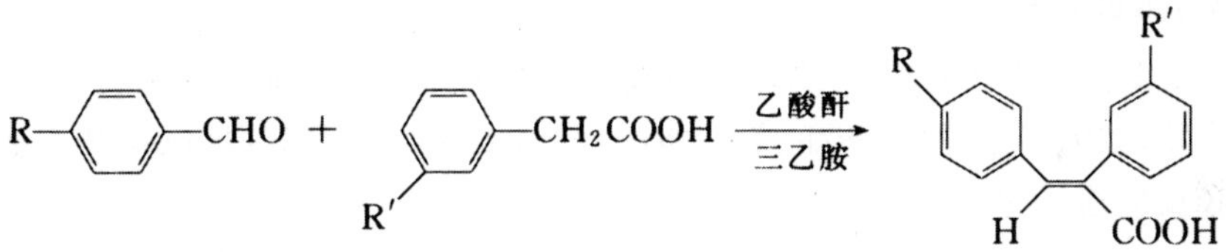

2. Darzens 反应

Darzens 反应指的是 α-卤代羧酸酯在强碱的作用下活泼 α-氢脱质子生成碳负离子,然再与醛或酮的羰基碳原子进行亲核加成,最后脱卤素负离子而生成 α,β-环氧羧酸酯的反应。其反应通式为:

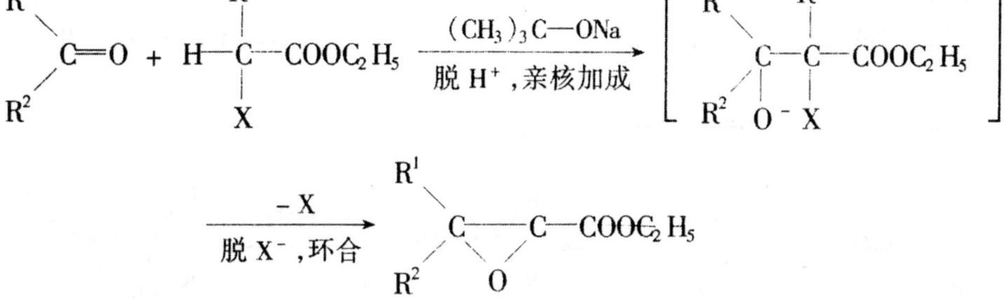

常用的强碱有醇钠、氨基钠和叔丁醇钾等。其中,叔丁醇钾的碱性很强,效果最好。缩合反

应发生时,为了避免卤基和酯基的水解,要在无水介质中进行。这个反应中所用的 α-卤代羧酸酯一般都是 α-氯代羧酸酯,也可用于 α-氯代酮的缩合。除用于脂醛时收率不高外,用于芳醛、脂酮、脂环酮以及 α,β-不饱和酮时都可得到良好结果。

由 Darzens 缩合制得的 α,β-环氧酸酯用碱性水溶液使酯基水解,再酸化成游离羧酸,并加热脱羧可制得比原料所用的酮(或醛)多一个碳原子的酮(或醛)。其反应通式:

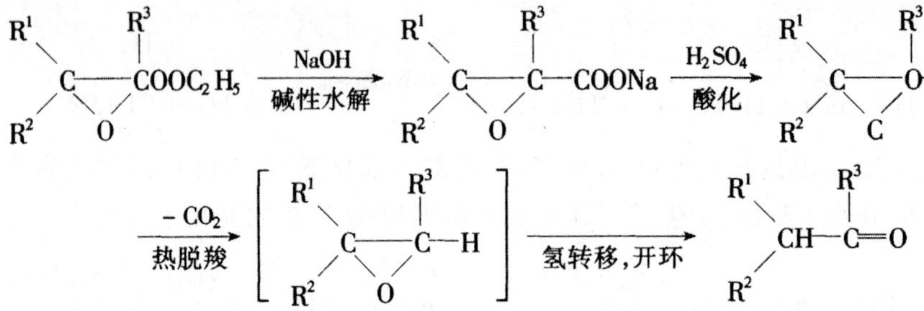

该反应对于某些酮或醛的制备有一定的用途。例如,由 2-十一酮与氯乙酸乙酯综合、水解、酸化、热脱羧可制得 2-甲基十一醛:

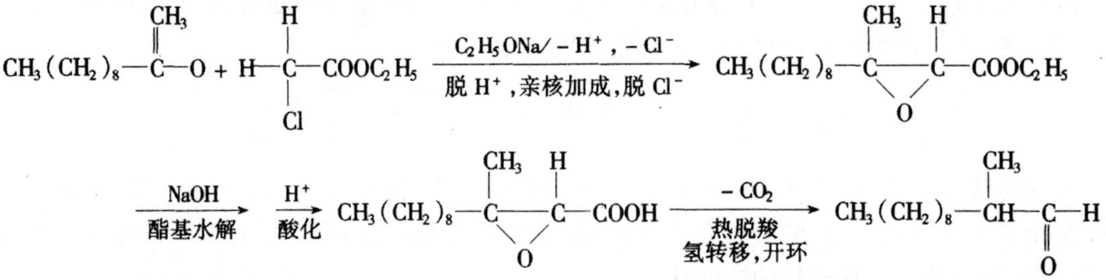

3. Knoevenagel 反应

Knoevenagel 反应是指在氨、胺或它们的羧酸盐等弱碱性催化剂的作用下,醛、酮与含活泼亚甲基的化合物(如丙二酸、丙二酸酯、氰乙酸酯等)将发生缩合反应,生成 α,β-不饱和化合物的反应。该缩合反应通式为:

式中,R、R'为脂烃基、芳烃基或氢;X、Y 为吸电子基团。

这个反应的机理解释主要有以下两种:

①类似羟醛缩合反应机理。具有活泼亚甲基的化合物在碱性催化剂(B)存在下,首先形成碳负离子,然后向醛、酮羰基进行亲核加成,加成物消除水分子,形成不饱和化合物。

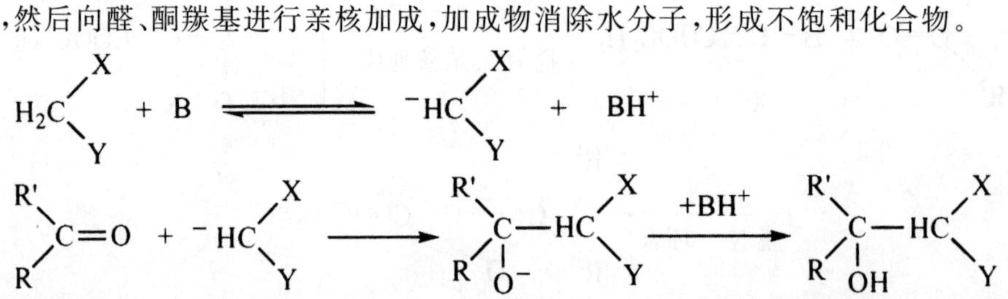

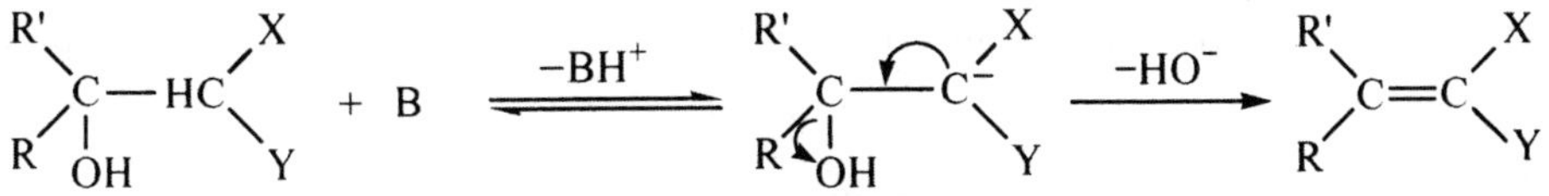

②亚胺过渡态机理。在铵盐、伯胺、仲胺催化下,醛或酮形成亚胺过渡态后,再与活泼亚甲基的碳负离子加成,加成物在酸的作用下消除氨分子,得不饱和化合物。

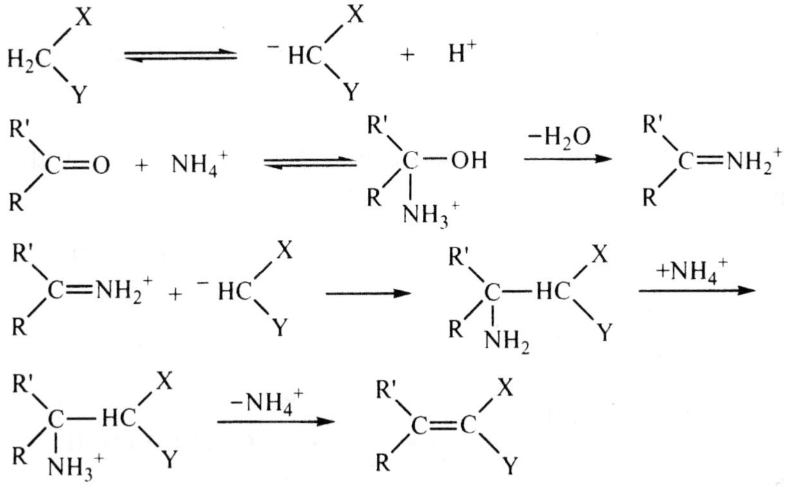

Knoevenagel 反应在有机合成中,尤其在药物合成中应用很广。例如,丙二酸在吡啶的催化下与醛缩合、脱羧可制得 β-取代丙烯酸。

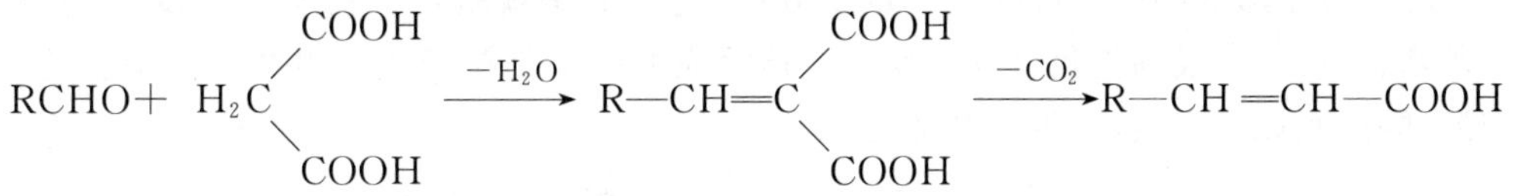

采用该反应制备 β-取代丙烯酸适用于有取代基的芳醛或酯醛的缩合,反应条件温和,速度快,收率高,产品纯度高。但是,丙二酸的价格比乙酸酐贵得多,在制备 β-取代丙烯酸时,经济方面不如 Perkin 反应。

这类反应是以 Lewis 酸或碱为催化剂的,在液相中,特别是在有机溶剂中通过加热来进行,也可采用胺、氨、吡啶、哌啶等有机碱或它们的羧酸盐等作为催化剂,在均相或非均相中反应,一般需要时间较长,而且产率较低。随着新技术、新试剂及新体系的引入,对此类反应也不断出现新的研究成果。

4. Stobbe 反应

Stobbe 反应是指在强碱的催化作用下,丁二酸二乙酯与醛、酮羰基发生缩合,生成 α-亚烃基丁二酸单酯的反应。Stobbe 缩合主要用于酮类反应物。该反应常用的催化剂为醇钠、醇钾、氢化钠等。反应的通式为

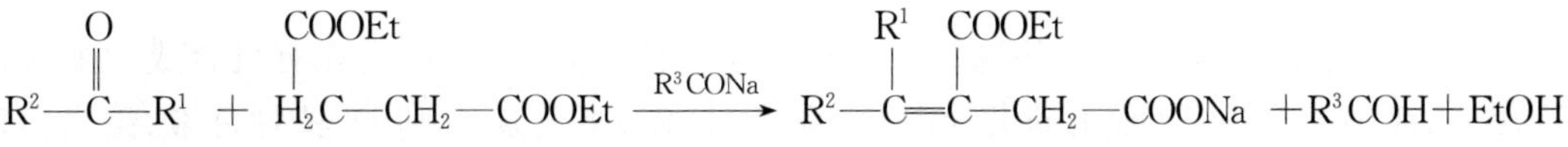

式中,R^1、R^2 为烷基、芳基或氢;R^3 为烷基。

在强碱的催化作用下,丁二酸二酯上的活泼 α-H 脱去,生成碳负离子,然后亲核进攻醛、酮羰基的碳原子。

α-萘满酮是生产选矿阻浮剂和杀虫剂的重要中间体,以苯甲醛为原料,通过 Stobbe 反应进行合成。

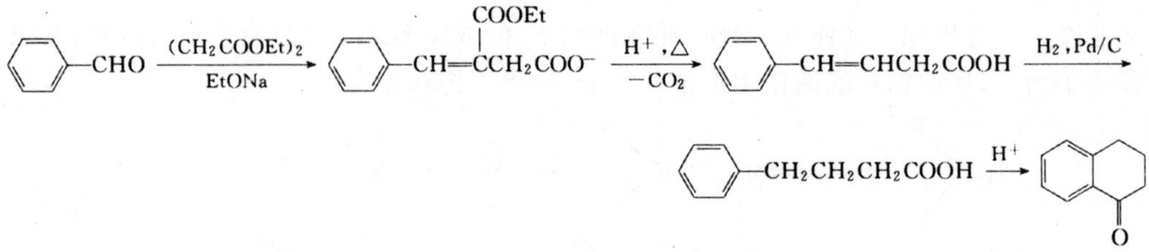

α-亚烃基丁二酸单酯盐在稀酸中可以酸化成羧酸酯,如果在强酸中加热,则可发生水解并脱羧的反应,产物为比原来的醛酮多三个碳的 β,γ-不饱和酸。

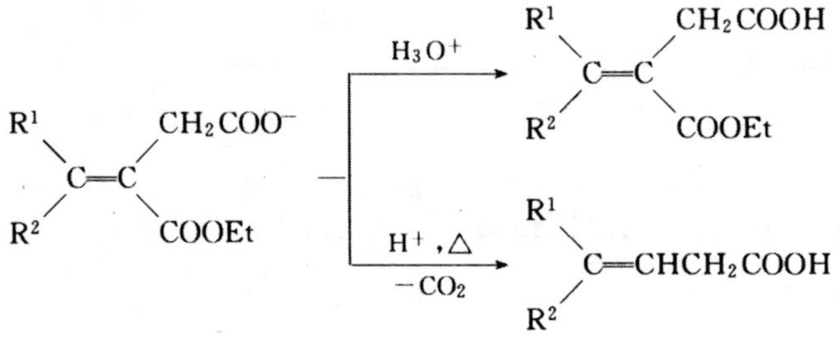

5. Wittig 反应

Wittig 反应是形成碳碳双键的一个重要方法,它指的是羰基化合物与 Wittig 试剂(烃代亚甲基三苯基膦)反应合成烯类化合物的反应。该反应的结果是把烃代亚甲基三苯基膦的烃代亚甲基与醛、酮的氧原子交换,产生一个烯烃。

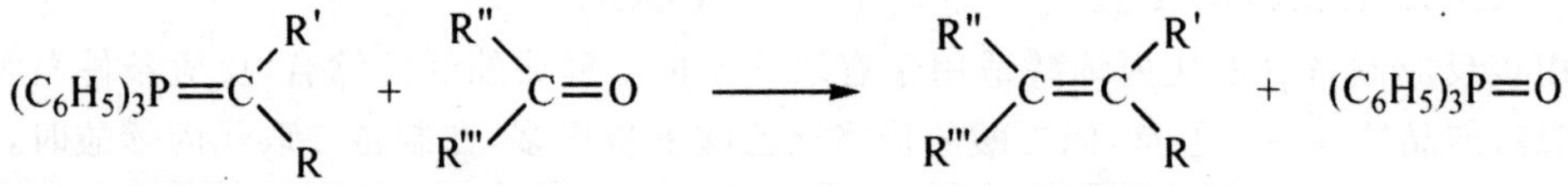

烃代亚甲基三苯基膦是一种黄红色的化合物,由三苯基膦与卤代烷反应得到。根据 R、R′ 结构的不同,可将磷叶立德分为三类:当 R、R′ 为强吸电子基团(如—COOCH₃、—CN 等时,为稳定的叶立德;当 R、R′ 为烷基时,为活泼的叶立德;当 R、R′ 为烯基或芳基时,为中等活度的叶立德。磷叶立德是由三苯基膦和卤代烷反应而得。在制备活泼的叶立德时必须用丁基锂、苯基锂、氨基锂和氨基钠等强碱;而制备稳定的叶立德,由于季膦盐 α-H 酸性较大,用醇钠甚至氢氧化钠即可,反应式为:

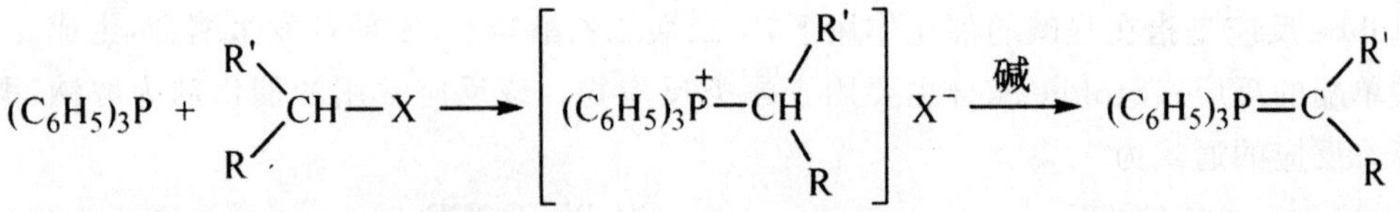

基于 Wittig 反应产率好、立体选择性高且反应条件温和的特点,它在有机合成中的应用较为广泛,尤其在合成某些天然有机化合物(如萜类、甾体、维生素 A 和 D、植物色素、昆虫信息素等)领域内,具有独特的作用。例如,维生素 D₂ 的合成:

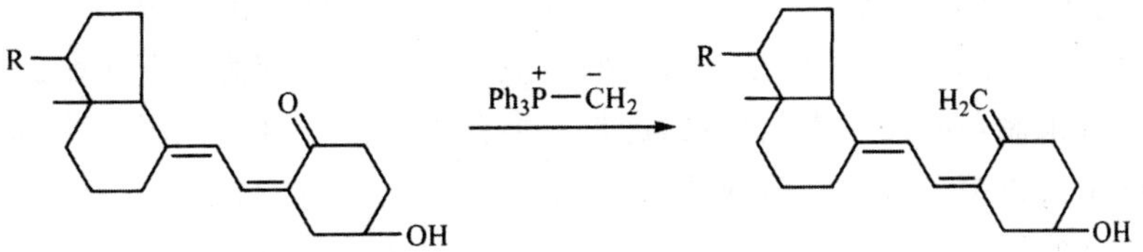

在荧光增白剂的生产和合成研究中 Wittig 反应的应用也比较广泛,如聚合型荧光增白剂中的带水溶性基团的聚酯型共聚物,其中间体就是通过 Wittig 反应来制备的。

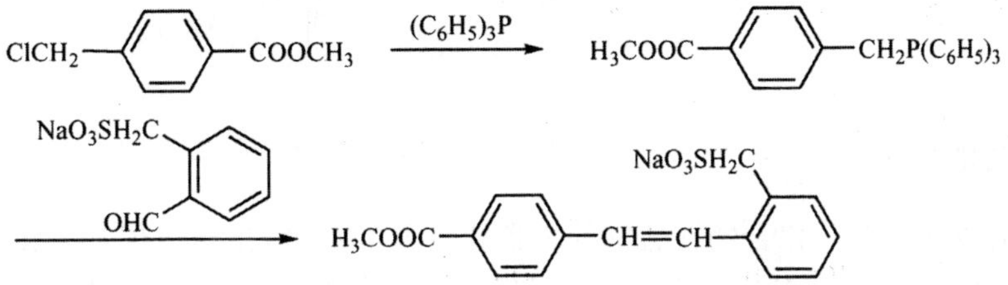

5.2.3　醛酮与醇的缩合

在酸性催化剂作用下,醛、酮很容易与两分子醇缩合,失水变为缩醛或缩酮类化合物。这个反应常被用于工业制备中保护羰基。其反应通式如下:

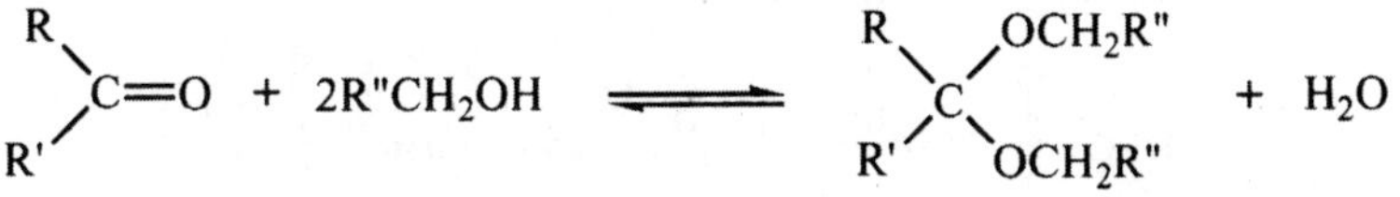

当 R' 为 H 时,为缩醛;当 $R' = R$ 时,为缩酮;当两个 R'' 一起共同构成—CH_2CH_2—时,为茂烷类;当两个 R'' 一起共同构成—$CH_2CH_2CH_2$—时,为噁烷类。这种缩合反应需用无水醇类和无水酸类作催化剂,常用的是干燥氯化氢气体或对甲苯磺酸,也有采用草酸、柠檬酸、磷酸或阳离子交换树脂等。

在制备缩醛二乙醇时,常常利用乙醇、水和苯的共沸原理,帮助去除反应生成的水。形成缩醛要经过许多中间步骤,其反应历程如下:

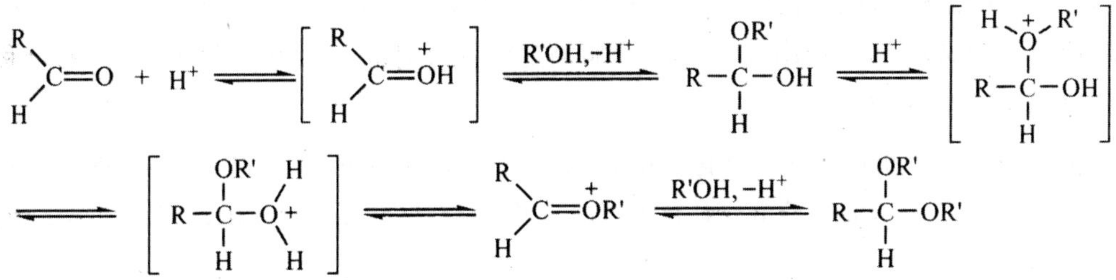

上面各反应步骤均是可逆反应,酸催化下可以生成缩醛,缩醛也可被酸分解为原来的醛和醇。需要注意的是,为了使平衡有利于缩醛的生成,还必须及时去除反应生成的水。

在上述反应条件下,基于平衡反应偏向于反应物方面,酮通常是不能生成缩酮。为了制备缩酮应设法把反应生成的水除去,使平衡移向缩酮产物。此外,另一种制备缩酮的方法是用原甲酸酯而不是不用醇进行反应的,这样可以保证得到较高的产率。例如,酮和原甲酸乙酯的反应式:

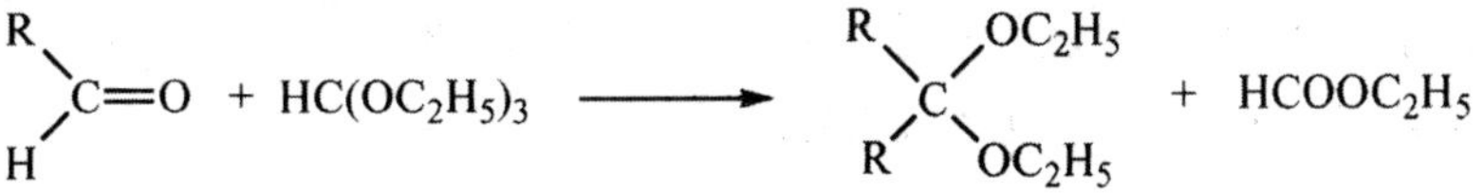

在工业上，醛和酮的二醇缩合具有重要用途，如性能优良的维尼纶合成纤维就是利用上述缩合原理，使水溶性聚乙烯醇在硫酸催化下与甲醛反应，生成缩醛，变为不溶于水。精细有机合成中也常用此类反应来制备缩羰基类化合物，这是一类合成香料。例如，柠檬醛和原甲酸三乙酯在对甲苯磺酸催化下可以缩合成二乙缩柠檬醛，收率可达 85%～92%。

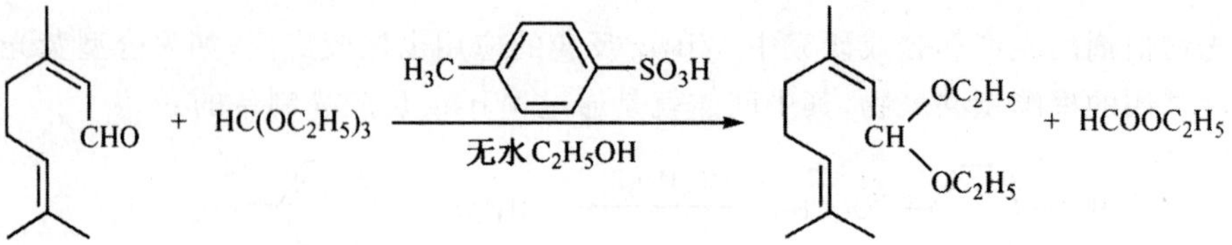

5.2.4 酯的缩合

酯与具有活泼亚甲基的化合物在适宜的碱催化下脱醇缩合，生成 β 羰基类化合物的反应称为酯缩合反应，又称 Claison 缩合。具有活泼亚甲基的化合物可以是酯、酮、腈，其中以酯与酯的缩合较为重要，应用广泛。

脂和含有活性甲基或亚甲基的羰基化合物在强碱作用下，羰基化合物生成 α-碳负离子或烯醇盐。碳负离子作为亲核试剂进攻脂的羰基发生亲核加成-消去反应，生成 β-羟基化合物。该反应是 Claisen 缩合反应。反应机理如下：

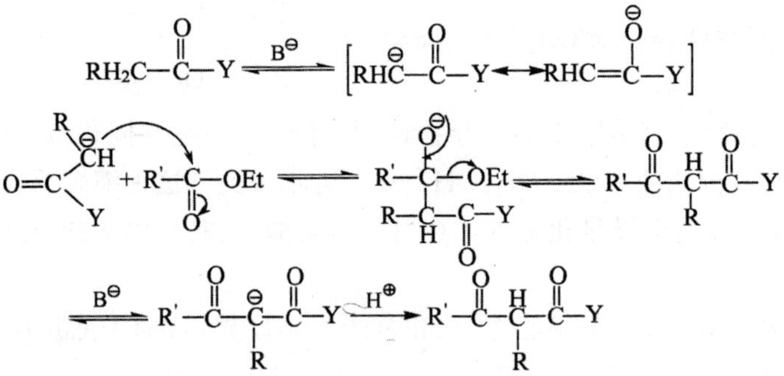

Y 为烃基或烷氧基，该缩合反应的强碱催化剂可以是 RONa、$NaNH_2$、NaH 等强碱催化剂。Claisen 缩合反应又可分为脂-脂合反应和羰-脂缩合反应两类。

1. 脂-脂缩合反应

脂-脂缩合反应是指在醇钠的催化作用下，酯分子中的 α-活泼氢可与另一分子酯脱去一分子醇而互相缩合的反应。例如，两分子乙酸乙酯在乙醇钠作用下脱去一分子乙醇而生成乙酰乙酸乙酯。

$$CH_3-\overset{O}{\overset{\|}{C}}-OC_2H_5 + CH_3-\overset{O}{\overset{\|}{C}}-OC_2H_5 \xrightleftharpoons{C_2H_5ONa} CH_3\overset{O}{\overset{\|}{C}}-CH_2-\overset{O}{\overset{\|}{C}}-OC_2H_5 + C_2H_5OH$$

酯缩合反应相当于一个酯的 α-活泼氢被另一个酯的酰基所取代，含有 α-H 活泼氢的酯都会发生类似反应。如果用含有 α-H 活泼氢的醛、酮代替反应物中提供 α-H 活泼氢的酯，用酰卤、酸酐代替提供酰基的酯，结果发生相同的反应。这样，酯缩合反应所包含的范围就大了。可用通式表示

$$R-\overset{\displaystyle O}{\overset{\|}{C}}-Y \ + \ H-\overset{\displaystyle |}{\underset{\displaystyle |}{C}}-\overset{\displaystyle O}{\overset{\|}{C}} \longrightarrow R-\overset{\displaystyle O}{\overset{\|}{C}}-\overset{\displaystyle |}{\underset{\displaystyle |}{C}}-\overset{\displaystyle O}{\overset{\|}{C}} \ + HY$$

（酯、酰卤或酸酐等提供酰基）（酯、醛或酮等提供 α – H）（β – 二羰基化合物）

上述类型反应总称为克莱森（Claise）缩合反应，常用于 β 酮酸酯和 β- 二酮的制取。

酯与酯的缩合大致可分三种类型：

①相同的酯分子间的缩合称为同酯缩合。

②不同的酯分子间的缩合称为异酯缩合。

③二元羧酸分子内进行的缩合。

（1）酯的自身缩合

酯分子中活泼 α-H 的酸性不如醛、酮大，酯羰基碳上的正电荷也比醛、酮小，加上酯易发生水解的特点，故在一般羟醛缩合反应条件下，酯不能发生类似的缩合。

在无水条件下，使用活性更强的碱作催化剂，两分子的酯可以通过消除一分子的醇缩合在一起，总反应式如下：

$$RCH_2-\overset{\displaystyle O}{\overset{\|}{C}}-OC_2H_5 + HCH-COOC_2H_5 \xrightarrow[\text{2) } H^+]{\text{1) } EtONa} RCH_2-\overset{\displaystyle O}{\overset{\|}{C}}-\underset{\displaystyle R}{CH}-COOC_2H_5 + C_2H_5OH$$

其反应历程为：在催化剂乙醇钠的作用下，酯先生成负碳离子，并向另一分子酯的羰基碳原子进行亲核进攻，得初始加成物；初始加成物消除烷氧负离子，生成 β-酮酸酯。反应历程为

$$RCH_2COOC_2H_5 + C_2H_5ONa \rightleftharpoons \left[RC\overset{-}{H}-\underset{\displaystyle OC_2H_5}{\overset{\displaystyle O}{\overset{\|}{C}}} \longleftrightarrow RCH=\underset{\displaystyle OC_2H_5}{\overset{\displaystyle O^-}{C}} \right] Na^+ + C_2H_5OH$$

$$RCH_2-\underset{\displaystyle OC_2H_5}{\overset{\displaystyle O}{\overset{\|}{C}}} + \left[\overset{-}{\underset{\displaystyle R}{C}}H-\overset{\displaystyle O}{\overset{\|}{C}}-OC_2H_5 \right] Na^+ \rightleftharpoons RCH_2-\underset{\displaystyle OC_2H_5}{\overset{\displaystyle O^-Na^+}{C}}-\underset{\displaystyle R}{CH}-COOC_2H_5$$

$$\rightleftharpoons RCH_2-\overset{\displaystyle O}{\overset{\|}{C}}-\underset{\displaystyle R}{CH}-COOC_2H_5 + C_2H_5ONa$$

一般来说，含有活泼 α-H 的酯均可发生自身缩合反应。当含两个或三个活泼 α-H 的酯缩合时，产物 β-酮酸酯的酸性比醇大得多，在有足够量的醇钠等碱性催化剂作用下，产物几乎可以全部转化成稳定的 β-酮酸酯钠盐，从而使反应平衡向右移动。当含一个活泼 α-H 的酯缩合时，因其缩合产物不能与醇钠等碱性催化剂成盐，不能使平衡右移，因此，必须使用比醇钠更强的碱，以促使反应顺利进行。

酯缩合反应需用强碱作催化剂，催化剂的碱性越强，越有利于酯形成负碳离子而使平衡向生成物方向移动。常用碱催化剂有醇钠、氨基钠、氢化钠和三苯甲基钠。碱强度按上述顺序渐强。催化剂的选择和用量因酯活泼 α-H 的酸度大小而定。活泼 α-H 酸性强，选用相对碱性较弱的醇钠，用量相对也较小；活泼 α-H 酸性弱，选用强碱，用量也增大。

酯缩合反应在非质子溶剂中进行比较顺利。常用的溶剂有乙醚、四氢呋喃、乙二醇二甲醚、苯及其同系物，二甲基亚砜（DMSO）、二甲基甲酰胺（DMF）等。有些反应也可以不用溶剂。酯

合反应需在无水条件下完成,这是由于催化剂遇水容易分解并有氢氧化钠生成,后者可使酯水解皂化,从而影响酯缩合反应进行。

(2)混合酯缩合

类似于两个不同的但都含 α-活泼氢的醛进行醇醛缩合,如果使用两个不同的但都含有 α-活泼氢的酯进行混合缩合,理论上将得到四种不同的产物,且不容易分离,但这种合成产物并没有多大的价值。因此混合酯缩合一般采用一个含有活泼氢而另一个不含活泼氢的酯进行缩合,这样就能得到单一的产物。常用的不含 α-活泼氢的酯有甲酸酯、苯甲酸酯和乙二酸酯。

乙二酸酯由于有相邻的两个酯基而增加了羰基的活性,因此它和别的酯发生缩合反应相对比较容易。

$$C_2H_5OC{\overset{O}{\overset{\|}{-}}}C{\overset{O}{\overset{\|}{-}}}OC_2H_5 \ + \ CH_3CH_2C{\overset{O}{\overset{\|}{-}}}OC_2H_5 \xrightarrow[\textcircled{2}H^+]{\textcircled{1}NaOC_2H_5} CH_3\underset{\underset{COCOOC_2H_5}{|}}{CH}COOC_2H_5$$

与乙二酸酯缩合的是长碳链的脂肪酸酯时,其产率很低,若想提高产率,就可采用把产物乙醇蒸出反应系统的方法。

$$(COOC_2H_5)_2 + C_{16}H_{33}COOC_2H_5 \xrightarrow[\textcircled{2}H^+]{\textcircled{1}HaOC_2H_5} C_{15}H_{31}\underset{\underset{COCOOC_2H_5}{|}}{CH}COOC_2H_5$$

乙二酸酯的缩合产物中含有一个 α-羰基酸酯的基团,加热时会失去一分子一氧化碳,成为取代的丙二酸酯。例如,苯基取代的丙二酸酯,不能用溴苯进行芳基化来制取,但可用下法制得

$$C_6H_5CH_2COOC_2H_5 + (COOC_2H_5)_2 \xrightarrow[\textcircled{2}H^+]{\textcircled{1}C_2H_5ONa} C_6H_5\underset{\underset{COCO_2C_2H_5}{|}}{CH}CO_2C_2H_5$$

$$\xrightarrow[-CO]{175℃} C_6H_5-\underset{\underset{CO_2C_2H_5}{|}}{CH}CO_2C_2H_5$$

在醇钠催化作用下,用甲酸乙酯与苯乙酸乙酯缩合可得 β-甲酰苯乙酸乙酯,再经催化氢化,可得颠茄酸酯。

$$C_6H_5CH_2CO_2C_2H_5 + HCOOC_2H_5 \xrightarrow{CH_3ONa} C_6H_5\underset{\underset{CHO}{|}}{CH}CO_2C_2H_5 \xrightarrow[Ni]{H_2} C_6H_5\underset{\underset{CH_2OH}{|}}{CH}COOC_2H_5$$

基于苯甲酸酯的羰基不够活泼这样特点,在缩合过程中需要用到更强的碱,如 NaH,以使含及 α-活泼氢的酯产生更多的负碳离子,保证反应能够顺利进行。

$$C_6H_5COOCH_3 + CH_3CH_2COOC_2H_5 \xrightarrow{NaH} C_6H_5CO\underset{\underset{CH_3}{\overset{CH_3}{|}}}{C}COOC_2H_5 \xrightarrow{H^+} C_6H_5CO\underset{\underset{CH_3}{\overset{CH_3}{|}}}{CH}COOC_2H_5$$

(3)分子内酯酯缩合

二元酸酯可以发生分子内的和分子间的酯缩合反应。

当分子中的两个酯基被三个以上的上的碳原子隔开时,就会发生分子内的缩合反应,形成五员环或六员环的酯,这种环化酯缩合反应又称为狄克曼反应。例如:

当两个酯基之间只被三个或三个以下的碳原子隔开时,就不能发生闭环酯缩合反应,而是形

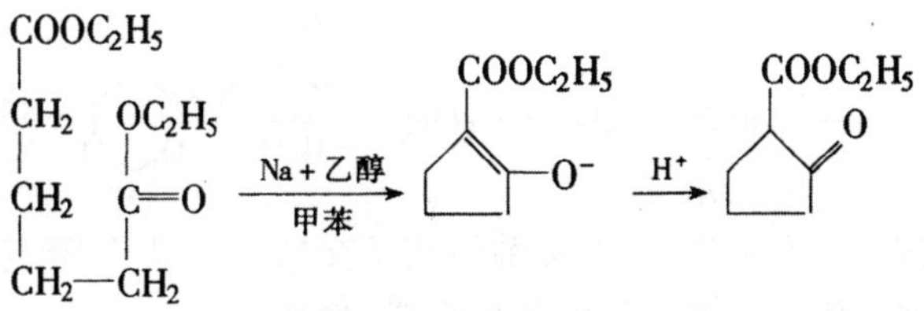

成四员环或小于四员环的体系。可以利用这种二元酸酯与不含 α-活泼氢的二元酸进行分子间缩合，同样也可得到环状羰基酯。例如，在合成樟脑时，其中有一步反应就是用 β-二甲基戊二酸酯与草酸酯缩合，得到五员环的二 β-羰基酯。

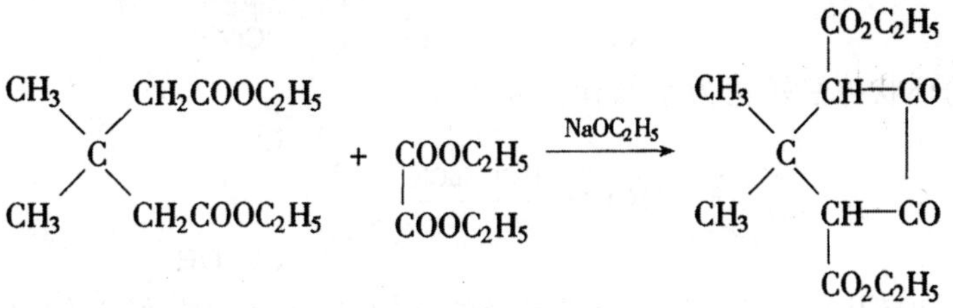

2. 酯-酮缩合反应

酯-酮缩合的反应机理与酯-酯缩合类似。在碱性催化剂作用下，酮比酯更容易形成碳负离子，因此产物中常混有酮自身缩合的副产物；若酯比酮更容易形成碳负离子，则产物中混有酯自身缩合的副产物。显然，不含 α-活泼氢的酯与酮间的缩合所得到的产物纯度更高。

在碱性条件下，具有 α-H 的酮与酯缩合失去醇生成 β-二酮：

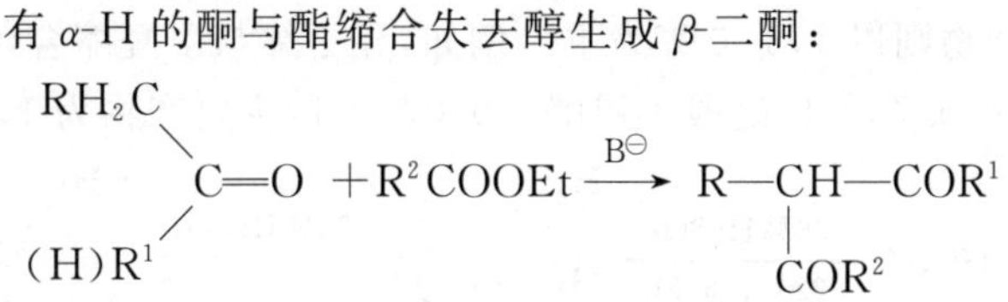

为了防止醛酮和酯都会发生自缩合反应，一般将反应物醛酮和酯的混合溶液在搅拌下滴加到含有碱催化剂的溶液中。醛酮的 α-碳负离子亲核进攻酯羰基的碳原子。由于位阻和电子效应两方面的原因，草酸酯、甲酸酯和苯甲酸酯比一般的羧酸酯活泼。

5.2.5　烯键参加的缩合反应

1. Prins 反应

烯烃与醛在酸催化下加成而得 1,3-二醇或其环状缩醛 1,3-二氧六环及 α-烯醇的反应称 Prins 反应，反应如下：

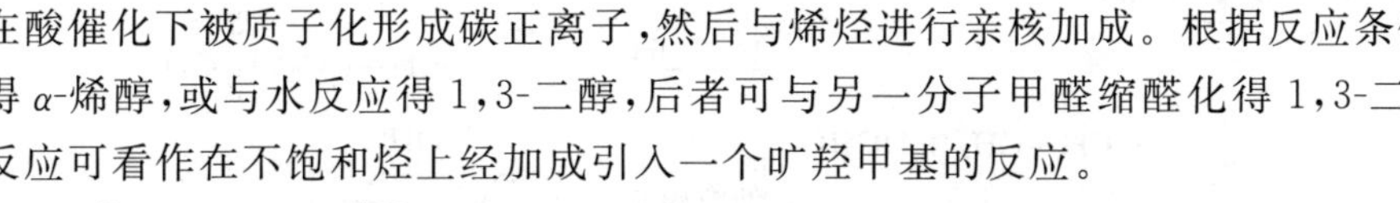

甲醛在酸催化下被质子化形成碳正离子，然后与烯烃进行亲核加成。根据反应条件不同，加成物脱氢得 α-烯醇，或与水反应得 1,3-二醇，后者可与另一分子甲醛缩醛化得 1,3-二氧六环型产物。此反应可看作在不饱和烃上经加成引入一个旷羟甲基的反应。

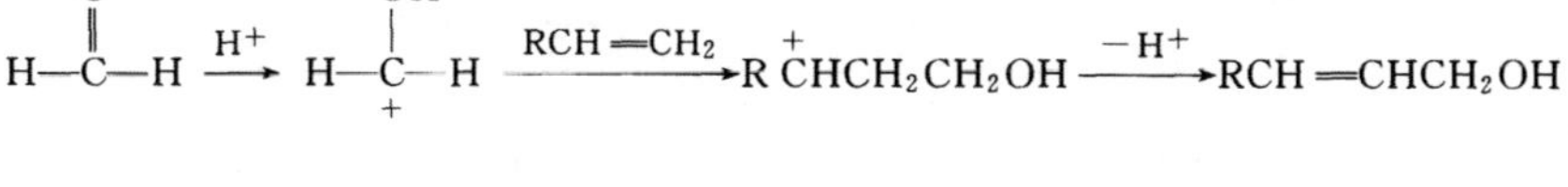

$$\xrightarrow{\text{H}_2\text{O}} \underset{\underset{\text{OH}}{|}}{\text{RCH}}-\text{CH}_2-\text{CH}_2\text{OH} \xrightarrow[-\text{H}_2\text{O}]{\overset{\overset{\text{O}}{\|}}{\text{HCH}}} \text{R}-\square$$

反应通常用稀硫酸催化,亦可用磷酸、强酸性离子交换树脂以及 BF_3、$ZnCl_2$ 等 Lewis 酸作催化剂。如用盐酸催化,则可能产生严氯代醇的副反应,例如:

$$\square +\text{HCl} \longrightarrow \underset{\underset{\text{Cl}}{|}}{\text{RCH}}-\underset{\underset{}{\overset{\text{R}'}{|}}}{\text{CH}}-\text{CH}_2\text{OH} \quad \left[\text{或} \ \underset{\underset{\text{Cl}}{|}}{\text{RCH}}-\underset{\overset{\text{R}'}{|}}{\text{CH}}-\text{CH}_2\text{Cl}\right]$$

也能使生成的环状缩醛转化为 γ-氯代醇。

$$\square +\text{HCHO} \xrightarrow{\text{HCl}/\text{ZnCl}_2} \square$$

生成 1,3-二醇和环状缩醛的比例取决于烯烃的结构、催化剂的浓度以及反应温度等因素。乙烯本身参加反应需要相当剧烈的条件,反应较难进行,而烃基取代的烯烃反应比较容易,RCH—CHR 型烯烃反应主要得到 1,3-二醇,但收率较低。而 $(R)_2C$—CH_2 或 RCH—CH_2 型烯烃反应后主要得环状缩醛,收率也较好。反应条件也有一定影响,如果缩合反应在 25℃～26℃ 和质量分数为 20%～65% 的硫酸溶液中进行,主要生成环状缩醛及少量 1,3-二醇副产物。

若提高反应温度,产物则以 1,3-二醇为主。例如,异丁烯与甲醛缩合,采用 25% 的 H_2SO_4 催化,配比为异丁烯:甲醛=0.73:1,硫酸:甲醛=0.073:1,主要产物为 1,3-二醇。

$$\underset{\text{H}_3\text{C}}{\overset{\text{H}_3\text{C}}{>}}\text{C}=\text{CH}_2 + \text{HCHO} \xrightarrow[32℃,\ 5.5\text{h}]{25\%\text{H}_2\text{SO}_4} \square \xrightarrow[70℃]{25\%\text{H}_2\text{SO}_4} \underset{\underset{\text{CH}_3}{|}\ \underset{\text{OH}}{|}}{\overset{\overset{\text{CH}_3}{|}}{\text{C}}}-\text{CH}_2\text{CH}_2\text{OH}$$

某些环状缩醛,特别是由 RCH=CH_2 或 RCH—CHR' 形成的环状缩醛,在酸液中较高温度下水解,或在浓硫酸中与甲醇在一起回流醇解均可得 1,3-二醇。

$$\square \xrightarrow[\triangle]{\text{CH}_3\text{OH}/\text{H}_2\text{SO}_4} \underset{\underset{\text{OH}}{|}}{\text{CH}_3\text{CH}}-\text{CH}_2-\text{CH}_2\text{OH}$$

Prins 反应中,除使用甲醛外,亦可使用其他醛,例如:

$$\square + \square \xrightarrow[\triangle]{\text{KSF}} \square$$

苯乙烯与甲醛亦可进行 Prins 缩合。

$$\square\text{CH}=\text{CH}_2 + \text{HCHO} \xrightarrow{\text{HCOOH}} \ \xrightarrow{\text{酸性树脂}}$$

2. Diels-Alder 反应

共轭二烯与烯烃、炔烃进行加成,生成环己烯衍生物的反应称为 Diels-Alder 反应,也称为双烯合成反应。它是六个 π 电子参与的[4+2]环加成协同反应。共轭二烯简称二烯,而与其加成的烯烃、炔烃称为亲二烯。亲二烯加到二烯的 1,4-位上。

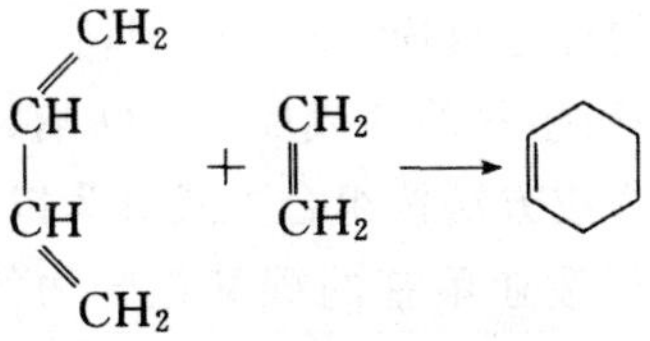

参加 Diels-Alder 反应的亲二烯,不饱和键上连有吸电子基团(—CHO、—COR、—COOH、—COCl、—COOR、—CN、—NO$_2$、—SO$_2$Ar 等)时容易进行反应,而且不饱和碳原子上吸电子基团越多,吸电子能力越强,反应速率亦越快。其中,α-不饱和羰基化合物与 β-不饱和羰基化合物为最重要的亲二烯。对于共轭二烯来说,分子中连有给电子基团时,可使反应速率加快,取代基的给电子能力越强,二烯的反应速率越快。另外,共轭二烯可以是开链的、环内的、环外的、环间的或环内-环外的。

发生 Diels-Alder 反应时,两个双键必须是顺式,或至少是能够在反应过程中通过单键旋转而转变为顺式构型。

如果两个双键固定于反式的结构,则不能发生 Diels-Alder 反应。如 Diels-Alder 反应可被 AlCl$_3$、BF$_3$、SnCl$_4$、TiCl$_4$ 等 Lewis 酸所催化,从而提高反应速率,降低反应条件。其反应式为

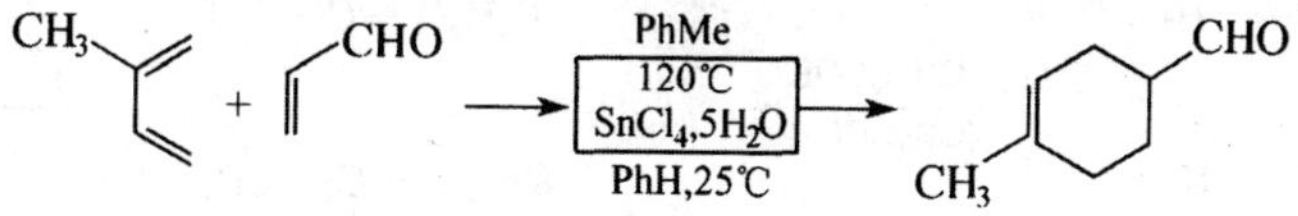

含有杂原子的二烯或亲二烯也能发生 Diels-Alder 反应,生成杂环化合物,例如:

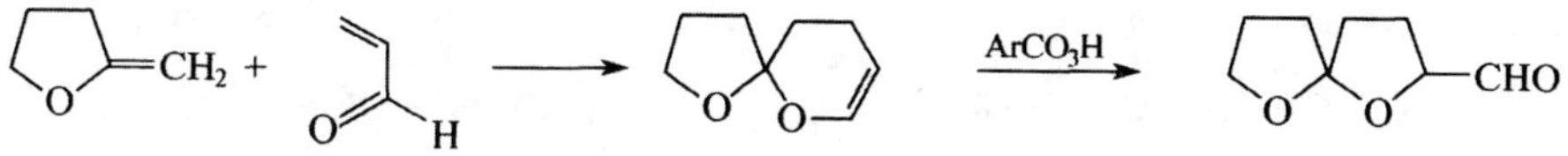

此外分子内的 Diels-Alder 反应也能发生,可制备多环化合物。

由于二烯及亲二烯都可以是带有官能团的化合物,因此利用 Diels-Alder 反应可以合成带有不同官能团的环状化合物。

5.2.6　成环缩合反应

成环缩合反应称为环合或闭环反应,是指在有机化合物分子中形成新的碳环或杂环的反应。根据大量事实,成环缩合反应大致可以归纳出以下规律:

①具有芳香性的六元环和五元环都比较稳定,而且也比较容易形成。

②除了少数以双键加成方式形成环状结构外,大多数环合反应在形成环状结构时,总是脱落某些简单的小分子。

③为了促进上述小分子的脱落,常常需要使用环合促进剂。

④反应物分子中适当位置上必须有反应性基团,使易于发生内分子闭环反应。

杂环缩合反应是染料、农药、医药等精细化学品的合成中比较重要的成环反应。杂环缩合指的是通过碳-杂键、碳-碳键的形成,使开链化合物转变为杂环化合物的反应。杂环中的杂原子可以是 O、N、S、B、P 等,其中最常见的是 O、N、S。

1. 五元杂环的环合反应

(1)含一个杂原子的五元杂环的环合反应

常见的有呋喃、吡咯、噻吩及其衍生物的合成反应。呋喃、吡咯和噻吩的合成方法很多,但可以从这些分子的骨架构成上,将其合成方法按组合方式分为以下几种类型来讨论。

①Knorr 反应。α-氨基酮和含活泼亚甲基的羰基化合物的缩合反应称为 Knorr 反应,这是合成吡咯衍生物的一种重要方法。

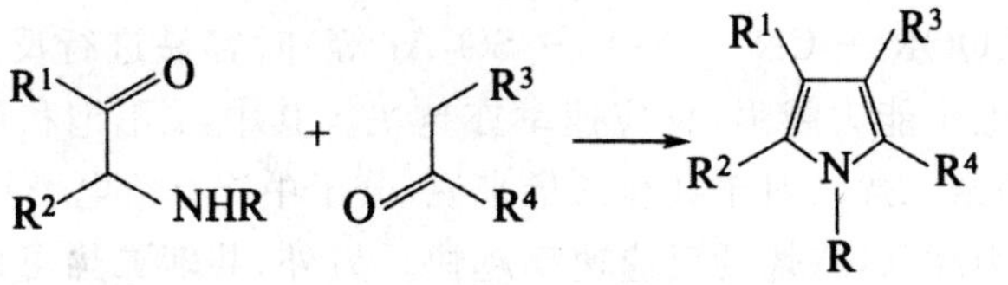

式中,R—H、烷基、芳基,例如:

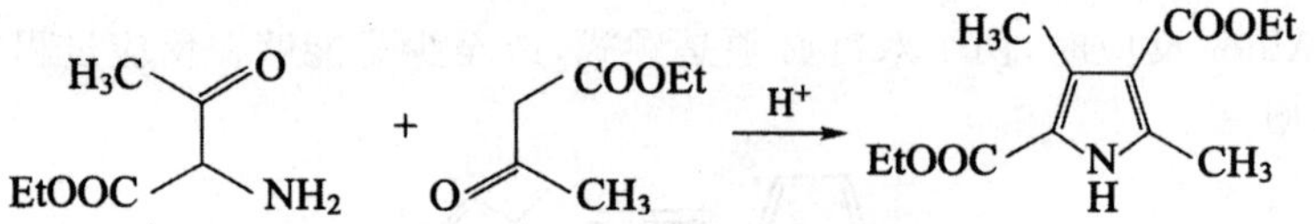

②Hinsberg 反应。α-二羰基化合物与活泼的硫醚二羧酸酯作用生成取代噻吩的反应称为 Hinsberg 反应,这是一个应用很广泛的反应。其反应历程表示为

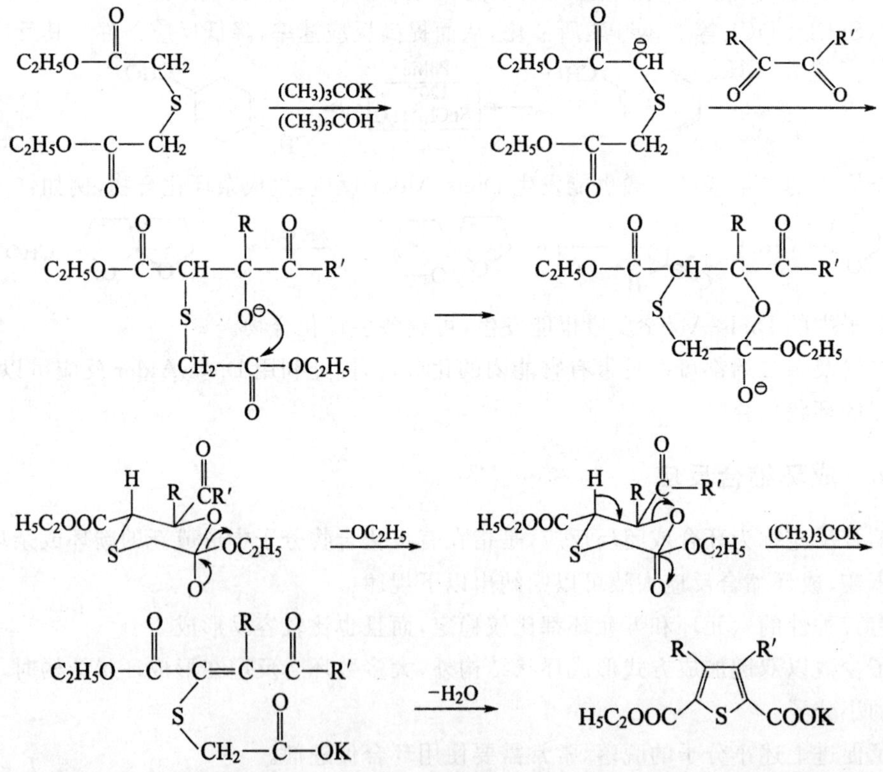

式中,R 和 R′为烷基、芳基、烷氧基、羟基、羧基和氢原子等。当 R＝R′＝C_6H_5 时,产率为 93％,

由上式可见,这个反应是硫醚分子中的 2 个活泼亚甲基对 α-二羰基的两次亲核的加成消除反应。

③Hantzsch、Feist-Benary 反应。α-卤代醛(或酮)与 β-羰基酯或其类似物在氨或胺存在下反应,生成吡咯衍生物的反应叫 Hantzsch 反应。

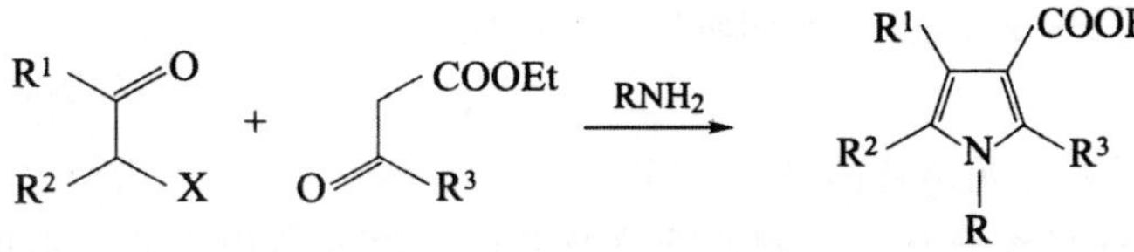

式中,R,R^1,R^2,R^3=H、烷基或芳基;X=Cl 或 Br,例如:

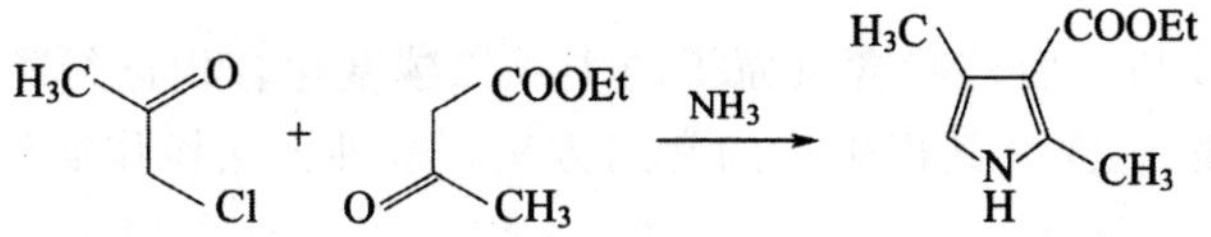

若将上述反应中的氨改为吡啶,则生成呋喃衍生物,该反应称为 Feist-Benary 反应。

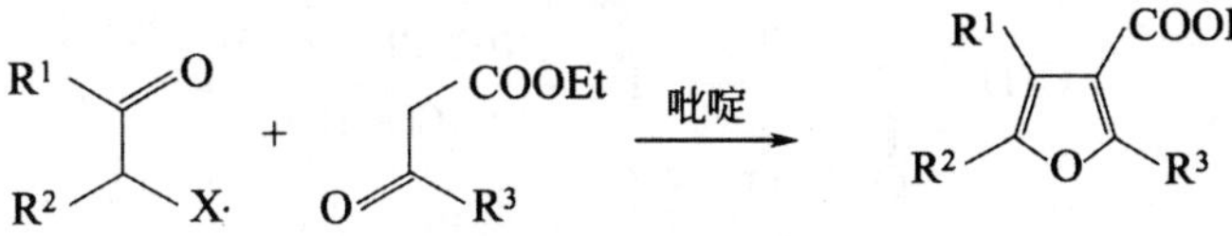

④Paal-Knorr 反应。1,4-二羰基化合物与适当的试剂作用生成呋喃、吡咯、噻吩及其衍生物的反应称为 Paal-Knorr 反应。这种反应产率高、条件温和,是合成单杂原子五元杂环化合物的重要方法。把催化剂 Bi(OTf)$_3$ 固定在离子液体[Bmim]BF$_4$ 中,催化 1,4-二羰基化合物和相应原料选择性地发生 Paal-Knorr 缩合反应,可以高产率地合成吡咯、噻吩和呋喃等五元杂环化合物。

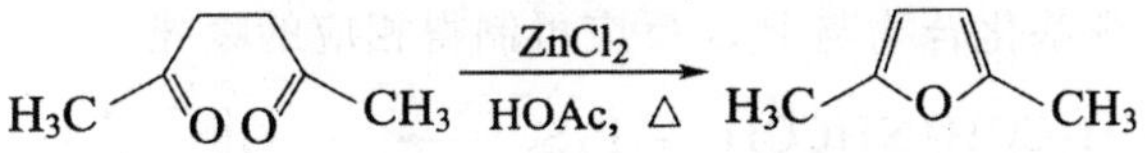

1,4-二羰基化合物与氨、碳酸铵、烷基伯胺、芳胺、杂环取代伯胺、肼和氨基酸等许多含氮化合物都能发生环合反应制得相应的吡咯或吡咯衍生物,例如:

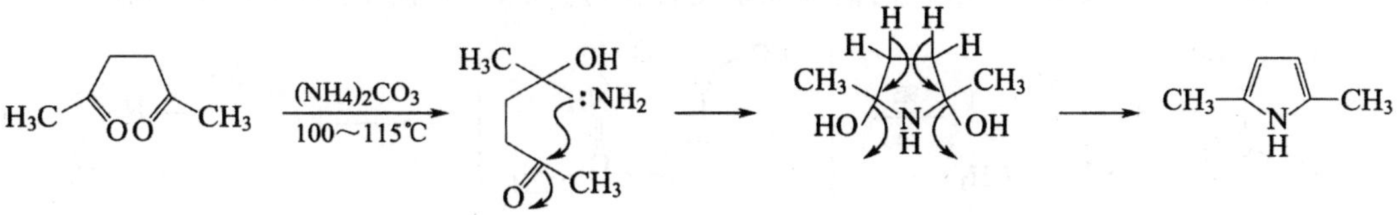

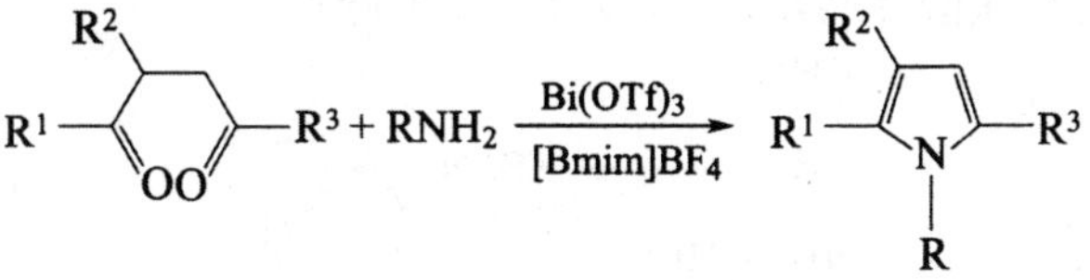

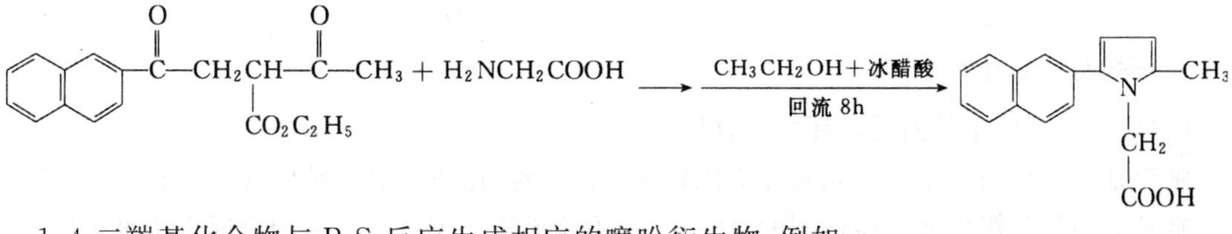

1,4-二羰基化合物与 P$_2$S$_5$ 反应生成相应的噻吩衍生物,例如:

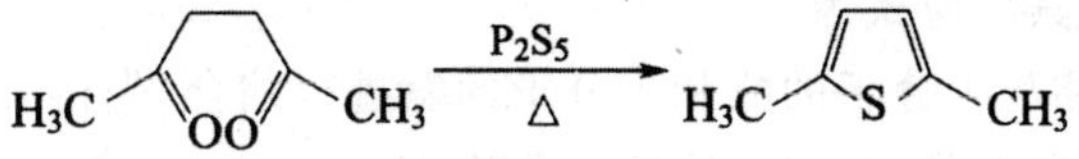

1,4-二羰基化合物本身在浓硫酸等脱水剂的作用下，生成相应的呋喃衍生物。

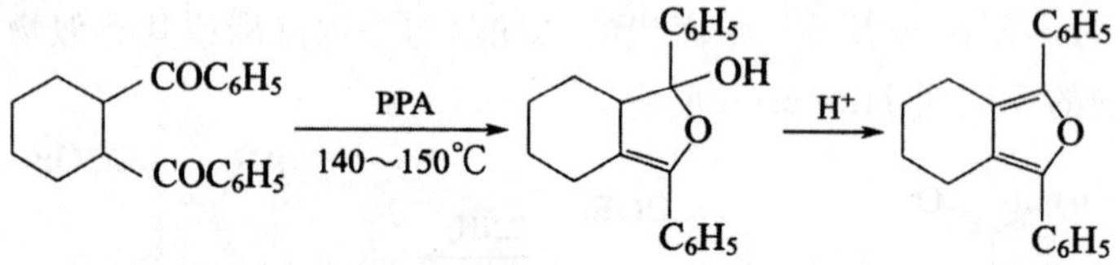

（2）含两个杂原子的五元杂环的环合反应

利用两个相应分子的缩合环化是制备咪唑及其衍生物的通用方法。根据所用原料的不同，可分为以下几种方法。

①[4＋1]型环合反应。由链状含氮原子的1,4-二羰基化合物进行类似 Paal-Knorr 型的环化反应，这是合成咪唑、噻唑及其衍生物的常用方法。这种方法操作简便，产率高，主要原料易得。例如：

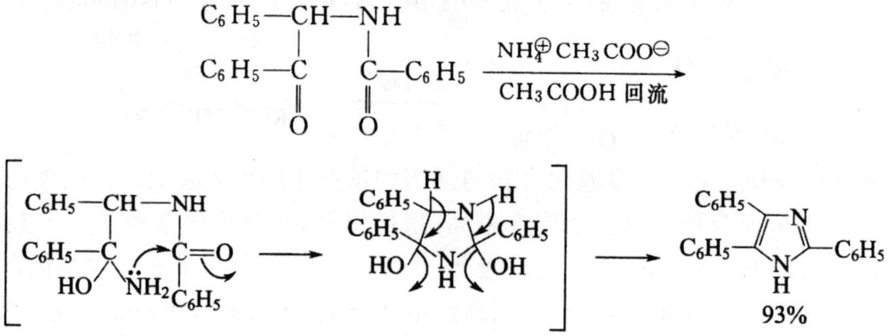

含氮原子的1,4-二羰基化合物与 P_2S_5 反应可制得相应的噻唑。

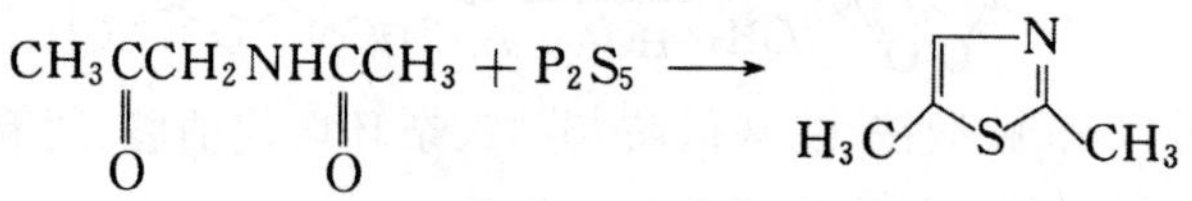

②[2＋3]型环合反应。α-取代的活泼羰基化合物与乙硫酰胺作用生成噻唑衍生物。

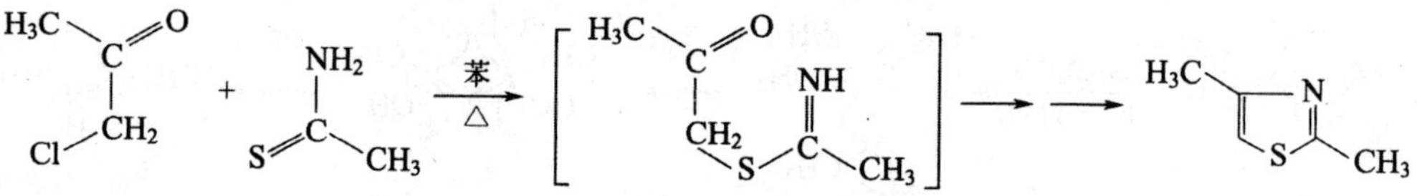

用 α-氨基酮或醛与硫氰酸钾共热，生成较高产率的咪唑。

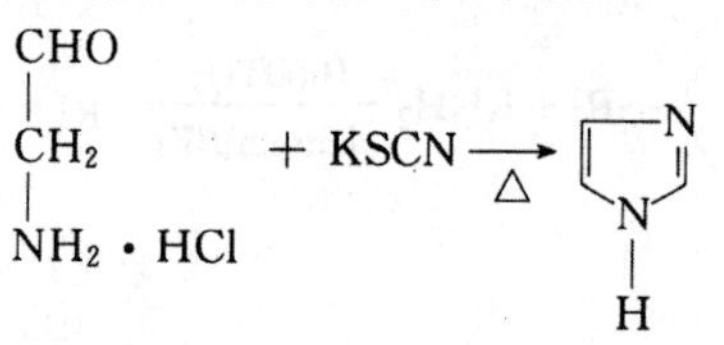

2.六元杂环的环合反应

（1）含一个杂原子的六元杂环的环合反应

吡啶是含一个杂原子的六元杂环中比较重要的一种，这里就对吡啶及其衍生物进行讨论。

吡啶最初是从煤焦油分离得到的，现在多采用合成法。工业上吡啶的合成方法是采用乙醛、甲醛与氨气相反应而得，其反应式为：

由2分子的 β-酮酸酯与1分子的醛和1分子的氨进行缩合，先得二氢吡啶环系，再经氧化脱氢，即生成一个相应的对称取代的吡啶，该反应称为 Hantzsch 反应。这个反应应用很广，是合成

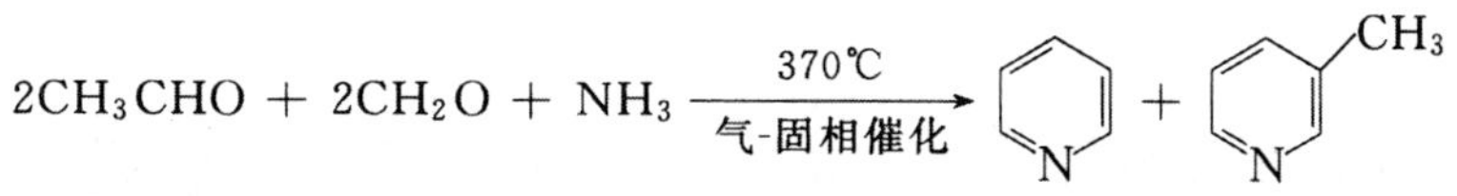

$$2CH_3CHO + 2CH_2O + NH_3 \xrightarrow[\text{气-固相催化}]{370℃}$$

各种取代吡啶的最重要的方法之一，例如：

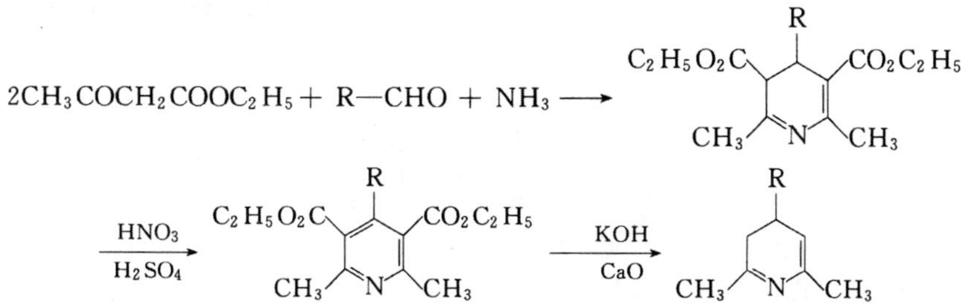

$$2CH_3COCH_2COOC_2H_5 + R—CHO + NH_3 \longrightarrow$$

$$\xrightarrow[H_2SO_4]{HNO_3} \qquad \xrightarrow[CaO]{KOH}$$

与 Hantzsch 反应类似，以各种不同的羰基化合物为原料，可以制得各种取代的吡啶衍生物。例如，β-二羰基化合物与 α-氰基乙酰胺反应，脱去两分子水后环合生成吡啶环系化合物，反应式为

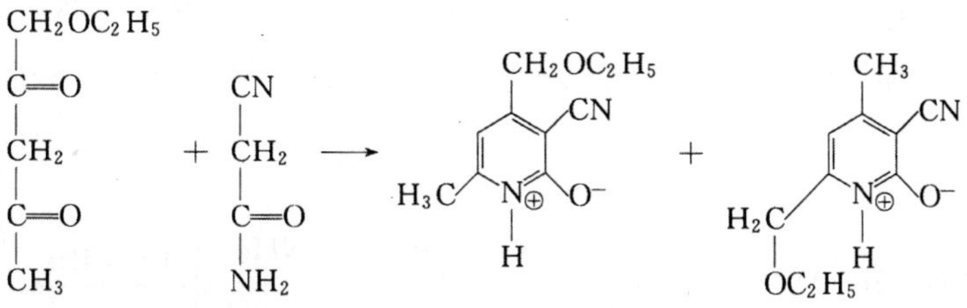

这个反应曾是合成维生素 B_6 的一种方法。

1,5-二羰基化合物与氨反应，中间可能先生成羟氨基羰基化合物，然后发生加成消除反应得到吡啶或吡啶衍生物，可表示为

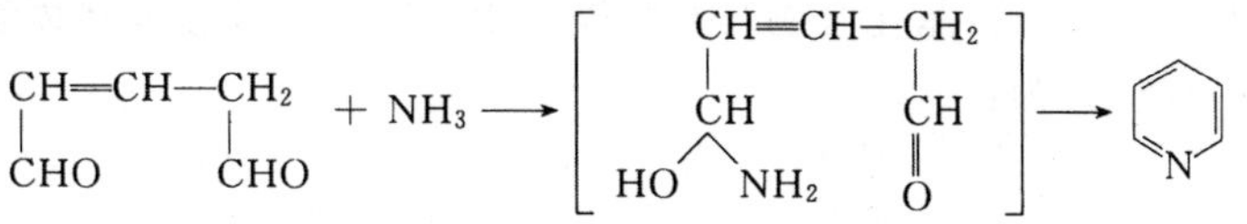

用含 4 个碳原子以上的链状 α,β-不饱和醛与甲醛缩合，然后在催化剂作用下和氨反应可得吡啶或吡啶衍生物，例如：

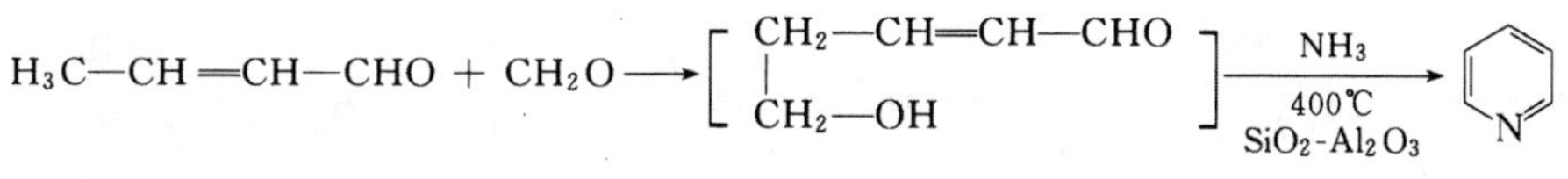

$$H_3C—CH=CH—CHO + CH_2O \longrightarrow \left[\begin{array}{c}CH_2—CH=CH—CHO\\|\\CH_2—OH\end{array}\right] \xrightarrow[SiO_2\text{-}Al_2O_3]{NH_3\ 400℃}$$

（2）含两个杂原子的六元杂环的环合反应

① [3+3] 型环合反应。合成嘧啶最简便的方法是采用 [3+3] 型的环合方法，即由一个含三碳链单位和含一个 N～C～N 链单位缩合而成，可表示为

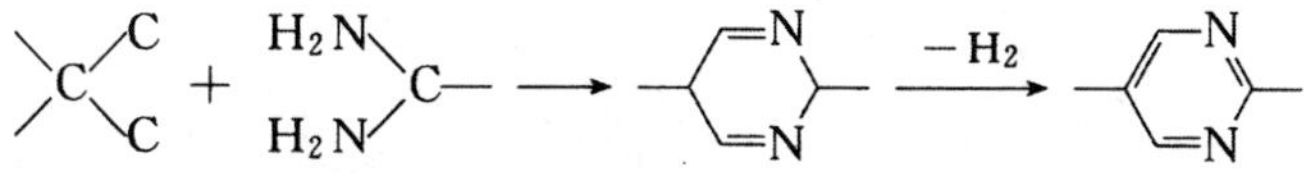

$$\xrightarrow{-H_2}$$

通常用于合成嘧啶的三碳链化合物有 1,3-丙二醛、β-酮醛、β-酮酯、β-酮腈、丙二酸酯、丙二腈等，含氮部分为尿素、硫脲等。例如：

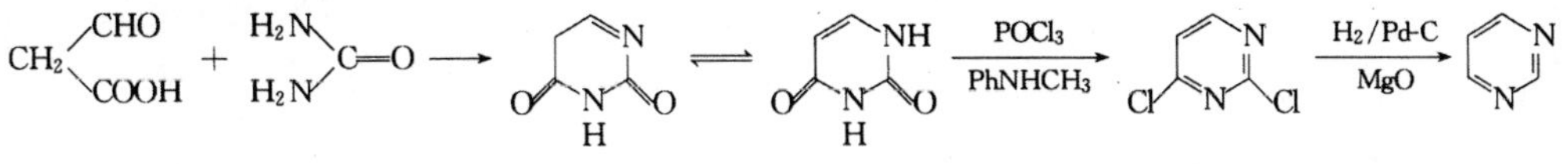

$$\xrightarrow[PhNHCH_3]{POCl_3} \qquad \xrightarrow[MgO]{H_2/Pd\text{-}C}$$

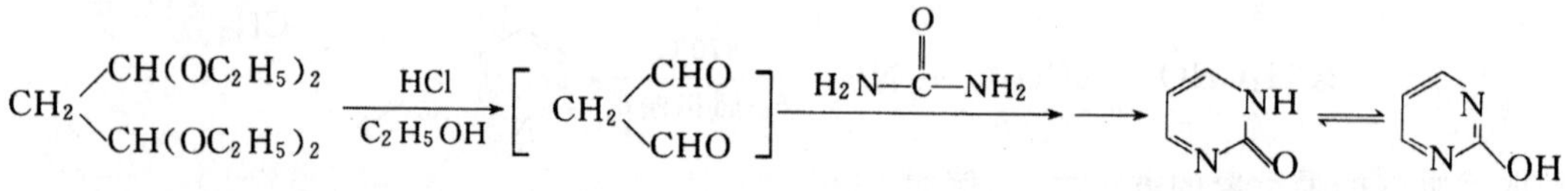

实验室合成嘧啶采用 β-羰基酸和尿素缩合，然后经卤代、氢化、脱卤反应制得。

②[4+2]型环合反应。

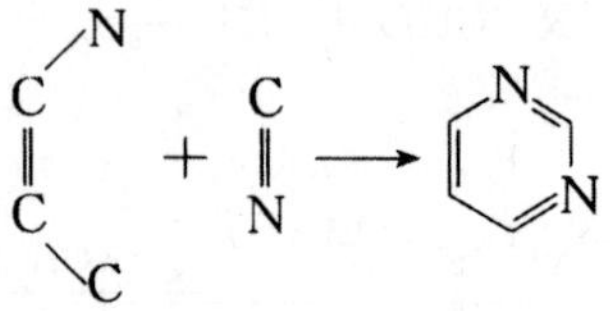

这里的"4"和"2"可以有各种不同结构类型的分子，例如：

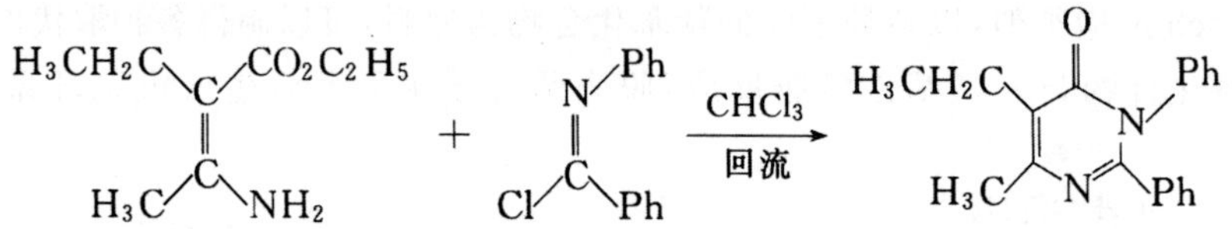

苯乙腈与甲酰胺缩合生成 α-氰基-β-氨基苯乙烯，然后再与一分子甲酰胺反应制得取代嘧啶，可表示为

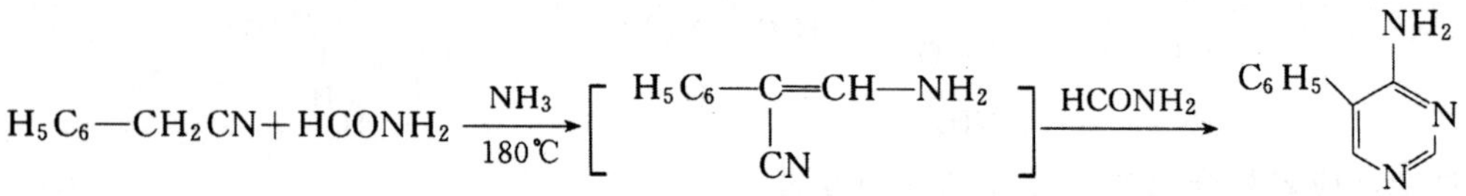

（3）苯并六元杂环的环合反应

这里主要就喹啉及其衍生物进行讨论。

①Combes 反应。1,3-二羰基化合物与芳胺缩合生成高收率的 β-氨基烯酮，然后它在浓酸条件下发生环合反应，反应式为：

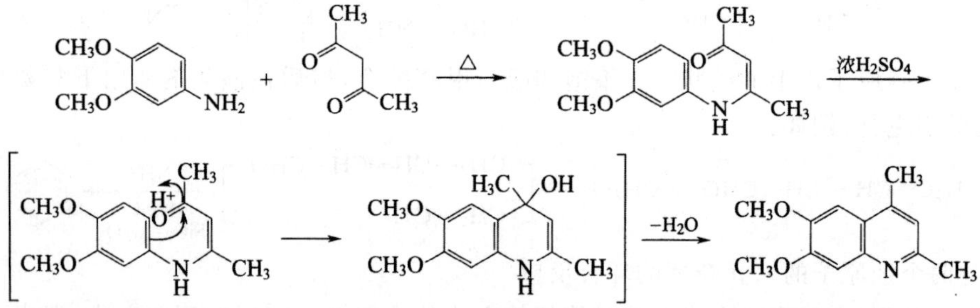

另外，β-酮酸酯(或丁炔二酸酯)与芳胺缩合，再经环合可制得喹啉衍生物，例如：

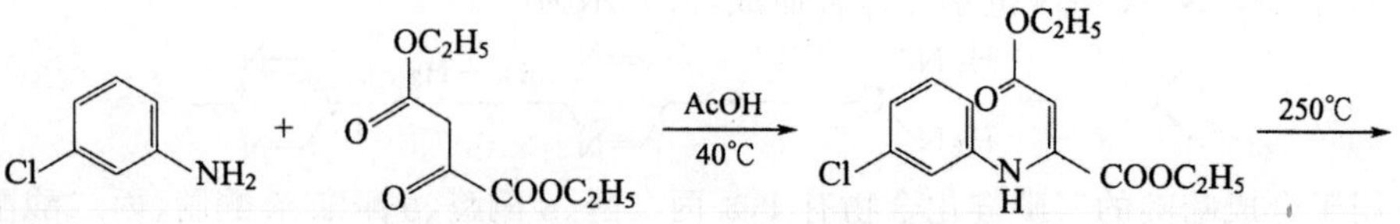

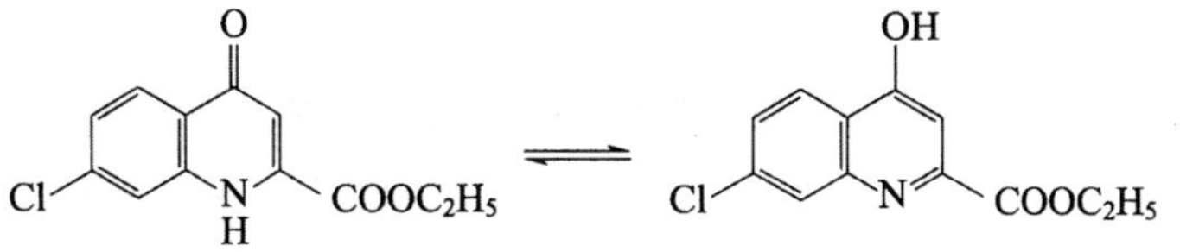

②Skraup 反应。将苯胺、甘油的混合物与硝基苯和浓硫酸一起加热生成喹啉的反应称为 Skraup 反应,例如:

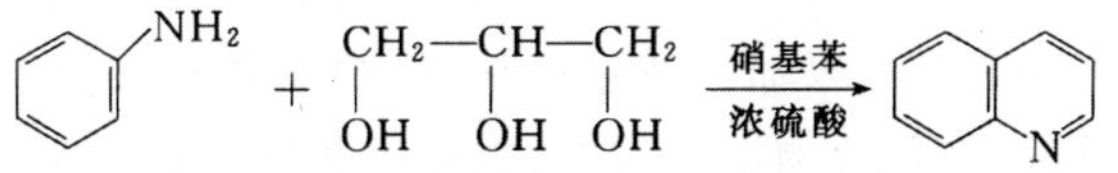

在这个反应中,首先甘油在浓硫酸作用下脱水生成丙烯醛,丙烯醛再与苯胺发生 Michael 加成,加成产物在酸作用下闭环生成 1,2-二氢喹啉,最终在氧化剂作用下脱氢生成喹啉,可表示为

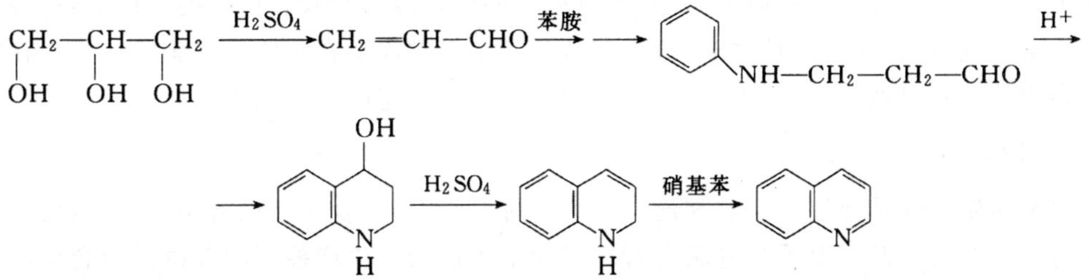

Skraup 反应是一个应用非常广泛的反应,通过选择不同的芳香胺和取代的 α,β-不饱和羰基化合物,能够合成各种喹啉衍生物,例如:

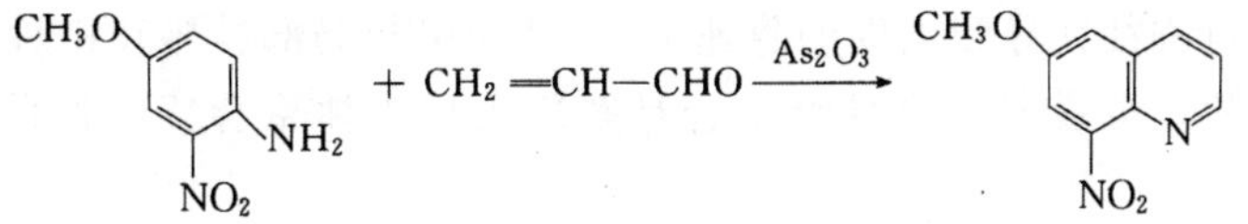

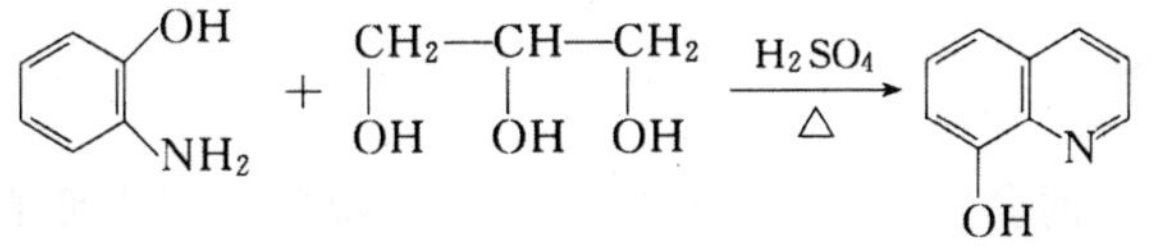

③Friedlander 反应。邻氨基苯甲醛类化合物与含有活泼亚甲基的醛、酮在酸或碱催化下发生缩合反应,可制得在杂环上有取代基的喹啉衍生物,例如:

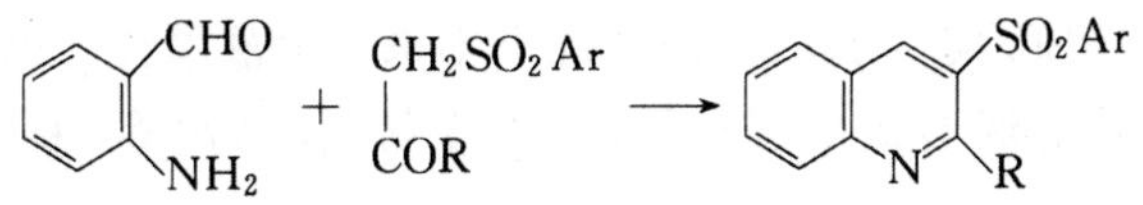

该类反应在离子液体催化下进行,产率高达 94%。

④Doebner-Von Miller 反应。这个反应是用芳香伯胺和一个醛在浓盐酸存在下共热,生成相应的取代喹啉,例如:

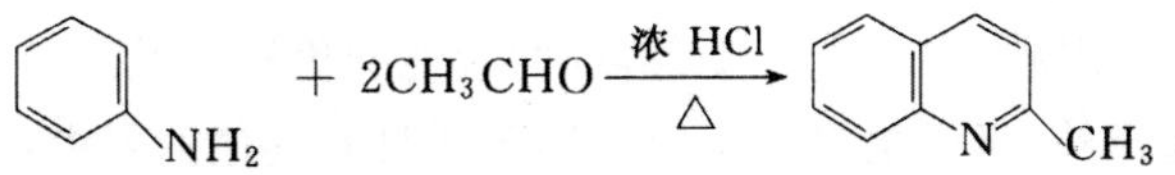

上述反应中改用一分子的醛和一分子的甲基酮与芳胺反应,可得 2,4-二取代喹啉。

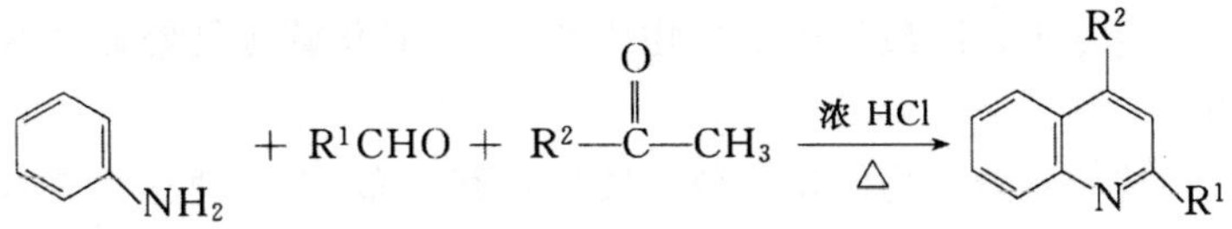

5.3 加成聚合方法(加聚)

5.3.1 本体聚合

本体聚合系指不用溶剂和介质,仅有单体和少量引发剂(或热、光、辐照等引发条件)进行的聚合反应。根据产品的需要有时可以加入适量色料、增塑剂和相对分子质量调节剂等。本体聚合的温度并未严格界定,可以在聚合物熔点以上,也可以在聚合物熔点以下。

1. 实验本体聚合

在进行聚合物的开发应用研究时,需要对单体的聚合能力和聚合反应的条件进行判断,少量聚合物的实验性合成,聚合物动力学、速率常数的测定等都需要在实验室实施本体聚。在实验室本体聚合物的容器可选择试管、玻璃膨胀计、玻璃烧瓶和特定的聚合膜等。

2. 工业本体聚合

工业本体聚合包括不连续聚合和连续聚合两种,前者的聚合反应设备为聚合釜,后者的聚合设备多为长达数百米乃至上千米的聚合管。工业上本体聚合生产控制的关键是聚合反应温度的控制,一般而言,烯烃单体的聚合热($55\sim95$kJ·mol^{-1})并不算高,在聚合反应初期转化率不高、黏度不大时散热并无困难。但是,当转化率超过$20\%\sim30\%$以后,体系黏度增大造成散热困难,此阶段的自动加速过程往往导致温度的急速上升,从而引起局部过热和相对分子质量分布变宽。严重时发生暴聚事故。分段聚合或悬浮聚合是解决大型本体聚合反应器散热问题的两个有效办法。

5.3.2 溶液聚合

溶液聚合中聚合体系的黏度较低、传质和传热容易、温度控制方便有效、不易发生自动加速过程和自由基向大分子的链转移反应,采用溶液聚合得到的聚合物的分散度较窄。溶液聚合缺点是链自由基向溶剂的转移反应使聚合物相对分子质量较低、聚合物与溶剂的彻底分离难度大、纯度较低、设备生产效率较低等。因此,一般情况下不采用溶液聚合。也有些特殊情况要采用溶液聚合,例如:聚合物以其溶液形式出售和使用,如涂料、胶黏剂等;采用溶液纺丝的聚合物的合成。

溶剂选择的一般原理包括化学惰性即溶剂不参与聚合反应或其他副反应;选择能够同时溶解单体和聚合物的溶剂进行的聚合反应属于真正的溶液聚合;采用只能溶解单体而不溶解聚合物的溶剂进行的聚合反应属于沉淀聚合反应;合适的沸点,溶剂的沸点必须高于聚合反应温度若干度,可以减少溶剂的挥发损失和空气污染;溶剂的毒性和价格要低。

除了上述溶剂的选择外,离子型聚合反应对溶剂还具有其他的要求:

①高纯度。高纯度是离子型聚合反应溶剂的基本条件。

②非质子性。不得含水、醇、酸等质子性物质和氧、二氧化碳等能够破坏离子型聚合反应引发剂的一切活性物质。

③适当的极性。按照对聚合物的相对分子质量及其分布、聚合速率等具体要求选择极性适当的溶剂。一般而言,溶剂极性强则聚合速率快,但聚合物结构规整性较差。溶剂极性较弱,则

聚合反应速率较慢,而聚合物结构规整性较好。

5.3.3　悬浮聚合

悬浮聚合是指非水溶性单体在溶有分散剂的水中借助于搅拌作用分散成细小液滴而进行的聚合反应。水溶性单体在溶有油溶性分散剂的有机介质中借助搅拌作用而进行的悬浮聚合通常称为反相悬浮聚合。

1.悬浮缩合的特点

悬浮缩合体系具有粘度低、散热和温度好控制、产物相对分子质量与本体聚合接近,高于溶液聚合;相对分子质量小于本体聚合;聚合物纯净度高于溶液聚合而稍低于本体聚合;悬浮聚合生产的聚合物呈珠粒状,后处理和加工使用比较方便,生产成本较低,特别适宜于合成离子交换树脂的母体。

2.悬浮聚合的基本配方

悬浮聚合的基本配方如表5-1。

表 5-1　悬浮聚合的基本配方

组分	水相			油相
	水	分散剂	单体	引发剂
用量/份	100	0.5～2	30～100	0.5～2

3.分散剂和分散作用

悬浮聚合所用的分散剂的主要作用是提高单体液滴在聚合反应过程中的稳定性,避免含有聚合物的液滴在反应中期发生黏结。通常用于悬浮聚合的分散剂以天然高分子明胶和合成高分子聚乙烯醇最为主,其他如聚丙烯酸盐类、蛋白质、高细度的无机粉末如轻质碳酸钙、滑石粉、高岭土、淀粉等也可以作为悬浮分散剂,但只在特殊情况下使用。两类分散剂的分散机理有所不同,高分子分散剂除了能够降低界面张力有利于单体的分散外,还会在单体液滴表面形成一层保护膜以提高其稳定性;粉末型分散剂主要起机械隔离作用。

4.悬浮聚合操作的基本要点

(1)单体在水中的溶解度必须很低

单体在水中的溶解度应低于1%,否则会同时进行溶液聚合导致聚合成求、收率低、污染严重等问题。对于在水中溶解度高的单体,一般在水相中加入适量的无机盐,利用盐析作用降低单体在水中的溶解度。

(2)耐心调控搅拌速度

将单体加入水相以后必须耐心、缓慢、由慢到快地调节搅拌速度,并反复取样观察直至单体液滴的直径在0.3～1mm。若搅拌速度由快到慢或大起大落地变化会导致聚合物颗粒大小不均匀。

(3)必须选择油溶性引发剂

在单体液滴中进行的悬浮聚合反应必须选择油溶性引发剂。分别配制水相和单体相(油相),将引发剂溶解在单体之中,同时将分散剂溶解在水中。通常水相和油相的体积比在1∶1～5∶1的范围内。

（4）水相中加入适量聚合反应历程指示剂

为了监控聚合反应过程、减轻聚合过程中单体在水相中同时进行溶液聚合而导致的水相过度乳化以及便于观察和调控单体液滴的粒度，通常在水相中加入少许水溶性芳胺类阻聚剂次甲基蓝的水溶液。

（5）梯度控制反应温度

单体液滴的粒度基本达到要求以后开始慢慢升高温度，并始终维持搅拌速度基本恒定。

一般悬浮聚合在80℃左右聚合1～2h，液滴经过发黏阶段以后慢慢变硬，维持搅拌以避免非均相液体过分猛烈的喷沸。升高温度到95℃以上继续反应4～6h即可结束反应。

总之，悬浮聚合本质上属于在较小空间内进行的本体聚合，其聚合反应机理与本体聚合相同，服从一般自由基聚合动力学规律，引发剂浓度和温度对聚合速率和聚合度的影响是相反的。

5.3.4 乳液聚合

乳液聚合是指非水溶性或低水溶性单体借助搅拌作用以乳状液形式分散在溶解有乳化剂的水中进行的聚合反应。乳液聚合常用于高相对分子质量的聚合物，特别适用于合成橡胶的生产，和乳胶涂料和胶黏剂等的合成。

1.乳化聚合的基本配方

乳化聚合的基本配方见表5-2。

表5-2　乳化聚合的基本配方

组分	水相			油相
	水	乳化剂（水溶性）	引发剂（水溶性）	单体
用量/份	100	0.5～2	0.5～2	20～80

实际上乳化聚合的配方要复杂得多。一般乳化聚合采用氧化还原引发体系，其中氧化剂可以是水溶性的，也可以是油溶性的，但还原剂必须是水溶性的；还需要加入助分散剂、相对分子质量调节剂、PH缓冲剂等保证溶液的稳定性和聚合反应的顺利进行。

2.乳化剂和乳化作用

乳化是指将不相容的油水两相转化为热力学稳定态的乳状液的过程。乳化包括两个基本要素即乳化剂和机械搅拌。乳化剂是一类分子中同时带有亲水基团和亲油（疏水）基团的物质，如肥皂和洗衣粉等。

（1）乳化剂在水中的存在形态

由于不溶于水的单体与水的极性和表面张力相差太远，加到一起以后会分层出现互不相容的现象。在水中加入适量乳化剂以后，乳化剂在水中以分子或"胶束"的形式均匀地分散在水中。以分子分散形式溶解在水中的乳化剂的多少决定于乳化剂在水中的溶解度，超过溶解度的乳化剂则以所谓"胶束"的形式稳定地存在于水中。

（2）单体在溶有乳化剂的水中的存在形态

将不溶或难溶于水的单体加入到含有乳化剂的水中，同时施以机械搅拌，达到平衡以后单体将以表5-3中所列的3种形态存在于水中。

表 5-3　油溶性的单体在乳化剂水溶液中的存在形态

存在形态	分子分散	进入胶束	单体液滴
绝对量/份	<1	$1 \sim 5$	>95
微粒浓度个/cm^{-3}	10^{18} 分子	10^{16} 增溶胶束	$10^{10} \sim 10^{12}$ 液滴
微粒直径/nm	10^{-1}	5	$>10^4$
微粒表面积/(m^2/cm^2)	—	80	3

由上表的数据可知,单体饱和溶解于水中之后,有相当部分单体将按照"相似相容"的原理进入胶束内部,这种包容有单体的胶束称为"增溶胶束"。增溶胶束属于热力学稳定状态。由于乳化剂的存在而增大了难溶单体在水中溶解度的现象称为"胶束增溶现象"。若没有乳化剂的存在,烯烃在水中的溶解度都很低,加入乳化剂后可以提高烯烃的溶解度 3～4 个数量级,由此可见胶束增溶作用非常明显。

3.乳液聚合特点

乳液聚合的主要特点如下:

①以水作分散介质安全廉价,散热和温度控制相对容易。

②即使在较低温度下进行乳液聚合,也可以同时达到较高的聚合速率和聚合度。

③即使像合成橡胶之类的特高相对分子质量的聚合物,乳液聚合时的黏度都很低,这给大规模工业生产提供了许多方便。

④除合成橡胶外,乳液聚合也是合成水性乳胶、水性涂料、胶黏剂等的最好方法。尽管乳液聚合具有上述优点,但是也存在一定缺点,如聚合物与乳化剂的彻底分离相当困难,聚合物的某些性能(如电绝缘性)必然受到一定影响。

4.乳液聚合的场所

乳液聚合反应过程中链引发、链增长和链终止 3 基元反应发生的场所有所不同。

(1)链引发反应在水相中开始

在乳液聚合反应中采用水溶性引发剂,引发剂的分解和初级自由基的生成是在水中进行的。即使是不溶于水的单体,在水中也会有极少量溶解,会被溶解在水中的引发剂引发而发生水相溶液聚合。由于溶解于水中的单体浓度极低,生成的聚合物比单体更不溶解于水,所以即使发生水相中的聚合,所得"聚合物"的相对分子质量在很低的时候就会从水中沉淀出来而停止聚合。

(2)溶解于水的单体和单体液滴都不是乳液聚合的主要场所

单体液滴尽管拥有 95％以上的单体总量,但是液滴数目却仅仅是增溶胶束数目的 1.0×10^{-6},其表面积仅是胶束表面积的 4％。由于产生于水相中的初级自由基和短链自由基开始链增长反应必须通过粒子表面才能进入其内部,因此表面积小得多的液滴不是聚合反应主要场所。

(3)增溶胶束才是乳液聚合的主要场所

由此可见,数目浩瀚、表面积很大的增溶胶束才是乳液聚合链增长反应和链终止反应的主要场所。亲油性的初级自由基或短链自由基一旦进入胶束内开始链增长反应以后,随着其分子链的增长和亲水性的进一步降低,它们将更不可能从胶束内部再重新进入水相之中。

5.4 缩合聚合方法

合成聚合物所能选择的聚合方法有熔融缩聚、溶液缩聚、界面缩聚和固相缩聚四种。其中熔融缩聚、溶液缩聚反应应用最为广泛。

5.4.1 熔融缩聚

熔融聚合是聚合反应的温度在单体和聚合物的熔点之上,聚合物处于熔融状态下进行的熔融聚合反应。熔融聚合是一种简单而有效的缩聚反应方法。反应物只有单体和适量的催化剂,因此所得产物比较单一、无需分离、相对分子质量高、反应器的生产效率也高。

1.熔融聚合反应器

通常要求配备加热、换热和温度控制装置、减压和通入惰性气体装置、可调速搅拌装置等3大要件。当然对于平衡常数很大的缩聚反应这些条件可以适当放宽。

2.单体配料要求

缩聚反应的单体配料要求计量准确。如果反应平衡常数较小,同时期望得到尽可能高聚合度的产物,要求单体高纯度,同时要严格控制物质的量配比,催化剂选用要适量且能够充分溶解或分散于单体中。

3.熔融缩合的操作要点

①缓慢升温,连续搅拌,反应初期不需减压,如单体沸点较低,反应初期还须密闭反应器。

②反应中后期再进一步升高温度,同时逐步减压,维持连续搅拌等,以便小分子副产物的排除。

③减压时通常采用毛细管导入惰性气体鼓泡来有效避免高度黏稠物料可能发生暴沸甚至外喷的危险。

④对于体型缩聚反应,注意跟踪检测物料黏度,在反应程度接近凝胶点以前立即停止反应并出料。

5.4.2 溶液缩聚

溶液缩聚是单体在惰性溶剂中进行的缩聚反应。溶液聚合反应要受溶剂沸点的限制,聚合反应温度相对较低,要求单体具有较高的反应活性。溶液缩聚在相对较低温度条件下进行时副反应较少,产物的相对分子质量较熔融缩聚物低。而且溶剂的分离回收颇为困难,反应器的生产效率较低,聚合物的生产成本相对较高。一般很适合涂料和粘合剂的合成和热稳定性较低、在熔融温度条件下可能发生分解的单体。

选择溶液缩聚反应的溶剂时,应该考虑:溶剂对缩聚反应表现惰性;沸点相对适中,因为沸点太低必然限制反应温度,同时溶剂挥发损失和对空气造成污染,而沸点过高则存在分离回收困难;价格相对较低;毒性相对较小等。

5.4.3 界面缩合

在两种互不相溶、分别溶解有两种单体的溶液的界面附近进行的缩聚反应称为界面聚合。

该方法只能适用于由两种单体进行混缩聚的情况。

1. 影响界面反应进行的因素

界面缩聚能否顺利进行取决于几方面的因素：

①为保证聚合反应持续进行，一般要求聚合产物具有足够的力学强度，以便将析出的聚合物以连续膜或丝的形式从界面持续地拉出。

②在水相中必须加入无机碱，否则聚合反应生成的 HCl 可与二元胺反应后，单体将转化为低活性的二元胺盐酸盐，使反应速度大大下降；但无机碱的浓度必须适中，因为在高无机碱浓度下，酰氯可水解成相应的酸，而酸在界面缩聚的低反应温度下不具反应活性，结果不仅会使聚合反应速度大大下降，而且会大大地限制聚合产物的分子量。

③单体反应活性要高，如果聚合反应速度太慢，酰氯有足够的时间从有机相扩散穿过界面进入水相，因此水解反应严重，导致聚合反应不能顺利进行。此外界面缩聚不适于反应活性较低的二元酰氯和脂肪醇的聚酯化反应。

④有机溶剂的选择对控制聚合产物的分子量很重要。因为在大多数情况下，聚合反应主要发生在界面的有机相一侧，聚合产物的过早沉淀会妨碍高分子量聚合产物的生成，因此，为获得高分子量的聚合产物，要求有机溶剂对不符合要求的低分子量产物具有良好的溶解性。

2. 界面反应的特点

界面反应具有如下特点：

①两种单体中至少有一种高活性单体，以保证界面缩聚反应的快速进行。

②两种溶剂互不相溶，且密度有一定的差异，以保证界面的相对稳定和溶剂分离回收时方便可行。

③不要求两种单体的高纯度和严格的等物质的量配比，就能获得高相对分子质量的聚合物，这是界面缩聚的最大特点。

虽然界面聚合反应有不少优点，但由于高活性单体的价格昂贵，大量使用有毒性的溶剂的回收和环境污染等原因，该方法不能普遍使用。聚碳酸酯脂是目前工业上采用的极少数界面缩合的例子之一。

5.4.4　固相缩聚

固相聚合指单体或预聚物在聚合反应过程中始终保持在固态条件下进行的聚合反应。由于一些熔点高的单体或结晶低聚物如果用熔融聚合法可能会因反应温度过高而引起显著的分解、降解、氧化等副反应而使聚合反应无法正常进行，因此固相聚集主要应用于一些熔点高的单体或部分结晶低聚物的后聚合反应。

固相聚合的反应温度一般比单体熔点低 15～30℃，如果是低聚物，为防止在固相聚合反应过程中固体颗粒间发生黏结，在聚合反应前必须先让低聚物部分结晶，聚合反应温度一般介于非晶区的玻璃化温度和晶区的熔点之间，在这样的温度范围内由于链段运动可使分子链末端基团具有足够的活动性，以使聚合反应正常进行，另外，还能保证聚合物始终处于固体状态，不发生熔融或黏结。此外，一般需采用惰性气体或对单体和聚合物不具溶解性而对聚合反应的小分子副产物具有良好溶解性的溶剂作为清除流体，把小分子副产物从体系中带走，促进聚合反应的进行。

5.5 缩合与聚合反应应用

5.5.1 甲基壬基乙醛(C₁₂H₂₄O)的合成

$C_{12}H_{24}O$ 的结构式为

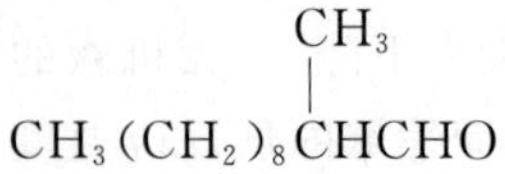

$$CH_3(CH_2)_8\overset{\displaystyle CH_3}{\underset{\displaystyle |}{CH}}CHCHO$$

$C_{12}H_{24}O$ 即为 2-甲基十一醛,制备方法如下所示。

将甲基壬酮与烷基氯代醋酸酯(如氯代乙酸酯)在乙醇钠溶液中反应,生成缩水甘油酯,再经皂化和脱羧等反应制取。

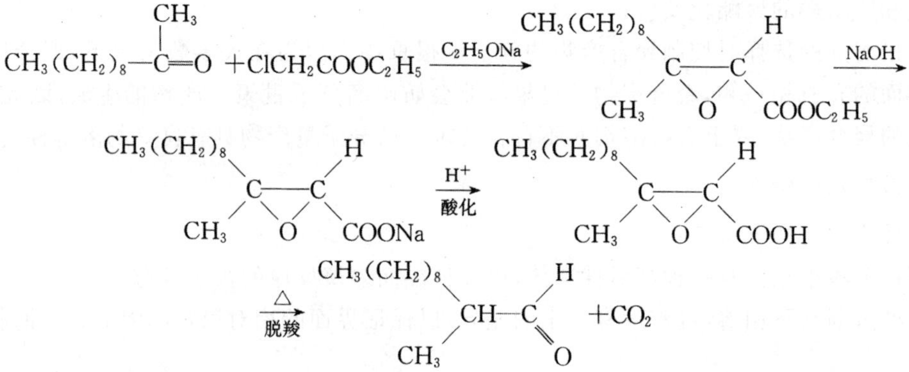

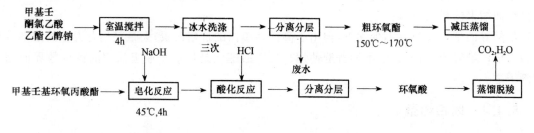

$C_{12}H_{24}O$ 的工艺流程为

甲基壬酮氯乙酸乙酯乙醇钠 → 室温搅拌 4h → 冰水洗涤 三次 → 分离分层 → 粗环氧酯 150℃~170℃ → 减压蒸馏

甲基壬基环氧丙酸酯 → 皂化反应 45℃,4h → 酸化反应 → 分离分层 → 环氧酸 → 蒸馏脱羧 CO₂,H₂O

→ 减压蒸馏 → 甲基壬基乙醛

（NaOH; HCl; 废水）

$C_{12}H_{24}O$ 尚未发现其天然存在,是一种常有熏香及少许龙涎香香韵的无色至淡黄色液体,不溶于水。另外,$C_{12}H_{24}O$ 可作为头香剂,在各种化妆品、香水香精中的使用量相当大,而且经常被用作幻想型香精的香料组分。

5.5.2 紫罗兰酮(C₁₃H₂₀O)的合成

$C_{13}H_{20}O$ 的结构式为

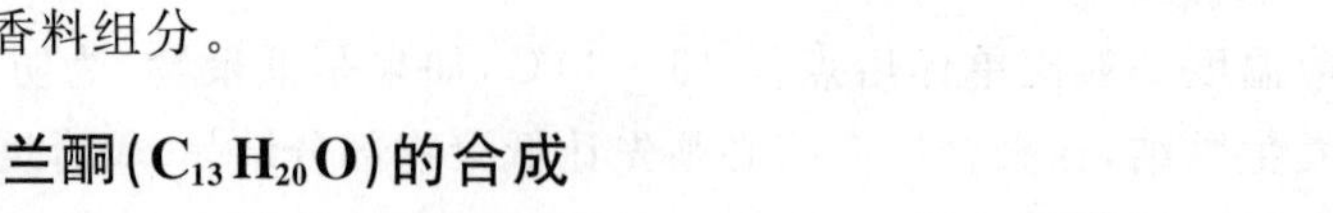

α-紫罗兰酮   β-紫罗兰酮   γ-紫罗兰酮

紫罗兰酮的合成有半合成和全合成两种方法。

1. 半合成法制备紫罗兰酮

合成法以柠檬醛为原料

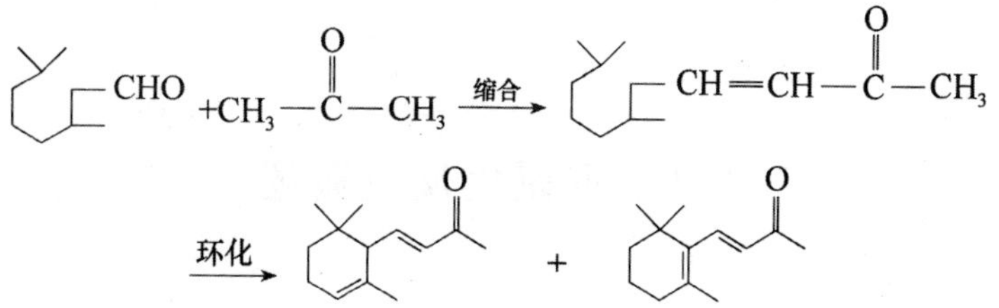

我国山苍子油来源广泛，内含 68% 左右的柠檬醛，是人工合成紫罗兰酮的主要原料。因 α-紫罗兰酮较 β-紫罗兰酮香气更加幽雅，下面简要介绍以 α-紫罗兰酮为主要产品的生产过程。

首先进行缩合反应，其原料比为：山苍子油∶丙酮∶氢氧化钠=1∶2∶2。

将原料按比例加一定量水投入反应釜中，连续搅拌升温至 50℃ 并保温 2h，后升温至 60℃，保持 3.5h。静置分层，除去下层碱水，于搅拌下加入稀醋酸中和呈酸性。静置分层，所得油状物先常压蒸馏，除去低沸点组分，再减压分馏于 145℃～155℃/(1.60kPa) 下收集淡黄色油状假性紫罗兰酮。收率约为原料油的 65%。

然后进行环化重排，其原料比为：假性紫罗兰酮∶62%硫酸∶苯=1∶1.5∶1.23。

将 62% 的硫酸置于反应釜中，加入苯，混合后冷却至 20℃，缓慢加入假性紫兰酮，控制温度低于 30℃，当反应物呈黄色时，在 30℃～35℃ 下保温 0.5h，迅速加入冰块，当冰块溶解后即分为两层。上层水相用苯萃取数次后与油相混合，用纯碱中和至弱碱性，除去水层即用醋酸中和至微酸性，常压蒸馏回收苯，然后在 120℃～130℃/(1.60kPa) 下收集 α-异构体为主的产品。

2. 全合成法制备紫罗兰酮

合成路线以乙炔、丙酮为基本原料，经一系列反应制成脱氢芳樟醇，脱氢芳樟醇再与乙酸乙酯或双乙烯酮反应生成乙酸乙酯脱氢芳樟酯，经脱去二氧化碳经分子重排反应生成假性紫罗兰酮。假性紫罗兰酮再经环化重排制得紫罗兰酮。

自然界中存在的紫罗兰酮极少，它是最重要的人工合成香料之一。其中 γ-紫罗兰酮难以人工合成，市场销售的产品是 α- 及 β-异构体的混合物，为淡黄色油状液体，有紫罗兰香气，是紫罗兰香精的主体香料，广泛用于化妆品、食品中。

紫罗兰酮结构上的差异对香气有一定影响。α-异构体有浓郁花香，稀释后香气较 β-异构体更令人喜爱。β-异构体稀释后，具有紫罗兰花香及柏木香气。而 γ-异构体则具有珍贵的龙涎香气。

第6章 重氮化和偶合反应

6.1 重氮化反应概述

6.1.1 重氮化反应及其特点

芳伯胺($ArNH_2$)在无机酸存在下与亚硝酸作用,生成重氮盐(ArN_2^+X)的反应称为重氮化反应。由于亚硝酸易分解,故反应中通常用 $NaNO_2$ 与无机酸作用生成 HNO_2,再与 $ArNH_2$ 反应,其反应通式为

$$ArNH_2 + NaNO_2 + 2HX \longrightarrow ArN_2^+X + 2H_2O + NaX$$

该反应中,无机酸可以是 HCl、HBr、HNO_3、H_2SO_4 等。工业上常采用盐酸。

在重氮化过程中和反应终了,要始终保持反应介质对刚果红试纸呈强酸性,如果酸量不足,可能导致生成的重氮盐与没有起反应的芳胺生成重氮氨基化合物。反应式为

$$ArN_2X + ArNH_2 \longrightarrow ArN = NNHAr + HX$$

在重氮化反应过程中,HNO_2 要过量或加入 $NaNO_2$ 溶液的速率要适当,不能太慢,否则,也会生成重氮氨基化合物。在反应过程中,可用碘化钾淀粉试纸检验 HNO_2 是否过量,微过量的 HNO_2 可使试纸变蓝。

重氮化反应是放热反应,必须及时移除反应热。一般在 $0℃ \sim 10℃$ 进行,温度过高,会使 HNO_2 分解,同时加速重氮化合物的分解。重氮化反应结束时,通常加入尿素或氨基磺酸将过量的 HNO_2 分解掉,或加入少量芳胺,使之与过量的 HNO_2 作用。

6.1.2 重氮化种类

由于芳胺结构的不同和所生成重氮盐性质的不同,采用的重氮化主要有以下六种。

1. 碱性较强的芳胺重氮化

类芳胺分子中不含有吸电基,例如苯胺、联苯胺以及带有—CH_3、—OCH_3 等基团的芳胺衍生物。它们与无机酸生成易溶于水而难以水解的稳定铵盐。重氮化时通常先将芳胺溶于稀的无机酸水溶液,冷却并于搅拌下慢慢加入亚硝酸钠的水溶液,称为正法重氮化法。

2. 碱性较弱的芳胺的重氮化

这种方法适用于硝基芳胺和多氯基芳胺,如邻位(对位和间位)硝基苯胺、硝基甲苯胺、2,5-二氯苯胺等重氮化。此类芳胺碱性较弱,难与无机酸成盐,所生成的铵盐也难溶于水,易水解释放游离胺,重氮盐易与游离胺生成重氮氨基化合物。

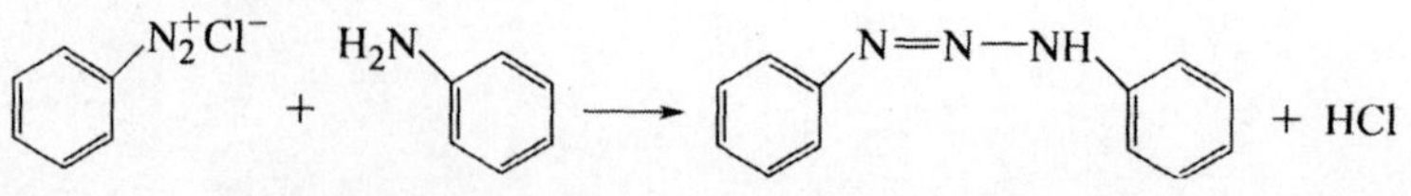

此类芳胺重氮化操作是将芳胺溶于浓度较高的热无机酸,加冰冷却,芳胺以极细的颗粒析出。此时,将亚硝酸钠溶液以细流一次性迅速加入,为避免副反应,使重氮化反应完全,需过量的亚硝酸钠,无机酸与芳胺摩尔比为(3~4):1。

3. 弱碱性芳伯胺的重氮化

属于碱性很弱的芳伯胺有 2,4-二硝基苯胺、2-氰基-4-硝基苯胺、1-氨基蒽醌、2-氨基苯并噻唑等。这类芳伯胺的特点是碱性很弱,不溶于稀无机酸,但能溶于浓硫酸,它们的浓硫酸溶液不能用水稀释,因为它们的酸性硫酸盐在稀硫酸中会转变成游离胺析出。这类芳伯胺在浓硫酸中并未完全转变为酸性硫酸盐,仍有一部分是游离胺,所以在浓硫酸中很容易重氮化,而且生成的重氮盐也不会与尚未重氮化的芳伯胺相作用而生成重氮氨基化合物。其重氮化方法通常是先将芳伯胺溶解于 4~5 倍质量的浓硫酸中,然后在一定温度下加入微过量的亚硝酰硫酸溶液。为了节省硫酸用量,简化工艺,也可以向芳伯胺的浓硫酸溶液中直接加入干燥的粉状亚硝酸钠。

4. 氨基磺酸和氨基羧酸的重氮化

此类芳胺有氨基苯磺酸、氨基苯甲酸、1-氨基萘-4-磺酸等。它们本身在酸性溶液中生成两性离子的内盐沉淀,故不溶于酸,因而很难重氮化。

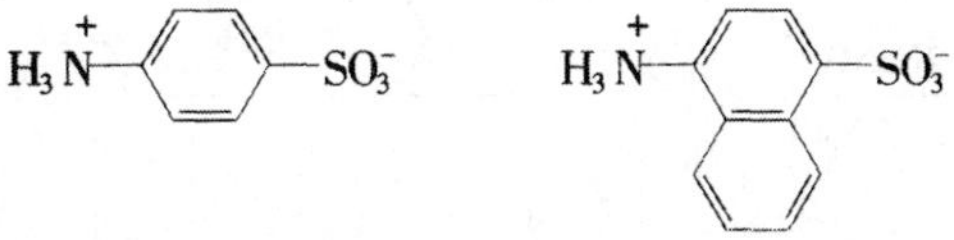

如果先制成它们的铵盐则易增加溶解度,使之很容易溶解于水。所以在重氮化时先把它们溶于碳酸钠或氢氧化钠水溶液中,然后加入无机酸,析出很细的沉淀,再加入亚硝酸钠溶液,进行重氮化。

对于溶解度更小的 1-氨基萘-4-磺酸,可把等摩尔比的芳胺和亚硝酸钠混合物在良好搅拌下,加到冷的稀盐酸中进行反法重氮化。

5. 易氧化的氨基酚类的重氮化

这种方法适用于易氧化的氨基酚类,包括邻位(对位)氨基苯酚及其硝基、氯基衍生物。在无机酸中氨基酚被亚硝酸氧化,生成醌亚胺型化合物:

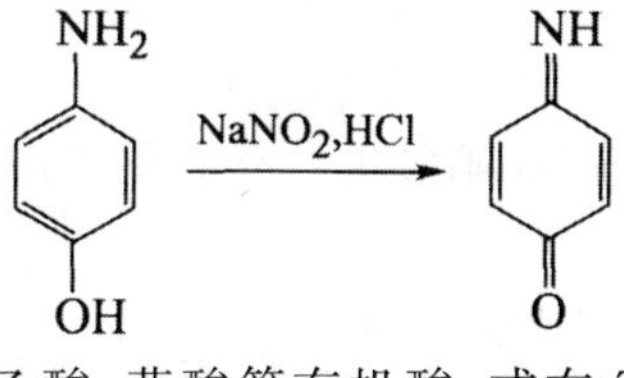

为了防止这一反应发生,常用乙酸、草酸等有机酸,或在 $ZnSO_4$、$CuSO_4$ 等金属盐存在下,用亚硝酸钠重氮化。例如,1-氨基-2-萘酚-4-磺酸(1,2,4-酸)重氮化,将结晶硫酸铜饱和溶液与 5℃的 1,2,4-酸糊状物混合,以 31% $NaNO_2$ 溶液重氮化:

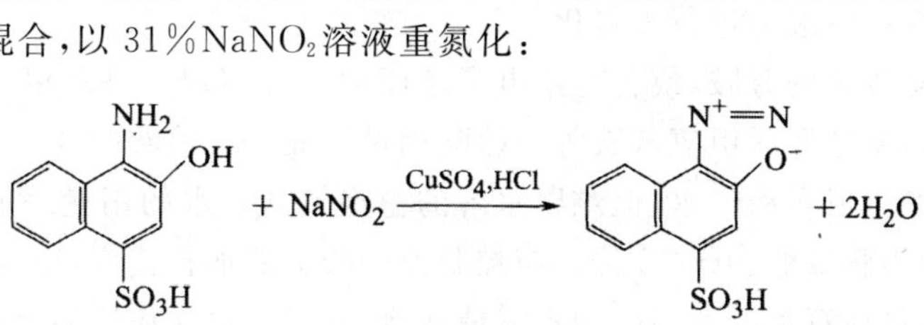

含卤素、硝基、磺酸基和羧基的邻氨基酚,可先制成钠盐,再用通常方法重氮化。例如,2-氨

基-4,6-二硝基苯酚的重氮化,先将其溶于苛性钠水溶液,然后加盐酸以细颗粒形式析出,再加入亚硝酸钠重氮化。

6. 二胺类化合物重氮化

（1）邻二胺类的重氮化

它和亚硝酸作用时一个氨基先被重氮化,然后该重氮基又与未重氮化的氨基作用,生成不具有偶合能力的三氮化合物,即

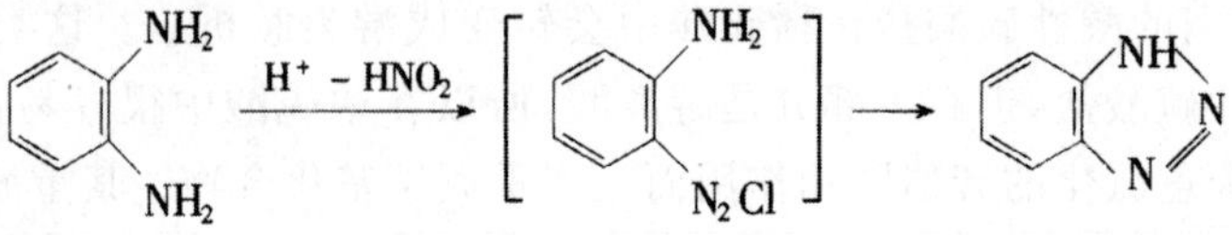

（2）间二胺类的重氮化

其特点是极易重氮化及与重氮化合物偶合。例如,一个分子中的两个氨基同时被重氮化,接着与未起作用的二胺发生自身偶合,如俾士麦棕 G 偶氮染料的制备,反应为

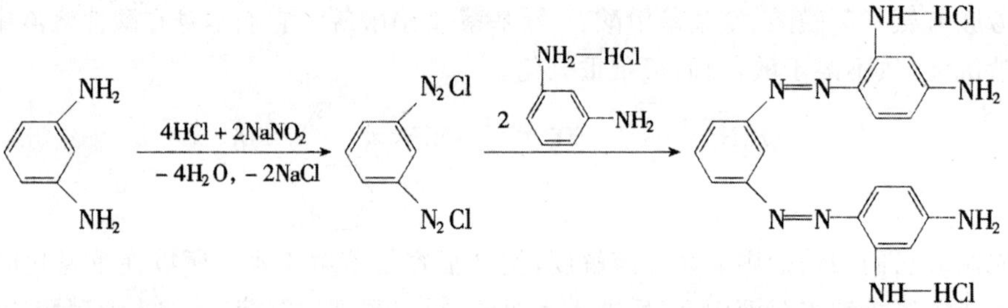

（3）对二胺类的重氮化

该类化合物用正法重氮化可顺利地将其中一个氨基重氮化,得到对氨基重氮苯,即

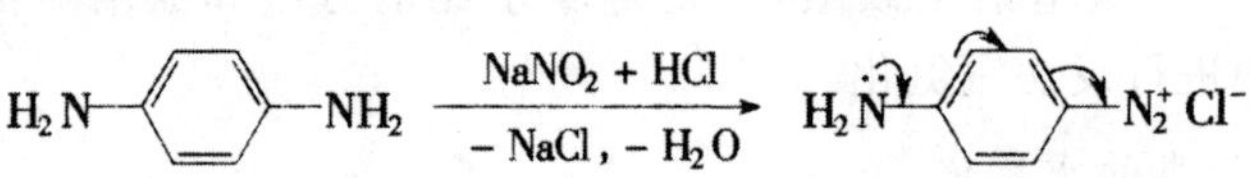

重氮基为强吸电基,它与氨基共处于共轭体系中时,将减弱未被重氮化的氨基的碱性,使进一步重氮化产生困难,如果将两个氨基都重氮化则需在浓硫酸中进行。

6.1.3　重氮化操作方法

在重氮化反应中,由于副反应多,亚硝酸也具有氧化作用,而不同的芳胺所形成盐的溶解度也各有不同。

1. 直接法

直接法又称顺重氮化法或正重氮化法。这是最常用的一种方法,是把亚硝酸钠水溶液,在低温下加到胺盐的酸性水溶液中进行重氮化。

本法适用于碱性较强的芳胺,或含有给电子基团的芳胺,包括苯胺、甲苯胺、甲氧基苯胺、二甲苯胺、甲基萘胺、联苯胺和联甲氧苯胺等。盐酸用量一般为芳伯胺的 3～4 倍(物质的量)为宜。这些胺类可与无机酸生成易溶于水,但难以水解的稳定铵盐。水的用量一般应控制在到反应结束时,反应液总体积为胺量的 10～12 倍。应控制亚硝酸钠的加料速率,以确保反应正常进行。

其操作方法为:将计算量的亚硝酸钠水溶液在冷却搅拌下,先快后慢地滴加到芳胺的稀酸水溶液中,进行重氮化,直到亚硝酸钠稍微过量为止。

2.反加法

反加法又称反式法或反重氮化法,适用于在酸中溶解度极小,生成的重氮盐也非常难溶解的一些氨基磺酸类。

其操作方法是:先用碱溶解氨基物,再与亚硝酸钠溶液混合,最后把这个混合液加到无机酸的冰水中进行重氮化。

另外,像间苯二胺类的重氮化,也不能用直接法,只能用反加法。因为这类胺的重氮盐易于和未反应的胺偶合,而得不到重氮盐。二元芳伯胺有邻、间、对三种异构体,其重氮化分为三种情况。

①邻苯二胺类和亚硝酸作用,一个氨基先重氮化,生成的重氮基与邻位未重氮化的氨基作用,生成不具偶合能力的三氮化合物。

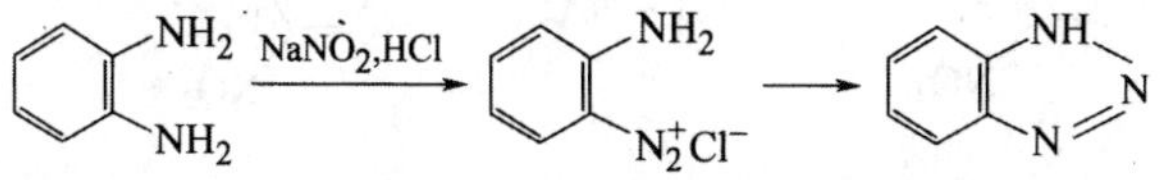

②间苯二胺易发生重氮化、偶合反应,间苯二胺的两个氨基可同时童氮化,并与间二胺偶合,如偶氮染料俾士麦棕 G 的制备。

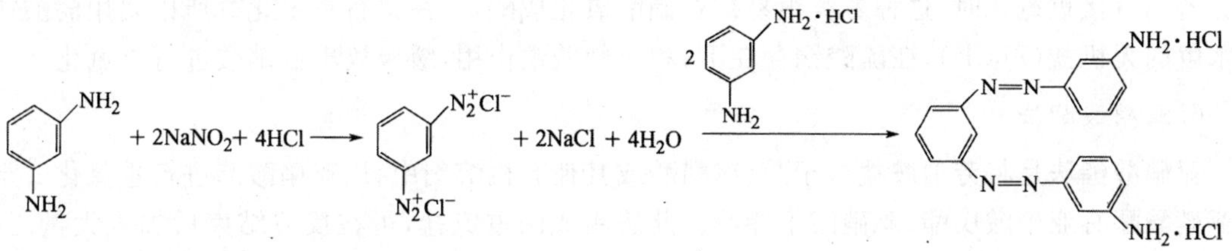

俾士麦棕G

③对苯二胺类化合物用顺加法重氮化,可顺利地将其中一个氨基重氮化,得到对氨基重氮苯。

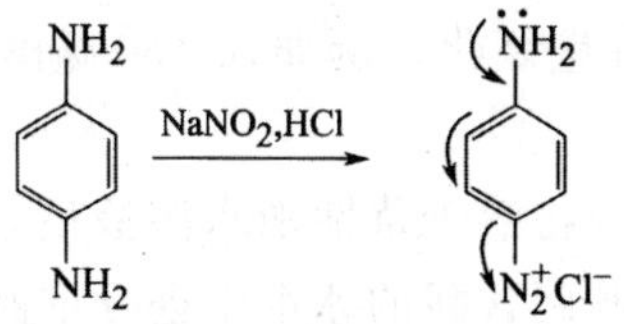

重氮基属强吸电子基,与氨基同处共轭体系,氨基受其影响,从而使重氮化更加困难,需在浓硫酸介质中进行重氮化。

3.连续操作法

连续操作法也是适用于弱碱性芳伯胺的重氮化。工业上以重氮盐为合成中间体时多采用这一方法。由于反应过程的连续性,可较大地提高重氮化反应的温度以增加反应速率。

重氮化反应通常在低温下进行,以避免生成的重氮盐发生分解和破坏。采用连续化操作时,可使生成的重氮盐立即进入下步反应系统中,而转变为较稳定的化合物。这种转化反应的速率常大于重氮盐的分解速率。连续操作可以利用反应产生的热量提高温度,加快反应速率,缩短反应时间,适合于大规模生产。

例如,对氨基偶氮苯的生产中,由于苯胺重氮化反应及产物与苯胺进行偶合反应相继进行,可使重氮化反应的温度提高到 $90℃$ 左右而不至于引起重氮盐的分解,大大提高生产效率。

$$\text{NH}_2 \xrightarrow[90℃]{\text{NaNO}_2/\text{HCl}} \text{N}_2^+\text{Cl}^- \xrightarrow{\text{NH}_2} \text{N}=\text{N}-\text{NH}_2$$

4.亚硝酰硫酸法

亚硝酰硫酸法是把干燥的亚硝酸钠粉末加到 70% 以上的浓硫酸中,在搅拌下升温到 70℃制得的。亚硝酰硫酸法适用于一些在水、盐酸或碱的水溶液中都难溶解的胺类。该法是借助于最强的重氮化活泼质点(NO^+),才使电子云密度显著降低的芳伯胺氮原子能够进行反应。

由于亚硝酰硫酸放出亚硝酰正离子(NO^+)较慢,可加入冰醋酸或磷酸以加快亚硝酰正离子的释放而使反应加速,例如:

$$\begin{array}{c}\text{NO}_2\\ \text{NH}_2\\ \text{NO}_2\end{array} \xrightarrow[10℃\sim20℃]{\text{NaNO}_2/\text{H}_2\text{SO}_4/\text{HOAc}} \begin{array}{c}\text{NO}_2\\ \text{N}_2^+\text{HSO}_4^-\\ \text{NO}_2\end{array}$$

5.硫酸铜触媒法

此法适用于容易被氧化的氨基苯酚和氨基萘酚及其衍生物的重氮化。例如,邻间氨基苯酚等。若用直接重氮化时,这种氨类很易被亚硝酸氧化成醌,无法进行重氮化。所以要用弱酸或易于水解的无机盐(ZnCl_2),在硫酸铜存在下,和亚硝酸钠作用,缓慢放出亚硝酸进行重氮化。

6.亚硝酸酯法

亚硝酸酯法是将芳伯胺盐溶于醇、冰醋酸或其他有机溶剂中,用亚硝酸酯进行重氮化。常用的亚硝酸酯有亚硝酸戊酯、亚硝酸丁酯等。此法制成的重氮盐,可在反应结束后加入大量乙醚,使其从有机溶剂中析出,再用水溶解,可得到纯度很高的重氮盐。

7.盐析法

在生产多偶氮染料时,要先制成带氨基的单偶氮染料,然后再进行重氮化、偶合反应。部分氨基偶氮化合物要采用盐析法进行重氮化。例如,4-($3'$-磺酸。苯偶氮基)-1-萘胺,4-苯偶氮基-1-萘胺-6-磺酸等。

其操作方法为:把氨基偶氮化合物溶于苛性钠水溶液后,进行盐析,再往这个悬浮液中加入亚硝酸钠溶液,最后把这个混合液倾到含酸的冰水中进行重氮化。

6.2 重氮化反应原理

6.2.1 重氮化反应机理

1.成盐学说

根据重氮化反应均在过量酸液中进行,且弱碱性芳胺如 2,4-二硝基-6-溴苯胺必先溶解在浓酸中才能重氮化的事实,学者们提出了重氮反应的成盐学说。该学说认为苯胺在酸液中先生成铵盐后,铵盐再和亚硝酸作用生成重氮盐。其步骤是:

$$\text{NH}_2 + \text{HCl} \longrightarrow \overset{\text{H}}{\underset{\text{H}}{\text{N}^+}}-\text{H} \ \text{Cl}^-$$

（反应式：苯胺铵离子与亚硝酸 HO—N=O 反应生成 N-亚硝化物 + H₂O）

（反应式：N-亚硝化物经 −H⁺ 转化，再经 H⁺ 生成重氮盐 + H₂O）

但是成盐学说无法解释在大量酸分子存在下苯胺重氮化反应速度反而降低这一事实,这说明了参加重氮化反应的并不是芳胺的铵盐。在后来的研究中成盐学说被否定,现在普遍接受的是重氮化反应的亚硝化学说。

2. 亚硝化学说

重氮化反应的亚硝化学说认为:游离的芳胺首先发生 N-亚硝化反应,然后 N-亚硝化物在酸液中迅速转化生成重氮盐。

（反应式：苯胺经亚硝化生成 N-亚硝基苯胺,经 HCl 生成重氮盐 Cl⁻ + H₂O）

真正参加重氮化反应的是溶解的游离胺而不是芳胺的铵盐,这个机理和从反应动力学得到的结论是一致的。

（反应式：$C_6H_5NH_2$ 经 HNO₂(慢) 生成 苯基-NHNO,快 生成 苯基-N=N-OH,经 HCl(快) 生成重氮盐）

6.2.2　重氮化反应动力学

1. 稀硫酸中苯胺重氮化

在稀硫酸中苯胺重氮化速度和苯胺浓度与亚硝酸浓度的平方乘积成正比。

$$r=\frac{d\left[C_6H_5N_2^+\right]}{dt}=k\left[C_6H_5NH_2\right]\left[HNO_2\right]^2$$

先是两个亚硝酸分子作用生成中间产物 N_2O_3,然后和苯胺分子作用,转化为重氮盐。

$$2HNO_2\Longleftrightarrow N_2O_3+H_2O$$

（反应式：$C_6H_5NH_2 + N_2O_3$ (慢) 生成 苯基-NHNO 生成 苯基-N=N-OH 生成重氮盐 HSO_4^-）

真正参加反应的是游离苯胺与亚硝酸酐,从动力学方程式的表面形式来看,是一个三级反应。

当反应介质的酸性降低至某一值时,重氮化反应速度和胺的浓度无关。

$$r={}_1k\left[HNO_2\right]^2$$

此时反应速度的决定步骤为亚硝化试剂 N_2O_3 的生成,N_2O_3 生成后,立即和游离胺反应。

2. 盐酸中苯胺重氮化

盐酸中苯胺重氮化动力学方程式可表示为

$$r=k_1\left[C_6H_5NH_2\right]\left[HNO_2\right]^2+k_2\left[C_6H_5NH_2\right]\left[HNO_2\right]\left[H^+\right]\left[Cl^-\right]$$

式中,k_1、k_2 为常数,$k_2\gg k_1$。

此为两个平行反应,其一和在稀硫酸中相同,是游离苯胺和亚硝酸酐的反应;其二是苯胺、亚硝酸和盐酸的反应。真正向苯胺分子进攻的质点是亚硝酸和盐酸反应的产物亚硝酰氯分子。

$$HNO_2 + HCl \rightleftharpoons NOCl + H_2O$$

由于亚硝酰氯是比亚硝酸酐还强的亲电子试剂，所以可认为苯胺在盐酸中的反应，主要是与亚硝酰氯反应。

盐酸中苯胺的重氮化反应，需经两步，首先是亚硝化反应生成不稳定的中间产物，然后是不稳定中间产物迅速分解，整个反应受第一步控制。

6.2.3 影响重氮化反应的因素

重氮化影响因素，除温度、加料次序、冷却措施、设备等外，无机酸性质及浓度、芳伯胺的结构及性质等是主要影响因素。

1. 无机酸性质

不同性质的无机酸，在重氮化反应中向芳胺进攻的亲电质点也不同。在稀硫酸中反应质点为亚硝酸酐，在浓硫酸中则为亚硝基正离子。过程如下：

$$O=N-OH + 2H_2SO_4 \rightleftharpoons NO^+ + 2HSO_4^- + H_3^+O$$

在盐酸中，除亚硝酸酐外还有亚硝酰氯。在盐酸介质中重氮化时，如果添加少量溴化物，由于溴离子存在则有亚硝酰溴生成：

$$HO-NO + H_3^+O + Br^- \rightleftharpoons ONBr + 2H_2O$$

各种反应质点亲电性大小的顺序如下：

$$NO^+ > ONBr > ONCl > ON-NO_2 > ON-OH$$

对于碱性很弱的芳胺，不能用一般方法进行重氮化，只有采用浓硫酸作介质。浓硫酸不仅可以溶解芳胺，更主要的是它与亚硝酸钠可生成亲电性最强的亚硝基正离子（$NO^+ HSO_4^-$）。作为重氮化剂，NO^+ 可以在电子云密度低的氨基上发生 N-亚硝化反应，然后再转化为重氮盐。在盐酸介质中重氮化，加入适量的溴化钾，生成高活性亚硝酰溴（$ONBr$）。在相同条件下，亚硝酰溴的浓度要比亚硝酰氯的浓度大 300 倍左右，提高了重氮化反应速度。

2. 无机酸浓度

加入无机酸可使原来不溶性芳胺变成季铵盐而溶解，但铵盐是由弱碱性的芳胺和强酸生成的盐类，它在溶液中水解生成游离的胺类。

当无机酸浓度增加时，平衡向铵盐方向移动，游离胺的浓度降低，因而重氮化速度变慢。另外，反应中还存在着亚硝酸的电离平衡。

$$HNO_2 + H_2O \rightleftharpoons H_3^+O + NO_2^-$$

无机酸浓度增加可抑制亚硝酸的电离而加速重氮化，若无机酸为盐酸，增加酸浓度则有利于亚硝酰氯的生成。

通常，当无机酸浓度较低时，前一影响是次要的，因此随着酸浓度的增加，重氮化速度加快；随着酸浓度的继续增加，前一影响逐渐显著而变为主要的，这时继续增加酸的浓度，便降低了游离胺的浓度，使反应速度下降。

3. 芳胺碱性强弱

芳伯胺的碱性反映其接受亲电质点的能力,芳伯胺氮原子的电子云密度越高,部分负电荷越高,碱性越强,重氮化速率越快,反之亦然。芳环上的给电子基团增强芳胺碱性;吸电子基团削弱芳胺碱性。

芳伯胺碱性强弱影响重氮化反应。芳伯胺碱性强,有利于重氮化。强碱性的芳胺与无机酸生成的盐不易水解,降低了游离胺的浓度,影响重氮化反应速率。无机酸浓度较低时,胺的碱性愈强,重氮化反应速率愈快;无机酸浓度较高时,胺的碱性愈弱,重氮化反应速率愈快;碱性很弱的芳胺,宜在浓硫酸中反应。根据芳伯胺碱性强弱,选择确定无机酸的浓度。

4. 反应温度

重氮化反应一般在低温 0～5℃进行,原因有二,其一是重氮盐在低温下较稳定;其二是亚硝酸在较高温度下易分解。但对某些稳定的重氮盐来说,温度可提高。例如,对氨基苯磺酸,可在 10～15℃下进行;1-氨基萘-4-磺酸,可在 35℃进行反应。

5. 亚硝酸钠用量及其加料速度

亚硝酸不稳定、易分解,重氮化过程中不断加入亚硝酸钠,使其与无机酸(盐酸或硫酸等)作用,获得重氮化需要的新生态亚硝酸。

$$NaNO_2 + HCl \rightarrow HNO_2 + NaCl$$
$$NaNO_2 + H_2SO_4 \rightarrow HNO_2 + NaHSO_4$$

亚硝酸钠用量要稍高于理论用量,通常使用 30% 的亚硝酸钠溶液。亚硝酸钠加料进度取决于重氮化反应速率,以使重氮化全过程不缺少亚硝酸钠,防止生成重氮氨基物黄色沉淀。亚硝酸钠加料过快,亚硝酸的生成速率大于重氮化反应速率,部分亚硝酸分解产生氧化氮有毒气体。

$$2HNO_2 \rightarrow NO_2 + NO + H_2O$$
$$2NO + O_2 \rightarrow 2NO_2$$
$$NO_2 + H_2O \rightarrow HNO_3$$

这不仅浪费亚硝酸钠,二氧化氮气体与水形成硝酸还会腐蚀设备。故亚硝酸钠用量及其加料速度是重氮化操作的重要工艺指标。

6.3 重氮盐的转化反应

6.3.1 重氮盐的结构及其性质

重氮盐由重氮正离子和强酸负离子构成,其结构式为 $ArN_2^+ X^-$,X^- 表示一价酸根。

重氮盐易溶于水,在水溶液中呈离子状态,类似铵盐性质,故称重氮盐。在水中,重氮盐的结构随 PH 值大小而变,如图 6-1 所示。

其中,亚硝胺和亚硝胺盐比较稳定,重氮盐、重氮酸和重氮酸盐比较活泼。故重氮盐反应在强酸性至弱碱性的介质中进行。

在酸性溶液中,重氮盐比较稳定;在中性或碱性介质中易与芳胺反应,生成重氮氨基化合物或偶氮化合物。反应式为:

$$ArN_2^+ X^- + ArNH_2 \longrightarrow ArN=NNHAr + HX$$

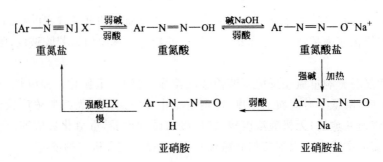

图 6-1　重氮盐结构随介质 pH 值变化

重氮盐在低温水溶液中比较稳定,反应活性较高。重氮化后不必分离,可直接用于下一转化反应。重氮盐不溶于有机溶剂,根据重氮化反应液澄清与否,可判别重氮化反应是否正常。

重氮盐性质非常活泼,干燥的重氮盐极不稳定,受热或摩擦、震动、撞击等因素,使其剧烈分解出氮气,甚至会发生爆炸事故。在一定条件下铜、铁、铅等及其盐类,某些氧化剂、还原剂,能加速重氮化物分解。因此,残留重氮盐的设备,停用时必须清洗干净。生产或处理重氮化合物,需用清洁设备或容器,避免外来杂质,忌用金属设备,而常用衬搪瓷或衬玻璃的设备容器。

重氮盐自身无使用价值,但在一定条件下,重氮基转化为偶氮基(偶合)、肼基(还原),或被羟基、烷氧基、卤基、氰基、芳基等取代基置换,制得一系列重要的有机合成中间体、偶氮染料和试剂等。

6.3.2　重氮盐的置换反应

在一定条件下,重氮化合物的重氮基可被卤素、羟基、氰基、烷氧基、巯基、芳基等基团置换,释放氮气,生成其他取代芳烃,该反应即重氮盐的置换,又称重氮化合物的分解。

重氮盐置换的产率一般不太高,用其他方法难以引入某种取代基(如—F,—CN 等),或用其他方法不能将取代基引入所指定位置时,才采用重氮盐置换法。

1. 重氮基置换为卤基

由芳胺重氮盐的重氮基置换成卤基,对于制备一些不能采用卤化法或者卤化后所得异构体难以分离的卤化物很有价值。

(1)桑德迈耶尔反应

在氯化亚铜存在下,重氮基被置换为氯、溴或氰基的反应称桑德迈耶尔(Sandmeyer)反应,将重氮盐溶液加入到卤化亚铜的相应卤化氢溶液中,经分解即释放出氮气而生成 ArX。反应为:

$$ArN_2^+ X^- \xrightarrow{CuX, HX} ArX + N_2 \uparrow + CuX$$

亚铜盐的卤离子必须与氢卤酸的卤离子一致才可以得到单一的卤化物。但是碘化亚铜不溶于氢碘酸中无法反应。而氟化亚铜性质很不稳定,在室温下即迅速自身氧化还原,得到铜和氟化铜,因此,不适用于氟化物和碘化物的制备。

桑德迈耶尔反应历程很复杂,现在公认的历程是重氮盐首先和亚铜盐形成配合物 $Ar\overset{+}{N}\equiv N \rightarrow$ $CuCl_2^-$,经电子转移生成自由基,而后进行自由基偶联得反应产物。其中,配合物 $Ar\overset{+}{N}\equiv N \rightarrow CuCl_2^-$

与重氮盐结构有关,重氮基对位上有不同取代基,其反应速率按下列次序递减:

$$NO_2 > Cl > H > CH_3 > OCH_3$$

此顺序与取代基对偶合反应速度的影响是一致的,因此重氮基转化卤基的桑德迈耶尔反应速度是随着与重氮基相连碳原子上的正电荷增加而增大。此外,还与反应组分的浓度、加料方式和反应温度等有关。

重氮盐溶液加至氯化亚铜盐酸溶液,温度为 50～60℃。反应完毕,蒸出二氯甲苯,分出水层,油层用硫酸洗、水洗和碱洗后得粗品,经分馏得 2,6-二氯甲苯成品。

(2)希曼(Schiemann)反应

重氮盐转化为芳香氟化物是芳环上引入氟基的有效方法,反应称希曼(Schiemann)反应。

$$Ar-N_2^+X^- \xrightarrow{BF_4^-} Ar-N_2^+BF_4^- \xrightarrow{\triangle} ArF + N_2 \uparrow + BF_3$$

重氮基的氟硼酸配盐分解,须在无水条件下进行,否则易分解成酚类和树脂状物。

$$ArN_2^+BF_4^- + H_2O \xrightarrow{\triangle} ArOH + N_2 + HF + BF_3 + 树脂物$$

重氮络盐分解收率与其芳环上取代基性质有关,一般芳环没有取代基或有供电性取代基时,分解收率较高,而有吸电性取代基分解收率则较低。重氮络盐中其络盐性质不同,分解后产物收率也不同。例如,邻溴氟苯的制备,其络盐若采用氟硼酸络盐,反应收率只有 37%,而改用六氟化磷络盐,收率可提高到 73%～75%。

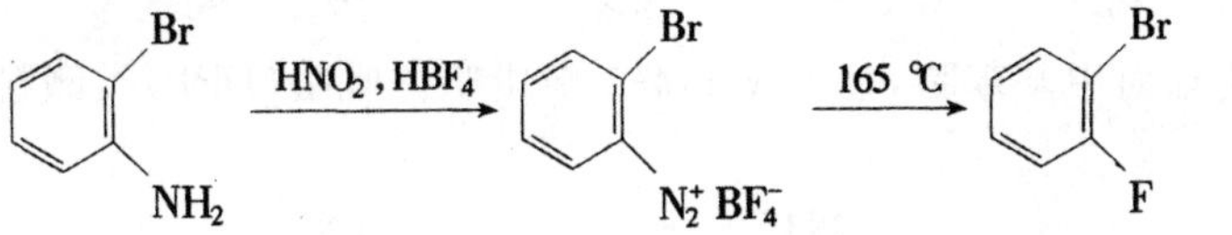

芳环上无取代基或有第一类取代基的芳胺重氮盐,制备相应的氟苯衍生物时,多采用氟硼酸络盐法。

制备氟硼酸络盐时,可以将一般方法制得的重氮盐溶液加入氟硼酸进行转化,也可以采用芳胺在氟硼酸存在下进行重氮化。

(3)盖特曼反应

除用亚铜盐作催化剂外,也可将铜粉加入重氮盐的氢卤酸溶液中反应,用铜粉催化重氮基转化为卤基的反应称为盖特曼(Gatteman)反应。在亚铜盐较难得到时,本反应有特殊意义。例如:

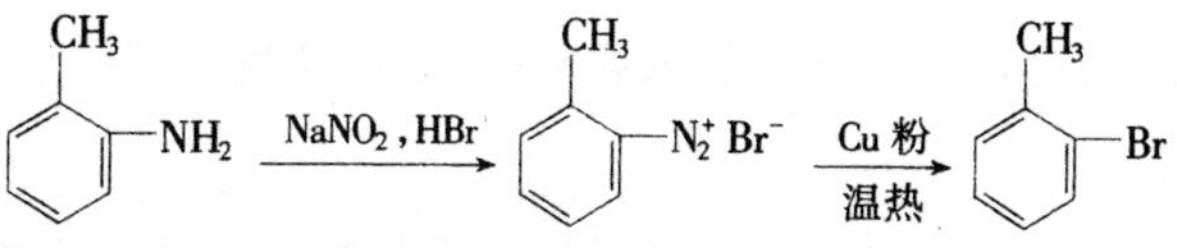

将铜粉加入到 0～5℃的邻甲苯胺重氮盐溶液中,升温使反应温度不超过 50℃,蒸出油状物即为产品。邻溴甲苯用作有机合成原料,医药工业用于制备溴得胺。

由重氮盐转化为芳碘化合物,可将碘化钾直接加入到重氮盐溶液中分解而得,邻、间和对碘苯甲酸,都是由相应的氨基苯甲酸制得的。例如:

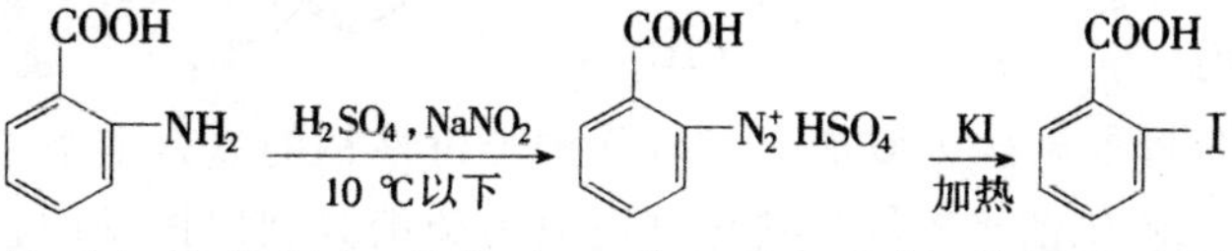

用于转化为碘化物重氮盐的制备,最好在硫酸介质中进行,若用盐酸则有氯化物杂质。

某些反应速度较慢的碘置换反应,可以加入铜粉作催化剂,如制备对羟基碘苯:

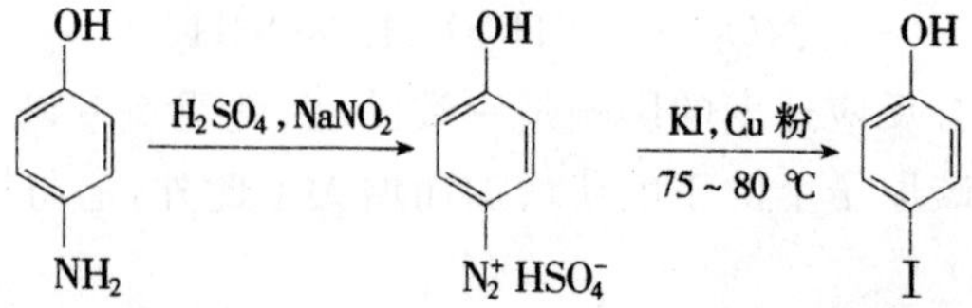

2.重氮基置换为氰基

重氮基置换为氰基与转化为卤基的方法相似,也是桑德迈耶尔反应,氰化亚铜配盐为催化剂,其制备由氯化亚铜与氰化钠溶液作用。

$$CuCl + 2NaCN \longrightarrow Na[Cu(CN_2)] + NaCl$$

该转化反应的催化剂除上述络盐外,还可用四氰氨络铜钠盐、四氰氨络铜钾盐、氰化镍络盐。四氰氨络铜的络盐为催化剂的转化反应可表示为:

$$2CuSO_4 + NaCu(CN)_4NH_3 \longrightarrow 2ArCN + 2NaCl + NH_3 + CuCN + 2N_2 \uparrow$$

重氮化物与氰化亚铜配盐合成芳腈,此法用于靛族染料中间体的制备。例如,邻氨基苯甲醚盐酸盐的重氮化,重氮盐与氰化亚铜反应,产物邻氰基苯甲醚用于制造偶氮染料。

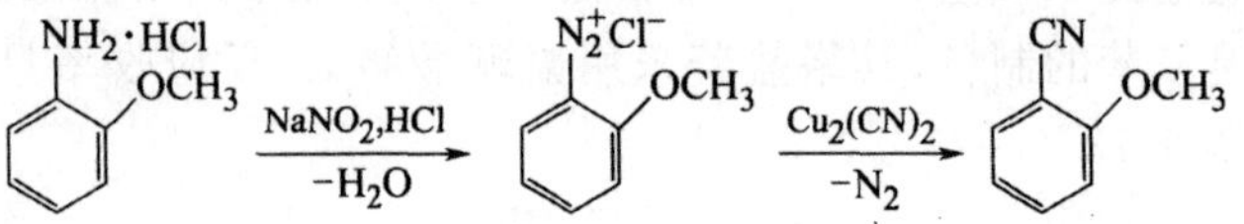

制备的化合物如对甲基苯腈,是合成 1,4-二酮吡咯并吡咯(DPP)类颜料、C. I. 颜料红 272 的专用中间体。

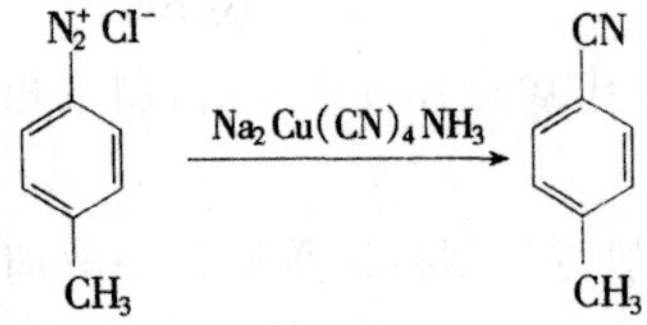

反应中用氰化亚铜催化,收率仅为 64%～70%;用四氰氨络铜钠盐催化,收率可提高到 83.4%。如果氰化亚铜改为氰化镍络盐,在某些情况下也可以提高产物收率。例如,对氰基苯甲酸的制备,当采用氰化亚铜催化时,产物收率仅为 30%;改用氰化镍络盐催化时,产物收率可达到 59%～62%。

氰基易水解为酰胺基(—CONH$_2$)和羧基(—COOH),该反应也是在芳环上引入酰胺基和羧基的一个方法。

在芳环上引入氰基,还可以氰基取代氯素或磺酸基,以及酰胺基脱水的方法。

3.重氮基置换为巯基

重氮盐与含硫化合物反应,重氮基被巯基置换。重氮盐与烷基黄原酸钾(ROCSSK)作用,制备邻甲基苯硫酚、间甲基苯硫酚和间溴苯硫酚等,例如:

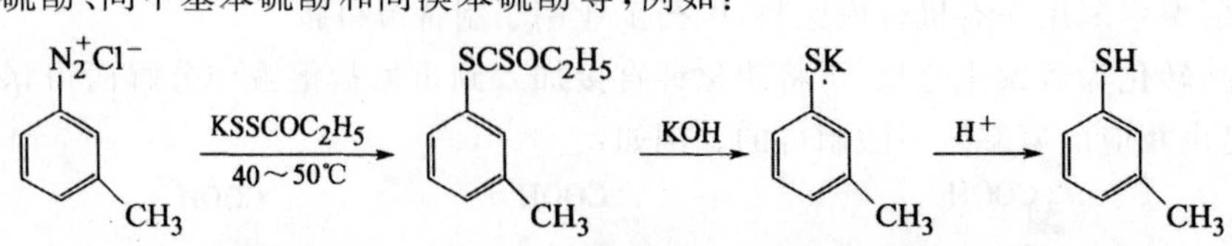

反应用二硫化钠,将重氮盐缓慢加入二硫化钠与苛性钠的混合溶液,得产物芳烃二硫化物(Ar—S—S—Ar),用二硫化钠将芳烃二硫化物还原为硫酚。利用该反应,可由邻氨基苯甲酸制

取硫代水杨酸。

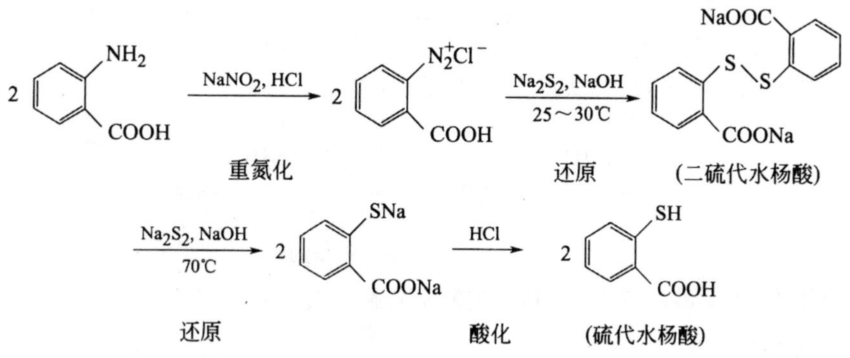

硫代水杨酸是合成硫靛染料的重要中间体。

4. 重氮基置换为羟基

将重氮硫酸盐溶液慢慢加至热或沸腾的稀硫酸中,重氮基水解为羟基。

$$ArN_2^+ HSO_4^- + H_2O \xrightarrow{\text{稀 } H_2SO_4} ArOH + H_2SO_4 + N_2 \uparrow$$

为使重氮盐迅速水解,避免与酚类偶合,要保持较低的重氮盐浓度,水蒸气蒸馏法移除产物酚,如果不能蒸出酚,可加入二甲苯、氯苯等溶剂,使生成的酚转移到有机相,减少副反应。反应中硝酸存在,重氮盐水解成硝基酚,例如:

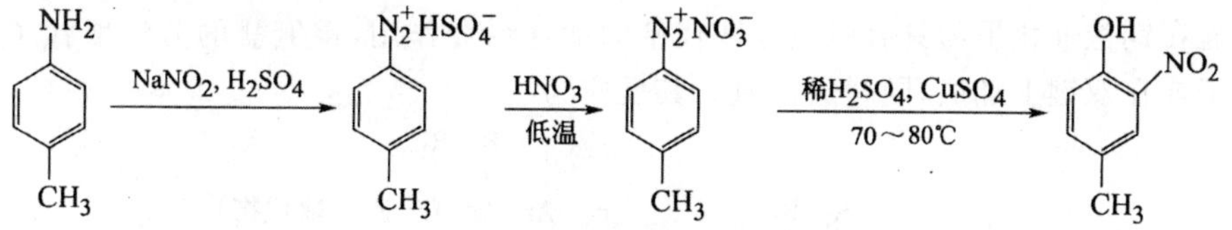

在反应液中加入硫酸钠,可提高反应温度,有利于重氮基水解。

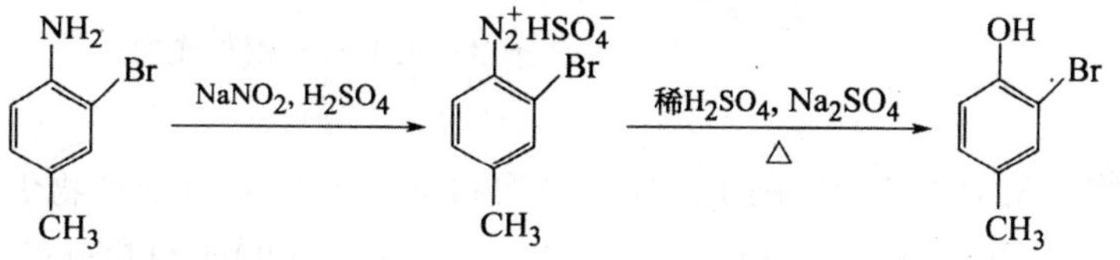

铜离子对水解反应有催化作用,硫酸铜可降低反应温度,如愈创木酚的合成:

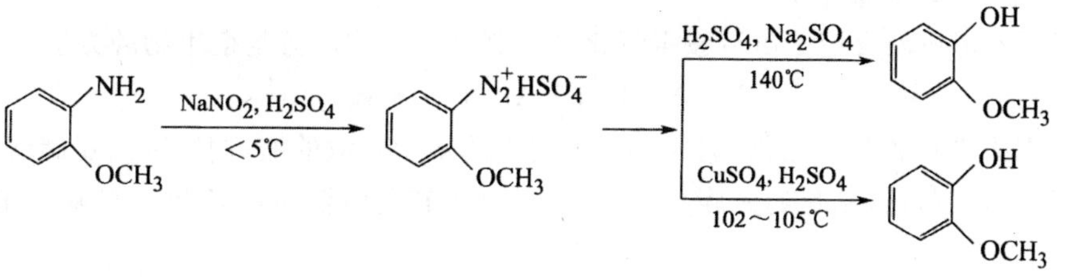

5. 重氮基置换为烷氧基

干燥的重氮盐和乙醇共热,重氮基被烷氧基取代生成为酚醚。

$$ArN_2^+ X^- + C_2H_5OH \longrightarrow ArOC_2H_5 + HX + N_2 \uparrow$$

为避免产生卤化物,重氮盐以硫酸盐为好。醇类可以是乙醇,也可以是甲醇、异戊醇、苯酚等,与重氮盐反应得到含甲氧基、乙氧基、异戊氧基或苯氧基等芳烃衍生物。例如,邻氨基苯甲酸重氮硫酸盐与甲醇共热,得邻甲氧基苯甲酸。

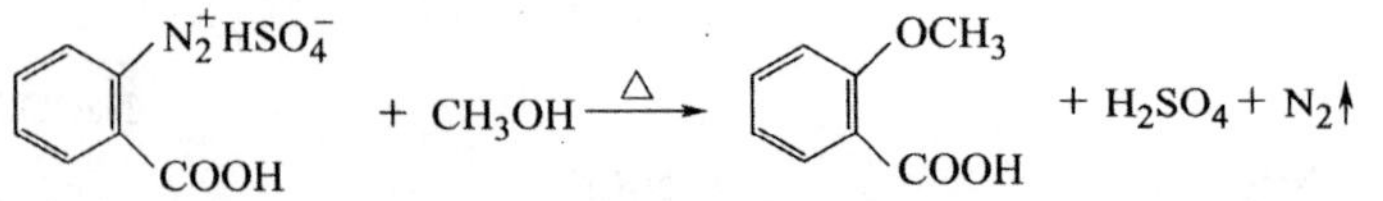

某些重氮盐和乙醇共热，也可获得乙氧基的衍生物。

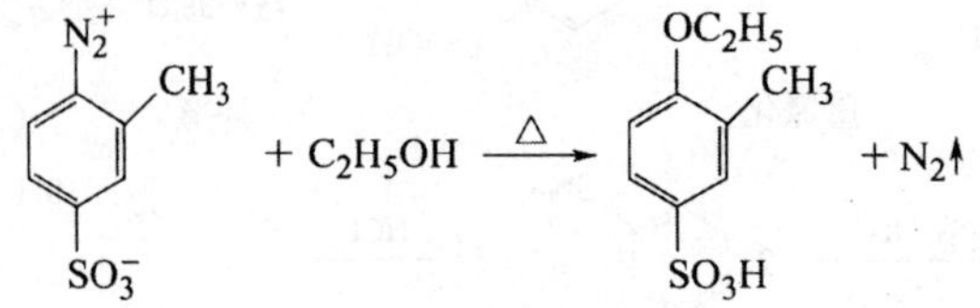

增加反应压力，提高醇的沸点，有利于重氮基置换为烷氧基。

6. 重氮基置换为芳基

重氮盐在碱性溶液中形成重氮氢氧化物，它可以裂解为重氮自由基，再失去氮形成芳基自由基。

$$ArN^+ \equiv NCl^- \xrightarrow{NaOH} ArN^+ \equiv NOH^- \xrightarrow{NaOH} ArN = N - OH$$

$$ArN = N - OH \longrightarrow ArN = N \cdot + \cdot OH$$

$$ArN = N \cdot \longrightarrow Ar \cdot + N_2 \uparrow$$

生成的自由基可以与不饱和烃类或芳族化合物进行如下芳基化反应。

(1) 迈尔瓦音 (Weerwein) 芳基化反应

重氮盐在铜盐催化下与具有吸电性取代基的活性烯烃作用，重氮盐的芳烃取代了活性烯烃的 β-氢原子或在双键上加成，同时放出氮。其反应为

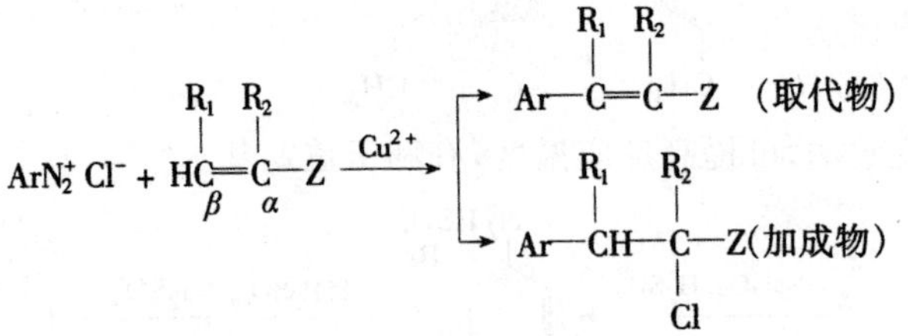

生成取代产物还是加成产物取决于反应物结构和反应条件，但加成产物仍可以消除，得到取代产物。其中，Z 一般为 $-NO_2$、$-CO-$、$-COOR$、$-CN$、$-COOH$ 和共轭双键等。

(2) 贡贝格 (Gomberg) 反应

贡贝格 (Gomberg) 反应是由芳胺重氮化合物制备不对称联芳基衍生物的方法。

$$ArN = N - OH + Ar'H \longrightarrow Ar - Ar'$$

按常规方法进行芳胺重氮化，但要求尽可能少的水和较浓的酸，用饱和的亚硝酸钠溶液重氮化，把重氮盐加入到待芳基化的芳族化合物中，通过该转化方法可制备如 4-甲基联苯、对溴联苯等化合物。

(3) 盖特曼 (Gattermann) 反应

重氮盐在弱碱性溶液中用铜粉还原，即发生脱氮偶联反应，形成对称的联芳基衍生物。反应式如下：

$$2ArN_2Cl + Cu \longrightarrow Ar - Ar + N_2 \uparrow + CuCl_2$$

反应用的铜是在把锌粉加到硫酸铜溶液中得到的泥状铜沉淀。铜粉的效果不如沉淀铜。锌粉、铁粉也可还原重氮盐成联芳基化合物，但产率低，锌铜齐较好。重氮盐如果是盐酸盐，产物中

将混有氯化物,所以最好用硫酸盐。

6.3.3　重氮盐的还原反应

在重氮盐水溶液中,加入适当还原剂如乙醇、次磷酸、甲醛、亚锡酸钠等,可使重氮基还原为氢原子,利用此反应可制备多种芳烃取代产物,例如 2,4,6-三溴苯甲酸的合成:

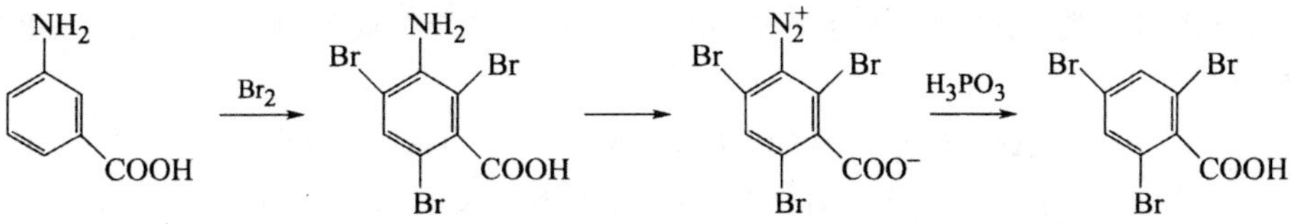

还原剂常用乙醇、次磷酸,乙醇将重氮基还原为氢原子、释放氮气,乙醇被氧化成乙醛。

$$ArN_2^+Cl^- + C_2H_5OH \longrightarrow ArH + HCl + N_2\uparrow + CH_3CHO$$

在这个去氨基反应中,可能同时有酚的烃基醚生成,这一副反应使脱氨基反应收率降低。

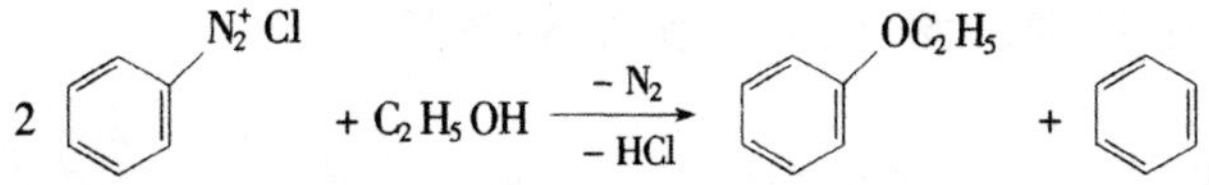

若重氮基的邻位有卤基、羧基或硝基时,还原效果较好,锌粉、铜粉的存在有利于还原。

用次磷酸的方法与乙醇法相似。

重要的芘系有机颜料品种,C.I.颜料红 149 的专用中间体 3,5-二甲基苯胺,也是经过重氮化、水解脱氮的重氮基转化反应制备。

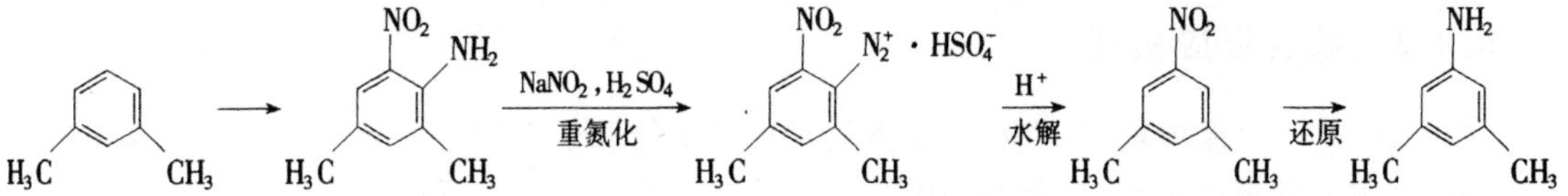

在合成药物和染料中,肼类有重要用途。重氮化物还原的另一用途是制取芳肼。

$$ArN_2^+X^- + Na_2SO_3 \xrightarrow{-NaX} ArN{=}N{-}SO_3Na \xrightarrow{NaHSO_3} ArN{-}NH{-}SO_3Na$$
$$\overset{\displaystyle SO_3Na}{|}$$
$$\xrightarrow[-NaHSO_3]{H_2O} ArNHNHSO_3Na \xrightarrow[-NaHSO_3]{HCl,H_2O} ArNHNH_2\cdot HCl$$

还原剂是亚硫酸盐与亚硫酸氢盐(1:1)的混合物,其中亚硫酸盐稍过量。还原终了时,可加少量锌粉以使反应完全。

用酸性亚硫酸盐还原,介质酸性不可太强,否则生成亚磺酸(ArSO_2H)与芳肼作用形成 N′-芳亚磺酰基芳肼(ArNHNHSO_2Ar),芳肼收率降低。若在碱性介质中还原,重氮基被氢置换。

脂环伯胺重氮化形成的碳正离子,可发生重排反应,使脂环扩大或缩小。例如,医药中间体环庚酮的合成:

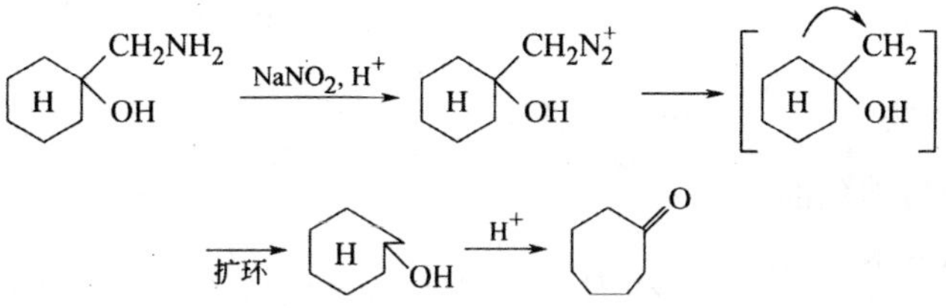

6.4 偶合反应

6.4.1 偶合反应及其特点

重氮化合物与酚类、胺类等(偶合组分)相互作用,形成带有偶氮基(—N—N—)化合物的反应,称为偶合反应。

$$Ar—N_2Cl+Ar'OH \longrightarrow Ar—N=N—Ar'—OH$$
$$Ar—N_2Cl+Ar'NH_2 \longrightarrow Ar—N=N—Ar'—NH_2$$

重要的偶合组分有:
①酚,如苯酚、萘酚及其衍生物。
②芳胺,如苯胺、萘胺及其衍生物。
③氨基萘酚磺酚,如 H 酸、J 酸、γ 酸、芝加哥 SS 酸等。

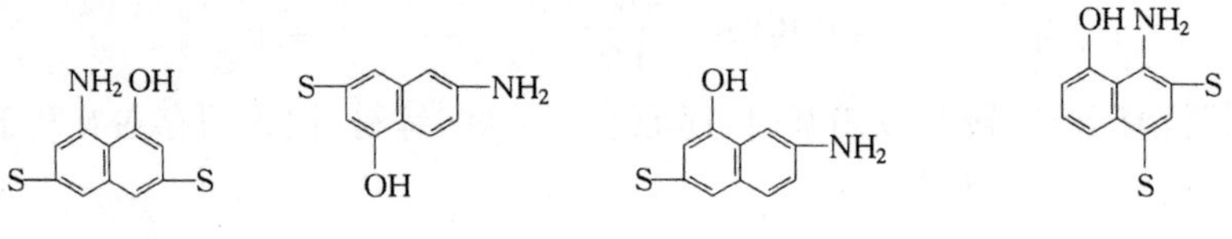

H 酸　　　　　　　J 酸　　　　　　　γ 酸　　　　　芝加哥 SS 酸

④活泼的亚甲基化合物,如乙酰苯胺等。

6.4.2 偶合反应机理

偶合反应是一个亲电取代反应,由于重氮正离子中氮原子上的正电荷可以离域到苯环上,因此它是一个很弱的亲电试剂,只能与高度活化的苯环才能发生偶合反应。

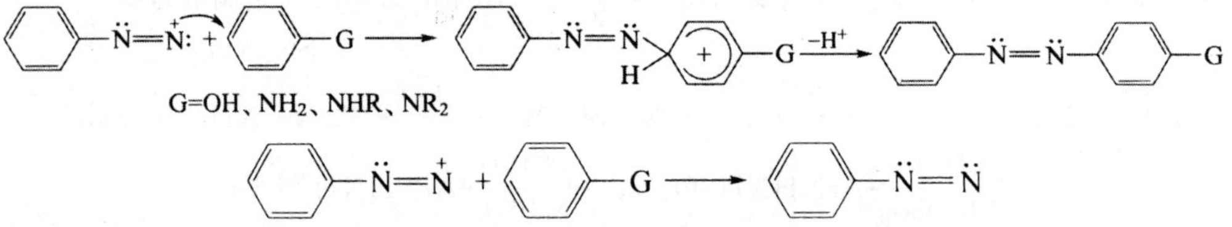

G=OH、NH_2、NHR、NR_2

①重氮盐正离子向偶合组分核上电子云密度较高的碳原子进攻形成中间产物,这一步反应是可逆的。
②中间产物迅速失去一个氢质子,不可逆地转化为偶氮化合物。

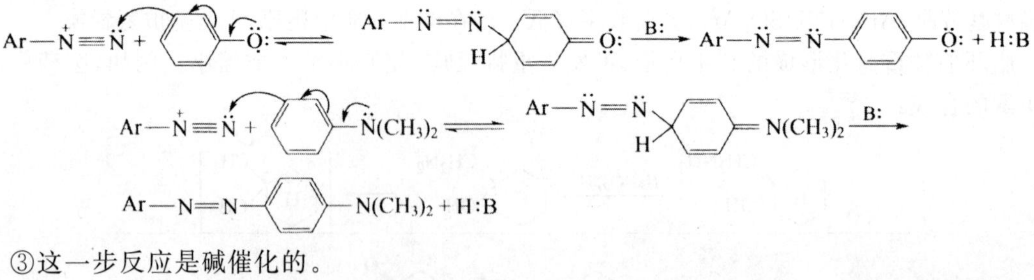

③这一步反应是碱催化的。

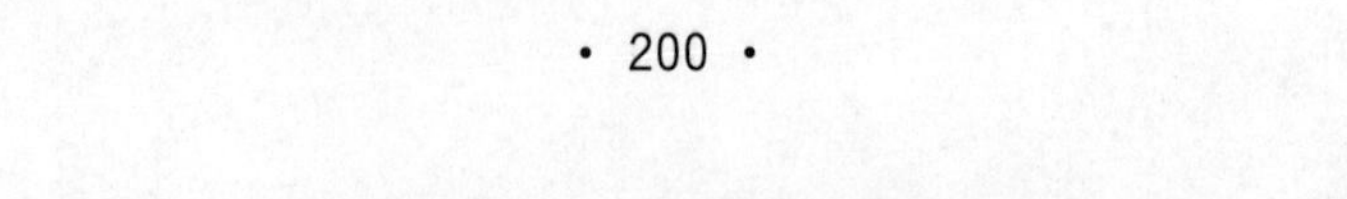

对重氮盐而言,当芳环上连有吸电子基团时,将使其亲电能力增加,加速反应的进行;反之,将不利于反应的进行。对偶合组分而言,能使芳环电子云密度增大的因素将有利于反应的进行。在进行偶合反应时,要考虑到多种因素,选择最适宜的反应条件,才能收到预期的效果。

6.4.3 偶合反应动力学

当重氮盐和酚类在碱性介质中偶合时,参加反应的具体形式是重氮盐阳离子 ArN_2^+ 和酚盐阳离子 ArO^-,反应速度公式为

$$r = k[ArN_2^+][ArO^-]$$

式中,k 为反应速度常数。

测定反应物浓度时,酚类除活泼形式 $Ar'O^-$ 外还包括有 $Ar'OH$,重氮盐除活泼形式 ArN_2^+ 外,还包括 ArN_2O^-,所以实际测定的反应速度常数 k_p 应符合下列方程式:

$$r = k_p[ArN_2^+ + ArN_2O^-][Ar'O^- + Ar'OH]$$

在水溶液中,ArO^- 及 $ArOH$ 之间存在下列平衡:

$$Ar'OH \Longrightarrow Ar'O^- + H^+$$

得平衡常数

$$K_p = \frac{[Ar'O^-][H^+]}{[Ar'OH]}$$

即

$$[Ar'OH] = \frac{[Ar'O^-][H^+]}{K_p}$$

在水溶液中,重氮盐及重氮酸盐间也存在着下列平衡:

$$ArN_2^+ + H_2O \Longrightarrow ArN_2O^- + 2H^+$$

由此

$$k_d = \frac{[ArN_2O^-][H^+]^2}{[ArN_2^+]}$$

即

$$[ArN_2O^-] = \frac{[ArN_2^+]K_d}{[H^+]^2}$$

由以上各式联立,得

$$k[ArN_2^+][Ar'O] = k_p \left\{ [ArN_2^+] + \frac{[ArN_2^+]k_d}{[H^+]^2} \right\} \left\{ [Ar'O^-] + \frac{[Ar'O^-][H^+]^2}{k_p} \right\}$$

即

$$k = k_p \left(1 + \frac{K_d}{[H^+]^2}\right) \left(1 + \frac{[H^+]}{K_p}\right)$$

当酸浓度较大时,$\frac{K_d}{[H^+]^2} \to 0$,$1 + \frac{[H^+]}{K_p} \to \frac{[H^+]}{K_d}$,于是上式变为:

$$k_p = \frac{kK_p}{[H^+]}$$

即

$$\lg k_p = \lg \cdot K_p - \lg[H^+]$$

或

$$\lg k_p = a + PH$$

式中,a 为常数。此式反映了当酸浓度较大时,反应速度常数和 PH 值成线型关系,PH 值增加反应速度也上升。

当酸浓度较小时,$1 + \dfrac{K_d}{[H^+]^2} \to \dfrac{K_d}{[H^+]^2}$;$\dfrac{[H^+]}{K_p} \to 0$,于是有:

$$k_p = \frac{k[H^+]^2}{K_d}$$

即

$$\lg k_p = \lg \frac{k}{K_d} + 2\lg[H^+]$$

或

$$\lg k_p = b - 2PH$$

式中,a 为常数。此式反映了当酸浓度较小时,增加介质 PH 值,反应速度下降。

当重氮盐和胺类在酸性介质中偶合时,参加反应的具体形式是重氮盐阳离子 ArN_2^+ 和游离胺 $ArNH_2$,反应速度公式为

$$r = k'[ArN_2^+][ArNH_2]$$

式中,k' 反应速度常数。

在水溶液中 $Ar'NH_2$ 和 H^+ 间存在着下列平衡:

$$Ar'NH_3^+ \Longleftrightarrow Ar'NH_2 + H^+$$

所以

$$K_a = 平衡常数 = \frac{[Ar'NH_2][H^+]}{[Ar'NH_3^+]}$$

用同样方法处理可得:

$$k = k_p \left(1 + \frac{K_d}{[H^+]^2}\right)\left(1 + \frac{[H^+]}{K_a}\right)$$

式中,k_p 实际测定的反应速度常数。

当酸浓度较大时,可得:

$$\lg k_p = a' + PH$$

当酸浓度较小时,可得:

$$\lg k_p = b' - 2PH$$

以上两式中 a' 和 b' 均为常数。

对大多数芳铵盐及重氮盐来说,$K_a = 10^{-5}$,$K_d = 10^{-24}$,故有 $K_a \gg K_d^{1/2}$。

在相当宽的范围内 $\dfrac{K_d}{[H^+]^2}$ 及 $\dfrac{[H^+]}{K_a}$ 均 $\ll 1$。

于是有式 $k' = k_p$,在这种情况下,芳胺的偶合反应速度常数和介质 PH 值无关。

6.4.4 偶合反应的影响因素

1.重氮盐的结构

偶合反应为亲电取代反应,在重氮盐分子中,芳环上连有吸电子基时,能增加重氮盐的亲电性,使反应活性增大;反之芳环上连有供电子基时,减弱了重氮盐的亲电性,使反应活性降低。

取代基不同的芳胺重氮盐,偶合反应速率的次序如下:

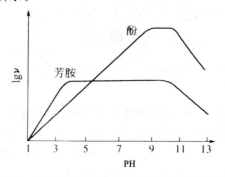

2.偶合组分的结构

偶合组分主要是酚类和芳伯胺类。若芳环上连有吸电子基时,反应不易进行;相反若连有供电子基时,可增加芳环上的电子云密度,使偶合反应容易进行。

重氮盐的偶合位置主要在酚羟基或氨基的对位。若对位已被占据,则反应发生在邻位。对于多羟基或多氨基化合物,可进行多偶合取代反应。分子中兼有酚羟基及氨基者,可根据 PH 值的不同,进行选择性偶合。

3.介质的 PH 值

介质的 PH 值影响偶合反应速率和定位。动力学研究表明,酚和芳胺类的偶合反应速率和介质 PH 值的关系如图 6-2 所示。

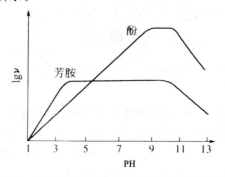

图 6-2　偶合介质反应速率与介质 PH 值的关系

图 6-2 中,对酚类偶合剂,介质酸度较大时,偶合速率和 PH 值呈线性关系。PH 值升高,偶合速率直线上升,当 PH=9 时,偶合速率达最大值。PH>9 时,偶合速率下降,最佳 PH 值为 9～11。故重氮剂与酚类的偶合,常在弱碱性介质(碳酸钠溶液,PH=9～10)中进行。在相当宽的 PH 值范围(PH=4～9)内,芳胺类偶合速率与介质 PH 值无关,在 PH<4 和 PH>9 时,反应速率分别随 PH 值增大而上升和下降,最佳 PH 值为 4～9。

弱碱条件下,芳胺与重氮剂容易生成重氮氨基化合物,影响偶合反应,故芳胺偶合剂常使用弱酸(如醋酸)介质。例如,在弱酸性介质中,间氨基苯磺酸重氮盐与 α-萘胺偶合;联苯胺重氮盐与水杨酸在 Na_2CO_3 介质中偶合。

4.温度

由于重氮盐极易分解,故在偶合反应同时必然伴有重氮盐分解的副反应。若提高温度,会使重氮盐的分解速率大于偶合反应速率。因此偶合反应通常在较低温度下(0~15℃)进行。

此外,催化剂种类及用量、反应中的盐效应等对偶合也有一定的影响。

6.4.5 偶合反应的终点控制

图 6-3 偶合反应进行时,要不断地检查反应液中重氮盐和偶合组分存在的情况,一般要求在反应终点重氮盐消失,剩余的偶合组分仅有微量。例如,苯胺重氮盐和 G 盐的偶合,用玻璃棒蘸反应液 1 滴于滤纸上,染料沉淀的周围生成无色润圈,其中溶有重氮盐或偶合组分,以对硝基苯胺重氮盐溶液在润圈旁点 1 滴,也生成润圈,若有 G 盐存在,则两润圈相交处形成橙色;同样以 H 酸试验检查,若生成红色,则表示有苯胺重氮盐存在。

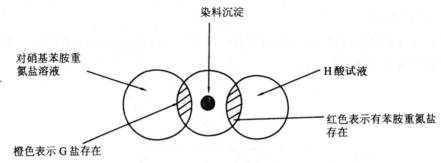

图 6-3　苯胺重氮盐和 G 盐的偶合时的染料沉淀

如此每隔数分钟检查一次,直至重氮盐完全消失,反应中仅余微量偶合组分为止。有时重氮盐本身颜色较深,溶解度不大,偶合速度很慢,在这种情况下,如果用一般指示剂效果不明显,需要采用更活泼的偶合组分如间苯二酚、间苯二胺作指示剂。

偶合反应生成的染料溶解度如果太小,滴在滤纸上不能得到无色润圈,在这种情况下可在滤纸上先放一小堆食盐,将反应液滴在食盐上,染料就会沉淀生成无色润圈;也可以取出少量反应液置于小烧杯中,加入食盐或醋酸钠盐析,然后点滴试验,就可得到明确指示。

6.5　重氮盐与偶合反应的应用

6.5.1　重氮盐的应用

重氮盐能发生置换、还原、偶合、加成等多种反应。因此,通过重氮盐可以进行许多有价值的转化反应。

1.制备偶氮染料

重氮盐经偶合反应制得的偶氮染料,其品种居现代合成染料之首。它包括了适用于各种用途的几乎全部色谱。

例如,对氨基苯磺酸重氮化后得到的重氮盐与 2-萘酚-6-磺酸钠偶合,得到食用色素黄 6。

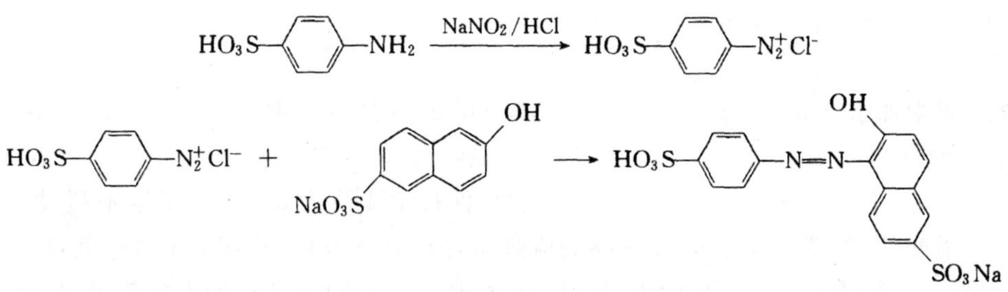

$$HO_3S—\langle\rangle—NH_2 \xrightarrow{NaNO_2/HCl} HO_3S—\langle\rangle—N_2^+Cl^-$$

食用色素黄6

2.制备中间体

例如,重氮盐还原制备苯肼中间体。

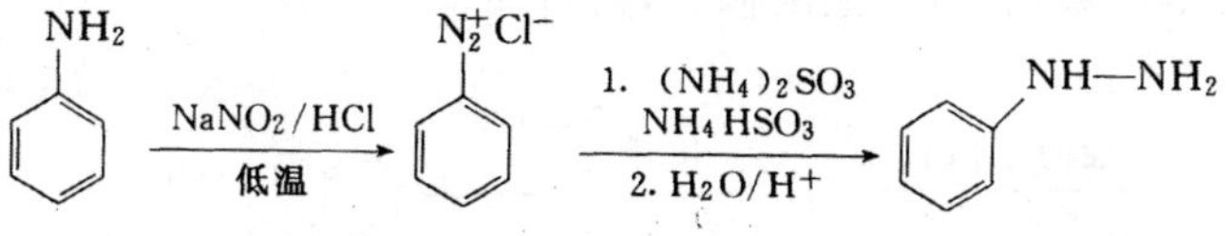

又如,重氮盐置换得对氯甲苯中间体。

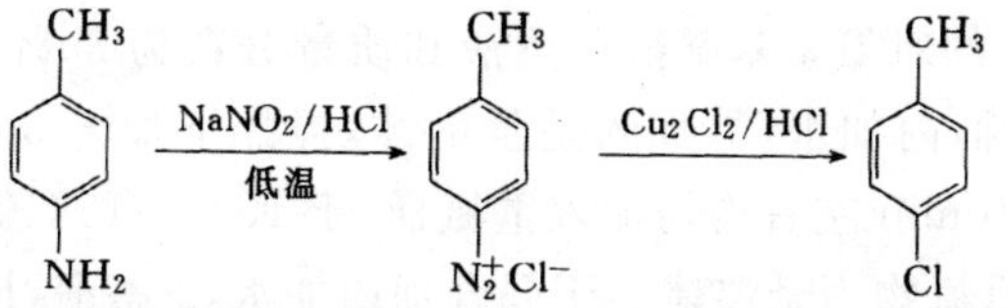

若用甲苯直接氯化,产物为邻氯甲苯和对氯甲苯的混合物。两者物理性质相近,很难分离。

由此可见,利用重氮盐的活性,可转化成许多重要的、用其他方法难以制得的产品或中间体,这也是在精细有机合成中重氮化反应被广泛应用的原因。

6.5.2 偶合反应应用

1.酸性嫩黄 G 的合成

酸性嫩黄 G 的合成分为重氮化和偶合两步,反应式如下:

重氮化:

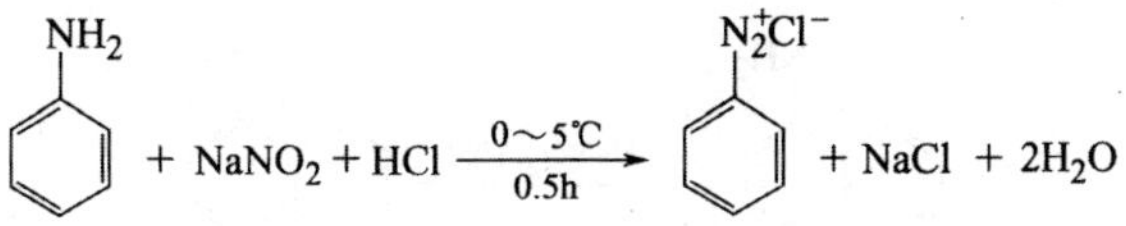

偶合:

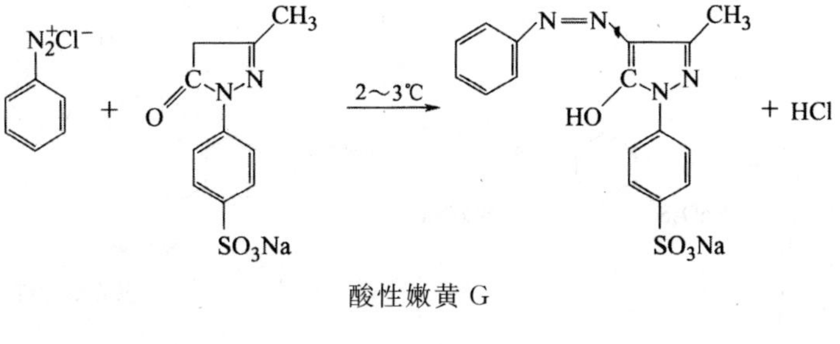

酸性嫩黄 G

(1)重氮化

在重氮釜加水 560L、30%盐酸 163kg、100%苯胺 55.8kg,搅拌溶解,加冰降温至 0℃,在液面下加入 30%亚硝酸钠溶液 41.4kg,温度为 0~2℃,时间为 30min,重氮化反应至刚果红试纸呈蓝色,碘化钾淀粉试纸呈微蓝色,调整体积至1100L。

（2）偶合

在偶合釜中加水900L,加热至40℃,加纯碱60kg,搅拌至溶解,然后加入1-(4′-磺酸基)苯基-3-甲基-5-吡唑啉酮154.2kg,溶解后加10%纯碱溶液,加冰及水调整体积至2400L,调整温度至2℃～3℃,加重氮液过滤放置40min。整个过程保持PH值为8～8.4,温度不超过5℃,偶合完毕,1-(4′-磺酸基)苯基-3-甲基-5-吡唑啉酮应过量,pH在8.0以下,如pH值较低,应补纯碱溶液,继续搅拌2h,升温至80℃,体积约4000L,按体积20%～21%计算加入食盐量,盐析,搅拌冷却至45℃以下,过滤、干燥,干燥温度为80℃,产量为460kg(100%)。

2.酸性橙Ⅱ的合成

由对氨基苯磺酸钠重氮化,与2-萘酚偶合,盐析而得:

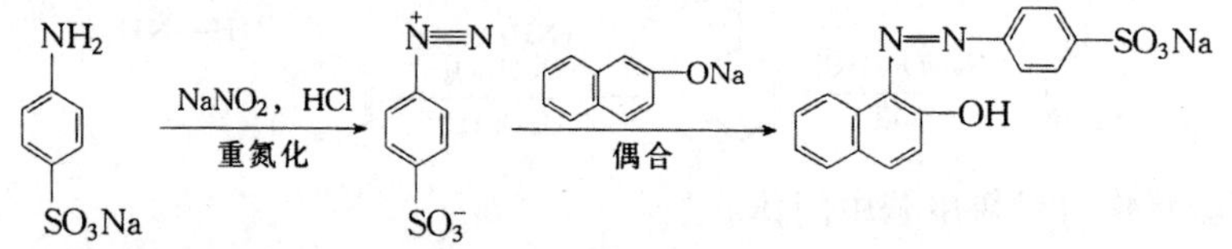

将15%左右质量分数的对氨基苯磺酸钠溶液和质量分数为30%～35%的亚硝酸钠溶液加入混合桶内搅匀。在重氮桶内加水,再加入适量的冰,搅拌下加入30%盐酸,控制温度10℃～15℃,将混合桶的物料于10min左右均匀加入重氮桶,于10℃～15℃保持酸过量,亚硝酸微过量的条件下搅拌半小时,得重氮物为悬浮体。于偶合桶内加水,2-萘酚,搅拌下将液碱(30%)加入,升温到45℃～50℃,使之溶解后加冰冷却至8℃,加盐,快速加入重氮盐全量的一半。再加盐,然后将另一半重氮盐在1h内均匀加完,并调整pH7.1,搅拌1h,再加盐,继续搅拌至重氮盐消失为偶合终点(约1h)。压滤,滤饼于100℃～105℃烘干。

酸性橙Ⅱ主要用于蚕丝、羊毛织品的染色,也用于皮革和纸张的染色。在甲酸浴中可染锦纶。在毛、丝、锦纶上直接印花,也可用于指标剂和生物着色。

3.蓝光酸性红(苋菜红)的合成

蓝光酸性红(苋菜红)是典型的酸性染料,可将毛织品(在加有芒硝的酸性浴中)染成带浅蓝色的红色,也可染天然丝、木纤维、羽毛等,其合成反应如下。

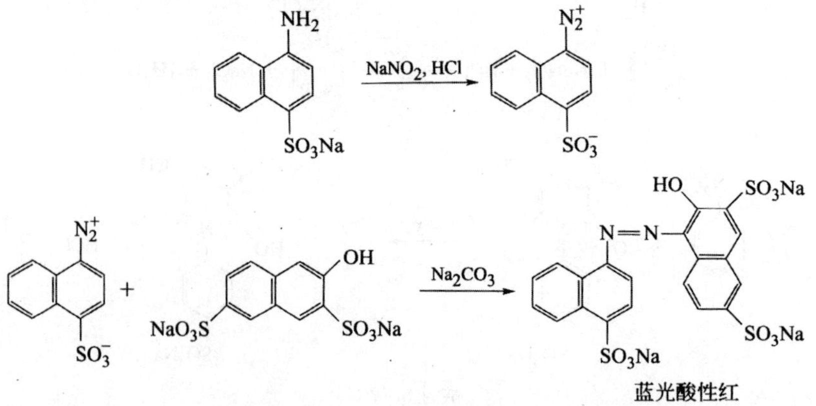

蓝光酸性红

第7章 分子重排反应

7.1 分子重排反应概述

多数有机反应是官能团转化或碳碳键形成与断裂的反应,这些反应的反应物分子的碳架保留在产物分子中,即碳架没有发生改变。但在一些有机反应中,烃基或别的基团从一个原子迁移到另一个原子上,使产物分子的碳架发生了改变,这样的反应叫做分子重排反应。下式表示分子重排反应,其中 Z 代表迁移基团或原子,A 代表迁移起点原子,B 代表迁移终点原子。A、B 常是碳原子,有时也可以是 N、O 等原子。

根据起点原子和终点原子的相对位置可分为 1,2-重排、1,3-重排等,但大多数重排反应属于 1,2-重排。反应通式如下:

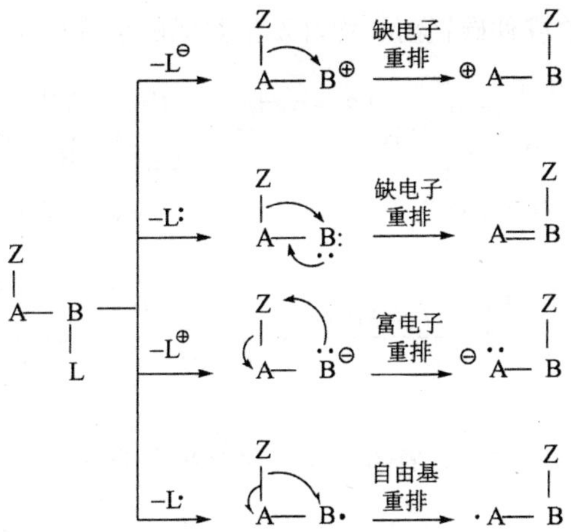

重排反应根据反应机理中迁移终点原子上的电子多少可分为缺电子重排(亲核重排)、富电子重排(亲电重排)和自由基重排。

重排反应一般分为三步:生成活性中间体(碳正离子、碳烯、氮烯、碳负离子、自由基等),重排,生成消去和取代产物。

此外,协同反应中的 σ-键迁移反应也是常见的重排反应。

7.2　亲核重排

7.2.1　从碳原子到碳原子的亲核重排反应

1. Wagner-Meerwein 重排

β-碳原子上具有两个或三个烃基的伯醇和仲醇均可发生 Wagner-Meerwein 重排反应,生成更稳定的碳正离子为反应的推动力。反应式如下:

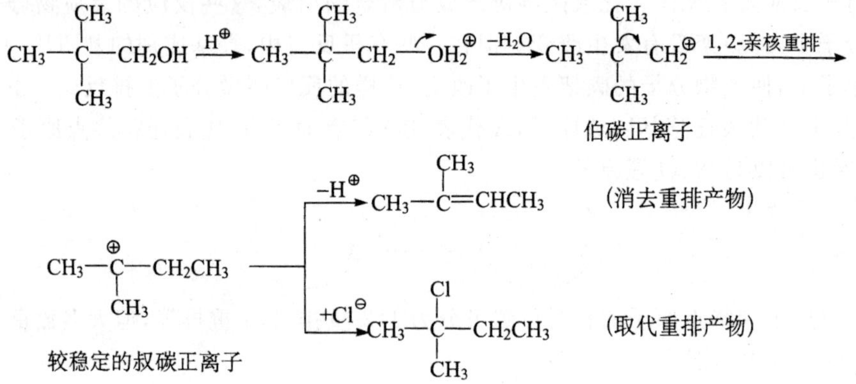

伯碳正离子

较稳定的叔碳正离子　　　（消去重排产物）　（取代重排产物）

卤代烃、烯烃等形成的伯或仲碳正离子均可发生类似的重排反应:

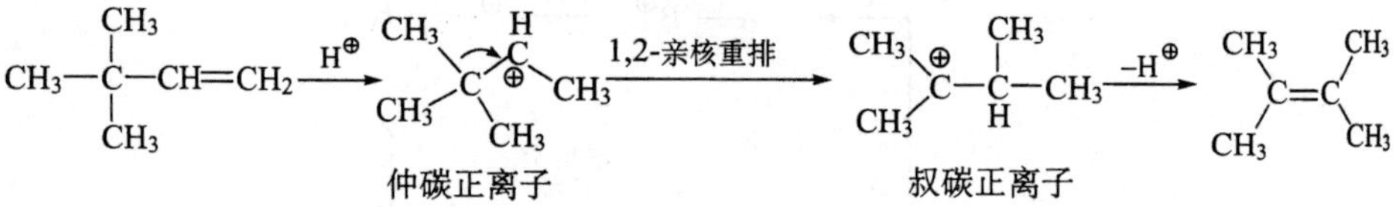

仲碳正离子　　　叔碳正离子

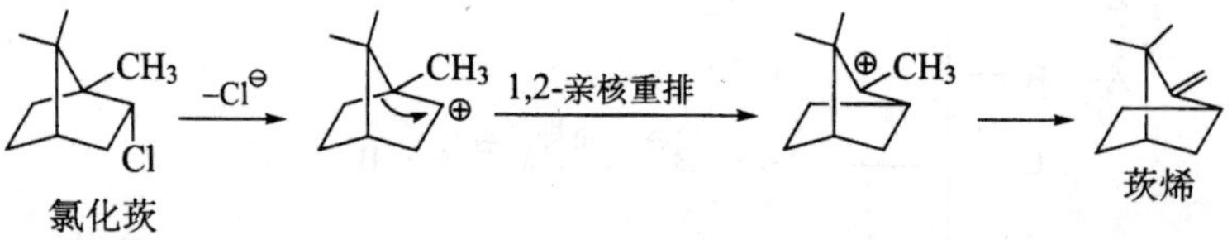

氯化莰　　　　　　　　　　　　　　　莰烯

发生 Wagner-Meerwein 重排反应的还有环氧化合物在开环时。例如:

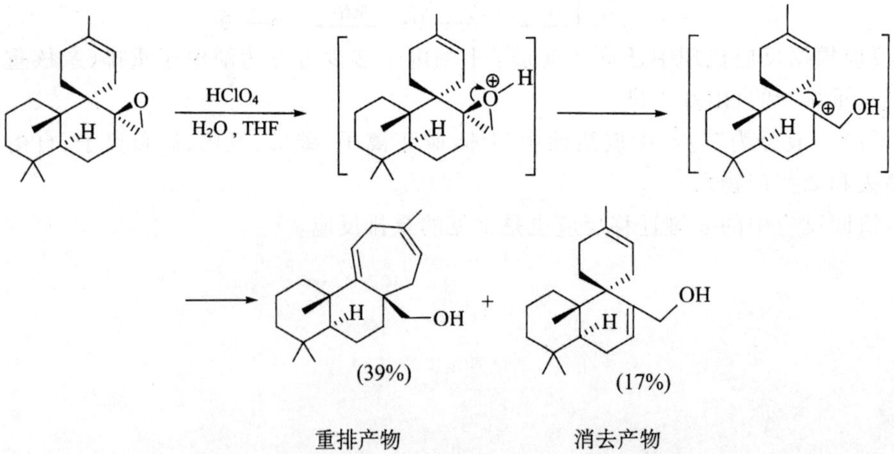

（39%）　　　　　　　　　（17%）

重排产物　　　　　　　　消去产物

其他能生成碳正离子的反应也可能发生 Wagner-Meerwein 重排。例如,下面的 α,β-不饱和酮用三氟化硼处理时生成的碳正离子虽然为叔碳正离子,然而依然重排为螺环碳正离子。因为迁移在甲基相反的一边进行,所以可得到高度立体选择性产物:

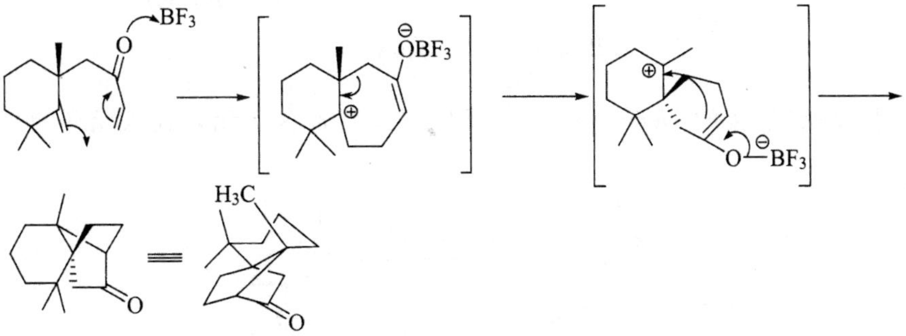

使用 Wagner-Meerwein 重排反应通常可得到环扩大或环缩小的产物:

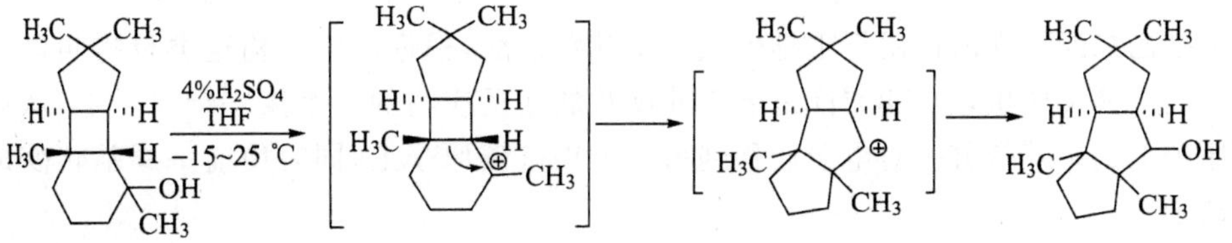

因为迁移基团带一对电子向缺电子的相邻碳正离子迁移,所以迁移基团中心原子的电子越富裕,那么其迁移能力则越大。迁移基团迁移能力的大小顺序大致如下:

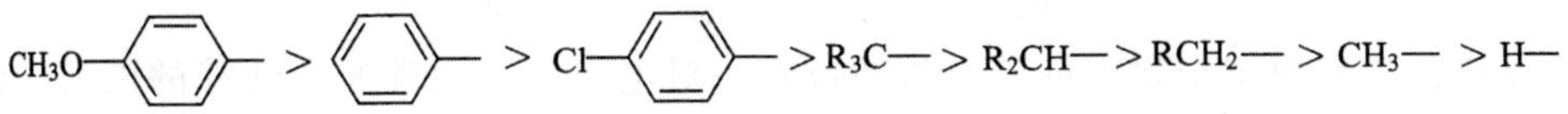

2. Demjanov 重排

Demjanov 重排反应与 Wagner-Meerwein 重排反应有着极为相似的反应机理。反应机理如下:

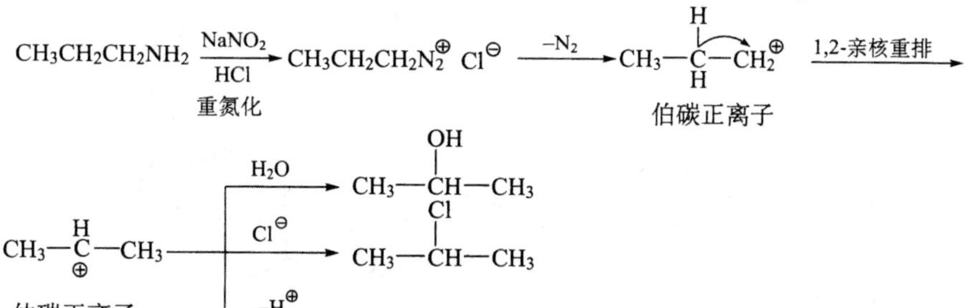

脂环族伯胺经 Demjanov 重排反应常得到环扩大或缩小产物。例如:

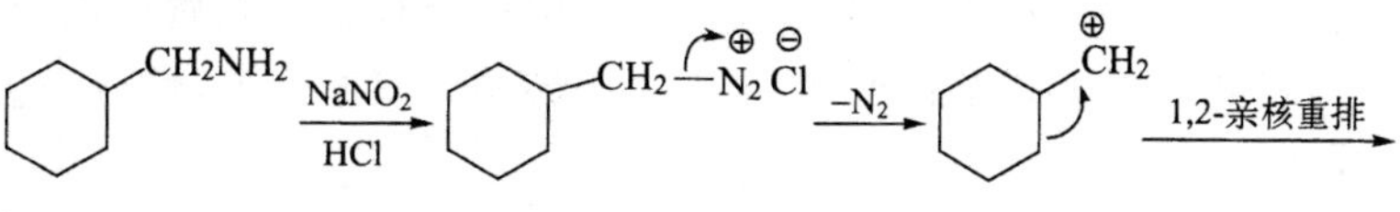

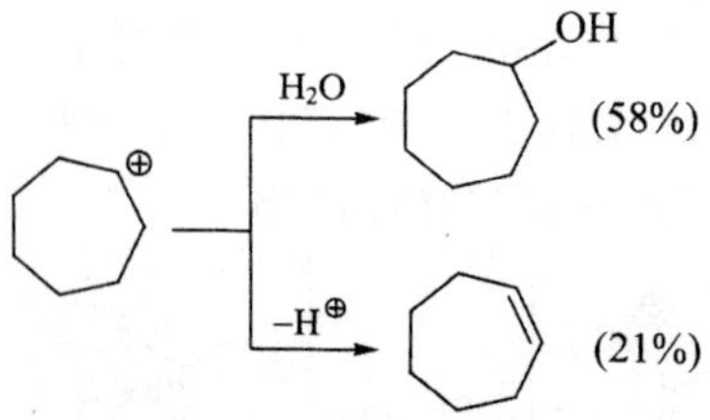

$\xrightarrow{H_2O}$ OH (58%)

（环扩大的重排产物）

$\xrightarrow{-H^{\oplus}}$ (21%)

所以利用脂环族伯胺的 Demjanov 重排反应可以制备含三元环到八元环的脂环化合物。例如：

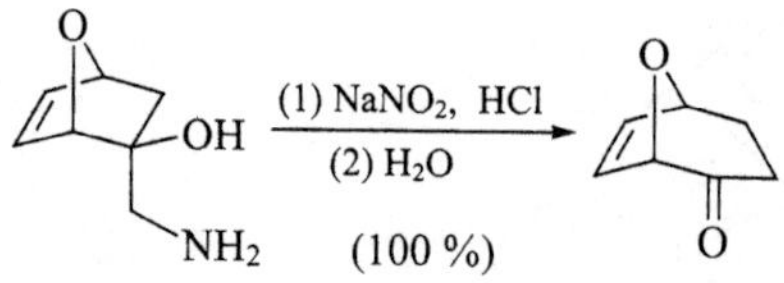

$$\xrightarrow[\text{(2) } H_2O]{\text{(1) } NaNO_2,\ HCl}$$

(100 %)

3. 二芳羟乙酸重排

二苯基乙二酮在强碱作用下重排生成二苯基羟乙酸，根据产物结构这类重排叫做二芳羟乙酸重排反应。其反应机理是 $HO^{\ominus}$ 首先亲核进攻并加在反应物的一个羰基碳原子上，从而迫使连在该碳原子上的苯基带着一对电子迁移到另一个羰基碳原子上，同时使前一羰基转变成稳定的羧基负离子：

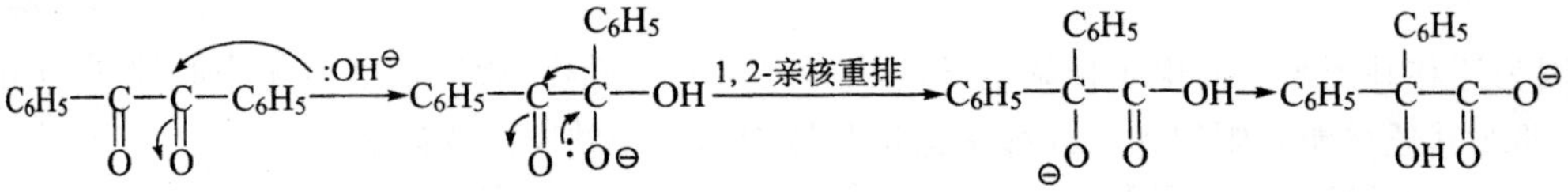

整个反应的速率决定步骤为重排。苯基带着一对电子向羰基碳原子迁移的同时，羰基的 π 电子转移到氧原子上，所以二芳羟乙酸重排可看做是 1,2-亲核重排反应。

脂肪族邻二酮也能可生类似于二芳羟乙酸重排的反应。例如：

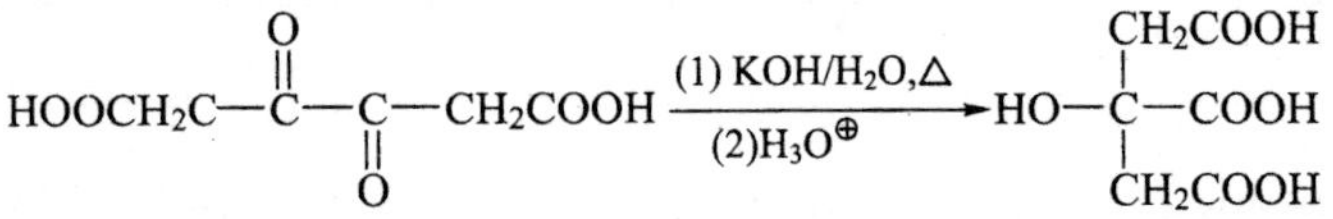

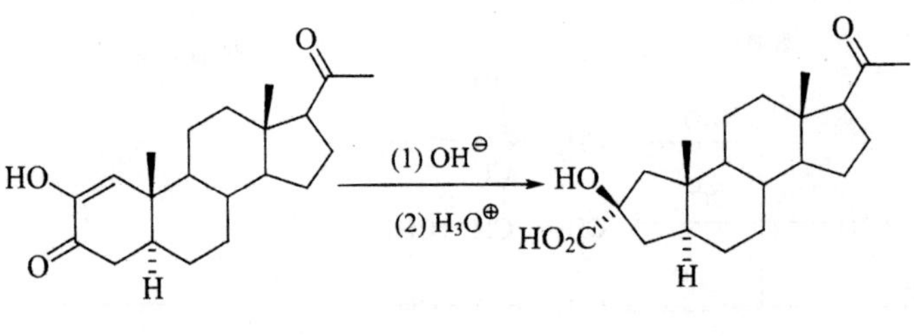

$$HOOCH_2C-\overset{\overset{O}{\|}}{C}-\overset{\overset{O}{\|}}{C}-CH_2COOH \xrightarrow[\text{(2)}H_3O^{\oplus}]{\text{(1) } KOH/H_2O,\triangle} HO-\overset{CH_2COOH}{\underset{CH_2COOH}{\overset{|}{C}}}-COOH$$

$$\xrightarrow[\text{(2) } H_3O^{\oplus}]{\text{(1) } OH^{\ominus}}$$

4. 频哪醇重排

邻二叔醇在酸性条件下易起频哪醇重排反应。其中一个羟基首先质子化，然后脱水生成碳正离子，继而通过过渡状态起 1,2-亲核重排，正电中心转移到氧原子上，最后失去质子生成醛酮为其反应机理。反应机理如下：

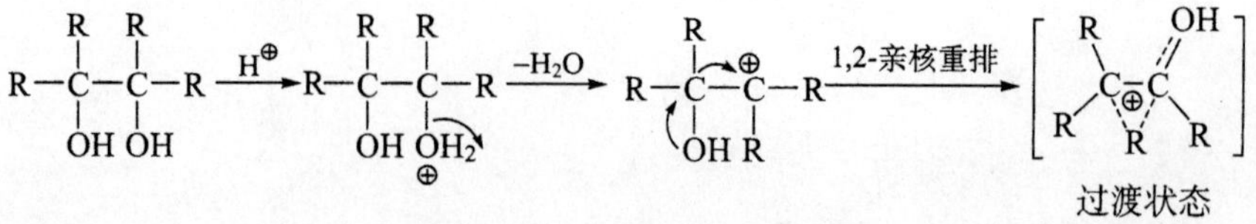

过渡状态

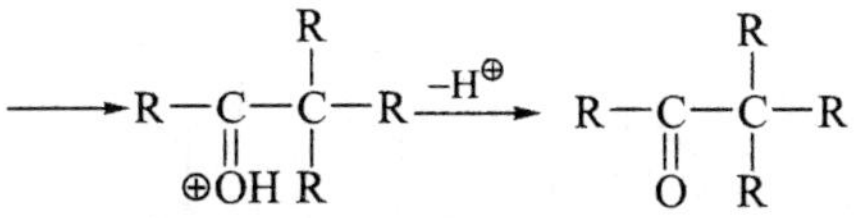

$$\longrightarrow R-\underset{\underset{OH}{\|}}{C}-\underset{\underset{R}{|}}{\overset{\overset{R}{|}}{C}}-R \xrightarrow{-H^{\oplus}} R-\underset{\underset{O}{\|}}{C}-\underset{\underset{R}{|}}{\overset{\overset{R}{|}}{C}}-R$$

在酸催化下结构不对称的邻二叔醇起频哪醇重排,其产物的结构主要取决于第一步中羟基质子化脱水后形成的碳正离子的稳定性,而与迁移基团的迁移能力大小无关。

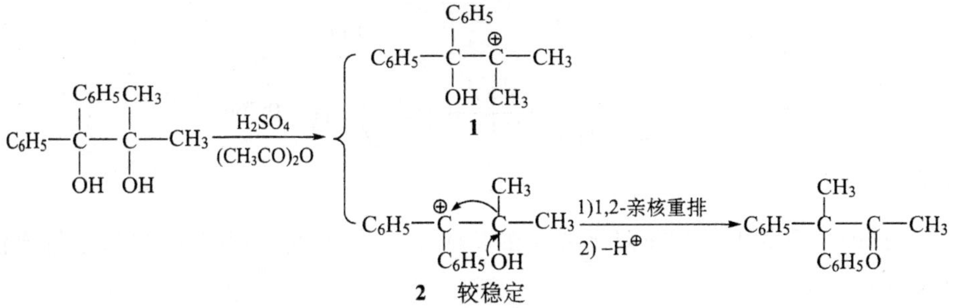

碳正离子 2 的中心碳原子和两个苯环共轭,其稳定性远大于 1,所以可得到甲基迁移的重排产物。结构对称的邻二叔醇,因为任一羟基质子化脱水均生成相同的碳正离子,所以重排产物的结构主要取决于第二步中迁移基团迁移能力的大小:

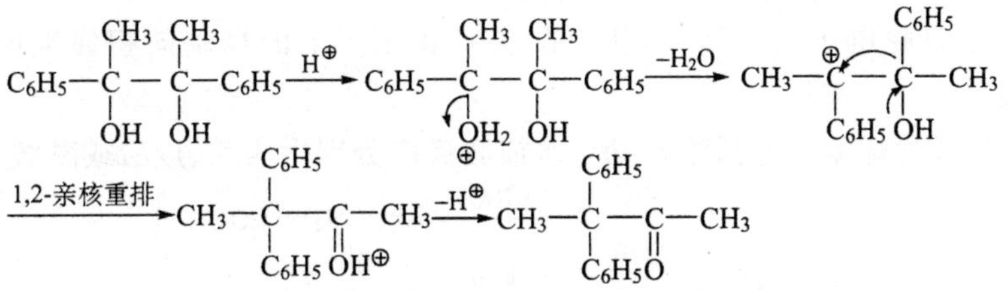

频哪醇重排和 Wagner-Meerwein 重排均为 1,2-亲核重排,所以迁移基团迁移能力的顺序相同。因为苯基的迁移能力大于甲基,所以主要得到苯基迁移的重排产物。某些邻氨基醇、邻卤代醇和环氧化物也可起类似的频哪醇重排反应。例如:

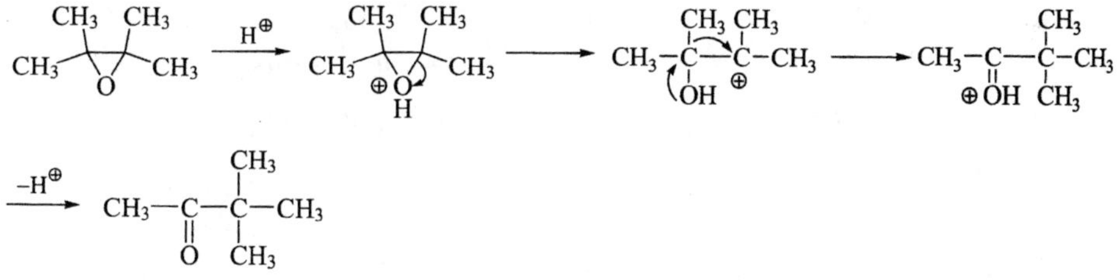

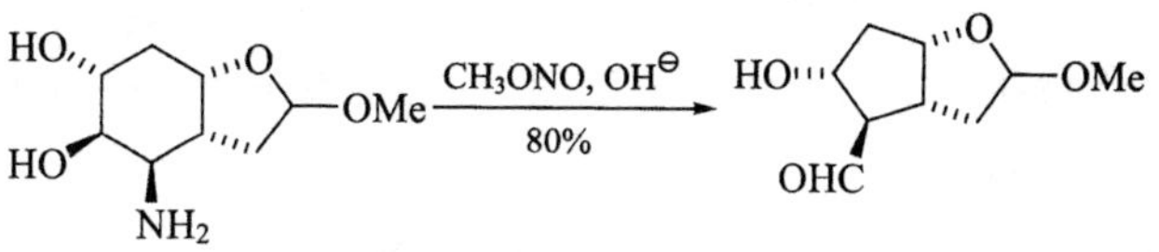

采用频哪醇重排反应可制备一些通常采用别的方法难以得到的含季碳原子的化合物。例如:

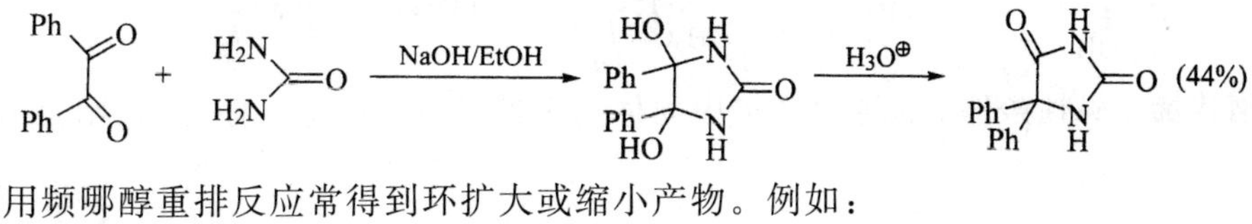

利用频哪醇重排反应常得到环扩大或缩小产物。例如:

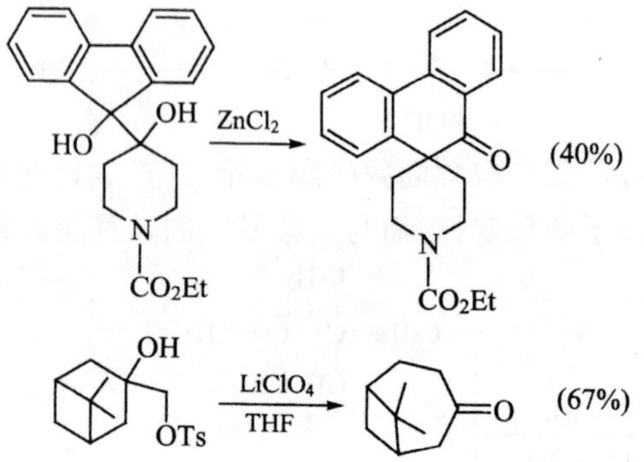

(40%)

(67%)

5. Wolff 重排

Wolff 重排即 α-重氮甲基酮在催化剂存在下，放出氮气生成 α-酮碳烯，然后重排成活泼的烯酮。反应式如下：

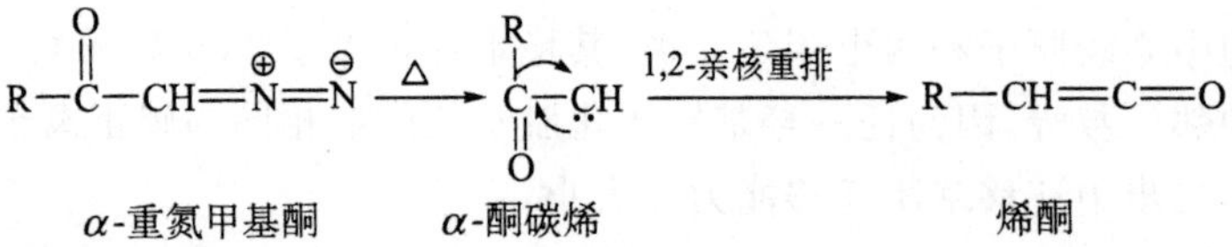

碳烯的碳原子是缺电子的六隅体，所以酮羰基碳原子上的烃基向相邻碳原子的迁移也是 1,2-亲核重排反应。

Wolff 重排生成的烯酮十分活泼，与醇、水或胺反应分别生成酯、羧酸或酰胺：

α-重氮甲基酮通常是由酰氯和重氮甲烷反应制得：

利用 Wolff 重排反应可从羧酸合成高一级的羧酸及其衍生物。例如：

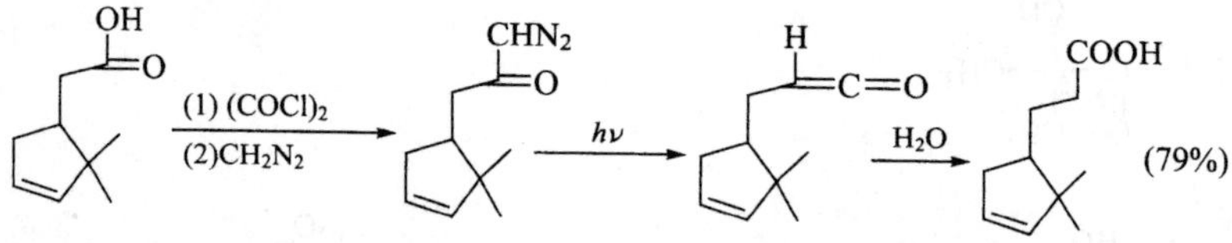

(79%)

通常由磺酰叠氮化合物和酮作用得到 α-重氮酮。α-重氮酮起 Wolff 重排反应可得到相同碳原子数的羧酸及衍生物。例如：

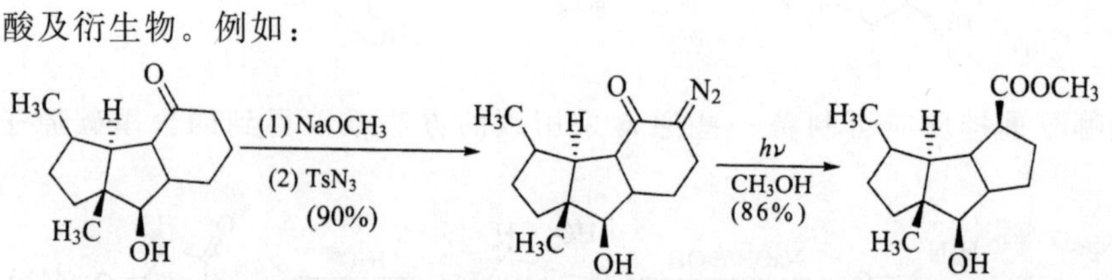

1,1-二卤代烯在碱性条件下也通过碳烯中间体起重排反应。反应过程与 Wolff 重排类似。例如：

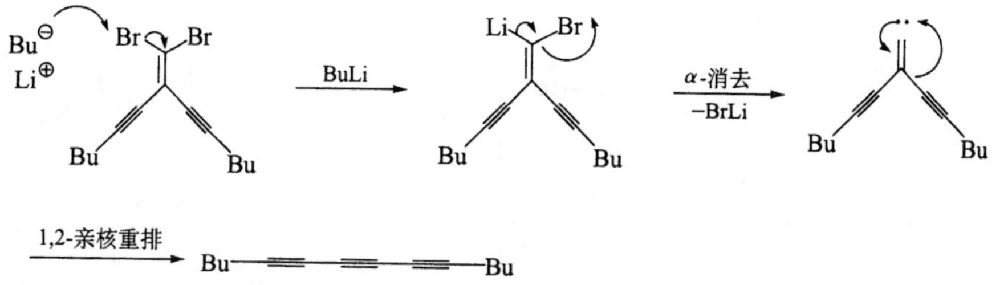

6.双烯酮一苯酚重排

芳环在 Birch 还原中的碳负离子能作为亲核试剂与卤代烃等作用得到二取代双烯,再将分子中的亚甲基氧化为双烯酮,后者在酸性条件下或光照时起双烯酮一苯酚重排。如下式所示:

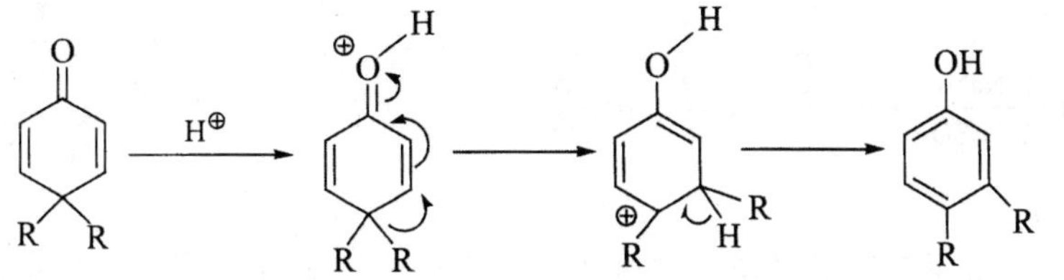

例如:

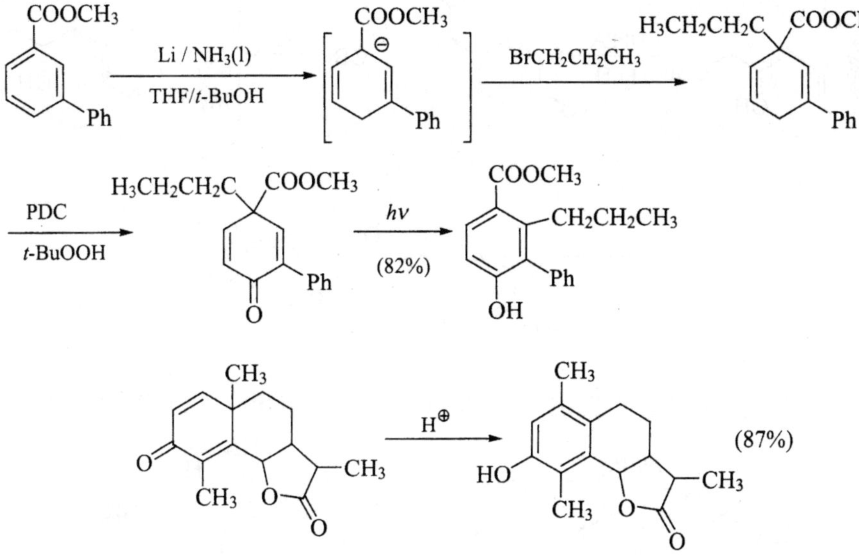

7.2.2　碳原子与杂原子间的亲核重排

1.氮烯重排

氮烯的重排反应包括酰胺($RCONH_2$)的 Hofmann 重排、异羟肟酸($RCON\text{-}HOH$)的 Lossen 重排、酰基叠氮化合物($RCON_3$)的 Curtius 重排和 Schmidt 重排。它们的反应机理颇为相似,活性中间体都是酰基氮烯,酰基碳原子上的烃基带一对电子向相邻的缺电子的六隅体氮原子迁移生成异氰酸酯,后者水解得到比重排起始原料少一个碳原子的伯胺。反应通式如下:

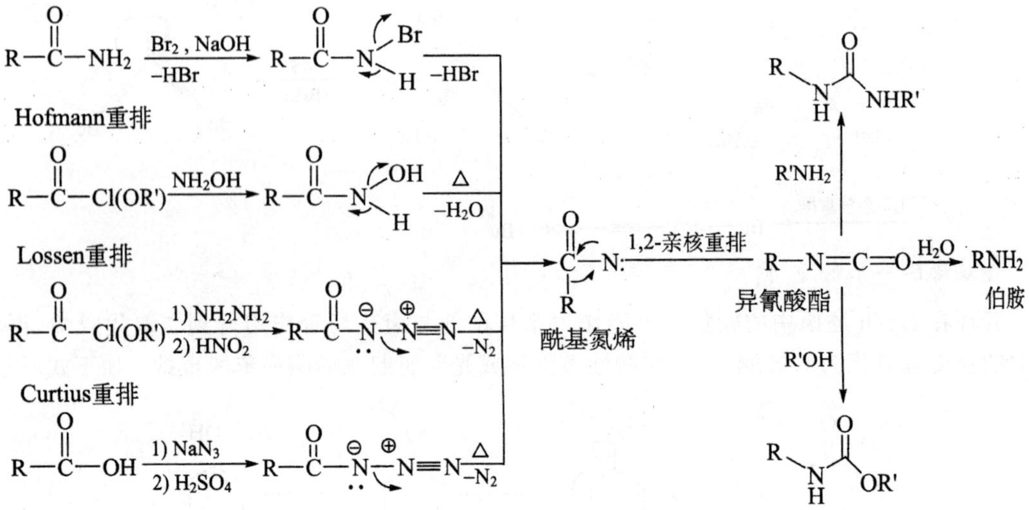

（1）Curtius 重排

Curtius 重排中常用二芳氧基磷酰叠氮化物[$(PhO)_2P(O)N_3$，DPPA]为试剂。例如：

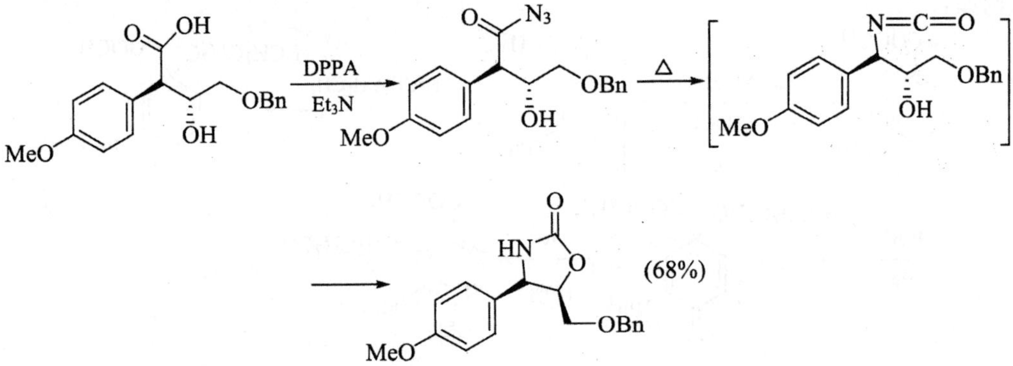

（2）Hoffmann 重排

Hofmann 重排的氧化剂也可以用四乙酸铅（LTA）或 PhIOPhI($OCOR)_2$ 等。例如：

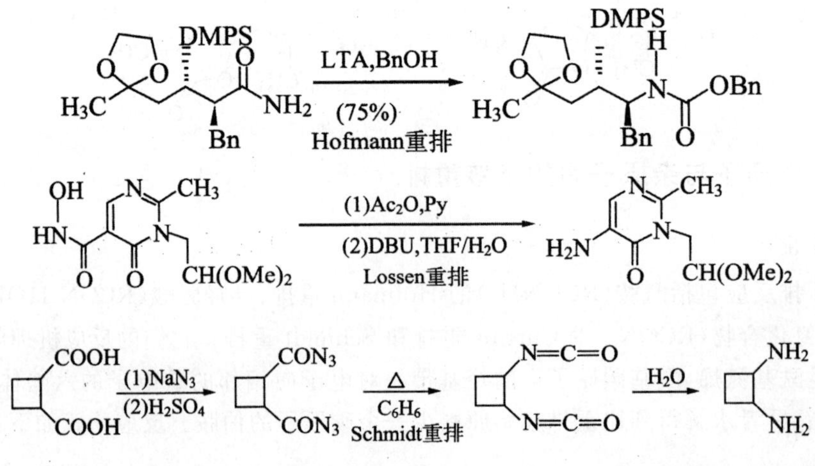

（3）Schmit 重排

例如：

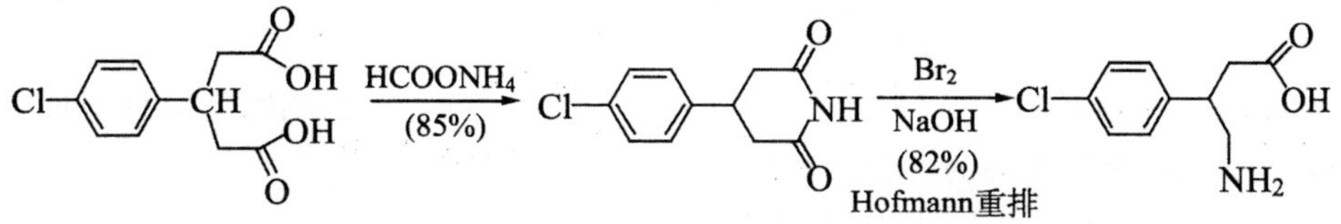

（4）Lossen 重排

Lossen 重排指异羟肟酸（ $R—\overset{O}{\overset{\|}{C}}—NH—OH$ ）或酰基衍生物（ $R—\overset{O}{\overset{\|}{C}}—NH—OCOR'$ ）单独加热，或在 P_2O_5 、$SOCl_2$ 、Ac_2O 等脱水剂存在下加热，发生重排得到异氰酸酯，再经水解生成伯胺。其过程如下：

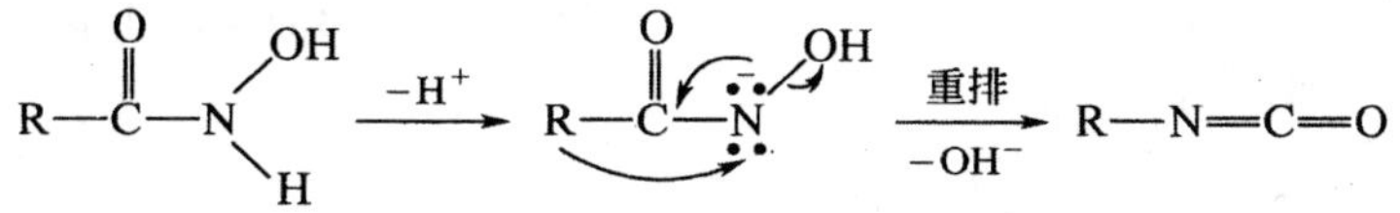

或

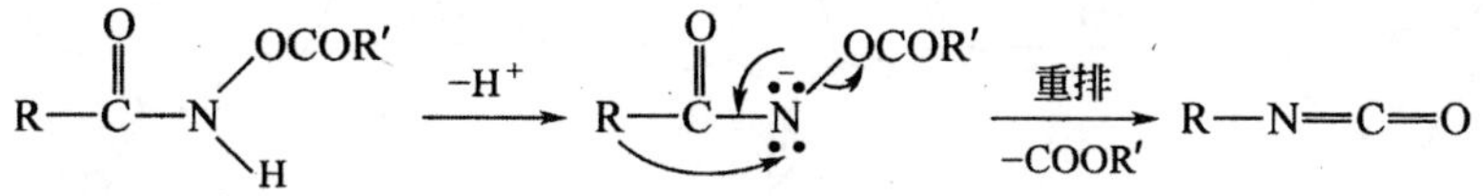

在重排步骤中，R 的迁移和离去基团的离去是协同进行的。当 R 是手性碳原子时，重排后其构型保持不变。

芳香族羧酸与 NH_2OH 、PPA（聚对苯二甲酰对苯二胺）共热至 150℃～170℃，可得到芳胺：

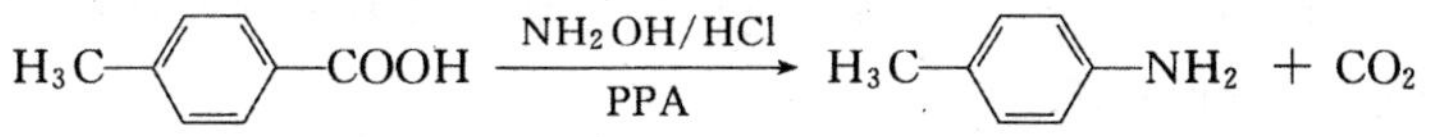

（反应先生成异羟肟酸，$H_3C—\bigcirc—CONHOH$）

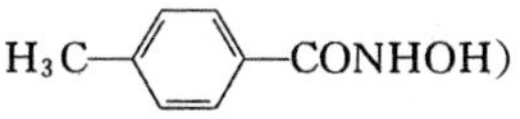

但当芳香环上有吸电子基团如—NO_2 等时，反应不能顺利进行；脂肪族羧酸也不能顺利进行此反应。

2. Beckman 重排

酮肟在酸性催化剂（如 H_2SO_4 、$POCl_3$ 、PCl_5 、聚磷酸等）作用下重排生成酰胺的反应叫做 Beckmann 重排。反应通式如下：

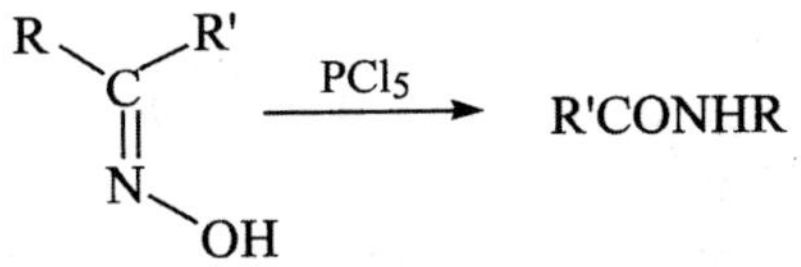

Beckmann 重排也是通过缺电子的氮原子进行的。一般认为其反应机理为

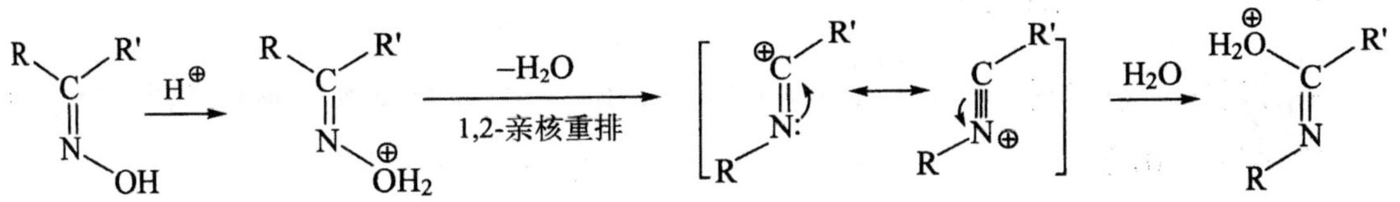

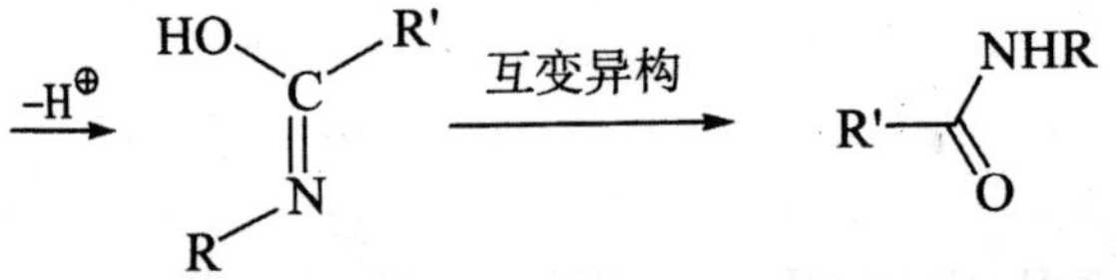

在 Beckmann 重排反应中，迁移基团与羟基处于反式位置，因此酮肟的两种顺反异构体起 Beckmann 重排反应生成不同的产物。例如：

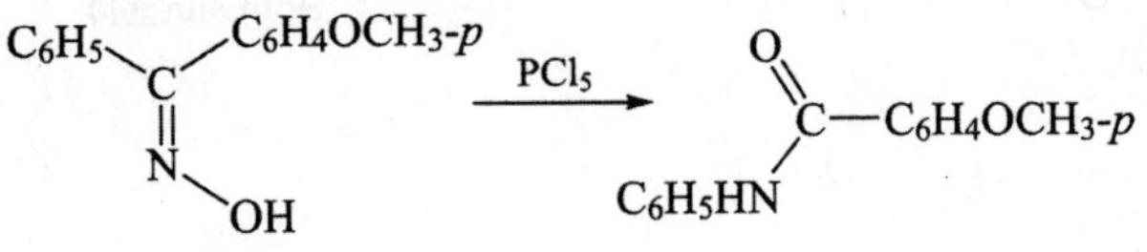

(Z)-构型

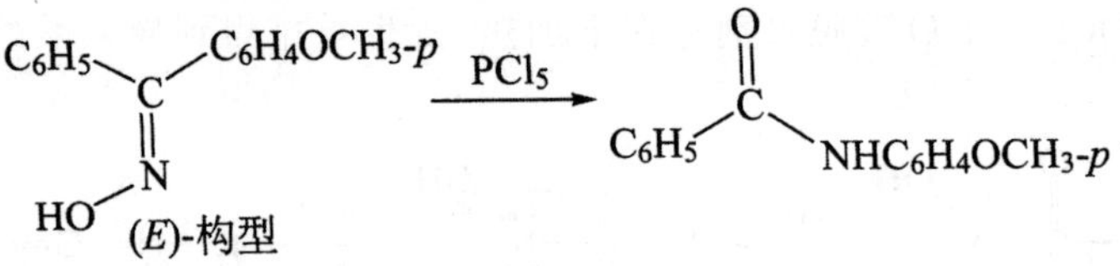

(E)-构型

环酮肟起 Beckmann 重排生成内酰胺。例如：

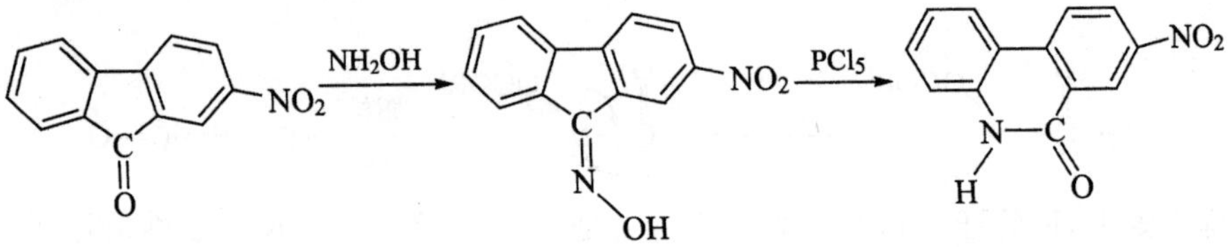

3. 亲核重排的立体化学

(1)迁移基团的立体化学

在 1,2-亲核重排反应中，迁移基团以同一位相从迁移起点原子同面迁移到终点原子，因此迁移基团的手性碳原子构型保持不变：

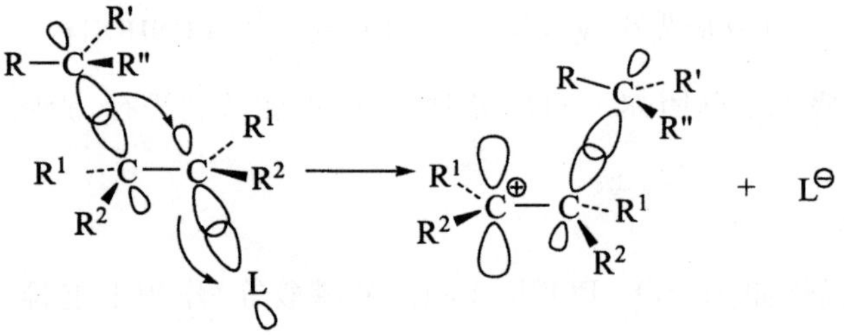

例如：

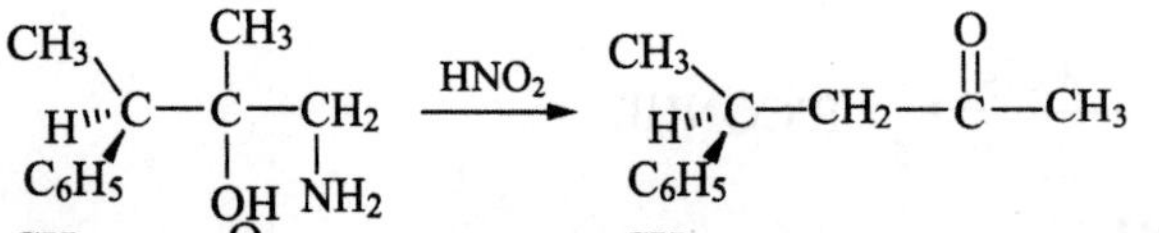

(94.5%光学纯度)　频哪醇重排

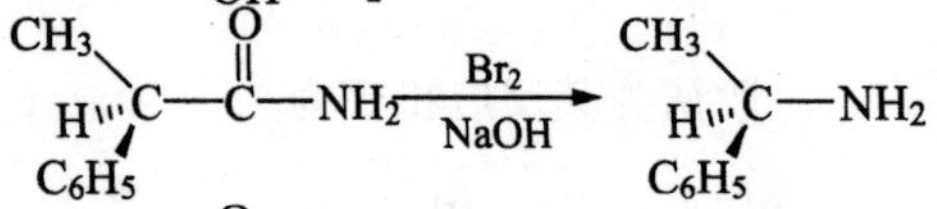

(95.5%光学纯度)　Hofmann重排

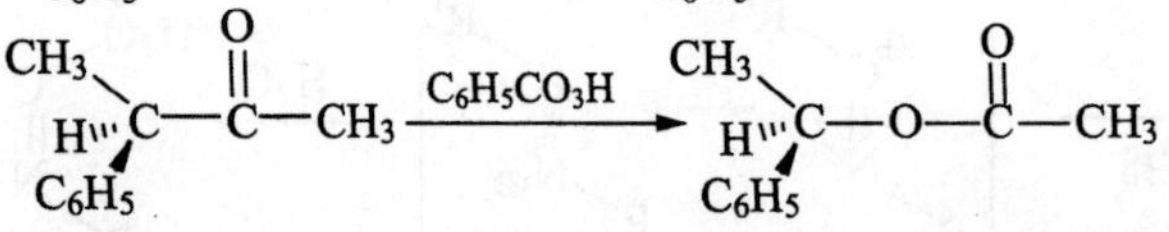

(96.4%光学纯度)　Baeyer-Villiger重排

（2）迁移起点和迁移终点碳原子的立体化学

在 1,2-亲核重排反应中,如果迁移基团的迁移先于亲核试剂对起点碳原子的进攻,常生成外消旋产物;如果亲核试剂对起点碳原子的背面进攻先于迁移基团的迁移,则起点碳原子的构型翻转。

对于终点碳原子,如果迁移基团的迁移先于离去基团的完全离去,则迁移终点碳原子的构型翻转;如果离去基团的离去先于迁移基团的迁移,则往往得到外消旋产物。反应式如下:

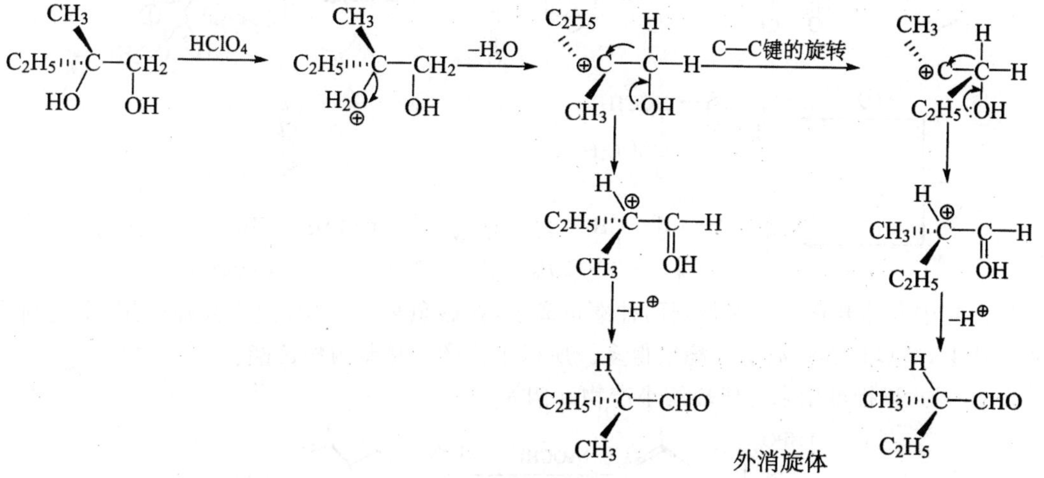

7.3　亲电重排

7.3.1　Favorskii 重排

Favorskii 重排即 α-卤代酮在强碱 $NaOC_2H_5$、$NaNH_2$ 或 $NaOH$ 的作用下起重排反应,分别得到酯、酰胺或羧酸。反应式如下:

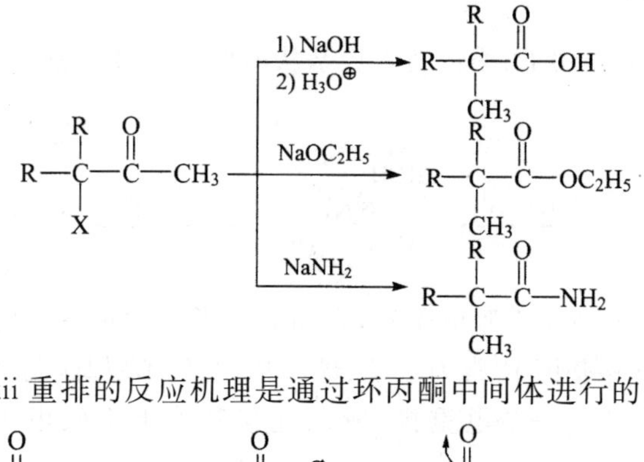

实验已证明 Favorskii 重排的反应机理是通过环丙酮中间体进行的:

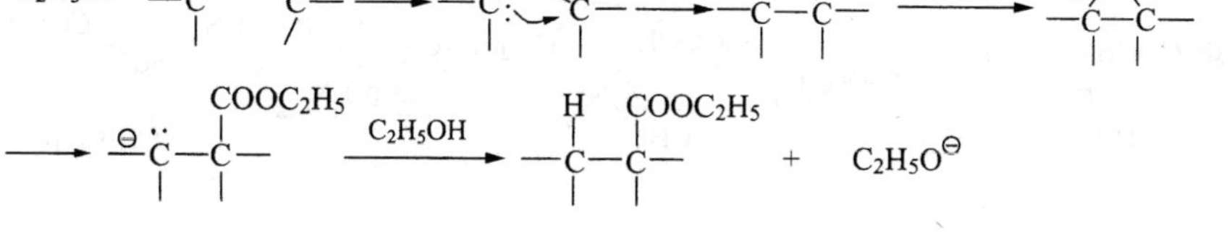

  首先强碱夺取羰基的 α-H 生成碳负离子,再起分子内的 S_N2 反应生成环丙酮中间体,最后亲核试剂加到环丙酮羰基的碳原子上,与此同时开环得到重排产物。整个过程可看做是与羰基和卤素相连的带部分正电荷的烃基向碳负离子迁移的 1,2-亲电重排。

  若生成不对称的环丙酮中间体,那么可在两种不同开环方向开环得到两种产物。哪一种是主要产物主要取决于开环后形成的碳负离子的稳定性。

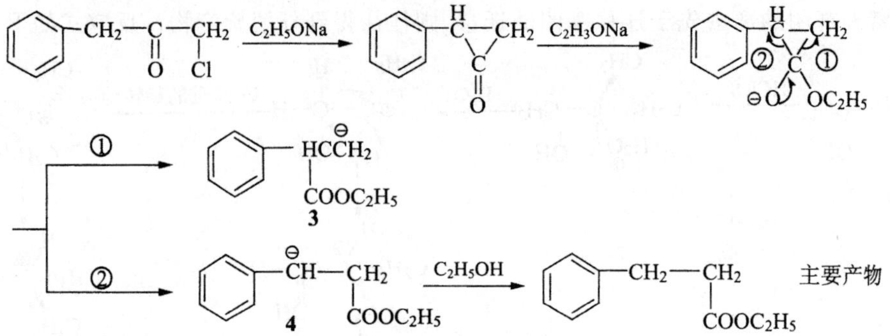

  环丙酮中间体开环后可能得到两种碳负离子,在碳负离子 4 中,因为共轭作用,负电荷可分散到苯环上,所以比碳负离子 3 稳定得多。所以主要产物是苯丙酸乙酯。

  Favorskii 重排可用来合成环缩小产物。例如:

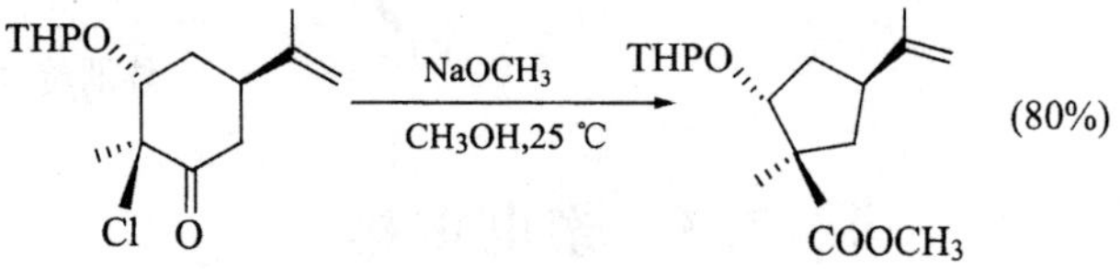

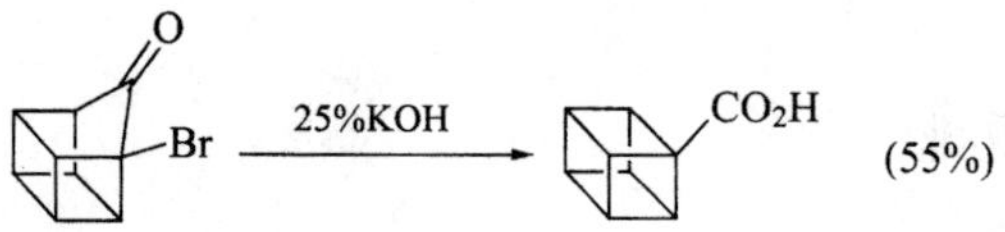

7.3.2 Stevens 重排

  Stevens 重排即在强碱作用下,季铵盐中烃基从氮原子上迁移到相邻的碳负离子上的反应。反应通式如下:

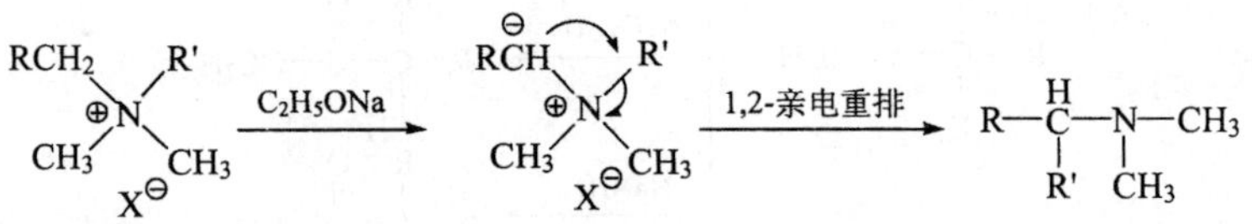

  R 为苯基、苯甲酰基、乙酰基等吸电子基,它和氮原子上的正电荷使亚甲基活化并提高形成的碳负离子的稳定性。迁移基团 R′ 常为苄基、烯丙基、取代苯甲基等。由于 Stevens 重排是迁移基向富电子碳原子迁移的 1,2-亲电重排,所以迁移基团上有吸电子基时使反应速率加快。例如:

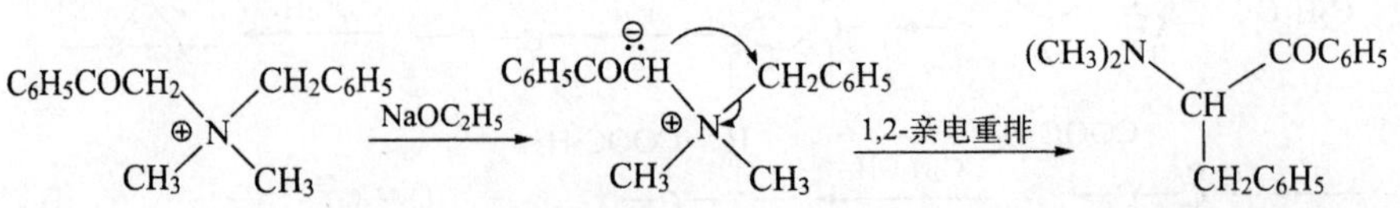

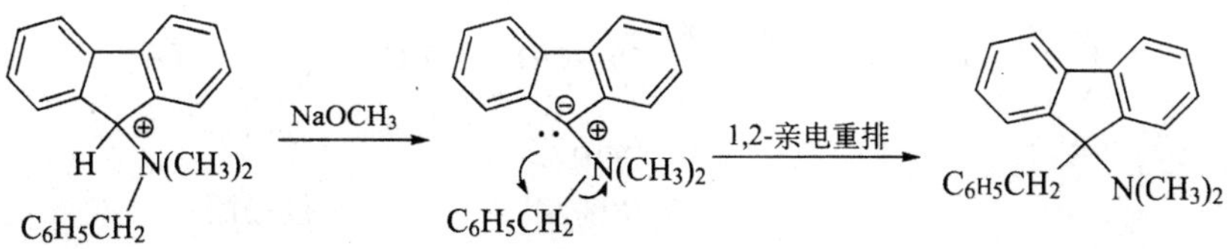

铵盐在强碱作用下同样也起 Stevens 重排反应。例如:

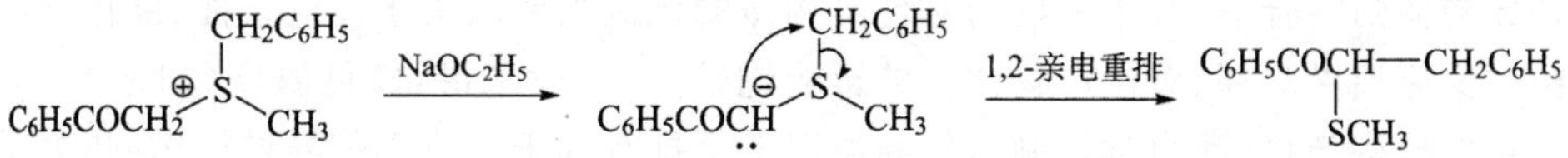

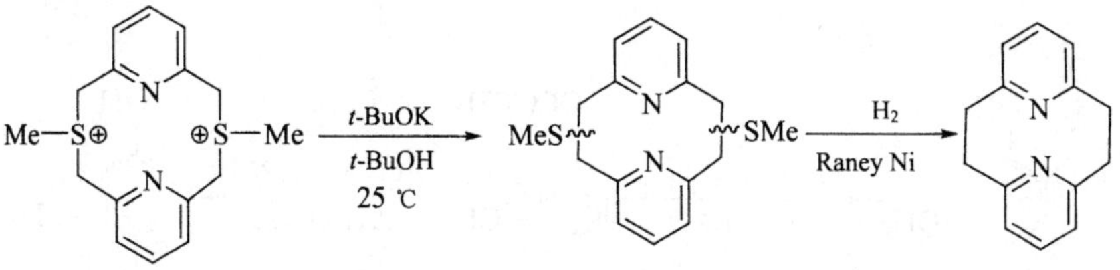

式中, ⁓SMe 表示不能确定 S 连接在哪一个碳原子上。

在 Stevens 重排反应中,迁移基团的构型保持不变。例如:

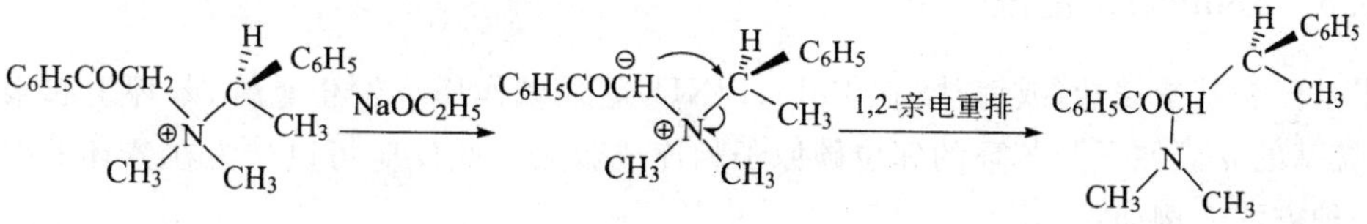

7.3.3 Wittig 重排

Wittig 重排即醚类化合物在强碱的作用下,在醚键的 α-位形成碳负离子,再经 1,2-重排形成更稳定的烷氧负离子,水解后生成醇的反应。反应通式如下:

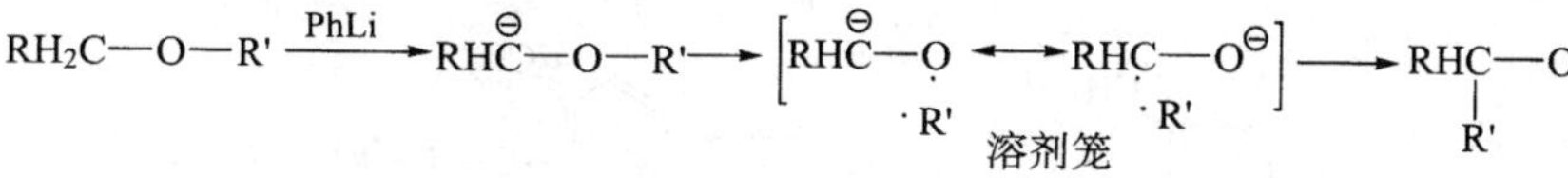

重排的基团可是芳烃基、脂烃基或烯丙基。例如:

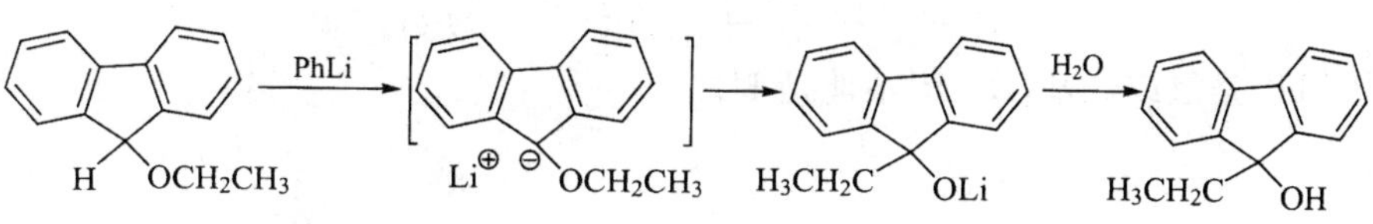

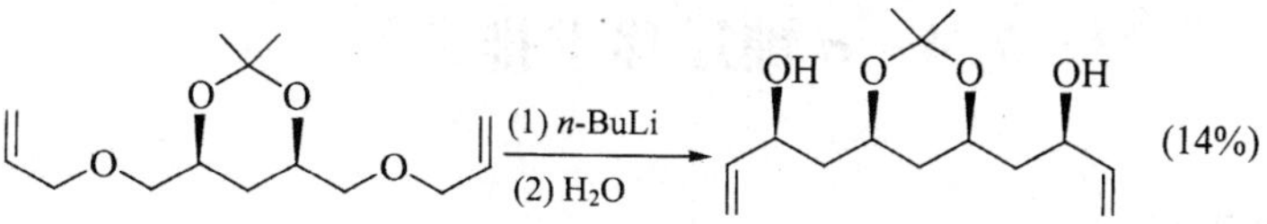

7.3.4 Fries 重排

羧酸的酚酯在 Lewis 酸(如 $AlCl_3$、$ZnCl_2$、$FeCl_3$)催化剂存在下加热,发生酰基迁移至邻位或对位,形成酚酮的重排反应。通式为

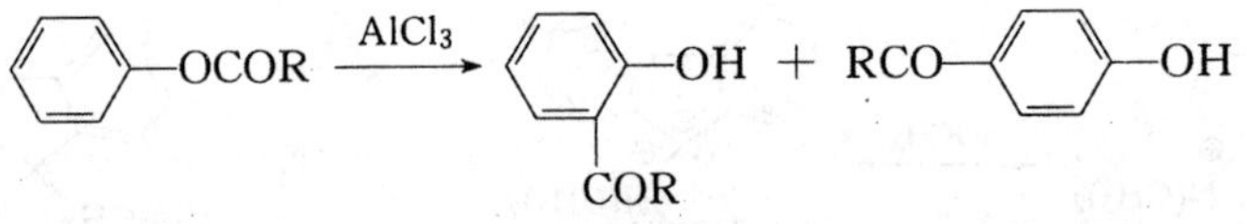

邻位酚酮　　　　　对位酚酮

可以将该重排反应看作是 Friedel-craft 酰基化反应的自身酰基化过程。重排产物一般情况下是两种异构体的混合物,其中邻位与对位异构体的比例主要取决于反应条件、催化剂浓度和酚酯的结构。反应温度对邻、对位产物比例的影响比较大,一般来讲,较低温度(如室温)下重排有利于形成对位异构产物(动力学控制),较高温度下重排有利于形成邻位异构产物(热力学控制)。例如:

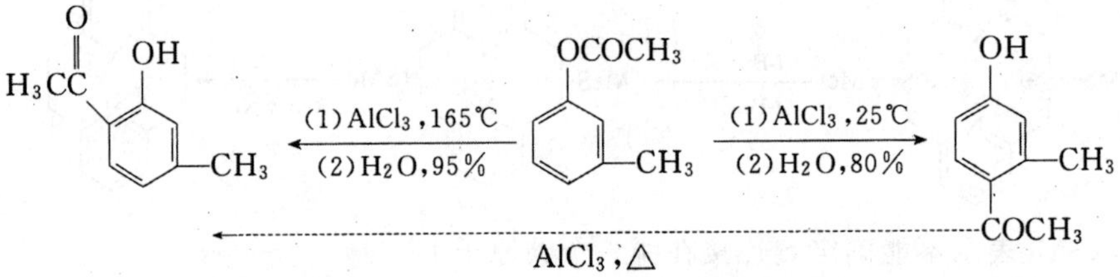

7.3.5　Sommelet 重排

苯甲基三烷基季铵盐(或锍盐)在 PhLi、LiNH$_2$ 等强碱作用下发生重排,苯环上起亲核烷基化反应,烷基的 α-碳原子与苯环的邻位碳原子相连成叔胺。此反应可以作为在芳环上引入邻位甲基的一种方法。例如:

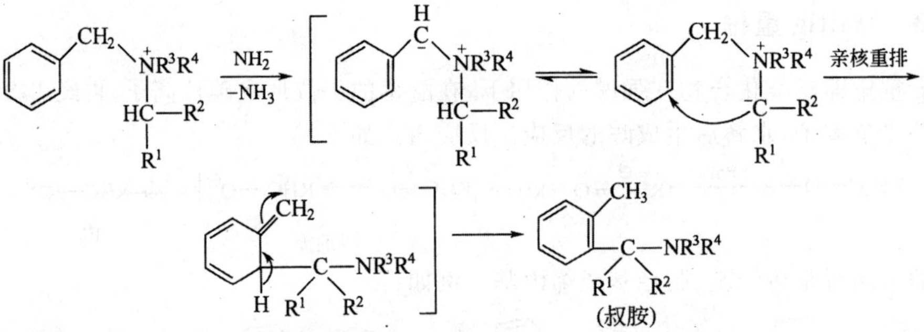

式中,R^1、R^2 可以是氢或烃基,R^3、R^4 不能是 H。

7.4　σ 键迁移重排

7.4.1　σ 键迁移重排

σ键迁移重排反应即 σ键越过共轭双键体系迁移到分子内新的位置的反应。反应通式如下:

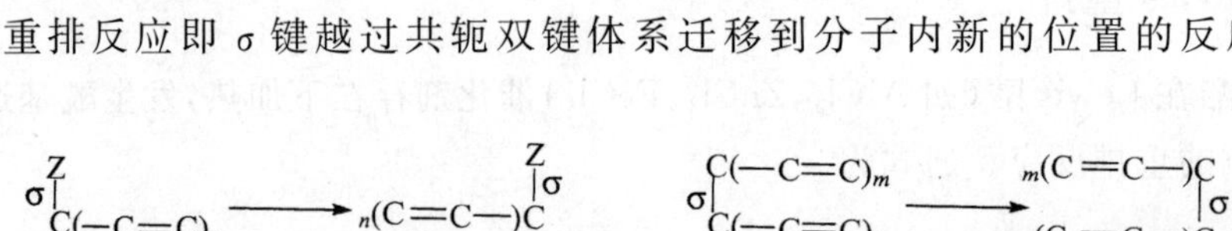

σ键迁移反应的系统命名法如下式所示:

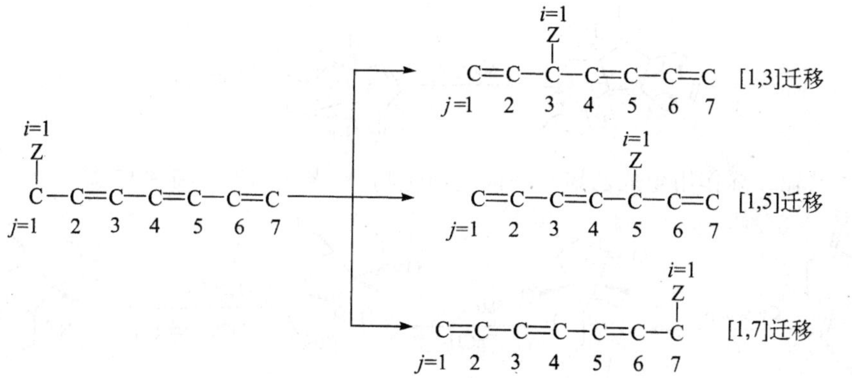

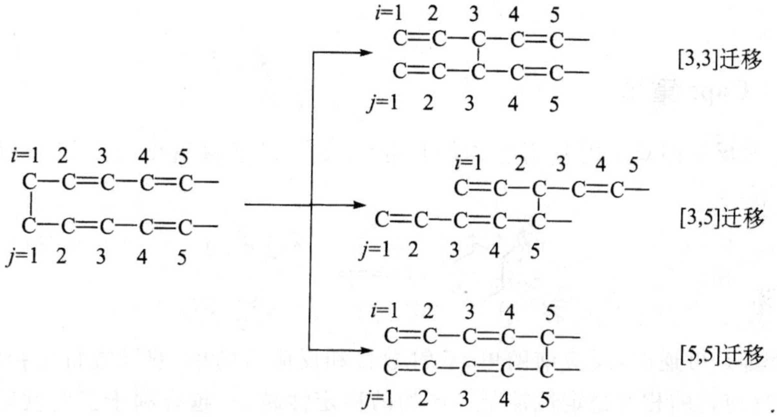

[i,j]表示迁移后 σ 键所连接的两个原子的位置，i、j 的编号分别从作用物中 σ 键所连接的两个原子开始。

σ 键重排反应为协同反应，π 键的移动和旧的 σ 键的破裂与新的 σ 键的形成是协同进行的。例如：

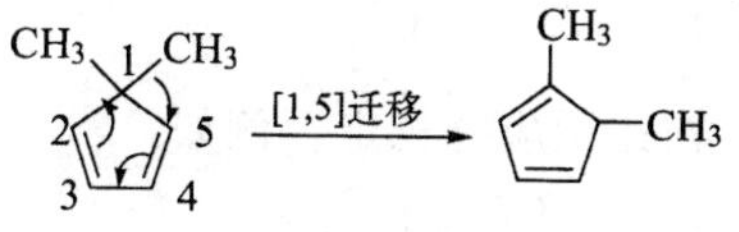

(i=1, j=5)

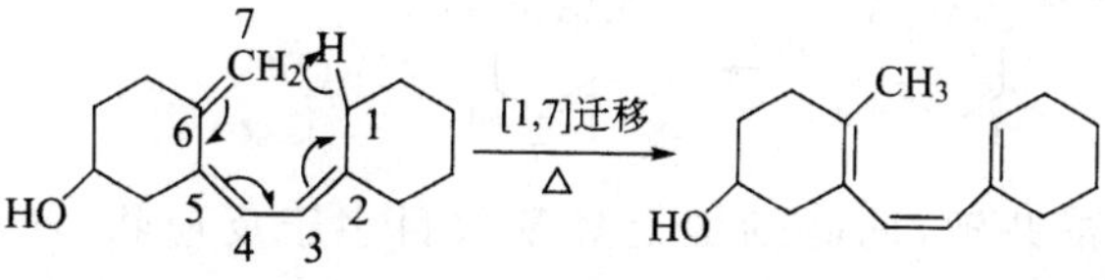

(i=1, j=7)

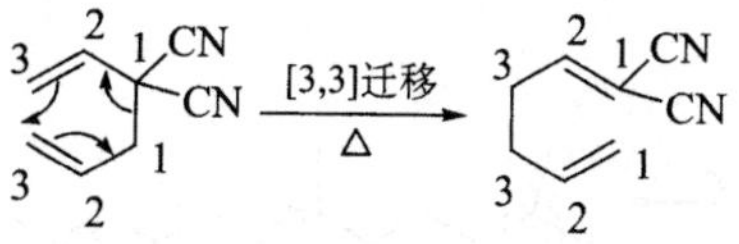

(i=3, j=3)

乙烯基环丙烷重排即乙烯基环丙烷在高温时也可通过[1,3]-烷基 σ 键重排生成环戊烯衍生物。反应式如下：

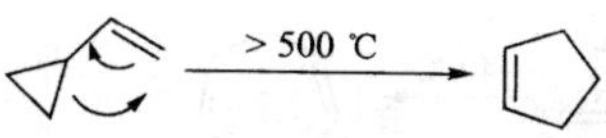

例如，下面的化合物在高温起乙烯基环丙烷重排反应和逆 Deils-Alder 反应。

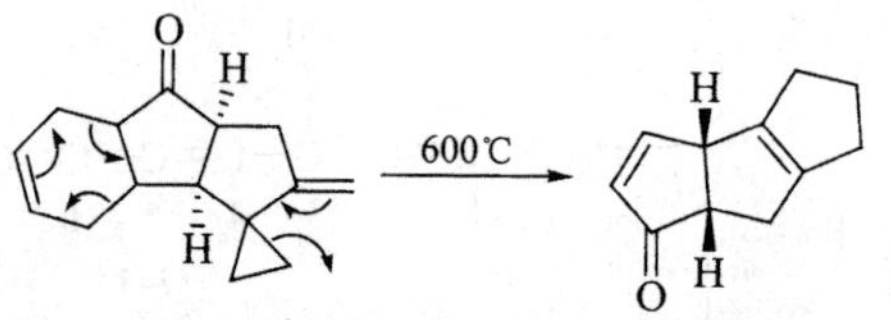

(97%)

重氮酮和共轭二烯作用生成乙烯基环丙烷衍生物，后者在高温起重排反应：

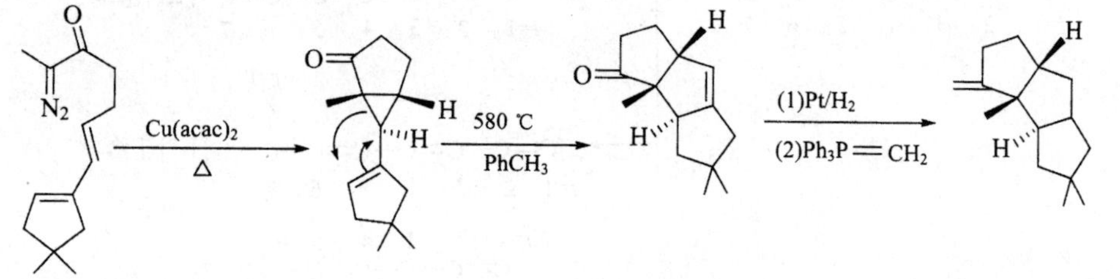

7.4.2 Cope 重排

Cope 重排反应即双烯丙基衍生物加热起[3,3]σ 键迁移重排，得到新的双烯丙基衍生物。反应通式如下：

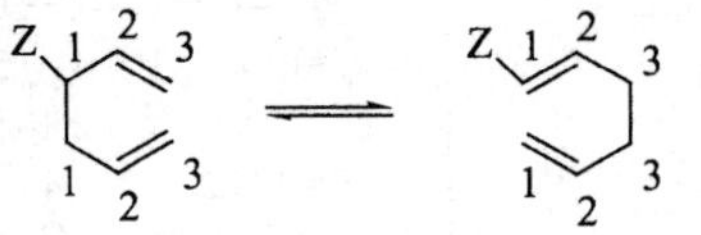

Cope 重排是可逆的，反应前的单、双键数目和反应后的单、双键数目是相同的，所以反应平衡由产物和反应物的相对稳定性控制。产物的稳定性越高，越有利于正向反应进行。常见的有以下几种。

①产物分子的烯键碳原子上烃基多于反应物分子，所以产物比反应物稳定。例如：

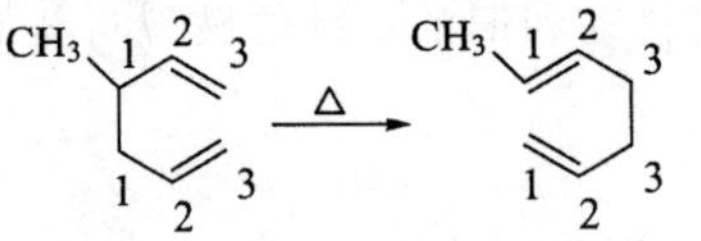

(95%)

②产物分子中烯键和苯环共轭，产物比反应物稳定。例如：

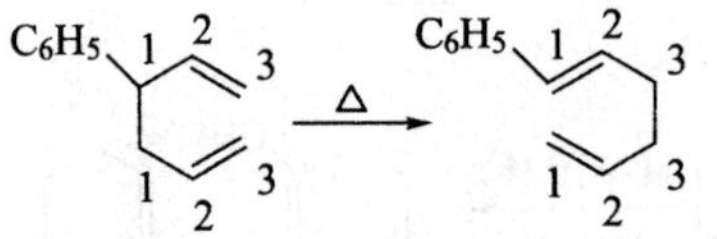

(97%)

③产物分子中烯键和酯基共轭，同时烯键上烃基数目多于反应物，产物比反应物稳定。例如：

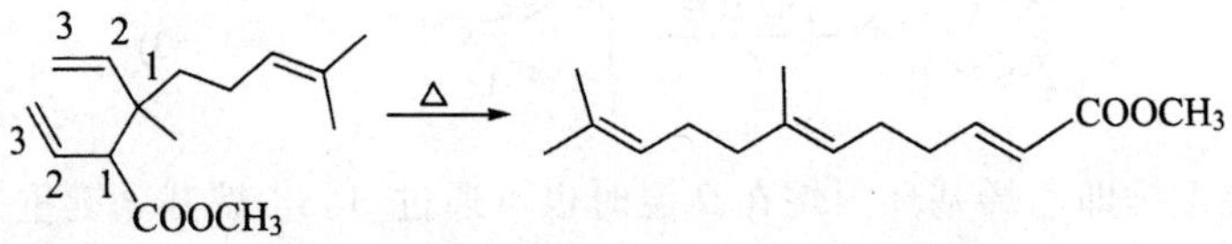

④重排后解除小环张力，生成的产物稳定性高于反应物。例如：

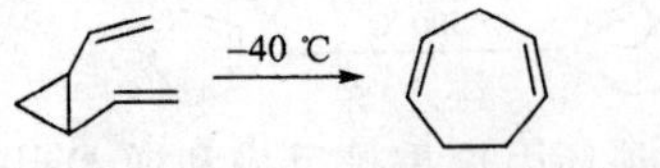

(100%)

⑤oxy-Cope 重排：α-或 α′-位有羟基的二烯重排后生成的烯醇异构化为醛或酮，其反应不可逆。例如：

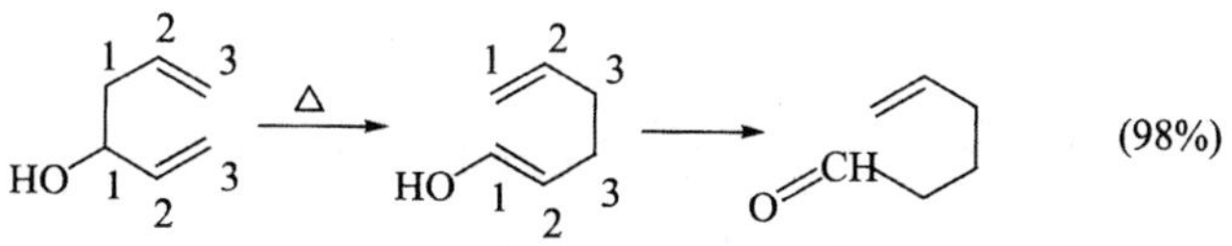

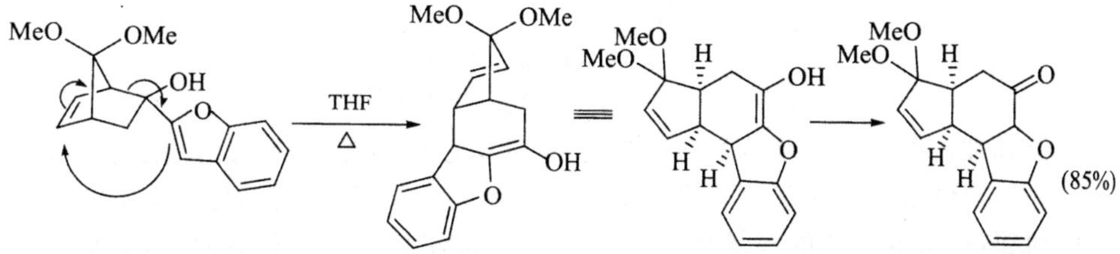

⑥Anionicoxy-Cope 重排：oxy-Cope 重排反应的速率可通过使用强碱得到提高。强碱将醇羟基转变为烃氧基负离子,起 oxy-Cope 重排反应后直接形成烯醇负离子,水解得到羰基化合物。例如：

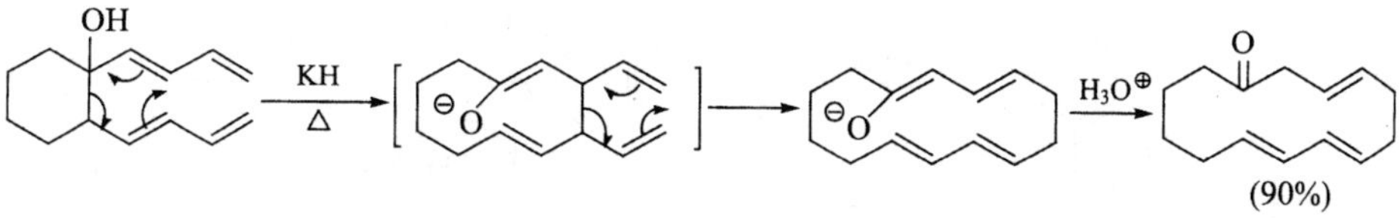

⑦重排后生成高度稳定的芳环衍生物,反应不可逆。例如：

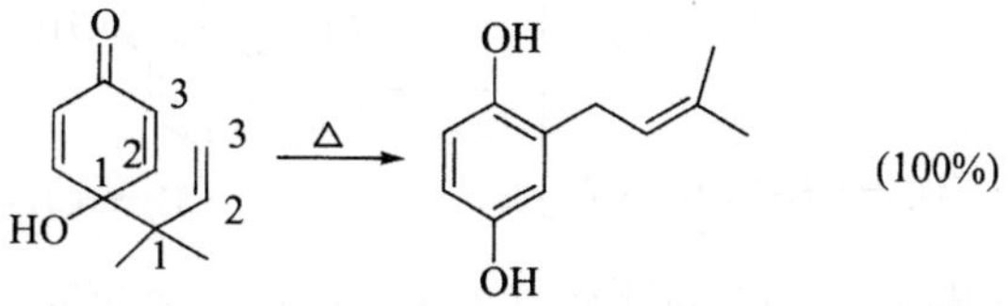

Cope 重排通过"类椅式"的环状过渡状态进行,σ 键的断裂和形成时两端的构型保持不变。例如,内消旋的 3,4-二甲基-1,5-己二烯起 Cope 热重排几乎全部生成(2Z,6E)-辛二烯：

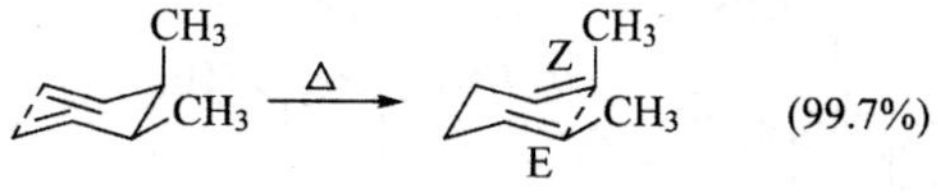

因为类椅式构象中的两个取代基都处于平伏键位置时的能量比处于直立键位置时低。所以外消旋的 3,4-二苯基-1,5-己二烯起 Cope 热重排生成 90％ 的 1,6-二苯基-(1E,5E)-己二烯：

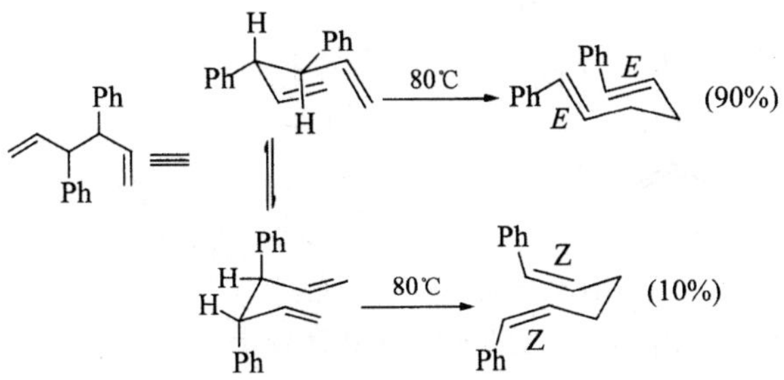

7.4.3　Claisen 重排

Claisen 重排也为[3,3]σ 键迁移热重排反应。按反应物结构可分为脂肪族 Claisen 重排和芳香族 Claisen 重排两类。

1. 芳香族 Claisen 重排

烯丙基芳醚在加热时起 Claisen 重排,烯丙基迁移到邻位 α-碳原子上:

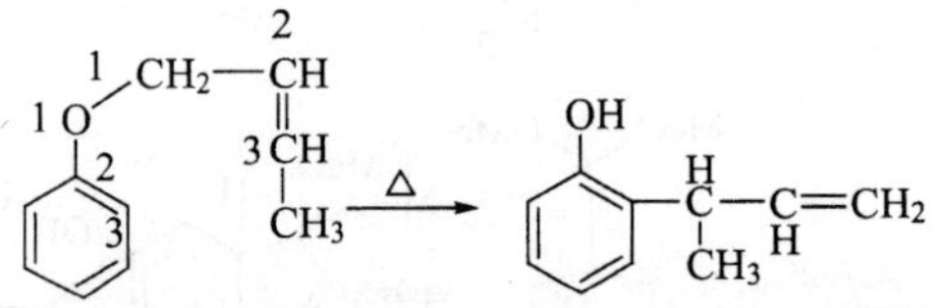

两个邻位都被占据的烯丙基芳醚在加热时,烯丙基迁移到对位,且烯丙基以碳原子与酚羟基的对位相连。经同位素标记法研究证明,该反应实际上经过两次重排,先发生 Claisen 重排,使烯丙基迁移到邻位,形成环状的双烯酮,再经 Cope 重排使烯丙基迁移到对位,烯醇化后生成对取代酚。反应式如下:

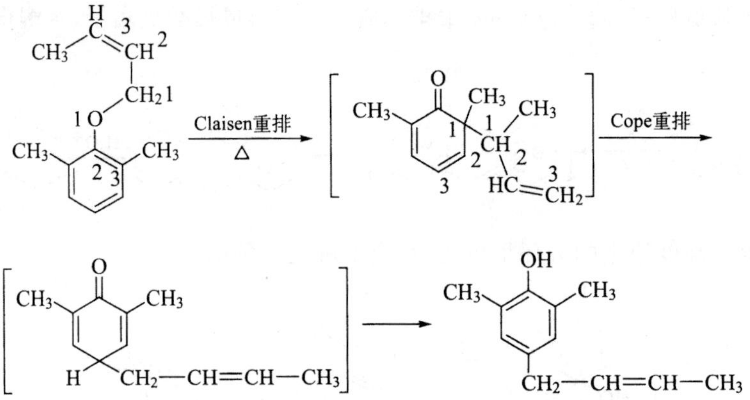

如果对位有烯基取代基时,烯丙基可重排到侧链上。反应式如下:

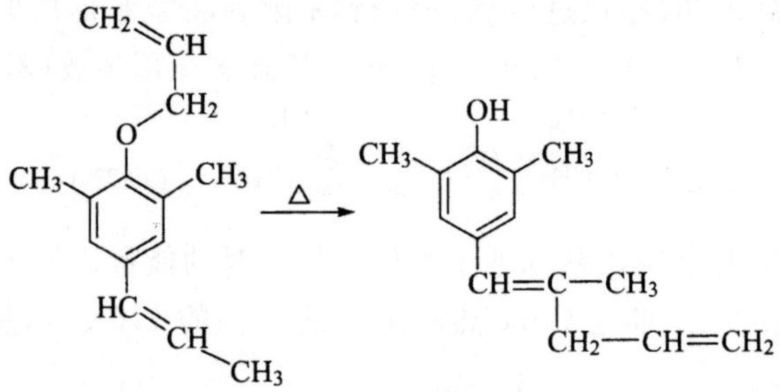

芳香族硫醚同样可发生 Claisen 重排。反应式如下:

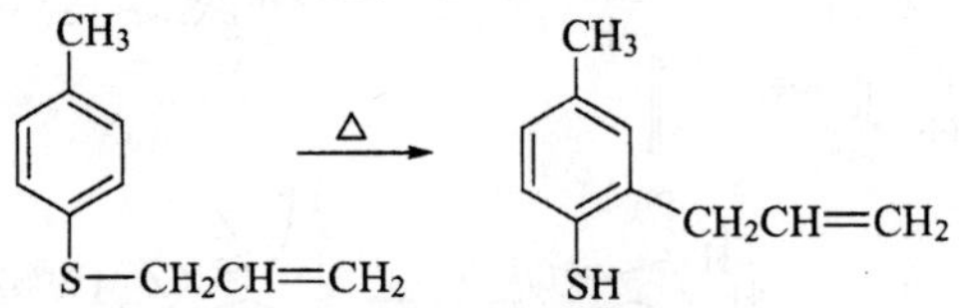

Claisen 重排也常和分子内 Diels-Alder 反应串联发生。例如:

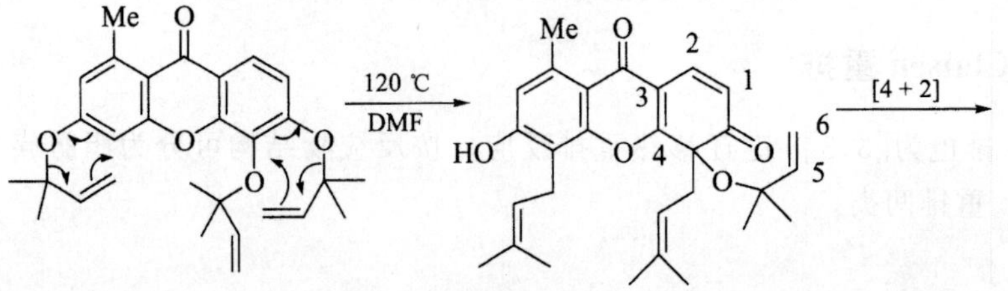

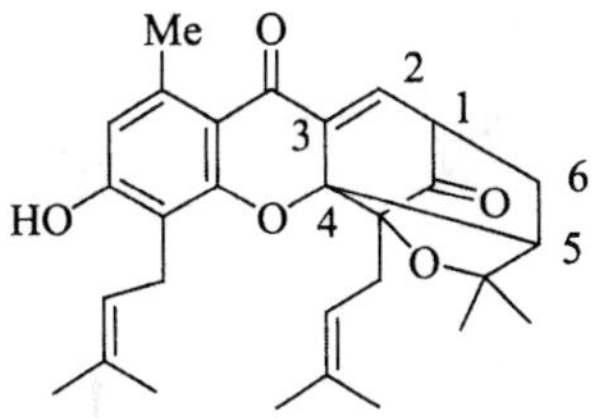

(60%)

2. 脂肪族 Claisen 重排

(1) 烯丙基乙烯基醚 Claisen 重排

烯丙基乙烯基醚衍生物在加热时起 Claisen 重排反应生成含烯键的醛、酮、羧酸等。反应通式如下：

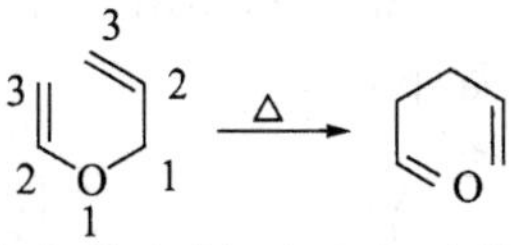

脂肪族烯丙基乙烯基醚常由乙烯式醚和烯丙醇在酸催化下形成，后者立即起 Claisen 重排反应生成不饱和羰基化合物。反应通式如下：

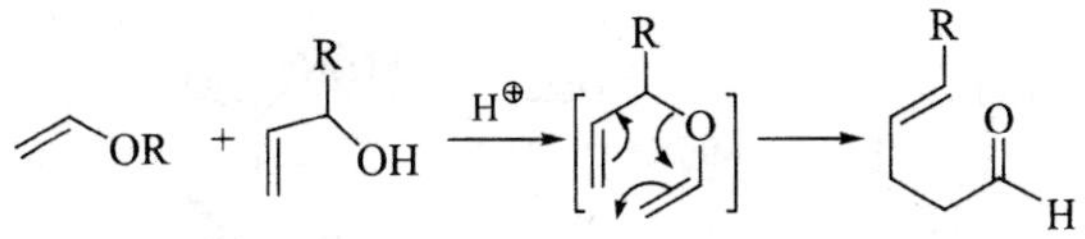

例如：

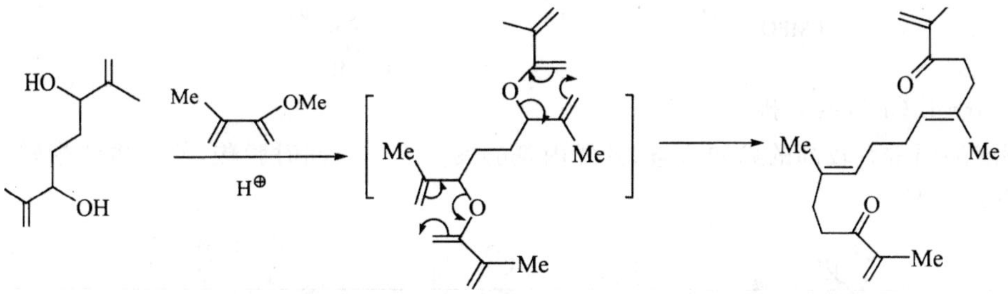

Claisen 重排反应和 Cope 重排类似，同样是经过椅式过渡状态进行同面迁移，所以产物的立体选择性很高。例如，(E,E)-丙烯基巴豆基醚经 Claisen 重排主要得到 (2R,3S)-2,3-二甲基 4-戊烯醛。反应式如下：

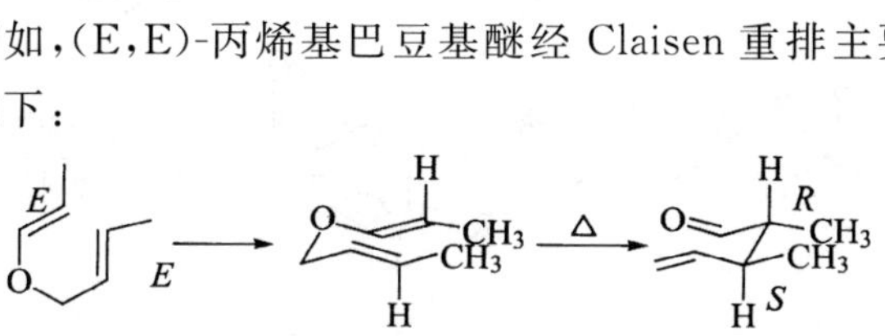

(97%)

Lewis 酸催化 Claisen 重排一般情况下可提高立体选择性和反应产率。例如：

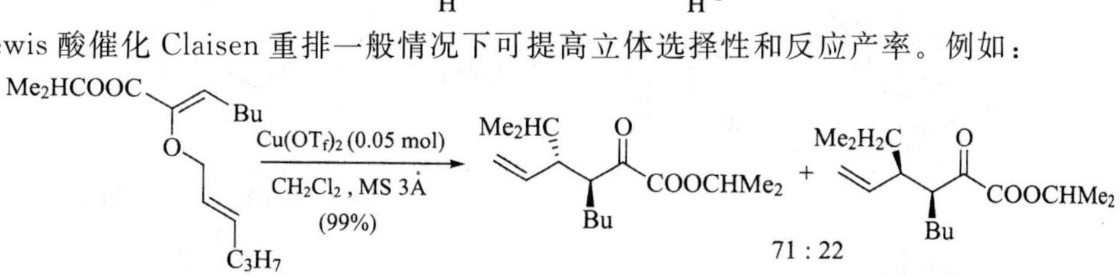

71 : 22

(2) Johnson-Claisen 重排

烯丙式醇和原酸酯作用后失去一分子乙醇生成的烯丙基烯醇酯醚，后者起 Claisen 重排得到不饱和酯。反应通式如下：

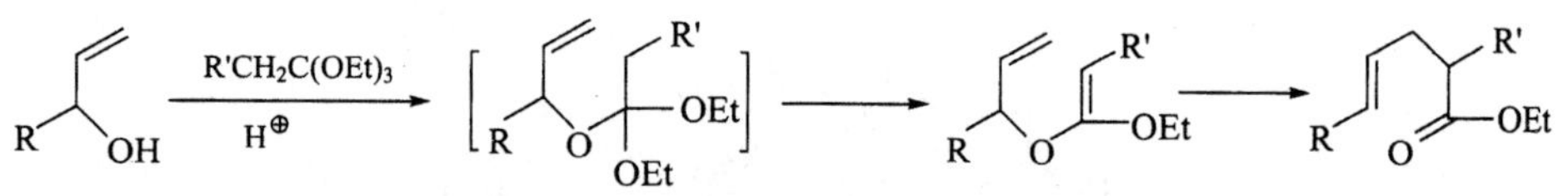

例如：

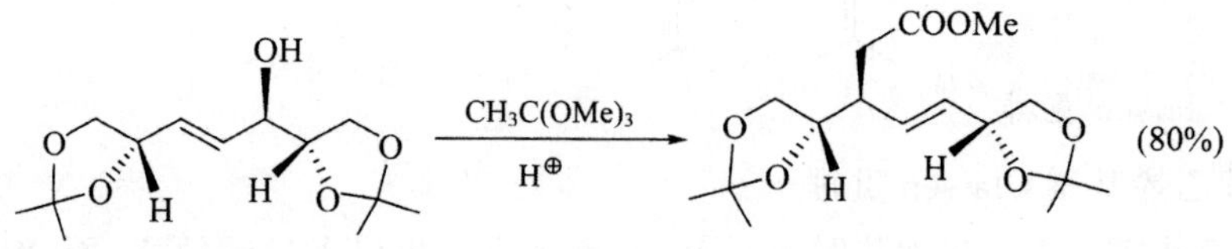

（3）Eschenmoser-Claisen 重排

烯丙式醇和 N,N-甲基乙酰胺的缩醛衍生物作用失去一分子烯醇酰胺醚，后者起 Claisen 重排得醇生成烯的基饱和酰胺。反应式如下：

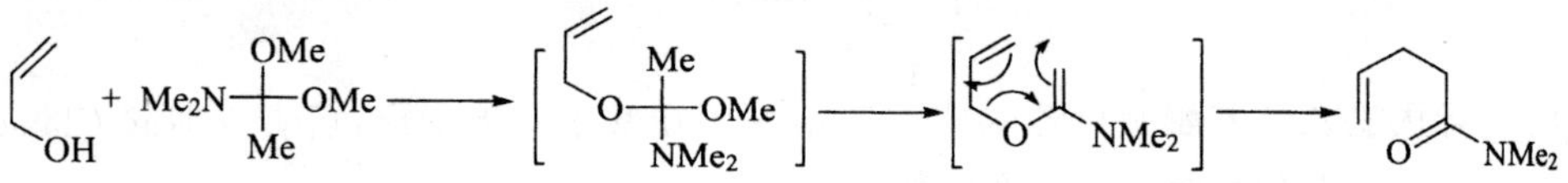

例如：

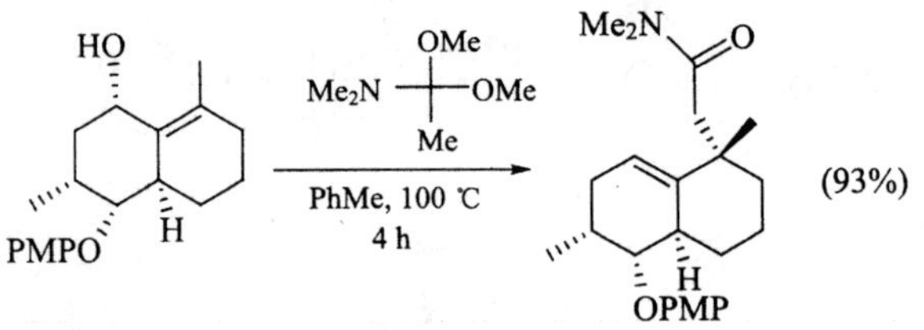

（4）Carroll-Claisen 重排

β-酮酸酯通常有较高的烯醇含量，其烯丙基醚发生重排时同时脱羧，使 β-酮酸酯转变为 γ-酮烯。反应式如下：

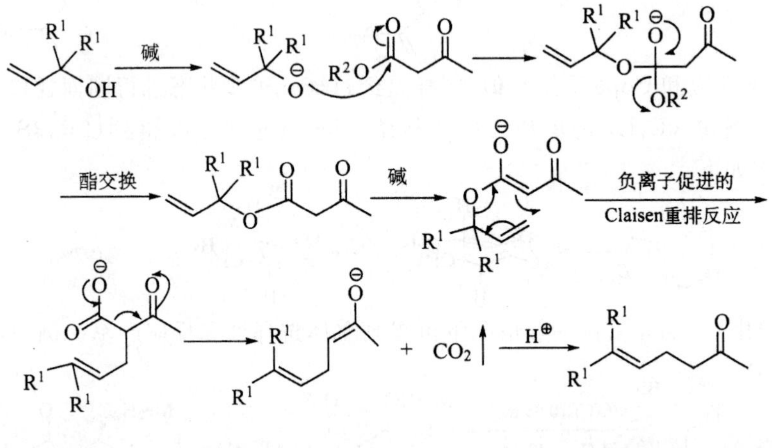

例如：

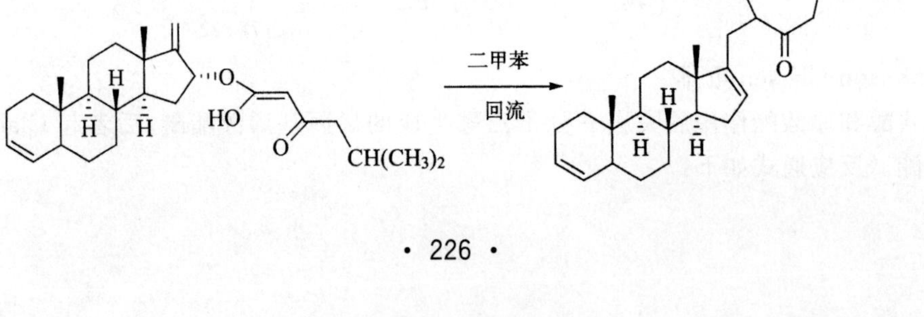

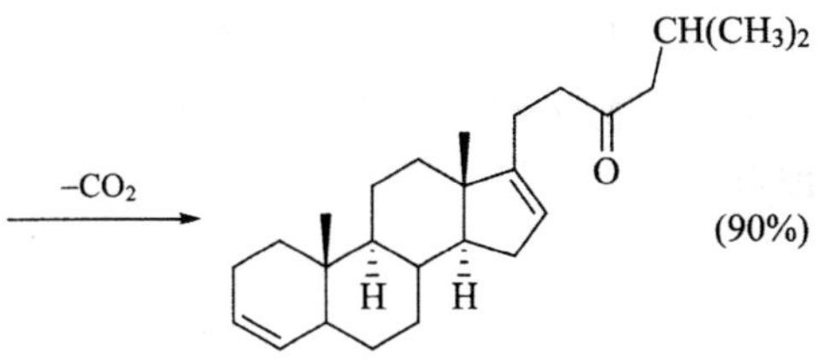

$$\xrightarrow{-CO_2}$$ (90%)

（5）Claisen-Ireland 重排

烯丙基酯在强碱作用下生成的烯醇硅醚也可发生 Claisen 重排，从而生成不饱和酸。反应式如下：

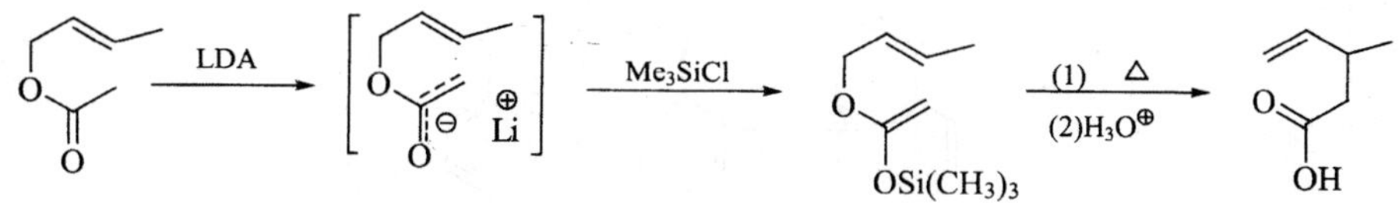

$$\xrightarrow{\text{LDA}} \xrightarrow{\text{Me}_3\text{SiCl}} \xrightarrow[(2)\text{H}_3\text{O}^{\oplus}]{(1)\ \triangle}$$

（6）Thio-Claisen 和 Aza-Claisen 重排

烯丙基乙烯基醚的硫或氮的类似物也起 Claisen 重排反应。例如：

①Thio-Claisen 重排：

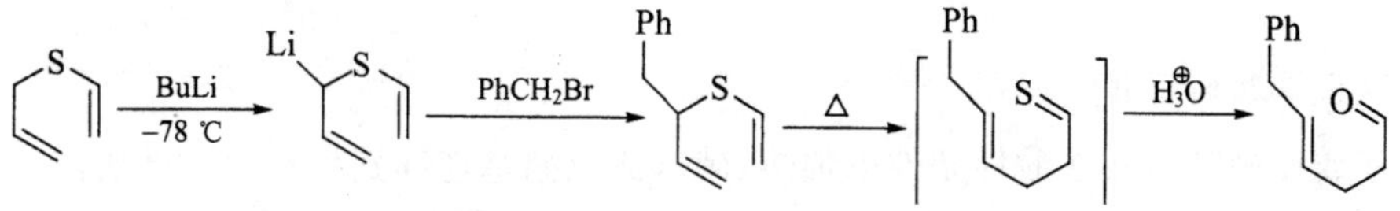

$$\xrightarrow[-78\ ℃]{\text{BuLi}} \xrightarrow{\text{PhCH}_2\text{Br}} \xrightarrow{\triangle} \xrightarrow{\text{H}_3^{\oplus}\text{O}}$$

②Aza-Claisen 重排：

$$\xrightarrow{\text{NEt}_3} \xrightarrow[(2)\text{OH}^{\ominus},\text{H}_2\text{O}]{(1)\text{LAH}}$$ (94%)

$$\xrightarrow[\triangle]{\text{HCl}} \xrightarrow[(2)\text{OH}^{\ominus},\text{H}_2\text{O}]{(1)\text{LAH}}$$ (98%)

$$\xrightarrow[(2)\ 100℃]{(1)\ \text{LiHMDS} \ -78℃}$$ (77 %)

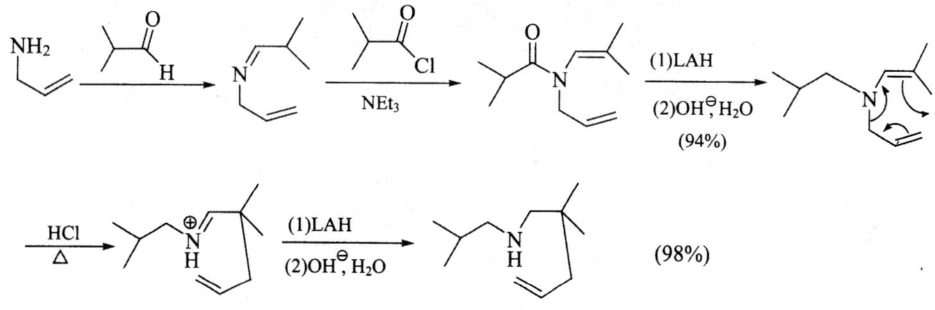

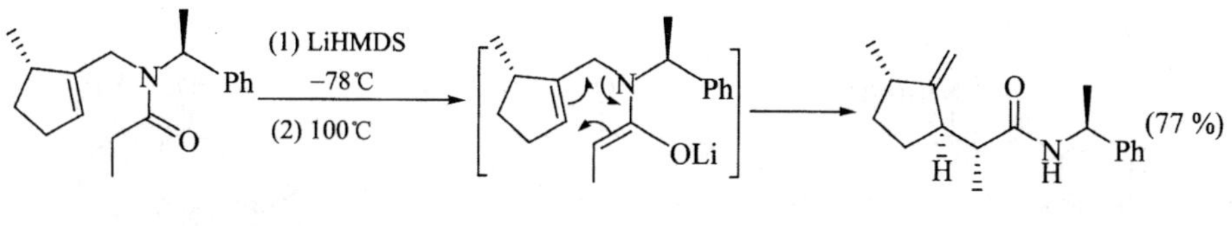

7.4.4　Fischer 吲哚合成

该反应是一个常用的合成吲哚环系的方法，由赫尔曼·埃米尔·费歇尔在 1883 年发现。反应是用苯肼与醛、酮在酸催化下加热重排消除一分子氨，得到 2- 或 3- 取代的吲哚。目前治疗偏头痛的曲坦类药物中有很多就是通过这个反应制取的。例如：

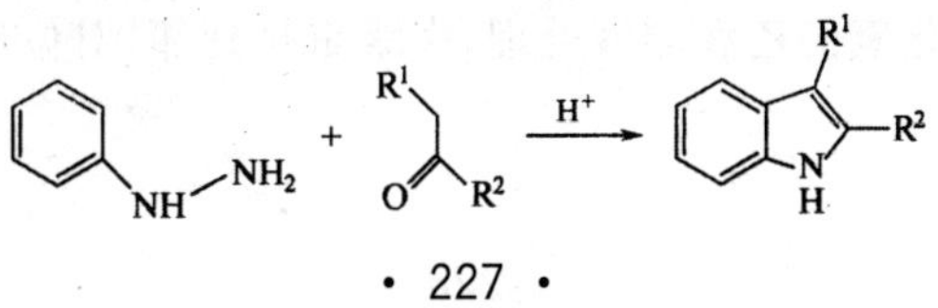

$$\xrightarrow{\text{H}^+}$$

其中,盐酸、硫酸、多聚磷酸、对甲苯磺酸等质子酸及氯化锌、氯化铁、氯化铝、三氟化硼等Lewis 酸是反应最常用的酸催化剂。若要制取没有取代的吲哚,可以用丙酮酸作酮,发生环化后生成 2-吲哚甲酸,再经脱羧即可。

7.5　芳环上的重排反应

芳香族化合物的环上能发生多种重排反应,其通式可表示为

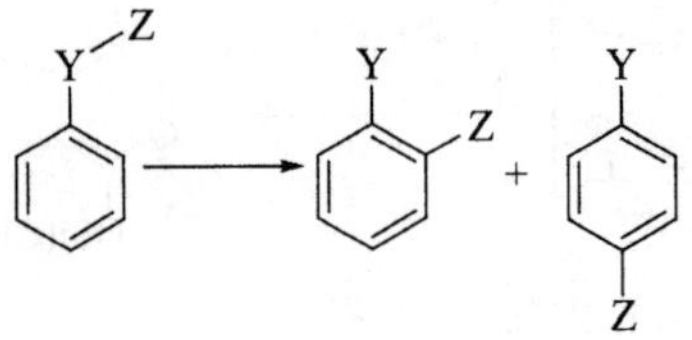

Y 常为氮原子,其次为氧原子。Z 为卤素、羟基、硝基、亚硝基等。

7.5.1　从氮原子到芳环的重排

1.N-取代苯胺的重排

N-硝基或亚硝基芳胺在酸性条件下加热,硝基或亚硝基迁移到邻对位。例如:

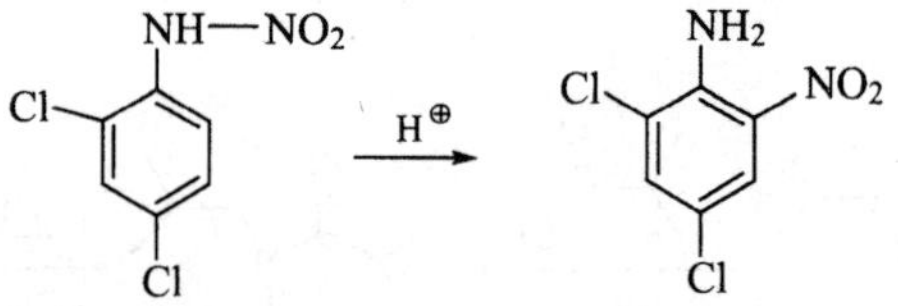

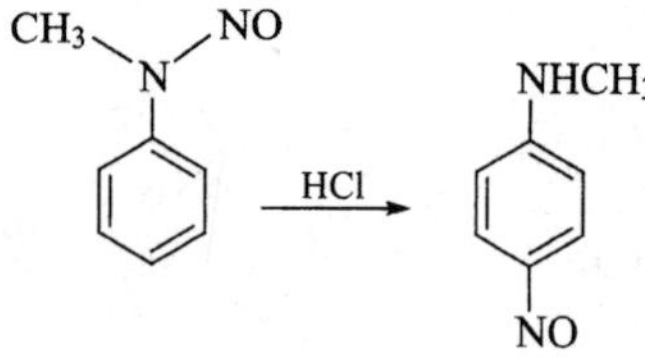

N-磺基芳胺在加热时,磺基重排到邻对位。邻对位产物异构体的比例取决于重排时的温度。例如:

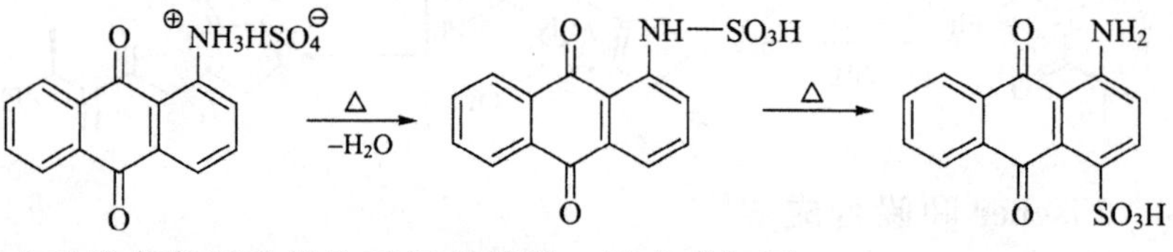

N-羟基苯胺在酸性条件下重排为对氨基苯酚。反应式如下:

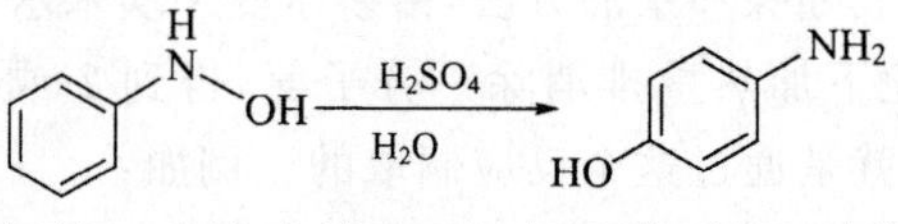

N-卤代乙酰苯胺用卤化氢的乙酸溶液处理,卤素重排到邻、对位反应式如下:

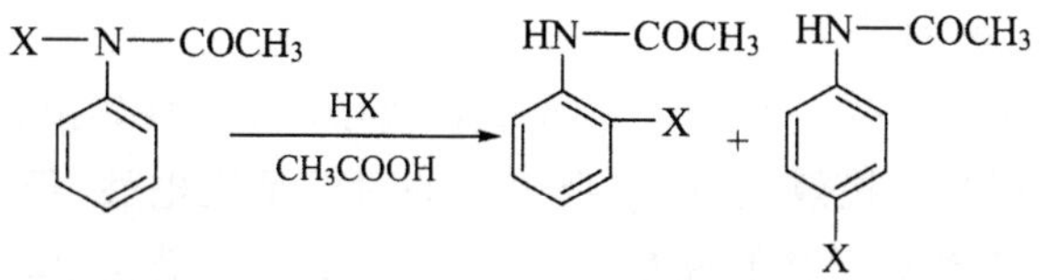

N-取代二噻烷芳胺的重排可合成通常难以制备的邻氨基苯甲醛。例如：

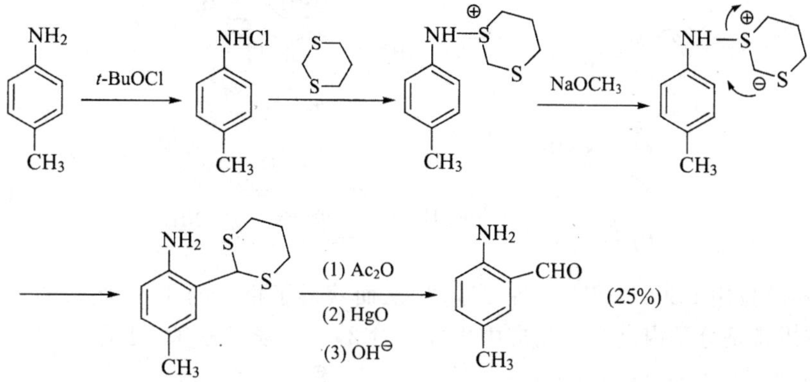

N-取代苄胺在强碱作用下也能发生重排生成邻取代苯衍生物，反应机理类似于 Stevens 重排。例如：

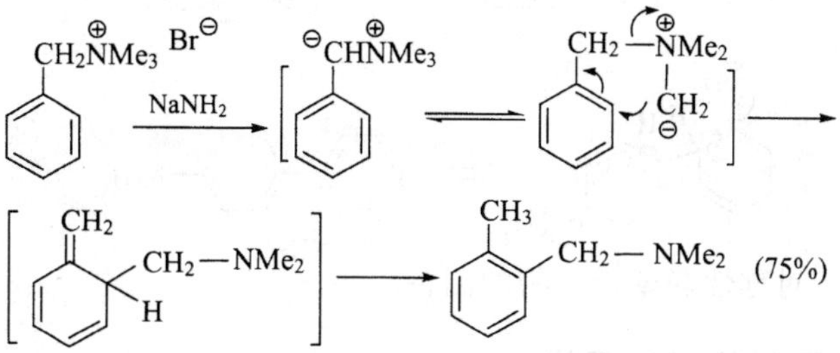

1,1-二甲基-2-苯基六氢吡啶季铵盐重排生成扩环产物：

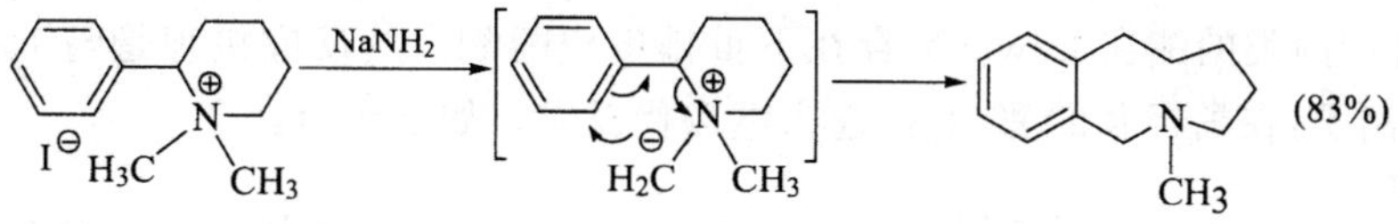

2. 联苯胺重排

氢化偶氮苯在强酸作用下重排成联苯胺。反应式如下：

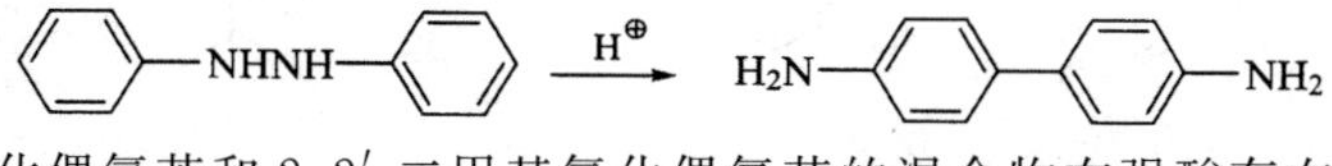

将等摩尔的氢化偶氮苯和 2,2′-二甲基氢化偶氮苯的混合物在强酸存在下起联苯胺重排反应，产物中没有交叉的偶联产物，从而说明重排是分子内反应。即在 N—N 键完全破裂之前，两个芳环已开始联结。反应式如下：

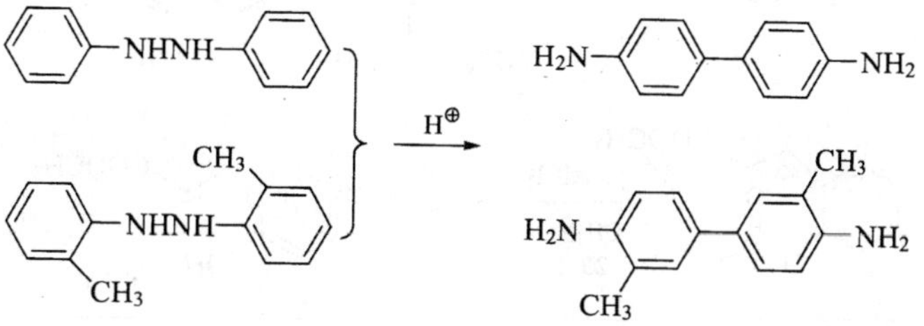

联苯胺重排的机理可能如下：

氢化偶氮苯每个氮原子接受一个质子形成双正离子,因为两个相邻正电荷的互相排斥,使 N—N 键变弱变长,同时因为共轭效应,使一个苯环的对位呈正电性,而另一个苯环的对位呈负电性,静电吸引力使它们逐渐靠近并形成 C—C 键,同时,N—N 键完全破裂。反应式如下：

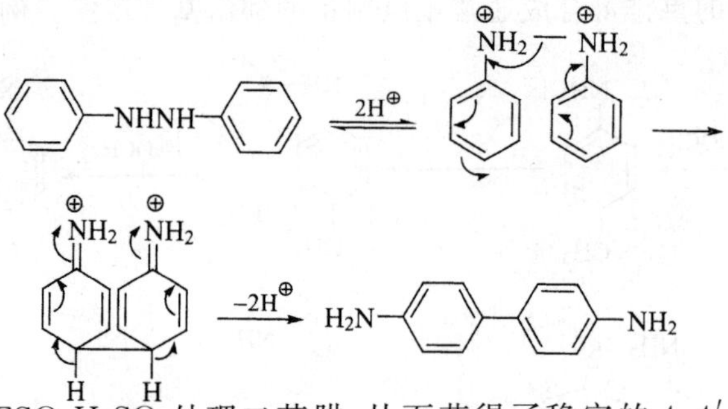

于 1972 年欧拉用 $FSO_3H\text{-}SO_2$ 处理二苯肼,从而获得了稳定的 4,4'-偶联的双氮正离子,从而证实联苯胺重排是分子内反应。反应中生成少量 2,4'-二氨基联苯,可是按下式生成的：

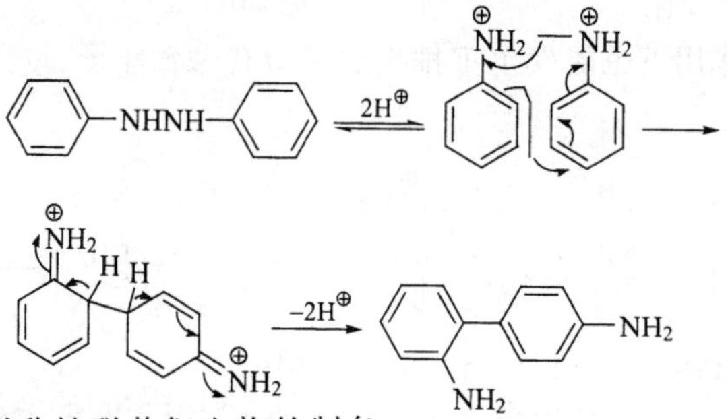

联苯胺重排可用于对称性联苯衍生物的制备。

7.5.2　从氧原子到芳环的重排

Fries 重排即酚类的酯在 Lewis 酸存在下重排生成酚酮。其反应机理是与 Lewis 酸作用时产生的酰基正离子,在酚羟基的邻、对位起亲电取代反应。如下所示：

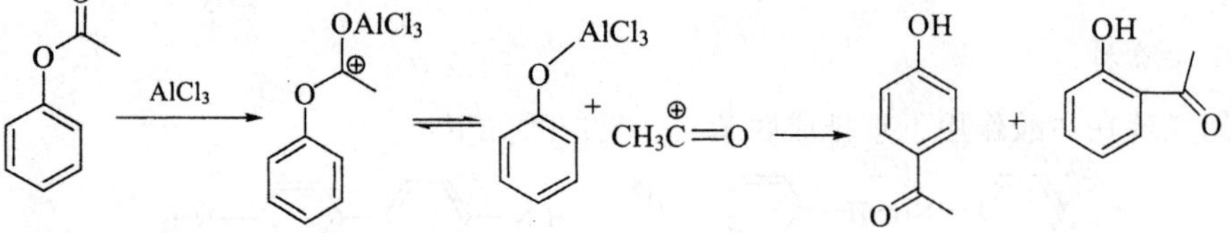

例如：

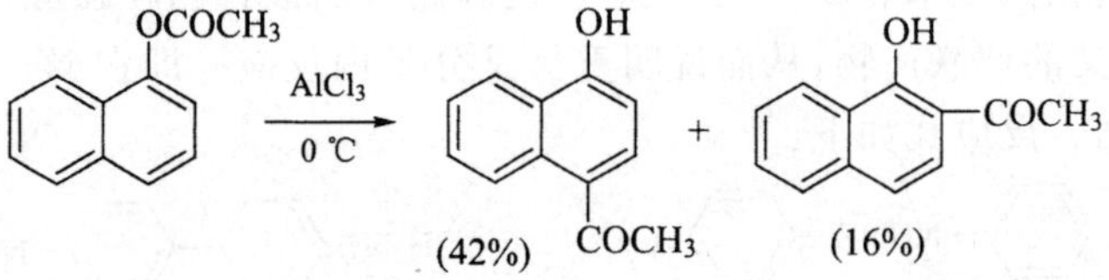

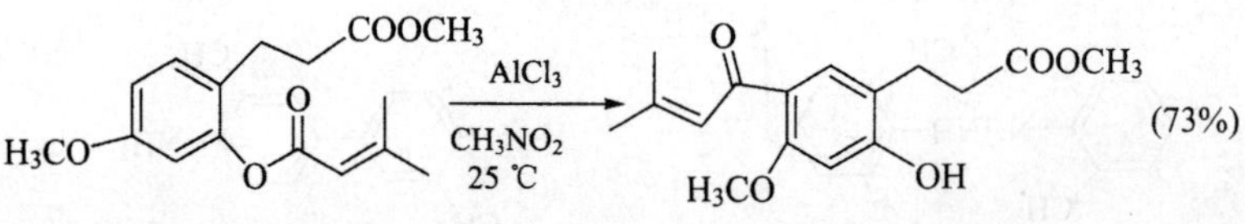

7.5.3　Smiles 重排

Smiles 重排的通式如下：

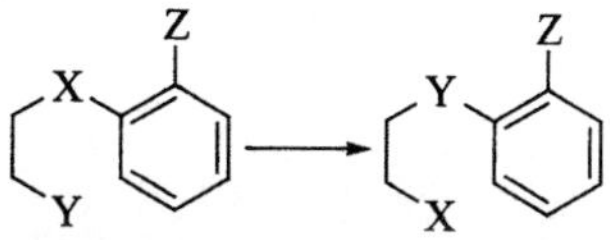

X 为 S、SO、SO_2 等，Y 为 NH_2、NHR 等的共轭碱，Z 为吸电子基，在重排基团的邻位或对位。Smiles 重排是分子内的亲核取代反应。例如：

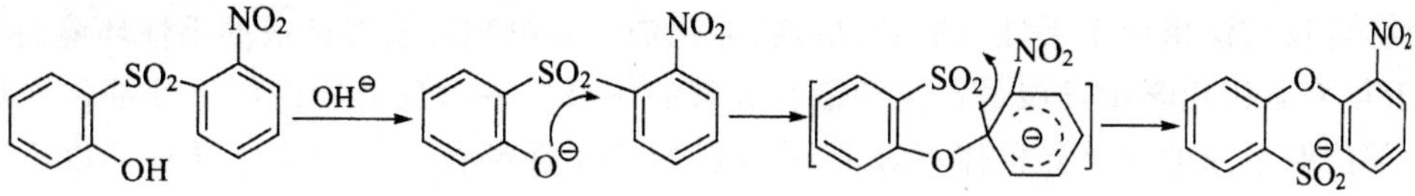

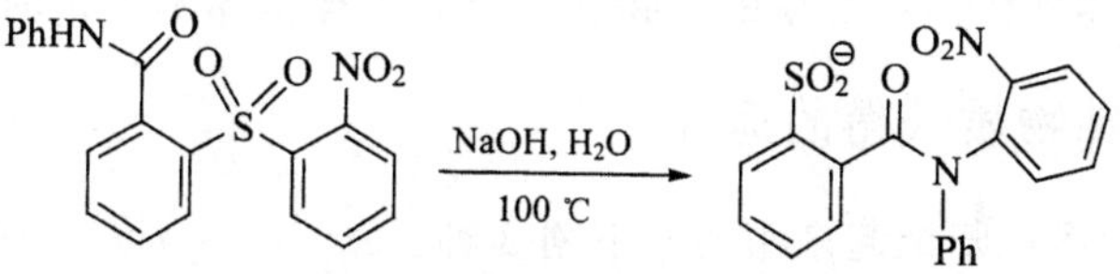

当使用强碱如氢化钠、丁基锂等，芳环上即使没有吸电子基，有时也起 Smiles 重排反应。例如：

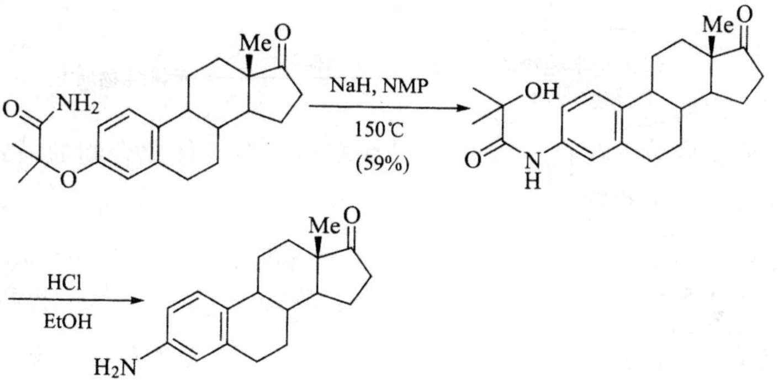

第8章 不对称合成技术

8.1 不对称合成反应概述

不对称合反应泛指由于手性反应物、试剂、催化剂以及物理因素等造成的手性环境而发生的反应,是近年来有机化学中发展最迅速和最有成就的领域之一。反应物的前手性部位在反应后变为手性部位时形成的立体异构体不等量,或在已有的手性部位上一对立体异构体以不同速率反应,从而形成一对立体异构体不等量的产物和一对立体异构体不等量的未反应原料。

8.1.1 光化学纯物质获得的途径

获取光学纯物质的途径归纳起来主要有下列 3 种:

①从生物体中存在天然产物中提取光学纯物质,如氨基酸、糖和生物碱等,可采取化学手段对其进行提取。

②拆分外消旋体获取单一对映体物质,它是获取单一对应体化合物的最好方法。在工业上采用拆分外消旋体法来制备药物。

③不对称合成及相关方法。不对称合成又叫手性合成,本章的后续内容将进行阐述。

8.1.2 不对称合成的定义

首先来看下面两个例子。

例如,关于 D-(＋)-甘油醛的氰解、水解、氧化三个反应过程:D-(＋)-甘油醛是一个右旋的手性化合物,当在这个含有一个手性中心的不对称分子的醛发生氰解时,又生成一个新的不对称中心,结果得到一对非对映异构体:D-苏力糖腈和 D-赤藓糖腈。因为,D-(＋)-甘油醛分子原来的手性碳原子的结构对新的不对称中心的影响,这就导致在反应中产物两种可能构型在数量上呈分配不均的现象。这一反应主要生成 D-苏力糖腈和少量 D-赤藓糖腈。进一步水解、氧化,结果就产生大量 D-(－)-酒石酸和少量的 meso-酒石酸。反应如下:

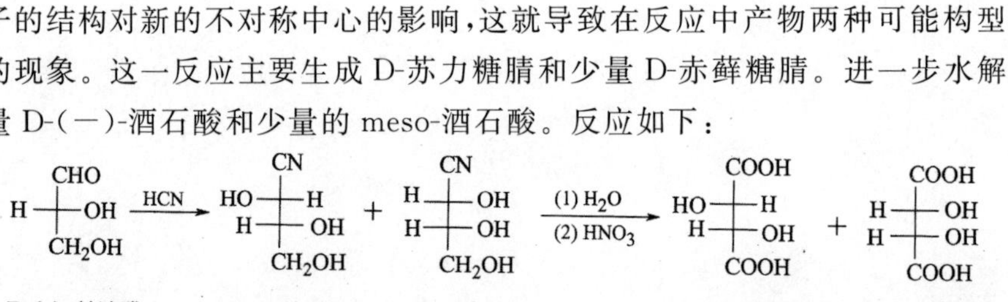

再如,R-(－)-乙酰基甲醇与甲胺发生亲核加成消去反应,然后进行催化加氢后,得到主产物 D-(－)-麻黄碱和少量的 D-(－)-假嘛黄碱。反应如下:

这一反应的反应物质也含有一个不对称碳原子,这一不对称碳原子的结构时试剂分子(H_2-Pd)在进入反应时,两种可能的方向呈现不均等的状态。

从以上两个例子可以得出:在一个不对称反应物分子中形成一个新的不对称中心时,两种可能的构型在产物中的出现常常是不等量的。在有机合成化学中,就把这种反应称为不对称反应或不对称合成。

Morrison 和 Mosher 提出了"不对称合成"较为完整的定义:一个反应,其中底物分子整体中的非手性单元由反应剂以不等量地生成立体异构产物的途径转换为手性单元。也就是说,不对称合成是这样一个过程,它将潜手性单元转化为手性单元,使得产生不等量的立体异构产物。

不对称反应效率有两种表示方法:产物的对映体过量百分数％e.e 和产物旋光纯度％O.P。

(1)％e.e 表示法

$$\%\text{e.e} = \frac{A_1 - A_2}{A_1 + A_2} \times 100$$

式中,A_1 为产物对映体中过量的异构体的量;A_2 为产物对映体中另一个少量的异构体的量。

(2)％O.P 表示法

$$\%\text{O.P} = \frac{[\alpha]_{实测}}{[\alpha]_{纯样品}}$$

式中,$[\alpha]_{实测}$ 为合成反应得到旋光产物的比旋光度;$[\alpha]_{纯样品}$ 为要合成的旋光体纯样品的比旋光度。

在实验误差范围内,两种方法相等。若％e.e 或％O.P 为 90％,则对映体比例为 95:5。

一个成功的不对称合成的标准:

①高的对映体过量。

②手性辅剂易于制备,并能循环利用。

③可以制备到 R 和 S 两种构型。

④属于催化性的合成。

经研究,酶能完成最好的不对称合成反应。

8.1.3 不对称合成反应效率

不对称合成实际上是一种立体选择性反应,它的反应产物可以是对映体,也可以是非对映体,且两种异构体的量不同。立体选择性越高的不对称合成反应,产物中两种对映体或非对映体的数量差别越悬殊。正是用这种数量上的差别来表征不对称合成反应的效率。

不对称反应效率的表示方法有两种。一种是对应异构体过量百分数,如果产物互为对映体,则用某一对映体过量百分率(percent enantiomericexcess,简写为％e.e.)来衡量其效率:

$$\%\text{e.e.} = \frac{[S] - [R]}{[S] + [R]} \times 100\%$$

或是非对应异构体表示方法，如果产物为非对映体，可用非对映体过量百分率（Dercent diastere-oisomeric excess，简写为％d. e.）表示其效率：

$$\%d.e.=\frac{[S^*S]-[S^*R]}{[S^*S]+[S^*R]}\times100\%$$

上述两式中[S]和[R]分别表示主产物和次产物对应异构体的量；[S*S]和[S*R]分别表示主次要产物非对应异构体的量。

第二种不对称合成反应效率用产物的旋光纯度来表示，旋光性是手型化合物的基本属性，在一般情况下，可假定旋光度与立体异构体的组成成直线关系，不对称合成的对映体过量百分率常用测旋光度的实验方法直接测定，或者说，在实验误差可忽略不计时，不对称合成的效率用光学纯度百分数（percent optical purity，简写为％o. p.）表示：

$$\%o.p=\frac{[\alpha]_{实测}}{[\alpha]_{纯样品}}\times100\%$$

在实验误差范围内两种方法相等。若％e. e. 或旋光度％o. p. 为90％，则对映体的比例为95：5非对应异构体的量可以用[1]H-NMR、GC 或 HPLC 来测定。

一个成功不对称合成的标准：

①对应异构体的量，对应异构体含量越高合成越成功。

②可以制备到 R 和 S 两种构型。

③手型辅助剂易于制备并能循环应用。

④最好是催化性的合成。

8.1.4 不对称合成中的立体选择性和专一性

立体选择反应一般指反应能生成两种或两种以上的异构产物，也有时可能会生成一种立体异构体，两种或两种以上异构体中只有一种异构体占优势的反应。这类反应一般包括烯烃的加成反应和羰基的还原反应。

烯烃的加成反应：

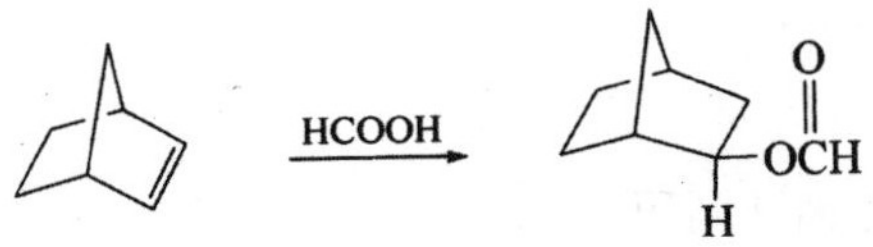

（单一立体异构）

羰基的还原反应：

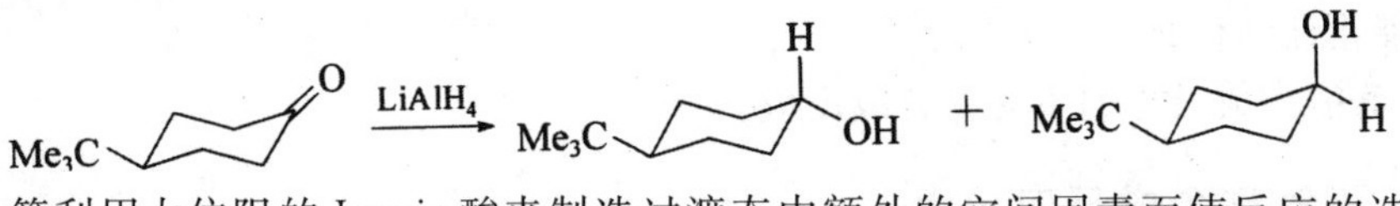

Power 等利用大位阻的 Lewis 酸来制造过渡态中额外的空间因素而使反应的选择性发生扭转，得到立体选择性高的物质，反应过程下：

立体专一性反应是指由不同的立体异构体得到立体构型不同的产物的反应，反映了反应底物的构型与反应产物的构型在反应机理上立体化学相对应的情况。以顺反异构体与同一试剂加成反应为例，若两异构体均为顺式加成，或均为反式加成，则得到的必然是立体构型不同的产物，即由一种异构体得到一种产物，由另一种异构体得到另一种构型的产物。如果顺反异构体之一进行顺式加成，而另一异构体则进行反式加成，得到相同的立体构型产物，称为非立体专一性反应。

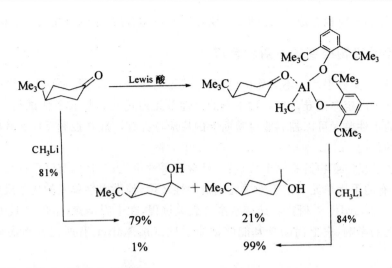

8.1.5　不对称合成反应的意义

不对称合成反应是近年来有机化学中发展最为迅速也是最有成就的研究领域之一。研究不对称合成反应具有十分重要的实际意义和理论价值。对于不对称化合物而言,制备单一的对映体是非常重要的,因为对映体的生理作用往往有很大差别。许多药物都是手性的,只有一种对映体有效,另一种无效甚至起反作用。例如:抗炎剂布洛芬 $(CH_3)_2CHCH_2-$ 苯基$-CH(OH)-COOH$ (S)-构型有效,(R)-构型无效;(＋)-抗坏血酸具有抗坏血病的功能,而(－)-抗坏血酸则无此活性;抗高血压药 $HO-$ 苯基 $-CH_2-C(NH_2)(CH_3)-COOH$ 只有(S)-构型有效,(R)-构型高毒性;(R)-天冬酰胺是甜的,(S)-天冬酰胺是苦的;L-多巴是治疗帕金森综合征的有效药,而其(－)-型异构体能产生极大的毒副作用。

在手性合成反应出现之前,人们用通常的方法合成不对称化合物,由于两种构型形成的机会均等,得到的产物是外消旋体,为了得到其中具有生理活性的异构体,需对外消旋体进行拆分。从理论上讲分子内含有 n 个不相同的手性碳的化合物,应该有 2^n 个立体异构体,如果合成中不采取任何立体控制,即使每步产率高达 100%,实际每步有效产率只有 50%,经过多步后,总产率急剧下降。外消旋体拆分时,在反应体系中加入另一种催化剂,可以发生催化异构化反应,单一活性化合物的产率可达到 $80\%\sim90\%$,原子利用率得到了很大提高。因此,不对称合成的发展,使药物合成和有机合成进入了一个新阶段。这类反应还广泛应用于有机化合物分子构型的测定和阐明、有机化学反应的机理、酶的催化活性等领域,丰富了有机化学、药物化学、有机合成化学和化学动力学,具有广泛的应用前景。

8.2　不对称合成途径

不对称合成中光学纯物质不可能"无中生有",它的单一生成必须靠别的手性因素来诱导。从手性诱导源对反应的控制方式来分析,进行不对称合成的途径主要有,手性底物控制不对称合成、手性试剂诱导的不对称合成、手性辅助基团控制不对称合成、手性催化的不对称合成等途径。

8.2.1　手性底物控制的不对称合成

底物控制反应(又称手性源不对称反应)第一代不对称合成,是通过手性底物中已经存在的手性单元进行分子内定向诱导。在底物中新的手性单元通过底物与非手性试剂反应而产生,此时反应点邻近的手性单元可以控制非对映面上的反应选择性。底物控制反应在环状及刚性分子上能发挥较好的作用。

底物控制法的反应底物具有两个特点:一是含有手性单元;二是含有潜手性反应单元。在不对称反应中,已有的手性单元为潜手性单元创造手性环境,使潜手性单元的化学反应具有对映选择性。例如,Woodward 等人研究红诺霉素全合成全过程,在中间步骤,化合物 1 具有手性单元;受这个手性单元的影响,它上面的羰基能够被非手性试剂 NaBH$_4$ 有所选择地还原成单一构型(如图 8-1)。

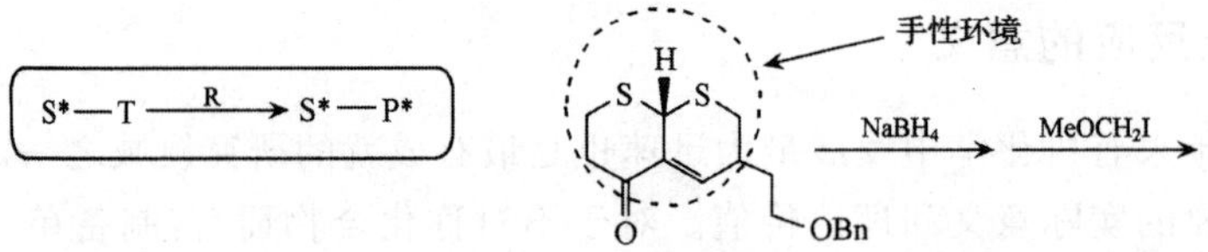

图 8-1　经手性底物诱导合成红诺霉素中间步骤图

S* —T 为反应底物;T 为潜手性单元;R 为反应试剂; * 为手性单元

手性底物控制不对称合成反应原料易得,但缺点是往往没有简捷、高效的方法将其转化为手性目标化合物。对于一些多手性中心有机化合物的合成,这种不对称合成思想尤为重要。只要在起始步骤中控制一个或几个手性中心的不对称合成,接下来就可能靠已有的手性单元来控制别的手性中心的单一形成,避免另外使用昂贵的手性物质。这类合成在药物合成上的应用研究比较多,有一些出色完成实际药物合成的实例。例如,青蒿霉素的合成。

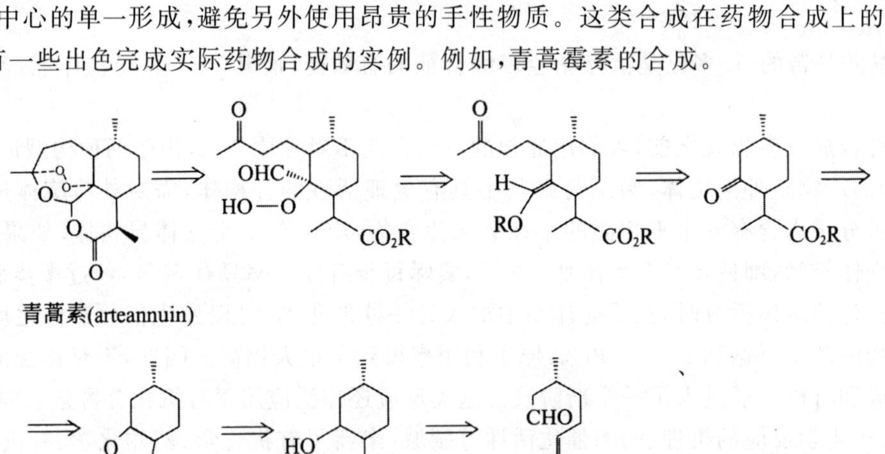

青蒿素(arteannuin)

(+)-香茅醛

这项全合成的成功的关键在于用光氧化反应在饱和碳环上引入过氧键,用孟加拉玫红作光敏剂对半缩醛进行光氧化得 α-位过氧化物,合成设计中巧妙地利用了环上大取代基优势构象所产生的对反应的立体选择性。

8.2.2 手性试剂诱导的不对称合成

在无手性的分子中通过化学反应产生手性中心,无手性分子的底物为潜手性化合物,通过光学活性反应试剂在不对称环境中,两者反应生成不等量的对应异构体产物。一个常用的方法是利用手性试剂对含有对映异构的原子、对映异构的基团或对映异构面的底物作用。手性诱导不对称合成的方法具有简单灵活且所得目标产物光化学纯度较高的特点。其不对称合成过程为:

$$S \xrightarrow{R^*} P^*$$

手性诱导试剂的种类很多,常见的有手性硼试剂、锂盐类试剂等。硼试剂在手性合成中具有硼氢化、还原、烷基化的作用,硼试剂中可通天然或合成的手性化合物引入手性,得到手性硼试剂。例如,将(一)或(十)-α-蒎烯经硼氢化后得到的手性二蒎基硼烷是很好的手性硼试剂。

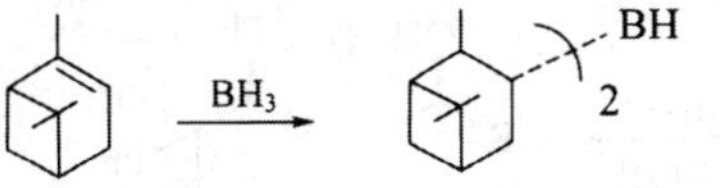

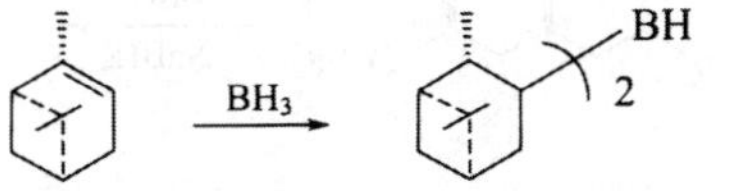

在手性硼试剂的作用下还可以完成羰基的不对称合成。例如,将 α-蒎烯用 9-BBN 进行硼氢化后得到 B-3-蒎基-9-BBN。

锂盐类的醇可以进行手性烷基化、氨基化、羟基化反应,手性氨基锂与酮羰基生产不对称的烯醇锂盐,再与亲电试剂反应可得氧取代或碳取代的化合物;手性氨基铜可以对烯酮进行烷基化。

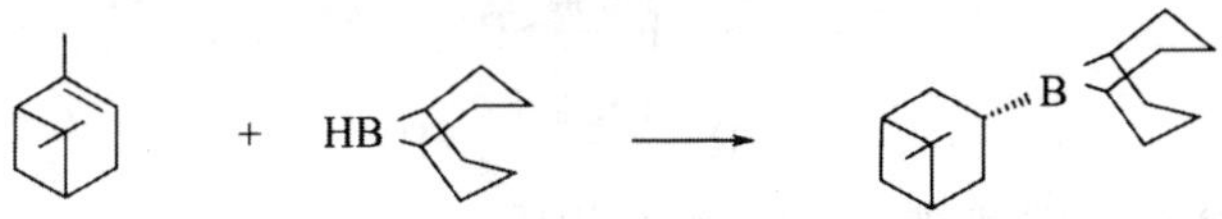

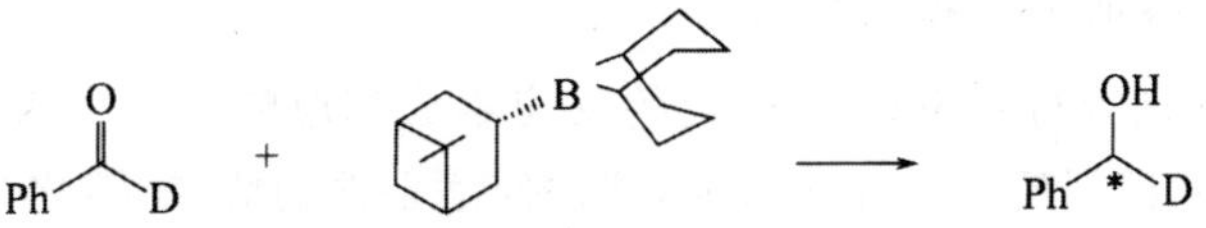

8.2.3 手性辅助基团控制不对称合成

辅基控制中的底物与手性底物诱导中的底物一致,为潜手性化合物。它需要手性助剂来诱导反应的光学选择性。在反应中,底物首先和手性助剂结合,后参与不对称反应,反应结束后,手性助剂可以从产物中脱去。此方法为底物控制法的发展,它们都是通过分子内的手性基团来控制反应的光学选择性,只不过前者中的手性单元仅在参与反应时才与底物结合成一个整体,同时赋予底物手性;后者在完成手性诱导功能后,可从产物中分离出来,并且有时可以重复利用。其控制历程为:

$$S \xrightarrow{A^*} S-A^* \xrightarrow{R} P^*-A^* \xrightarrow{-A^*} P^*$$

其中,S 为反应底物,A* 为手性辅助剂,R 为反应试剂,* 为手性单元。

虽然手性辅助基团控制不对称合成方法很有用,但该过程中需要手性辅助剂的连接和脱出两个额外步骤。关于该方法的报道不少，也有一些工业例子。如工业上利用此方法生产药物 (S)-萘普生。手性助剂酒石酸与原料酮类化合物发生反应时在保护羰基的同时又赋予底物手性。接着发生溴化反应，生成单一构型产物，再经重排和属解得到目标产物。

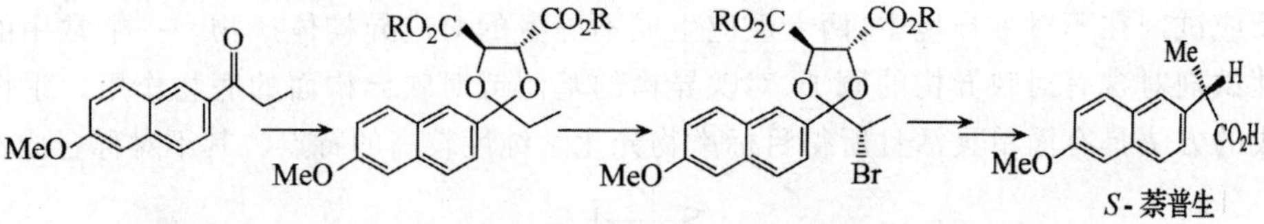

又如，Bruce 等将双阴离子与 Mg^{2+} 形成的盐进行醛酯缩合反应，诱导生成构型占优的产物。后来，Lynch 对该路线进行了不同程度的改进，在第一步反应中引入 LDH，将反应产率提高到 95％以上，重结晶后的终产物光学纯度大于 99％e. p. 值。

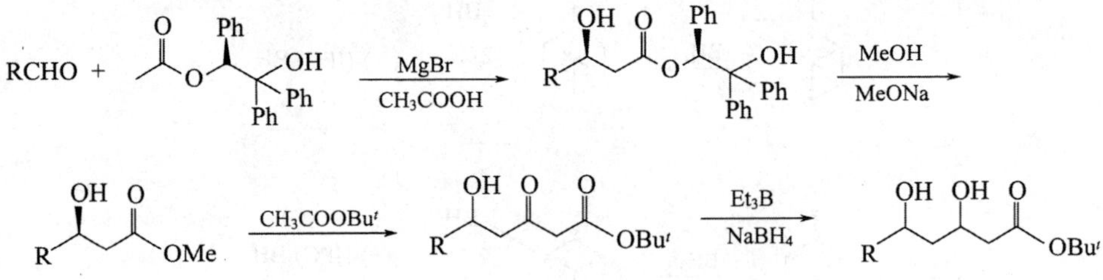

8.2.4　手性催化的不对称合成

催化法以光学活性物质作为催化剂来控制反应的对映体选择性。它可以分为两种：生物催化法和不对称化学催化法：

$$S+R \xrightarrow{\text{酶}} P^*$$

$$S+R \xrightarrow{\text{手性催化剂}} P^*$$

其中，S 为反应底物；R 为反应试剂；＊代表手性物质

1. 手性催化剂诱导醛的不对称烷基化

醛、酮分子中羰基醛、酮与 Grignard 试剂的反应生成相应醇是一个古老而经典的亲核加成反应。但由于 Grignard 试剂反应活性非常大，往往使潜手性的醛、酮转化为外消旋体，而像二烷基锌这样的有机金属化合物对于一般的羰基是惰性的，但就在 20 世纪的 80 年代，Oguni 发现几种手性化合物能够催化二烷基锌对醛的加成反应。例如，(S)-亮氨醇可催化二乙基锌与苯甲醛的反应，生成(R)-1-苯基-1-丙醇，e. e. 值为 49％。从此这个领域的研究迅速发展，至今为止，以设计出许多新的手性配体，应用这些手性配体可促进醛与二烷基锌亲核加成，这些催化剂一般对芳香醛的烷基化也具有较高的立体选择性。

(S)-1-甲基-2-(二苯基羟甲基)-氮杂环丁烷[(S)-3]也用于催化二乙基锌对各种醛的对映选择性加成。在温和的反应条件下获得手性仲醇，光学产率高达 100％。

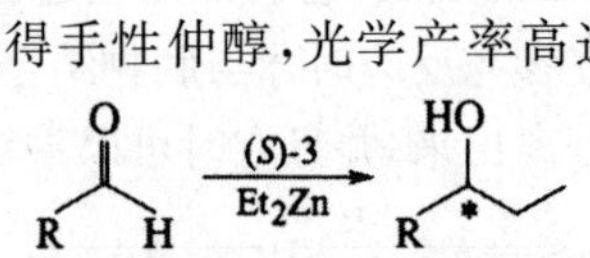

表 8-1　几种手性化合物催化二烷基锌对醛的加成反应

R	Ph	p-Cl-Ph	o-MeO-Ph	p-MeO-Ph	p-Me-Ph	E-PhCH=CH
e. e. %	98	100	94	100	99	80
构型	S	S	S	S	S	S

由表 8-1 可知,芳香醛的乙基化反应在(S)-1-甲基-2-(二苯基羟甲基)-氮杂环丁烷[(S)-3]作催化剂时获得的对应异构体的产量高,而且产物均为 S 构型。

(S)-3 和(1S,2R)-1 手性催化剂也能能化学选择性地与醛反应,而且产量也比较高。例如:

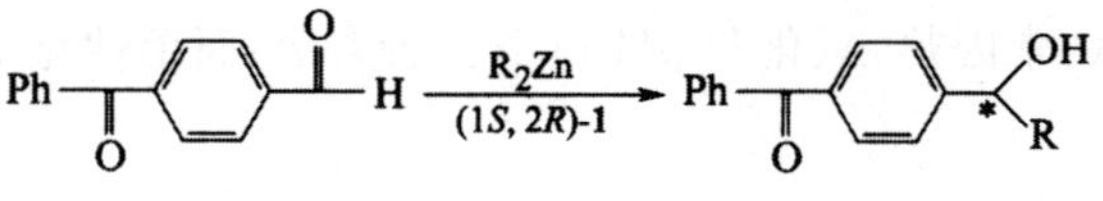

R=Et (S, 93% e.e.)
R=n-Bn (S, 92% e.e.)

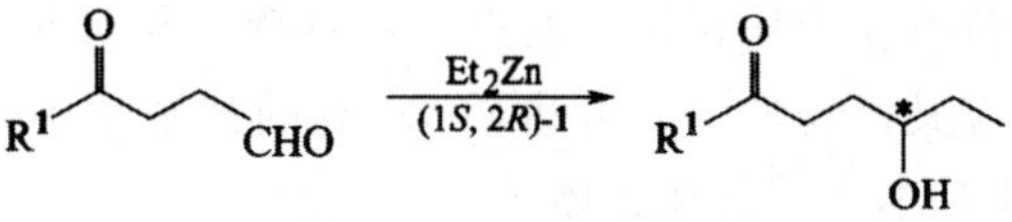

R^1＝Ph(S,87% e.e) R^1＝PhCH$_2$(S,81% e.e)

2.酶催化法

酶催化法使用生物酶作为催化剂来实现有机反应。酶是大自然创造的精美的催化剂,它能够完美地控制生化反应的选择性。酶催化的普通不对称有机反应主要有水解、还原、氧化和碳—碳键形成反应等。早在 1921 年,Neuberg 等用苯甲醛和乙醛在酵母的作用下发生缩合反应,生成 D-(—)-乙酰基苯甲醇。用于急救的强心药物"阿拉明"的中间体 D-(—)-乙酰基间羟基苯甲醇也是用这种方法合成的。1966 年,Cohen 采用 D-羟腈酶作催化剂,苯甲醛和 HCN 进行亲核加成反应,合成(R)－(＋)－苦杏仁腈,具有很高的立体选择性,反应式如下:

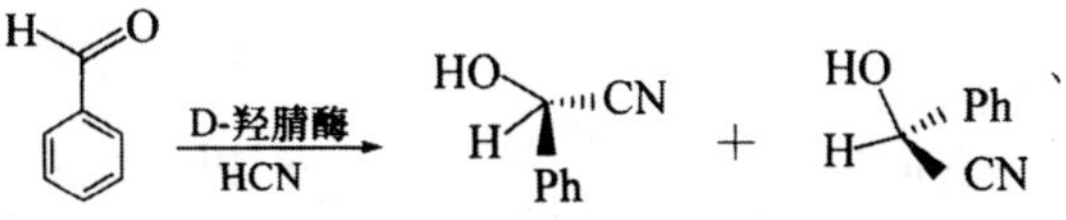

(R)-(+)苦杏仁腈　(S)-(-)苦杏仁腈
e.e 94%

目前内消旋化合物的对映选择性反应只有酶催化反应才能完成。马肝醇脱氢酶(HLADH)可选择性地将二醇氧化成光学活性内酯,猪肝酯酶(PLE)可使二酯选择性水解成光学活性产物β-羧酸酯,反应式如下:

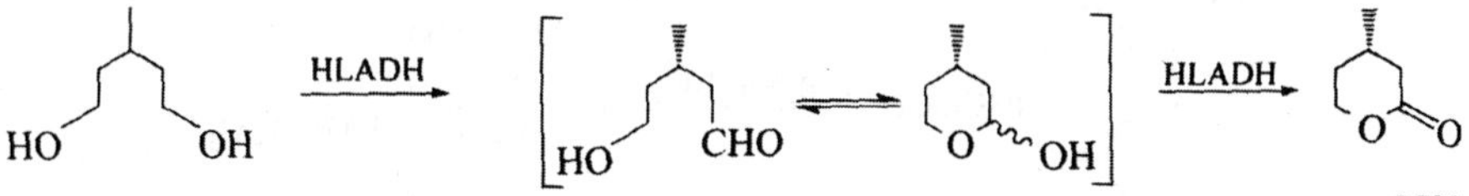

e.e 87%

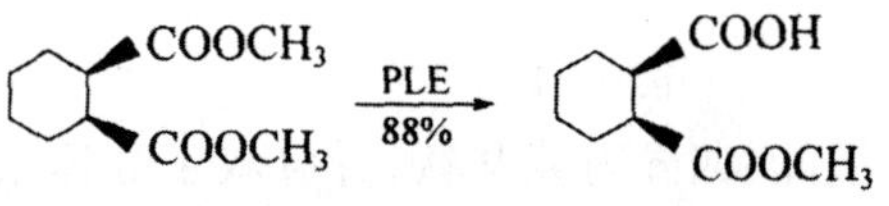

e.e>97%

部分蛋白质可以作为不对称合成的催化剂使用,例如,在碱性溶液中进行 Darzen 反应时,可

用牛奶蛋清酶做催化剂,反应式如下:

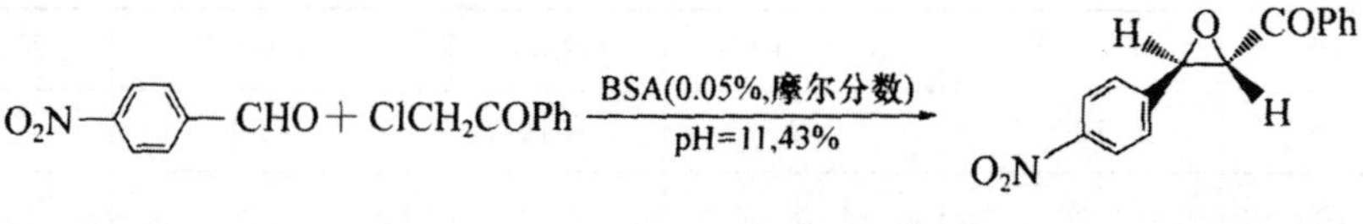

$$O_2N-\!\!\!\!\!\bigcirc\!\!\!\!\!-CHO + ClCH_2COPh \xrightarrow[pH=11,43\%]{BSA(0.05\%,摩尔分数)}$$

e.e 62%

手性化学催化剂控制对映体选择性的不对称催化能够手性增殖,仅用少量的手性催化剂,就可获取大量的光学纯物质。也避免了用一般方法所得外消旋体的拆分,又不像化学计量不对称合成那样需要大量的光学纯物质,它是最有发展前途的合成途径之一。尽管酶催化法也能手性增殖,但生物酶比较娇嫩,常因热、氧化和 pH 值不适而失活;而手性化学催化剂对环境有将强的适应性。

3.有手性催化剂参与的不对称合成物的应用

1986 年,美国 Monsanto 公司的 Knowles 等和联邦德国的 Maize 等几乎同时报道了用光学活性膦化合物与铑生成的配位体作为均相催化剂进行不对称催化氢化反应,引起了化学界的兴趣。目前某些不对称催化反应其产物的 e.e 可达 90%,有的甚至达 100%。反应所使用的中心金属大多为铑和铱,手性配体基本为三价磷配体。

例如:

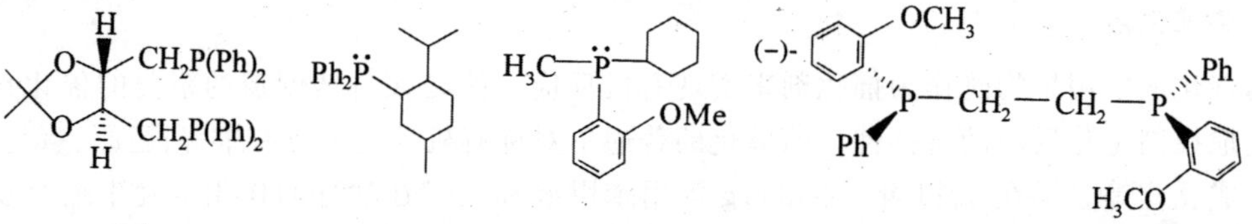

L_A^* L_B^* L_C^* L_D^*

具有这种手性配体的铑对碳-碳双键、碳-氧双键及碳-氮双键发生不对称催化氢化反应,用这类反应可以制备天然氨基酸。例如,烯胺类化合物碳-碳双键不对称氢化反应后得到天然氨基酸反应式如下:

$$Ph-CH=C-COOH \xrightarrow[25℃,4atm,4h,50\%MeOH]{H_2/RhL_D^*L_D^*Cl_2} Ph-CH_2CHCOOH$$

H_3COCHN 处 $NHCOCH_3$

(Z)-α-乙酰氨基肉桂酸   (+)-N-乙酰氨基苯丙氨酸

同样用手性膦催化剂进行不对称催化氢化来制备重要的抗震颤麻痹药物 L-多巴(3-羟基酪氨酸),反应式如下:

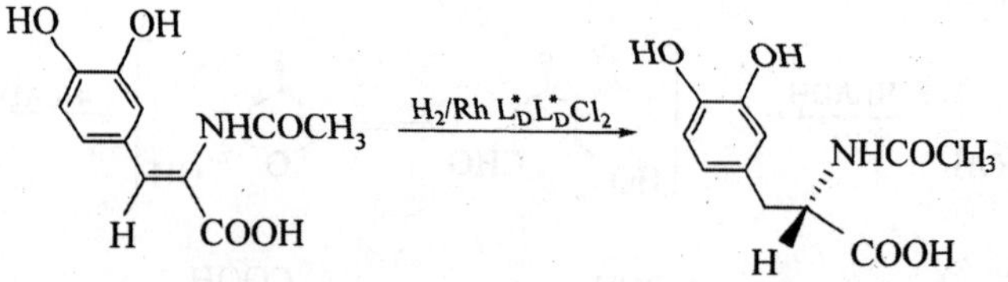

$$\xrightarrow{H_2/Rh\,L_D^*L_D^*Cl_2}$$

e.e 94%

Sharpless 研究组用酒石酸酯、四异丙氧基钛、过氧叔丁醇体系能对各类烯丙醇进行高对映选择性环氧化,可获得 e.e 值大于 90% 的羟基环氧化物,并且根据所用酒石酸二乙酯的构型可得到预期的立体构型的产物。

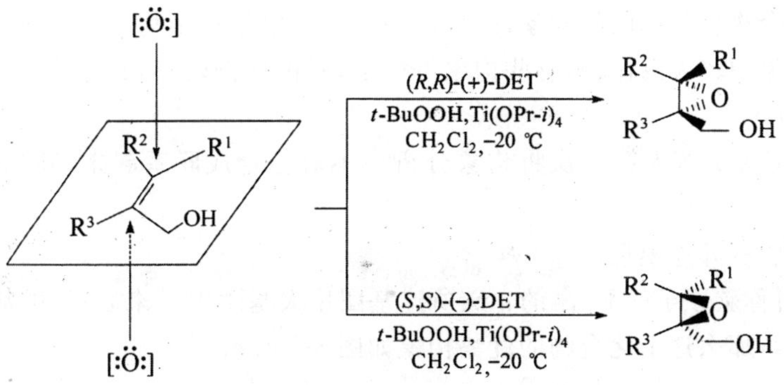

8.3　不对称合成方法

8.3.1　非对映择向合成

非对映择向合成是将手性底物分子中的潜手性单元转变成手性单元的过程。在很多情况下潜手性单元是羰基，存在一个所谓的局部对映面。因为羰基所在平面的上下两个面是不相同的，按照 Cahn-Ingold-Prelog 优先次序，如果平面上三个基团为顺时针取向，这个面是 Re 面，相反，为逆时针取向则三个基团所在的面就是 Si 面。例如：

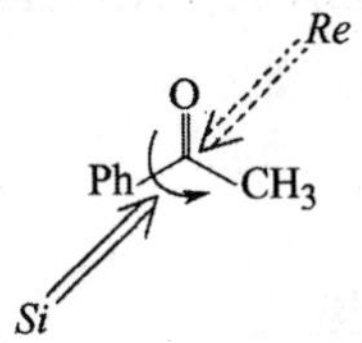

当受某些试剂如还原剂或亲核试剂进攻这种潜手性单元的时候，Re 和 Si 主两种面有可能都受到进攻，得到不一样的产物。例如：

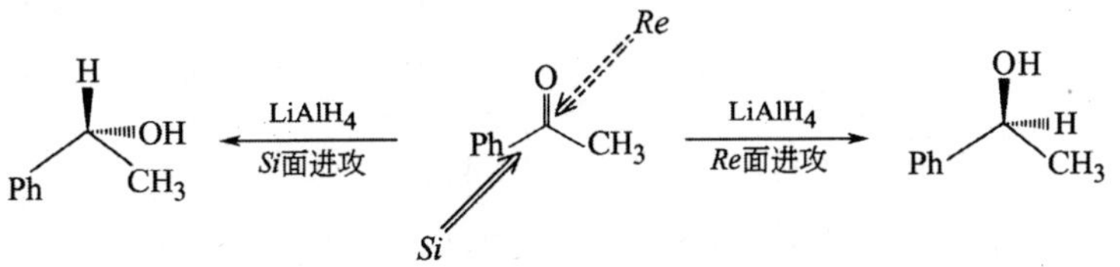

在不对称合成中，因为 Re 和 Si 面的选择性不同，导致对应异构体、非对应异构体量不同。在不对称底物分子中引入一个新的手性中心的反应就是不对称合成。该反应的产物为一对非对映体，但两者的量不同。例如：

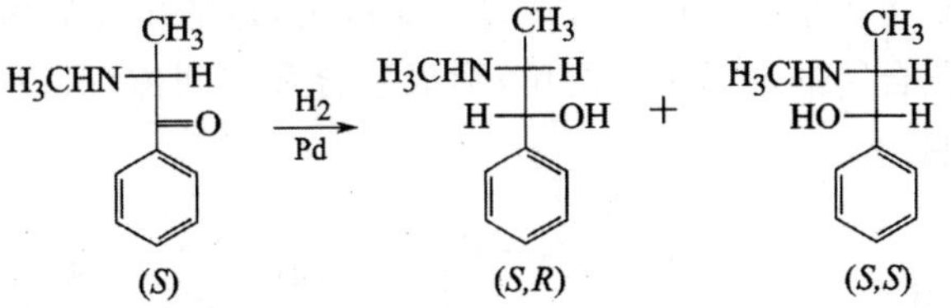

1. α-不对称碳原子的亲核加成反应

含 α-不对称碳原子的醛、酮化合物，由于羰基碳与 α-不对称碳原子的化合物中 C—C 单键可以旋转,使这类化合物呈现不同的构象;而且这些不同构象呈现不均等的分配现象,即有些构象很稳定,占所有构象中较大的比例,有些构象不稳定,所占比例较小,其中稳定的、所占比例较大的构象为优势构象。

克拉姆(D. J. Cram)等人第一次将构象分析与不对称合成联系起来,并总结出了以下经验规则。

(1)Cram 规则一(开连模型)

假设含 α-不对称碳原子的醛、酮的 α-碳所连基团用大基团用 L 来表示;中基团用 M 来表示;小基团用 S 来表示,那么这个化合物的优势构象如图 8-2 所示。

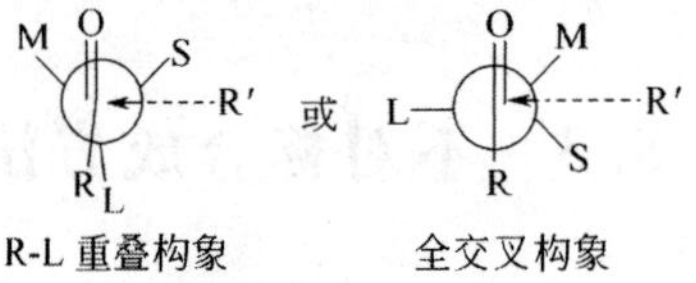

R-L 重叠构象   全交叉构象

图 8-2 不对称醛酮的优势构象

这类化合物的重叠优势构象之所以能稳定存在,是因为羰基氧与大基团(L)的斥力较大,尤其在与格氏试剂或醇铝还原剂等金属试剂反应时,金属先与羰基氧结合,使羰基氧位于小基团(S)与中基团(M)之间,为了不引起较大的扭曲张力,与氧原子处于的斥力最小 180° 的方向上。醛类化合物更容易以重叠构象存在,因为能产生斥力的与大基团 L 成重叠位置的是 H 原子。与这一优势构象的羰基反应的试剂如 HCN、$LiAlH_4$、$Al(OH)_3$、Grignard 试剂等将倾向于在空间位阻较小的 S-边进攻羰基,由此形成主产物。如:

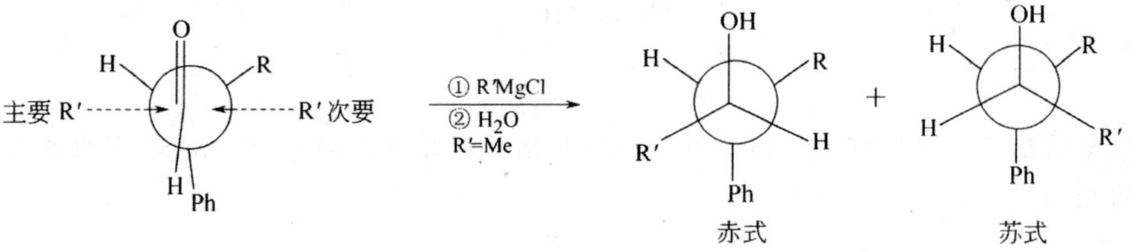

赤式   苏式

R	
CH_3	2~4:1
CH_3CH_2	2.5:1
$(CH_3)_2CH$	1.0~1.9:1

(2)Cram 规则二(环状模型)

在不对称 α-碳原子上连接有一个能与酮羰基氧原子形成氢键的羟基或氨基的酮中,反应试剂会从含氢键环的空间阻碍较小的一边进攻羰基。又因为,羟基和氨基都含有孤对电子,很容易与格氏试剂或其他金属化合物的金属进行配位,形成螯合环中间体,所以,羰基上的加成反应的方向受这种优势构象的制约。

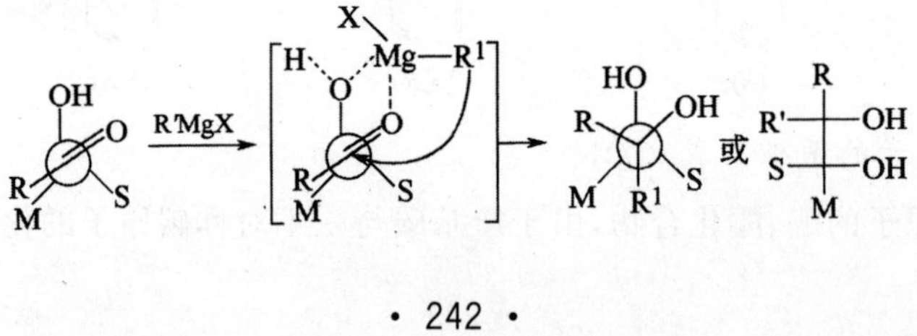

(3)Felkin 规则

Felkin 等人认为，分子中任何相互重叠构象都会引起扭转张力的增大，这样可能存在分子构象和试剂基团的加成方向出现全交叉构象如图 8-3 所示。由图可知，全交叉有 A、B 两种构象，他们还认为，在过渡状态中，当 R 和 RR′与 α-碳原子上的三个基团 L、M、S 之间的相互作用大于羰基氧原子与 L、M、S 之间的作用力时，α-不对称酮化合物还可采用全交叉的优势构象，因为 A 中 R 与 L、M、S 斥力更小，所以 A 是优势构象。

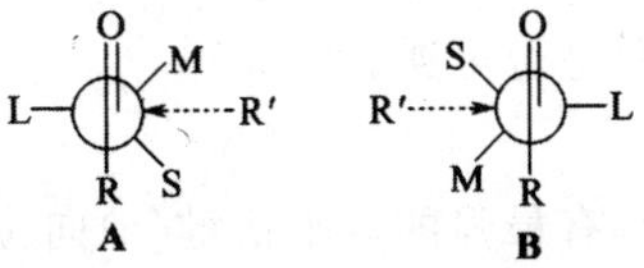

图 8-3　全交叉构象的解释

(4)Cornforth 规则

若在不对称 α-碳原子上连接一个卤原子，导致电负性较大，卤原子与羰基氧原子处于反位向形成稳定构型。羰基的加成反应受这种优势构象的制约，例如：

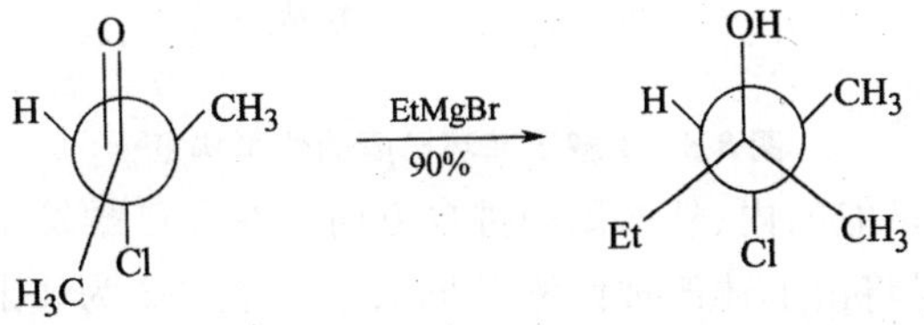

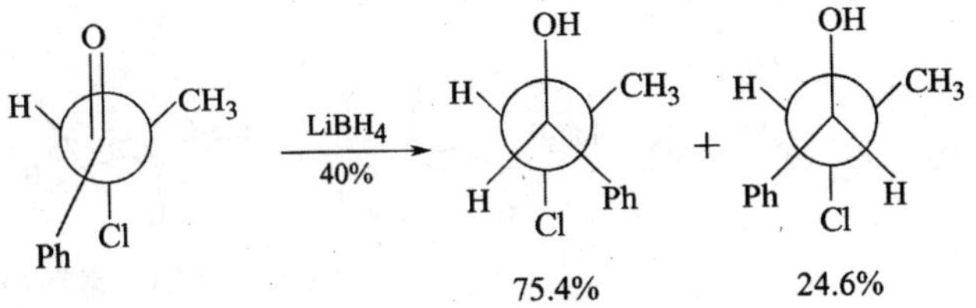

75.4%　　24.6%

但是，若不对称的 α-碳原子上的烃基(Me)增大到与氯原子的空间效应差不多的苯基(Ph)时，Cornforth 规则中的 R-Cl 重合构象与实际情况不符。例如：

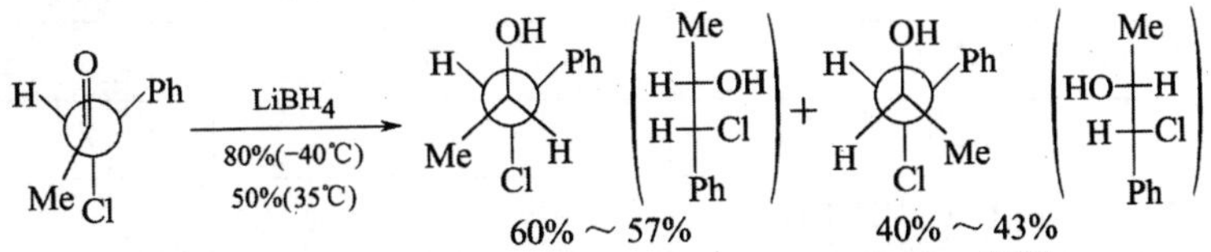

60% ～ 57%　　40% ～ 43%

-40℃～ 35℃　　-40℃～ 35℃

造成这一现象的原因可以认为是：在优势构象中卤原子通常不与其他基团和原子成重叠向位，由于分子内其他分子间的相互作用，对普通的 α-卤代酮全交叉比较合理。但当 α-碳原子上的甲基被苯基所取代时，则可能以 O-H 重叠构象为优势构象。因为这样可以使 O、Cl 和 Ph 三个富电子的原子或大基团保持相互间较大的距离以保证斥力最小。此时，对羰基进行亲核加成反应的试剂 R′一般倾向于从电负性较小的苯基一边接近羰基碳原子从而获得主产物，如图 8-4 所示。

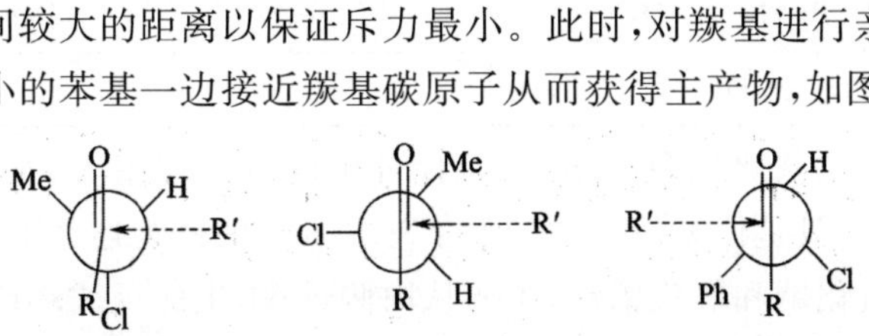

R-Cl 重叠构象　　全交叉构象　　O-H 重叠构象

图 8-4　α-氯代酮可能的优势构象

2.不对称环己酮的亲核加成

不对称环己酮被金属氢化物还原为相应醇的反应是环酮最重要的亲核加成反应,也是研究最多的一类反应。根据大量研究资料表明,取代环己酮亲核加成反应的方向和产物的结构与下列几种因素有关:

①反应物和进攻试剂的空间位阻的大小。

②反应过渡状态的稳定性。

③反应物与产物的异构体之间是否可逆。

④反应条件。

由于4-叔丁基在环己烷系上具有最强的取平伏键(e)向位的倾向,因此下面以4-叔丁基环己酮为例加以说明环己酮亲核加成的方向和产物的结构。它的优势构象如图8-5所示。

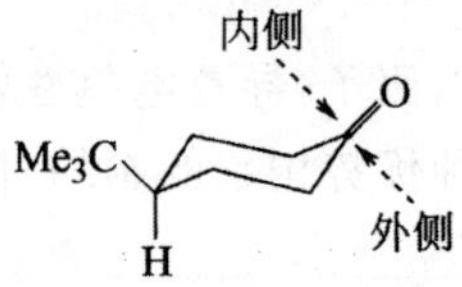

图 8-5　4-叔丁基环己酮的优势构象

图中虚线箭头为试剂可能的内、外两侧的进攻方向。在环己酮发生还原反应时,到底是从内侧还是从外侧进攻,其结果将由上述四种因素共同决定。表8-2为4-叔丁基环己酮用不同还原剂还原的实验结果:

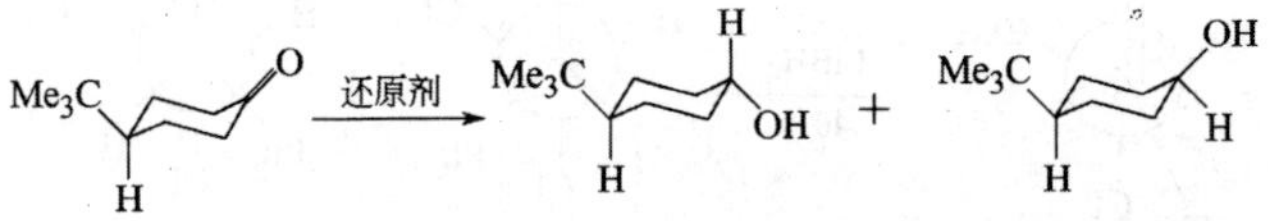

反式(内侧进攻)　　顺式(外侧进攻)

表 8-2　不同还原剂还原 4-叔丁基环己酮所得顺反产物的百分含量

实验编号	还原剂	反式产物的百分含量	顺式产物的百分含量
1	$NaBH_4$	80	20
2	$LiAlH_4$	91	9
3	$LiBH[CH(CH_3)CH_2CH_3]_3$	7	93
4	$Al(O\text{-}i\text{-}Pr)_3$(平衡)	77	23
5	Na/ROH	绝大多数	
6	$LiAlH_4\text{-}AlCl_3\text{-}Et_2O$	99.5	0.5
7	$H_2/Pt\text{-}HOAC\text{-}HCl$	22	78
8	$H_2\text{-}Pt\text{-}HOAC$	65	35

从4-叔丁基环己酮的优势构象可知,内侧比外侧的空间位阻大,主产物为顺式-4-叔丁基环己醇。但从反应结果看,只是体积较大的三仲丁基硼氢化锂作为还原剂时,才主要生成顺式环己酮。而体积较小的硼氢化钠和氢化铝锂,主要从内侧进攻,生成反式环己酮。因此在考虑空间位阻时,还应考虑环己酮和进攻试剂两者的体积。从反应的过渡状态来看如图8-6所示,因为过渡状态1的环系比较平展,扭转张力基本不变,而过渡状态2的环系因扭转张力增大,而变得比较

曲折,所以由内侧进攻的过渡状态(图 8-6 中 1)比由外侧进攻形成的过渡状态(图 8-6 中 2)稳定。醇钠的催化能力强、位阻小,外侧进攻与内侧进攻的反应速率都较快,产物的两种异构体也能很快达到平衡,得到 Na/ROH 的还原产物主要是反式异构体,见实验结果 6。还原剂三异丙醇铝的体积也比较大,反应后也应该得到顺式环己醇。但由于它是一个较弱的催化剂,反应速率慢,当反应结束时反应混合物也达到了平衡,因此,有利于生成稳定的反式环己醇,见实验结果 4。因为 Lewis 酸 $AlCl_3$ 与环己酮生成醇铝化合物,平衡时严重倾向于较稳定的反式异构体。醇铝化合物的形成使得醇羟基膨胀,有利于取稳定构型的异构化合物,水解后获得较稳定的醇。这种平衡作用被称为"非直接的平衡作用"。此外,当反应物处于不同介质时:在强酸性介质中,外侧进攻的催化氢化速率快,在反应混合物未达到平衡时还原反应就已结束,所以主要得到顺式环己醇;在中性介质中,催化氢化反应速率慢,反应结束时两种异构体也达到了平衡,所以获得反式环己醇。

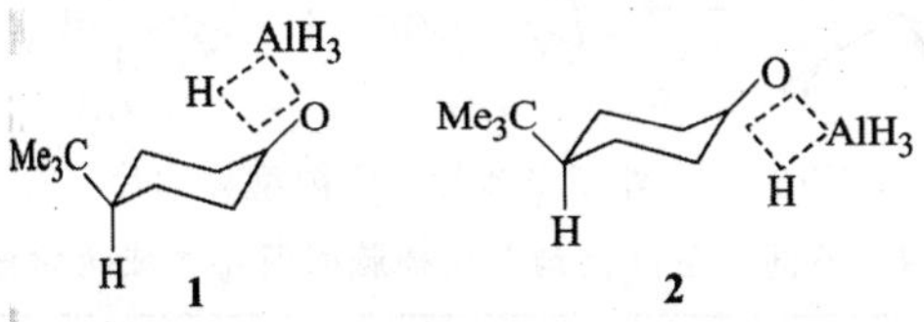

图 8-6　金属氢化物还原环己酮的两种过渡态

由以上实验结果可以得出:用 $NaBH_4$ 和 $LiAlH_4$ 还原取代环己酮时,若酮基不受阻碍,得到产物为平伏键(e)羟基异构体;反之,为直立键(a)羟基的异构体。$Al(O\text{-}i\text{-}Pr)_3$ 适合位阻小的酮,产物以直立键羟基酮为主。用钠或乙醇还原酮得到的产物与两种醇的直接平衡混合物的组成相同以平伏键羟基醇为主。快速催化氢化将获得直立键羟基醇,不受阻酮基的慢速催化氢化反应将获得平伏键羟基醇,但高度位阻酮仍得到直立键羟基醇。

以上结论是环酮还原反应的普遍规律,但环酮空间位阻大小不同,生成产物的稳定性不同。樟脑、低樟脑、莨菪酮环酮的空间位阻大小见图 8-7。

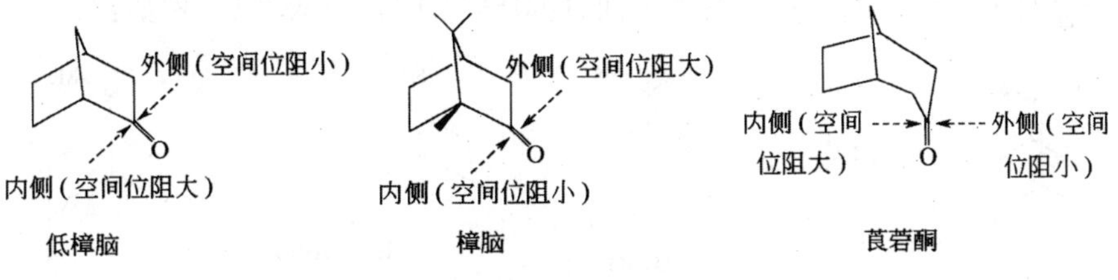

图 8-7　3 种环酮的空间位阻分析

樟脑、低樟脑是两个刚性的环空间位阻就成了反应的决定性因素,下面的实验事实可以证实这一点。不同类型催化剂催化低樟脑时的结果见表 8-3。

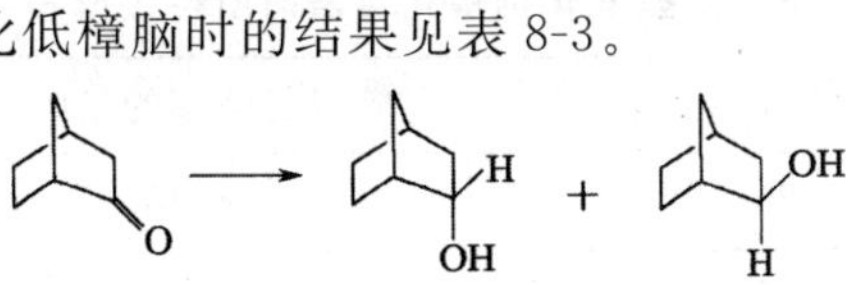

245

表 8-3　不同类型催化剂催化低樟脑时所得生成物含量表

催化剂类型	内型低冰片的含量（%）	外形低冰片的含量（%）
LiAlH₄	92	8
Al(O-i-Pr)₃（平衡）	20	80
H₂/Pd	绝大多数	

这些还原反应都容易从空间位阻小的外侧进攻羰基，生成稳定性差的内型地冰片。若用三异丙醇还原时易使两侧进攻所得异构体达到平衡，以得到稳定的外型低冰片，因为它的羟基处在位阻较小的一侧。樟脑也有类似结果，见表 8-4。

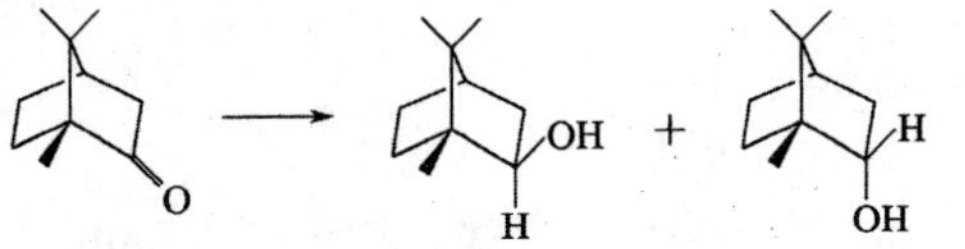

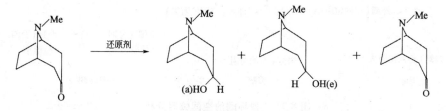

樟脑　　外型异冰片　　内型异冰片

表 8-4　不同类型催化剂催化樟脑时所得生成物含量表

催化剂类型	外型异冰片含量（%）	内型异冰片含量（%）
LiAlH₄	90	10
H₂/Pt-HOAC-HCl	95	5
Al(O-i-Pr)₃	63	37
Al(O-i-Pr)₃（平衡）	29	71
Na＋Et₂O-NH₃	主要产物	

莨菪酮环系的刚性低于樟脑和低樟脑，而且其构象能够转换，因此莨菪酮的还原反应的产物与试剂、反应条件有关。试剂和反应条件不同，反应结果不同，见表 8-5。例如：

莨菪酮　　莨菪醇　　假莨菪醇未　　反应的莨菪酮

表 8-5　不同类型催化剂催化莨菪时所得生成物含量表

还原剂	生成莨菪醇的量（%）	生成假莨菪醇的量（%）	未反应的莨菪酮的量（%）
NaBH₄	28～52	72～48	1～0.5
LiAlH₄	42～45	57～54	
Na/ROH	4	85	11
Al(O-i-Pr)₃	65～71	34～29	1

还原剂	生成莨菪醇的量(%)	生成假莨菪醇的量(%)	未反应的莨菪酮的量(%)
H_2/PtO_2-H_2O	95	5	
$H_2/PtO_2-HOAC-H_2O$	81		
H_2/PtO_2-HCl	57	43	
$H_2-Ni(R)$	80		

8.3.2　对应择向合成

对映择向合成一般是指把对称的或者说非手性反应物转变为不对称化合物的反应。实现这一转变通常有引入手性辅基法、试剂控制法以及催化剂控制三种方法。

在对称的反应物分子中引入不对称的辅助因素,就可以导致不对称合成。最早发现不对称合成反应的是 Mckenzie,他将丙酮酸分别与乙醇和(一)-薄荷醇反应生成的酯再还原水解所得结果不同。

丙酮酸乙酯还原水解的产物是等量的左旋和右旋乳酸的外消旋体,而丙酮酸薄荷醇酯还原水解的结果是以(一)-乳酸为主。显然后者属于不对称合成。

手性双烯控制的不对称 Diels-Alder 反应也是对应择向合成的一类。

由于(c)分子中的手型基(R*)更接近与烯酮平面,因此 C 被认为是比(a)、(b)更有效的试剂。但是(c)的合成比较困难。

这一反应的产物是内型外型两对对应异构体,第一步反应生成脂为产率为 84%,其中内型占 93%,外型占 7%。在内型对映体中 R-(+)过量 49%,在外型对映体中,(R)-(+)过量 36%。

醇醛缩合反应以手性辅助剂达到对应择向合成的目的。20 世纪 80 年代,使用一些高选择性的手性辅助剂来诱导高对应选择的醇醛缩合反应获得成功。

8.3.3　双不对称择向合成

非对映择向合成是分子中的潜手性中心与非手性试剂发生反应,即底物控制不对称合成;对映择向合成是通过手性试剂包括催化剂使非手性的底物直接转化为手性产物的过程,分别表示如下:

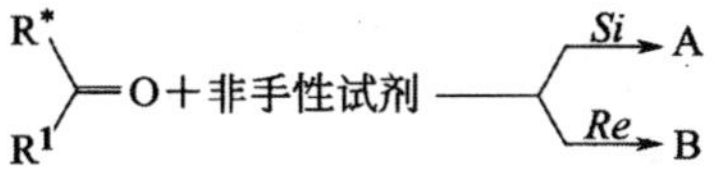

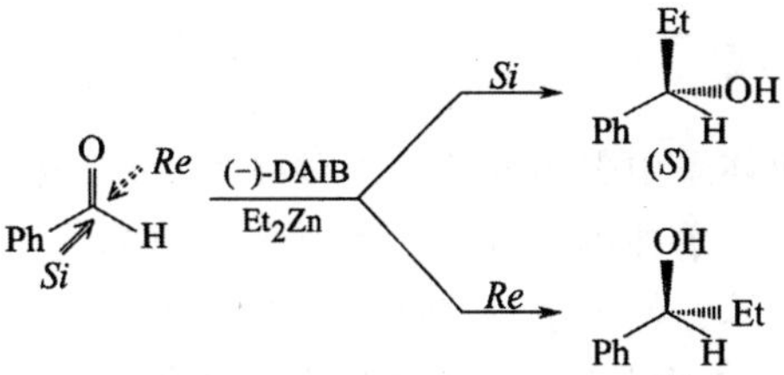

双不对称合成是上述两种不对称合成方法的组合,也就是在手性底物与手性试剂双重诱导下的不对称反应。控制产物立体化学的手性因子有两个:一个来自于底物,一个来自于试剂。在双不对称反应中,产物的立体化学情况更为复杂,它不仅与反应物和试剂的绝对构型有关,而且也与过渡态的手性中心之间的相互匹配关系有关。两个手性分子参与不对称合成反应与仅有一个分子参与不对称合成反应相比，两个手性控制因素可以相互增长，为相互配对；也可以相互削弱，为不配对或错配对。

在双不对称合成中，通过选择合适的催化剂，利用 Diels-Alder 反应达到高效控制立体化学的目的。例如，用手性双烯（R)-1 与非手性亲双烯体 2 进行反应，其产物的非对映选择性为 1∶4.5；用手性的双烯 3 与手性亲双烯体（R)-4 进行反应，产生 1∶8 的非对映体混合物。若手性双烯（R)-1 与手性亲双烯体（R)-4 进行反应，则发现非对映选择性为 1∶40，比两种情况的立体选择性都高，称之为匹配对。若用（R)-1 与（S)-4 发生环加成反应，两个非对映面选择性是互相抵消的，产物非对映选择性为 1∶2，称之为错配对。反应如下：

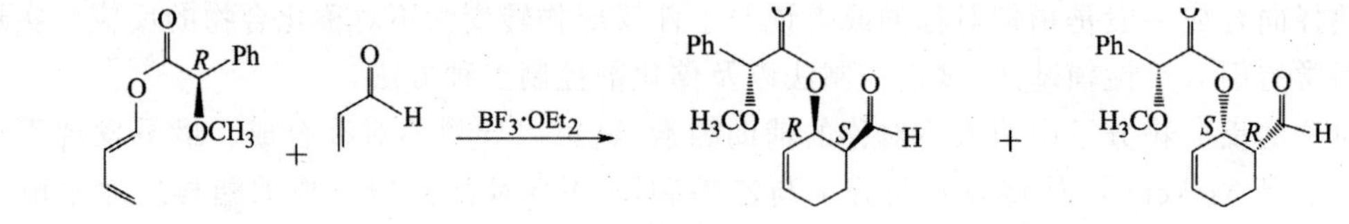

(R)−1   2

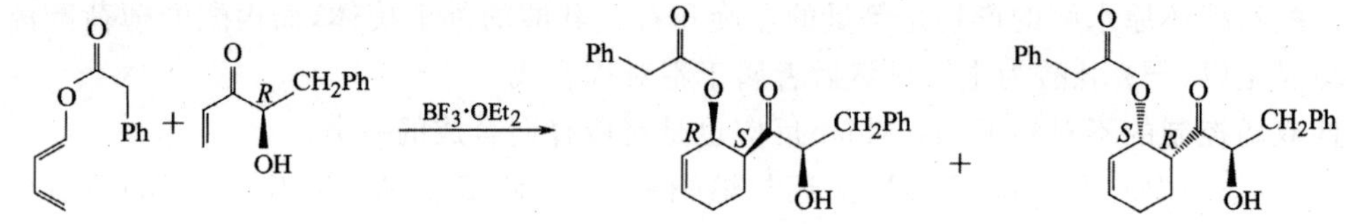

3   (R)−4

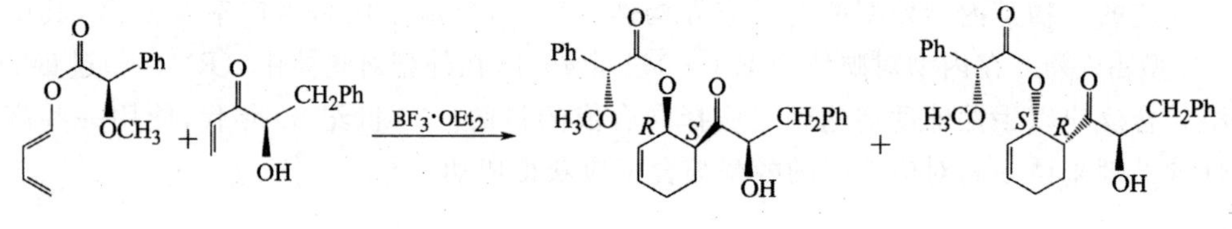

(R)−1   (R)−4

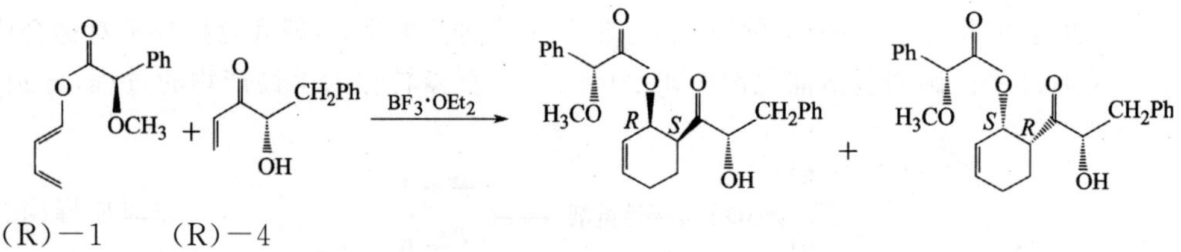

(R)−1   (R)−4

8.3.4 绝对不对称合成

绝对不对称合成是在反应体系中引入分子的不对称源，如圆偏振或磁场等物理因素，来促使不对称合成的发生。不适用任何手性诱导试剂的不对称合成为绝对不对称合成。例如，用左旋或右旋的圆偏振光照射顺二芳基乙烯分子，产生（−)-或（＋)-的螺丙苯，如图 8-8 所示。

圆偏振光能促使不对称合成的发生，可以看作：左右旋圆偏振光对不同构象的活性能力不同，因此对形成某一构型产物有利，结构致使该分子的产量过量而呈现旋光性。这种方法进行的不对称合成，光化学选择性差，在合成上意义不大。

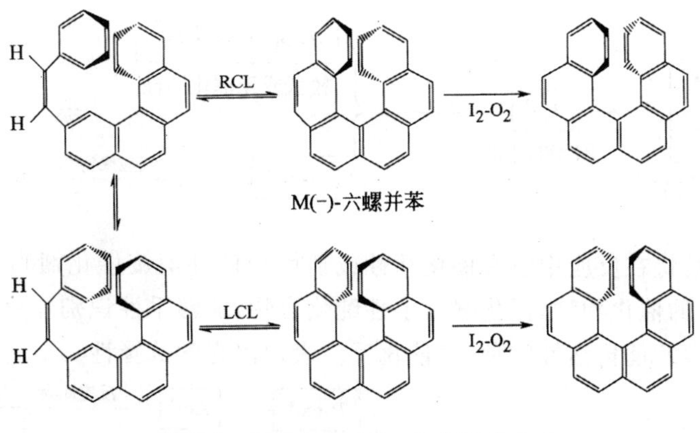

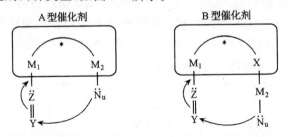

图 8-8　P(＋)-和 M(－)-螺丙苯合成

8.3.5　不对称合成的新方法

1. 不对称协调催化作用

酶中含有两个或多个催化中心,这些中心相互作用能达到高效催化的作用,人们模拟酶选择的完美性,合成双中心手性协调催化剂,来实现不对称催化反应的高效性。手性协同催化剂中两个催化作用中心它们承担着不同的催化任务。其中,一个催化中心负责底物的活化和定向,另一个催化中心则负责试剂的活化和定向。按照两中心对反应物的作用情况,可把这种催化剂分为 A 型催化剂和 B 型催化剂两种类型,如图 8-9 所示。

图 8-9　双中心催化剂协同催化示意图

A 型催化剂中通常含有两个 Lewis 酸催化中心:一个作用中心由 Ni^{2+}、Cu^{2+}、La^{3+}、Al^{3+} 等金属离子组成,在催化反应中起主导作用。另一作用中心由 Na^+、K^+、Li^+ 等金属离子组成,对催化反应起辅助作用。例如,LSB 有两个催化中心为 Na 和 La。其中,La 在催化反应中起主导作用,并对底物进行活化;两个催化作用中心通过拉近和活化反应物促进反应的进行,同时也和催化剂的有机手性骨架一起控制着反应的立体选择性。

B 型催化剂通常包含由 Ni^{2+}、Cu^{2+}、La^{3+}、Al^{3+} 等金属离子组成 Lewis 酸中心和一些富电基团组成 Lewis 碱中心。Lewis 酸中心主导反应的进行,Lewis 碱中心增强反应试剂的亲核性。

2. 手性抑制手性活化

手性抑制方法是指在反应过程中加入手性物质使外消旋催化剂的一个对映体的活性降低或失活,保留一个对映异构体,达到立体选择的目的。

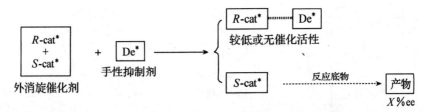

手性活化策略为:将在反应中没有催化活性或活性较低外消旋催化剂和某种有机物反应可以形成具有较高活性的催化物种;活化剂为手性纯化合物,能够手性识别外消旋催化剂的某一对映体,并形成单一构型的催化活性物种,使催化反应表现出光学选择性。

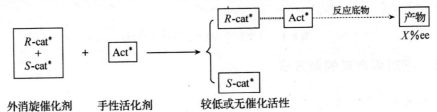

手性活化策略还可用于光学纯催化剂的活化,而且有时能够提高催化剂的对映选择性,例如苯酚做活性催化剂时,反应的对映体选择性可达 96% ee。

3.手性自催化

1989 年,wynberg 把不对称自动催化定义为在某些不对称反应中,其生成的手性产物可以作为此反应的催化剂。也就是说,反应的 S 型产物可催化 S 型产物的生成,同时阻止 R 型产物的生成。或者说,S 型产物催化 S 型产物形成反应的速率远大于 R 型产物形成反应的速率。这种不对称合成方法只用少量低光学活性产物作引发剂,就能得到大量高光学活性产物;而且由于产物和催化剂相同,无需对两者进行分离(见图 8-10)。

图 8-10　手性自催化

手性自催化的应用主要集中在二烷基锌对醛类化合物的不对称加成反应上。1995 年,soai 他们的研究中,20%(摩尔分数)和 96% ee 值的嘧啶醇用于催化二异丙基锌对 2-甲基嘧啶 5-甲醛的不对称加成反应,得到 48% 的产率个 95.4% ee 值的光学选择性。

4. 去对称作用

在手性环境下一些内消旋分子可通过化学反应失去对称性,得到光学活性分子。这种获取光学纯物质的方法被称为去对称性作用。此类反应的底物一般具有两个或多个对称性等价官能团,在手性环境下反应试剂能够识别这种对称性等价的官能团,主要和其中一个或多个官能团进行立体选择性反应;生成的产物一般具有两个或多个手性中心。例如,下面的环二酸酐是内消旋化合物,手性催化剂(DHQD)₂AQN 能够和其构筑特定的手性环境,从而使亲核试剂能够区分两个对称性等同的羰基,得到 ee 值高达 98% 的产物。

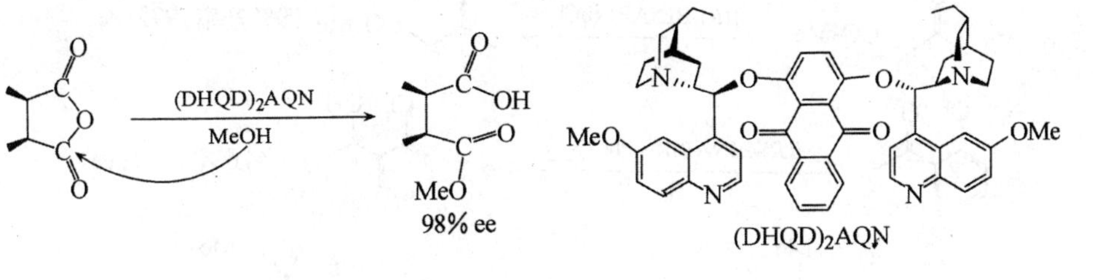

8.4 不对称合成的基本反应

8.4.1 有关氢的不对称反应

1. 不对称氢化反应

这类不对称反应靠不对称催化方式来实现,较为优秀和通用的手性催化剂是 BINAP 类双膦配体和 Rh、Ru 等过渡金属形成的化合物。此外,还有很多手性配体能够在某些具体反应中表现出较好的手性诱导性能,但其适用的普遍性不如 BI-NAP 类双膦配体。下面列举了一些典型的配体。

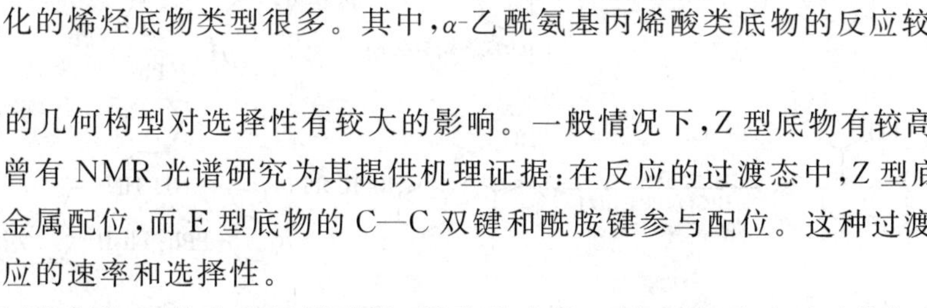

不对称氢化的烯烃底物类型很多。其中,α-乙酰氨基丙烯酸类底物的反应较早获得高对映选择性。

反应底物的几何构型对选择性有较大的影响。一般情况下,Z 型底物有较高的对映选择性和反应速率。曾有 NMR 光谱研究为其提供机理证据:在反应的过渡态中,Z 型底物以 C—C 双键和酰胺键与金属配位,而 E 型底物的 C—C 双键和酰胺键参与配位。这种过渡态的明显不同必然会影响反应的速率和选择性。

α、β-不饱和酮或酯、不饱和醇及烯酰胺、烯醇酯中的双键也能通过不对称氢化来实现,下面是这方面效果较好的例子。

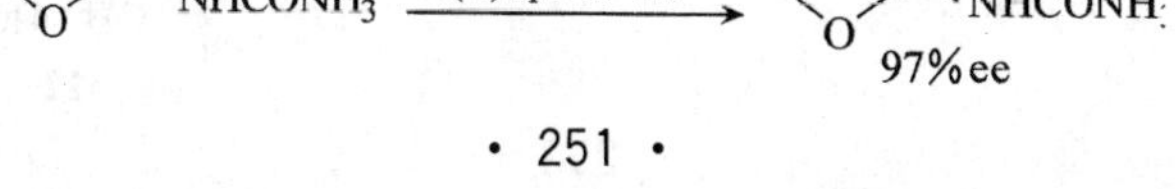

$$\text{（结构图）} \xrightarrow{(R)\text{-BINAP-Ru}} \text{（结构图）} \quad 96\%\sim99\%ee$$

除了 C＝C 双键外，C＝O 也可进行不对称氢化。但这种反应一般局限于带有卤素、羟基、氨基、酰胺基和羰基等官能团的酮类底物。

$$\text{（结构图）} \xrightarrow[H_2]{[(R)\text{或}(S)\text{-BINAP}]RuCl_2} \text{（结构图）} \quad \text{或} \quad \text{（结构图）} \quad >95\%\text{产率}, >99\%ee$$

$$\text{（结构图）CO}_2\text{Me} \xrightarrow[H_2]{[(R)\text{-BINAP}]RuCl_2} \text{（结构图）CO}_2\text{Me} \quad 99\%\text{产率}, 99\% ee$$

$$\text{（结构图）} \xrightarrow[H_2]{[(R)\text{-BINAP}]Ru(PhCO_2)_2} \text{（结构图）} \quad 97\%\text{产率}, 87\% ee$$

$$\text{（结构图）} \xrightarrow[H_2]{[(R,S)\text{-BPPFOH}]\text{-Rh}} \text{（结构图）} \quad 95\% ee$$

简单酮难以较好地进行不对称氢化反应。近年来，人们发现使用 Ru-手性双膦-手性二胺-KOH 催化体系能够解决这一问题。

$$\text{（结构图）} \xrightarrow[H_2]{[(S)\text{-BINAP}]RuCl_2/(S,S)\text{-1, 2-二苯基乙二胺 / KOH}} \text{（结构图）} \quad >97\% ee$$

$$\text{（结构图）} \xrightarrow[H_2]{[(R,R)\text{-BICP}]RuCl_2/(R,R)\text{-1, 2-二苯基乙二胺 / KOH}} \text{（结构图）} \quad 93\% ee$$

2. 不对称氢转移反应

不对称氢催化转移反应以醇和甲酸为氢源，在手性金属化合物的催化下进行 C＝O 和 C＝N 双键的不对称还原反应。例如：

$$\text{（结构图）} \xrightarrow[\text{催化剂19}]{HCO_2H/NEt_3} \text{（结构图）} \quad 100\%\text{产率}, 96\% ee \qquad \text{催化剂：（结构图）}$$

$$\text{（结构图）} \xrightarrow[IrH(CO)(PPh_3)_3/21]{i\text{-PrOH}} \text{（结构图）} \quad 99\%\text{产率}, 97\% ee \qquad \text{催化剂：（结构图）}$$

$$\text{（结构图）} \xrightarrow[22/SmI(\eta^8\text{-C}_8H_8)(THF)]{i\text{-PrOH}} \text{（结构图）} \quad 98\%\text{产率}, 99\% ee \qquad \text{催化剂：（结构图）22}$$

这类反应的氢源(甲酸或异丙醇)有较为优良的性质,无毒,对环境友好,而且避免了高压气体的使用,因此有一定的工业应用潜力。通常 C=O 双键生成光学活性二级醇的氢转移反应最为常见,而 C=N 双键的不对称氢转移反应的例子较少。

3. 不对称氢硅烷化反应

不对称氢硅烷化反应的通式:

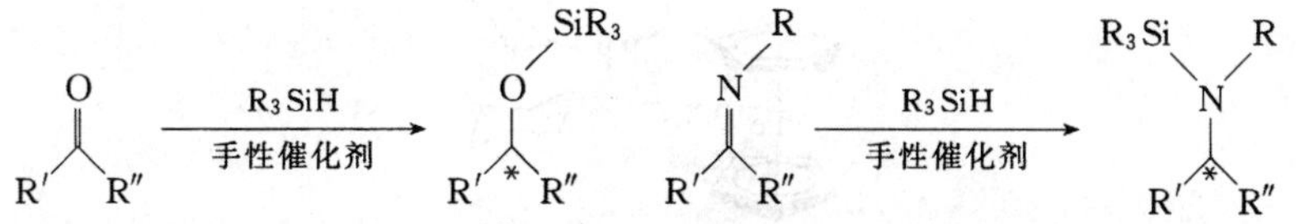

它通常以硅氢化合物为反应试剂,通过手性金属化合物的催化来实现 C=O、C=N 等不饱和键的不对称反应。

通常使用的硅氢化试剂有 Ph_2SiH_2、$PhSiH_3$、Et_2SiH、PMHS 等化合物。其中,PMHS 是一种高分子化合物,性能较为优良;它具有挥发性小,没有毒性、对空气不敏感的特点。具有较大的应用潜力。硅氢试剂中的 Si—H 键比氢气活泼,但没有铝氢和硼氢这些负氢试剂活性强,需在催化剂的作用下才能发生对一些不饱和键的加成反应。酮的不对称氢硅烷化反应产物为手性硅醚。它是重要的有机合成中间体,可通过进一步反应得到手性醇。亚胺的不对称氢硅烷化产物为手性氨基硅烷,可水解成手性仲胺。

亚胺不对称烷氧化反应的光化学性能很难控制,若用二茂铁络合物做手性催化剂,能得到最高 99% 的光化学产率。

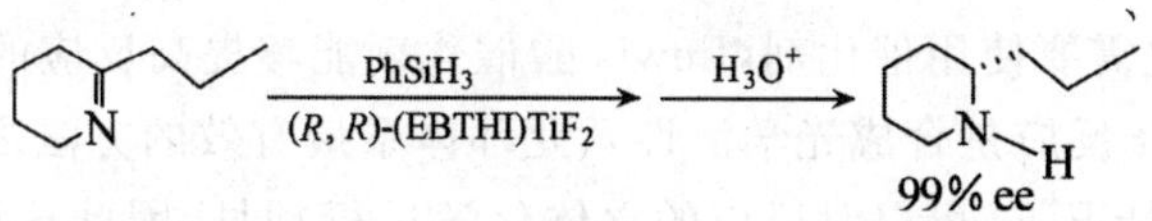

α,β-不饱和羰基化合物在进行不对称氢硅烷化反应,反应存在 1,2-和 1,4-加成的选择性问题。使用不同的催化剂和反应条件来控制这种区域选择性。在此类反应中若用催化效果较好的手性铜化合物,反应几乎全部选择生成 1,4-加成产物,而且这种 1,4-加成产物是一种烯醇化合物,可进一步发生不对称烷基化反应,得到含有两个手性碳的光学纯物质。

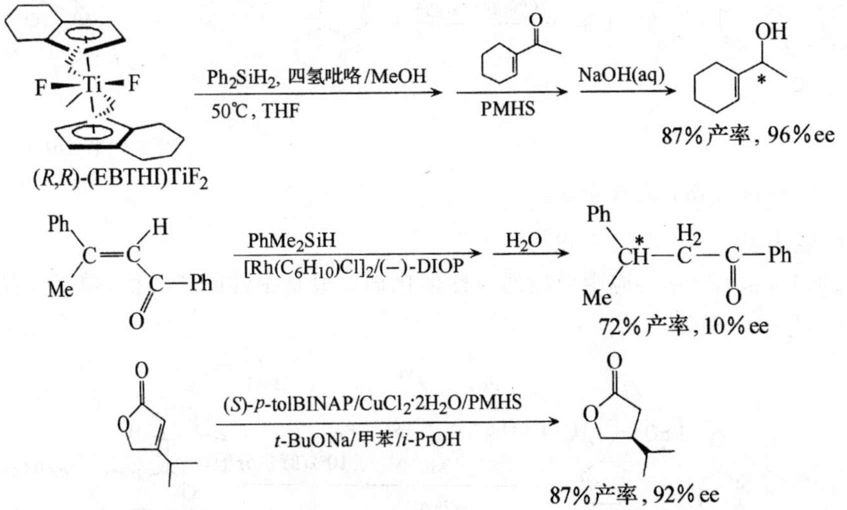

α,β-不饱和硝基或腈类化合物也能进行不对称氢硅烷化反应,这是直接合成光学活性硝基

或氰基化合物的新方法。

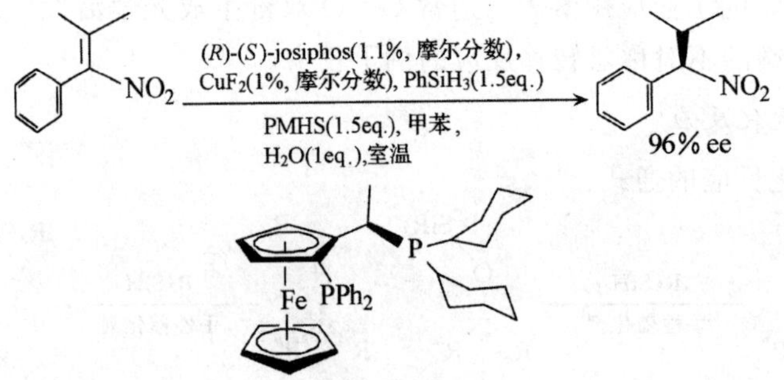

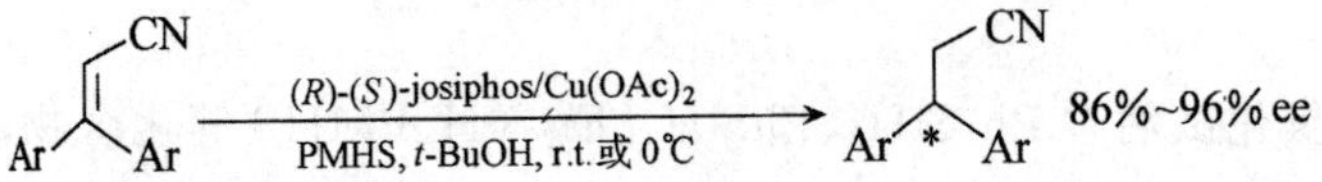

8.4.2 不对称 Diels-Alder 反应

不对称 Diels-Alder 反应一般通过下列四种手性因素之一的诱导来实现：

①亲二烯体上的手性辅基。

②二烯体上的手性辅基。

③亲二烯体和二烯体上的手性辅基。

④手性催化剂。

前三种方法一般也需要使用催化剂，Lewis 酸催化剂能够提高反应的立体选择性。

不对称 Diels-Alder 反应是合成光学活性六元环体系最有效的方法之一，可以同时形成四个手性中心，而且在很多情况下，可以对反应的立体化学进行预见，因此这种反应对构建复杂的手性分子，特别是天然产物有重要的意义。Kagan 等人在 189 年首次报道了有机催化不对称 D-A 反应，生物碱等可作为催化剂。

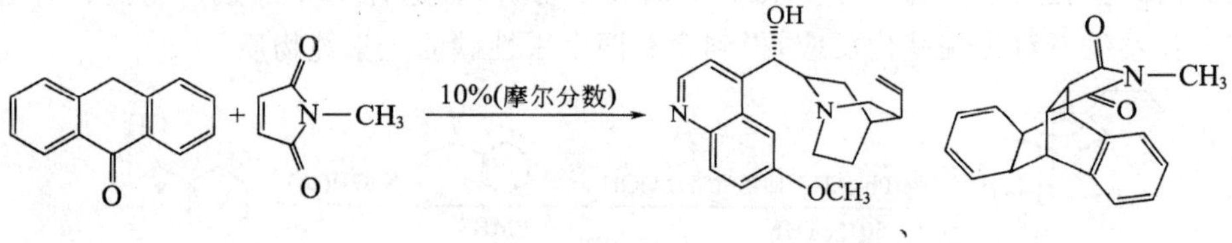

(97%产率　61% e.e.)

1. 不对称 Diels-Alder 反应方法

(1)手性催化剂

在不对称 Diels-Alder 反应中使用的手性催化剂一般是手性配体的铝、硼或过渡金属配合物或手性有机小分子。例如：

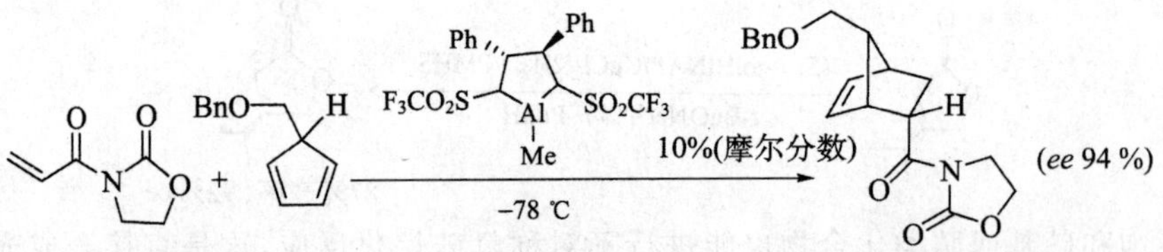

(ee 94 %)

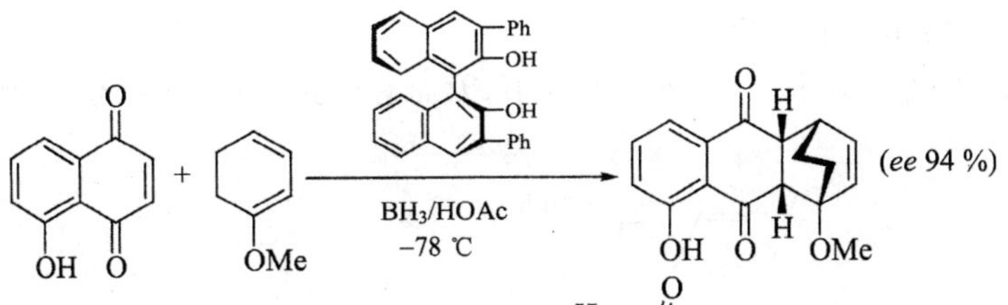

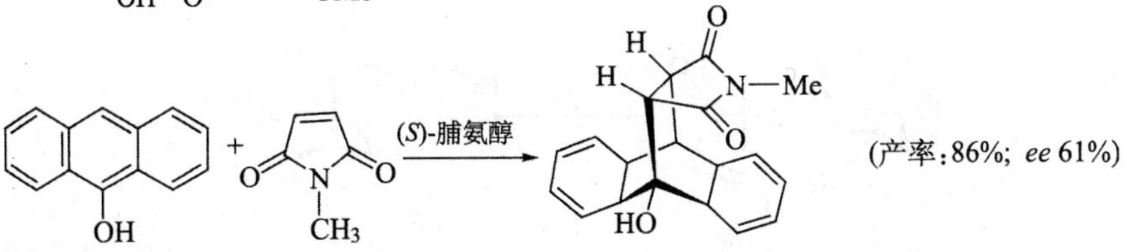

和 Diels-Alder 反应相似,1,3-偶极环加成反应也可以采用以上手段来实现。

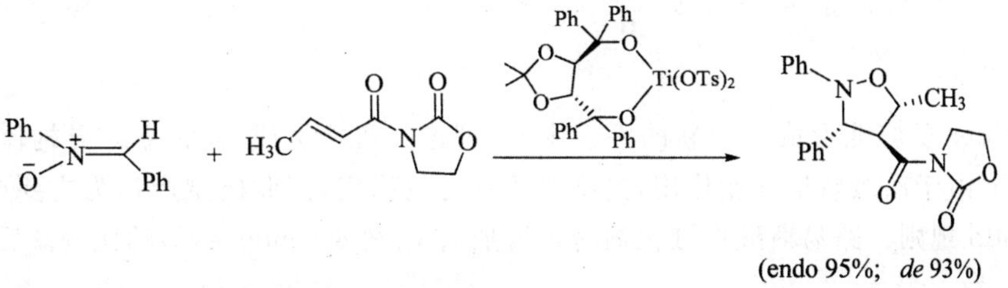

(endo 95%; *de* 93%)

(2)在二烯体和亲二烯体中导入手性辅基

在二烯体和亲二烯体中导入手性辅基是实现 Diels-Alder 反应的常用方法:

应用 Evans 试剂为手性辅基。当用路易斯酸催化时,形成环状螯合中间体。二烯体从亲二烯体立体位阻较小的 *Re* 面趋近得到立体选择性产物。

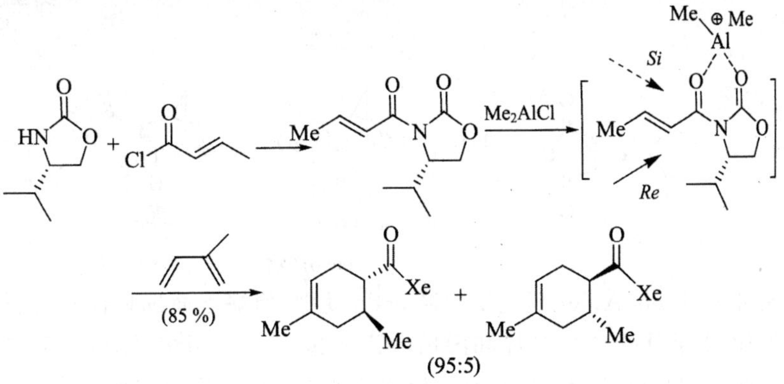

应用樟脑磺酰胺为手性辅基。

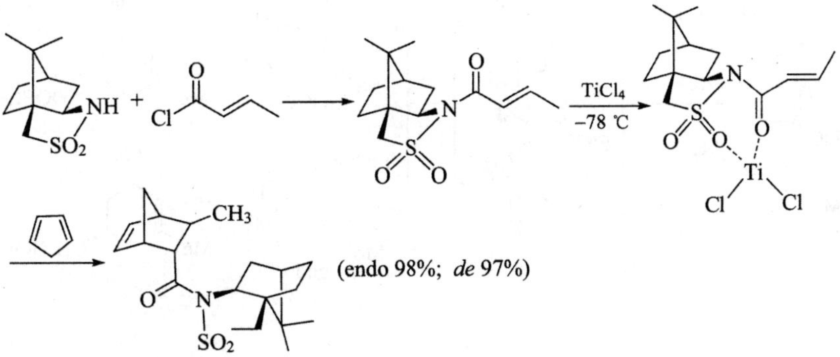

(endo 98%; *de* 97%)

（3）使用手性二烯体或亲二烯体

由于二烯体趋近亲二烯体的 *Si* 面位阻较小，因而有面选择性，所以得到较高 e.e. 值的对映选择性产物。

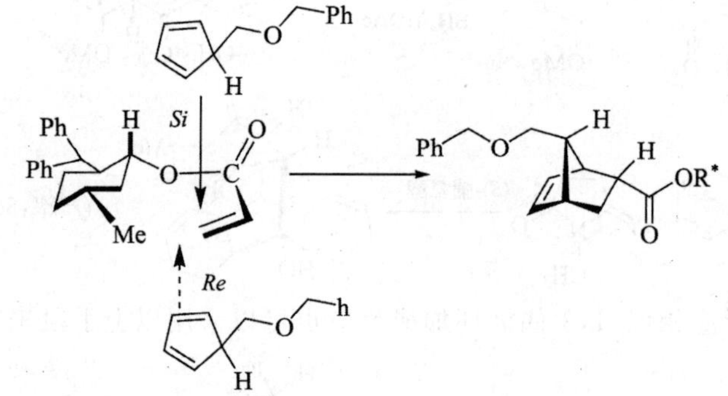

2. 内型规则

Diels-Alder 反应能形成 4 个新的手性中心，理论上可能生成 16 种立体异构体。但在动力学控制条件下由于次级轨道互相作用，内型过渡状态较稳定，因此内型产物为主要产物，这一规律常叫做 endo 规则。路易斯酸作催化剂时可增加内型/外型（endo/exo）的比例。反应式如下：

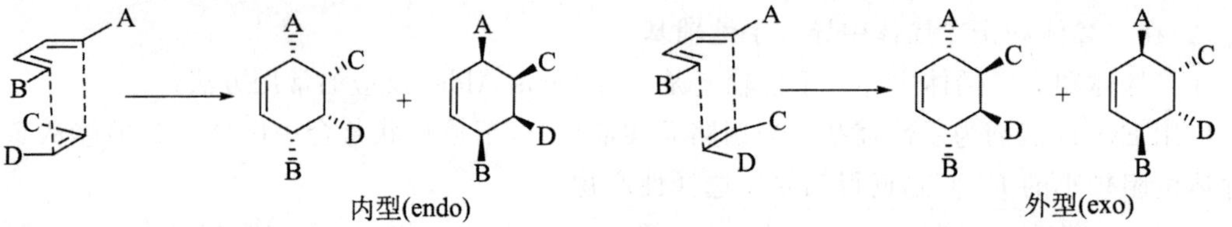

例如：

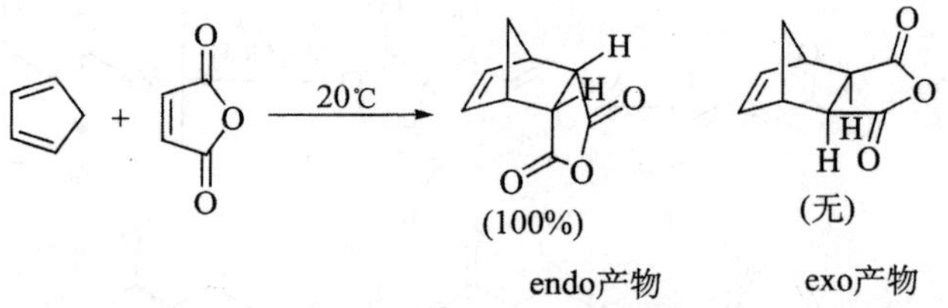

在非手性条件下，Diels-Alder 反应虽遵循 endo 规则，但缺乏面选择性，因此得到 endo 形式的外消旋体。例如，2-甲基-1,3-戊二烯和丙烯酸乙酯起 Diels-Alder 反应，由于二烯体能在亲二烯体的上面和下面互相趋近，因此得到 endo 形式的外消旋体。反应式如下：

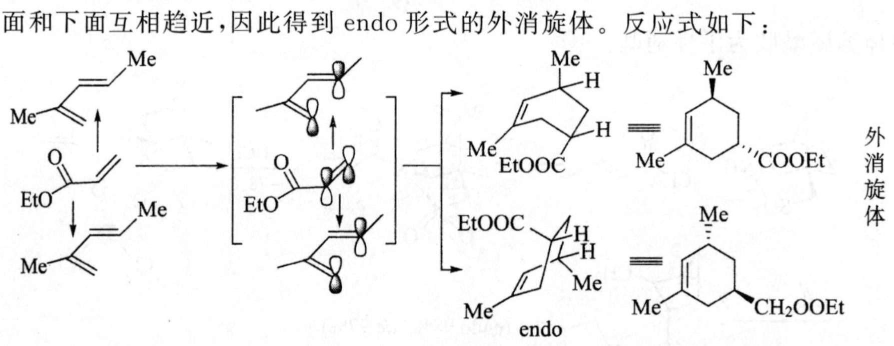

8.4.3 不对称氧化反应

1.烯烃的不对称合成

烯烃的不对称环氧化是制备光学活性环氧化物最为简便和有效的方法,如图 8-11 所示。反应的关键在于对手性催化剂的选择,目前较好的手性催化剂主要有:

①sharpless 钛催化剂。

②手性(salen)金属络合催化剂。

③手性金属卟啉催化剂。

④手性酮催化剂。

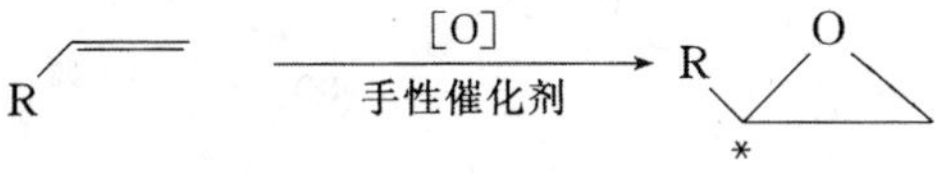

图 8-11 不对称环氧化

Sharpless 钛催化剂是一般由烷氧基钛和酒石酸二酯及其衍生物形成,主要适用于烯丙伯醇类底物的不对称环氧化。对于大部分丙烯伯醇类底物,不管是顺式的还是反式的,一般能给出较高的 e. e. 值;而且可以根据底物的 Z 或 E 构型来预见生成手性中心的绝对构型。

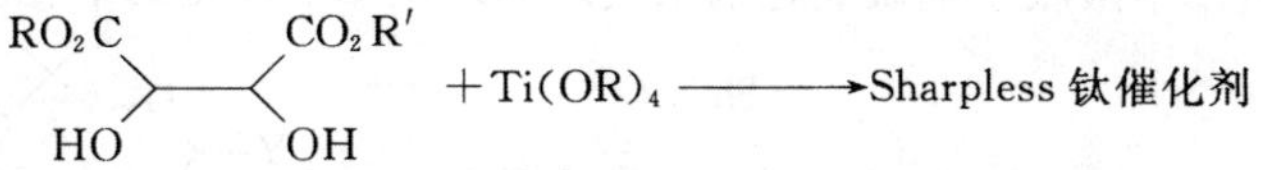

如果反应底物为手性的,反应存在底物与催化剂的匹配问题。例如,在四异丙氧基钛催化手性底物的不对称环氧化反应中,如果不使用手性诱导剂酒石酸二乙酯,相应非对映产物的比例为 2.3:1;如果使用(+)-或(-)-酒石酸二乙酯进行手性诱导,非对映产物的比例分别为 1:22 和 90:1。

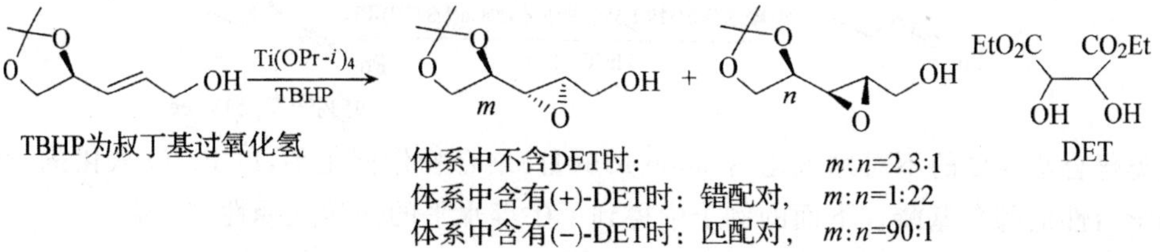

TBHP为叔丁基过氧化氢

体系中不含DET时: $m:n=2.3:1$
体系中含有(+)-DET时:错配对, $m:n=1:22$
体系中含有(-)-DET时:匹配对, $m:n=90:1$

手性金属卟啉催化剂是卟啉类化合物和金属形成的络合物,而生物体中的氧化酶细胞色素 P450 为卟啉 Fe(Ⅲ)络合物结构。可见,这种催化剂是一种仿生物质,它的催化中心金属通常是锰离子,也可为钌和铁等金属离子。这类催化剂比较适合反式烯烃,尤其是一些缺电子末端烯烃。

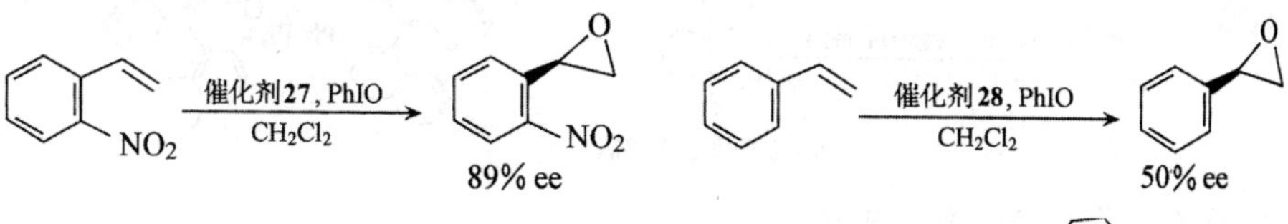

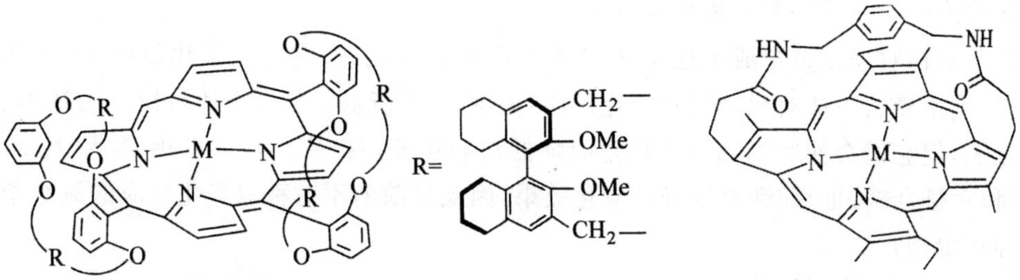

27 M=FeCl₂

28 M=MnCl₂ 或 FeCl₂

手性酮化合物也可作为不对称环氧化的催化剂。反应中酮被过氧硫酸氢钾氧化成二氧杂环丙烷中间体;接着把双键氧化,同时手性酮催化剂得到再生,重新进入下一个循环,如图 8-12 所示。

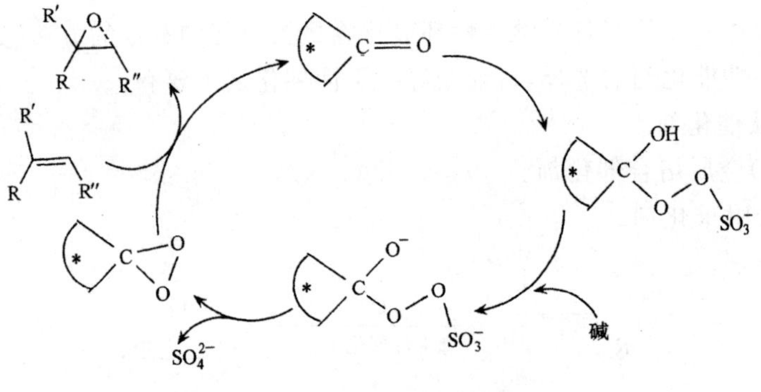

图 8-12　酮催化烯烃环氧化的途径之一

2.C—H 键的不对称氧化

一些官能团的 α 位的 C—H 键的活性较大,为不对称氧化提供了可能性。如以手性 CU(Ⅱ)络合物为催化剂,用过氧苯甲酸叔丁酯做氧化剂来实现烯丙型 C—H 键的氧化反应。如:

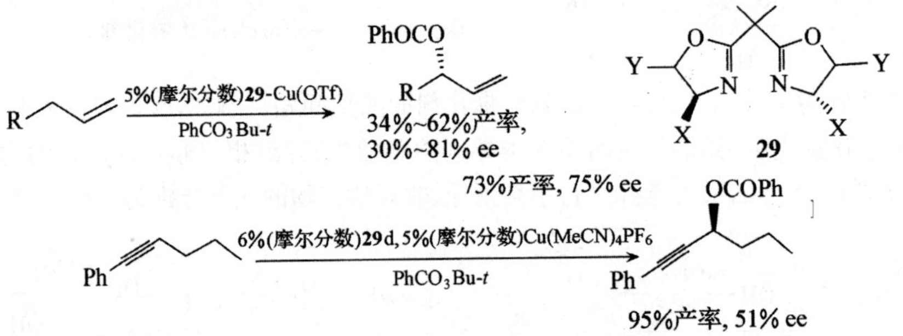

醚类化合物 α-C 的不对称氧化用 salen-Mn(Ⅲ)络合物作催化剂,以 PhIO 氧化剂,反应得到具有光学活性的邻羟基醚。下面的例子中得到了中等水平的光学选择性。

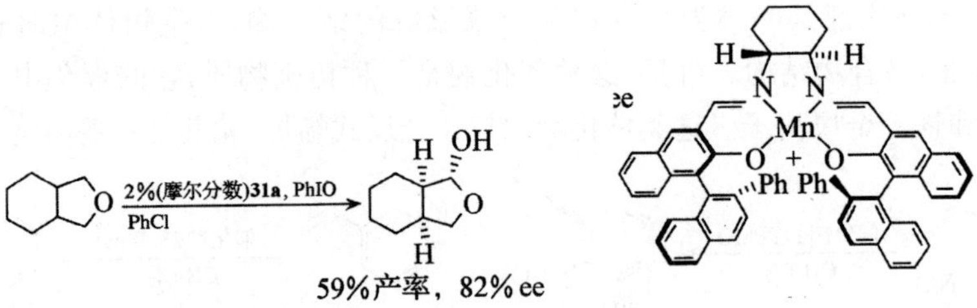

3.烯烃的不对称双羟化和氨基羟基化反应

烯烃的不对称双羟化是合成手性 1,2-二醇的重要方法之一,它是在催化量的 OsO_4 和手性配体存在下,利用氧给予体对烯进行双羟化反应,如图 8-13 所示。氧给予体可以是氯酸钾、氯酸钠或过氧化氢,但它们会使底物部分过氧化而降低双羟化反应产率。后来发现,N-甲基-N-氧吗啉(NMO)和六氰合铁(Ⅲ)酸钾有较好的氧化效果,因此目前的不对称双羟化反应的氧给予体一般是这两种化合物。

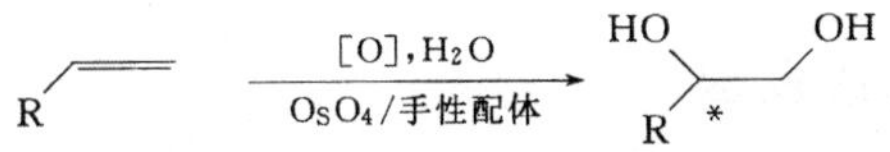

图 8-13　烯烃的不对称双羟化

用于烯烃的不对称双羟化的配体很多,迄今有 500 多种。其中,金鸡纳碱衍生物的效果最为突出。例如,(DHQ)$_2$PHAL、(DHQD)$_2$PHAL 在很多烯烃底物的双羟化反应中表现出良好的手性诱导性能,而且可以控制羟基的从底物的羟基 α 或 β 面进攻。其中,(DHQ)$_2$PHAL 控制烯烃 α 面发生反应,(DHQD)$_2$PHAL 则相反。它们按一定比例分别与 K$_3$Fe(CN)$_6$、K$_2$CO$_3$ 和锇酸钾形成的混合物已经商品化,前者被称为 AD-mix-α,后者为 AD-mix-β。

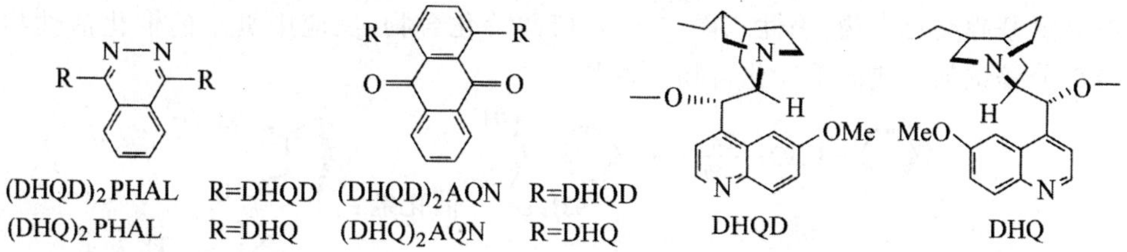

(DHQD)$_2$PHAL　R=DHQD　(DHQD)$_2$AQN　R=DHQD
(DHQ)$_2$PHAL　R=DHQ　(DHQ)$_2$AQN　R=DHQ　DHQD　DHQ

如果双羟化反应体系的供氧试剂改为氧化供氮试剂,则烯烃发生不对称氨羟化反应,见图 8-14;产物为 β-氨基醇,是许多生物活性分子的关键结构单元。反应的机理和不对称双羟化反应类似,后者所用的催化剂体系也在氨羟化反应中同样适用。

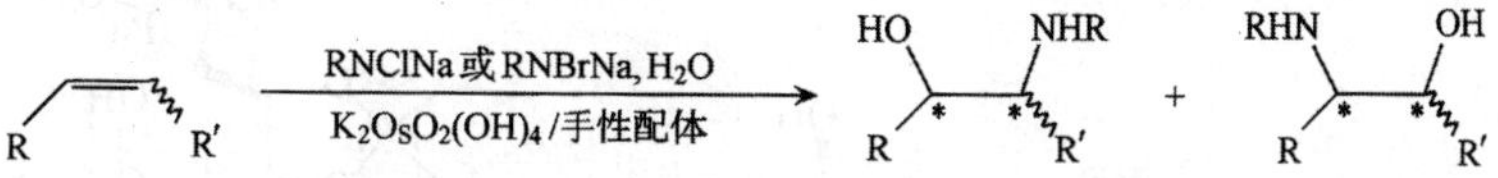

图 8-14　烯烃的不对称氨基羟基化反应

4. 硫醚的不对称氧化

硫醚的不对称氧化是合成手性亚砜最为直接的方法。反应体系为 Kagan 试剂,即反应中的催化剂体系为 Ti(Opr-i)$_4$ 和(＋)-DET 催化剂及氧化剂中加入一些水来促进反应的进行。氧化剂通常是 t-BuOOH,而 PhCMe$_2$OOH 的效果较佳。

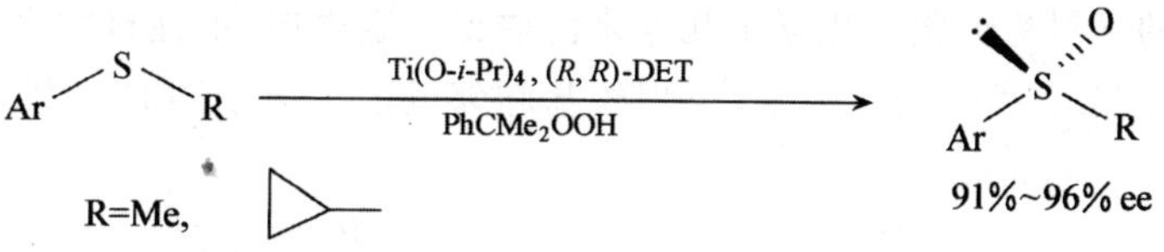

R=Me,　△

Ar＝Ph,p-或 o-MeOPh,p-ClC$_6$H$_4$,1-萘基,2-萘基,3-吡啶基

联萘酚也可作为配体替代酒石酸乙酯,而且原位形成的催化剂效果较好。例如,在 2.5%(摩尔分数)的这种催化剂作用下,一些芳基硫醚的反应对映选择性可达到 84%～96%。当反应的催化剂非原位生成时,仅得到中等水平的对映选择性。

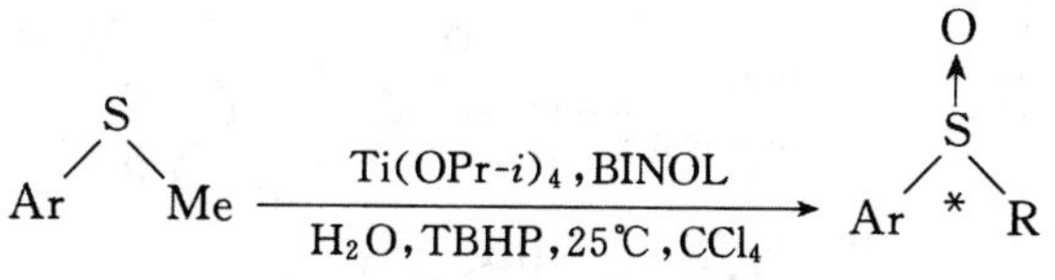

Ar＝Ph,p-MePh,p-BrC$_6$H$_4$,2-萘基　　84%～96%ee

8.4.4 不对称亲核加成反应

1. 有机试剂对醛酮的不对称加成反应

一些手性有机金属试剂可进行醛和酮的不对称加成。例如,芳基或烷基锌、烷基锂、二烷基镁、Grignard 试剂及烷基铝等可与手性氨基醇类化合物形成手性试剂,并对醛和酮进行手性试剂控制的不对称加成。也可进行手性底物控制的不对称加成反应。

在有机金属试剂中,芳基或烷基锌在醛酮的不对称加成反应中性能较为突出;而且能够在手性配体的诱导下实现其不对称催化反应,有时产物 e. e. 值可高达 100%。这类反应中的手性配体主要有 β-氨基醇类化合物、手性二醇、β-氨基硫醇等化合物,反应中真正的催化活性物种是手性配体与部分锌试剂形成的手性化合物。例如:

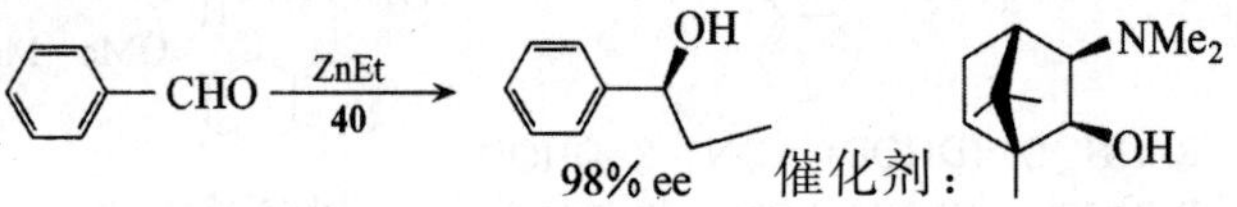

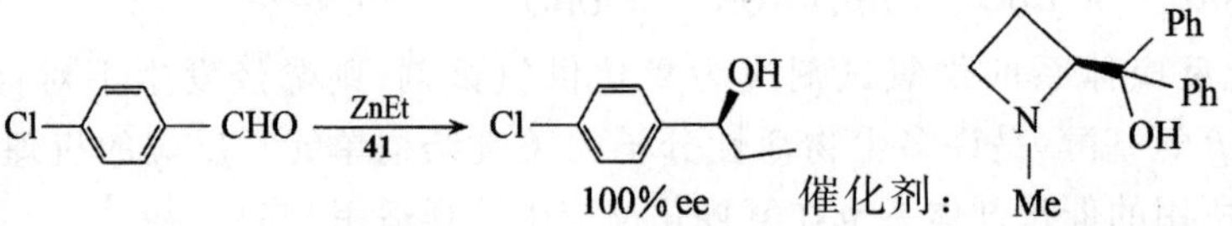

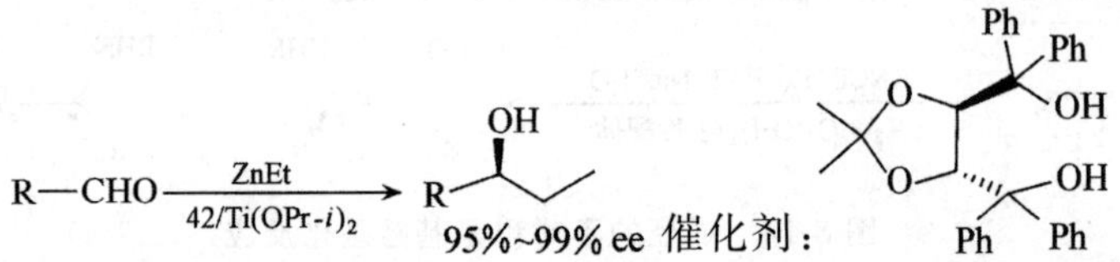

炔基金属试剂:卤代炔基锌、锌炔基锂、卤代炔基镁等,也可对醛或酮进行不对称加成,生成手性炔基醇。由于端炔具有一定酸性,易于和较弱的碱反应,也可以直接使用端炔化合物来方便地进行醛或酮的不对称加成反应。

2. 使用手性催化剂的不对称加成反应

醛酮的羰基的不对称催化氢化近十几年来已取得一定进展,手性钌配合物 BINAP-RuCl$_2$ 为催化剂还原 β-酮酸酯、γ-酮酸酯及二酮,与酮羰基和邻近的杂原子同时螯合,因此所的产物具有高度的对映选择性。例如:

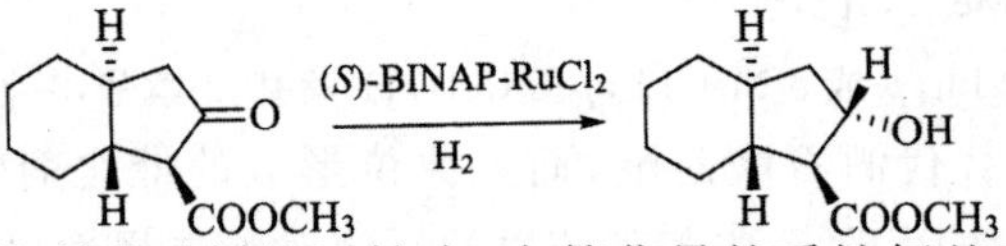

二烃基锌比烃基锂和格利雅试剂的活性小,在催化量的手性氨基醇或手性胺存在下,二烃基锌与醛的亲核加成有较高的立体选择性。例如:

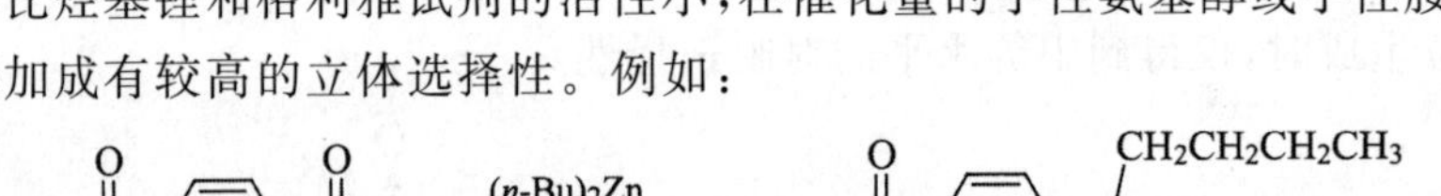

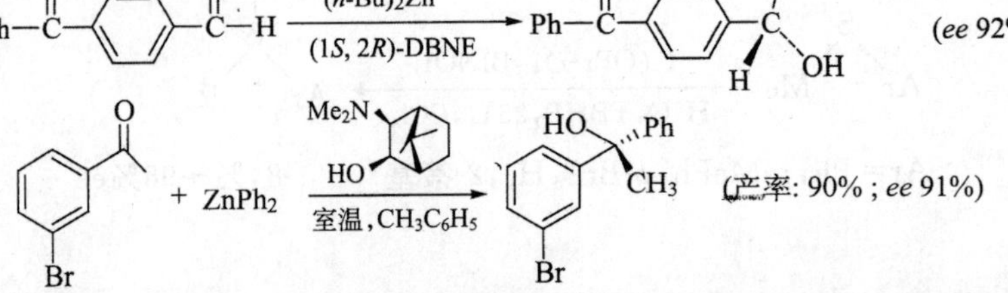

3.不对称 α-羟基膦酰化反应

很多手性 α-羟基膦酰化合物的生物活性较强,可以作为酶的抑制剂,例如,HIV 蛋白酶抑制剂、肾素合成酶抑制剂,而且这种生物活性与它的绝对构型有关,那么合成光学纯 α-羟基膦酰化合物有很大的价值。合成这种手性 α-羟基膦酰化合物的方法并不太多,最为直接和经济的方法是最近发展的不对称 α-羟基膦酰化反应。

在联萘酚镧络合物的催化下,通过亚磷酸二烷酯对醛来实现不对称 α-羟基膦酰化的加成反应。反应的产率一般较高,但对映选择性与联萘酚镧络合物的形成方式有很大关系。例如,Spilling 和 Shibuya 分别报道的 LaLi₃-BINOL(LLB)催化亚磷酸二烷酯对芳香醛的加成,得到的对映选择性不太理想。如果对 LLB 的制备方法进行改良,则最高得到了 95% e. e. 的对映选择性。

$$R—CHO + \overset{O}{HP(OMe)_2} \xrightarrow[\text{THF, } -78℃]{(R)\text{-LLB}} R \overset{OH}{\underset{}{}} P(OMe)_2$$

8.4.5　其他不对称反应

1.醇醛缩合反应

(1)醇醛缩合反应的非对映选择性

醇醛缩合反应能生成四种非对映异构体。反应通式如下:

$$R^1CHO + R\overset{O}{\underset{}{}}R^2 \longrightarrow R^1\overset{OH}{\underset{R}{}}\overset{O}{}R^2 + R^1\overset{OH}{\underset{R}{}}\overset{O}{}R^2$$

$$R^1\overset{OH}{\underset{R}{}}\overset{O}{}R^2 + R^1\overset{OH}{\underset{R}{}}\overset{O}{}R^2$$

顺式　　　　反式

醇醛缩合反应的非对映选择性,即 syn/anti 产物的比例主要取决于烯醇盐的构型。一般来说,在动力学控制条件下,(Z)-烯醇盐的醇醛缩合得到 syn 产物,(E)-烯醇盐得到 anti 产物。反应通式如下:

$$R^1CHO + R\overset{OLi}{\underset{}{}}R^2 \longrightarrow R^1\overset{OH}{\underset{R}{}}\overset{O}{}R^2 + R^1\overset{OH}{\underset{R}{}}\overset{O}{}R^2$$

(Z)-构型　　　　　　　　　　syn

$$R^1CHO + R\overset{OLi}{\underset{}{}}R^2 \longrightarrow R^1\overset{OH}{\underset{R}{}}\overset{O}{}R^2 + R^1\overset{OH}{\underset{R}{}}\overset{O}{}R^2$$

(E)-构型　　　　　　　　　　anti

(2)烯醇盐的构型

①烯醇锂盐。在强碱(LDA)、低温、较短的反应时间的动力学控制条件下,具有较大取代基的酮烯醇锂盐主要是 Z 构型。

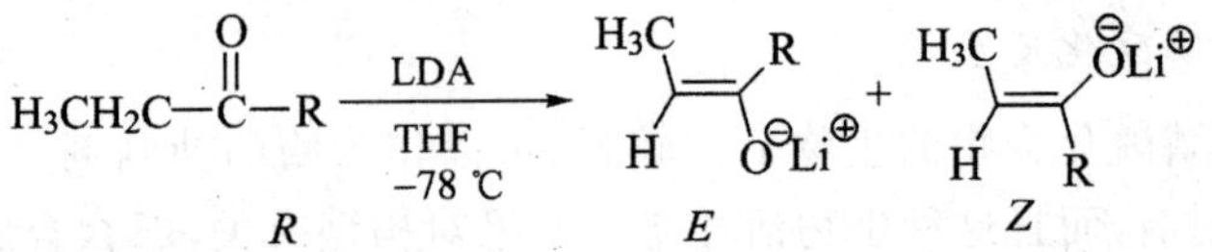

R	E	Z
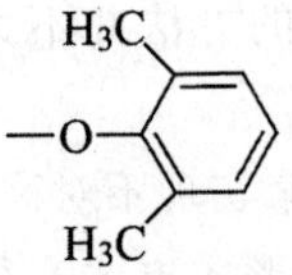	2%	98%
—CH$_2$CH$_3$	70%	30%
—CH(CH$_3$)$_2$	40%	60%
—C(CH$_3$)$_3$	2%	98%
—NEt$_2$	3%	97%
—OCH$_3$	95%	5%

当 R 为较大取代基时［如—C(CH$_3$)$_3$、—NEt$_2$、—OCH$_3$ 等］,它们与处于平伏键位置的甲基有较大的斥力,迫使甲基转变成直立键,这样形成的烯醇盐为 Z 构型(注意按照次序规则,—OR 优先于—OLi,因此对于酯而言,这里的 Z 构型实际上应为 E 构型)。

②烯醇硼盐。烯醇硼盐一般可用下列方法制备。

二烃基硼与 α、β-不饱和羰基化合物共轭加成主要生成 Z 构型的烯醇硼盐。

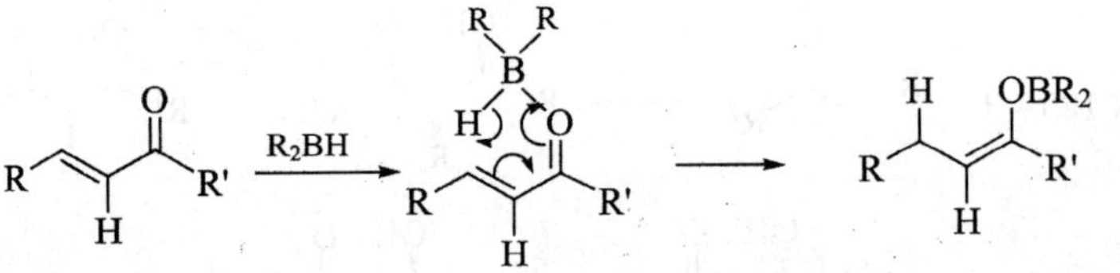

酮或酯在位阻较大的叔胺存在下,与三氟甲磺酸二烃基硼酯反应生成的产物主要是 Z 构型。例如:

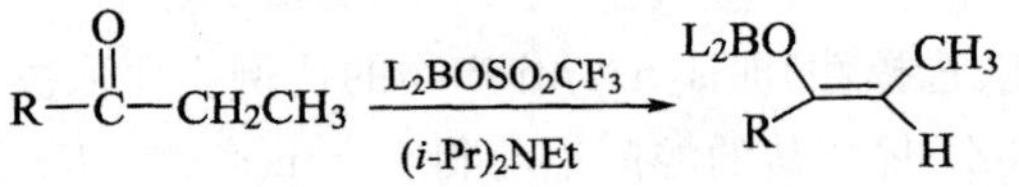

卤硼烷(如 9-BBN⁻Br)与烯醇硅醚(不管 Z 还是 E 构型)作用一般得到 Z 构型产物。

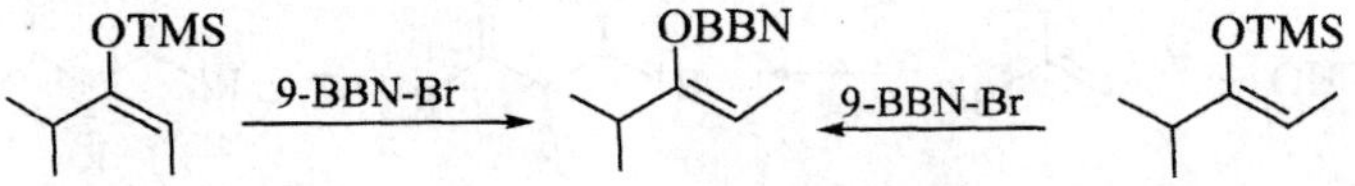

③烯醇硅醚。烯醇硅醚由烯醇盐与氯化三烃基硅烷(如 TMSCl)反应得到。烯醇硅醚的构型取决于烯醇盐的构型。

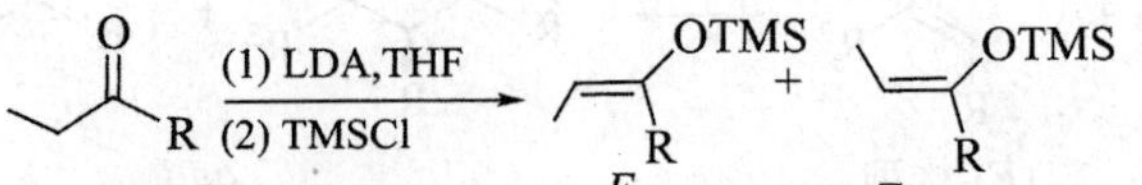

R	E	Z
—CH$_2$CH$_3$	70%	30%
—C(CH$_3$)$_3$	2%	98%
—OCH$_2$CH$_3$	94%	6%

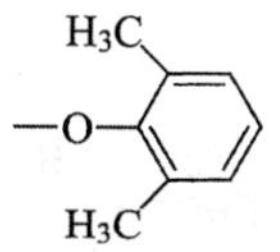

2% 98%

2. Grignard 试剂的不对称偶联反应

不对称偶联反应包括 Grignard 试剂和乙烯基、芳基或炔基卤化物的。反应中的 Grignard 试剂通常是外消旋化合物，而且一对对映体可以迅速转化。在手性催化剂诱导下，其中一个对映体转化成光学活性偶联产物；另一个对映体会发生构型翻转来维持一对对映异构体量的平衡。因此理论上这种外消旋物质可以全部转化成某一立体构型的偶联产物。

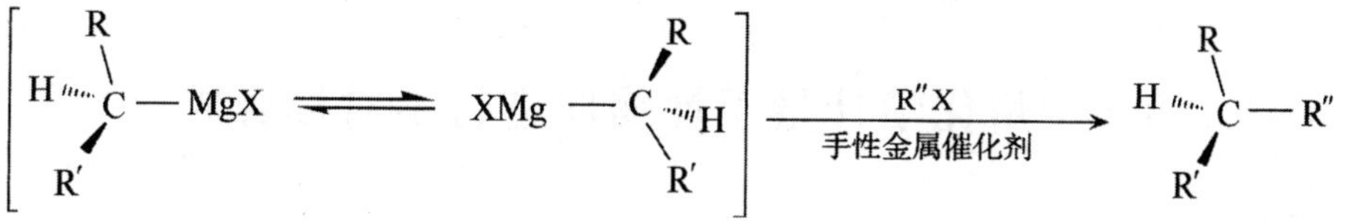

反应的催化中心金属通常是镍和钯。下面是分别两个配体与镍和钯形成的手性催化剂在相应类型的反应中，得到产物的 e.e. 值分别为 95% 和大于 99%。

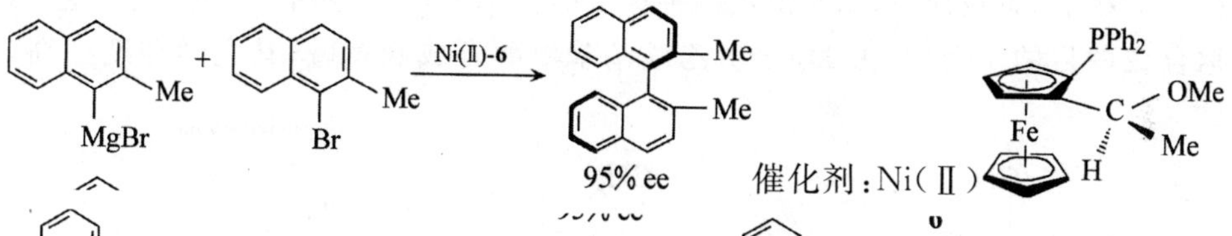

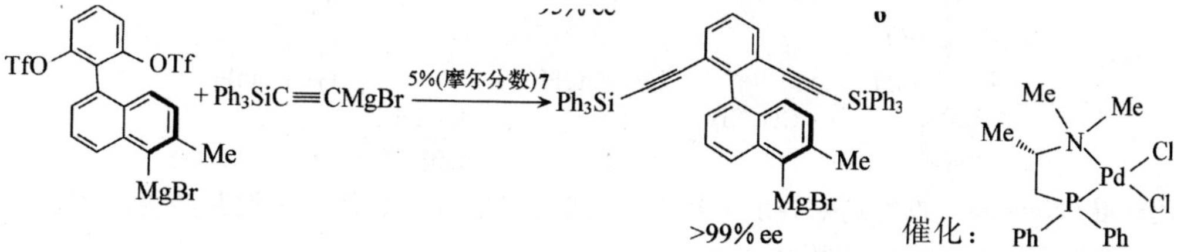

3. 不对称烷基化反应

利用手性烯胺、腙、亚胺和酰胺进行烷基化，其产物的 e.e. 值较高，是制备光学活性化合物较好的方法。

（1）烯胺烷基化

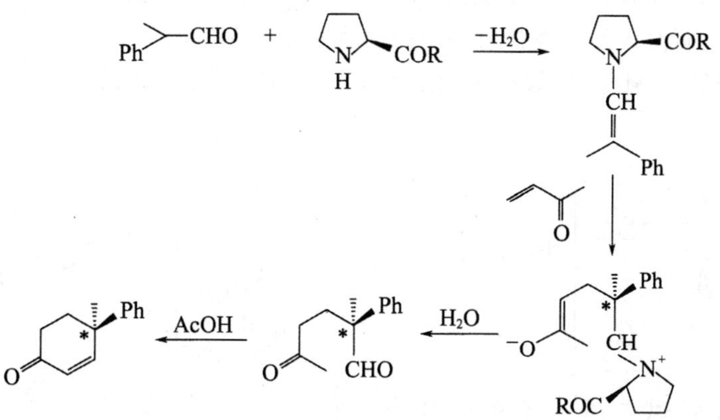

（2）腙烷基化

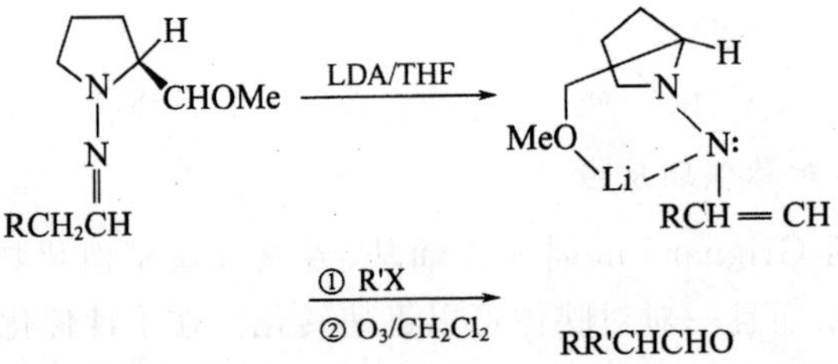

$$R=Me,Et,{}^iRr,n-heX$$

$$R'X=PhCH_2Br,Br,MeI,Me_2SO_4$$

8.5 用化学计量手性物质进行不对称合成

8.5.1 用手性反应物进行不对称合成

手性反应物与试剂反应时,由于形成两种构型的概率不均等,其中一种构型占主要,从而达到不对称合成的目的。例如,由 D-（一）-乙酰基苯甲醇合成麻黄碱,其光学纯度很高,反应式如下：

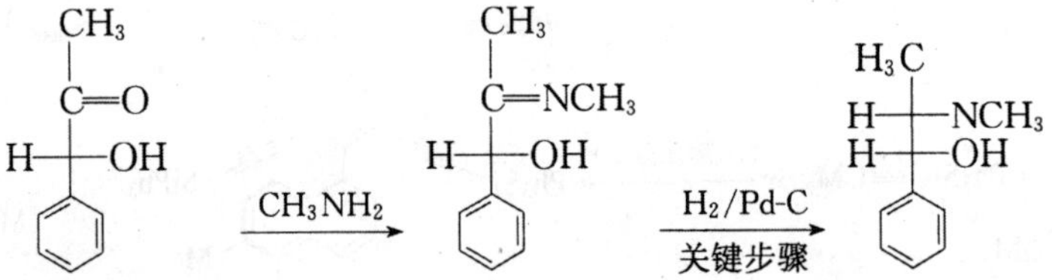

用纽曼（Newman）投影式来表示上述合成,能直观地看出试剂和手性起始物之间发生反应时的立体选择性。Newman 投影式如下：

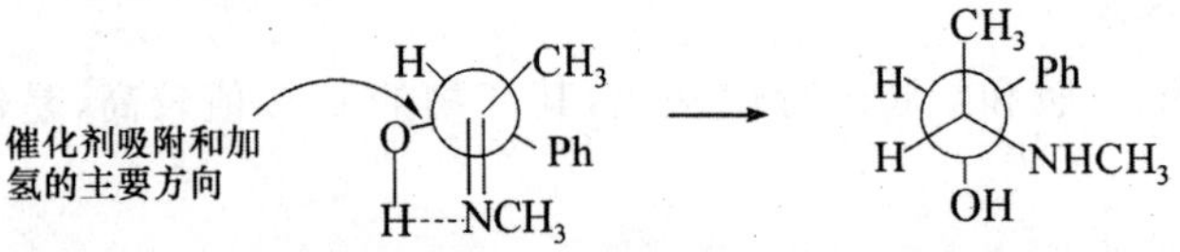

用该法制备 1mol 手性产物至少要用 1mol 手性反应物,这就要求有易得的手性起始物质才能进行这项工作,因而使该不对称合成的应用受到一定限制。

异蒲勒醇的硼氢化-氧化,硼烷的进攻受到原分子中一些基团的影响,90％生成如下构型的产物：

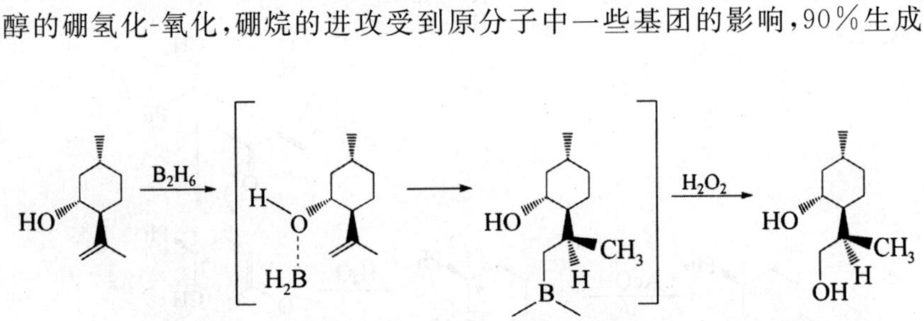

8.5.2 用手性试剂进行不对称合成

用手性试剂与潜手性化合物作用可以制得不对称目的物。手性试剂可以在一般的对称试剂中引入不对称基团而制得。在手性试剂的不对称反应中最常见的是不对称还原反应。

1.不对称烷氧基铝还原剂

Noyori 用光学活性的联萘二酚、氢化锂铝以及简单的一元醇形成 1∶1∶1 的复合物(BI-NAL-H)不对称还原剂,用于还原酮或不饱和酮,可以获得很高%e.e 的仲醇,是这方面最成功的例子。联萘二酚和 BINAL-H 的结构式如下:

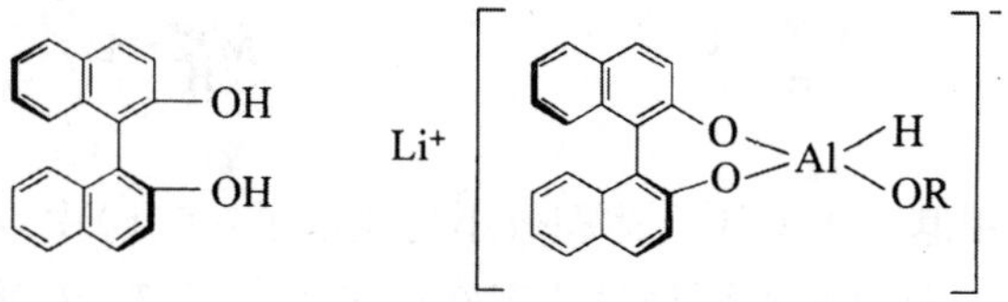

反应式如下:

(—)-薄荷醇的一烷氧基氢化锂铝、(+)-喹尼丁碱的一烷基氢化锂铝(R=CH₃O—)、(+)-辛可宁碱的一烷基氢化锂铝(R=H)等不对称氢化物还原剂也可以用手性试剂和氢化锂铝反应制得。

2.手性硼试剂

手性硼试剂用于不对称还原也曾做了大量工作,利用手性环状硼试剂更是取得了很好的结果。例如,将(+)-α-蒎烯或(—)-α-蒎烯与二硼烷在二甲氧基乙烷中,于 0℃发生反应,分别生成非对称(+)-P₂*BH[(+)-二(3-蒎烷基)硼烷]或(—)-P₂*BH[(—)-二(3-蒎烷基)硼烷,反应式如下:

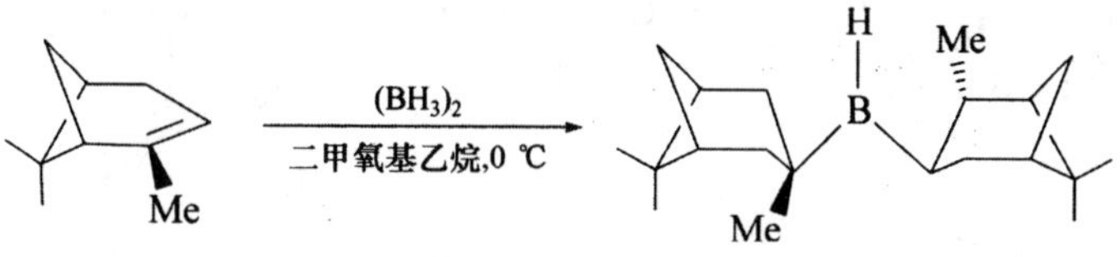

P₂*BH 和同一烯烃反应时,加成方向取决于不对称试剂的结构。例如:

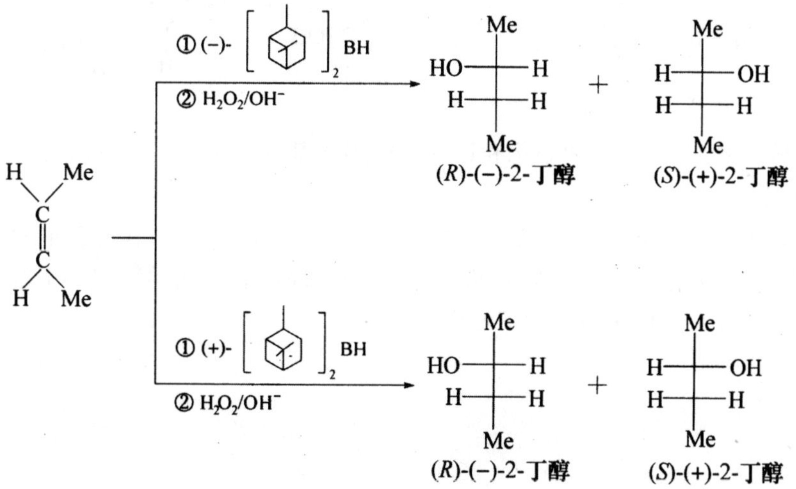

该实例说明应用手性硼烷进行的手性合成反应具有很高的立体选择性。在反应过程中,形

成两种能量差别相当大的过渡态(a)和(b),而(a)的能量小于(b)的能量。表示如下：

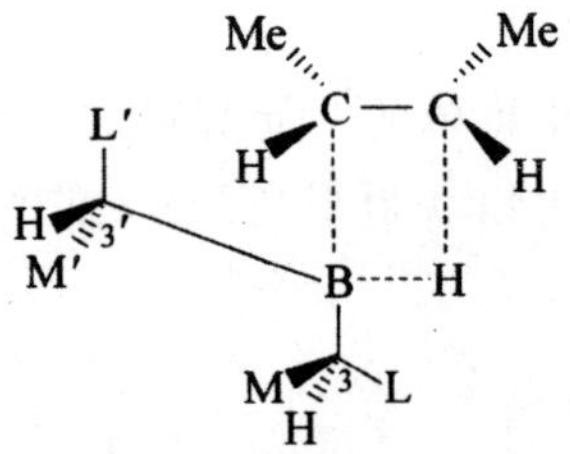

(a) 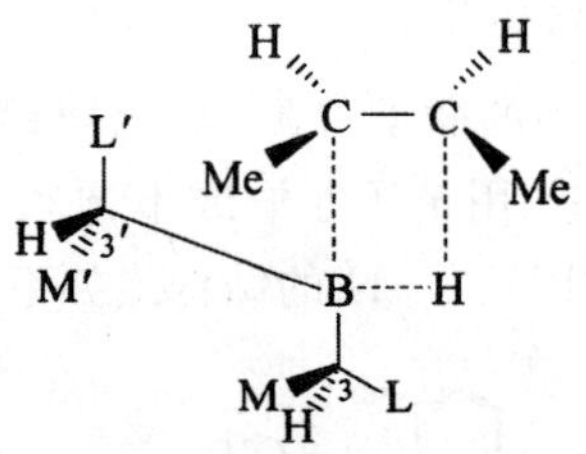   (b)

在(a)中顺-2-丁烯的甲基接近 C-3′ 上体积较小的氢原子,在(b)中该甲基接近体积较氢原子大得多的 C-3 上的 M 基团,这就导致两种过渡态在能量上的悬殊,从而使反应具有较高的立体选择性。

8.5.3   手性底物诱导的不对称合成

底物控制反应即第一代不对称合成,是通过手性底物中的手性单元进行分子内定向诱导。在底物中新的手性单元通过底物与非手性试剂反应而产生,此时反应点邻近的手性单元可以控制非对映面上的反应选择性。底物控制反应在环状及刚性分子上能发挥较好的作用。该类型反应原料易得,但没有简捷、高效的方法将其转化为手性目标化合物。

从反应过渡态考虑选择适当的手性辅助基团,使在反应中心形成刚性的不对称环境,可获得很高的立体选择性。例如,用氨基吲哚啉与取代的乙醛酸酯反应生成腙—内酯类化合物,用铝汞齐还原 C—N 键,催化氢解 N—N 键,再水解得光学活性的氨基酸,e.e 值可达 96%~99%。

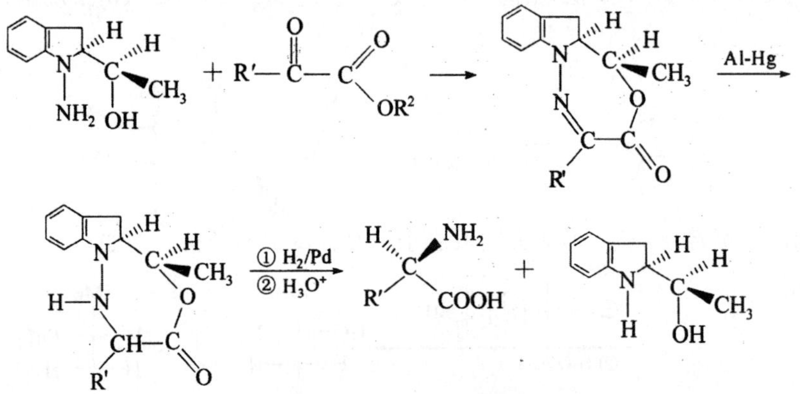

光学纯的吲哚啉回收后,经亚硝化和还原再得到氨基吲哚啉,可以重复使用,因此是较为理想的不对称合成。

应用(1S,2S)-(+)-2 氨基-1-苯基-1,3-丙二醇的异亚丙基衍生物和烷基甲酮进行不对称斯特雷克(Strecker)合成,生成结晶的氨基腈,水解还原后即可制得光学纯的 α-甲基氨基酸。该法已应用于降血压药物(S)-甲基多巴的工业生产。

8.6　不对称催化合成

8.6.1　手性催化剂的不对称反应

由于手性化合物一般较难获得,因而用催化剂量的手性试剂来引起不对称反应是一种较为理想的途径。目前,某些不对称催化反应其产物的 e.e 可达 90%,有的甚至达 100%。据 Monsanto 公司报道,用 454g 手性催化剂可以制备 1t L-苯丙氨酸。目前反应所使用的中心金属大多为铑和铱,手性配体基本为三价磷配体。例如:

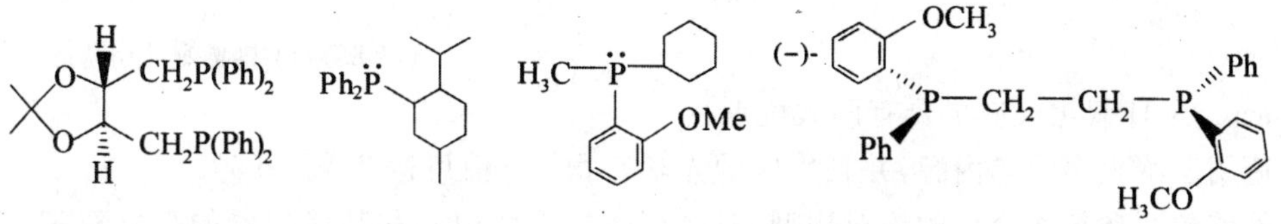

具有这种手性配体的铑对碳-碳双键、碳-氧双键及碳-氮双键发生不对称催化氢化反应。例如,烯胺类化合物碳-碳双键不对称氢化反应是一类重要的不对称氢化反应,用这类反应可以制备天然氨基酸,反应式如下:

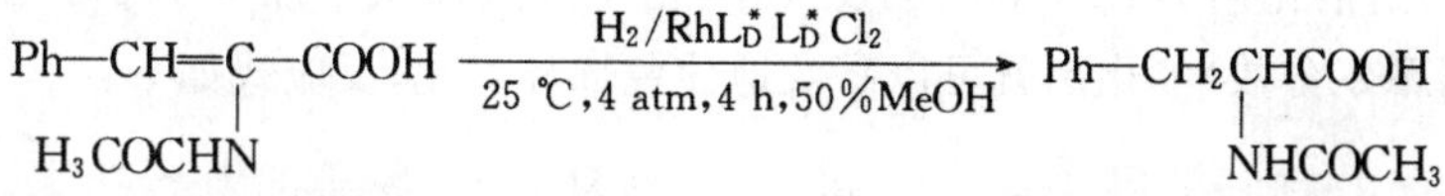

$$Ph\!-\!CH\!=\!\underset{H_3COCHN}{C}\!-\!COOH \xrightarrow[\text{25 ℃,4 atm,4 h,50\%MeOH}]{H_2/RhL_D^*L_D^*Cl_2} Ph\!-\!CH_2\underset{NHCOCH_3}{CHCOOH}$$

(Z)-α-乙酰氨基肉桂酸　　　　　　　　　(S)-(+)-N-乙酰基苯丙氨酸

重要的抗震颤麻痹药物 L-多巴(3-羟基酪氨酸)是一种抗胆碱,同样可以用手性膦催化剂进行不对称催化氢化来制备,反应式如下:

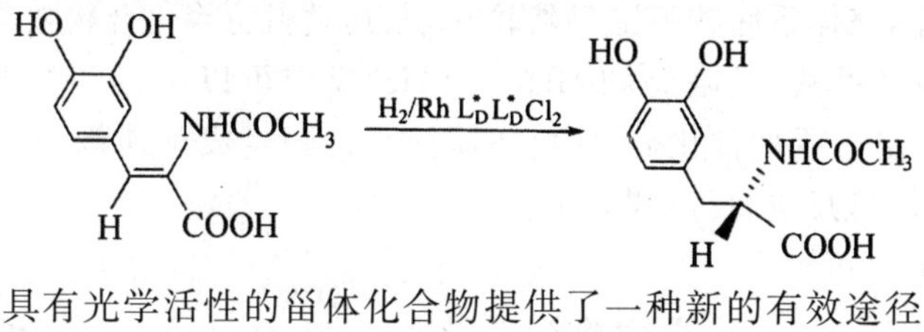

该方法为全合成具有光学活性的甾体化合物提供了一种新的有效途径。

酒石酸酯、四异丙氧基钛、过氧叔丁醇体系能对各类烯丙醇进行高对映选择性环氧化,可获得 e.e 值大于 90% 的羟基环氧化物,并且根据所用酒石酸二乙酯的构型可得到预期的立体构型的产物。反应过程如下:

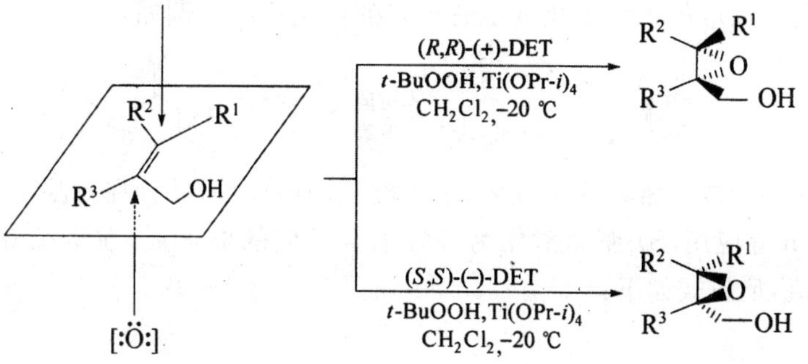

癸基烯丙醇在反应条件下可得到 e. e 值为 95％的羟基环氧化合物，反应式如下：

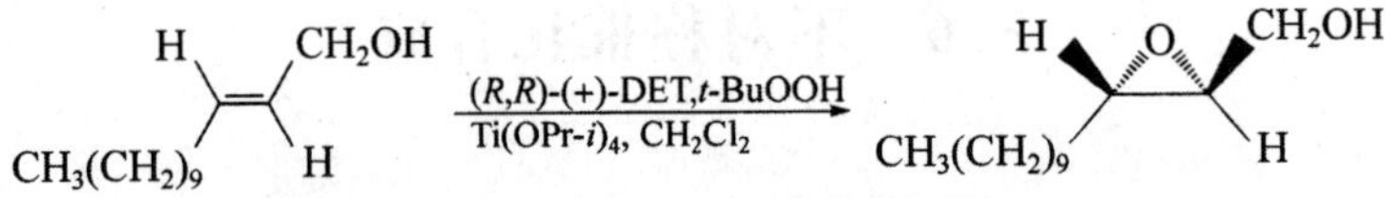

应用 Sharpless 不对称环氧化合成天然产物有许多报道，如白三烯 B_4（leukot-riene B_4）、（＋）-舞毒蛾性引诱剂和两性霉素 B 等的合成，其关键步骤均为标准条件下烯丙醇衍生物的不对称环氧化反应，反应式如下：

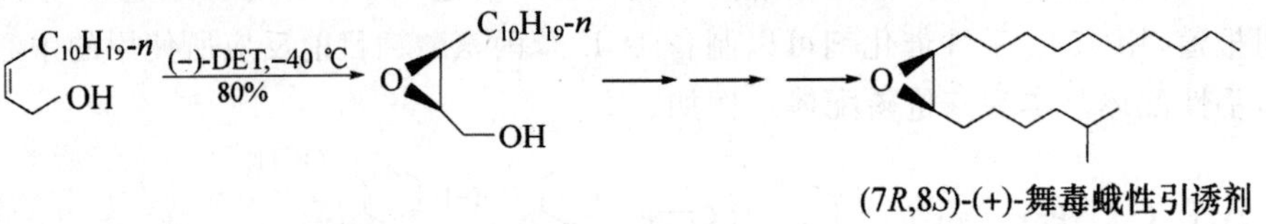

$(7R,8S)$-(+)-舞毒蛾性引诱剂

Sharpless 环氧化反应主要有两大优点：

①适用于绝大多数烯丙醇，并且生成的光学产物 e. e 值可达 71％～95％。

②能够预测环氧化合物的绝对构型，对已存在的手性中心和其他位置的孤立双键几乎无影响等。

由于 Sharpless 不对称环氧化反应要求用烯丙醇作底物，反应的应用范围受到限制。

在合成钾离子通道活化剂 BRL-55834 的反应中，由于反应体系中加入了 0.1mol 异喹啉 N-氧化物，只需要 0.1％（摩尔分数）催化剂就可以高效地使色烯环氧化，反应式如下：

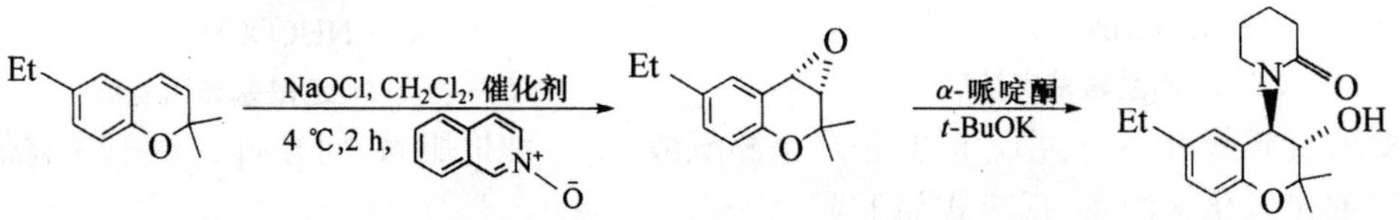

但是，到目前为止，该体系底物范围仍然较窄，尤其对脂肪族化合物效果不理想。

由(S)-2-(二苯基羟甲基)吡咯烷和 BH_3·THF 反应可以制得硼杂噁唑烷。它是 BH_3·THF 还原前手性酮的高效手性催化剂，催化还原前手性酮生成预期构型的高对映体过量仲醇，Corey 称这个反应为 CBS 反应，反应式如下：

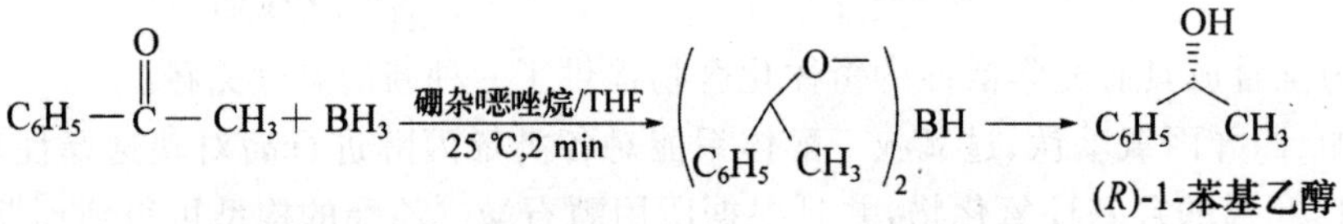

(R)-1-苯基乙醇

用各种手性配体和 BH_3·THF 制成硼杂噁唑烷来还原前手性酮制备光学活性醇 e. e 值都很高，但此类反应对水极为敏感，故其应用受到限制。

生物碱作为化学反应的手性催化剂也有很好的催化活性。例如：

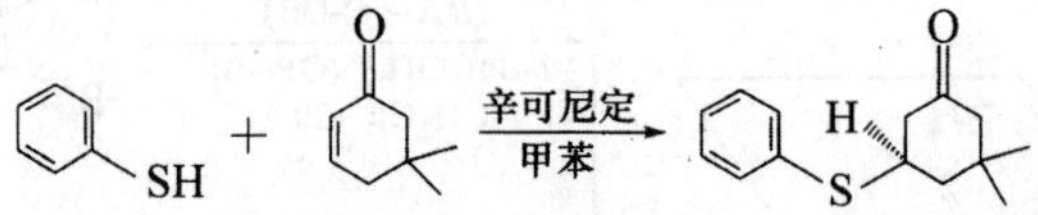

氨基酸在不对称合成中常作为手性源、手性配体的前体等，并且在对映选择性反应中取得了成功。例如，Cohen 等应用(S)-脯氨酸作为羟醛缩合反应的催化剂，在甾烷 C、D 环合成时获得高达 97％的 e. e 值，反应式如下：

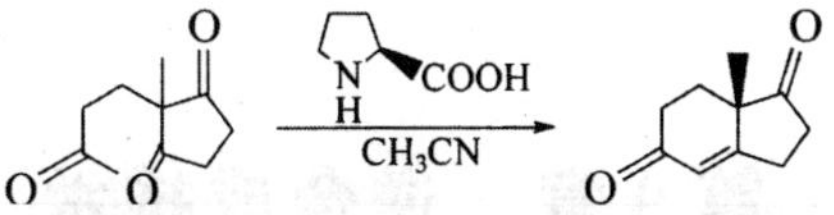

在微波辅助下,L-脯氨酸催化的环己酮、甲醛和芳胺的三组分不对称 Mannich 反应。在 $10\sim15W$ 功率的辐射下,反应温度不高于 $80℃$。与传统加热方法相比,该不对称反应加速非常明显,对映选择性却不受影响,反应式如下:

8.6.2　酶催化的不对称合成反应

生物催化反应通常是条件温和、高效,并且具有高度的立体专一性。因此,在探索不对称合成光学活性化合物时,一直没有间断进行生物催化研究。早在 1921 年,Neuberg 等用苯甲醛和乙醛在酵母的作用下发生缩合反应,生成 D-(—)-乙酰基苯甲醇。1966 年,Cohen 采用 D-羟腈酶作催化剂,苯甲醛和 HCN 进行亲核加成反应,合成(R)-(+)-苦杏仁腈,具有很高的立体选择性,反应式如下:

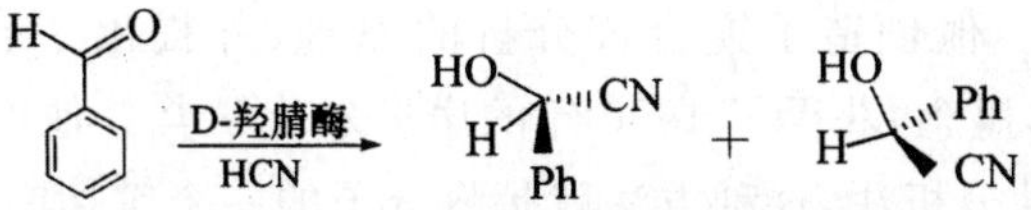

(R)-(+)苦杏仁腈　(S)-(-)苦杏仁腈

乙酰乙酸乙酯可被面包酵母催化还原生成(S)-β-羟基酯,而丙酰乙酸乙酯在同样条件下选择性极差。用 Thermoanaerobium brockii 细菌能将丙酰乙酸乙酯对映选择性很高地还原成(S)-β-羟基酯,反应式为

$(R$ 为 CH_3、$C_2H_5)$

内消旋化合物的对映选择性反应目前只有使用酶作催化剂才有可能进行。马肝醇脱氢酶(HLADH)可选择性地将二醇氧化成光学活性内酯,猪肝酯酶(PLE)可使二酯选择性水解成光学活性产物 β-羧酸酯。

部分蛋白质已在一些不对称合成中作为催化剂使用。例如,用牛血清蛋白(BSA)作催化剂,在碱液中进行不对称 Darzen 反应:

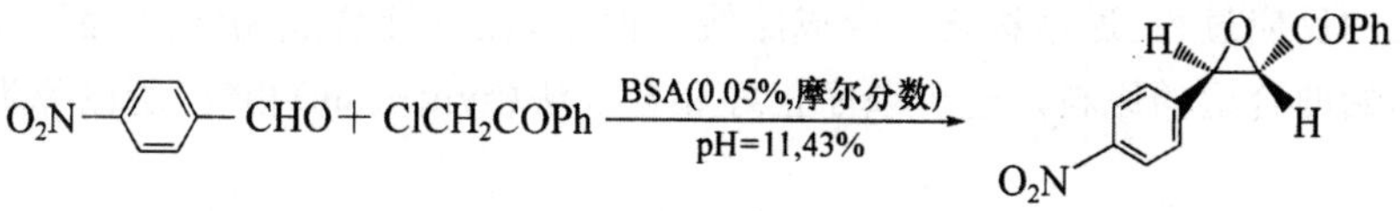

酶催化是目前很活跃的研究领域之一,并且已成功地应用于生物技术方面。将生物技术与有机合成很好地结合起来,并在更广泛的领域应用,将会进一步改善精细化学品合成的面貌。

第 9 章 逆合成技术

9.1 逆合成分析概述

近年来,随着有机合成的发展,各种新型的有机合成方法已经应用于工业生产中,但是传统的有机合成方法仍在实践中有着广泛的应用,如逆合成法。逆合成法是有机合成路线设计最简单、最基本的方法,其他一些更复杂的合成路线设计方法技巧,都是建立在本方法的基础之上的。就像盖房子必须先打好基础一样,学习设计有机合成路线,也应当首先掌握"逆合成法"。

9.1.1 逆合成法的涵义及其使用

1964 年,哈佛大学化学系的 E. J. Corey 教授首次提出逆合成的观念,将合成复杂天然物的工作提升到了艺术的层次。他创造了逆合成分析的原理,并提出了合成子(synthon)和切断(disconnection)这两个基本概念,获得了 1990 年的诺贝尔化学奖。他的方法是从合成产物的分子结构入于,采用切断(一种分析法,这种方法就是将分子的一个键切断,使分子转变为一种可能的原料)的方法得到合成子(在切断时得到的概念性的分子碎片,通常是个离子),这样就获得了不太复杂的、可以在合成过程中加以装配的结构单元。

有机合成中采用逆向而行的分析方法,从将要合成的目标分子出发,进行适当分割,导出它的前体,再对导出的各个前体进一步分割,直到分割成较为简单易得的反应物分子。然后反过来,将这些较为简单易得的分子按照一定顺序通过合成反应结合起来,最后就得到目标分子。逆合成分析是确定合成路线的关键,是一种问题求解技术,具有严格的逻辑性,将人们积累的有机合成经验系统化,使之成为符合逻辑的推理方法。与此相适应,也发展了计算机辅助有机合成的工作,促进了有机合成化学的发展。

从起始原料经过一步或多步反应经过中间产物制成目标分子。这一个过程可表示为

$$甲 \xleftarrow[\text{试剂,条件?}]{\text{(反应)?}} 乙 \xleftarrow[\text{条件?}]{\text{(反应)?}} 丙 \xleftarrow[\text{条件?}]{\text{(反应)?}} 产物丁(TM)$$

这一系列的反应过程,通常称之为合成路线。但是,在设计合成路线时,都是由目标分子逐步往回推出起始的合适的原料。这个顺序正好和合成法(synthesis)相反,所以称为反向合成,即逆合成法。

如此类推下去,直到推出允许使用的、合适的原料甲为止。经过这样反向的推导过程,再将之反过来,即得一条完整的合成路线。其过程也可示意如下:

$$丁 \xleftarrow[\text{试剂,条件?}]{\text{(反应)?}} 丙 \xleftarrow[\text{如何制得?}]{\text{(反应)?}} 乙 \xleftarrow[\text{如何制得?}]{\text{(反应)?}} 甲$$

目标分子(TM)　　　　　　　　　　　　　　　　　　　　原料

例如,TM1 这个分子被 Corey 用作合成美登木素的中间体:

TM1

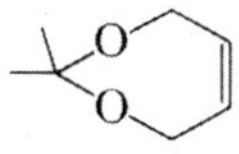

Corey 采用的逆推是这样的：

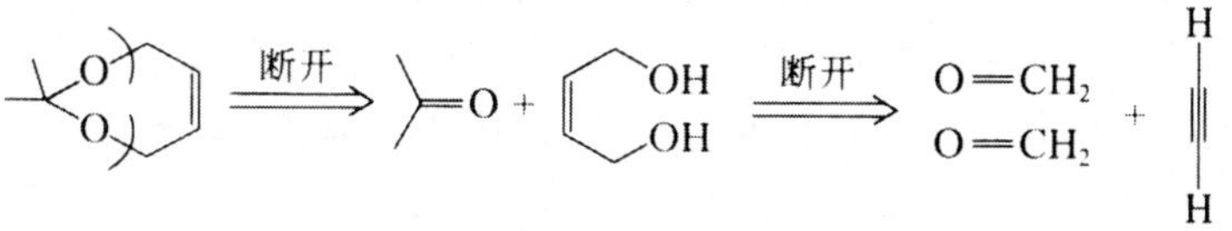

　　合成一般是由简单的原料开始，逐步发展成为复杂的产物，其过程可看成是逐步"前进"的。同时也要认识到，在设计合成路线时，需要采取由产物倒推出原料，也可称之为"倒退"的办法。当然，在此处"退"是为了"进"，这体现了一种以退为进的辩证的思维方法，因此可以说，逆合成法实质上是起点即终点，通过"以退为进"的手段来设计合成路线。

9.1.2　逆合成分析原理

　　在设计合成路线时，一般只知道要合成化合物的分子结构，有时，即使给了原料，也需要分析产物的结构，而后结合所给原料设计出合成路线。除了由产物回推出原料外，没有其他可以采用的办法。

　　基本分析原理就是把一个复杂的合成问题通过逆推法，由繁到简地逐级地分解成若干简单的合成问题，而后形成由简到繁的复杂分子合成路线，此分析思路与真正的合成正好相反。合成时，即在设计目标分子的合成路线时，采用一种符合有机合成原理的逻辑推理分析法：将目标分子经过合理的转换（包括官能团互变，官能团加成，官能团脱去、连接等）或分割，产生分子碎片（合成子）和新的目标分子，后者再重复进行转换或分割，直至得到易得的试剂为止。

　　综上所述，逆合成法，简而言之，就是 8 个字"以退为进、化繁为简"的合成路线设计法。

9.1.3　逆分析中常用的术语

　　在逆分析过程或阅读国内外众多文献时，常常提及许多合成用到的专业术语及概念。

1. 切断

　　切断（disconnection，简称 dis）是人为地将化学键断裂，从而把目标分子架拆分为两个或两个以上的合成子，以此来简化目标分子的一种转化方法。"切断"通常是在双箭头上加注 dis 表示。

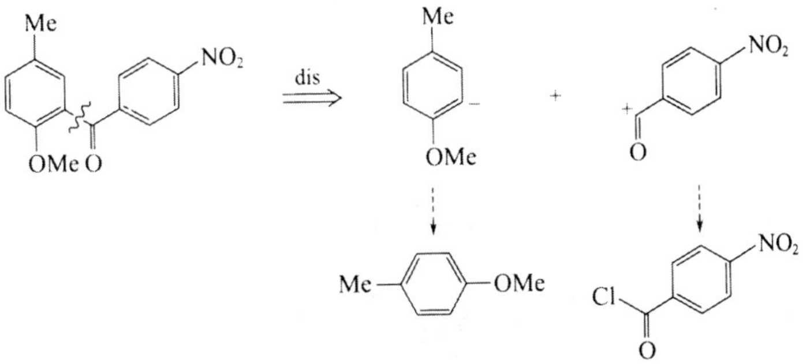

2. 转化

　　逆合成中利用一系列所谓的转化（transform）来推导出一系列中间体和合适的起始原料，转化用双箭头表示,这是区别于单箭头表示的反应。

$$\boxed{\text{目标结构}} \Longrightarrow \boxed{\text{合成子}} \dashrightarrow \boxed{\text{合成试剂}}$$

每一次转化将得到比目标更容易获得的试剂。在以后的逆合成中,这个试剂被定义为新的目标分子。转化过程一直重复,直到试剂是可以商品获得的。逆合成中所谓的转化有两大类型,即骨架转化和官能团的转化。骨架转化通过切断、连接和重排等手段实现。

3.合成子

由相应的、已知或可靠的反应进行转化所得的结构单元。从合成子出发,可以推导得到相应的试剂或中间体。合成子(synthon)是一个人为的概念化名词,它区别于实际存在的起反应的离子、自由基或分子。合成子可能是实际存在的,是参与合成反应的试剂或中间体;但也可能是客观上并不存在的、抽象化的东西,合成时必须用它的对等物。这个对等物就叫合成等效试剂。

4.合成等效试剂

合成等效试剂(synthetic equivalent reagents)指与合成子相对应的具有同等功能的稳定化合物,也称为合成等效体。

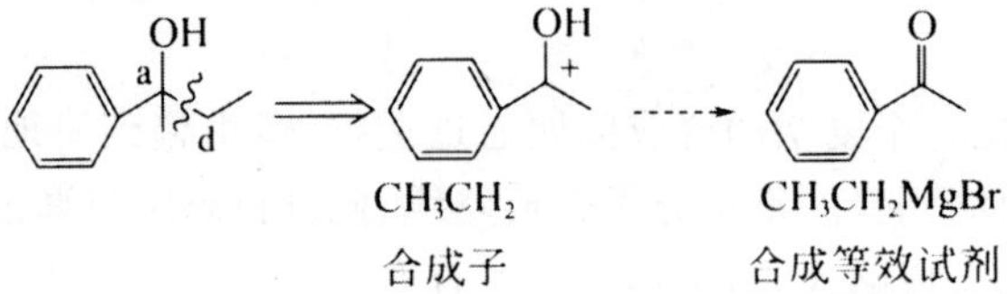

5.受电子合成子

以 a 代表,指具有亲电性或接受电子的合成子(acceptor synthon),如碳正离子合成子。

6.供电子合成子

以 d 代表,指具有亲核性或给出电子的合成子(donor synthon),如碳负离子合成子。

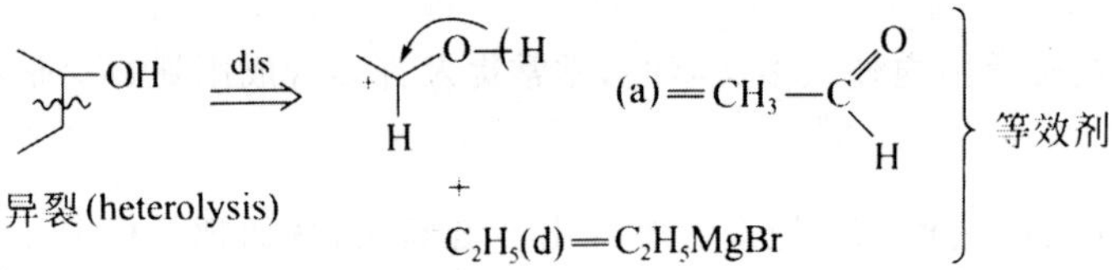

7.自由基

以 r 代表。

8.中性分子合成子

以 e 代表。

9.连接

连接(connection,简称 con)通常是在双箭头上加注 con 来表示。

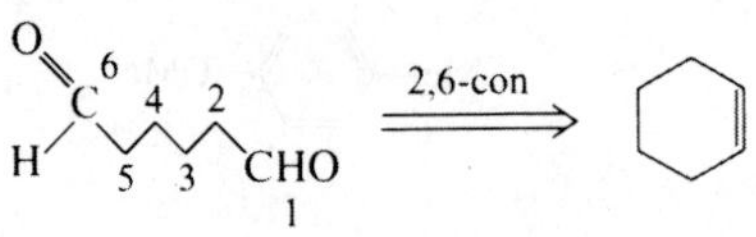

10.重排

重排(rearrangement,简称 rearr)通常是在双箭头上加注 rearr。

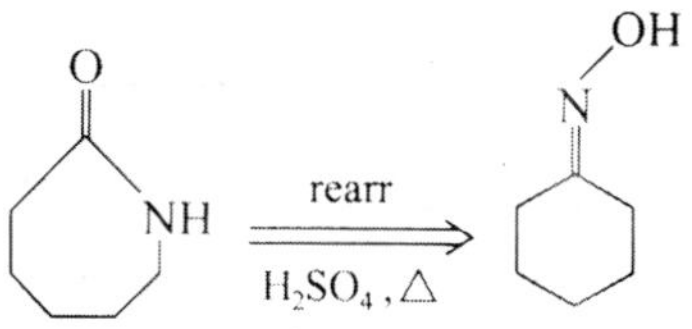

11. 官能团互变

在逆合成分析过程中,常常需要将目标分子中的官能团转变成其他的官能团,以便进行逆分析,这个过程称为官能团互变(Functional Group interconversion,简称 FGI)。

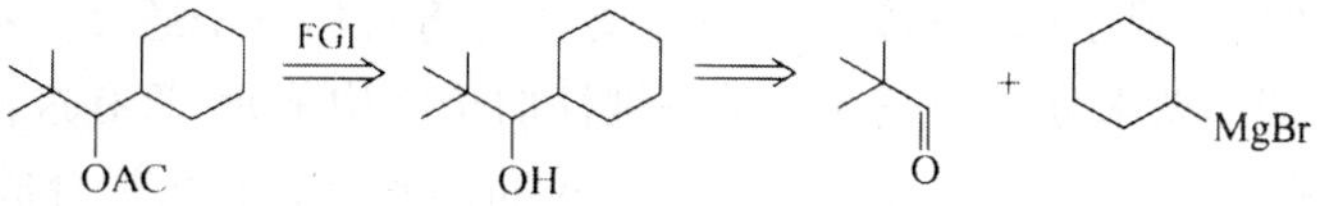

12. 官能团引入

在逆合成分析中,有时为了活化某个位置,需要人为地加入一个官能团,这个过程称为官能团引入(Functional Group Addition,简称 FGA)。

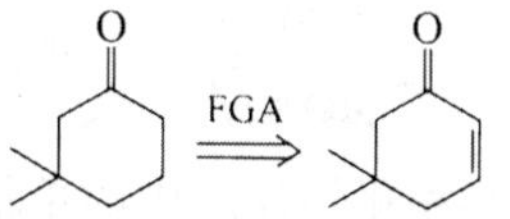

13. 官能团消除

在逆合成分析中,为了分析的需要常常去掉目标分子中的官能团,这个过程称为官能团消除(Functional Group Removal,简称 FGR)。

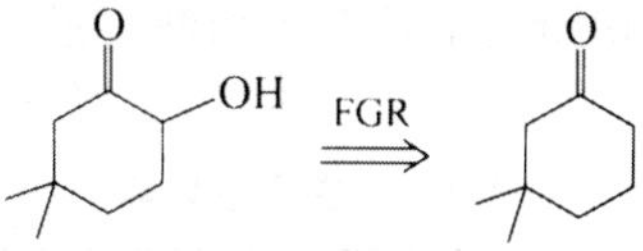

常见合成子及相应的试剂或合成等效体如表 9-1 所示。

表 9-1 常见合成子及相应的试剂或合成等效体

合成子	试剂或合成等效体
$R-$	$RM(M=Li,MgBr,Cu$ 等)
$-C_6H_5$	C_6H_6,C_6H_5MgBr
$-CHCOX$	$CH_3COX(X=R',OR',NR'_2$
$-CH_2COCH_3$	CH_3COCH_2COOEt
$-CH_2COOH$	$CH_2(COOEt)_2$
$PhC(O)^-$	$PhCHO/NaCN$
R^+	$RX(X=Br,I,OTs$ 等离去基团)
$R^+C=O$	$RCOX$
R^+CHOH	$RCHO$
H_2^+COH	$H_2C=O$
^+COOH	CO_2

续表

合成子	试剂或合成等效体
$+CH_2CH_2OH$	
$+CH_2CHCOR$	$CH_2=CHCOR$
R^+COH	$RCOOEt$

14. 逆合成转变

逆合成转变是产生合成子的基本方法。这一方法是将目标分子通过一系列转变操作加以简化,每一步逆合成转变都要求分子中存在一种关键性的子结构单元,只有这种结构单元存在或可以产生这种子结构时,才能有效地使分子简化,Corey 将这种结构称为逆合成子(retron)。例如,当进行醇醛转变时要求分子中含有—C(OH)—C—CO—子结构,下面是一个逆醇醛转变的具体实例:

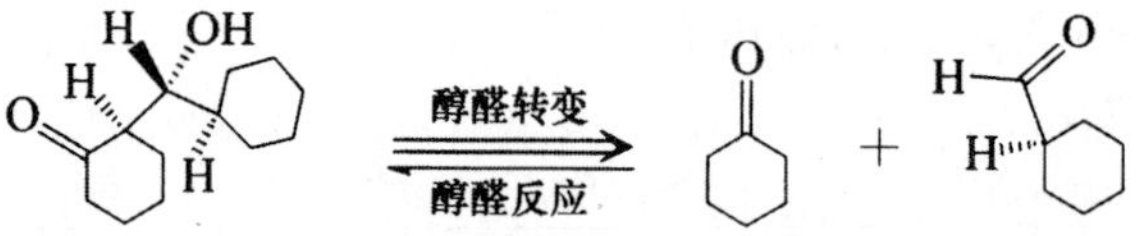

上式中的双箭头表示逆合成转变,和化学反应中的单箭头含义不同。

常用的逆合成转变法是切断法(disconnection,缩写 dis)。它是将目标分子简化的最基本的方法。切断后的碎片即为各种合成子或等价试剂。究竟怎样切断,切断成何种合成子,则要根据化合物的结构、可能形成此键的化学反应以及合成路线的可行性来决定。一个合理的切断应以相应的合成反应为依据,否则这种切断就不是有效切断。逆合成分析法涉及如下知识(表 9-2~表 9-4)。

表 9-2　逆合成切断

变换类型	目标分子　　　合成子　　　试剂和反应条件		
一基团切断(异裂)	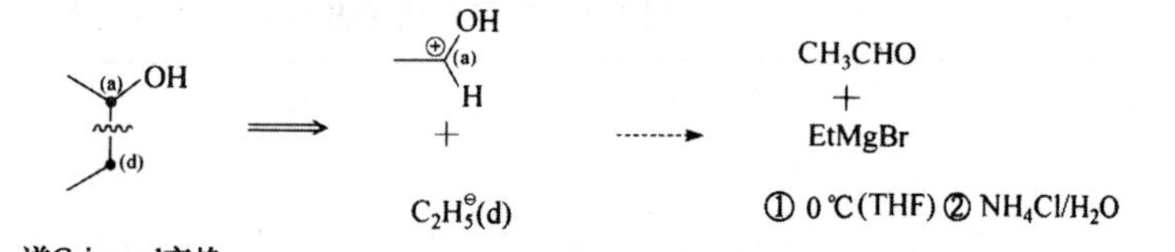 逆Grignard变换		
二基团切断(异裂)	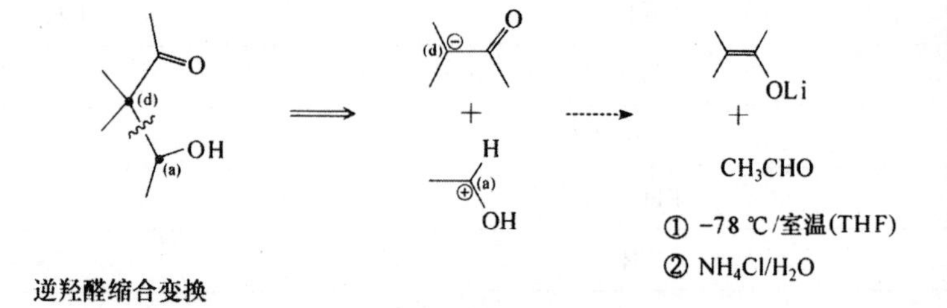 逆羟醛缩合变换		
二基团切断(均裂)	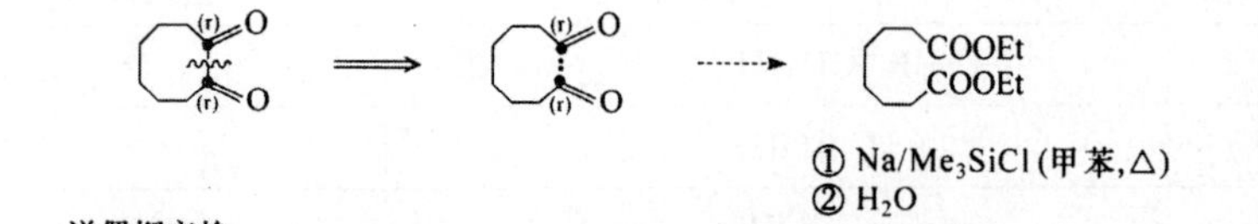 逆偶姻变换		

变换类型	目标分子　　合成子	试剂和反应条件
电环化切断	逆Diels-Alder变换	COOMe (e) (e) COOMe （合成子＝试剂） （C_6H_6,△）[氢醌]

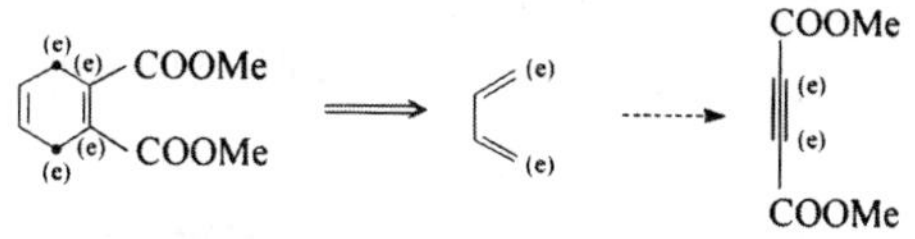

注：虚线箭头表示合成子与等价试剂之间的关系；〰表示切断。

表 9-3　逆合成连接

变换类型	目标分子	试剂和反应条件
连接	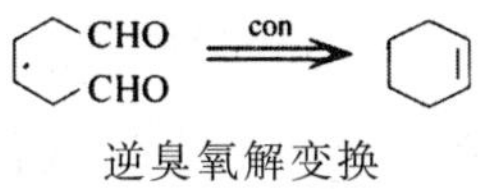 　逆臭氧解变换	O_3/Me_2S CH_2Cl_2,$-78℃$
重排	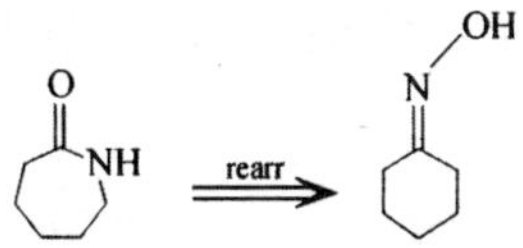 　逆 Beckmann 变换	H_2SO_4,△

注：con(connection)连接；rearr(rearrangement)重排。

表 9-4　逆合成转换

官能团转换 （FGI）	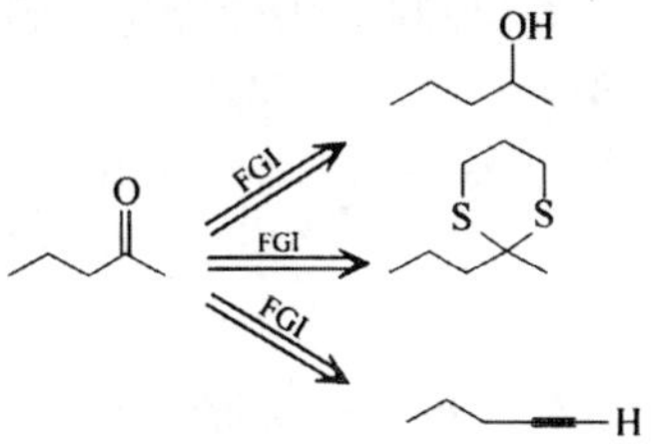	$CrO_3/H_2SO_4/CH_3COCH_3$ $HgCl_2/CH_3CN$ $HgCl_2$(aq H_2SO_4)
官能团引入 （FGA）	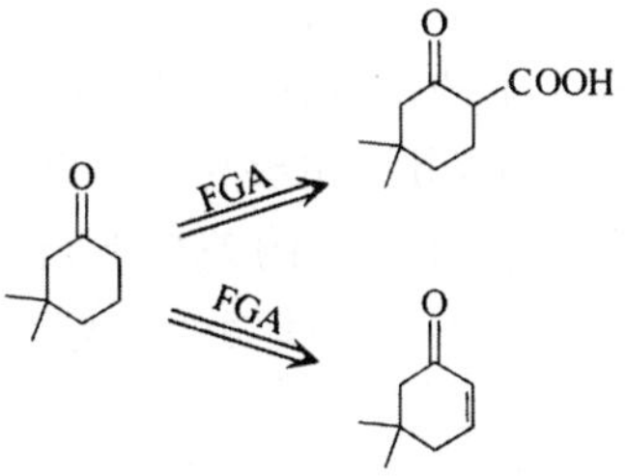	$PhNH2$,△ H_2[Pd-C](EtOH)
官能团出去 （FGR）	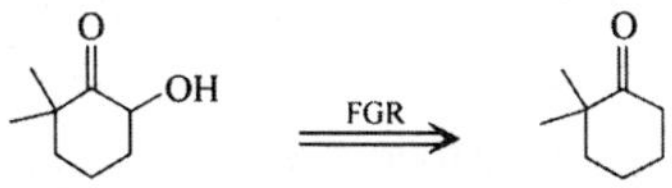	①LDA(THF),$-25℃$ ②O_2,$-25℃$ ③$I^{\ominus}$,H_2O

注：FGI(functional group interconversion)；FGA(functional group addition)；FGR(functional group removal)。

逆合成分析法虽然涉及以上各方面,但并不意味着每一个目标分子的逆分析过程都涉及各个过程。

例如,2-丁醇的两种切断转变如下：

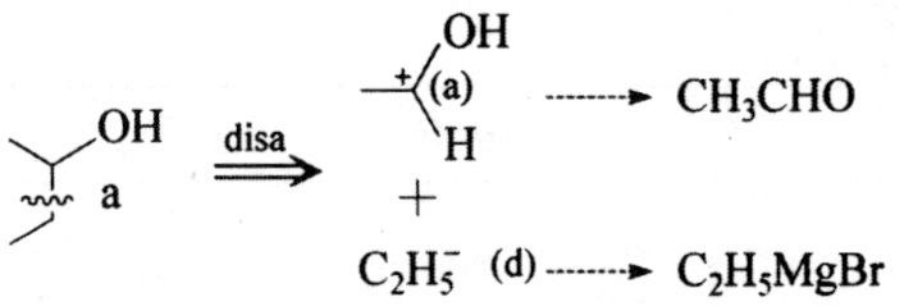

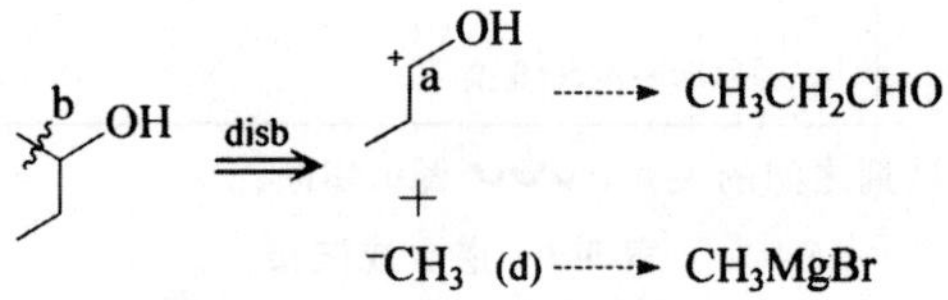

第一种切断得到的原料来源方便,所以称为较优路线。

对于叔醇的切断转变:

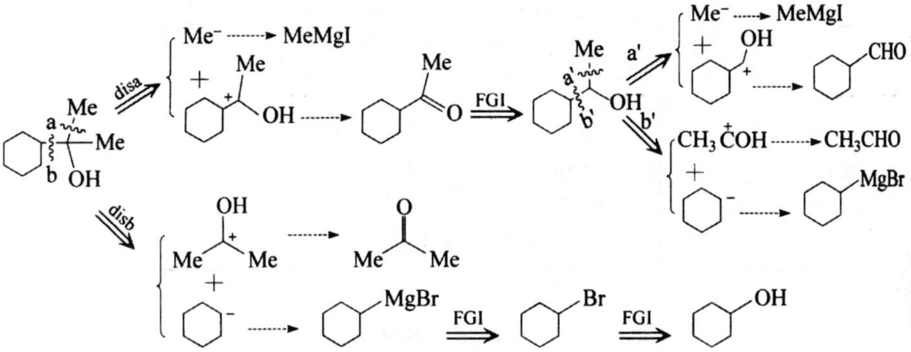

显然,disb 的逆合成路线比 disa 短,原料也比较容易得到,其相应的合成路线为:

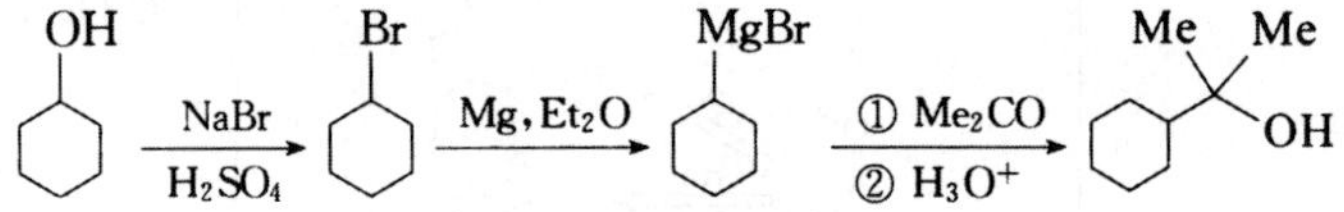

9.2 逆合成路线类型

既然合成路线的设计是从目标分子的结构开始,我们就应对分子结构进行分析,研究分子结构的组成及其变化的可能性。一般来说,分子主要包含碳骨架和官能团两部分。当然也有不含官能团的分子如烷烃、环烷烃等,但它们在一定的条件下,也会发生骨架的重新排列组合或增、减。所以,有机合成的问题,根据分子骨架和官能团的变与不变,大体可分为以下 4 种类型。

1.骨架和官能团都无变化

这里不是说官能团绝无变化,而是指反应前后,官能团的类型没有改变,改变的只是官能团的位置。例如,下面两个反应:

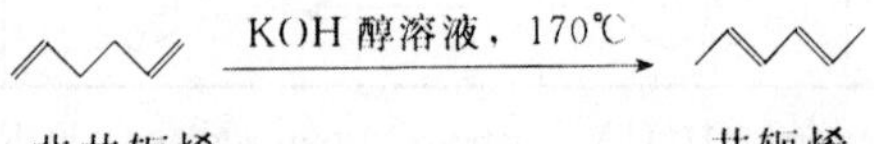

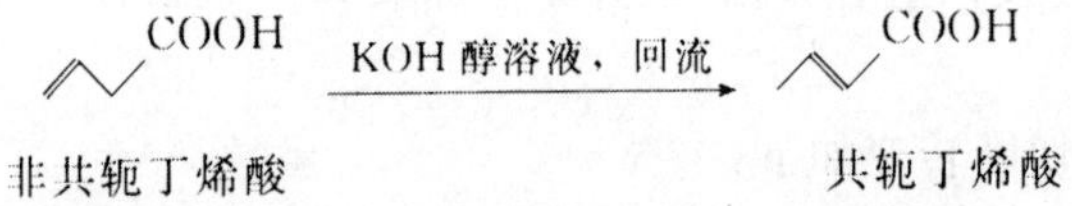

2. 骨架不变,但官能团变

许多苯系化合物的合成属于这一类型,因为苯及其若干同系物大量来自于煤焦油及石油中产品的二次加工,在合成过程中一般不需要用更简单的化合物去构成苯环。例如:

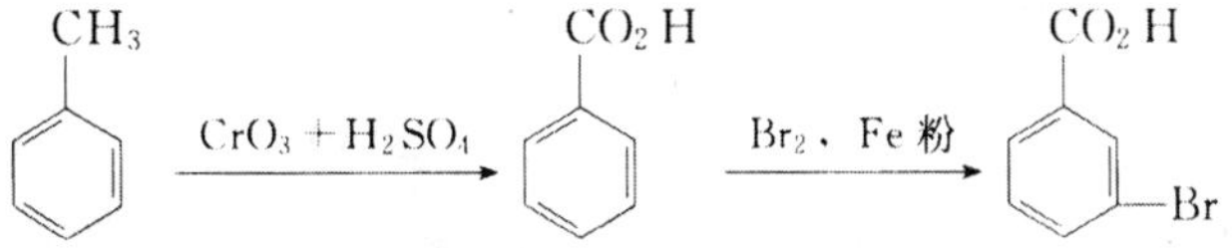

在这个反应中,只有官能团的变化而无骨架的改变。

3. 骨架变化而官能团不变

例如,重氮甲烷与环己酮的扩环反应。反应中除得到约 60% 的环庚酮外,还有环氧化物和环辛酮副产物形成。

4. 骨架与官能团均变

在复杂分子的合成中,常常用到这样的方法技巧,在变化碳骨架的同时,把官能团也变为需要者。当然,这里所说碳骨架的变化,并不一定都是大小的变化,有时,仅仅是结构形状的变化,就可达到合成的目的,如分子重排反应等。例如:

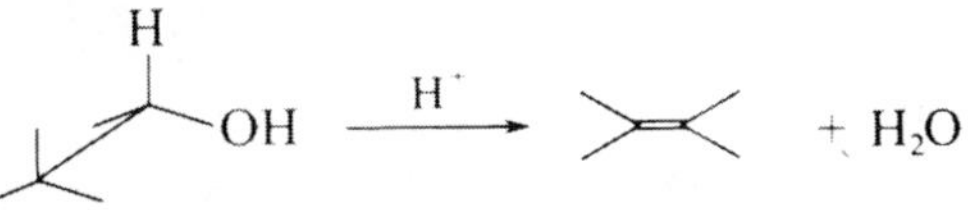

但是,有骨架大小变化的反应在合成上显得更为重要。骨架大小的变化可以分为由大变小和由小变大两种,其中,最重要的是骨架由小变大的反应。因为复杂大分子的合成,常常使用此种类型的反应所组成的合成路线。乙烯酮合成法就是骨架由大变小的例子。

$$CH_3—C(=O)—OCOCH_3 \xrightarrow{500℃\sim510℃} CH_2{=}C{=}O + CH_3COOH$$

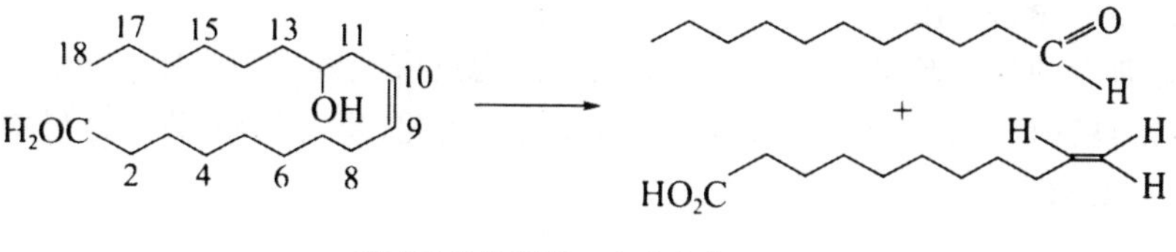

蓖麻酸的热裂解(由大变小)

9.3 逆向切断技巧

在逆向合成法中,逆向切断是简化目标分子必不可少的手段。不同的断键次序将会导致许多不同的合成路线。若能掌握一些切断技巧,将有利于快速找到一条比较合理的合成路线。

9.3.1 优先考虑骨架的形成

有机化合物是由骨架和官能团两部分组成的,在合成过程中,总存在着骨架和官能团的变化,一般有这四种可能:

(1)骨架和官能团都无变化而仅变化官能团的位置

例如：

$$\text{CH}_2=\text{CHCH}_2\text{COOH} \xrightarrow{\text{稀 NaOH 溶液}} \text{CH}_2=\text{CHCH}_2\text{COOH}$$

（2）骨架不变而官能团变化

例如：

$$\text{C}_6\text{H}_5\text{CCl}_3 + \text{H}_2\text{O} \xrightarrow{\text{Ca(OH)}_2} \text{C}_6\text{H}_5\text{COOH}$$

（3）骨架变而官能团不变

例如：

$$\text{CH}_3(\text{CH}_2)_5\text{CH}_3 \xrightarrow[\text{紫外光}]{\text{CH}_2\text{Cl}_2} \text{CH}_3(\text{CH}_2)_6\text{CH}_3 + \text{CH}_3\underset{\underset{\text{CH}_3}{|}}{\text{CH}}(\text{CH}_2)_4\text{CH}_3 +$$

$$\text{CH}_3\text{CH}_2\underset{\underset{\text{CH}_3}{|}}{\text{CH}}(\text{CH}_2)_3\text{CH}_3 + (\text{CH}_3\text{CH}_2\text{CH}_2)_2\text{CHCH}_3$$

（4）骨架、官能团都变

例如：

$$\text{CH}_3\underset{\underset{\text{OH}}{|}}{\text{CH}}\text{CH}_2\overset{\overset{\text{O}}{\|}}{\text{C}}\text{OC}_2\text{H}_5 \xrightarrow[\triangle]{\text{H}^+} \text{CH}_3\text{CH}=\text{CH}-\overset{\overset{\text{O}}{\|}}{\text{C}}\text{OH}$$

这四种变化对于复杂有机物的合成来讲最重要的是骨架由小到大的变化。解决这类问题首先要正确地分析、思考目标分子的骨架是由哪些碎片（即合成子）通过碳-碳成键或碳-杂原子成键而一步一步地连接起来的。如果不优先考虑骨架的形成，那么连接在它上面的官能团也就没有归宿。皮之不存，毛将焉附？

但是，考虑骨架的形成却又不能脱离官能团。因为反应是发生的官能团上，或由于官能团的影响所产生的活性部位（例如羰基或双键的 α-位）上。因此，要发生碳-碳成键反应，碎片中必须要有成键反应所要求存在的官能团。

例如：

设计 ⬡⬡ 的合成路线。

分析：

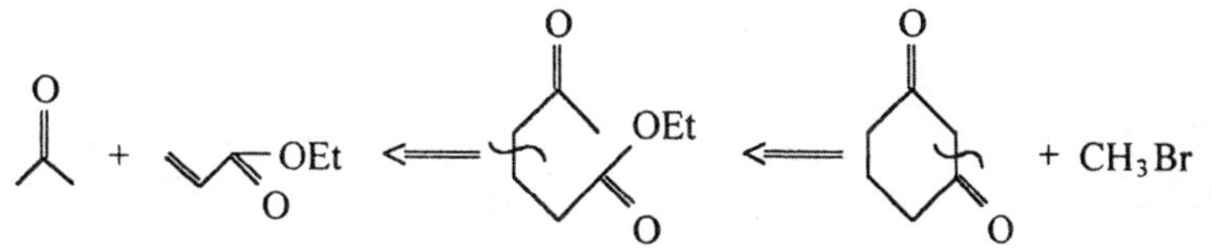

合成：

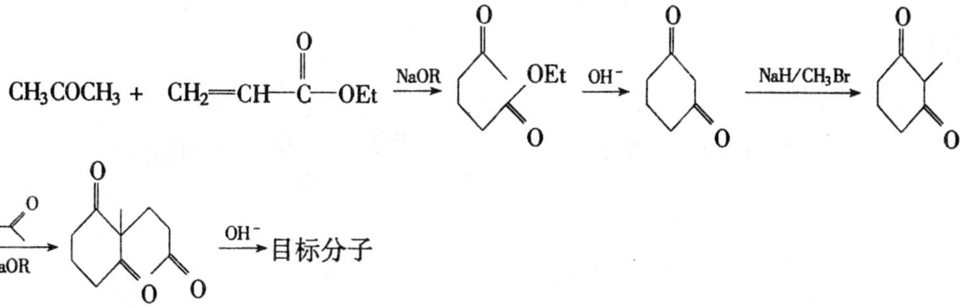

由上述过程可以看出，首先应该考虑骨架是怎样形成的，而且形成骨架的每一个前体（碎片）都带有合适的官能团。

9.3.2　碳-杂键先切断

碳与杂原子所成的键，往往不如碳-碳键稳定，并且，在合成时此键也容易生成。因此，在合成一个复杂分子的时候，将碳-杂键的形成放在最后几步完成是比较有利的。一方面避免这个键受到早期一些反应的侵袭；另一方面又可以选择在温和的反应条件下来连接，避免在后期反应中伤害已引进的官能团。合成方向后期形成的键，在分析时应该先行切断。例如：

①设计 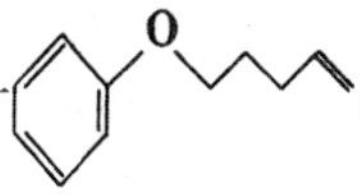 的合成路线。

分析：

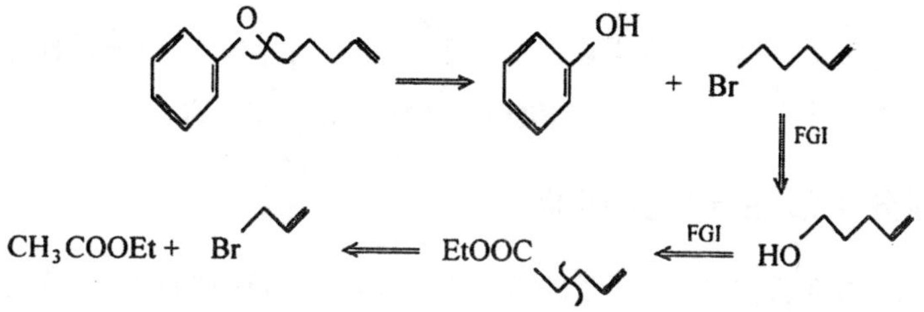

合成：

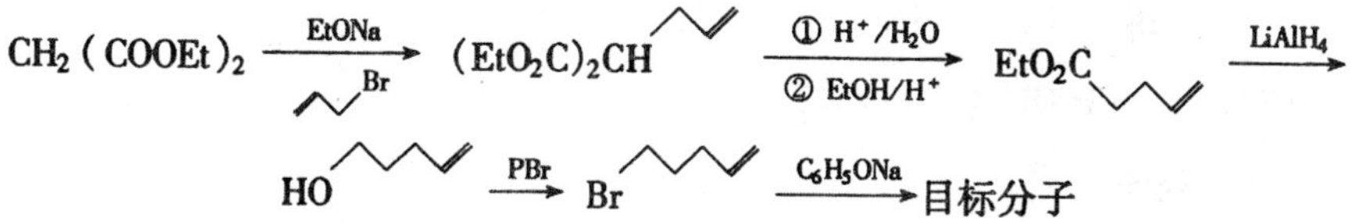

②设计 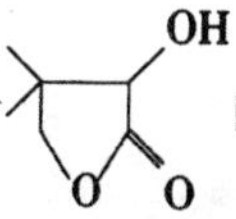 的合成路线。

分析：

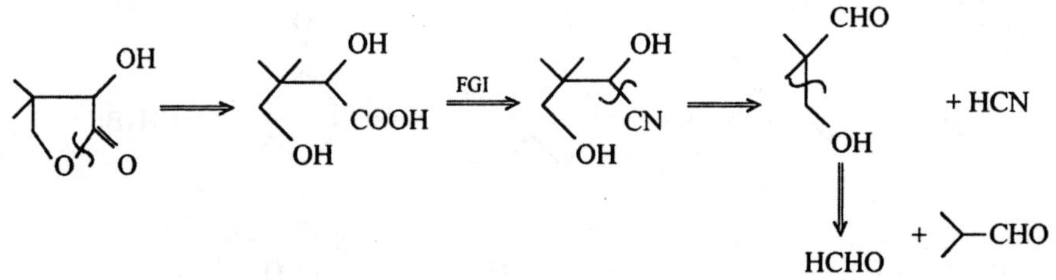

合成：

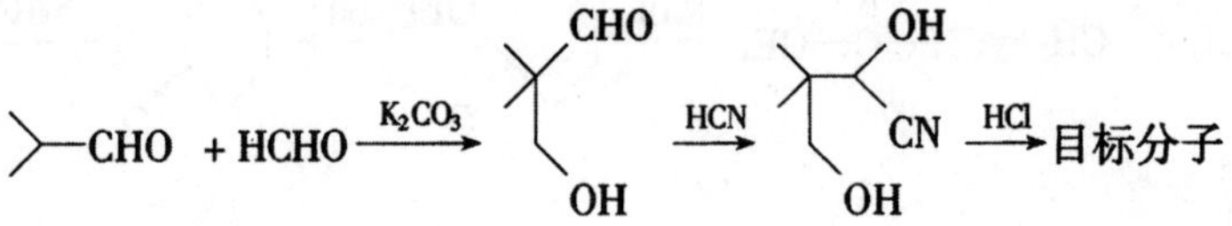

③设计 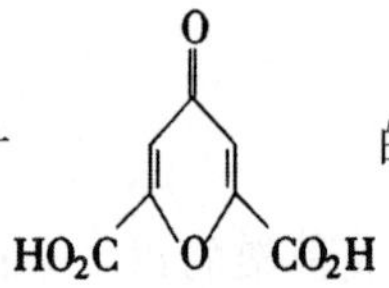 的合成路线。

分析：

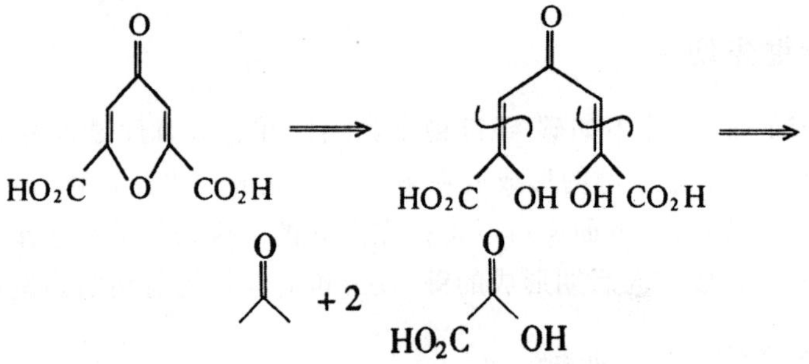

合成：

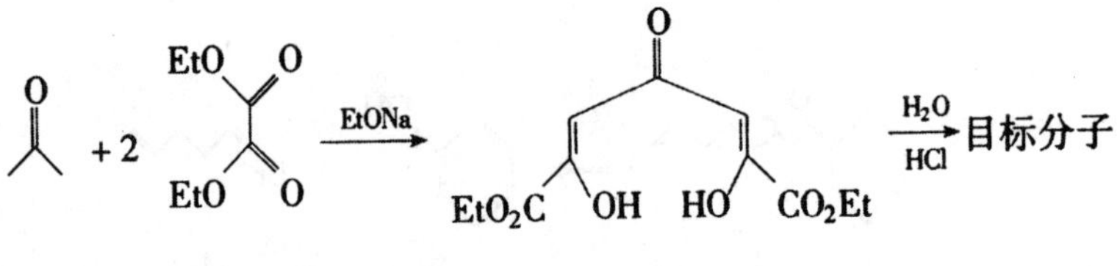

9.3.3 目标分子活性部位先切断

目标分子中官能团部位和某些支链部位可先切断,因为这些部位是最活泼、最易结合的地方。例如:

①设计 $CH_3CH-\overset{\underset{\displaystyle CH_3}{|}}{\underset{\underset{\displaystyle C_2H_5}{|}}{C}}-CH_2OH$ 的合成路线。

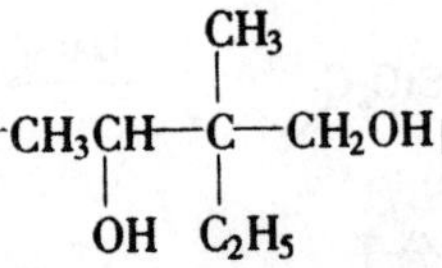

分析：

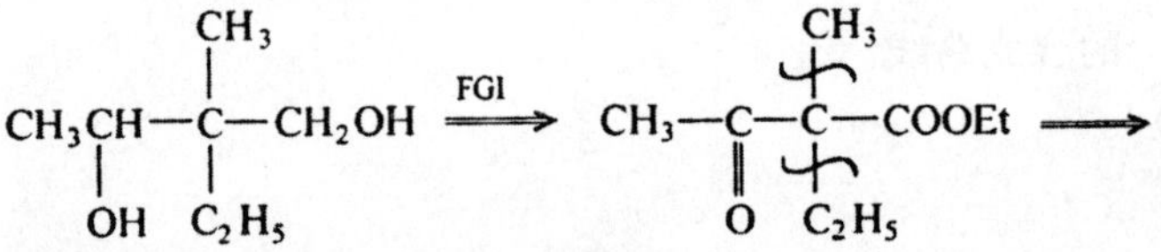

$$C_2H_5Br + CH_3I + CH_3\overset{O}{\overset{\|}{C}}CH_2CO_2Et$$

合成：

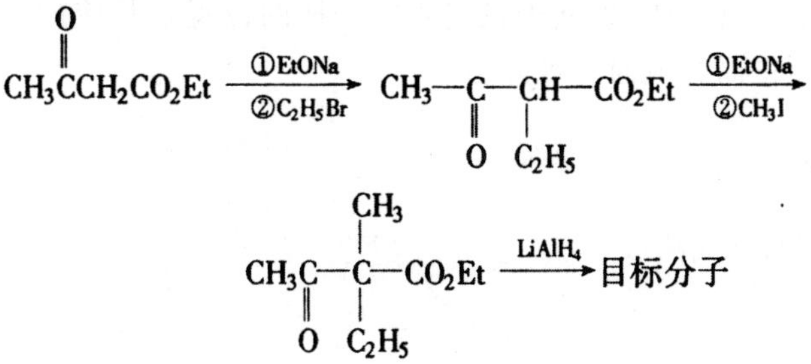

$$CH_3\overset{O}{\overset{\|}{C}}CH_2CO_2Et \xrightarrow[\text{②}C_2H_5Br]{\text{①}EtONa} CH_3-\underset{\underset{O}{\|}}{C}-\underset{\underset{C_2H_5}{|}}{CH}-CO_2Et \xrightarrow[\text{②}CH_3I]{\text{①}EtONa}$$

$$CH_3\underset{\underset{O}{\|}}{C}-\underset{\overset{CH_3}{|}}{\underset{\underset{C_2H_5}{|}}{C}}-CO_2Et \xrightarrow{LiAlH_4} 目标分子$$

②设计

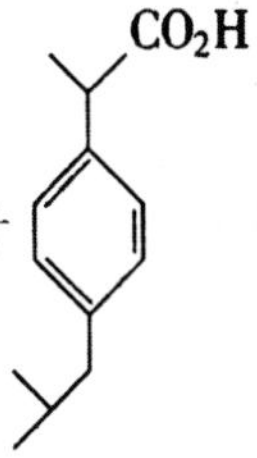

的合成路线。

分析：

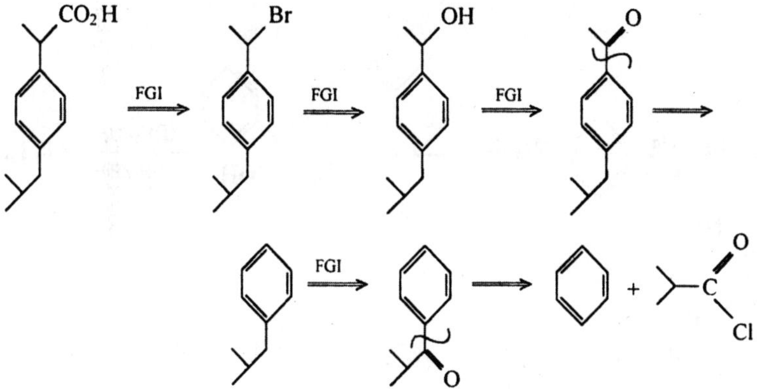

合成：

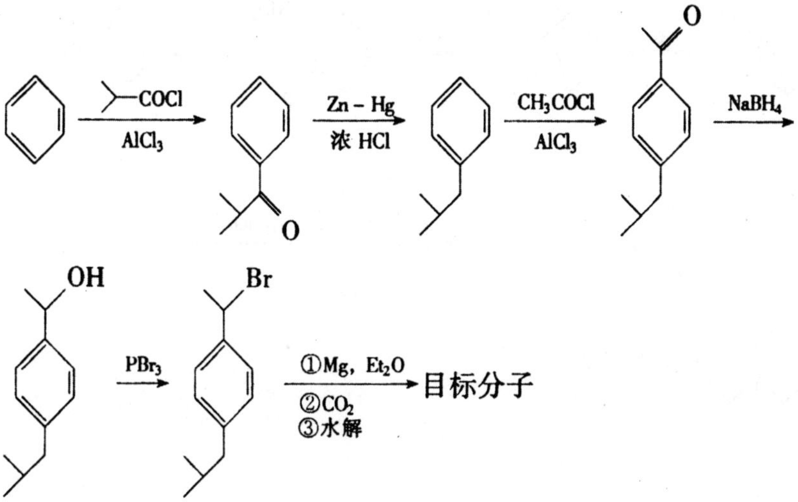

9.3.4 添加辅助基团后切断

有些化合物结构上没有明显的官能团指路,或没有明显可切断的键。在这种情况下,可以在分子的适当位置添加某个官能团,以利于找到逆向变换的位置及相应的合成子。但同时应考虑到这个添加的官能团在正向合成时易被除去。

例如:

①设计 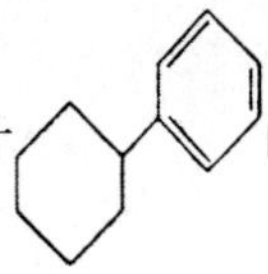 的合成路线。

分析:

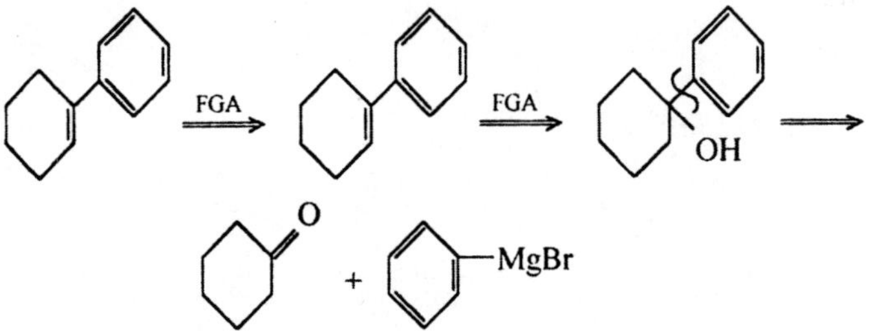

合成:

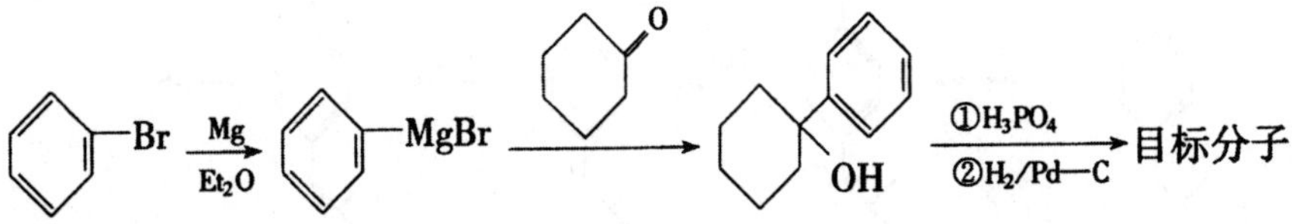

②设计 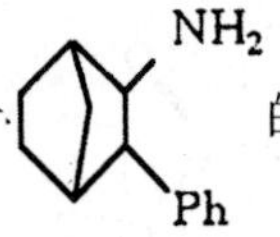 的合成路线。

分析:环己烷的一边碳上如果具有一个或两个吸电子基,在其对侧还有一个双键,这样的化合物可方便地应用 Diels-Alder 反应得到:

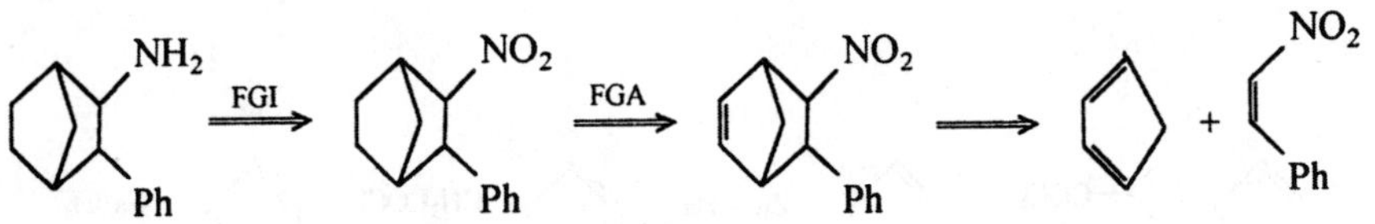

合成:

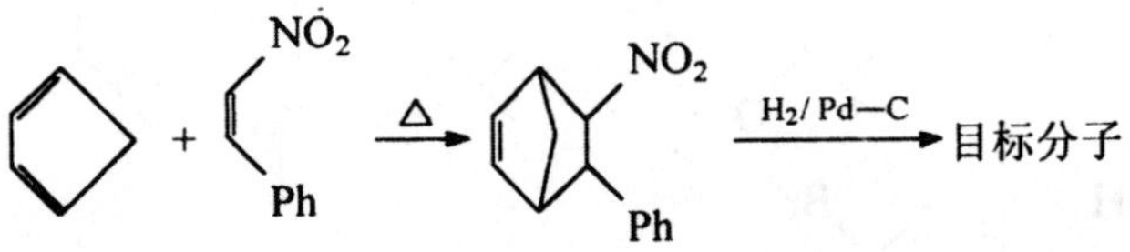

③设计 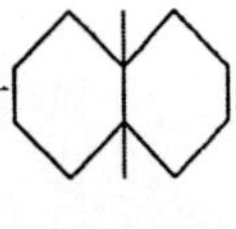 的合成路线。

分析:

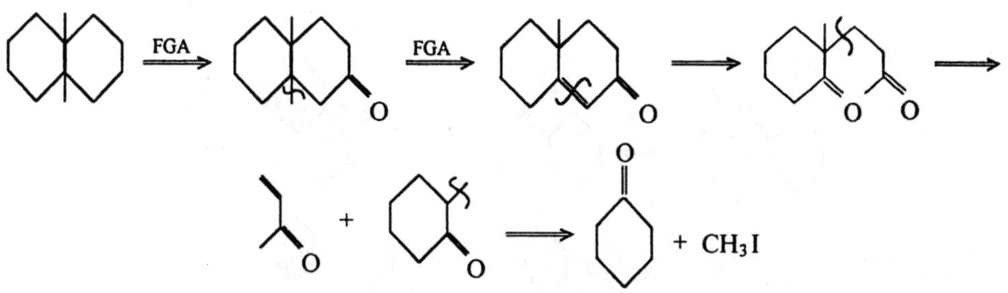

合成：

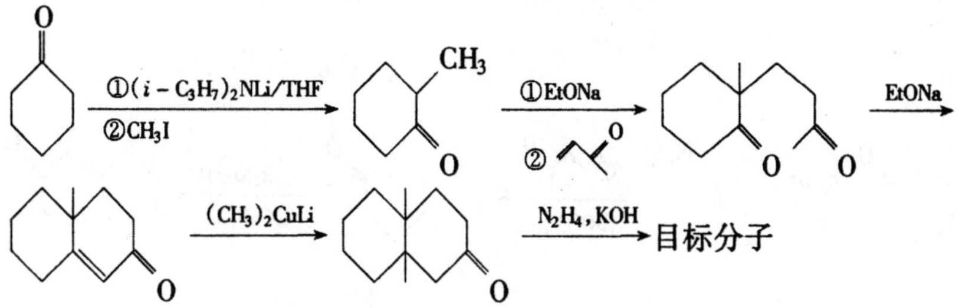

9.3.5　回推到适当阶段再切断

有些分子可以直接切断,但有些分子却不可直接切断,或经切断后得到的合成子在正向合成时没有合适的方法将其连接起来。此时,应将目标分子回推到某一替代的目标分子后再行切断。经过逆向官能团互换、逆向连接、逆向重排,将目标分子回推到某一替代的目标分子是常用的方法。

例如,合成 $\overset{a}{CH_3CH{\dashrightarrow}CH_2CH_2OH}$ 时,若从 a 处切断,得到的两个合成子中的$^{\ominus}CH_2CH_2OH$ 找不到合成等效剂。如果将目标子分子变换为 $CH_3CH{-}CH_2CHO$ 后再切断,就可以由两分子乙醛经醇醛缩合方便地连接起来。
$$\underset{OH}{|}$$

① 设计 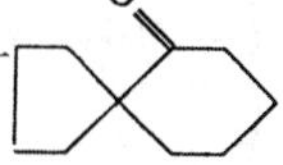 的合成路线。

分析:该化合物是个叔烷基酮,故可能是经过频哪醇重排而形成。

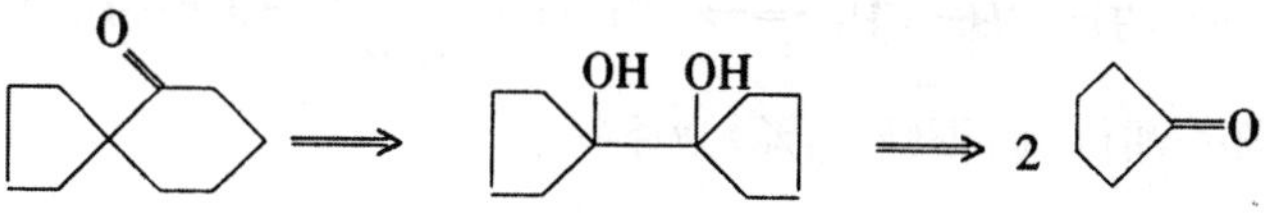

合成：

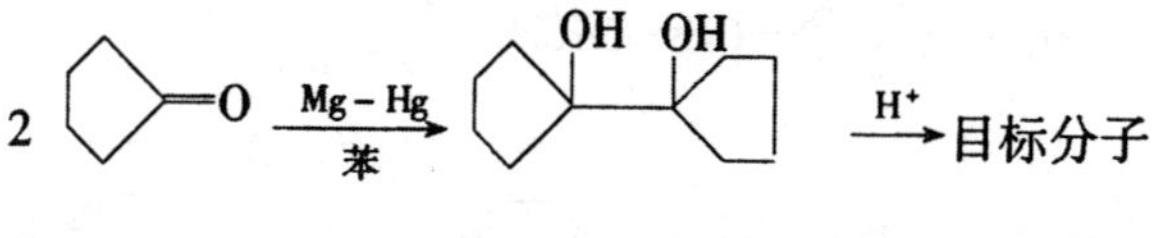

② 设计 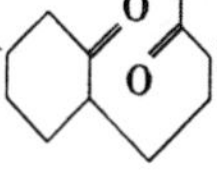 的合成路线。

分析：

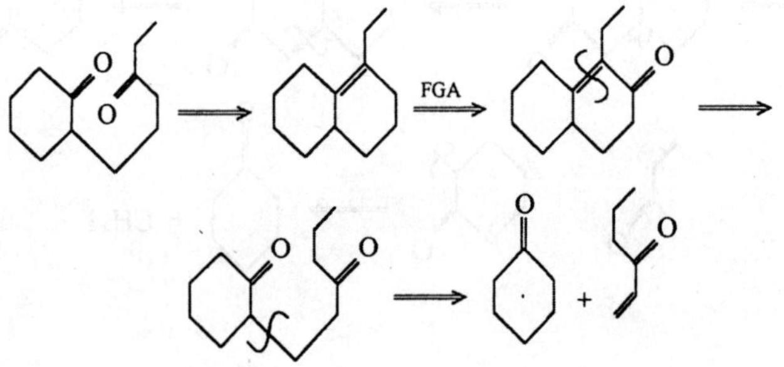

合成：

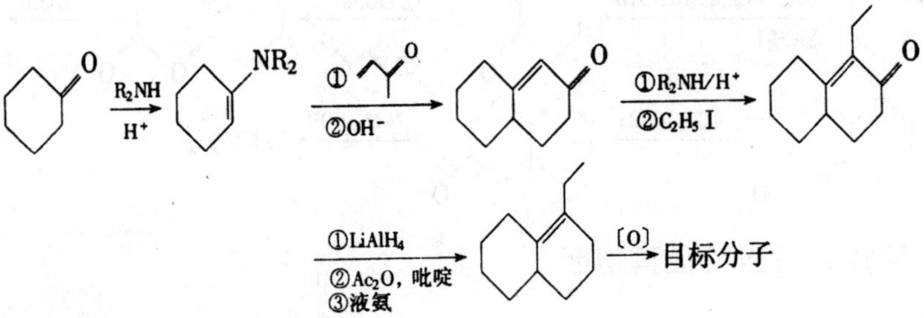

9.3.6 利用分子的对称性

有些目标分子具有对称面或对称中心,利用分子的对称性可以使分子结构中的相同部分同时接到分子骨架上,从而使合成问题得到简化。

例如：

①设计HO—⬡—$\overset{\underset{\displaystyle H}{}}{\underset{\underset{\displaystyle C_2H_5}{}}{C}}$—$\overset{\underset{\displaystyle C_2H_5}{}}{\underset{\underset{\displaystyle H}{}}{C}}$—⬡—OH的合成路线。

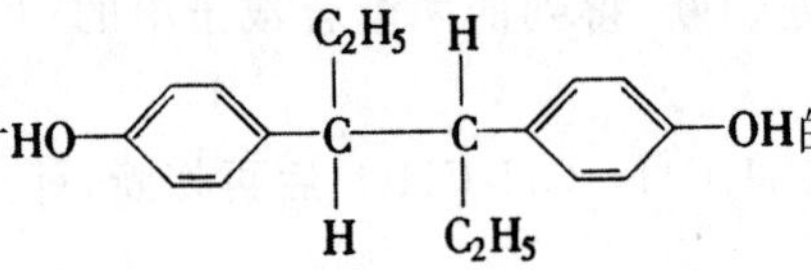

分析：

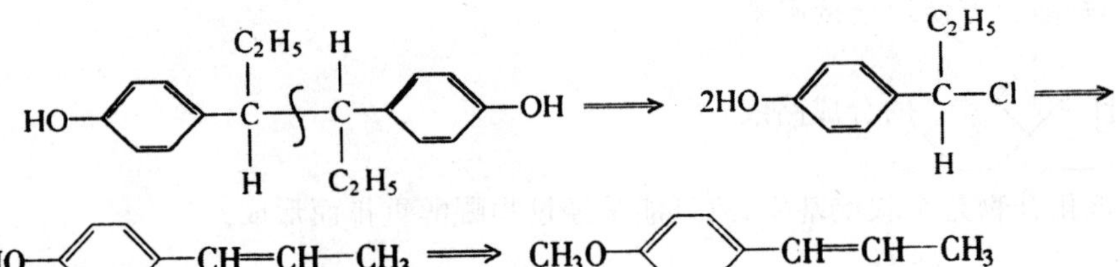

茴香脑[以大豆茴香油(含茴香脑 80％)为原料]

合成：

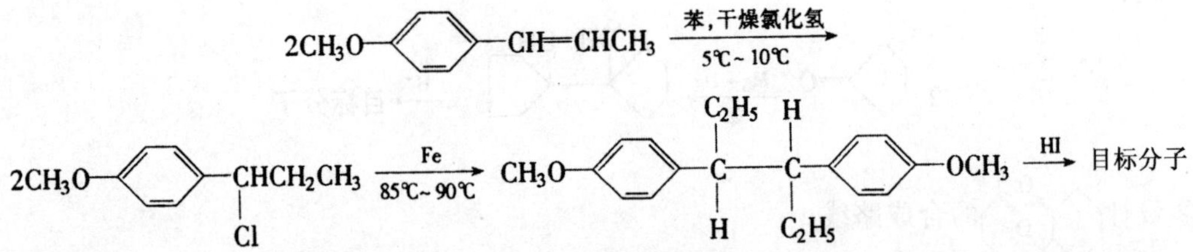

有些目标分子本身并不具有对称性，但是经过适当的变换或切断，即可以得到对称的中间物，这些目标分子存在着潜在的分子对称性。

②设计 $(CH_3)_2CHCH_2\overset{\overset{\displaystyle O}{\|}}{C}CH_2CH_2CH(CH_3)_2$ 的合成路线。

分析：分子中的羰基可由炔烃与水加成而得，则可以推得一对称分子。

$$(CH_3)_2CHCH_2\overset{\overset{\displaystyle O}{\|}}{C}CH_2CH_2CH(CH_3)_2 \xrightarrow{FGI} (CH_3)_2CHCH_2 + C \equiv C + CH_2CH(CH_3)_2 \Longrightarrow$$

$$2(CH_3)_2CHCH_2Br + HC \equiv CH$$

合成：

$$HC \equiv CH + 2(CH_3)_2CHCH_2Br \xrightarrow{NaNH_2/液\ NH_3} (CH_3)_2CHCH_2C \equiv CCH_2CH(CH_3)_2$$

$$\xrightarrow[HgSO_4]{稀\ H_2SO_4} 目标分子$$

9.4　合成路线的评价

目标物的合成可能有多种合成路线，其可行性及优劣可根据下列原则进行评价。

(1)总体考察

应当考虑是否符合原子经济学说和环境友好的要求，在该前提下，尽可能采用收敛型合成路线。

由原料 A 经不同路线得到产物 G 的分析表示如下：

①A —→ B —→ C —→ D —→ E —→ F —→ G

②
A —→ B —→ C
　　　　　　　＼
　　　　　　　　　G
　　　　　　　／
D —→ E —→ F

①为直线型合成路线，经 6 步反应得到产物，假如每步反应的产率为 90%，则总产率为 54%；②为收敛型合成路线，其总产率为 73%。可见收敛型路线比直线型优越。

合成路线一般是越短越好，最好是一步完成。即使是由多步构成的合成路线，最好不将中间体分离出来，在同一反应器中连续进行，这就是逐渐引起人们重视的"一锅合成法"(one-pot synthesis)。

(2)原料价廉易得

原料价廉易得是选择合成路线的重要依据。在设计合成路线时，无论是逆合成法或者以后介绍的其他方法，都必须考虑到原料的问题，只有原料选择适当，合成才具有实际意义。所谓适当，一般指原料容易得到，并且价格便宜。原料容易得到，才能组织生产，产生经济效益；价格便宜，才能降低成本。一般来说，出于降低成本的考虑，原料要尽量用次级的，能用主业品，就不用试剂级的，能利用三废的，就不用工业品。为此，需要熟悉市场的供应情况。市场供应情况是随时随地而异，设计合成路线时，必须具体了解，做到心中有数。

(3)反应的选择性

应当采用反应选择性好的合成路线，一般副反应少的路线产率相应也高，"三废"量也会减少。

（4）反应条件温和或易于控制

反应条件包括溶剂的选择、温度的高低和控制、加热方式、压力、催化剂的选择、作用物比及作用物添加顺序等。

（5）整个过程的安全性

合成过程中所用原料或溶剂是否易燃易爆，反应是否急剧放热，作用物有无腐蚀性和毒性等都应作详细调查，路线确定后，对每种危险因素应有相应的防范措施。

全部符合上述条件的合成路线是非常难得的，这些条件只能是相对的。但我们应当积极朝着这些方面去努力工作。

第 10 章　催化技术

10.1　相转移催化技术

相转移催化反应是近年来发展起来的一种有机反应新方法。相转移催化反应是指加入"相转移催化剂"（Phase Transfer Catalysis,简称为 PTC）使处于不同相的两种反应物易于进行的一种方法。该反应广泛用于有机合成、高分子聚合、造纸、制药、制革等领域。优点是反应条件温和,操作简便,反应时间短,选择性高,副反应少,可避免使用价格昂贵的试剂和溶剂。

10.1.1　相转移催化反应机理

相转移催化主要用于液液体系,也可用于液固体系及液固液体系。以季铵盐为例,相转移催化过程如图 10-1 所示。

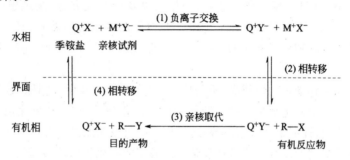

图 10-1　相转移催化机理

此反应是只溶于水相的亲核试剂二元盐 M^+Y^- 与只溶于有机相的反应物 R—X 作用,由于二者分别在不同的相中而不能互相接近,反应很难进行。加入季铵盐 Q^+X^- 相转移催化剂,由于季铵盐既溶于水又溶于有机溶剂,在水相中 M^+Y^- 与 Q^+X^- 相接触时,可以发生 X^- 与 Y^- 的交换反应生成 Q^+Y^- 离子对,这个离子对能够转移到有机相中。在有机相中 Q^+Y^- 与 R—X 发生亲核取代反应,生成目的产物 R—Y,同时生成 Q^+X^-,Q^+X^- 再转移到水相,完成了相转移催化循环。

10.1.2　相转移催化剂

相转移催化剂是能够将一些负离子、正离子或中性分子从一相转移到另一相的催化剂。大多数相转移催化反应要求将负离子转移到有机相,常用的相转移催化剂有鎓盐、聚醚和高分子载体三大类。鎓盐包括季铵盐、季磷盐、季钾盐、叔硫盐;聚醚类包括冠醚、穴醚和开链聚醚。

季铵盐具有价格便宜、毒性小等优点,所以得到了广泛的应用。一般情况下,为了使相转移催化剂在有机相中有一定的溶解度,季铵盐中应该含足够的碳数（一般碳数以 12～25 为宜）。同时,含有一定碳数的季铵盐溶剂化作用不明显,具有较高的催化活性。常用的季铵盐有:四甲基卤化铵 $[(CH_3)_4N^+X^-]$、四乙基卤化铵 $[(C_2H_5)_4N^+X^-]$、苄基三乙基氯化铵[PhCH^{2}N$^+$(C$_2$H$_5$)$_3$Cl$^-$]、三正辛基甲基氯化铵[(n-(C$_8$H$_{17}$)$_3$N$^+$Cl$^-$]、四丁基硫酸氢铵[(C$_4$H$_9$)$_4$N$^+$HSO$_4^-$]等。

季磷盐催化剂应用比较少,原因是制备困难、价格昂贵,但它本身比较稳定,且比相似的季铵盐效果好,目前只用于实验室研究。常用的季磷盐相转移催化剂有:四苯基溴化磷[(Ph)$_4$P$^+$Br$^-$]、三苯基甲基溴化磷[(Ph)$_3$P$^+$CH$_3$Br$^-$]、三苯基乙基溴化磷[(Ph)$_3$P$^+$C$_2$H$_5$Br$^-$]、正十六烷三乙基溴化磷[n-C$_{16}$H$_{33}$P$^+$(C$_2$H$_5$)$_3$Br$^-$]等。

冠醚(又称穴醚)用于相转移催化剂开发较早,但它毒性大、价格高,应用受到限制。常用的冠醚催化剂有:15-冠-5、18-冠-6、二苯并18-冠-6、二氮18-冠-6等,如图10-2所示。

15-冠-5 　　　　　二苯并18-冠-6 　　　　　二氮18-冠-6

图10-2　冠醚的结构

开链聚醚克服了冠醚的一些缺点,优点为:容易得到、无毒、蒸汽压力小、价廉,在使用过程中不受孔穴大小的限制,并具有反应条件温和、操作简单及产率较高等,是理想的冠醚替代物。常用的开链聚醚有:聚乙二醇类 HO(CH$_2$CH$_2$O)$_n$H;聚氧乙烯脂肪醇类 C$_{12}$H$_{25}$O(CH$_2$CH$_2$O)$_n$H;聚氧乙烯烷基酚类 C$_8$H$_{17}$PhO(CH$_2$CH$_2$O)$_n$H。聚乙二醇 400、600、800、1000 等是最常用的开链聚醚。

为了克服均相相转移催化剂价格高、不易回收、易在产物中残留等问题,近年来发展出多种固载型催化剂。这类固载型催化剂是一种不溶性相转移催化剂(也称三相催化剂),是将均相相转移催化剂(季铵盐、季磷盐、开链聚醚或冠醚等)通过化学键负载在无机或有机高分子载体上形成既不溶于水也不溶于有机溶剂的固载型相转移催化剂。典型的固载型相转移催化剂如图10-3所示。

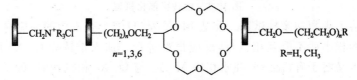

CH$_2$N$^+$R$_3$Cl$^-$ 　　　(CH$_2$)$_n$OCH$_2$ 　　　n=1,3,6 　　　CH$_2$O—(CH$_2$CH$_2$O)$_n$R 　　　R=H,CH$_3$

图10-3　固载型相转移催化剂

高分子载体相转移催化剂的催化原理与均相相转移催化剂不同。以高分子负载季铵盐催化溴代烃与氰化钠的亲核加成反应为例,相转移催化机理如图10-4所示。

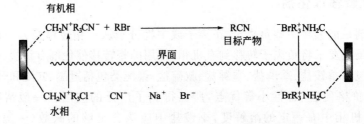

有机相

CH$_2$N$^+$R$_3$CN$^-$ + RBr $\longrightarrow$ RCN 　目标产物 　　　$^-$BrR$_3^+$NH$_2$C

界面

CH$_2$N$^+$R$_3$Cl$^-$ 　CN$^-$ 　Na$^+$ 　Br$^-$ 　　　$^-$BrR$_3^+$NH$_2$C

水相

图10-4　高分子载体相转移催化剂的催化原理

固载型催化剂的活性部位(即均相催化剂部分)既可以溶于水相又可以溶于有机相,氰根负离子被固态催化剂的活性部位从水相转移到固载型催化剂上,进而被转移到有机相中,再与有机试剂 R—X 发生亲核取代反应,这种方法称为液-固-液三相相转移催化。这种方法操作简单,反应后催化剂可以定量回收,能耗也较低,适用于连续化生产。

10.1.3 相转移催化反应

相转移催化最初用于亲核取代反应,如在反应物中引入—CN 和—F,以及二氯卡宾的生成反应等。后来迅速发展到取代、消去、氧化、还原、加成以及催化聚合等反应。

1.烃基化反应

烃基化反应是指在 C、O、N 等原子上引入烃基的反应,常称为 C-烃基化、O-烃基化、N-烃基化等,下面分别介绍相转移催化剂对这些反应的改善和促进作用。

(1)C-烃基化

α-乙基苯乙腈的经典合成方法是用强碱夺去活泼氢形成碳负离子,再在非质子溶剂中和氯代烃反应。该反应条件比较苛刻,采用相转移催化剂可在温和条件下实现。

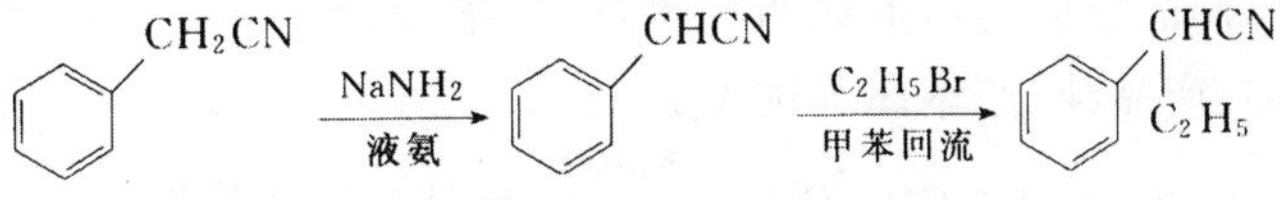

$$PhCH_2 + C_2H_5Br \xrightarrow[\text{NaOH/H}_2\text{O}]{PTC} \underset{\underset{C_2H_5}{|}}{PhCHCN}$$

88%

(2)N-烃基化

N,N-二乙基苯胺是制备优秀染料、药物和彩色显影剂的重要中间体,用途广泛,传统合成方法是将定量的苯胺和氯乙烷于高温、高压下在碱性条件下进行 N-烃基化反应得到,收率约为 85%。使用四乙基碘化铵作相转移催化剂可在常压、稍高的温度(55℃)及碱性条件下合成,收率为 95.6%。

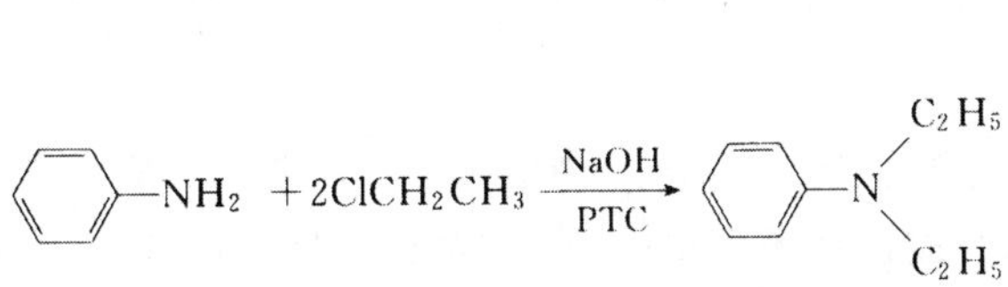

(3)O-烃基化

氧的烃基化主要产物是醚和酯。混醚的传统合成常用 Williamson 合成法,也就是使用卤代烃和醇钠或酚钠反应来合成,但在碱的作用下,仲或叔卤代烃易发生消除反应生成烯烃副产物。如果使用相转移催化法,则可在温和的条件下生成,并且产率较高。

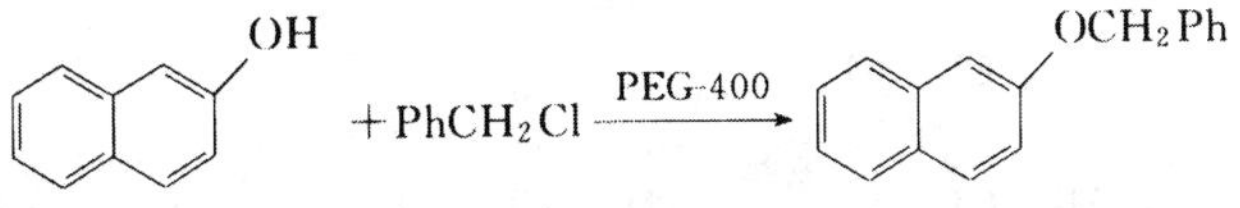

传统的使用羧酸盐与卤代烃发生氧的烃基化生成酯的反应很难发生,因为羧酸盐在水溶液中发生很强的水合作用,无法与卤代烃接近而发生反应。如果加入相转移催化剂,羧酸盐与卤代烃则很容易发生氧的烃基化反应生成酯,并且产率很高。

$$\text{Br}\overset{}{\diagdown}\text{Br} + CH_3COOK \xrightarrow[42℃,9h]{TOMAC} H_3CCOO\overset{}{\diagdown}OOCCH_3$$

(TOMAC:三辛基甲基氯化铵)   72%

该方法也适用于位阻较大的羧酸盐与卤代烃的氧的烃基化反应。

2.卤代反应

1-溴代十二烷在有机合成领域应用很广泛,可以合成杀菌消毒药物新洁尔火和度米芬。传统多采用浓硫酸催化法,因为正十二醇不溶于水,所以正十二醇与氢溴酸的接触率较低,反应进行较慢而且产率较低(为89.2%)。如果向反应中加入相转移催化剂十二烷基二甲基苄基氯化铵,则能加速反应并提高产率(98.8%)。

$$C_{12}H_{25}OH + HBr \xrightarrow[H_2SO_4]{PTC} C_{12}H_{25}Br + H_2O$$

98.8%

3.氧化反应

常用的氧化还原剂多为无机物,如 $KMnO_4$、$K_2Cr_2O_7$、$NaBH_4$ 等易溶于水而不易溶于有机溶剂,加入易溶于有机溶剂的反应物后形成两相体系,产率低,速度慢。加入相转移催化剂后具有反应加速、选择性增加、产品纯、产率高等优点。

$$CH_3(CH_2)_7CH{=}CH_2 \xrightarrow[R_4N^+Cl^-]{KMnO_4} CH_3(CH_2)_7COOH$$

100%

$$C_6H_5CH_2OH \xrightarrow[R_4N^+X^-,CH_2Cl_2]{NaOX/H_2O} C_6H_5CHO$$

76%

4.消去反应

消去反应常见的有两类:α-消去反应、β-消去反应。α-消去反应常可以得到卡宾(又称碳宾、碳烯)。β-消去反应可以合成各种烯烃和炔烃。γ-消去反应可以合成环丙烷的衍生物。

扁桃酸具有很强的抑菌作用,也可作为某些药物的中间体。传统的合成方法是使用苯甲醛与剧毒的氰化物反应后酸解得到。使用相转移催化剂可使氯仿在 NaOH 存在下发生 α-消去反应生成二氯卡宾,二氯卡宾与苯甲醛加成,然后经重排、水解即可合成扁桃酸。

$$CHCl_3 \xrightarrow[TEBA]{NaOH} :CCl_2$$

$$C_6H_5CH{=}O \xrightarrow{:CCl_2} C_6H_5-\underset{Cl}{\overset{Cl}{C}}-O \xrightarrow{重排} C_6H_5-\underset{Cl}{CH}-COCl \xrightarrow[H^+]{OH^-} C_6H_5-\underset{OH}{CH}-COOH$$

苯乙烯是一种重要的有机合成中间体,传统的合成是使用 β-溴代乙苯在 NaOH 溶液中加热 2h,发生 β-消去反应,产率仅为 1%。如果加入相转移催化剂四叔丁基溴化铵,加热 2h 反应即可完全,产率为 100%。

· 290 ·

10.2　均相催化与非均相催化技术

10.2.1　均相催化技术

均相催化是催化剂与反应介质不可区分,与介质中的其他组分形成均匀物相的催化反应体系。均相催化剂常用于液相反应,它完全溶解于其中。

目前,均相催化已成功地应用于多种化工生产过程,其中最有名的三个是:

①乙烯均相催化氧化成乙醛的 Wacker 过程,均相催化剂为 $PdCl_2$-$CuCl_2$-HCl·aq 体系。

②α-烯烃氢醛化合成醛(酮)化合物的 OXC 过程,均相催化剂为八碳基二钴[$CO_2(CO)_8$]。

③甲醇羰基化合成醋酸的 Monsanto 过程,均相催化剂为 Rh-络合物或 Ru-络合物。

通常,有机合成中的酸碱催化也属于均相催化范畴。

在工业应用中,均相催化剂难以与反应介质分离,且均相催化剂除有机合成中用的酸碱外,工业应用的多系 Pd、Ru、Pt 等贵金属络合物,经济成本高,如没有高效的活性和选择性,以及接近 100% 的贵金属回收率,就难以在工业上应用,进而使得非均相催化较均相催化在工业应用中比较普遍。

当然,均相催化也有很多非均相催化不能达到的优势,如下:

①易于在较温和的条件下进行,有利于节能。

②均相催化剂通常就是特定的分子,产生催化作用的仅是其多功能基的某一基团,反应性能专一,具有特定的选择性,这是非均相催化体系目前所做不到的。

③均相催化剂的活性和选择性可以通过配体的选择、溶剂的变换、促进剂的增添等因素,精细地调配和设计。

④均相催化的作用机理清楚,易于研究和把握。

基于上述优点,目前均相催化的研究开始受到催化科学家们的广泛重视。主攻的方向之一是将均相催化剂固相化,制出固相化的均相催化剂。这种催化剂将均相和非均相催化剂的优点结合在一起,形成一类新的催化体系。它的特点是活性中心分布均匀,易于化学修饰,选择性高,易于与反应介质分离、回收和再生,具有较好的稳定性和较长的寿命。固相化载体则有 PS、PVC、离子交换树脂等有机高聚物类和 Al_2O_3、SiO_2、TiO_2 和分子筛等无机高聚物类。固相化方法是将活性组分的金属原子锚锭在这些高聚物上。

10.2.2　非均相催化技术

非均相催化指的是反应物和催化剂分别在不同的物相中,催化作用在不同的界面上进行的催化作用。从化学角度来看,均相催化和非均相催化的本质在于催化过程的差异。理论上,所有的均相催化都有相应的非均相催化对应,反之亦然,但目前仍有很多均相催化和非均相催化实际上是不能对应的。根据不同物相组合,非均相催化可以分为气液相、气固相、液固相和液液相催化等多种类型。其中,气液相和液液多相催化与均相催化很类似;而固体催化剂催化的气固相和液固相催化过程与均相催化有显著区别。固体催化剂催化的非均相反应是在催化剂表面上进行的,至少应有一种反应物分子在催化剂表面吸附成为被吸附物时才能发生反应。大体包括以下几个步骤:

①反应物从气或液相向固体催化剂外表面扩散。

②反应物从催化剂表面沿着微孔向催化剂内表面扩散。

③至少一种或同时有几种反应物在催化剂表面发生化学吸附。

④被吸附的相邻活化反应物分子或原子之间进行化学反应,或是吸附在催化剂表面的活化反应物分子与气相中的反应物分子之间发生反应,生成吸附态产物。

⑤吸附态产物从催化剂表面脱附。

⑥产物从催化剂内表面扩散到外表面。

⑦产物从催化剂外表面扩散到气或液相中。

可见,固体催化剂的非均相催化中有很多过程在均相催化中并不存在。

1.固体非均相催化

固体非均相催化剂主要由主催化剂、助催化剂和载体三部分混合组成。

(1)主催化剂

主催化剂可以由一种物质组成,也可由几种物质组成。在某一化学反应中,主催化剂的选择对反应及其选择性起决定作用。

(2)助催化剂

助催化剂一般本身没有催化活性,但却能够提高主催化剂的活性或选择性,并延长其使用寿命。有些助催化剂则改变主催化剂的电子结构或主催化剂的表面性质,从而提高催化剂的活性。

(3)载体

载体是支持主催化剂和助催化剂的惰性骨架,其主要作用是使催化剂保持一定的形状,提供适当的多孔结构,改善表面积和机械强度等。常用的载体有浮石、硅藻土、氧化铝、二氧化硅等。

综上所述,V_2O_5-K_2SO_4-SiO_2是气相催化氧化法由萘制邻苯二甲酸广泛采用的催化剂,其中V_2O_5是主催化剂,K_2SO_4是助催化剂,SiO_2是载体。

固体催化剂组成复杂,而且催化活性中心的结构很难控制,甚至难以明确确定,因此催化过程的化学和立体选择性都不理想,目前主要应用于反应物和产物结构相对简单、反应选择性要求不高的石油化工等领域。

2.过渡金属加氢

均相过渡金属催化加氢过程由于价格昂贵、回收困难等缺陷,在实际生产中很难应用。与过渡金属催化加氢均相催化剂相对应的固体非均相金属催化剂是金属催化剂或负载型金属催化剂,如 Pd/C、雷尼镍等。非均相催化剂虽然在反应的选择性和活性上与均相催化剂有明显差别,但在催化过程的化学本质上是很类似的。此外,固体金属催化剂或负载型金属催化剂使用方便,易于分离回收,因此广泛应用于实际生产的催化加氢中。

固体金属催化剂或负载型金属催化剂催化的烯烃催化加氢的基本化学过程包括:

①氢气分子在金属表面化学吸附。

②氢分子均裂形成金属—氢(M—H)键。

③烯烃等底物分子中的 C=C、C≡C 等不饱和键在金属表面化学吸附和活化。

④C≡C 键等不饱和键插入 M—H 键,形成 M—C 键。

⑤M—C 键与 M—H 键完成催化过程。

由于反应的前提是烯烃等底物中的不饱和键和氢气分子在金属催化剂的吸附,因此反应与均相催化氢化一样为顺式选择性反应。不同的是,固体金属催化剂的活性与金属颗粒大小、制备工艺条件都有很大的关系。此外,目前固体金属催化剂还不能进行对映立体选择性控制。

3. 分子筛催化

天然沸石是一种水合的晶体硅酸盐,具有中空的、高度规则性的笼状结构,有各种大小均一的孔道通向这笼状多面体,从而组成了具有四通八达通道的结构,通道的孔径尺寸大小限制了进入分子筛内部的分子的几何大小,从而令沸石具有筛分分子的性能,故又称为分子筛。其化学通式为

$$M_{x/n}[(AlO_2)_x(SiO_2)_y] \cdot m\,H_2O$$

其中,x 表示 Al 的数目,x/n 为金属离子 M 的价数,m 为水合的水分子数。

可通过离子交换等途径将各种金属离子结合进沸石等基本分子筛的骨架中,形成既具有该金属的催化性能,又有沸石规整轨道的新型改性分子筛。分子筛催化的最大特点是择型效应。分子筛规整均匀的孔口和孔道使得催化反应可以在一种对一定的形状有效,而对其他形状无效或低效的情况下进行,即所谓的择型催化。在有机合成中应用的分子筛,其骨架主要由硅酸铝组成。

10.3　生物催化有机合成技术

生物催化(Biocatalysis)是指利用酶或有机体(细胞、细胞器等)作为催化剂进行化学转化的过程,也称生物转化(Blotransformation)。不对称合成(Asymmetric Synthesis)是指无手性或潜手性的底物,在手性条件下,通过手性诱导产生手性产物的过程。所以,生物催化的不对称合成就是指利用酶或有机体催化无手性或潜手性的底物生成手性产物的过程。

10.3.1　生物催化有机合成的发展

人类利用细胞内酶作为生物催化剂实现生物转化已有几千年的历史。我国从有记载的资料得知,4000 多年前的夏禹时代酿酒已盛行。酒是酵母发酵的产物,是细胞内酶作用的结果。2500 多年前的春秋战国时期,我国劳动人民就已能制酱和制醋,在酿酒工艺中,利用霉菌淀粉酶(曲)对谷物淀粉进行糖化然后利用酵母菌进行酒精发酵曲种有根霉、米曲霉、酵母菌、红曲霉或毛霉等微生物。真正对酶的认识和研究还应归功于近代科学技术的发展。酶(Enzymes)这一术语在 1878 年由库内(Kuhner)创造用以表述催化活性。1894 年,费歇尔(Fischer)提出了"锁钥学说"用来解释酶作用的立体专一性。1896 年,德国学者布赫奈纳(Buchner)兄弟发现用石英砂磨碎的酵母的细胞或无细胞滤液和酵母细胞一样将 1 分子葡萄糖转化成 2 分子乙醇和 2 分子 CO_2,他把这种能发酵的蛋白质成分称为酒化酶,表明了酶能以溶解状态、有活性状态从破碎细胞中分离出来而非细胞本身,从而说明了上述化学变化是由溶解于细胞液中的酶引起的。这些工作为近代酶学研究奠定了基础。

物体的手性认识,开始于巴斯德,1848 年他借助放大镜、用镊子从外消旋酒石酸钠铵盐晶体混合物中分离出(＋)-和(－)-酒石酸钠铵盐两种晶体,随后的分析测试表明它们的旋光性相反。1858 年他又研究发现外消旋酒石酸铵在微生物酵母或灰绿青霉生物转化下,天然右旋光性(＋)-酒石酸铵盐会逐渐被分解代谢,而非天然的(－)-酒石酸铵盐被积累而纯化,该过程被称为不对称分解作用。1906 年,瓦尔堡(Warburg)采用肝脏提取物水解消旋体亮氨酸丙酯制备 L-亮

氨酸。1908 年,罗森贝格(Rosenberg)用杏仁(D-醇氰酶)作催化剂合成具有光学活性的氰醇。这些创造性研究工作促进了生物催化不对称合成的研究与发展。1916 年,纳尔逊(Nelson)、格里芬(Griffin)发现转化酶(蔗糖酶)结合于骨炭粉末上仍有酶活性。1926 年,姆纳(Sumner)从刀豆中分离纯化得到脲酶晶体。1936 年,姆(Sym)发现胰脂肪酶在有机溶剂苯存在下能改进酶催化的酯合成。1952 年,得逊(Peterson)发现黑根霉能使孕酮转化滩 11α-羟基孕酮,使原来需要 9 步反应才能在 11 位入 α-羟基的反应用微生物转化一步即可完成,产物得率高、光学纯度好,从此解决了甾体类药物合成中的最大难题。我国从 1958 年开始,由微生物学家方心芳教授和有机化学家黄鸣龙教授合作开展这一领域的研究,并取得成功。1960 年,诺华(NOVO)公司通过对地衣形芽孢杆菌(Bacillus liehenifomfis)深层培养发酵大规模制备了蛋白酶,从此开始了酶的商业化生产。经过近半世纪的研究,生物催化已成为有机合成中的一种方法。生物催化的不对称合成已成功地用于光学活性氨基酸、有机酸、多肽、甾体转化、抗生素修饰和手性原料(源)等制备,这是有机合成化学领域的一项重要进展。

10.3.2 生物催化剂

酶作为一种高效生物催化剂,有着化学催化剂无可比拟的优越性,已经广泛应用于食品、制药和洗涤剂工业。随着酶催化理论的突破,近年来,酶催化聚合反应的研究十分活跃,特别是利用酶催化技术成功合成了化学方法难以实现的功能高分子,而且该技术具有节能和对环境无不良影响等优点。

1. 酶催化的特点

酶是生物催化剂,它们是经过进化而具有专一性催化结构,它具有化学催化剂的一般特征,即加快反应的速率。通常酶催化加快反应的速率是化学催化剂的 $10^6 \sim 10^{13}$ 倍,有时高达 10^{17} 倍。酶催化时,催化剂的用量少。在化学催化反应中,催化剂用量一般为 0.1%~1%(摩尔比),而酶催化反应中酶的用量为 10^{-3}%~10^{-4}%(摩尔比)。除此之外,酶还有以下显著的特点。

(1)反应条件温和

化学催化反应经常在强酸、强碱或高温条件下进行,在这样的条件下进行反应,很难避免发生分解、消除、重排、异构化、消旋等副反应。酶催化反应则不同,酶催化反应温度一般在 20~40℃;pH 值为 5~8,通常为 7 左右。这样的反应条件,可以减少不必要的副反应。

(2)高度的专一性

酶通常与底物特异性地结合在一起,从而表现出高度的区域、立体和对映选择性。即酶催化一种立体异构体发生某种化学反应,而对另一种立体异构体则无作用。例如,乳酸脱氢酶只能催化(R)-酸脱氢变为丙酮酸,对(S)-酸无作用。在催化反应中,虽然底物本身没有手性但反应却是立体专一的。例如,延胡索酸酶催化延胡索酸生成苹果酸时,水的加成以立体专一的方式加入到底物。正是因为酶催化剂具有高度的对映体选择性,才使得不对称合成成为生物催化最具吸引力的应用领域。

(3)催化效率高

酶催化的反应速率比非酶催化的反应速率一般要快 $10^6 \sim 10^{12}$ 倍,酶催化的反应中酶的用量为 $10^{-5} \sim 10^{-6}$(物质的量比),具有极高的催化效率。与其他催化剂一样,酶催化仅能加快反应速率,但不影响热力学平衡,酶催化的反应往往是可逆的。

（4）天然无污染

酶来自天然,本身是可以生物降解的蛋白质,是理想的绿色催化剂,且对产物和环境影响极小。

（5）手性化合物的合成

酶是高度手性的催化剂,其所催化的反应具有高度的立体选择性。在手性技术中,无论是手性合成还是手性拆分都涉及生物催化法。因此,生物催化的手性合成具有巨大的发展潜力。生物催化剂不像无机金属催化剂,它使用后可被降解,是环境友好的催化剂;生物催化反应具有高度的立体选择性,能使潜手性化合物只生成 2 个对映体中的一种,避免了另一种无用对映体的生成,从而减少了废物的排放,这是绿色化学研究的重要组成内容。

2.酶的催化机理

酶活性中心与底物的结合大多是通过短程的非共价键。反应产物易同酶—底物复合物分开;也有部分酶与底物的结合是通过共价键,则产物难以释放出来,使酶作为催化剂的效率变低。实验表明,酶的催化功能部分地受到活性中心内具有一定空间位置的带电荷基团的影响,这些基团是酶蛋白中某些氨基酸残基的电离侧链,通过酶蛋白分子二级结构和三级结构的卷曲使其与酶的活性中心靠得很近。催化基团的精确位置对酶促反应甚为重要,酶蛋白的变性使空间排列受到破坏,酶因而失活。酶促反应包括酶与底物的结合和催化基团对反应的加速 2 个过程,酶促反应是各种效应的综合。

（1）酶降低反应的活化能

一个简单的单底物的酶促反应可表示为:

$$E+S \cdot ES \longrightarrow P+E$$

E,S,P 和 ES 分别表示酶、底物、产物以及酶与底物形成的复合物。一个底物要转化为产物必须克服活化能障,升高反应温度可以增加具有克服活化能障的底物分子数,但活化能并没有降低。

降低活化能同样可提高反应速率,这正是催化剂的功能。作为生物催化剂的酶比无机催化剂效率更高,能使反应更快地达到平衡点,但酶也和其他催化剂一样,可通过降低活化能提高反应速率,但反应的平衡点不会改变。图 10-5(b)表示的是酶促反应过程中自由能的变化,可以看到,酶存在下的反应活化能要比无催化剂时[见图 10-5(a)]反应的活化能低。

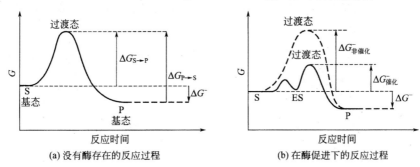

图 10-5　反应过程中自由能变化

（2）邻近效应和定向效应

一个底物分子和酶的一个催化基团在进行反应时,必须相互靠近,彼此间保持适当的角度构成次级键(氢键、范德华力等)。反应基团的分子轨道要互相重叠,这好像是把底物固定在酶的活性部位,并以一定的构象存在,保持正确的方位,才能有效地发挥作用。若底物分子间的距离和定向都达到最适合的时候,催化效率则最高。

(3)微环境的影响

每一种酶蛋白都有特定的空间结构,而这种酶蛋白的特定的空间结构就提供了功能基团发挥作用的环境,这种环境称为微环境。在酶活性部位的裂隙里,相对来说是非极性的。在这个环境中,介电常数较在水环境中或其他极性环境中的介电常数低,在非极性环境中,两个带电物之间的电力比在极性环境中显著增高。催化基团在低介电环境包围下处于极化状态。当底物分子与活性部位相结合时,催化基团与底物分子敏感键之间的作用力要比极性环境还要强,因此这种疏水的环境促进催化总速率的加快。

(4)多元催化

在酶催化反应中,常常是几个基元催化反应配合在一起共同作用。这些基元催化反应主要有广义酸碱催化、共价催化(亲核催化和亲电催化)以及金属离子的催化。

大多数的酶所催化的反应中都包含有广义的酸碱作用。酶分子中含有数个能作为广义酸碱的功能团,如氨基、酪氨酸酚羟基、羧基、巯基和组氨酸咪唑基等。

共价催化是指酶催化过程中的亲核催化和亲电催化过程。如果催化反应速率是将底物从催化剂接受电子对这一步控制,称之为亲核催化;如果催化反应速率是被催化剂从底物接受电子对这一步控制,称之为亲电催化。

金属离子在许多酶中是必要的辅助因子。它的催化作用与酸的催化作用相似,但有些金属可以带上不止一个正电荷,作用比质子强,而且它还具有配合作用,易使底物固定在酶分子上。

(5)底物变形

许多活性部位开始与底物并不相适合,但为了结合底物,酶的活性部位不得不变形(诱导契合)以适合底物。一旦与底物结合,酶可以使底物变形,使得敏感键易于断裂和促使新键形成。

Fischer 提出酶是一个刚性的模板,像一把"锁",只能接受像"钥匙"一样的底物,这样的酶很少。现在人们也用锁钥理论来解释酶的特异性以及酶的催化作用。但"钥匙"是过渡态(或有时是一个不稳定的中间产物),而不是底物。当一个底物与一个酶结合时,可以形成一些弱的相互作用,开始并未真正达到互配,但酶会引起底物扭曲变形。迫使底物朝过渡态转化。只有当底物达到过渡态时,底物和酶之间的弱的相互作用才能达到所谓的"契合"。即只有在过渡态,酶才能与底物分子有最大的相互作用。如图 10-6 所示,酶与底物结合使底物变形生成产物。

图 10-6　诱导契合和底物形变示意图

3.影响酶促催化反应的因素

(1)温度的影响

化学反应的速度一般都受到温度的影响,温度升高,反映速度加快,温度降低,反应速率减慢,酶促反应在一定的温度范围内(0～40℃)也服从这一规律。酶是蛋白质,温度升高,蛋白质变性速度也加快,从而使反应速率减低甚至酶完全丧失活性。在酶促反应中,高温使反应速率加快与使酶失活这两个相反的影响是同时存在的。在温度低时,前者影响大,所以反应速率随温度上升而加快,温度继续上升时,则酶蛋白质变性这一因素逐渐成为主要矛盾,因此,随着酶的有效浓度的减小,反应速率也减慢,只有在某一温度时,酶促反应的速度最大,此时的温度称为酶作用的最适宜温度。

（2）PH 值的影响

酶具有许多极性基团,在不同的酸碱环境中,这些基团的游离状态不同,所带电荷也不同,只有当酶蛋白处于一定的游离状态下,酶才能与底物结合,许多底物或者辅因子也具有离子特性,PH 值的变化也影响其游离状态,同样可影响与酶结合,因此,溶液的 PH 值对酶活性影响很大,若其他条件不变,酶只在一定的 PH 值范围内才能表现催化活性,且在某一 PH 值时,酶的催化活性最大。此 PH 值称为酶作用的最适 PH 值。各种酶最适 PH 值不同,但多数在中性、弱酸性或者弱碱性范围内。例如,植物及微生物所含的酶最适 PH 值多在 4.5～6.5,动物体内酶最适 PH 值多在 6.5～8.0,所有的酶反应都有一个最适 PH 值,这是酶作用的一个重要特征。但是酶的最适 PH 值并不是一个特有的常数。它受到许多因素的影响。例如,酶的纯度、底物种类和浓度、缓冲剂的种类和浓度等。

（3）底物浓度的影响

底物浓度对酶促反应表现出特殊的饱和现象。在浓度不变的条件下,底物浓度与反应速率的相互关系如图 10-7 所示。在低的底物浓度时,底物浓度增加,反应速率随之急剧增加,反应速率与底物浓度成正比;当底物浓度较高时,增加底物浓度,反应速率虽随之增加,但增加的程度不与底物浓度成正比;当底物达到一定浓度后,若再增加其浓度,则反应速率趋于恒定,并不再受底物浓度的影响,此时的底物浓度已经达到饱和。

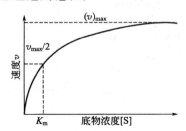

图 10-7　底物浓度对酶促催化的影响

4.价廉多样的生物催化剂——微生物

微生物在生物催化合成中有着重要的用途,它能提供廉价和多样的生物催化剂——酶,或以完整细胞直接进行生物催化,后者又称为微生物生物转化。微生物可产生多种酶,能催化多种非天然有机物发生转化反应,其中有些反应是化学法难以或不可能完成的。微生物生物转化法的优点是不需要酶的分离纯化和辅酶再生,缺点是副产物多,产物分离纯化困难。

微生物是指那些个体微小,结构简单,必须借助显微镜才能看清它们外形的一群微小生物。大多数微生物是单细胞(如细菌、酵母等),只有少部分是多细胞(如霉菌等)。这些微生物虽然形态各不相同,大小各异,但是它们在生活习性、繁殖方式、分布范围等方面有许多相似之处。

①体积小,面积大。微生物的个体都极其微小,一般用微米来衡量其大小。正是由于微生物体积非常小,其比表面积(单位体积所占有的表面积)就相当大,大肠杆菌的这一比值高达 30 万。

微生物巨大的比表面积导致了微生物与环境广泛的接触,特别有利于微生物与周围环境进行物质、能量和信息交换,同时这也是许多微生物具有很高代谢速率的原因。从单位重量来看,微生物的代谢强度比高等动物的代谢强度大几千倍,甚至几万倍。

②种类多、分布广。目前已发现的微生物在 10 万种以上。不同种类的微生物具有不同的代谢方式,能分解各种有机物质和无机物质。由于微生物营养谱极广,营养要求不高,生长繁殖速度特别快等原因,它在自然界中的分布极其广泛。

③繁殖快、转化力强。在生物界中,微生物的繁殖速度最高,其中以二均分裂方式繁殖的细菌尤为突出。在理论上可达到几何级数的增殖速度。在适宜的条件下,大肠杆菌能 $20\sim30min$ 繁殖一代,24h 可繁殖 72 代。后代菌种数目可达 4.7×10^{23} 个。

④适应性强、易培养。微生物具有极强的适应性,这是高等动、植物所无法比拟的。高等植物和动物体内的酶系无法应付环境条件的较大变化。而微生物在环境条件变化时,可通过自身的调节机制诱导某些特殊酶系的生成,以使其能适应该环境的特殊要求。

⑤易变异。

在生物催化中常用的微生物有细菌、放线菌、霉菌和酵母菌。

10.3.3　生物催化有机合成反应

1. 生物催化的还原反应

生物催化的还原反应在不对称合成中有着重要的应用。脱氢酶被广泛用于醛或酮羰基以及烯烃碳—碳双键的还原,这种生物催化反应可使潜手性底物转化为手性产物:

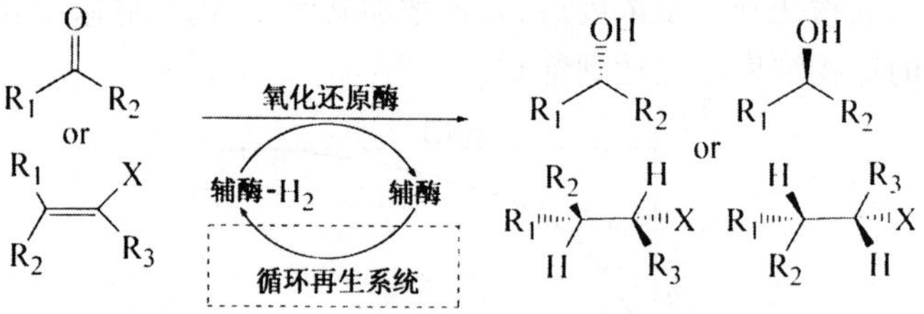

反应中氧化还原酶需要辅酶作为反应过程中氢或电子的传递体。常用辅酶有烟酰胺腺嘌呤二核苷酸 NADH 和烟酰胺腺嘌呤二核苷酸磷酸 NADPH,它们是氧化还原酶的主要辅酶;少数氧化还原酶以黄素单核苷酸 FMN 和黄素腺嘌呤二核苷酸 FAD 作辅酶。以 NADH 为例,辅酶在还原羰基时的作用机制可表示为:

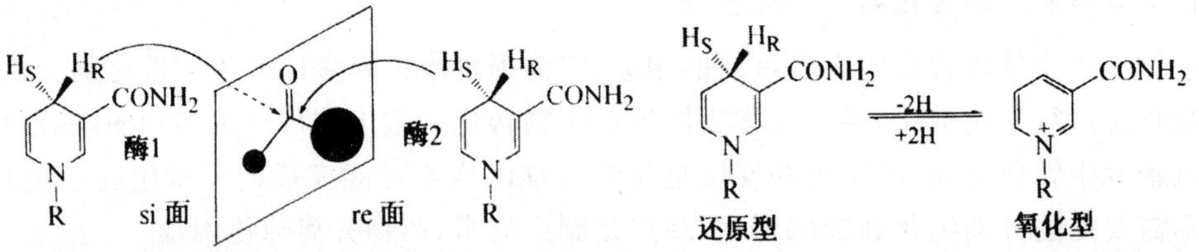

反应由还原型辅酶 NADH 提供的氢,在氧化还原酶的作用下从 R 或 S 面进攻羰基生成相应的单一对映体醇。同时辅酶被转化成氧化型 NAD⁺。为了使反应一直进行下去,需要不断地补充还原型辅酶 NAD(P)H。但该类辅酶一般不稳定,价格昂贵,而且不能用一般的合成物所代替,不可能在反应过程中加入化学计量需要的辅酶,所以反应中产生的氧化态辅酶需要再生为还原态,这样能使辅酶保持在催化剂量水平,从而降低成本。

（1）辅酶的再生循环方法

①底物偶联法。底物偶联法是在反应过程中添加辅助底物（供体），在相同酶催化下实现主要底物和辅助底物同时转化，但两者方向相反。为了使反应朝向所需方向进行，一般使辅助性底物过量，以保证转换数。虽然这种方法原则上适用于氧化反应和还原反应，但主要在还原反应中使用，这是由于脱氢酶催化反应的平衡倾向于还原反应过程。底物偶联的辅酶循环过程：

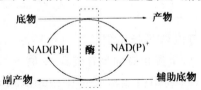

底物偶联的辅酶循环再生系统使用简单，缺点是酶要同时作用于底物和辅助底物，酶催化效率必然降低，有时高浓度辅助底物会抑制酶活性，另外反应后还需将产物与辅助底物分离。

②酶偶联法。酶偶联途径是利用两个平行的氧化还原反应酶系统，一个酶催化底物转化，另一个酶则催化辅酶循环再生。为了达到最佳效果，两个酶的底物应相对独立，以免两个底物竞争同一酶的活性中心。酶偶联循环过程：

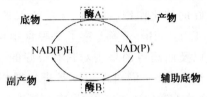

甲酸脱氢酶（formate dehydrogenase，FDH）广泛用于 NADH 循环再生，它使甲酸氧化生成 CO_2 的同时使氧化态辅酶还原。该方法的最大优点是辅助底物甲酸和反应产物 CO_2 对酶无毒和易于除去。FDH 稳定性好、易于固定化，且已可商品化供应。缺点是 FDH 成本较高。葡萄糖和葡萄糖脱氢酶（gucose dehydmgenae，GDH）系统是另一种 NADH 或 NADPH 再生系统。由于葡萄糖的氧化产物葡萄糖酸内酯会自发转变为葡萄糖酸，所以反应朝有利于 NAD(P)H 生成的方向进行。蜡状芽孢杆菌（Bacillus cereus）葡萄糖脱氢酶稳定性好，并且对 NAD^+ 或 $NADP^+$ 都有很高的比活性，该方法的缺点也是 GDH 价格昂贵，并且产物与葡萄糖酸分离困难。6-磷酸葡萄糖脱氢酶（G6PDH）可将 6-磷酸葡萄糖（G-6-P）氧化为 6-磷酸葡萄糖酸内酯，后者再自发转变为 6-磷酸葡萄糖酸，并产生 NADPH。因此，这也是一个很好的 NADPH 再生系统。肠系膜状明串珠菌的 G6PDH 价格便宜、稳定，适用于 NAD^+ 和 $NADP^+$ 的再生循环。乙醇-醇脱氢酶（alcohol dehydmgenase，ADH）系统已被用于 NADH 和 NADPH 的循环再生。ADH 价格适中，乙醇与乙醛具有挥发性，这是该系统的优点。酵母 ADH 可使 NAD^+ 还原；肠系膜状明串珠菌 ADH 能使 $NADP^+$ 还原。由于 ADH 氧化还原能力低，只有活化的羰基底物（如醛或环酮）才能有效被还原。氢化酶（hydrogenase）能催化 NADH 再生，这种酶以分子氢直接作为氢的供体，氢有很强的还原能力，同时对酶和辅酶无毒。该系统无副产物生成，具有很好的应用前景。谷氨酸脱氢酶、丙酮酸-乳酸脱氢酶均可使 NAD^+ 或 $NADP^+$ 再生循环。该酶系统比活性高，酶源价廉，但易失活是其致命弱点。

③全细胞原位再生法。利用全细胞还原体系进行辅酶循环再生，比游离酶还原体系具有优势。全细胞原位再生循环过程：

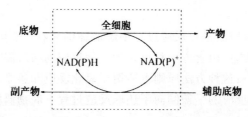

（2）羰基化合物的还原

①脂肪酮的还原。微生物可以催化脂肪酮的不对称还原，且可以获得很高的立体选择性。这类反应最先使用的是面包酵母，生成相应的具有较高 ee 值 S-醇。但只有长链甲基酮才能被面包酵母不对称催化。Nakamura 等利用白地霉（Geotrichum candidum）对 2-丁酮至 2-癸酮进行还原，其对应的 S-型醇 ee 值基本上均大于 99％。同时 Stampfer 等发现红球菌（Rhodococcus Ruber DSM 44541）可以不对称还原 2-辛酮、2-癸酮和 3-辛酮。其 S-型产物的 ee 值分别大于99％和97％。Yadav 等发现胡萝卜根的小切块对 2-丁酮、2-戊酮、2-己酮和 2-庚酮有不对称还原能力，生成 S-型的手性醇。

②芳香酮的还原。刘湘等报道面包酵母可以还原最简单的芳香酮——苯乙酮。Nakamura 等发现白地霉对苯乙酮也有很好的催化作用，他们还发现加入树脂反应时生成的产物为 S-型，而在厌氧条件下其产物主要是 R-型。Bruni 等考察了 9 种食用植物对苯乙酮的不对称还原情况，发现胡萝卜的根、茴香的茎以及西葫芦的果实对其有很好的催化作用，产物全为 S-型，其中胡萝卜在 3 天的转化率可以达到 100％。同时 Yadav 等也发现胡萝卜根对苯乙酮和对位的氯、溴、氟以及羟基苯乙酮均有较好的不对称还原能力，生成 S-型产物。

③羰基酯的还原。有好几种生物催化剂已被用于不同羰基酯的还原。在这些羰基酯类化合物中 4-氯乙酰乙酸乙酯的不对称还原研究得最多。其对应的 R-和 S-产物（4-氯-3-羟基丁酸乙酯）通过各种生物催化的方法均可得到。例如，乳酸克鲁维酵母还原 4-氯乙酰乙酸乙酯为 S-产物而假丝酵母 IF01396 则还原为 R-产物：

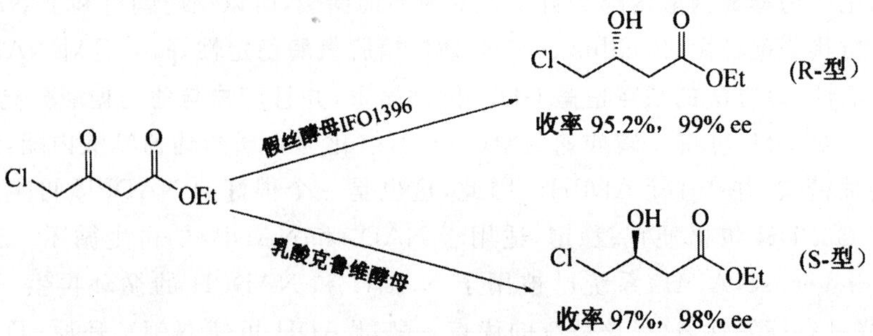

R-型产物是合成 L-肉碱或其他手性药物的手性砌块；S-产物也是合成各种手性药物的重要手性前体。Yoshizako 等分别利用 7 种真菌和 3 种绿藻对 2-甲基-3-羰基丁酸乙酯进行还原，发现羰基可以被选择性地还原，其对映体和非对映体选择性都很高。环状 β-酮酯被酵母还原总是产生顺式 β-羟基酯：

这可能是由于在这种结构中 α,β-碳碳键不能旋转，增加了分子的刚性所致。

④二羰基化合物的还原。含有两个羰基以上的化合物,在酶的作用下还原,根据条件的不同所得的产物也会有所不同。例如直链 1,4-二酮中的两个羰基均能被酵母不对称催化还原:

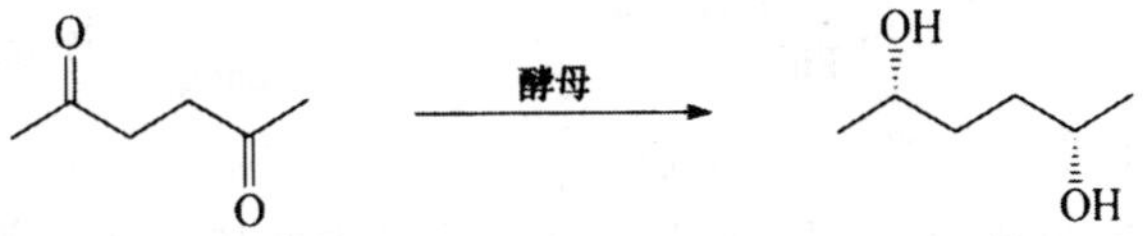

环状 β-二酮可被选择性地还原为 β-羟基酮,而不产生二羟基化合物:

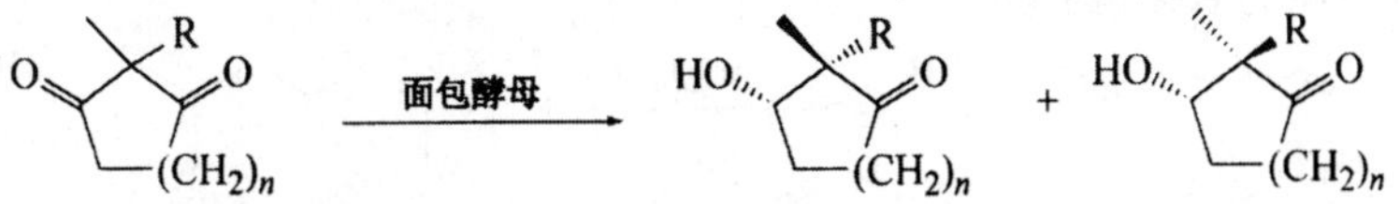

值得注意的是,这种化合物中 α-碳原子上的氢具有酸性,容易导致底物与乙醛形成化学缩合物,这种反应在酵母发酵过程中经常出现。新生成的仲醇手性中心的立体化学可以用 Prelog 规则预测。对于小环来说,顺式产物优先生成具有极性高的光学纯度。但是,当环扩大后,其产物的非对映选择性难以预测,且收率下降。有些二酮利用从其他微生物中提取的氧化还原酶可以对其进行选择性的不对称还原。

(3)烯烃化合物的还原

生物催化潜手性烯烃双键的还原具有立体选择性,这是常规化学还原法所无法实现的。负责这种还原反应的酶一般是 NADH 依赖的烯酸还原酶,这类酶存在于多种微生物中,如梭状芽孢杆菌、变形杆菌属和面包酵母等。虽然烯酸还原酶已被分离纯化和鉴定,但使用纯酶作催化剂时需要辅酶循环,所以绝大多数制备性生物转化中仍采用完整细胞作为酶源。烯酸还原的立体化学过程已被阐明,氢反式加成到 C═C 双键中,在植物细胞培养中(如烟草)却发现了顺式加成。烯酸还原酶对连有吸电子基团的烯烃双键表现出更高的还原活性。

①α,β-不饱和酯的还原。酵母催化 2-氯-2-烯酸甲酯还原可以得到高光学活性的 2-氯烷基羧酸。在这种还原反应中,产物的绝对构型可以通过起始烯烃的顺、反(Z、E)异构体来控制,从而分别产生(R)-或(S)-型取代烷基酸。烯酸还原酶对各型烯酸的手性识别很好,而对 E-型烯酸识别较差,产物的 ee 值低。微生物对烯酸酯是先水解后还原,所以微生物还原反应实际发生在烯酸阶段:

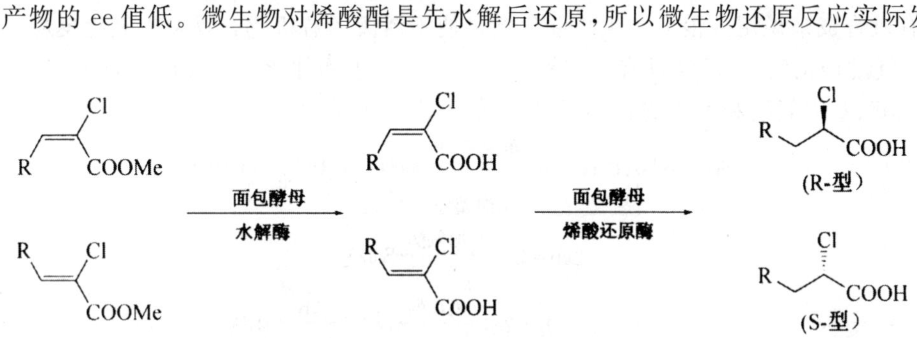

β-取代的 α,β-不饱和五元环内酯中 C═C 双键很容易被面包酵母还原为(R)-型产物,后者是萜类化合物合成的 C₅ 原料。取代基团硫的极性对反应的立体化学过程有重要影响。硫醚和亚砜很容易被高选择性地转化:

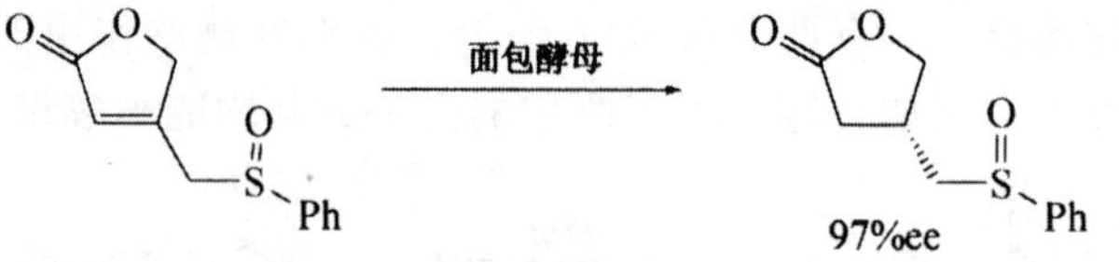

而极性较大的砜则收率和光学纯度均较低。

②丙烯醇和共轭烯酮的还原。α-取代或β-取代的烯丙醇中 C＝C 双键可被还原生成手性醇。牻牛儿醇被还原为香茅醇：

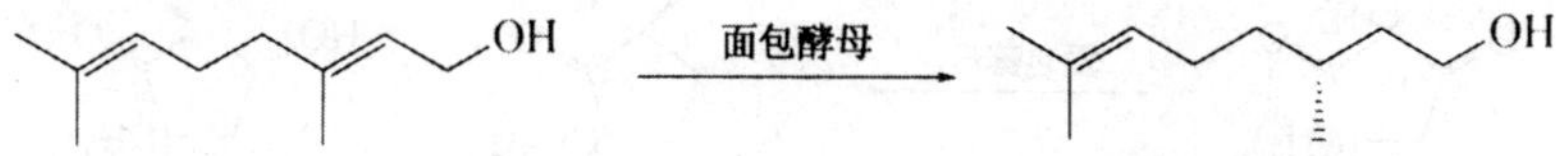

1,3-共轭二烯仅 α,β-双键被还原：

Das 等发现面包酵母能将化合物中与芳香环共轭的 C＝C 双键还原,而其他 C＝C 双键不被还原：

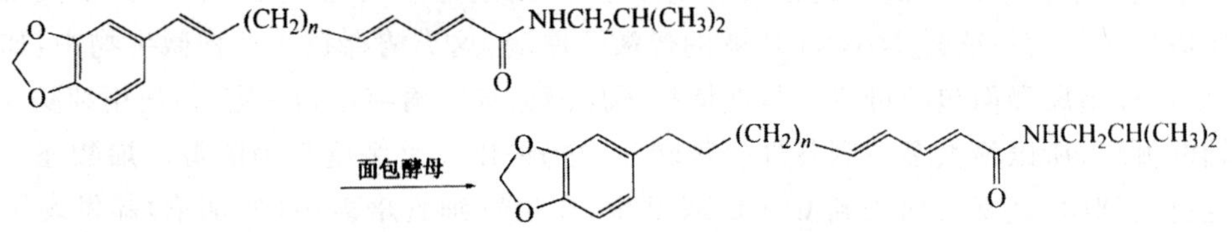

2. 生物催化的氧化反应

氧化反应是向有机化合物分子中引入功能基团的重要反应之一。化学氧化方法主要采用金属化合物如六价铬、七价锰衍生物以及乙酸铅、乙酸汞和有机过氧酸等作氧化剂,化学氧化法缺少立体选择性、副反应多,且金属氧化剂会造成环境污染。采用生物催化氧化可以解决这些问题,这对有机合成来说用处很大。生物催化剂可使不活泼的有机化合物发生氧化反应,如催化烷烃中的碳-氢键羟化反应,反应具有区域和对映选择性。生物催化氧化反应主要由三大类酶所催化,单加氧酶、双加氧酶和氧化酶,它们所催化的反应可表示为：

$$\text{Sub} + \text{NAD(P)H} + O_2 \xrightarrow[\text{辅酶循环}]{\text{单加氧酶}} \text{SubO} + \text{NAD(P)}^+ + H_2O$$

$$\text{Sub} + O_2 \xrightarrow{\text{双加氧酶}} \text{SubO}_2$$

$$O_2 + 2e^- \xrightarrow{\text{氧化酶}} O_2^{2-} \xrightleftharpoons{+2H^+} H_2O_2$$

$$O_2 + 4e^- \xrightarrow{\text{氧化酶}} 2O_2^{2-} \xrightleftharpoons{+4H^+} 2H_2O_2$$

单加氧酶和双加氧酶能直接在底物分子中加氧,而氧化酶则是催化底物脱氢,脱下的氢再与氧结合生成水或过氧化氢。脱氢酶与氧化酶相似,也是催化底物脱氢,但它催化脱下的氢是与氧化态 NAD(P)$^+$ 结合,而不是与氧结合,这是两者的主要区别。氧化反应表面上看是加氧或脱氢,其本质是电子的得失。单加氧酶、双加氧酶和氧化酶是催化底物氧化失去电子,并将电子交给氧,即氧是电子的受体;脱氢酶催化底物氧化失去电子,它将电子交给 NAD(P)$^+$,然后还原型

NAD(P)H 再通过呼吸链或 NAD(P)H 氧化酶将电子最终交给氧并生成水。

(1)单加氧酶催化的氧化反应

①单加氧酶催化反应的机理。单加氧酶(mono-oxyRenase)可以使氧分子(O_2)中一个氧原子加入到底物分子中,另一个氧原子使还原型 NADH 或 NADPH 氧化并产生水。细胞色素 P_{450} 类(CytochromeP4$_{50}$ type,CytP$_{450}$)是一种以卟啉为辅基的单加氧酶,其卟啉环的结构为:

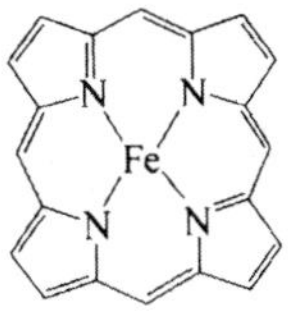

因还原型 P_{450} 与一氧化碳结合的复合物在 450nm 有一强吸收峰而得名。虽然存在于动物体肝脏或许多微生物中的 $CytP_{450}$ 酶之间有差别,但在绝大多数 $CytP_{450}$ 单加氧酶的蛋白分子中与血红素相连的一段氨基酸序列(26 个氨基酸残基)都相同。生物催化氧化过程中的活泼氧是由酶和辅基与氧分子相互作用而产生的。以过渡态金属(Fe,Cu)中为辅基的单加氧酶大多数属于细胞色素 P_{450} 类,它们的催化机制可以用恶臭假单胞菌樟脑羟化酶为例加以说明:

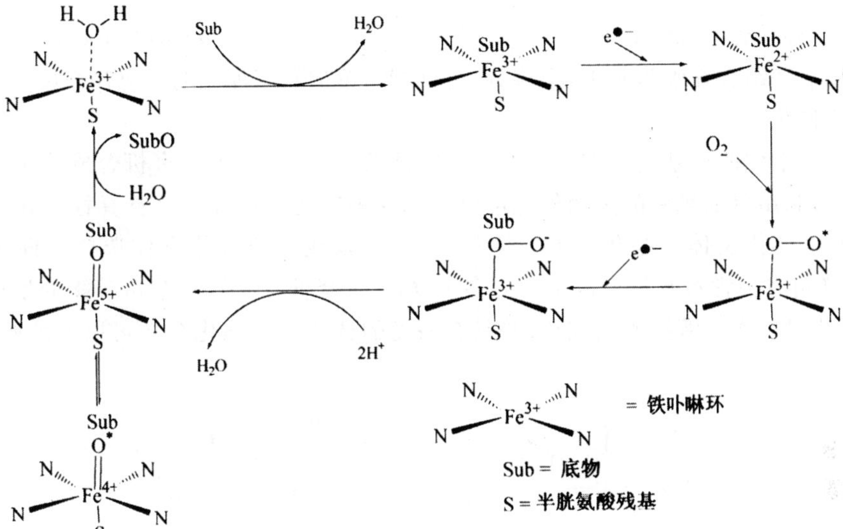

CytP$_{450}$类单加氧酶催化反应的机理

铁卟啉环中 Fe^{3+} 与卟啉环平面上的四个氮原子分别形成两个共价键和两个配位键,在卟啉环正上方与水分子形成一个配位键,在正下方与酶蛋白分子中的半胱氨酸残基的硫原子形成一个配位键。当底物结合到酶分子中时,底物将取代水分子与铁卟啉环接近。通过电子传递系统(NADH、FMN、Fe-S、Cyth5 等)将电子转移给铁卟啉环中的铁,使 Fe^{3+} 被还原为 Fe^{2+}。分子氧与 $CytP_{450}$ 结合形成氧合 $CytP_{450}$,然后氧从铁中获得电子,Fe^{2+} 被氧化为 Fe^{3+}。氧合 $CytP_{450}$ 再从电子传递系统接受一个电子,使氧分子的共价键弱化,最终氧分子裂解,其中一个氧与 2 个氢离子形成水而离去,另一个氧使 Fe^{3+} 氧化为 Fe^{4+} 或 Fe^{5+},后者可作为强亲电试剂进攻底物,并促使氧与底物结合,最后酶将单加氧产物[SubO]释放,同时使铁的价态恢复为 Fe^{3+},酶恢复原形完成一个催化循环。黄素类单加氧酶是以核黄素为辅基的单加氧酶。其反应机制与 $CytP_{450}$ 不同。反应过程中 NADPH 首先还原酶-FAD 复合物,产生酶-FADH,后者再被分子氧氧化为氢过氧化物(FAD-4a-OOH),然后脱去质子形成过氧阴离子,它可作为亲核试剂进攻底物中碳基生成四面体中间体,后者通过分子内碳骨架重排形成酯或内酯,最后从 FAD-4a-OH 中脱去水分子恢复为酶-FAD 复合物原形:

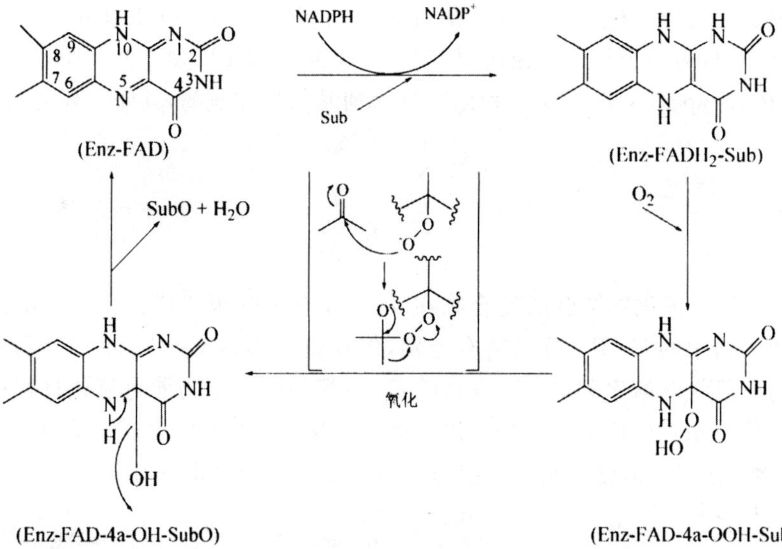

许多单加氧酶结合在细胞膜上,很难分离。因此,单加氧酶催化的反应往往用完整的微生物细胞作为生物催化剂。

②单加氧酶催化的羟基化。烷烃中的 C—H 键活泼性差,传统的有机合成几乎不能直接进行羟基化反应,利用单加氧酶的生物催化可以实现这种转化。烷烃立体选择性羟化反应的研究始于 20 世纪 40 年代甾体羟基化研究。例如,少根根霉或黑曲霉能立体选择性催化孕甾酮的 11α-羟化,这样可省去常规有机合成中的许多步骤,大大降低 11α-羟基孕甾醇酮的生产成本。石胆酸的 7β-羟化可用木贼镰孢生物催化,并具有高度的选择性。该化合物可以溶解胆固醇,用于治疗胆石症。

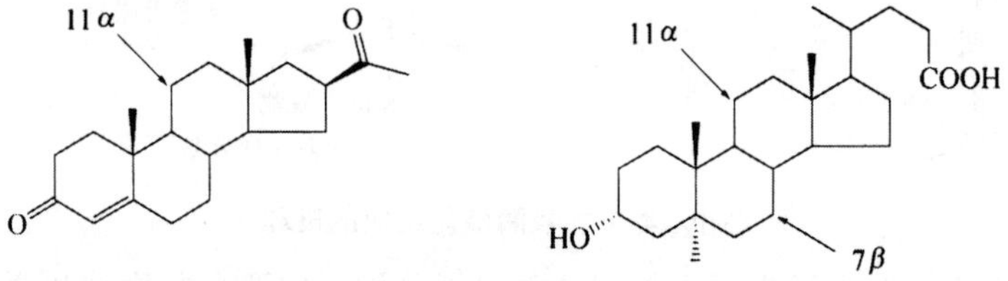

通过对霉菌、酵母、细菌等 725 株微生物的筛选,发现假丝酵母属(candida)、假单胞菌属(Pseudomonas)能较好地催化 C—H 键的羟基化,并有较好的对映选择性。例如,恶臭假单胞菌在 30℃、pH 值 6.8 的条件下催化 2-乙基苯甲酸生物转化 3 天后得到了内酯,转化率为 80%,对映体过量率为 99%:

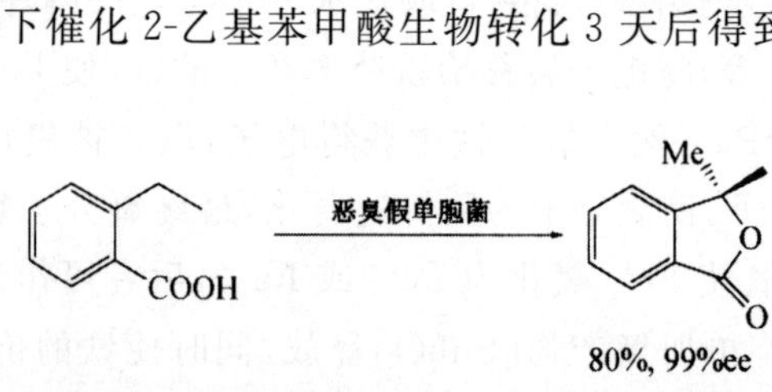

就单加氧酶而言,目前尚不能对一个底物的氧化位点作出预测。但有三种方法可以用来改进生物羟化反应的区域选择性和立体选择性:一是改变培养条件;二是增加细胞代谢压力,广泛筛选不同的微生物菌种;三是底物修饰。

化学法催化苯环羟化常用重氮盐水解或其他取代法，需要多步反应且副产物多。单加氧酶能催化邻、对位取代芳烃区域选择性地羟化，但间位取代芳香族化合物的羟化比较困难。例如，假单胞菌或芽孢杆菌催化烟酸转变为 6-羟基烟酸：

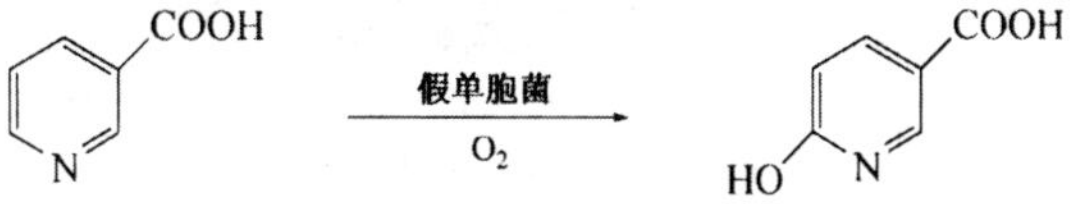

③单加氧酶催化烯烃的环氧化。手性环氧化合物是一种重要的手性合成前体，可与多种亲核性试剂反应产生重要的中间体。近几年来，许多研究都在致力于开发新的方法。Sharpless 的不对称环氧化广泛地用于有机不对称合成。单加氧酶催化的烯烃环氧化反应可用于制备小分子环氧化物。例如，食油假单胞菌(Pseudomonas oleovorans)中的 ω-羟化酶能催化烯烃环氧化。最近的研究发现一些微生物可催化非末端烯烃的环氧化。分枝杆菌和黄杆菌可将 2-戊烯氧化为(R,R)-2,3-环氧戊烷，对映体过量率分别为 74%和 78%。

④单加氧酶催化烯烃的 Baeyer-Villiger 氧化。拜尔-维利格(Baeyer-Villiger)反应是指利用过氧酸氧化酮生成酯或内酯，这是一个具有很高应用价值的有机合成反应。利用生物催化进行拜尔-维利格氧化，无论反应历程还是基团迁移的区域选择性，与化学方法相同。拜尔-维利格单加氧酶(Baeyer-Villiger monooxvgenases，BVMOs)可分为两大类型：Ⅰ型酶以 FAD 为辅基、NADPH 为辅酶；Ⅱ型酶以 FMN 为辅基、NADH 为辅酶，它们均需要双辅酶。大多数催化拜尔-维利格反应的单加氧酶是以 NADPH 为辅酶。虽然 NADPH 的循环使用困难，但在恶臭假单胞菌中催化拜尔-维利格反应的单加氧酶以 NADH 为辅酶，它的循环相对较容易。有许多微生物的 BVMO 已被分离纯化，但绝大多数制备性反应仍采用完整微生物细胞作为催化剂，以解决 NAD(P)H 循环使用问题，在完整细胞中进行转化反应，细胞内的水解酶能使产物酯或内酯进一步水解。为了使酯或内酯在转化液中积累，可采下列三种方法：一是添加水解酶的特异性抑制剂(如四乙基焦磷酸或二乙基对硝基磷酸苯酯)抑制水解反应；二是筛选缺陷内酯水解酶的突变菌株；三是底物为非天然酮，则产物不易被水解酶水解。一种不动杆菌(Acinetobacter)的环己酮单加氧酶，可将潜手性酮不对称氧化为相应的内酯。氧插入位置取决于 4-位取代基的性质，其产物的立体构型取决于中间体中基团的迁移能力。在大多数情况下，产物为 S 构型，但当 4-位为正丁基时，其产物转变为 R 构型：

$R = CH_3O$，S－构型，75%ee
Et，S－构型，>98%ee
n－Pr，S－构型，>98%ee
t－Bu，S－构型，>98%ee
n－Bu，R－构型，52%ee

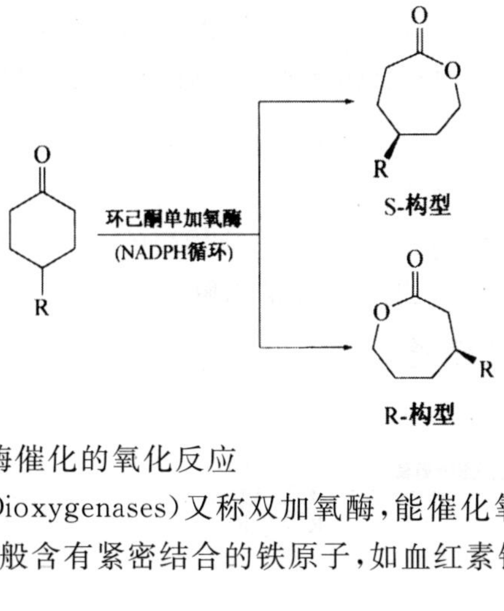

(2)双氧酶催化的氧化反应

双氧酶(Dioxygenases)又称双加氧酶，能催化氧分子中两个氧原子都加入到一个底物分子中。这类酶一般含有紧密结合的铁原子，如血红素铁。双氧酶催化的典型反应有以下三种：

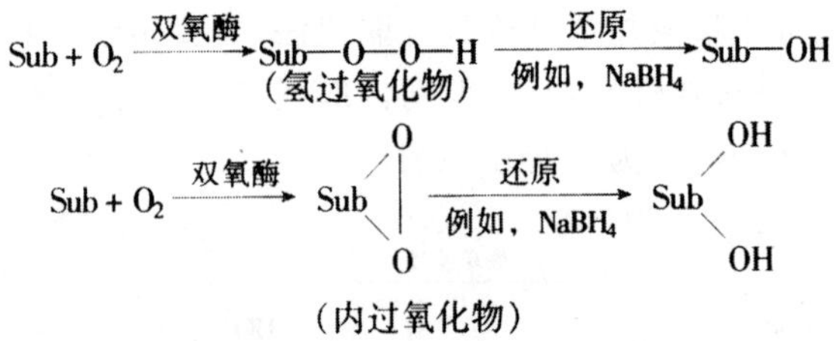
Sub + O2
双氧酶
Sub—O—O—H
(氢过氧化物)
还原
例如，NaBH4
Sub—OH
Sub + O2
双氧酶
还原
例如，NaBH4
(内过氧化物)

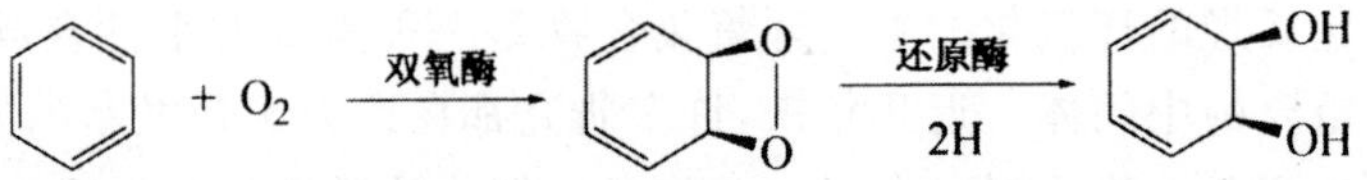
+ O2
双氧酶
还原酶
2H
OH
OH

例如，大豆脂氧酶是一种非血红素铁双加氧酶，它催化分子氧加到多不饱和脂肪酸如亚油酸的非共轭 1,4-双烯中，形成共轭烯烃氢过氧化物：

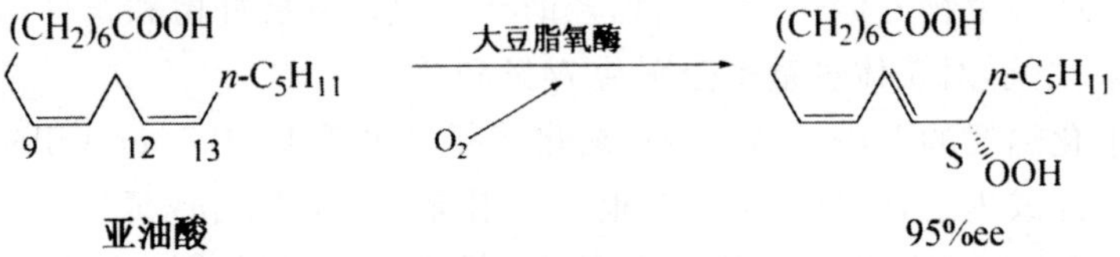
(CH2)6COOH
n-C5H11
9
12 13
大豆脂氧酶
O2
S
OOH
亚油酸
95%ee

反应发生在脂肪酸远端 13 位。经过仔细的设计底物，大豆脂氧酶也可用于非天然(Z,Z)-1,4-二烯的氧化，反应具有区域选择性，通常发生在远端，少量在近端，光学纯度都较高：

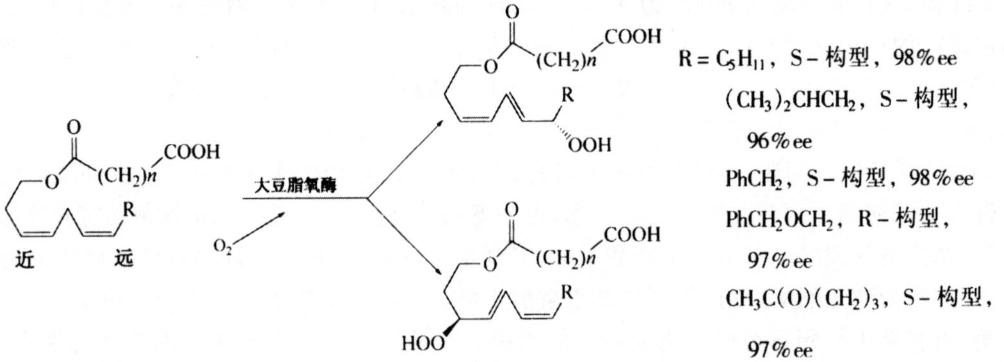
COOH
(CH2)n
近
远
大豆脂氧酶
O2
OOH
HOO
R = C5H11，S－构型，98%ee
(CH3)2CHCH2，S－构型，96%ee
PhCH2，S－构型，98%ee
PhCH2OCH2，R－构型，97%ee
CH3C(O)(CH2)3，S－构型，97%ee

氧化酶催化电子转移到分子氧中，以氧作为电子受体，最终生成水或过氧化氢。氧化酶有黄素蛋白氧化酶(氨基酸氧化酶、葡萄糖氧化酶)、金属黄素蛋白氧化酶(醛氧化酶)和血红素蛋白氧化酶(过氧化氢酶、过氧化物酶)等。其中一些酶具有非常高的应用价值，例如，D-葡萄糖氧化酶和过氧化氢酶在食品工业上有着广泛的应用，然而氧化酶在有机合成，尤其是手性合成中的应用则很少，在此不作介绍。

3. 生物催化的水解反应

水解酶(Hvdmlases)是最常用的生物催化剂，占生物催化反应用酶的 65%。它们能水解酯、酰胺、蛋白质、核酸、多糖、环氧化物和腈等化合物。生物催化的水解反应类有：

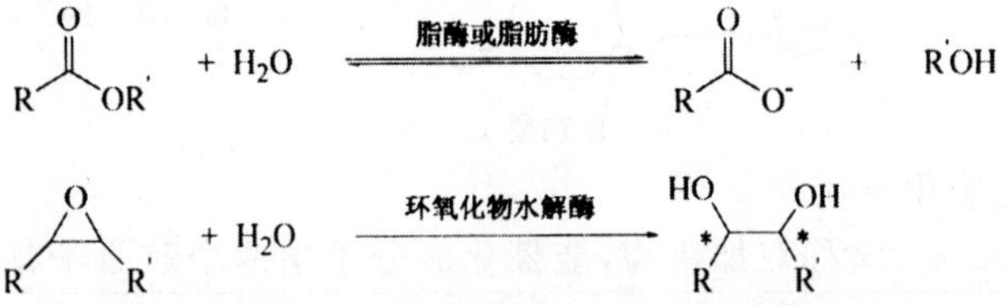
+ H2O
脂酶或脂肪酶
R'OH
环氧化物水解酶
HO
OH

$$R-C\equiv N + 2H_2O \xrightarrow{\text{腈水解酶}} R-COO^- + NH_3$$

$$\text{(二肽)} + H_2O \xrightleftharpoons{\text{蛋白酶}} \text{氨基酸} + \text{氨基酸}$$

其中酯酶、脂肪酶和蛋白酶是生物催化手性合成中最常用的水解酶。

（1）水解反应的机理

酶催化底物水解反应的机理与底物在碱性条件下的化学水解反应机理很相似。丝氨酸型水解酶活性中心的 Asp、His、Ser 组成三联体，其中丝氨酸的羟基作为亲核基团向底物酯或酰胺中的羰基碳进行亲核进攻，形成酶-酰基中间体，然后其他亲核试剂（水、胺、醇、过氧化氢等）进攻酶-酰基中间体，酶将酰基转移到酰基受体上，酶自身恢复原形。

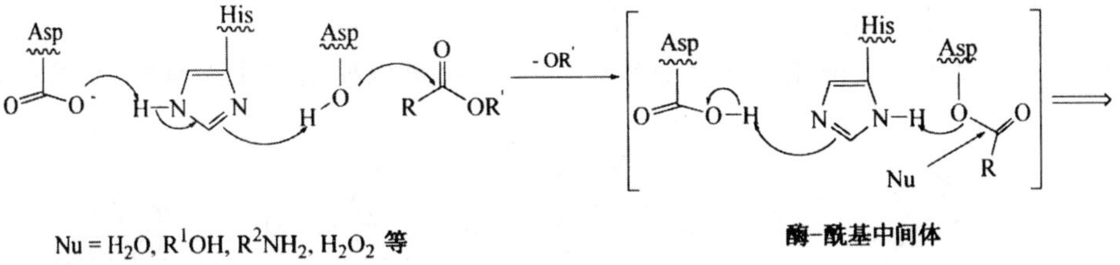

Nu = H_2O, R^1OH, R^2NH_2, H_2O_2 等　　　　　酶-酰基中间体

（2）酯的水解

猪肝酯酶（pig liver esterase，PLE）是常用的一种酯酶。PLE 可在温和反应条件下进行催化酯水解。例如，前列腺素 E_1 甲酯的水解：

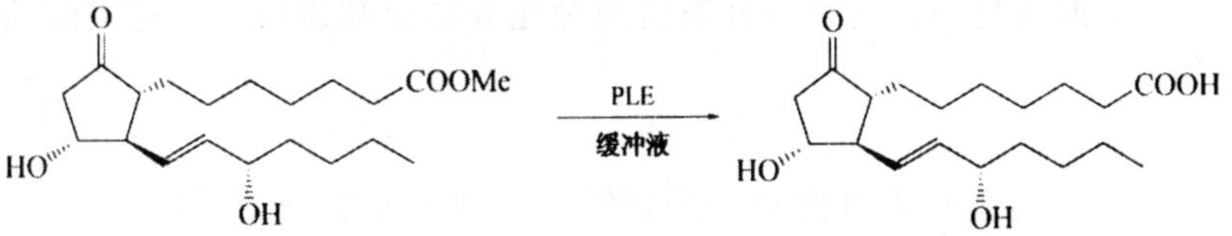

酯酶催化水解反应具有区域选择性和对映选择性。完整微生物细胞能直接用于催化酯立体选择性水解。枯草杆产氨短杆菌、凝结芽孢杆菌、豆酱毕赤氏酵母和黑色根霉等是常用于酯水解的微生物。例如，芽孢杆菌完整细胞内的酯酶能立体选择性地催化乙酸仲醇酯水解而叔丁基醇酯不能被水解：

外消旋型　　　　94% ee

脂肪酶在水解反应中，应用非常广泛。

（3）环氧化物水解

环氧化物是一类重要的有机化合物，是许多生物活性物质的合成原料。一般可用化学法制备环氧化物，但反应的立体选择性不高。环氧化物水解酶能催化环氧化物进行区域和对映选择性水解，从而通过生物拆分法制备所需构型的环氧化物。例如，顺式 2,3-环氧戊烷的外消旋体被微粒体环氧化物水解酶 MEH（Microsomal Epoxide Hydrolase）催化水解后，产生（2R,3R)-苏

式-2,3-戊二醇和未水解的(2R,3s)-2,3-环氧戊烷,两者均具有极高的光学纯度:

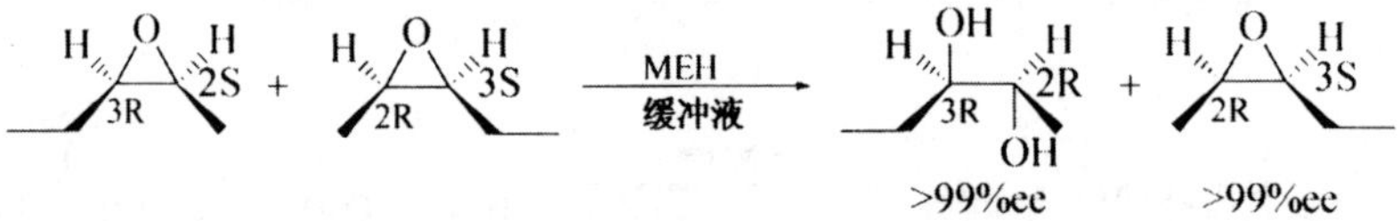
MEH
缓冲液
>99%ee
>99%ee

(4)酰胺和腈的水解

氨基酸中的酰胺键水解,很少用酶来催化。但是N-乙酰基取代的氨基酸中的酰胺键,在酶的作用下水解却非常重要。酰化氨基酸水解酶能够选择性地使L-构型的反应物水解,而D-构型的反应物不受影响,并可从混合物中分离出来:

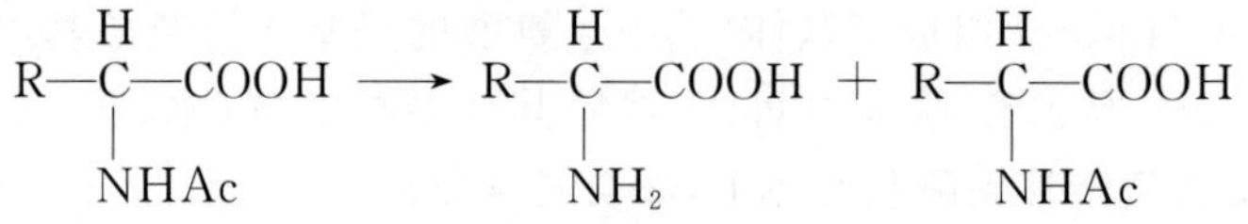
外消旋体
(L)
(D)

另外,腈的水解可以用酶来催化。在腈水解酶的作用下,可以使腈转化为酰胺,也可以将腈转化为羧酸:

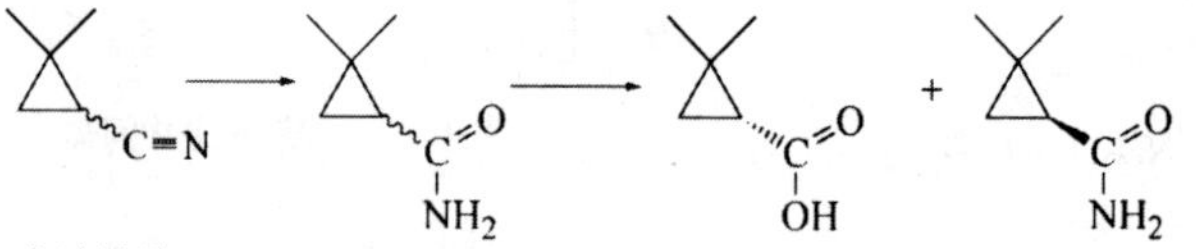
外消旋腈
外消旋酰胺
R-酸
S-酰胺

4. 生物催化的裂合反应

裂合酶(Lyases)能催化一种化合物分裂为两种化合物或其逆反应。这类酶包括醛缩酶、水合酶和脱羧酶等。

(1)醛缩酶

醛缩酶(Aldolases)能催化不对称C—C键的形成,并能使醛分子延长2~3个碳单位,对有机合成极为有用。醛缩酶常用于糖的合成,如氨基糖、硫代糖和二糖类似物的合成。醛缩酶的底物专一性不高,能催化多种底物反应。根据醛缩酶的来源和作用机制,将醛缩酶分为Ⅰ型和Ⅱ型两大类。Ⅰ型Aldolase主要存在于高等植物及动物中,不需要金属辅因子,通过Schif碱中间体来催化Aldol反应。供体首先与酶上赖氨酸的氨基形成Schif碱而共价键合到酶上,接下来攫取H_2导致形成烯胺,然后烯胺以不对称的方式亲核进攻醛受体的羰基,这样就立体专一性地形成了两个新的手性中心。这两个手性中心的相对构型(苏型或赤型)依酶而定,最后水解Schif碱释出产物及再生酶:

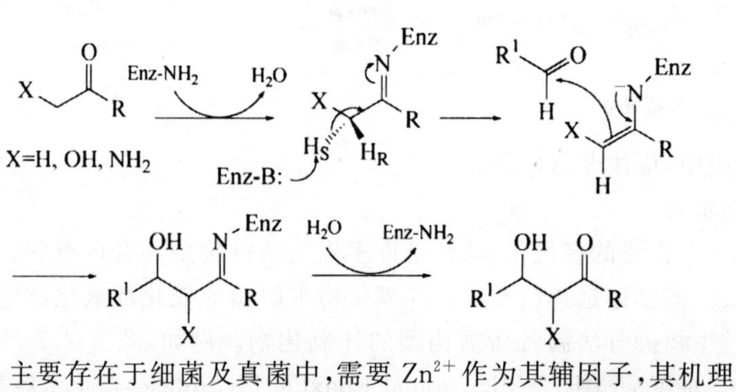
Enz-NH2
H2O
X=H, OH, NH2
Enz-B:
Enz
H2O
Enz-NH2

Ⅱ型Aldolasee主要存在于细菌及真菌中,需要Zn^{2+}作为其辅因子,其机理为:

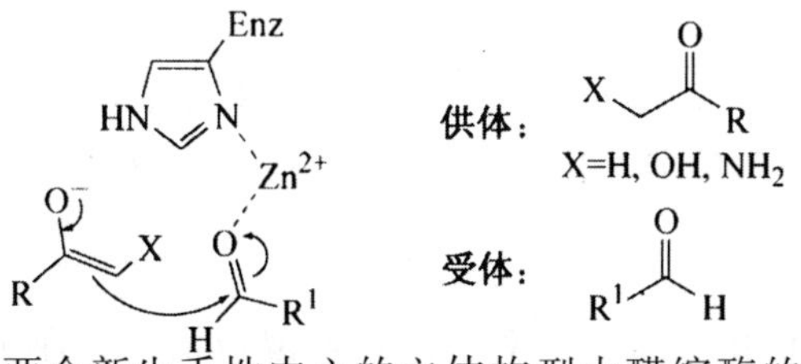

供体：X=H, OH, NH₂

受体：

在不同的反应机理中,两个新生手性中心的立体构型由醛缩酶的特异性决定。醛缩反应产物的立体构型主要由酶分子所决定,与底物的结构关系不大。因此,新生 C—C 键中碳原子的构型可以通过选择不同的酶而加以控制。

醛缩酶一般以酮为供体、醛为受体。绝大多数醛缩酶对供体底物(亲核试剂)结构要求很高,但对受体底物(亲电试剂)的结构特异性要求不高。根据供体底物的类型,可以将醛缩反应分为四组,受体均为醛,反应后受体醛的碳链分别延长 2～3 个碳单位。

第一组醛缩酶以磷酸二羟基丙酮(DHAP)为供体。依赖这种供体的醛缩酶有四种,每一种酶所催化的不对称醛醇缩合反应,立体化学不同,可以选择合适的酶获得所需构型的产物。例如,FDP 醛缩酶催化醛缩反应得到苏式产物,而 Fuc-1-P 醛缩酶则得到赤式产物:

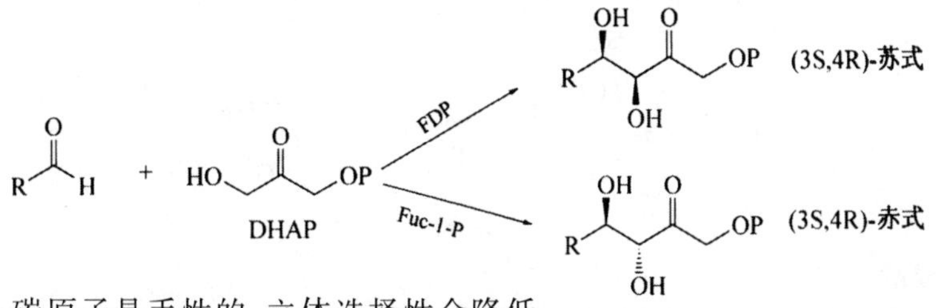

如果醛分子中 α-碳原子是手性的,立体选择性会降低。

第二组醛缩酶以丙酮酸或磷酸烯醇式丙酮酸为供体。唾液酸缩醛酶能催化丙酮酸加到 N-乙酰甘露糖氨上形成唾液酸。唾液酸缩醛酶可用于 α-酮酸衍生物的制备:

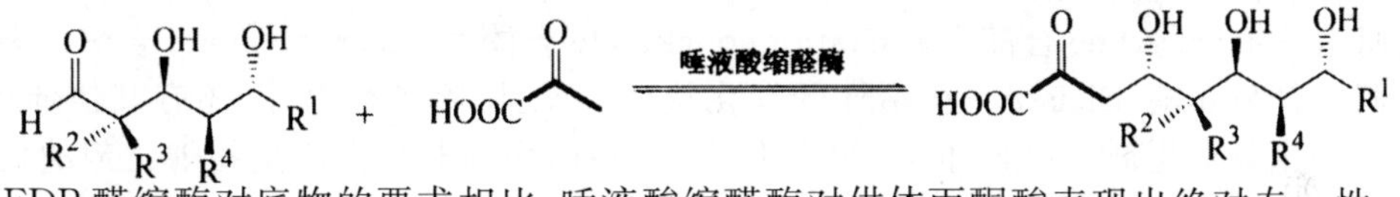

与 FDP 醛缩酶对底物的要求相比,唾液酸缩醛酶对供体丙酮酸表现出绝对专一性。

第三组醛缩酶以乙醛为供体。其中 2-脱氧核糖-5-磷酸醛缩酶在体内催化乙醛和 D-甘油醛-3-磷酸进行醛醇缩合反应,生成 2-脱氧核糖-5-磷酸。该醛缩酶还是唯一能催化两分子醛缩合形成醛糖的醛缩酶。它对供体和受体醛都表现出较好的适应性,除了乙醛以外,丙酮、氟丙酮和丙醛都可以作为供体,但是反应速度很慢。

第四组醛缩酶以甘氨酸为供体。这组醛缩酶最大的特点是它们能以氨基酸作为供体,反应后生成 β-羟基-α-氨基酸。例如:

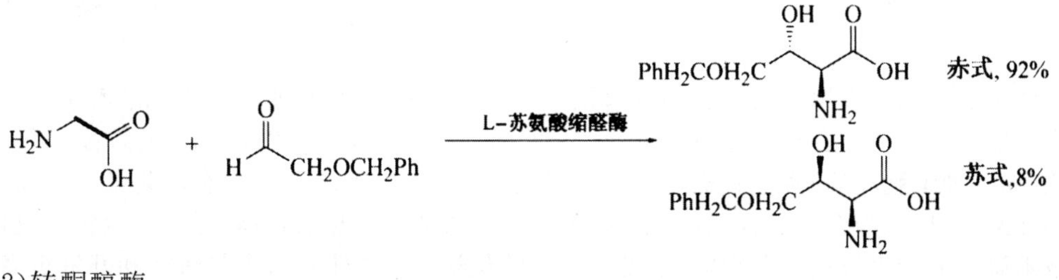

(2)转酮醇酶

转酮醇酶(Transketolases)以 Mg²⁺ 和焦磷酸硫胺素(TPP)为辅酶,催化羟甲基酮基从一个磷酸酮糖分子转移到另一个磷酸醛糖分子中,生物体内转酮醇酶主要在磷酸戊糖途径中发挥作用。转酮醇酶可从酵母和菠菜中提取,虽然这些方法产生的量有限,但目前已有用大肠杆菌高表达酵母转酮醇酶的报道。转酮酶能催化醛糖链立体选择性地延伸两个碳单元,它是很有前途的生物催化剂。

(3)醇腈酶

醇腈酶(Oxynitrilase)催化氢氰酸不对称加成到醛或潜手性酮分子的羰基上,形成手性氰醇。由于氰醇中氰基水解或醇解可产生手性 α-羟基酸或 α-羟基酸酯,所以氰醇是一种重要的有机合成原料。醇腈酶具有很高的立体选择性,(R)或(S)-醇腈酶能立体选择性地催化潜手性底物生成(R)-或(S)-醇腈。例如,Menendea 等报道了 ω-溴乙醛和外消旋的氰醇的氰化-转氰反应,首次用一锅方法合成了具有光活性的(S)-酮,(R)-醛基氰醇。合成的具有光活性的 ω-溴乙醛可以作为合成(R)-2-氰基四氢呋喃和(R)-2-氰基四氢吡喃的原料。而这些多功能杂环化合物是非常重要的,它们是一些具有生物活性的化合物的基本骨架:

(4)双烯合成酶

Diels-Alder 反应是一个在富电子的 1,3-双烯和缺电子的亲双烯体之间的[4+2]环加成反应。Diels-Alder 反应引发了六元环的形成,并且根据不同的原料可以形成多达四个新的立体中心。有一些间接证据表明,自然界中存在能催化 Diels-Alder 反应的酶。至今发现了三种双烯合成酶,它们是 Solanapyrone 合酶 Lovastationnonaketide 合酶和 Macrophomate 合酶。和醛缩酶一样,人们已开发了有 Diels-Alder 活性的催化抗体。而且,除了酶以外,还有其他催化 Diels-Alder 反应的生物催化剂。自 20 世纪 80 年代以来,核酶作为非蛋白质生物催化剂的概念已被广泛接受。Tarasow 和 Jascke 小组非常成功地利用了核酶的催化性能,最近已分离出了能从合成组合库(Synthetic Combinatorial Libraries)中催化 C—C 键形成的 Diels-Alder 核酶。例如,有一种核酶能催化一种蒽衍生物和有生物素基的马来酰亚胺的结合:

虽然这些例子离工业应用尚远,但它们强调了 RNA 作为一种催化剂令人瞩目的潜力。

生物催化这一新的合成方法在有机合成中得到了广泛应用,但仍处于发展阶段。利用生物催化剂(如各种细胞和酶)实现有机物的生物转化和生物合成是一门有机合成化学与生物学密切相关的交叉学科,是当今有机合成特别是绿色有机合成的研究热点,也将是今后生物有机化学和生物技术研究的新生长点。在我国,还需要更多的化学与生物工作者参与研究和开发更高效、高选择性的温和的生物催化体系,并拓宽其在有机合成中的应用。

第11章　分子拆分技术

11.1　分子拆分原则与一般方法

对于结构比较简单的目标分子,合成设计者只需在结构分析的基础上认清其骨架特点及具有的官能团,再经过特定的反应形成结构所需的骨架与官能团。即使还需考虑立体化学因素,亦只需在合成中注意,并不难实现。但是对于结构复杂的分子,所需的反应步骤往往很多,而且往往可以有多种合成途径,很难一下子确定适合的合成路线。这就涉及有关复杂分子合成设计的特殊性问题。合成子法正是在这一迫切需求的情况下出现的。合成子法实际上是一种分子的拆开法,通过碳碳键的拆开,将较大的目标分子分解成它的原料和试剂分子,最终设计出合理的合成路线。解决分子骨架由小变大的合成问题,应该在回推过程的适当阶段,设法使分子骨架由大变小,这可以采用拆开的方法。

11.1.1　分子拆分的原则

1.优先考虑骨架的形成

虽然有机化合物的性质主要是由分子中官能团决定的,但是在解决骨架与官能团都有变化的合成问题时,要优先考虑的却是骨架的形成,这是因为官能团是附着于骨架上的,骨架不先建立起来,官能团也就没有附着点。

考虑骨架的形成时,首先研究目标分子的骨架是由哪些较小的碎片的骨架,通过碳碳成键反应结合成的,较小碎片的骨架又是由哪些更小的碎片骨架形成。依此类推,直到得到最小碎片的骨架,也就是应该使用的原料骨架。

2.其次联想官能团的形成

由于形成新骨架的反应,总是在官能团或是受官能团的影响而产生的活泼部位上发生,因此,要发生碳碳成键反应,碎片中心需要有适当的官能团存在,并且不同的成键反应需要不同的官能团,例如:

$$R{-}X + R{-}X \xrightarrow{\text{Na}} R{-}R$$

碎片中需要有卤素存在。又如:

$$R{-}CH_2{-}CHO + R{-}CH_2{-}CHO \xrightarrow{\text{Na}} RCH_2CH(OH)CHRCHO$$

碎片中需要有羰基和 α-氢原子存在。所以,在优先考虑骨架形成的同时,进而就要联想到官能团的存在和变化。

11.1.2　分子拆分的一般方法

要解决分子骨架由小变大的合成问题,应该在逆合成分析中,在适当阶段设法使分子骨架由大变小,可以采用分子的切断。切断是结构分析的一种处理方法,设想在复杂目标分子的价键被打断,从而推断出合成它需用的原料。正确运用分子切断法,就是指能够正确选择要切断的价键,回推时的"切",是为了合成时的"连",即前者是手段,后者是目的。

一个合成反应能够形成一定的分子结构,同样,一定的分子结构只有在掌握了形成它的反应后才能进行切断。因此,要想很好地掌握分子结构的切断,就必须有许多合成反应知识做后盾。合成反应用于分子的切断的关键是抓住这个反应的基本特征,即反应前后分子结构的变化,掌握了这点,就可以用于切断。例如,要充分理解 Diels-Alder 反应的作用原理与规则,才能将下述目标物切断。

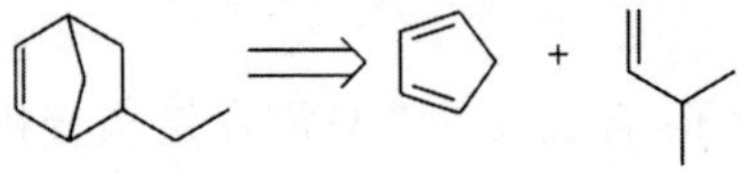

在切断分子时应注意以下几点。

1.在逆合成的适当阶段将分子切断

由于有的目标分子并不是直接由碎片构成,只是它的前体。这个前体在形成后,又经历了包括分子骨架增大的各种变化才能成为目标分子。为此,在回推时应先将目标分子变回到它的前体后,再进行分子的切断。例如,在注意到呫哪哪醇重排前后结构的变化就可以解决下面两个化合物的合成问题:

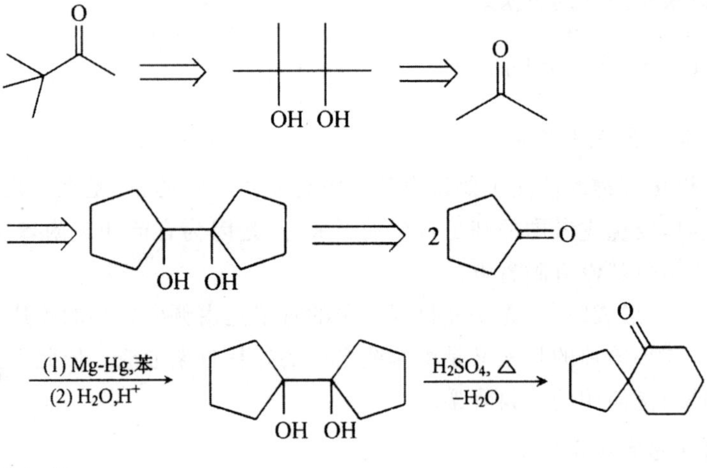

2.尝试在不同部位的切断

在对目标分子进行逆合成分析时,常常遇到分子的切断部位比较多的问题,但经认真比较、分析,就会发现从其中某一部位切断更加优越。因此,必须尝试在不同部位将分子切断,以便从中找出更加合理的合成路线。

3.考虑问题要全面

在判断分子的切断部位时,无论是目标分子或中间体,都要从整体和全局出发,考虑问题要全面,尽可能减少或避免副反应的发生。目标分子的切断部位就是合成时要连接的部位,也就是说,切断了以后要用较好的反应将其连接起来。例如,异丙基正丁基醚的合成,有以下两种切断的方式:

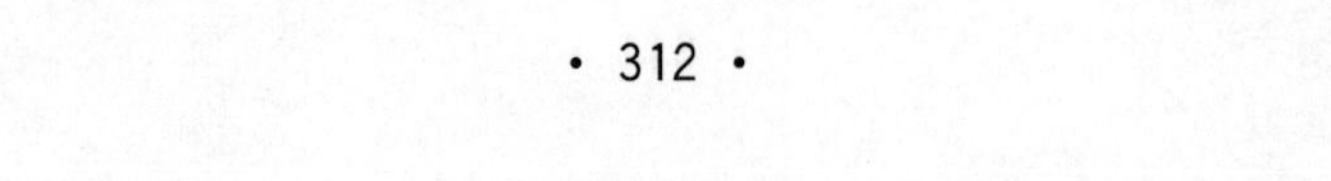

在醇钠(碱性试剂)存在下,卤代烷会发生消去卤化氢反应,其倾向是仲烷基卤大于伯烷基卤,因此,为减少这个副反应,宜选择在 b 处切断。

4.加入官能团帮助切断(探索多种拆法)

对于较复杂的大分子,应探索多种的切断方法以求择优选用。有时在切断中遇到困难,就要设想在分子某一部位加入一个合适的官能团,可能使切断更有利进行。

11.2　分子拆分的重要反应

11.2.1　醇的切断

在前面拆开的总原则中提到,只有"会合成"才能"拆开"。可见,要想把多种类型的醇(包括表面看不是醇,实则与醇紧密相连)的分子拆开,就必须熟悉各类型的醇的合成方法。现将有关醇的最常见合成反应整理在一起,以便选择使用。

1.醇的拆分方法

醇中的羟基在合成中是关键官能团(图 11-1),因为它们的合成可以通过一个重要的拆开来设计,同时它们也能转变成别的官能团,生成各类化合物。

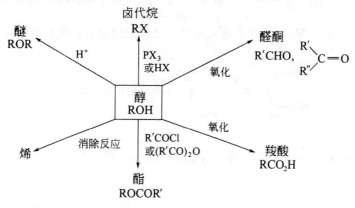

图 11-1　醇的官能团化

醇的合成方法很多,在此我们仅选择以格氏试剂来制备醇(图 11-2)。

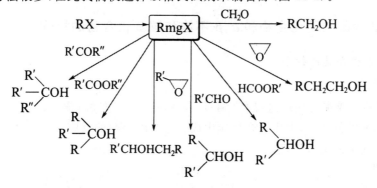

图 11-2　格氏试剂制备饱和醇

图 11-3 为不饱和醇的合成方法。

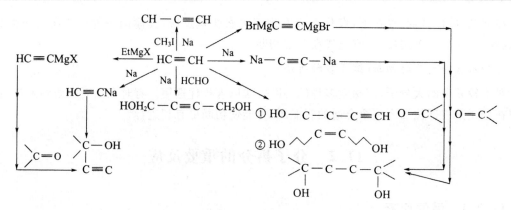

图 11-3　不饱和醇的合成

2.醇的合成实例

试设计顺 2-丁烯-1,4-二醇缩丙酮（ ）的合成路线。

分析:抓住结构的实质特征,该分子可做如下拆分:

那么如何合成丁烯二醇,并且具有顺式构型? 已知三键催化加氢可得顺式构型的烯,所以作如下拆分:

合成:

$$HC\equiv CH \xrightarrow{OH^-,HCHO} HO-CH_2-C\equiv CH \xrightarrow{OH^-,HCHO}$$

$$HO-CH_2-C\equiv C-CH_2-OH \xrightarrow[\text{(林德勒还原)}]{H_2,Pd-C/BaSO_4,吡啶}$$

11.2.2　β-羟基羰基化合物和 α,β-不饱和羰基化合物的拆分

1.β-羟基羰基化合物的拆分

(1)β-羟基醛酮的合成

β-羟基醛酮的合成主要是通过羟醛(酮)反应来完成的。羟醛(酮)反应是指含有 α-H 的醛(酮)在稀碱或稀酸的催化下,发生缩合反应生成 β-羟基醛(酮)的反应。

①醛在碱催化下的缩合机理。

以乙醛为例:

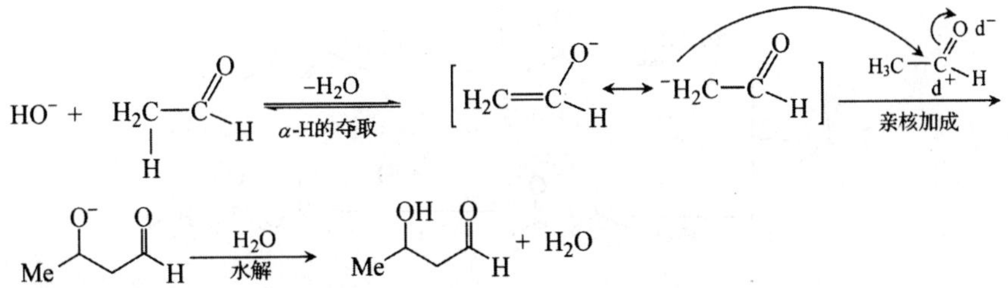

②酮在酸催化下的缩合反应机理。

以丙酮为例：

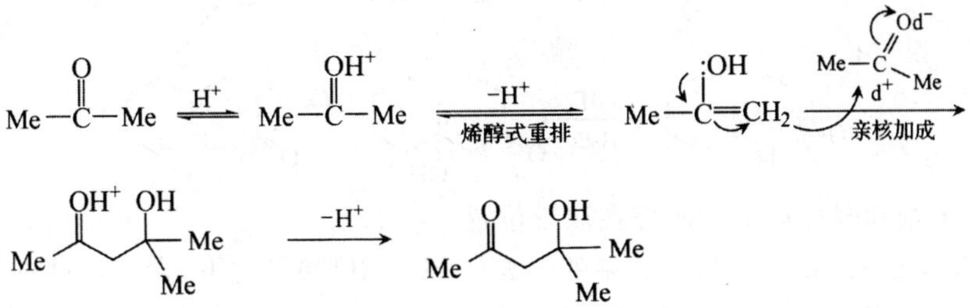

③醛酮的交叉缩合反应。

以乙醛和丙酮为例：

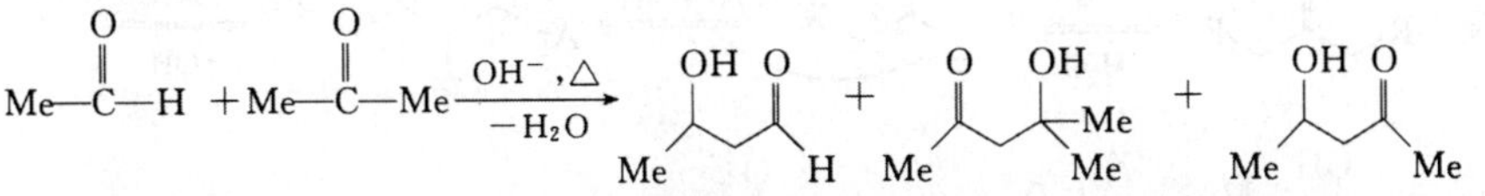

（醛自缩合产物）（酮自缩合产物）（醛、酮交叉自缩合产物）

由于此反应产物比较复杂，选择性差，合成应用价值不大。

(2) β-羟基羰基化合物的切断

从上述 β-羟基羰基化合物的合成类型可知，其切断的关键是从羰基开始，将 α-C-β-C 键打开。例如下列两个化合物的切断：

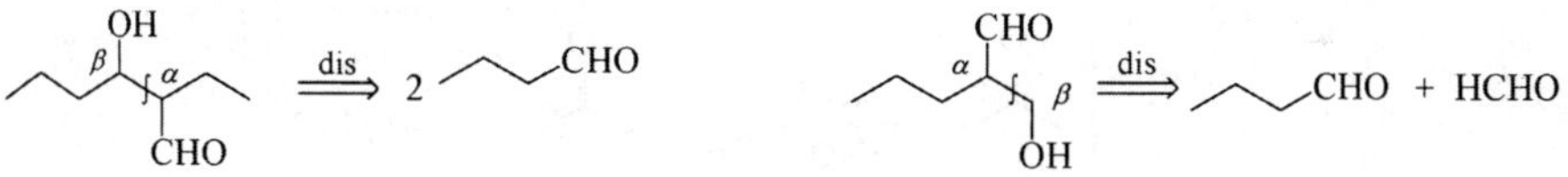

在羟醛缩合反应中，其中一分子提供羰基，另一分子提供活泼的 α-H。能使 α-H 活化的基团除醛酮的羰基外，其他强吸电子基团有—NO_2、—CN、—CO_2H、—CO_2R，卤原子和不饱和键也有致活作用。

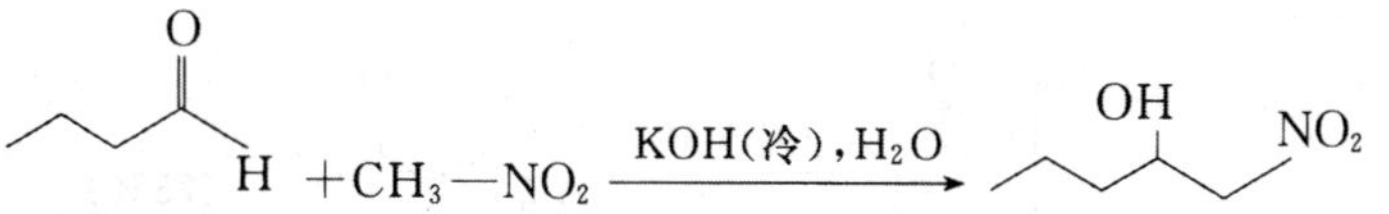

$2.\alpha,\beta$-不饱和羰基化合物的切断

(1) α,β-不饱和醛酮的合成

β-羟基醛（酮）在受热、酸催化或高温碱催化条件下，β-羟基与 α—H 结合易脱水生成具有 π-π 共轭体系的 α,β-不饱和醛（酮）化合物。

①通过分子内的羟醛缩合。对于羟醛（酮）缩合反应，在温和条件下（如碱催化），一般生成 β-羟基醛（酮），在较剧烈条件下（如加热、酸或碱催化）则生成开链或环状 α,β-不饱和醛（酮）。例如：

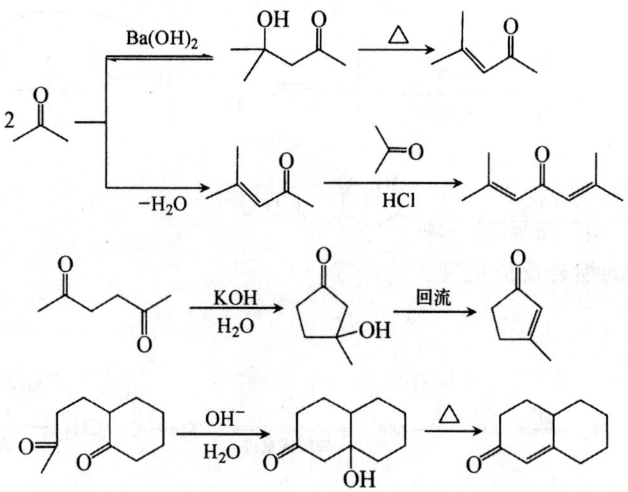

因此，α,β-不饱和醛（酮）的切断应在双键位置。

②通过 Claisen-Schmidt 反应。在稀的强碱（OH^-、RO^-）催化下，含有 α-H 的脂肪醛酮与芳醛进行交叉缩合，生成 α,β-不饱和醛（酮）的反应，称为 Claisen-Schmidt 反应。反应机理为：

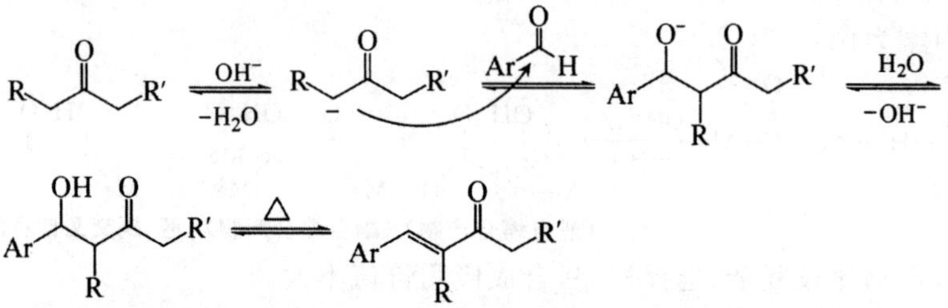

反应特点：反应最终产物为反式的 α,β-不饱和醛（酮）；芳醛与不对称酮反应时，取代基较少的 α-C 参与反应，而取代基较多的（如甲基酮的亚甲基、环己酮的 α 位的次亚甲基）不易参加反应。例如：

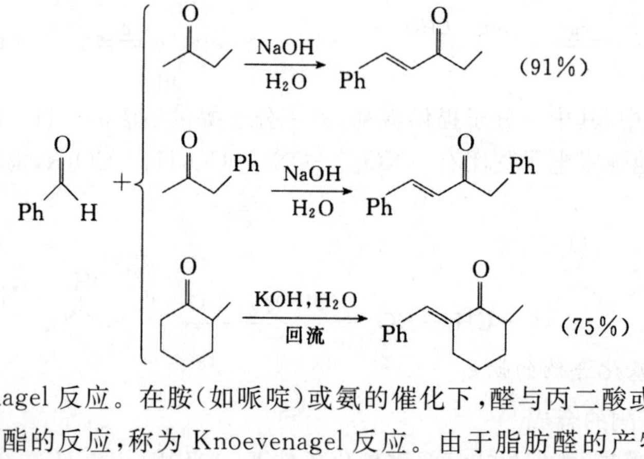

③通过 Knoevenagel 反应。在胺（如哌啶）或氨的催化下，醛与丙二酸或丙二酸酯发生缩合，生成 α,β-不饱和酸或酯的反应，称为 Knoevenagel 反应。由于脂肪醛的产物为 α,β-和 β,γ-不饱和酸或酯的混合物。Doebner 对此反应进行了改进，即在含有微量哌啶的吡啶溶液中反应，产物主要为 α,β-不饱和酸或酯。同时，Cope 对此反应进行了发展，即在乙酸和苯的混合溶剂中，在乙酸钠催化下，酮与氰乙酸或氰乙酸酯缩合，生成 α,β-不饱和酸或酯。该反应机理如下：

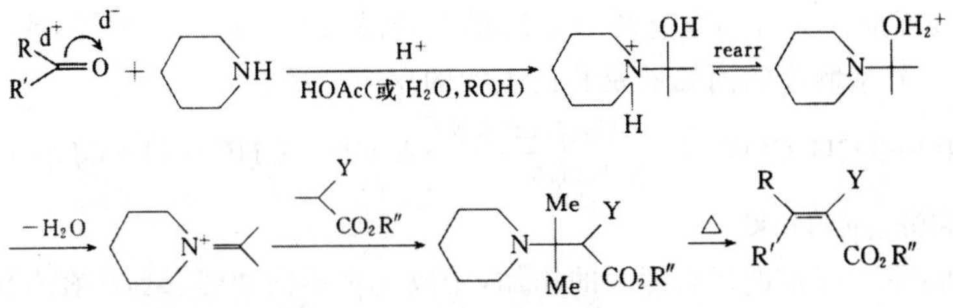

$$(R=R'=R''=H, 或 R\neq R'\neq R''\neq H; Y=COOH, CO_2R, CN)$$

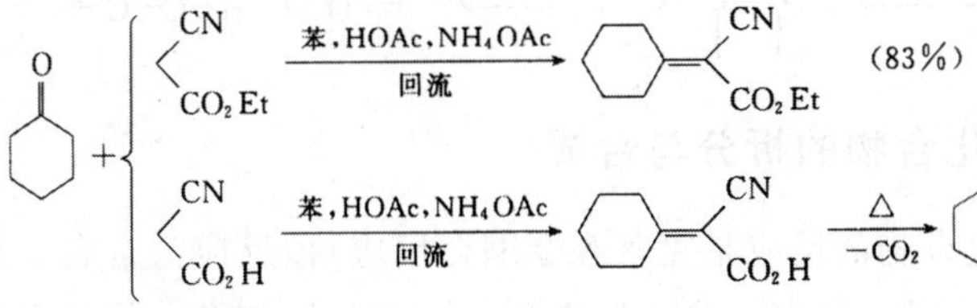

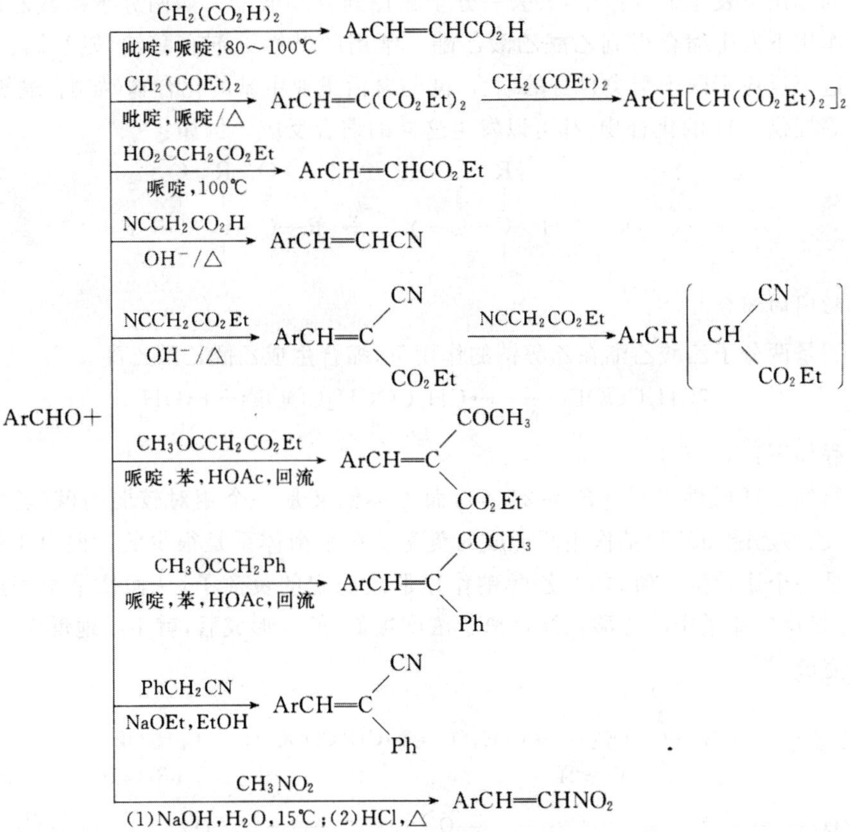

$$CH_2(CO_2H)_2$$

吡啶,哌啶,80~100℃　$ArCH=CHCO_2H$

$$CH_2(COEt)_2$$

吡啶,哌啶/△　$ArCH=C(CO_2Et)_2 \xrightarrow{CH_2(COEt)_2} ArCH[CH(CO_2Et)_2]_2$

$$HO_2CCH_2CO_2Et$$

哌啶,100℃　$ArCH=CHCO_2Et$

$$NCCH_2CO_2H$$

$OH^-/\triangle$　$ArCH=CHCN$

④通过 Claisen 缩合反应。在碱性条件下,不含 α-H 的醛与含两个 α-H 的酯缩合,生成 α,β-不饱和酯的反应,称为 Claisen 缩合反应。反应通式如下:

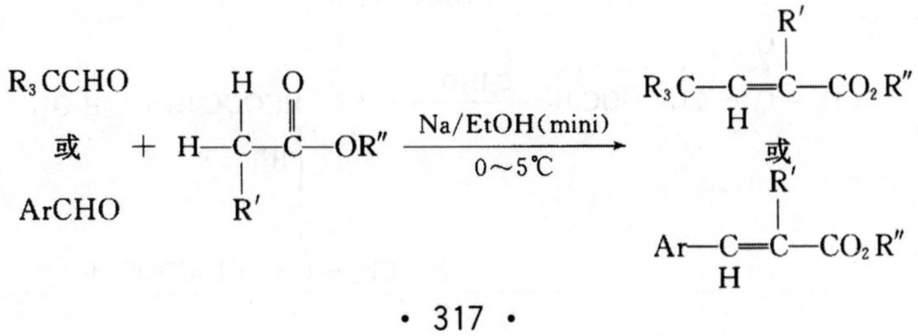

317

⑤通过 Perkin 反应。芳醛与含有两个 α-H 的脂肪酸及其相应的羧酸钾（或钠）加热，发生类似醇醛缩合，生成 β-芳基取代的丙烯酸及其衍生物的反应。例如：

$$ArCHO + (CH_3CO)_2O \xrightarrow[\text{HOAc,175}\sim\text{180℃}]{\text{(1)缩合;(2)水解}} ArCH{=}CHCO_2H + CH_3CO_2H$$

(2) α,β-不饱和醛、酮的切断

对于 α,β-饱和醛酮，可先进行官能团的添加，变成 α,β-不饱和醛、酮，再在双键处切断。

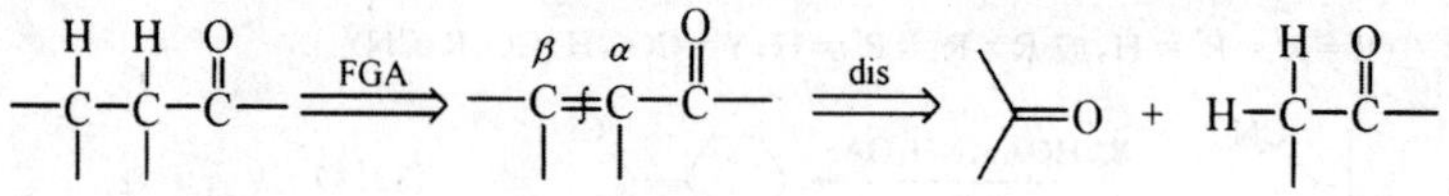

11.2.3　1,3-二羰基化合物的拆分与合成

常用于合成 1,3-二羰基化合物的反应是克莱森酯缩合反应，该反应为含有 α-H 的酯在醇钠等碱性缩合剂作用下发生缩合作用，失去一分子醇得到 β-酮酸酯。如两分子乙酸乙酯在金属钠和少量乙醇作用下发生缩合得到乙酰乙酸乙酯。常用的碱性试剂有醇钠、氨基钠、三苯基钾钠等。实际上这个反应不限于酯类自身的缩合，酯与含活泼亚甲基的化合物（如酯、酰氯、酸酐等与酯、醛酮、氰等提供 α-H 的化合物）都可以发生这样的缩合反应。例如：

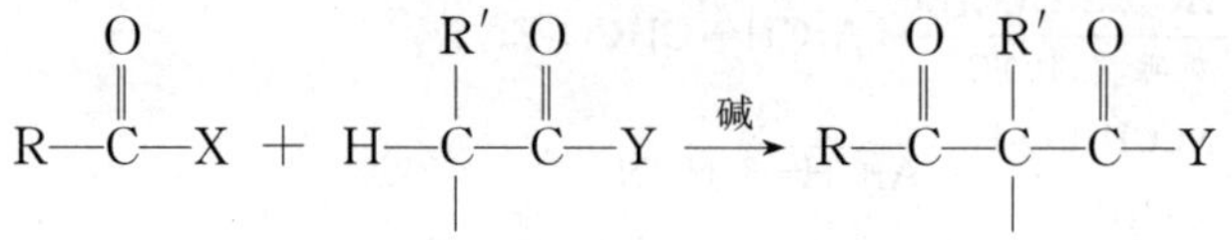

1. 相同酯间的缩合

最典型的是两分子乙酸乙酯在乙醇钠的作用下，缩合生成乙酰乙酸乙酯。

$$2CH_3COOEt \xrightarrow[\text{NaOEt}]{} CH_3COCH_2COOEt + EtOH$$

反应历程如下：

乙酸乙酯的 α-H 酸性很弱（$pK_a = 24.5$），而乙醇钠又是一个相对较弱的碱（乙醇的 $pK_a \approx 15.9$），因此，乙酸乙酯与乙醇钠作用所形成的负离子在平衡体系是很少的。但由于最后产物乙酰乙酸乙酯是一个比较强的酸，能与乙醇钠作用形成稳定的负离子，从而使平衡朝产物方向移动。所以，尽管反应体系中的乙酸乙酯负离子浓度很低，但一形成后，就不断地反应，结果反应还是可以顺利完成。

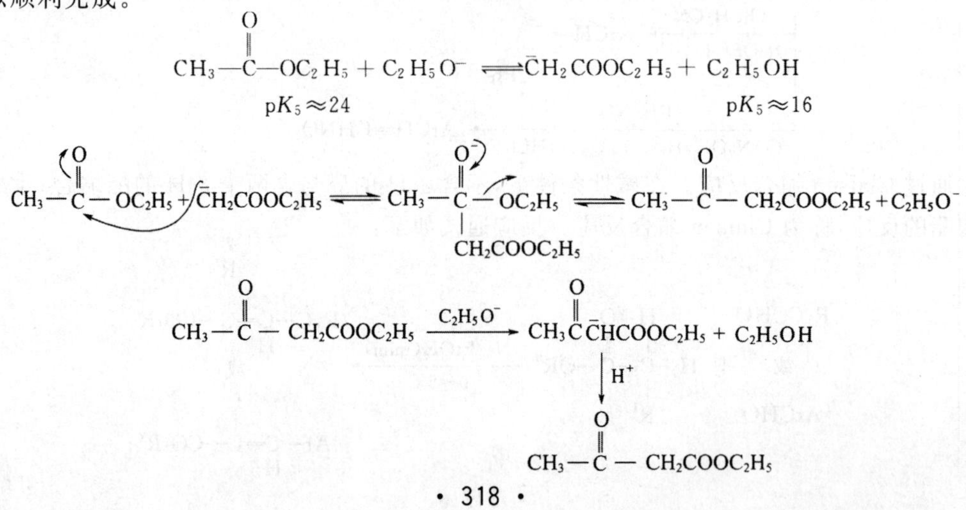

如果酯的 α-C 上只有一个氢原子,由于酸性太弱,用乙醇钠难于形成负离子,需要用较强的碱才能把酯变为负离子。如异丁酸乙酯在三苯甲基钠作用下,可以进行缩合,而在乙醇钠作用下则不能发生反应:

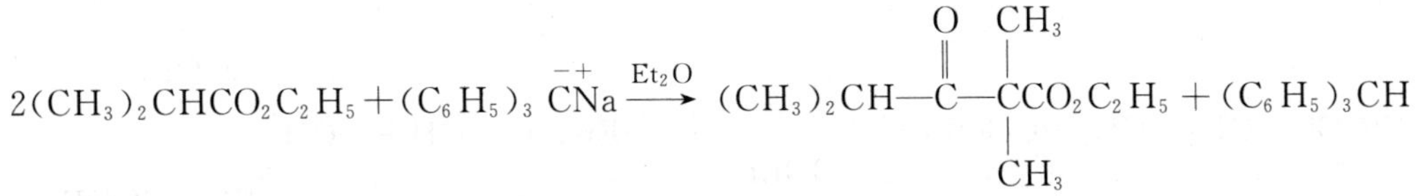

$$2(CH_3)_2CHCO_2C_2H_5 + (C_6H_5)_3\overset{-}{C}\overset{+}{N}a \xrightarrow{Et_2O} (CH_3)_2CH-\underset{\underset{CH_3}{|}}{\overset{\overset{O}{||}}{C}}-\underset{\underset{CH_3}{|}}{\overset{\overset{CH_3}{|}}{C}}CO_2C_2H_5 + (C_6H_5)_3CH$$

2. 二元或多元酯的分子内缩合(狄克曼酯缩合反应)

在强碱条件下,含有 α-H 的二元酯发生分子内缩合,形成一个环状 β-酮酸酯,再水解加热脱羧,得到五元或六元环酮。例如:

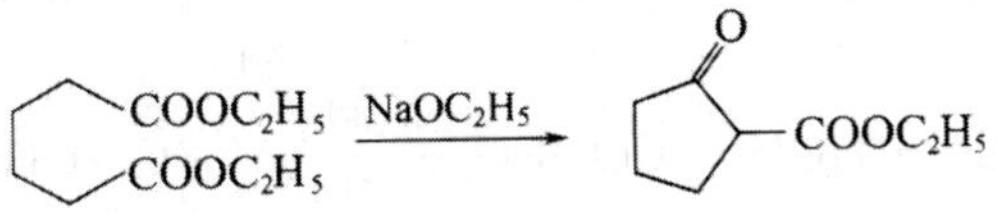

狄克曼分子内酯缩合反应是合成含五元或六元环及其衍生物的主要方法。该反应实际上是在分子内部进行的克莱森酯缩合反应。

狄克曼酯缩合反应对于合成 5~7 元环化合物是很成功的,但 9~12 元环产率极低或根本不反应。在高度稀释条件下,α,ω-二元羧酸酯在甲苯中用叔丁醇钾处理得到一元和二元环酮:

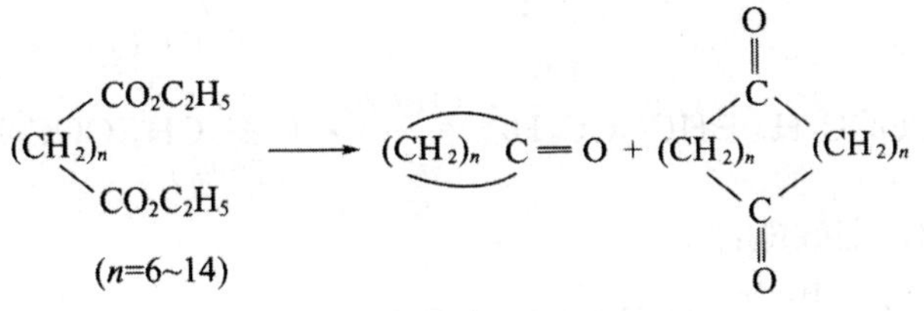

3. 不同酯间的缩合反应

两种不同的酯也能发生酯缩合,理论上可得到四种不同的产物,称为温合酯缩合,在制备上没有太大意义。如果其中一个酯分子中既无 α-H,而且烷氧羰基又比较活泼时,则仅生成一种缩合产物。如苯甲酸酯、甲酸酯、草酸酯、碳酸酯等。与其他含 α-H 的酯反应时,都只生成一种缩合产物。

(1)草酸二乙酯的酰化反应及其应用

草酸二乙酯与含 α-H 的酯反应,在有机合成中有其特殊用途。例如,草酸二乙酯与苯乙酸乙酯的反应:

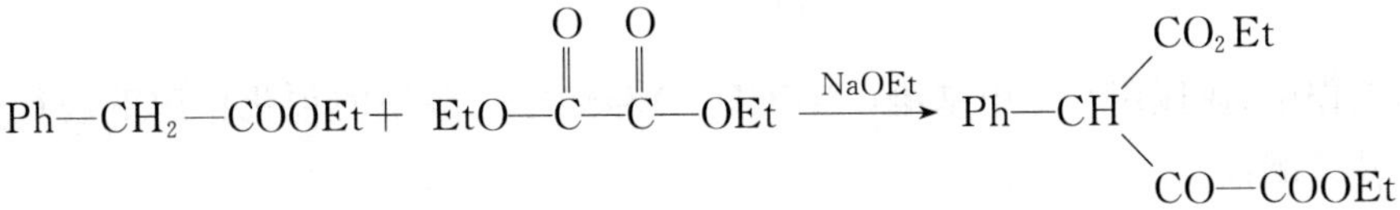

该类型反应的结果是含 α-H 酯的 α-C 上引入了乙草酰基。

举例说明:设计 α-羰基戊二酸的合成路线。

分析:

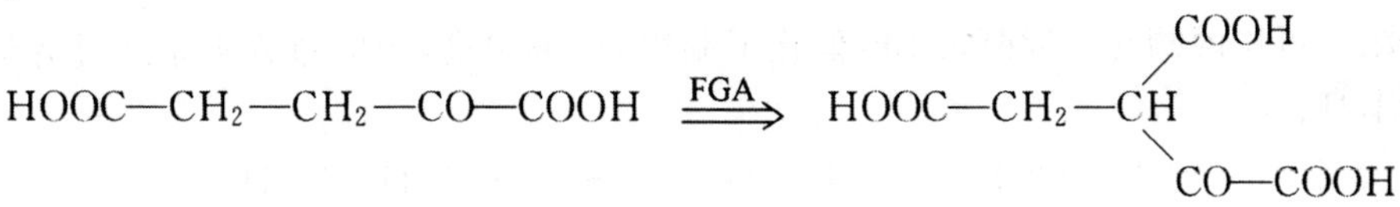

$$\overset{FGI}{\Longrightarrow} EtOOC-CH_2-\underset{\underset{CO-COOEt}{|}}{\overset{\overset{COOEt}{|}}{CH}} \overset{dis}{\Longrightarrow} EtOOC-COOEt + EtOOC-CH_2-CH_2-COOEt$$

合成：

$$EtOOC-CH_2-CH_2-COOEt + \underset{\underset{COOEt}{|}}{\overset{\overset{COOEt}{|}}{}} \xrightarrow{KOEt} EtOOC-CH_2-\underset{\underset{CO-COOEt}{|}}{\overset{\overset{COOEt}{|}}{CH}}$$

$$\xrightarrow{H_3^+O,\triangle} HOOC-CH_2-CH_2-CO-COOH + CO_2 + 3EtOH$$

（2）甲酸酯酰化反应及其应用

甲酸乙酯与含 α-H 的酯在强碱作用下反应，常用于含 α-H 的酯的及位引入一个醛基：

$$\underset{}{H-\overset{\overset{O}{\|}}{C}-OEt} + HCH_2-COOEt \xrightarrow[-EtOH]{NaOEt} \underset{H}{\overset{\overset{O}{\|}}{C}-CH_2-COOEt}$$

$$\xrightarrow{（烯醇式重排）} HO-CH=CH-COOEt$$

工业上生产颠茄酸时，即利用这一方法，将苯乙酸乙酯和甲酸乙酯进行缩合，可以先得到 70% 的产物 α-苯甲酰乙酯乙酯，

$$C_6H_5CH_2COOC_2H_5 + HCOOC_2H_5 \xrightarrow{CH_2ONa} \underset{(70\%)}{C_6H_5\overset{\overset{CHO}{|}}{C}HCOOC_2H_5} + H_2O$$

经催化氢化后，就得到颠茄酸酯：

$$\underset{CHO}{\overset{|}{C_6H_5CHCOOC_2H_5}} \xrightarrow{H_2/Ni} \underset{\underset{颠茄酸酯}{CH_2OH}}{\overset{|}{C_6H_5CHCOOC_2H_5}}$$

4. 酯与酮的缩合

以上所讨论的是利用各种酯进行缩合，产物从结构上讲，都是一个 β-羰基酸酯。若用一个酮和一个酯进行混合缩合，就得到 β-羰基酮。酮是比酯较强的一个"酸"，在碱的催化作用下，酮应首先形成负离子，然后和酯的羰基进行亲核加成。

在实际工作中，往往用一个甲基酮（ $R\overset{\overset{O}{\|}}{C}CH_3$ ）和酯在乙醇钠的催化作用下进行缩合，得到适当产量的 β-二酮：

$$CH_3COOCH_5 + CH_3COCH_3 \xrightarrow{C_2H_5ONa} CH_3COCH_2COCH_3 + C_2H_5OH$$

2,4-戊二酮（乙酰丙酮）

（38%～45%）

戊二酮也可用丙酮与乙酸酐再 BF_3 催化下制得，产率很高，中间过程不是经过烯醇负离子，而是烯醇本身：

$$CH_3COCH_3 + (CH_3CO)_2O \xrightarrow{BF_3} CH_3COCH_2COCH_3$$

(80%～85%)

用苯甲酸乙酯和苯乙酮缩合,可以得到产率较高的二苯甲酰甲烷:

$$C_6H_5COOC_2H_5 + CH_3COC_6H_5 \xrightarrow{C_2H_5ONa} C_6H_5COCH_2COC_6H_5 + C_2H_5OH$$

(62%～71%)

取代的乙酸乙酯和一个甲基酮反应,需要用较强的催化剂,如 NaH,但是产物掺杂着其他的异构体。例如,用丁酮(i)和丙酸乙酯(ii)缩合,在 NaH 的作用下,得到两个产物(iii)和(iV),二者的比例和理论所预料的是一致的。

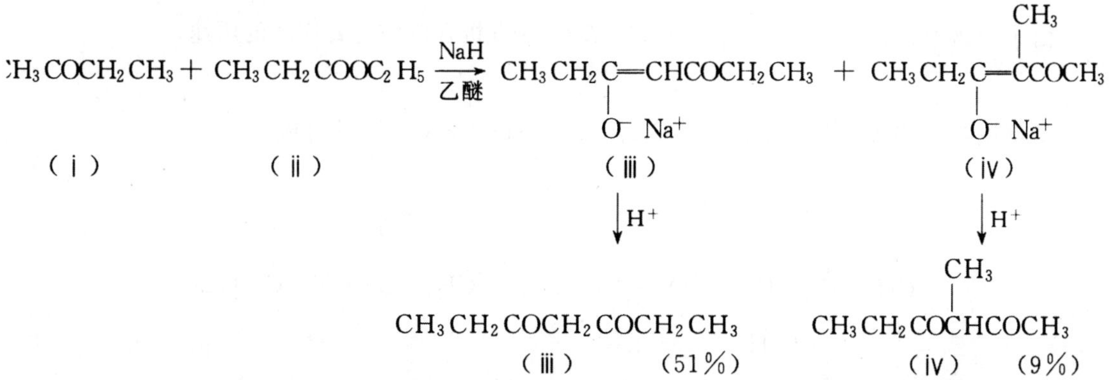

从这个反应看,酮(i)在形成负离子时,主要是由甲基而不是亚甲基给出氢,负离子(iV)因有一个取代的甲基,没有(iii)稳定,所以(iii)是主要的产物。

有 α-H 的酮所产生的烯醇盐也可以同没有 α-H 的酯缩合,如后者为碳酸酯,则产物为 β-酮酸酯:

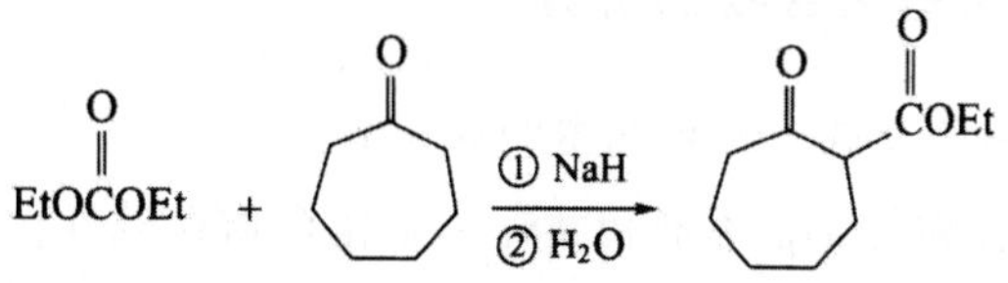

碳酸二乙酯　环庚酮　2-环庚酮甲酸乙酯

(91%～94%)

酮生成的烯醇盐虽然可以与酮羰基缩合,但平衡位置不利于羟基酮的生成。

如用别的没有 α-H 的酯与酮缩合,则得到 β-二酮。例如:

$$C_6H_5\overset{\overset{\displaystyle O}{\|}}{C}OEt + CH_3COC_6H_5 \xrightarrow[\text{②}H_2O^+]{\text{①}EtONa, EtOH} C_6H_5\overset{\overset{\displaystyle O}{\|}}{C}CH_2\overset{\overset{\displaystyle O}{\|}}{C}C_6H_5$$

苯甲酸乙酯　　苯乙酮　　1,3-二苯基-1,3-丙二酮

(60%～70%)

5. 其他缩合

另外,酯与腈缩合也可以发生缩合反应。酯与腈的缩合,属于克莱森缩合反应类型。例如:

$$CH_3COOEt + C_6H_5CH_2CN \xrightarrow{NaOEt} \underset{\underset{O}{\parallel}}{CH_3 - C} - \underset{C_6H_5}{\overset{C_6H_5}{CH}} - CN$$

$$63\% \sim 67\%$$

$$\underset{EtO}{\overset{EtO}{>}} C = O + CH_3(CH_2)_4CN \longrightarrow CH_3(CH_2)_3 \underset{CN}{\overset{}{CHCOOEt}}$$

由于产物中含有—CN、—Ph、α-CH$_3$ 等基团,在有机合成中有着广泛的用途。

举例说明:α-苯基乙酰乙酸乙酯($CH_3 - \overset{O}{\overset{\parallel}{C}} - \underset{C_6H_5}{\overset{}{CH}} - \overset{O}{\overset{\parallel}{C}} - OEt$)的合成。

$$CH_3 - \overset{O}{\overset{\parallel}{C}} - \underset{C_6H_5}{\overset{}{CH}} - C \equiv N + HOEt \xrightarrow{HCl} CH_3 - \overset{O}{\overset{\parallel}{C}} - \underset{C_6H_5}{\overset{}{CH}} - \overset{NH}{\overset{\parallel}{C}} - OEt$$

$$\xrightarrow{H_2O, H_2SO_4} CH_3 - \overset{O}{\overset{\parallel}{C}} - \underset{C_6H_5}{\overset{}{CH}} - \overset{O}{\overset{\parallel}{C}} - OEt + NH_4HSO_4$$

11.2.4 1,5-二羰基化合物的拆分

1.1,5-二羰基化合物的合成——迈克尔加成反应

含活泼亚甲基的化合物与 α,β-不饱和共轭体系化合物在碱性催化剂存在下发生1,4-加成,称为迈克尔加成反应。通式如下:

$$A - CH_2 - R + \underset{}{\overset{}{>}} C = C \underset{Y}{\overset{}{<}} \xrightarrow{:B^-} \underset{A}{\overset{R}{CH}} = \underset{}{\overset{}{C}} - \underset{Y}{\overset{}{C}} - H$$

A,Y=CHO,C=O,COOR,NO$_2$,CN

B=NaOH,KOH,EtONa,t-BuOK,NaNH,Et$_3$N,R$_4$N$^+$OH$^-$, ⬡NH

用于这个反应的不饱和化合物,通常称为迈克尔受体。该反应是形成新的 C—C 键的方法,可以将多种官能团引入分子中。这个反应的应用范围十分广泛。它的受体可以是 α,β-不饱和醛、酮、酯、酰胺、腈、硝基物、砜等。它形成的骨架既可以是开链的,也可以是环状的。给予体中的 A 为吸电子的活化基,B 为起催化作用的碱,一般都是强碱,如六氢吡啶、醇钠、二乙胺、氢氧化钠(钾)、叔丁醇钾(钠)、三苯甲基钠、氢化钠等。

反应机理如下:

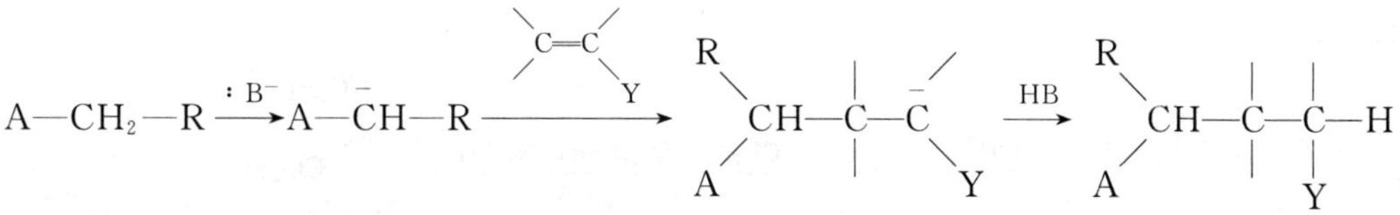

$$A-CH_2-R \xrightarrow{:B^-} A-\overset{-}{C}HR \xrightarrow{\underset{Y}{>C=C<}} \underset{A}{\overset{R}{\underset{|}{C}}}H-\overset{|}{\underset{|}{C}}-\overset{-}{\underset{Y}{\underset{|}{C}}} \xrightarrow{HB} \underset{A}{\overset{R}{\underset{|}{C}}}H-\overset{|}{\underset{|}{C}}-\overset{|}{\underset{Y}{\underset{|}{C}}}H$$

例如：

① $CH_2(CO_2Et)_2 +$ $CH_2=CH-\overset{O}{\overset{\|}{C}}-CH_3 \xrightleftharpoons{EtO^-}$ $\underset{CH(CO_2Et)_2}{CH_2-CH_2-\overset{O}{\overset{\|}{C}}-CH_3}$

② $CH_3-\overset{O}{\overset{\|}{C}}-CH_2-\overset{O}{\overset{\|}{C}}-CH_3 + CH_2=CH-CH\equiv N \xrightarrow[t-BuOK,25℃]{Et_3N}$

$\underset{CH_2CH_2CN}{CH_3-\overset{O}{\overset{\|}{C}}-CH-\overset{O}{\overset{\|}{C}}-CH_3}$

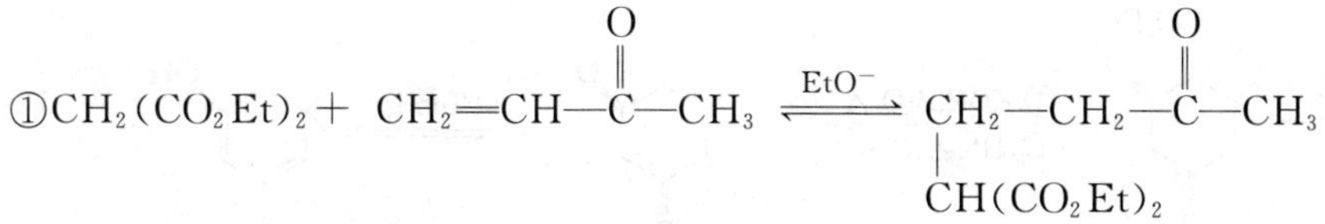

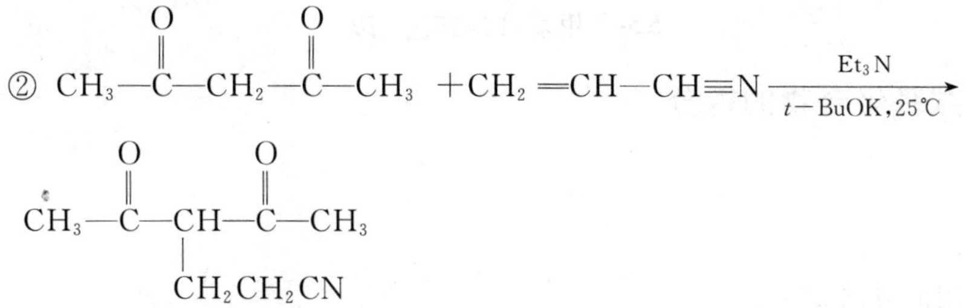

2.1,5-二羰基化合物的拆分法

1,5-二羰基化合物的拆分可以从 2,3 或 3,4 切断，当然这两个位置是相对的，有两个部位的拆法，有时两种切断只有一种可行，因此，要尝试在这两处切断哪种更为合理。

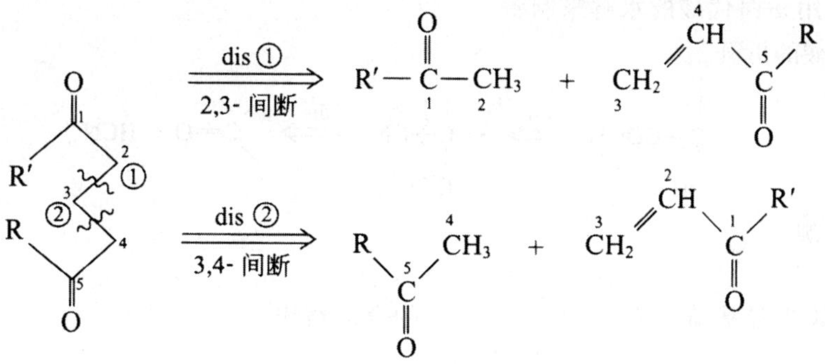

dis① 2,3-间断 $\Longrightarrow$ $R'-\overset{O}{\overset{\|}{\underset{1}{C}}}-\underset{2}{CH_3}$ + $\underset{3}{CH_2}=\overset{4}{CH}-\overset{R}{\underset{5}{\overset{\|}{\underset{O}{C}}}}$

dis② 3,4-间断 $\Longrightarrow$ $R-\overset{4}{\underset{\overset{\|}{O}}{\underset{5}{C}}}-CH_3$ + $\underset{3}{CH_2}=\overset{2}{CH}-\overset{R'}{\underset{1}{\overset{\|}{\underset{O}{C}}}}$

合成实例：

设计 5,5-二甲基-1,3-环己二酮( )的合成路线。

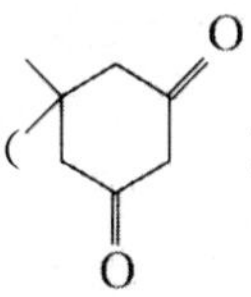

分析：

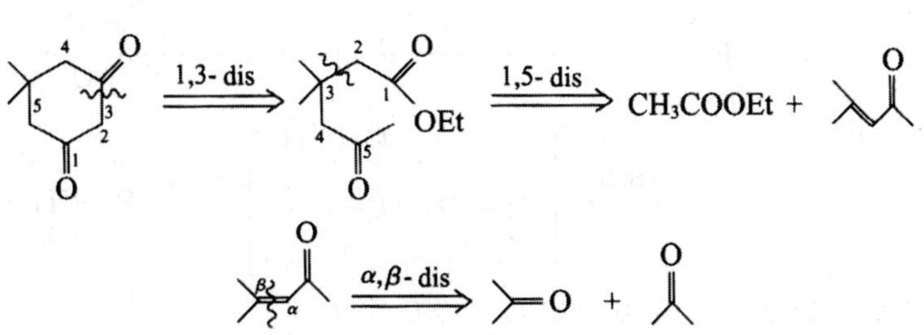

$\xrightarrow{1,3-dis}$ ... $\xrightarrow{1,5-dis}$ CH_3COOEt +

$\xrightarrow{\alpha,\beta-dis}$ $>=O$ +

合成：

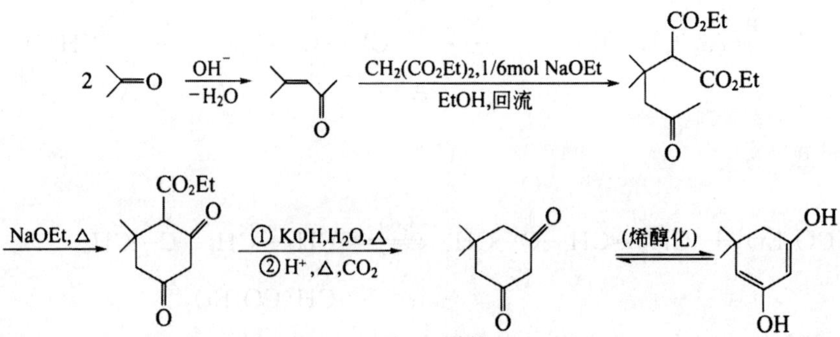

5,5- 二甲基 -1,3- 环己二酮

11.2.5 α-羟基羰基化合物的拆分

1.α-羟基酸的拆分

(1)α-羟基酸的合成

α-羧基酸的合成常用的方法如下：

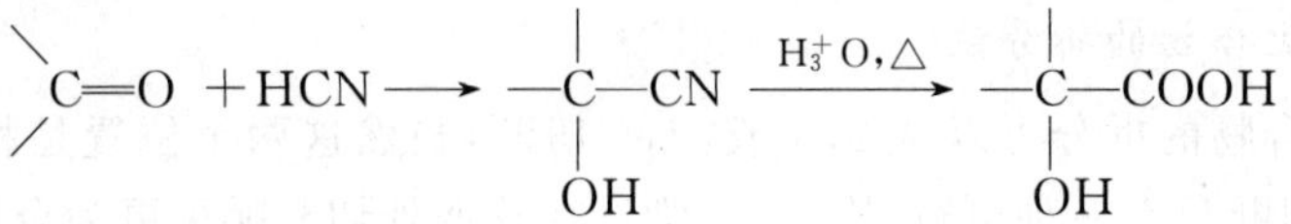

此外，也可用 α-卤代酸的水解来制备。

(2)α-羟基酸的拆开

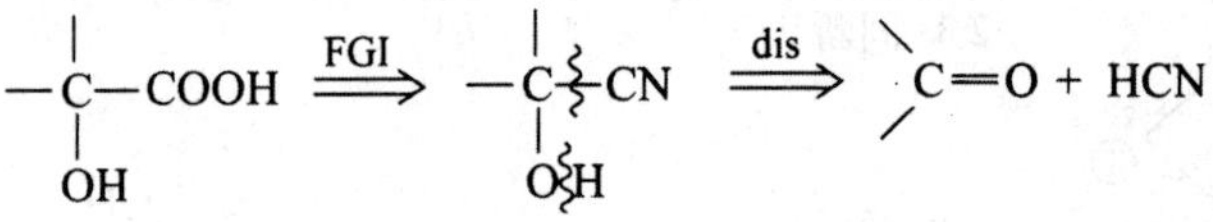

(3)合成实例

设计 2-甲基-2-羟基-苯酚( )的合成路线。

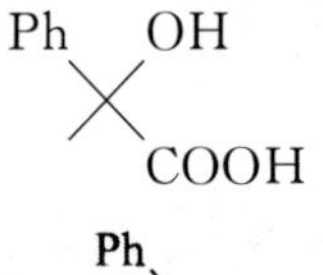

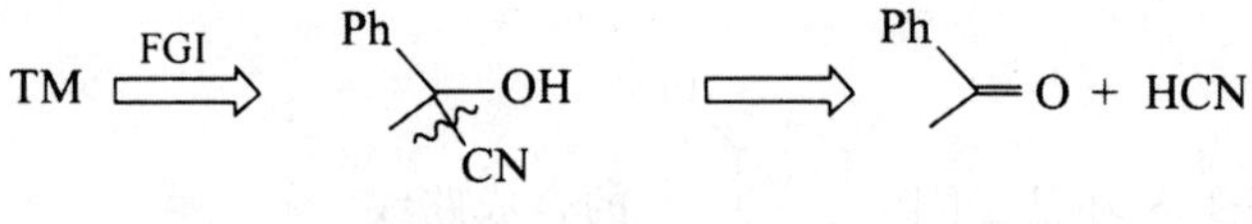

2.α 羟基酮的拆分

(1)α-羟基酮的合成

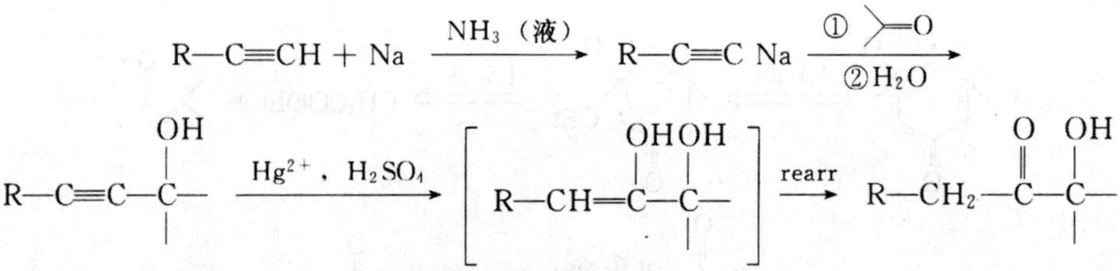

此法可用于合成 α-羟基酮、α-甲基酮以及 α-烃基酮等。

（2）α-羟基酮的拆开

$$-\overset{OH}{\underset{|}{C}}-\overset{O}{\underset{\|}{C}}-\overset{|}{\underset{H}{C}}-H \quad \overset{FGI}{\Longrightarrow} \quad -\overset{OH}{\underset{|}{C}}\{C\!=\!C- \quad \overset{dis}{\Longrightarrow} \quad \rangle\!=\!O + HC\!\equiv\!C-$$

（3）合成实例

设计 3-甲基-3-羟基-2-丁酮（结构式）的合成路线。

分析：

$$TM \quad \overset{FGI}{\Longrightarrow} \quad \rangle\!\!\overset{OH}{\underset{}{}}\!\!C\!\equiv\!C\!-\!H$$

合成：

$$HC\!\equiv\!CH + \rangle\!=\!O \xrightarrow{Na} \underset{OH}{|}C\!\equiv\!C\!-\!H \xrightarrow[Hg^{2+}]{H_2SO_4} \underset{OH}{|}\overset{O}{C}$$

11.2.6　1,4 和 1,6-二羰基化合物的拆分

1. 1,4-二羰基化合物的拆分

（1）1,4-二酮的合成

1,4-二羰基化合物主要由活泼亚甲基化合物与 α-卤代羰基化合物反应合成。1,4-二酮常由乙酰乙酸乙酯的羰基衍生物的酮式分解来制得。例如：

$$CH_3-\overset{O}{\overset{\|}{C}}-CH_2-\overset{O}{\overset{\|}{C}}OEt \xrightarrow{NaOEt} \left[CH_3-\overset{O}{\overset{\|}{C}}-\overset{-}{C}H-COOEt \right]Na$$

$$\rightleftharpoons \left[CH_3-\overset{O^-}{\overset{\|}{C}}\!=\!CH-COOEt \right]Na^+ \xrightarrow[-NaBr]{Br-CH_2-\overset{O}{\overset{\|}{C}}-CH_3} CH_3-\overset{O}{\overset{\|}{C}}-\overset{|}{\underset{CH_2-\overset{O}{\overset{\|}{C}}-CH_3}{C}}H-COOEt$$

$$\xrightarrow[\triangle]{稀\ KOH} CH_3-\overset{O}{\overset{\|}{C}}-\overset{|}{\underset{CH_2-CO-CH_3}{C}}H-COOK \xrightarrow[（脱羧）]{H^+,\ \triangle} \boxed{CH_3-\overset{O}{\overset{\|}{C}}-CH_2-\ \ -CH_2-\overset{O}{\overset{\|}{C}}-CH_3}$$

来自乙酰乙酸乙酯　　来自 α-溴代丙酮

（2）拆分

$$R-\overset{O}{\overset{\|}{C}}-CH_2\{CH_2-\overset{O}{\overset{\|}{C}}-R' \overset{dis}{\Longrightarrow} R-\overset{O}{\overset{\|}{C}}-CH_2-Y + X-CH_2-\overset{O}{\overset{\|}{C}}-R'$$

（Y＝H、—COOH 或潜在的—COOH；X＝卤原子）

　　1,4-二羰基化合物的合成,主要是通过活泼亚甲基化合物在碱的作用下,产生烯醇式负离子对及一卤代羰基化合物的亲核取代反应得到,所以,在找出合成1,4-二羰基化合物的原料时,遵循的规律是:当切断后的碎片具有丙酮或乙酸结构单元时,应考虑到它们是由乙酰乙酸乙酯或丙二酸二乙酯为原料合成的,应将碎片加上致活基—COOC₂H₅分别将其转化为乙酰乙酸乙酯或丙二酸二乙酯,也就是将切断后得到的合成子转化成相应的合成等价物。例如:

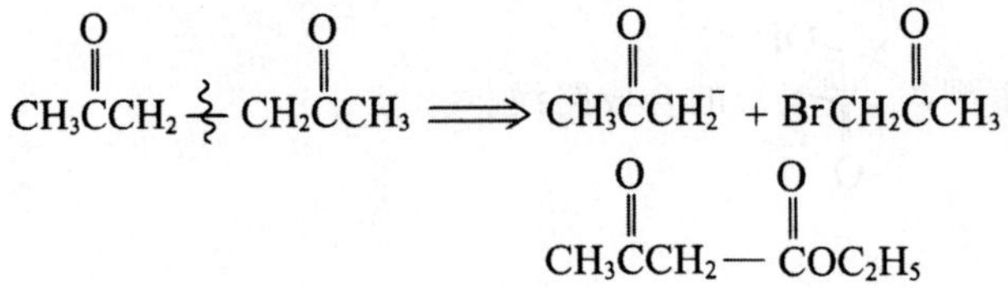

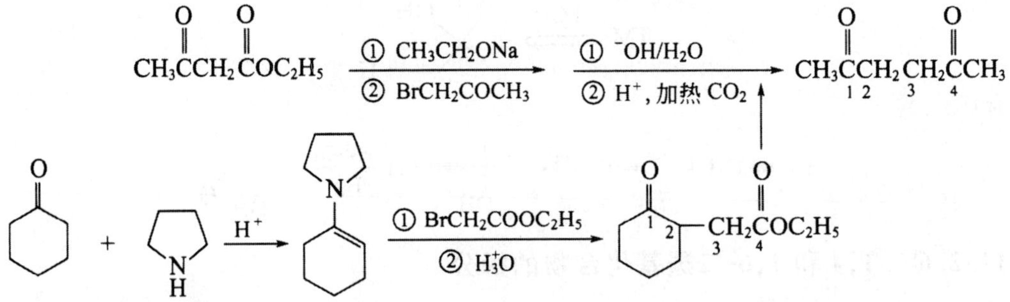

　　下列化合物切断后得到两个乙酸碎片,一个碎片加溴、加乙氧基转化为溴代乙酸酯,另一个碎片应加上致活基转化成相应的合成子丙二酸二乙酯。

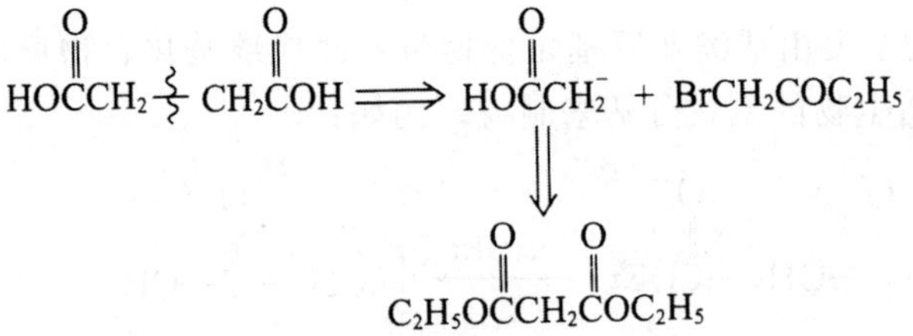

(3)合成实例

设计△^{1,8}-六氢化茚-2-酮(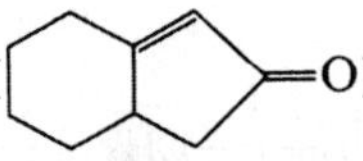)的合成路线。

分析:

TM 为稠环 α,β-不饱和羰基化合物,拆开后为 1,4-二碳基化合物。拆开:

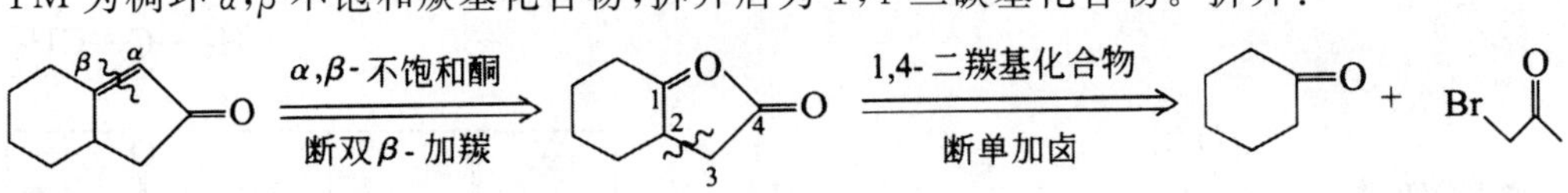

合成:

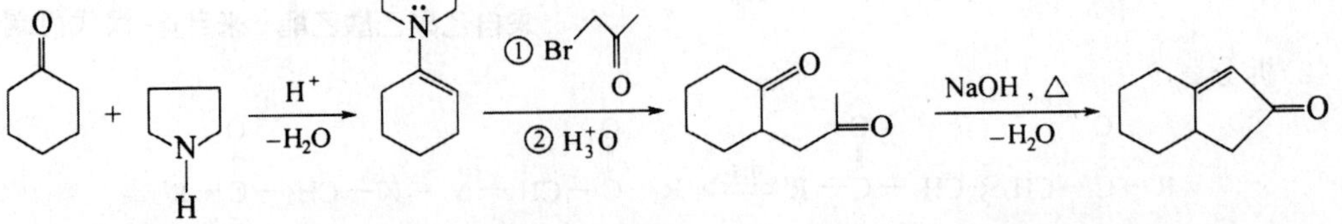

2.1,6-二羰基化合物的拆分

(1)1,6-二羰基化合物的合成

1,6-二羰基化合物主要由环己烯或环己烯的衍生物通过氧化,双键断裂开环得到。

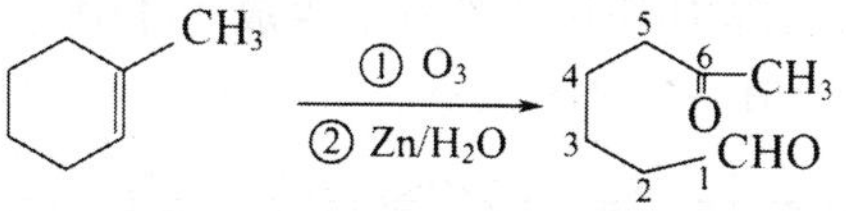

逆合成分析无非是把通过氧化断裂的双键重新连接起来。可称之为"去二羰加一双"。

(2)1,6-二羰基化合物的拆开

根据 1,6-二羰基化合物的合成,可以看到,拆开实质为重接,即 1,6-二羰基化合物去掉氧,围拢成 1,6-环己烯或其衍生物。

(3)合成实例

设计 6-庚酮酸(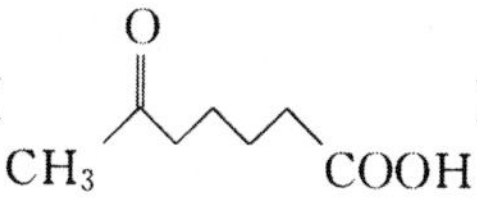　　　　　　　　)的合成路线。

分析:

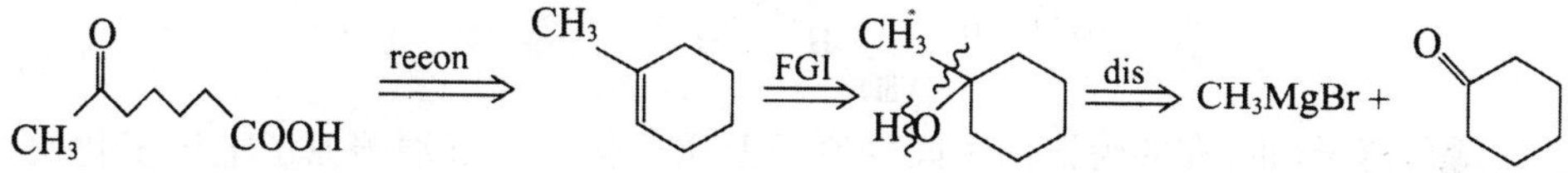

合成:

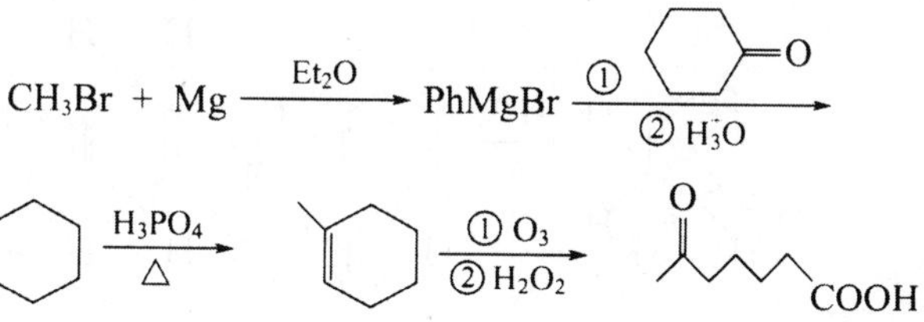

由上可知,1,6-二羰基化合物的合成,涉及环己烯及其衍生物的合成问题,于是就要用到有名的伯奇(Birch)还原反应和狄-阿反应。狄-阿反应在基础有机化学中介绍得很详细,下边着重讨论伯奇还原反应。

(4)伯奇还原反应

伯奇还原指芳香族化合物在液氨与己醇(或异丙醇或二级丁醇)作用下用钠(或钾、锂)还原成非共轭的环己二烯(1,4-环己二烯)及其衍生物的反应,称为伯奇(Birch)反应。例如:

取代的苯也能发生还原,并且通常得到单一的还原产物。例如:

①反应机理。

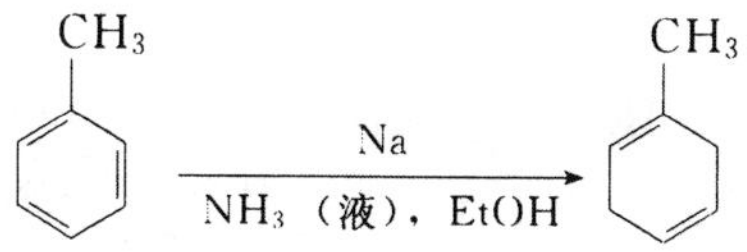

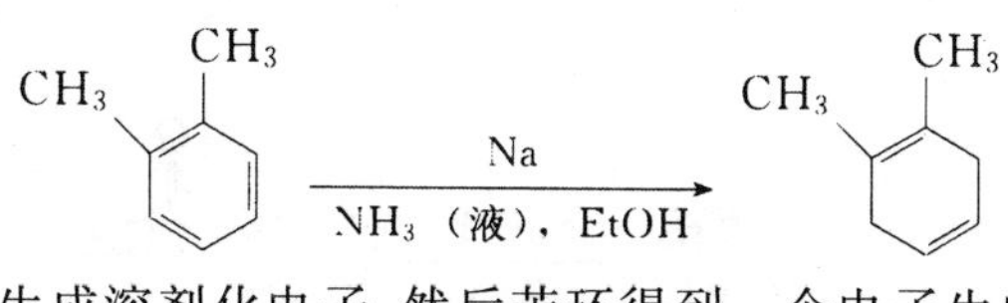

首先是钠和液氨作用生成溶剂化电子,然后苯环得到一个电子生成自由基负离子(Ⅰ),这时

苯环的 π 电子体系中有 7 个电子,加到苯环上的那个电子处在苯环分子轨道的反键轨道上,自由基负离子仍是个环状共轭体系,Ⅰ 表示的是其部分共振式。Ⅰ 不稳定而被质子化,随即从乙醇中夺取一个质子生成环己二烯基自由基(Ⅱ)。Ⅱ 再取得一个溶剂化电子转变成环己二烯负离子(Ⅲ),Ⅲ 是一个强碱,迅速再从乙醇中夺取一个电子生成 1,4-环己二烯。

$$Na + NH_3 \longrightarrow Na^+ + e^-$$

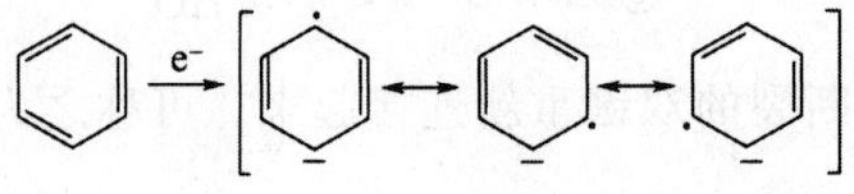

(Ⅰ)

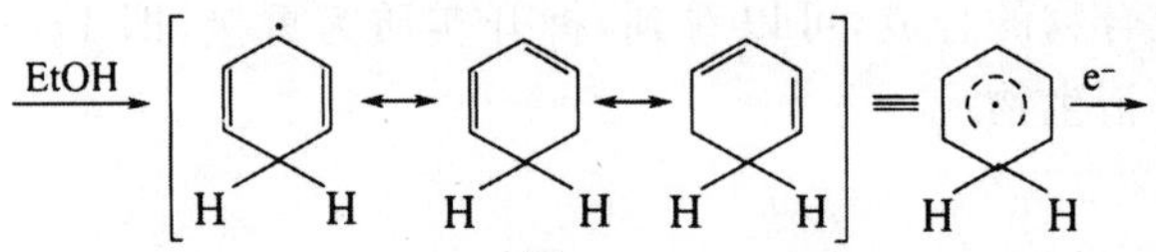

(Ⅱ)

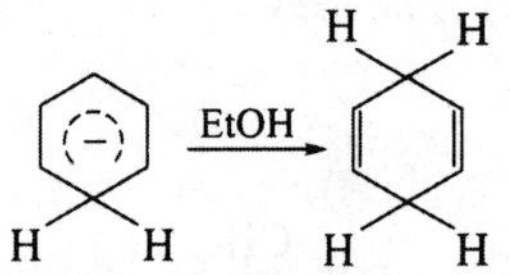

(Ⅲ)

环己二烯负离子(Ⅲ)在共轭链的中间碳原子上质子化比在末端碳原子上质子化快,原因尚不清楚。

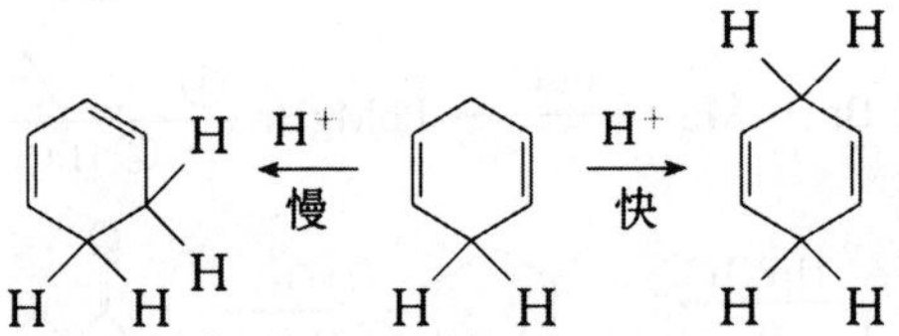

②应用实例。

设计化合物 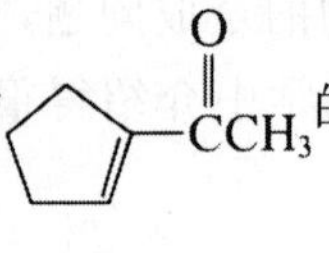 的合成路线。

分析:

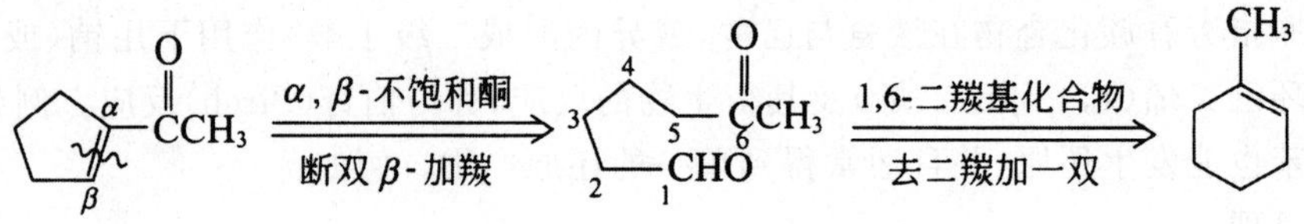

合成:

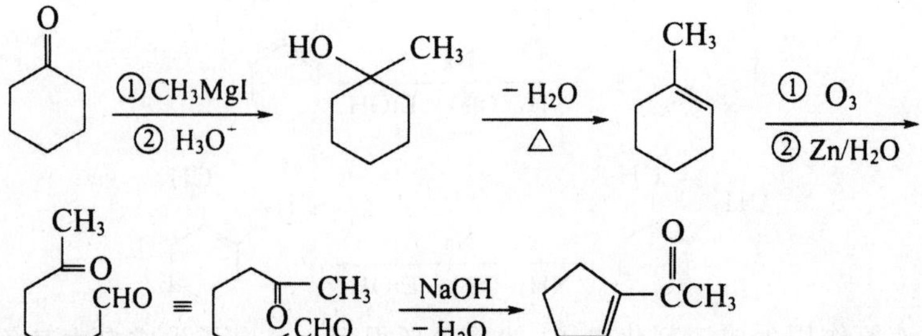

11.3　分子拆分法的选择

合成路线的设计与选择是有机合成中很重要的一个方面,它反映了一个有机合成人员的基本功和知识的丰富性。一般情况下,合成路线的选择与设计代表了一个人的合成水平和素质。合理的合成路线能够很快地得到目标化合物,而笨拙的合成路线虽然也能够最终得到目标化合物,但是付出的代价却是时间的浪费和合成成本的提高,因此合成路线的选择与设计是一个很关键的问题。

11.3.1　合成路线不能过长

一般情况下,简短的合成路线应该反应总收率较高,因而合成成本最低,而长的合成路线总收率较低,合成成本较高。

$$①A \longrightarrow B \longrightarrow C \longrightarrow D \longrightarrow E \longrightarrow F \longrightarrow G$$

$$②\begin{matrix} A \longrightarrow B \longrightarrow C \\ D \longrightarrow E \longrightarrow F \end{matrix} \Bigg\rangle G$$

①为直线型合成路线,经 6 步反应得到产物,若每步反应产率高达 90%,则六步之后,总收度为 54%。②为收敛型合成路线,其总收度为 73%,显然,收敛型合成路线比直线型合成路线有更好的优势。合成路线应越短越好。

11.3.2　合成原料的选择

有机合成中的原料要易得,价格低廉,结合环保、设备要求、成本等因素统一考虑。化学试剂一般纯度越高,价格越贵。化学试剂的等级如下：

①一级品。即优级纯,又称保证试剂(符号 G. R.),我国产品用绿色标签作为标志,这种试剂纯度很高,适用于精密分析,亦可作基准物质用。

②二级品。即分析纯,又称分析试剂(符号 A. R.),我国产品用红色标签作为标志,纯度较一级品略差,适用于多数分析,如配制滴定液,用于鉴别及杂质查等。

③三级品。即化学纯(符号 C. P.),我国产品用蓝色标签作为标志,纯度较二级品相差较多,适用于工矿日常生产分析。

④四级品。即实验试剂(符号 L. R.),杂质含量较高,纯度较低,在分析工作常用辅助试剂(如发生或吸收气体,配制洗液等)。

⑤基准试剂。它的纯度相当于或高于保证试剂,通常专用作容量分析的基准物质。称取一定量基准试剂稀释至一定体积,一般可直接得到滴定液,不需标定,基准品如标有实际含量,计算时应加以校正。

⑥光谱纯试剂。符号 S. P. ,杂质用光谱分析法测不出或杂质含量低于某一限度,这种试剂主要用于光谱分析中。

⑦色谱纯试剂。色谱纯试剂用于色谱分析。

⑧生物试剂。生物试剂用于某些生物实验中。

第 12 章　保护基团与导向基的引入

12.1　常见基团保护技术

在有机合成反应中，为使反应能顺利实现，必须把不必参加反应，而又有可能参加反应，甚至是优先反应的官能团，暂时地隐蔽起来，从而使必要的合成反应顺利地进行。这种暂时隐蔽官能团的方法，称为官能团的保护。为了保护其他官能团而引入分子内的官能团，称为"保护基"。

保护基一般应该满足下列三点要求：

①容易引入所要保护的分子中。

②与被保护分子能有效地结合，经受住所要发生的反应条件而不被破坏。

③在保持分子的其他部分结构不损坏的条件下易除去。

保护基团的导入和除去，使合成的总步数增加，操作复杂化，在必不可少的情况下才采用这种方法。

有时导向基既起到了合成的导向又起到了保护基团的作用。

12.1.1　氨基的保护

氨基作为重要的活泼官能团能参与许多反应。伯胺、仲胺很容易发生氧化、烷基化、酰化以及与羰基的亲核加成反应等，在有机合成中常需加以保护。氨基的保护基主要有 N-烷基型、N-酰基型、氨基甲酸酯和 N-磺酰基型等。

1. N-烷基型保护基

N-苄基和 N-三苯甲基是常用的氨基保护基。它们有伯胺和苄卤或三苯甲基卤在碳酸钠存在下反应得到。

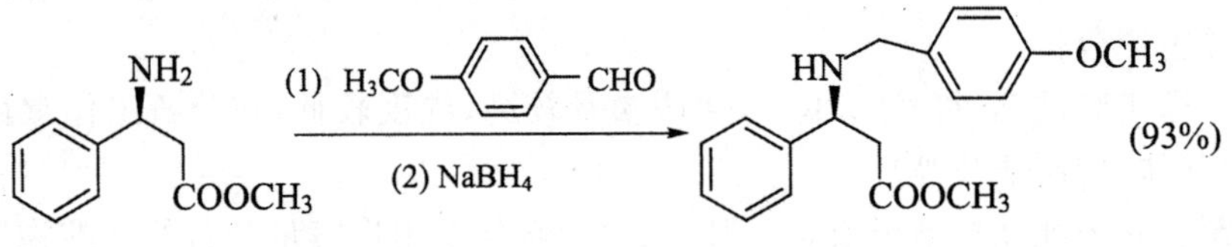

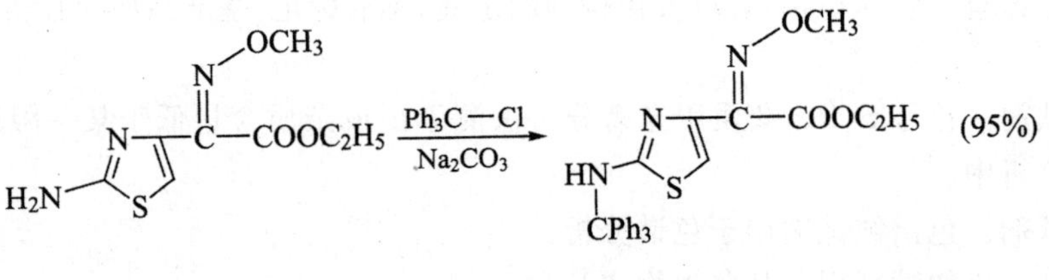

（1）N-苄基胺

N-苄基胺对碱、亲核试剂、有机金属试剂、氢化物还原剂等是稳定的,常用钯-碳催化氢化或可溶性金属还原脱除苄基保护。例如,合成治疗青光眼的中草药生物碱包公藤甲素时,选用 H_2 脱苄基。

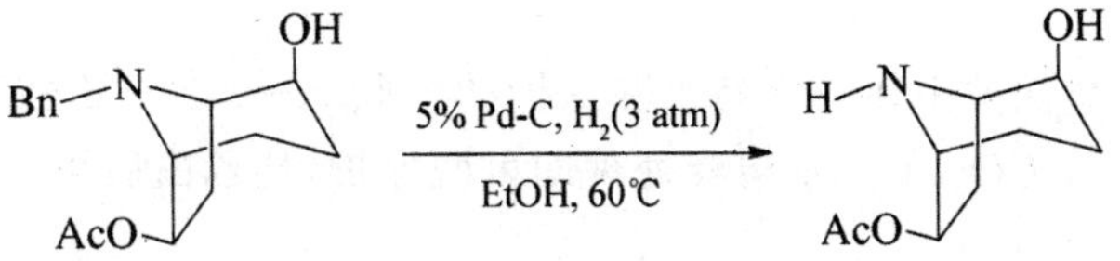

合成麻痹剂 Saxitoxin 时,选用钯黑和 HCOOH-AcOH 溶液处理,选择性脱苄基保护而不影响 S,S-缩酮保护基和其他功能基。

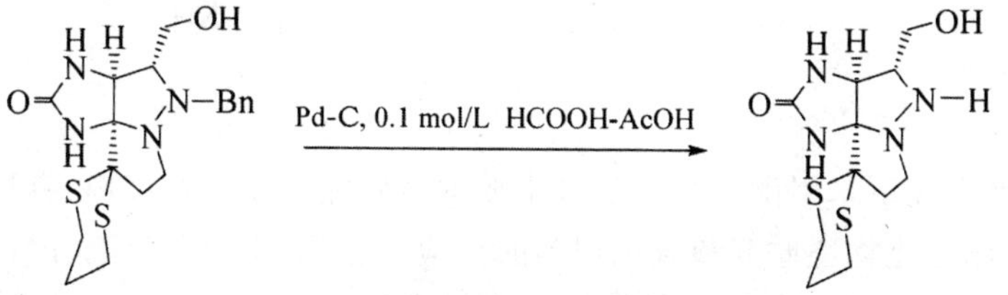

（2）N-三苯甲基硅胺

N-三苯甲基硅胺(TMS-N)是常用的 N-硅烷化保护基,在有机碱三乙胺或吡啶存在下三甲基硅烷化与伯胺、仲胺反应制得。由于硅衍生物通常对水汽高度敏感,在制备和使用时均要求无水操作,因此限制了它们的实际应用。去保护容易,水、醇即可分解。若采用位阻较大的叔丁基二苯基硅胺可选择性保护伯胺,仲胺不受影响。

2.N-酰基型保护基

将氨基酰化转变为酰胺是常用的保护氨基的方法。伯胺和仲胺容易与酰氯或酸酐生成酰胺。它们的稳定性好,一般酸、碱水解难于去保护,常需较强的酸、碱溶液和加热才能水解。常用的酰胺对酸、碱水解的稳定性顺序为:PhCONHR＞CH_3CONHR＞HCONHR＞;CH_3CONHR＞ClCH$_2$CONHR＞Cl$_2$CHCONHR＞Cl$_3$CCONHR＞F$_3$CCONHR。

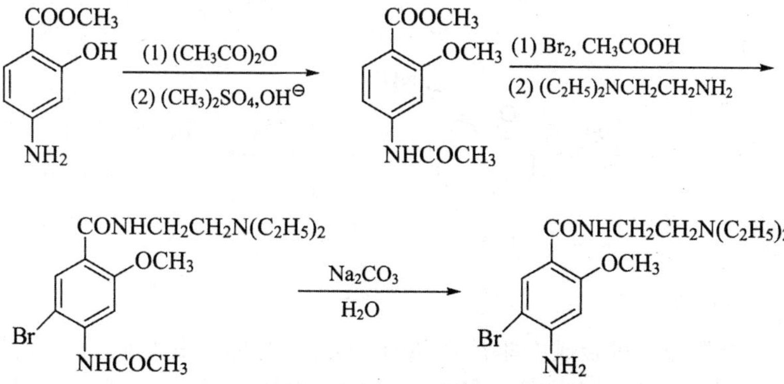

（1）乙酰胺

乙酰基是最常用的氨基保护基，将胺与乙酸酐或乙酰氯在碱（K_2CO_3、NaOH、三乙胺或吡啶等）存在下反应生成乙酰胺。它对亲核试剂和一些有机金属试剂是稳定的，但强酸、强碱、催化氢化、氢化物还原剂以及氧化剂等会影响乙酰胺。乙酰胺的脱保护常用酸碱催化水解。

（2）三氟乙酰胺

三氟乙酰胺是酰胺类保护中比较容易去除保护的酰胺之一，在三乙胺或吡啶存在下三氟乙酸酐与胺反应生成。用 K_2CO_3-甲醇水溶液处理即可脱保护，比乙酰胺更容易。例如：

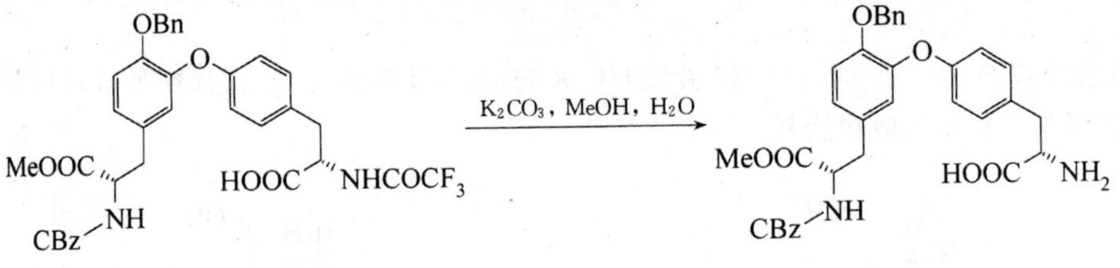

（3）苯甲酰胺

苯甲酰胺是在碱存在下苯甲酰氯与胺反应生成的。它能经受亲核试剂、有机金属试剂（有机锂除外）、催化氢化、硼氢化物还原剂和氧化剂等的反应。常用 NaOH 溶液、浓盐酸或 HBr 的乙酸溶液脱保护。例如，麦角酸合成中用苯甲酰基保护吲哚氮，反应后用较强的酸处理脱苯甲酰基保护基。

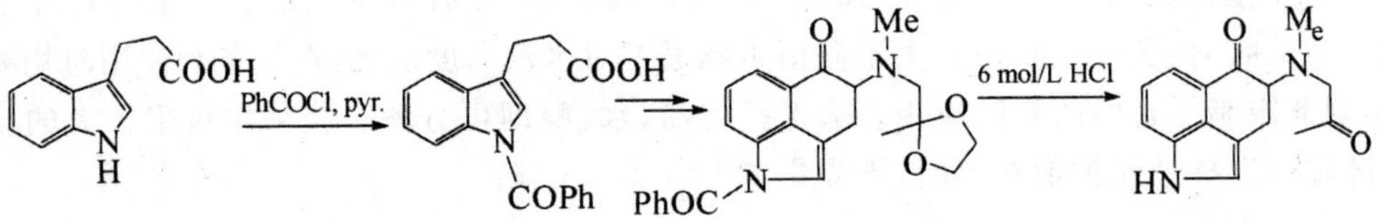

（4）邻苯二甲酰亚胺

邻苯二甲酰基是很常用的氨基保护基，它对 $Pb(OAc)_2$、O_3、30％H_2O_2、$SOCl_2$、HBr-AcOH、OsO_4 等都是稳定的，但对许多氢化物还原剂和 $Na_2S \cdot 9H_2O$ 等不稳定。将伯胺与邻苯二甲酸酐、N-乙氧羰基邻苯二甲酰亚胺或 o-$(MeOOC)C_6H_4COCl$-Et_3N 等反应制得。去保护一般采用肼解法，条件温和，十分有效。例如：

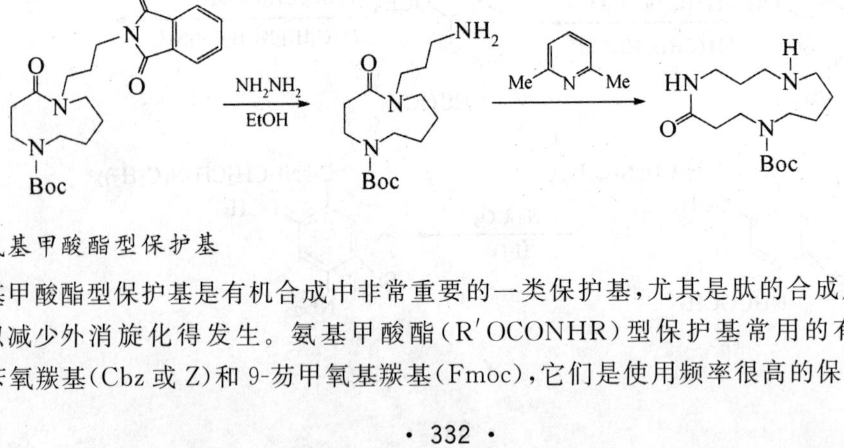

3.氨基甲酸酯型保护基

氨基甲酸酯型保护基是有机合成中非常重要的一类保护基，尤其是肽的合成广泛用于氨基的保护以减少外消旋化得发生。氨基甲酸酯（$R'OCONHR$）型保护基常用的有叔丁氧羰基（Boc）、苄氧羰基（Cbz 或 Z）和 9-芴甲氧基羰基（Fmoc），它们是使用频率很高的保护基。这些保护基可在碱性条件下使用氨基和相应的氯甲酸酯反应导入。例如：

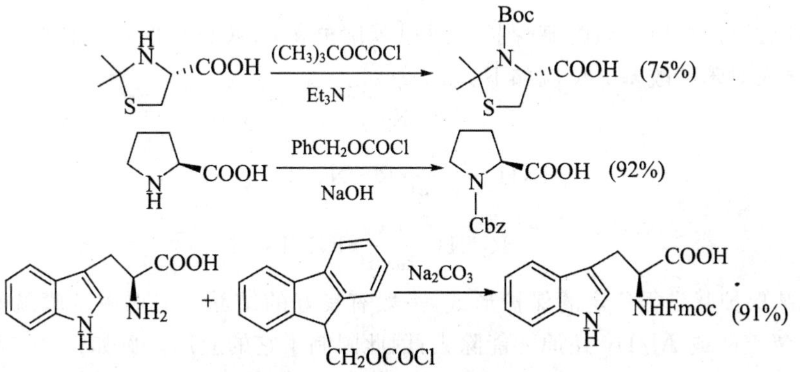

叔丁氧羰基(Boc)保护基对于亲核试剂、有机金属试剂、氢化物还原以及氧化反应等是稳定的，在碱性条件下不水解。用浓盐酸或三氟乙酸等处理，Boc 保护基脱去，产物易分类。例如：

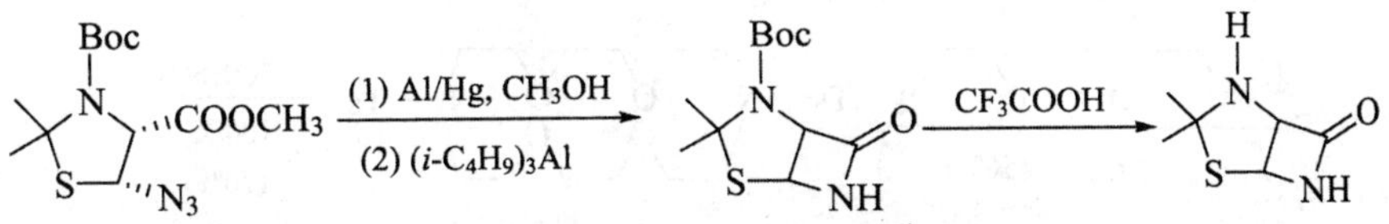

苄氧羰基保护基在弱酸条件下比较稳定，常用钯-碳催化氢化或钯-碳/甲酸铵处理脱 Cbz 保护基，也可以用 BF₃·Et₂O-EtSH 等脱保护。例如：

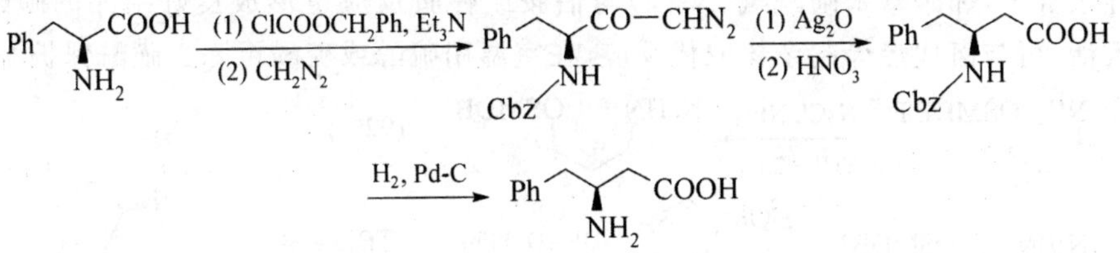

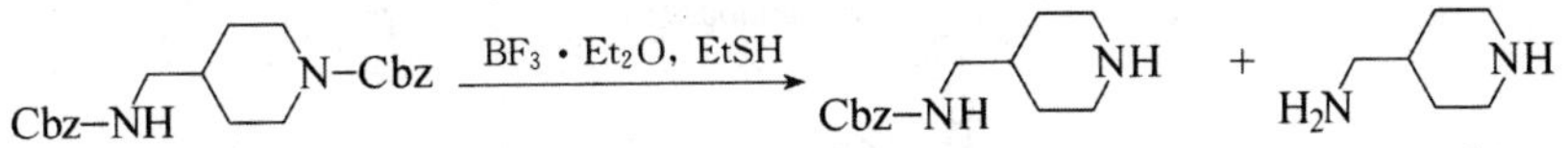

9-芴甲氧基羰基保护基在二乙胺、六氢吡啶等弱碱条件下通过 β-消去除去。反应如下：

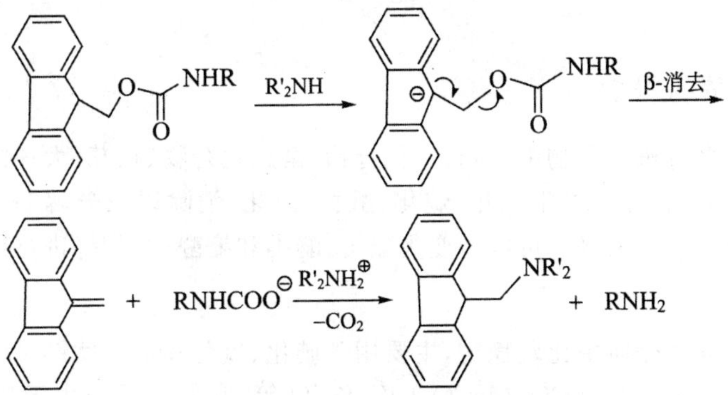

4. N-磺酰基型保护基

伯胺和仲胺可用对甲苯磺酰基保护。对甲苯磺酰氯（TsCl）与伯胺或仲胺在氢氧化钠存在条件下可以导入对苯磺酰基。反应如下：

$$RNH_2 \xrightarrow[NaOH]{TsCl} R-\overset{Na^{\oplus}}{\overset{\ominus}{N}}-Ts \xrightarrow{H^{\oplus}}$$

$$R_2NH \xrightarrow[NaOH]{TsCl} R_2NTs$$

TsCl 氨基保护基是很稳定的保护形式，一般有良好的结晶。但对甲苯磺酰基很难除去，一般用浓硫酸、氢溴酸或 Al/Hg 还原才能除去，因此限制了它的应用。例如：

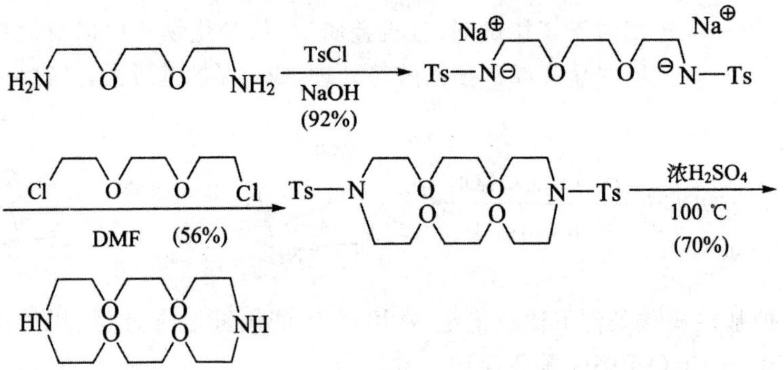

在碱性条件下，邻硝基苯磺酰氯（NsCl）与伯胺或仲胺反应也形成良好结晶的磺酰胺，同时氨基也被致活，可与卤代烃等起亲核取代反应，在室温用硫醇或硫酚可除去磺酰保护基。例如：

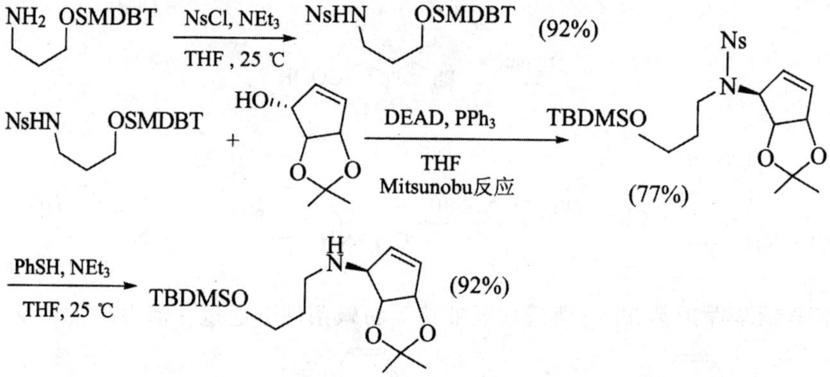

12.1.2 羟基的保护

羟基存在于许多有机化合物中，如碳水化合物、甾族化合物、核苷、大环内酯以及多酚等。羟基是敏感易变的官能团，容易发生氧化、烷化、酰化、卤化、消除以及分解 Grignard 试剂等反应，常需加以保护。醇羟基和酚羟基可以转变为酯类、醚类和缩醛、缩酮等进行保护。

1. 酯类保护基

酯类保护基在酸性介质中比较稳定，主要用于硝化、氧化和形成肽键时保护羟基。这些保护基中比较常用的是 *t*-BuCO、PhCO、MeCO、$ClCH_2CO$ 等，它们广泛应用于核苷、寡糖、肽和多元醇的合成中。酯类保护基常用的醇和相应的酸酐或酰氯在吡啶或三乙胺存在下反应制得。酯不易被氧化,对催化氢化等反应比较安定。酯保护基可以在碱性条件下除去,但多种酯由于结构差异其水解敏感性也不同,水解能力次序为:$ClCH_2CO > MeCO > PhCO > t\text{-}BuCO$。此类方法是羟基保护较为经济和有效的方法。例如:

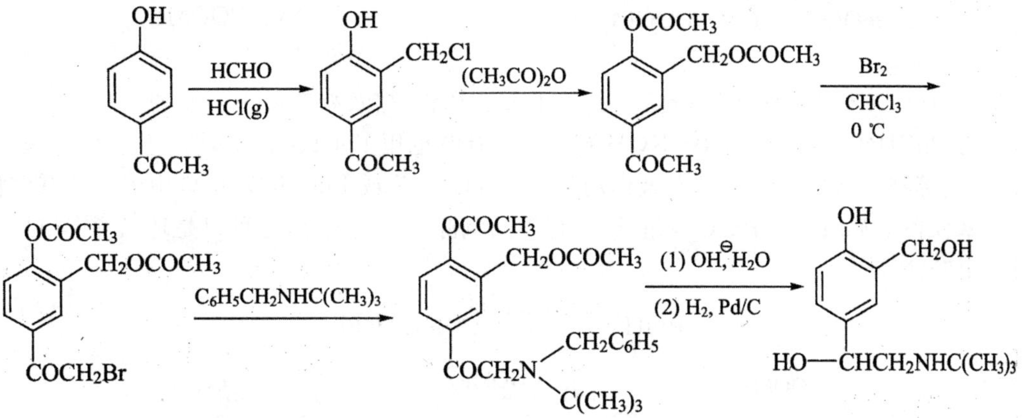

对于化合物中含有多个羟基,则存在保护哪一个羟基的选择性问题。一般情况下,伯羟基最易酰化,仲羟基次之,叔羟基最难,可利用羟基活性的差异来控制羟基保护基的选择性。

例如,三甲基乙酸酯(Piv)可以选择性地保护伯羟基。

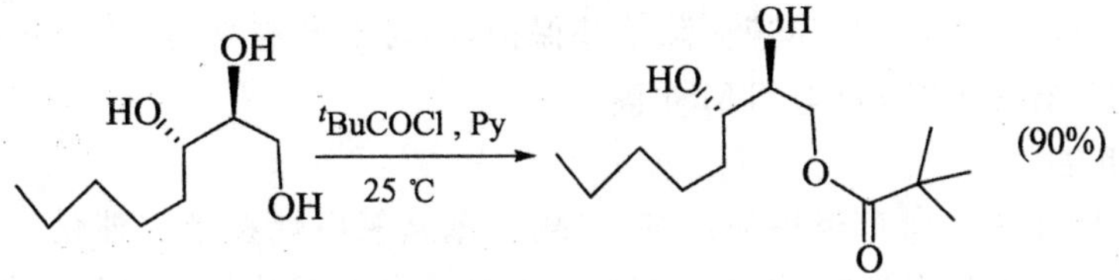

三甲基乙酸酯保护基有较大的位阻需要较强的碱性环境才能脱去,如 KOH/MeOH 碱性体系;或者用 $LiAlH_4$、$KBHEt_3$、DIBALH 等金属氢化物。

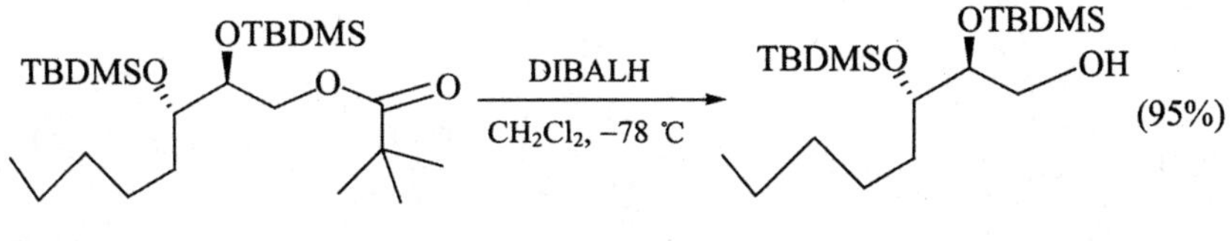

2. 醚类保护基

醚类保护基主要有甲醚、苄醚、三苯甲基醚、叔丁基醚、甲氧基甲醚、甲硫基甲醚和烯丙基醚等。下面分别对其中常见的几种醚类保护基进行阐述。

(1) 甲基醚

常用 MeI、$(MeO)_2SO_2$、MeOTf 在碱性条件下和羟基反应即可引入甲基醚保护基。甲基醚保护基稳定性高,对酸、碱、亲核试剂、有机金属试剂、氧化剂、还原剂等均不受影响。除去甲基醚较难,一般用氢卤酸回流才能除去甲基醚保护基。用 Me_3SiI 或 BBr_3 可以在温和条件下除去甲基醚保护基。例如,在较低温度下采用 BBr_3/CH_2Cl_2 去除甲基醚保护基,复原的羟基进而形成内酯产物,其他官能团不受影响。

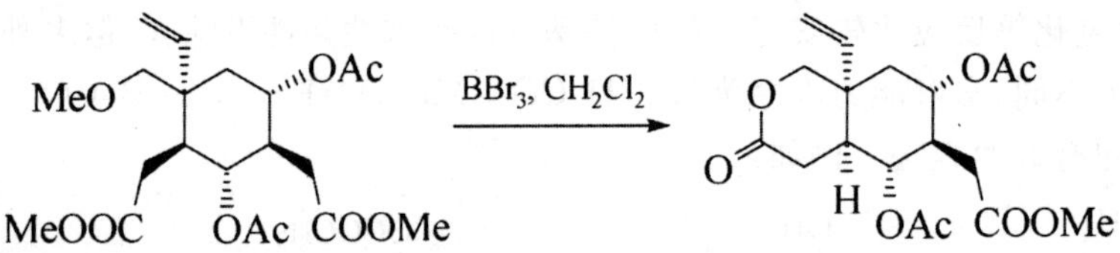

（2）苄基醚

苄基醚（$ROCH_2Ph$ 或 $ROCPh_3$）广泛用于天然产物、糖及核苷酸中羟基的保护。常用苄基化试剂为 $PhCH_2Cl$ 或 $PhCH_2Br/KOH$ 或 NaH，有时也用 $PhCH_2X/Ag_2O$。苄基醚对碱、氧化剂、还原剂等都是稳定的。可在强碱作用下，与 $PhCH_2Cl$ 或 $PhCH_2Br$ 反应中引入苄基醚保护基。苄基保护基常用 $10\%Pd/C$ 氢解除去，氢解的氢源除了氢气外，也可以是环己烯、环己二烯、甲酸或甲酸铵等。

$$ROH \underset{Li,NH_3}{\overset{NaH,PhCH_2Br}{\rightleftharpoons}} ROCH_2Ph$$

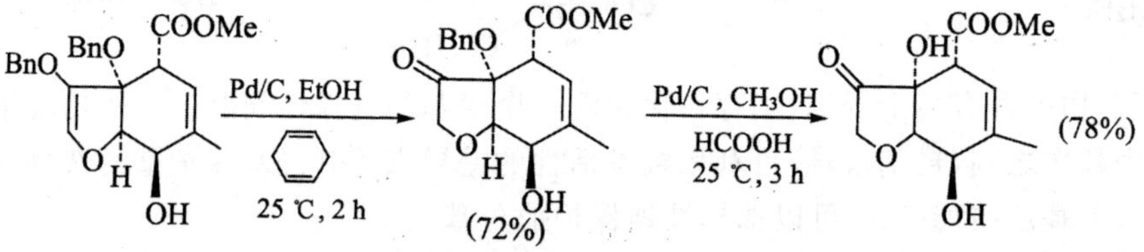

Li（Na）/NH_3（l）还原也可以迅速去除苄基保护，同时不影响双键。Lewis 酸也可以去除苄基醚的保护，常用的有 $SnCl_4$、$FeCl_3$、TMSI 等。

（3）三苯基甲醚

三苯基甲醚（$ROCPh_3$）常可保护伯羟基，可用三苯基氯甲烷在吡啶催化下完成保护。三苯甲基体积较大，这能突出位阻效应，使得位阻较大醇的三苯甲基化比一级醇慢得多，从而能够选择性保护羟基。三苯基甲醚的去除一般在酸性条件下进行，如 $HCOOH-H_2O$、$HCOOH-t-BuOH$、$HCl/MeCN$ 等，也可以用 Na/NH_3（l）还原。例如：

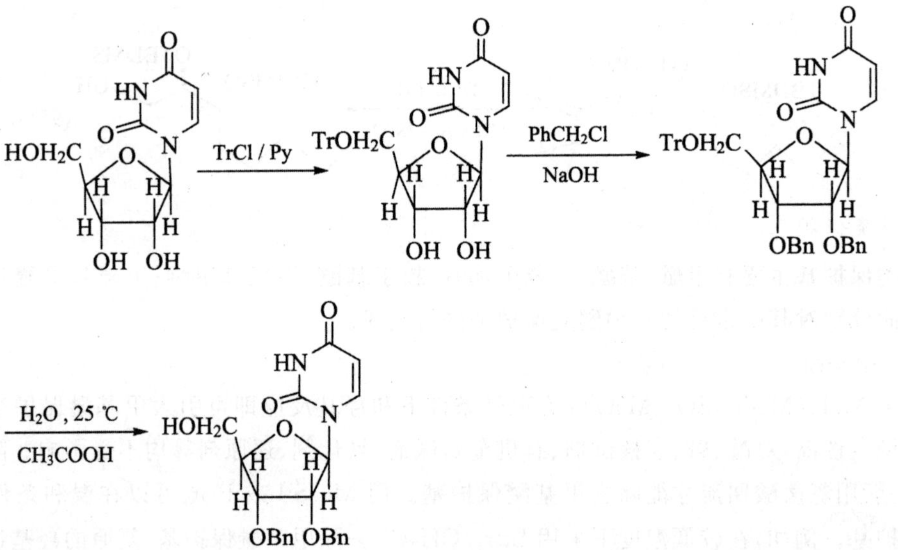

（4）甲氧基甲醚

甲氧基甲醚（MOM 醚）是烷氧基烷基醚保护基中常用的保护基之一。MOM 醚对亲核试剂、有机金属试剂、氧化剂、氢化物还原剂等均稳定。MOM 醚保护基常用 $(CH_3O)_2CH_2/P_2O_5$ 完成保护。例如：

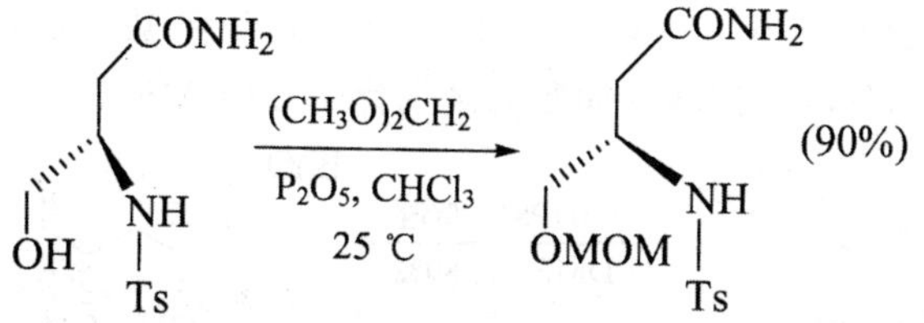

MOM 醚保护基可在酸性条件下去保护，如 HCl-THF-H_2O 或 Lewis 酸（如 $BF_3 \cdot OEt_2$、Me_3SiBr）。例如，采用 HCl-CH_3OH 溶液的温和条件，选择性地去除甲氧基醚而不影响其他保护基。

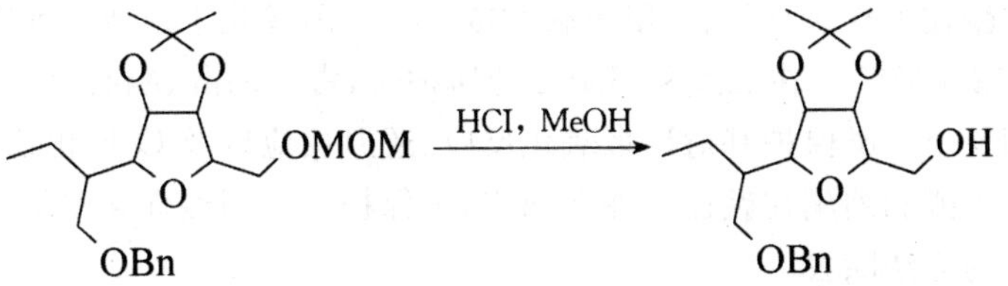

（5）三甲基硅醚

三甲基硅醚是常用的硅醚保护基，对催化氢化、氧化和还原反应比较稳定，广泛用于保护糖、甾类及其他醇的羟基保护。三甲基硅醚一般由 TMSCl 和待保护羟基的反应生成。TMSOTf 是活性更高的硅醚化试剂。使用的促进剂通常是吡啶、三乙胺、咪唑，溶剂可用二氯甲烷、乙腈、THF 或 DMF。TMS 去保护用 Bu4NF，THF，非质子溶剂；H_2SiF_6；$BF_3 \cdot EtiO$ 等。

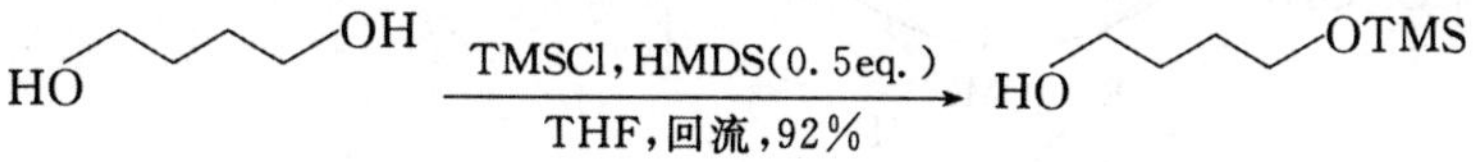

（6）三乙基硅醚

三乙基硅醚的水解稳定性比三甲基硅醚高 10～100 倍，对 Grignard 反应、Swern 氧化、Witting-Horner 反应等都是稳定的，去保护用 H_2O-HOAc-THF、HF/Py-THF 等。

（7）三异丙基硅醚

三异丙基硅醚的稳定性比三甲（乙）基硅醚高，可用于亲核反应、有机金属试剂、氰化物还原以及氧化反应中的羟基保护。三异丙基硅醚保护基可用氟化氢水溶液或氟化四丁胺除去。

（8）叔丁基二甲基硅醚

叔丁基二甲基硅醚是常用的较稳定的硅醚保护基，可用于亲核反应、有机金属试剂、氧化反应以及氢化还原的羟基保护。TBDMS 醚一般在碱性条件下使用，反应完成后，可用氟化氢水溶液或氟化四丁胺除去。脂肪醇的 TBDMS 醚和酚的 TBDMS 醚可选择性去除。

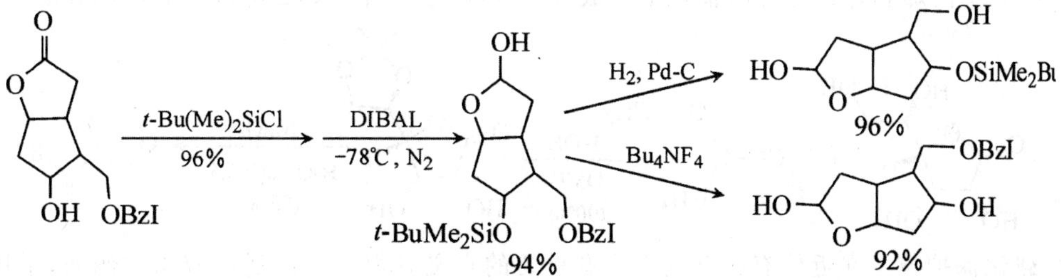

（9）叔丁基二苯基硅醚

叔丁基二苯基硅醚保护基比叔丁基二甲基硅醚更加稳定，一般使用 TBDPSCl/咪唑/DMF 体系和待保护羟基的反应来制备。一般用 DMAP 来催化保护基生成反应，溶剂可为 CH_2Cl_2。 TBDPS 保护基不能保护叔醇，对伯醇和仲醇的区别优于 TBDMS。

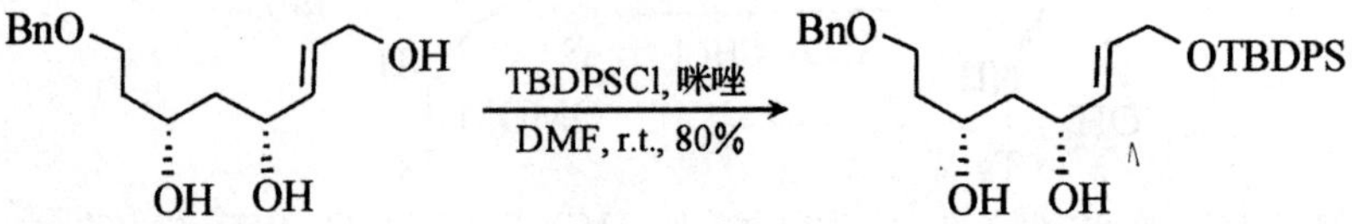

3. 二醇和邻苯二酚的保护

多羟基化合物中 1,2-二醇和 1,3-二醇以及邻苯二酚两个羟基同时保护在有机合成中应用广泛。它们与醛或酮在无水氯化氢、对甲苯磺酸或 Lewis 酸催化下形成五元或六元环状缩醛、缩酮得以保护，如图 12-1 所示。在二醇和邻苯二酚保护时，常用的醛、酮有：甲醛、乙醛、苯甲醛、丙酮、环戊酮、环己酮等。此类保护基对许多氧化反应、还原反应以及 O-烃化或酰化反应都具有足够的稳定性。环状缩醛和缩酮在碱性条件下稳定，去保护基常用酸催化水解。此外，苯亚甲基保护基也可以用氢解的方法除去。

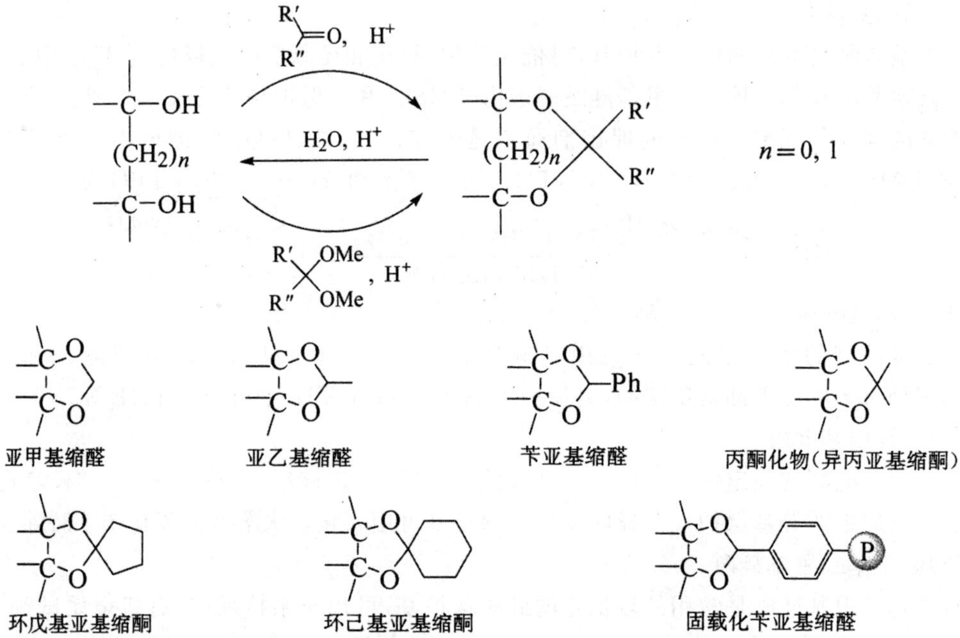

图 12-1　二醇和邻苯二酚生成环状缩醛、缩酮

2-甲氧基丙烯和邻二醇在酸催化下形成环状缩酮，也是保护邻二醇羟基的常用方法。例如：

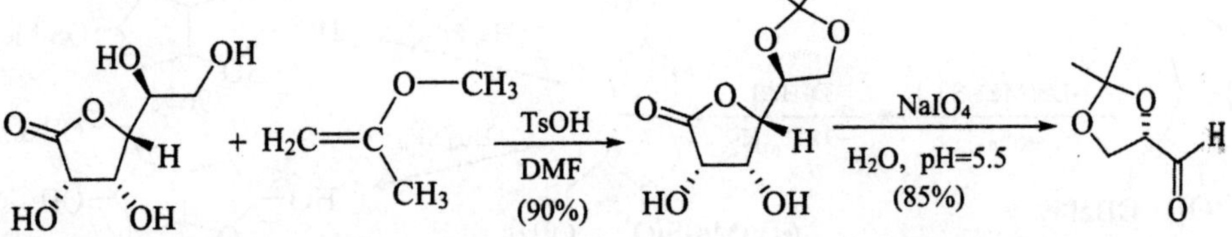

固载化保护技术在近代有机合成中具有重要的意义并得到了广泛的应用。例如，采用固载

化保护技术，将固载化苯甲醛保护试剂（22）与甲基葡萄糖苷（23）的 $C_{4,6}$-二醇羟基反应生成并环的缩醛（24），继以 $C_{2,3}$-二醇羟基衍生化生成酯（25）后，进行酸化处理，分出目标物（26），固载化试剂（22）再生并循环利用。

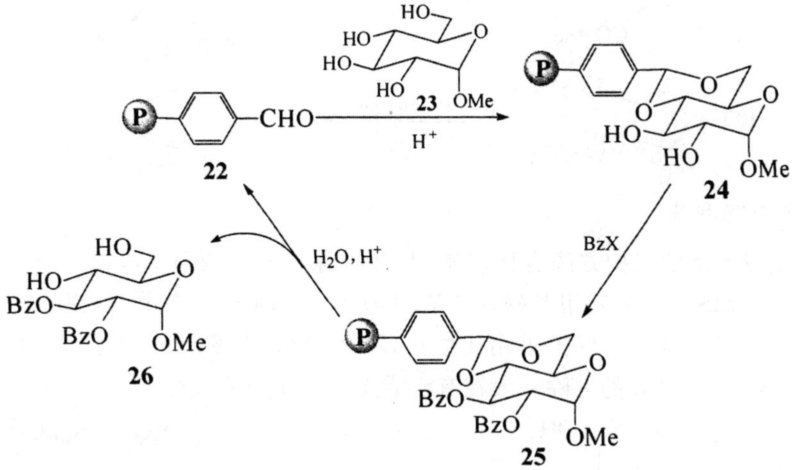

此外，二氯二特丁基硅烷和二醇作用形成硅烯保护基。例如：

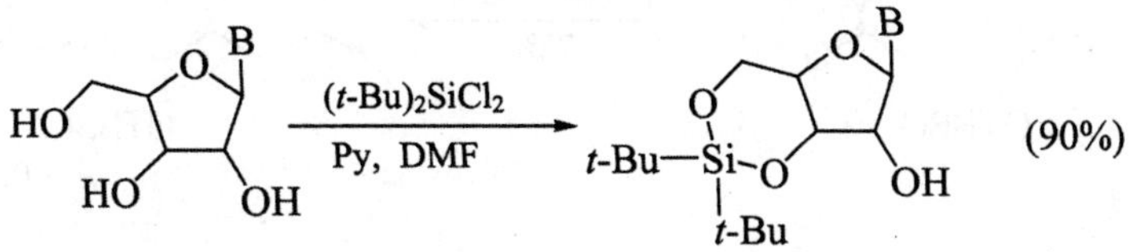

硅烯保护基可以用 HF-Py 在室温下除去。

12.1.3　羧基的保护

羧基是活泼功能基，羧基及其活性氢易发生多种反应，常用的保护方法是将羧酸转化成相应的羧酸酯。脱酯基保护基一般在 MeOH 或 THF 的水溶液中以适当的酸或碱处理。

1. 甲酯保护基

在酸催化条件下，甲醇和酸反应可向羧酸引入保护基，还可由重氮甲烷与羧酸反应得到。此外，MeI/KHCO₃ 在室温下就可向羧酸引入甲酯保护基。在氨基酸的酯化反应中，三甲基氯硅烷（TMSCl）或二氯亚砜可用作反应的促进剂。

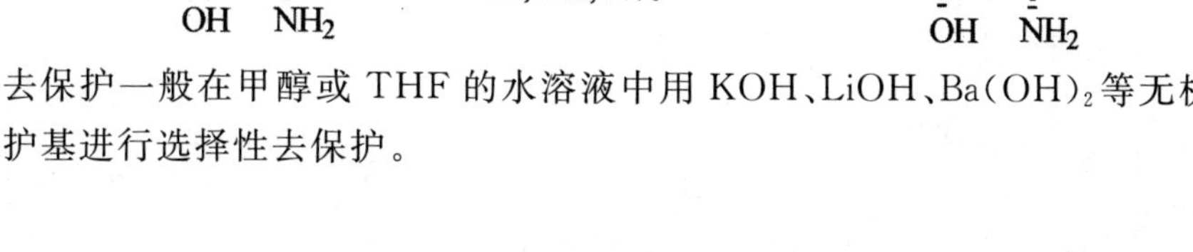

甲酯的去保护一般在甲醇或 THF 的水溶液中用 KOH、LiOH、Ba(OH)₂ 等无机碱处理，也可对甲酯保护基进行选择性去保护。

$$
\text{（结构式）} \xrightarrow[\text{r.t., 7 h}]{\text{Ba(OH)}_2 \cdot \text{H}_2\text{O, MeOH}} \text{（结构式）72\%}
$$

$$
\text{（结构式）} \xrightarrow[\text{MeOH, H}_2\text{O}]{\text{0.95 eq.KOH}} \text{（结构式）95\%}
$$

2. β-取代乙酯保护基

将羧酸转变成乙酯的保护方法也比较常用,此类保护基主要有 2,2,2-三氯乙基酯(TCE)、2-三甲硅基乙酯(TMSE)和 2-对甲苯磺基乙酯(TSE)。在 DCC 存在下,由相应的 2-取代乙醇与羧酸缩合引入此类保护基。去保护采用还原法,Zn-HOAc 的还原。TMSE 可在氟负离子的作用下,通过 β-消除除去,TSE 的去除一般在有机或无机碱作用下进行。

$$
\text{（结构式）} \xrightarrow[72\%]{\text{DBU, C}_6\text{H}_6} \text{（结构式）}
$$

3. 叔丁酯保护基

叔丁酯是在酸催化下羧酸与异丁烯进行加成反应制得。由于存在较大位阻叔丁基,叔丁酯具有较大的稳定性。它对氨、肼和弱碱水解稳定,适用于一些碱催化反应中羧基的保护。

$$
\text{（结构式）} \xrightarrow[\text{1,4-二噁烷}]{\text{异丁烯, H}_2\text{SO}_4} \text{（结构式）}
$$

中等强度酸性水解去除保护基效果好。常用的脱保护催化剂是 CF_3COOH、TsOH、TM-SOTf 等,但需注意去保护时应除尽伴生的活性叔丁基正离子以减免其引起副反应。

$$
\text{（结构式）} \xrightarrow[\text{100℃, 15 h, 100\%}]{\text{CF}_3\text{CO}_2\text{H-}i\text{-PrOH-H}_2\text{O} \atop (4:4:1)} \text{（结构式）}
$$

4. 苄酯保护基

苄酯保护基的特点是可以在中性温和条件下通过氢解作用去除保护基,许多功能基或保护基不受影响,实用简便且应用广泛。苄酯可由羧酸与氯化苄或溴化苄反应制得,苄醇与酰氯在叔胺存在下反应也可得到苄酯。

$$
\text{（结构式）} \xrightarrow[\text{(2) Ph}_3\text{CCl, Et}_2\text{NH}]{\text{(1) NH}_2\text{NH}_2} \text{（结构式）} \xrightarrow{\text{HCl, CH}_2\text{Cl}_2}
$$

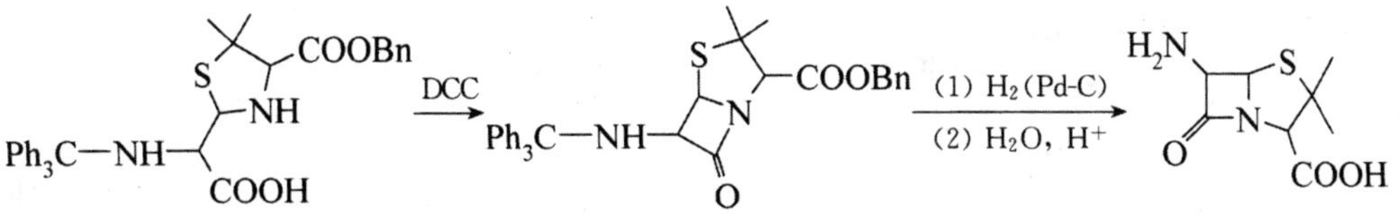

12.1.4 羰基的保护

醛、酮分子中的羰基是有机化合物中最易发生反应的活泼官能团之一,对亲核试剂、碱性试剂、氧化剂、还原剂、有机金属试剂等都很敏感,常需在合成中加以保护。羰基保护基主要有:O,O-、S,S-、O,S-缩醛、缩酮,烯醇、烯胺及其衍生物、缩胺脲、肟及腙等。

1. O,O-缩醛、缩酮

醛、酮在酸性催化剂作用下很容易与两分子的醇反应生成 O,O-缩醛、缩酮,也可和一分子1,2-二醇或1,3-二醇反应生成环状 O,O-缩醛、缩酮。常用的醇和二醇分别是甲醇和乙二醇。此外,醛、酮在酸催化下也可以与丙酮,丁酮的缩二甲醇或缩乙二醇以及二乙醇的双 TMS 醚等进行交换反应生成缩醛、缩酮。O,O-缩醛、缩酮对下列试剂和反应通常是稳定的:钠-醇、$LiAlH_4$、$NaBH_4$、CrO_3-Pyr、AgO、OsO_4、Br_2、催化氢化、Birch 还原、Wolff-Kishner 还原、Oppenauer 氧化、过酸氧化、酯化、皂化、脱 HBr、Grignard 反应、Reformatsky 反应、碱催化亚甲基缩合等。去缩醛、缩酮保护基通常用稀酸水溶液。

O,O-缩醛、缩酮在有机合成反应中有很多应用实例。例如,对底物含三种不同的缩醛、缩酮保护基,选用50%TFA 在 $CHCl_3$-H_2O 溶液中与0℃处理,可选择去除脂醛与甲醇形成的缩醛保护基。

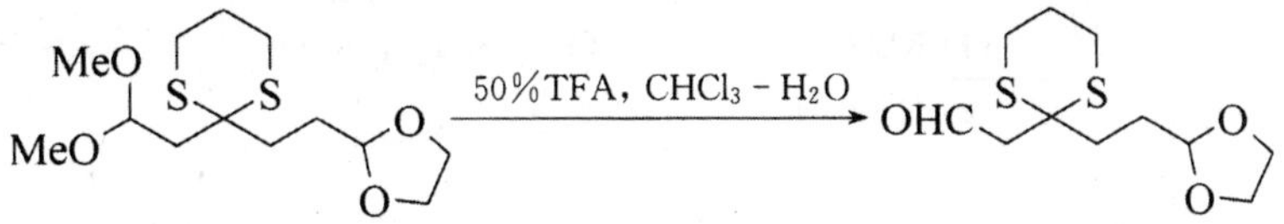

当两种活性不同的功能基共存时,对在活性较低的功能基上反应而不影响其他功能基,需先将活性高的功能基进行选择性保护。对于还原反应,醛羰基活性比酮羰基活性大,因此先将醛保护再进行还原反应,反应结束后,除去保护基。

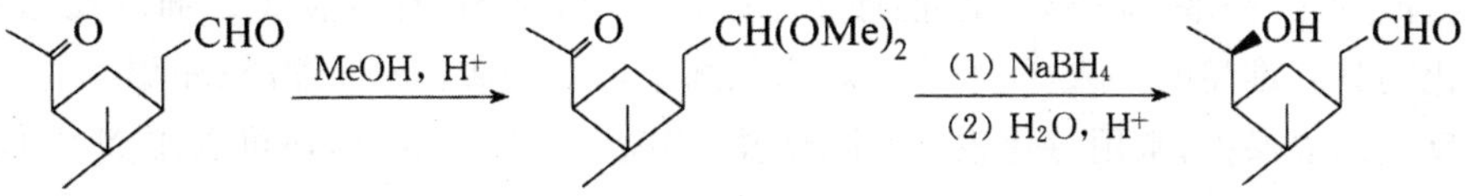

酮羰基与酯羰基都能与 Grignard 试剂反应,酮羰基活性较高。要进行酯羰基的反应应先保护酮羰基,再进行反应。

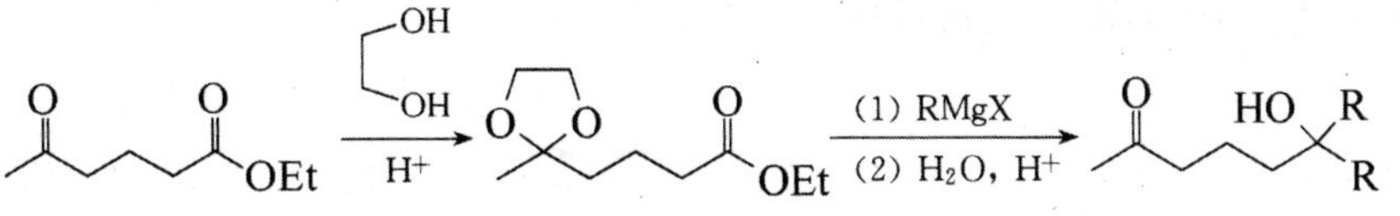

采用固载化保护试剂,对芳香二醛进行选择性单保护,有利于后续对另一醛基的多种衍生化反应。

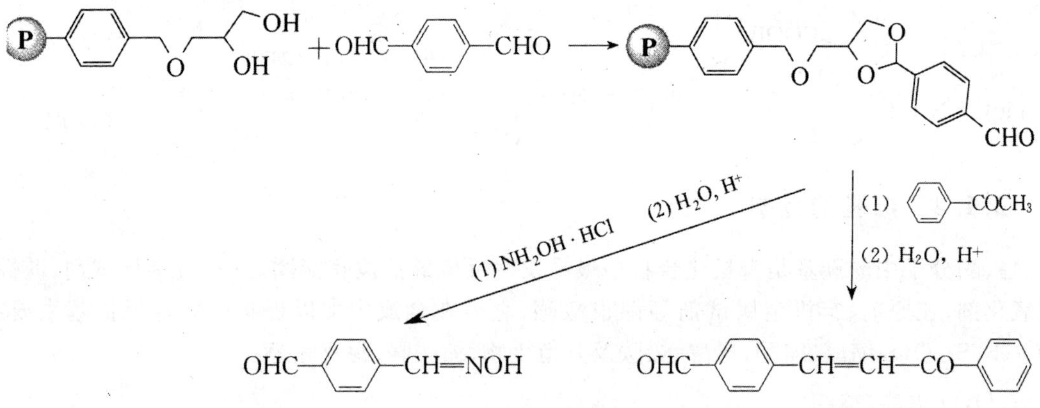

以表氢化可的松为原料合成甾体抗炎药氢化可的松,其关键是 C_{11}-OH 构型的转换。将其氧化后再立体选择性还原,为了避免氧化时 C3,20-位的两个酮基受影响,先将其保护,然后进行氧化、还原反应,最后除去保护基。

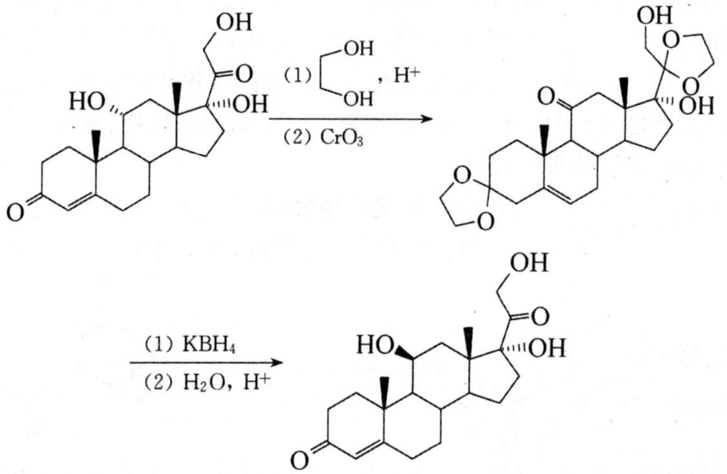

2.S,S-缩醛、缩酮

醛、酮与两分子硫醇或一分子乙二硫醇或其二硅醚在酸催化下生成 S,S-缩醛、缩酮。它对酸的稳定性比 O,O-缩醛、缩酮好,且能耐受还原剂、亲核试剂、有机金属试剂以及一些氧化剂。但哆嗪硫化物具有难闻的气味,使一些金属催化剂中毒而失活。S,S-缩醛、缩酮可通过与二价汞盐或氧化反应来去保护,常用氯化汞、铜盐、钛盐、铝盐等水溶液处理,还可以用 N-溴代或氯代丁二酰亚胺等。

底物中亲电性的羰基在形成 S,S-缩醛后,其 1,3-二噻烷的次甲基易被 "BuLi 夺去质子从而转变为亲核性的稳定碳负离子,之后可进行许多反应。

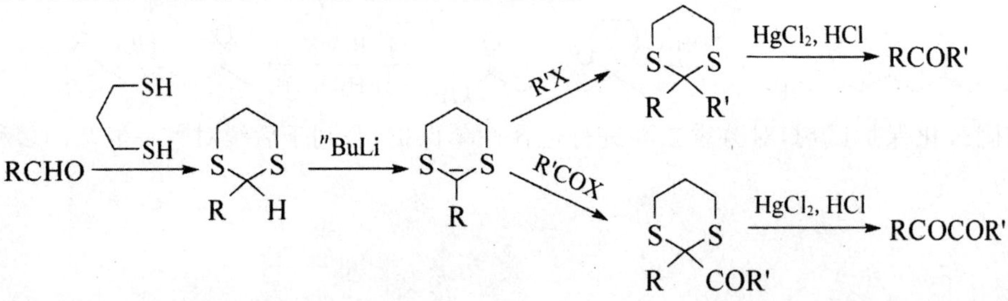

双酮甾体中 C3-位是共轭酮基,可采用乙二醇的双醚试剂,在形成 S,S-缩酮时没有发生 α-β-位双键的移位。

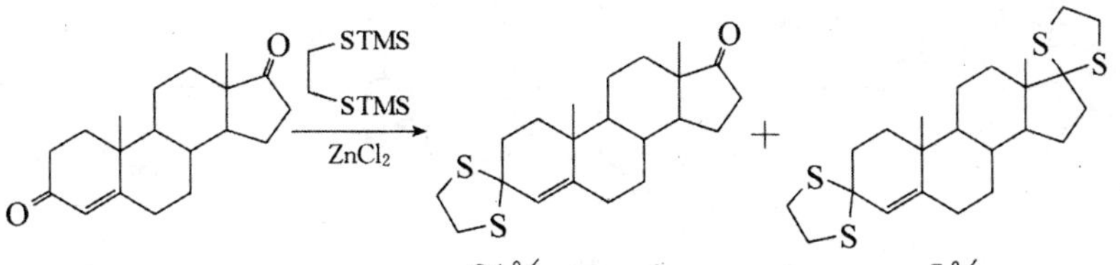

94%　　　　5%

3. O,S-缩醛、缩酮

O,S-缩醛、缩酮是较常使用的保护基,其生成和脱除如下:

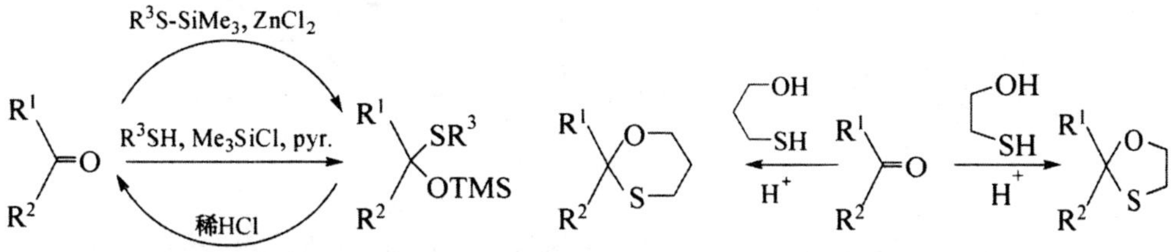

下例底物含多种功能基和保护基,当选用 MeI-丙酮水溶液处理可选择性脱除 O,S-缩酮保护基而不影响 O,O-缩醛和其他众多保护基或功能基。

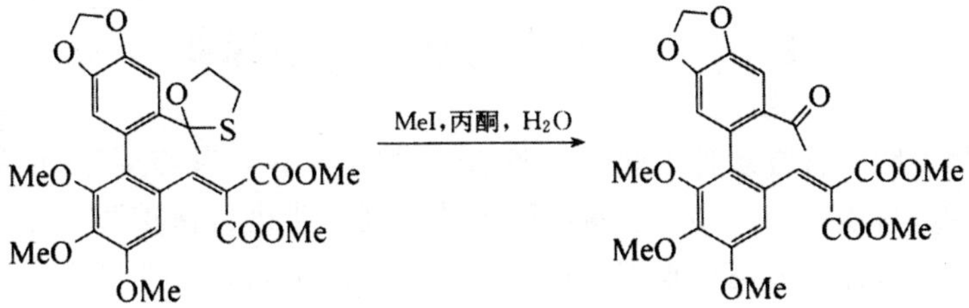

4. 烯醇醚与烯胺

烯醇醚和硫代烯醇醚是合成天然产物中保护羰基的常用的方法。α,β-不饱和酮转化为它的双烯醇醚一般是与原甲酸酯或 2,2-二甲氧基丙烷在酸催化下,用醇或二氧六环作溶剂进行反应,双烯硫醇醚只需与硫醇反应而不必加催化剂。饱和酮在此条件下难以反应,故可利用这一差异选择性地保护 α,β-不饱和酮。

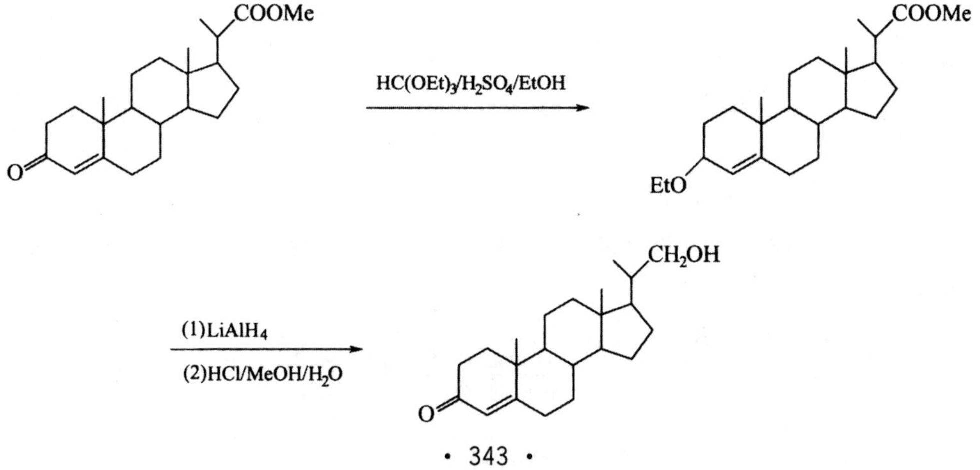

羰基化合物与环状仲胺在苯中加热回流,蒸出生成的水和苯后可得到相应的烯胺。

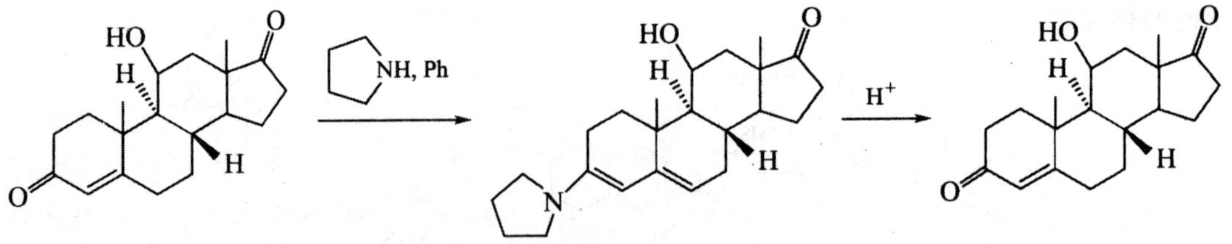

烯胺对碱、LiAlH$_4$、Grignard 试剂以及其他有机金属试剂稳定,对酸敏感,可通过酸性水解解除保护。当反应需要在酸性条件下进行时,则选择目前唯一对酸稳定、对碱敏感的羰基保护基——丙二腈,与羰基缩合生成二腈乙烯基衍生物。

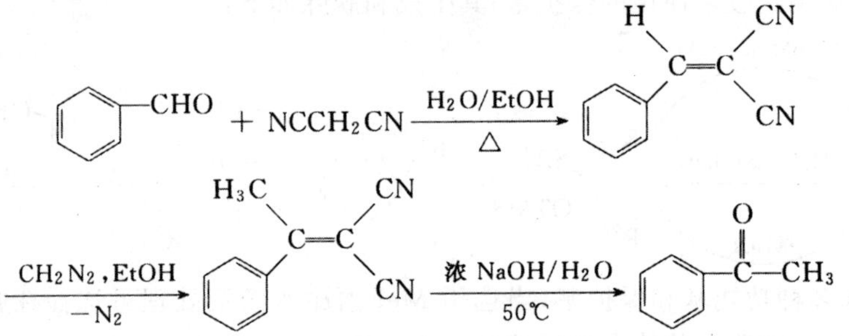

12.2　多种功能基的同步保护

当复杂化合物中同时含有多种不同的功能基时,如同时含羟基与羰基、羟基与羧基、羟基与巯基、氨基与羧基等,若能采用一些方法将不同的功能基同步进行保护和去保护,实际操作时将比对每个基团逐个进行保护要简便很多。这种同步保护的策略目前实例不太多,值得进一步研发与拓展。

1. 氨基酸中氨基、羧基的同步保护

氨基酸中氨基和羧基都是活泼基团,为了减免其在后续反应中受到影响,可以采用适当的金属离子与之配位形成螯环,氨基和羧基同时被保护。

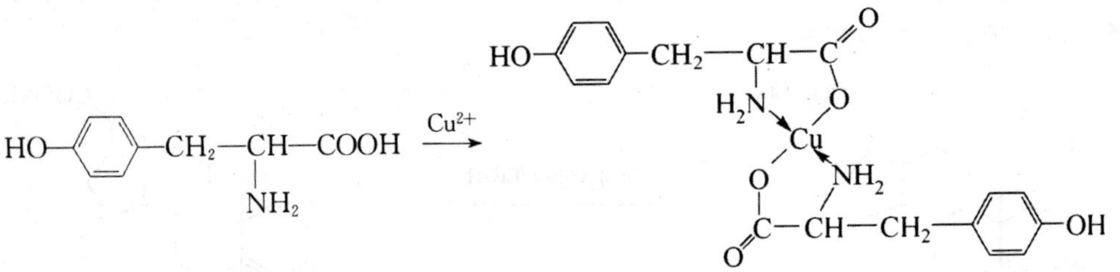

2. 2-巯基苯酚中巯基、羟基的同步保护

通过与 CH$_2$X$_2$ 形成 O,S-亚甲基缩醛得以保护。反应在碱存在下进行,有时还需要相转移催化剂的参与。

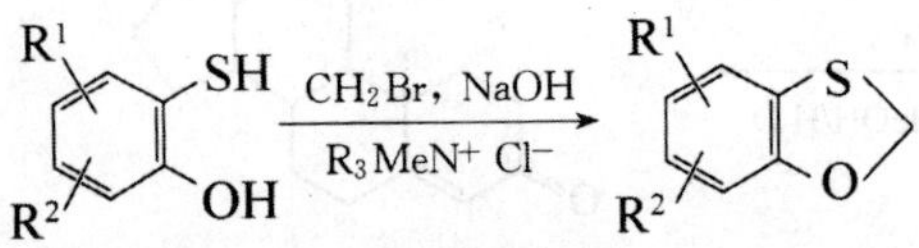

3. 甾体化合物二羟基丙酮侧链的同步保护

在合成甾体皮质激素时常常需要对其 C17-位上的二羟基丙酮侧链中的两个羟基和一个羰基同时保护。保护是在盐酸的酸性环境中,用甲醛溶液进行处理或用高级醛进行类似处理,生成双亚甲基二氧衍生物 BMD 双螺缩醛衍生物。该衍生物对烷化、氧化、还原、卤化、酸催化剂等都很稳定。

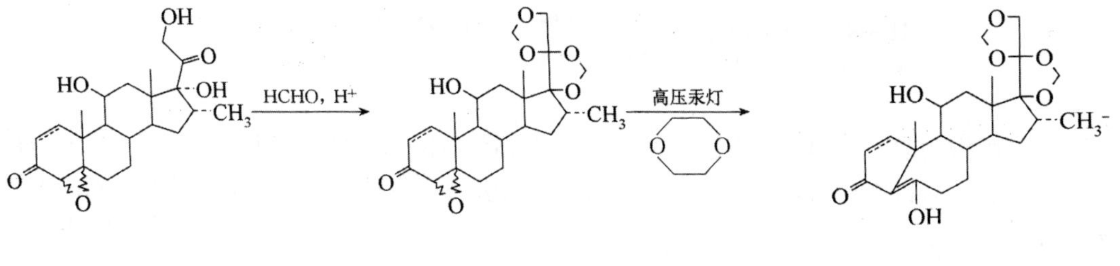

12.3　活化导向与钝化导向

在有机合成中,为了使某一反应按设计的路线来完成,常在该反应发生前,在反应物分子上引入一个控制基团,通俗地说就是引入一个被称为导向基的基团,用此基团来引导该反应按需要进行。一个好的导向基还应具有容易生成、容易去掉的功能。根据引入的导向基的作用不同,分三种导向形式进行讨论,即活化导向、钝化导向和封闭特定位置进行导向。这里主要对活化导向和钝化导向进行讨论。

12.3.1　活化导向

在分子结构中引入既能活化反应中心,又能起到导向作用的基团,称为活化基。活化导向是有机合成中常用的主要方法。

下面以合成实例来解释活化导向基在合成中的导向作用。[1][2]

(1)设计 1,3,5-三溴苯的合成路线

分析:该合成问题是在苯环上引入特定基团。苯环上的亲电取代反应中,溴是邻位、对位定位基,现互为间位,显然不可由本身的定位效应而引入。它的合成就是引进一个强的邻位、对位定位基——氨基作导向基,使溴进入氨基的邻位、对位,并互为间位,然后将氨基去掉。

合成:

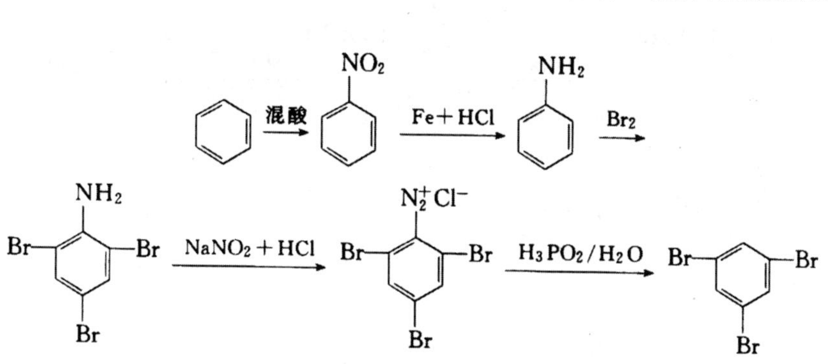

---

① 田铁牛. 有机合成单元过程. 北京:化学工业出版社,2010.

② 蒋登高,章亚东,周彩荣. 精细有机合成反应及工艺. 北京:化学工业出版社,2001.

在延长碳链的反应中，还常用—CHO、—$COOC_2H_5$、—NO_2等吸电子基作为活化基来控制反应。

(2)设计 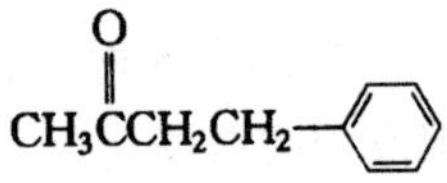 的合成路线

分析：

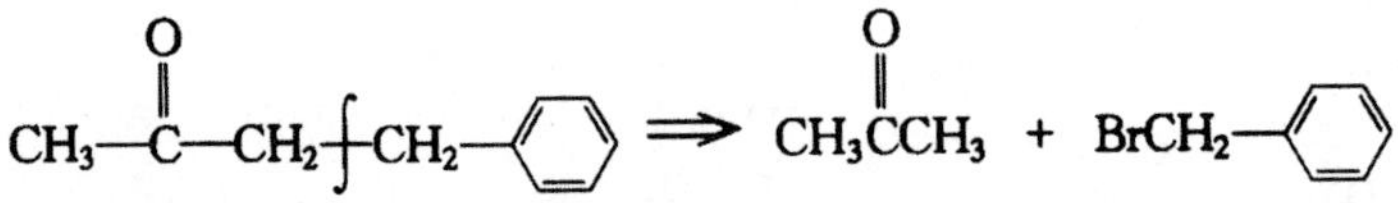

如果以丙酮为起始原料，可引入一个 $-\overset{O}{\overset{\|}{C}}-OC_2H_5$ ，使羰基两旁 α-C 上的 α-H 原子的活性有较大的差异。所以合成时使用乙酰乙酸乙酯，苄基引进后将酯水解成酸，再利用 β-酮酸易于脱羧的特性将活化基去掉。

合成：

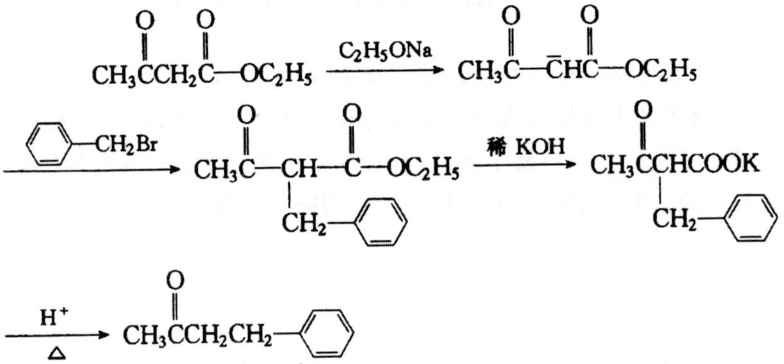

(3)设计 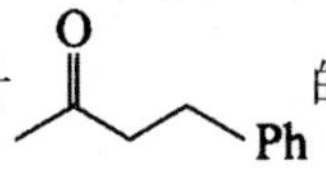 的合成路线

分析：目标分子是一个甲基酮，可以考虑用丙酮原料来合成，但如果选用乙酰乙酸乙酯为原料效果会更好。因为相对于丙酮而言，乙酰乙酸乙酯本身就带一个活化导向基——酯基，能使反应定向进行，而且乙酰乙酸乙酯又非常易于制得。

合成：

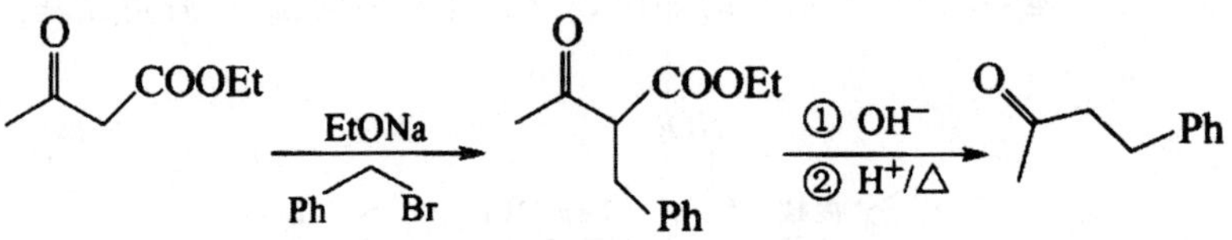

(4)设计 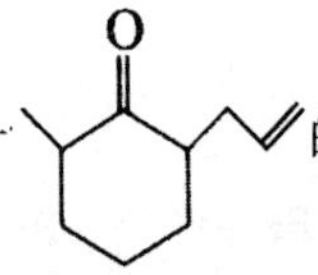 的合成路线

分析：

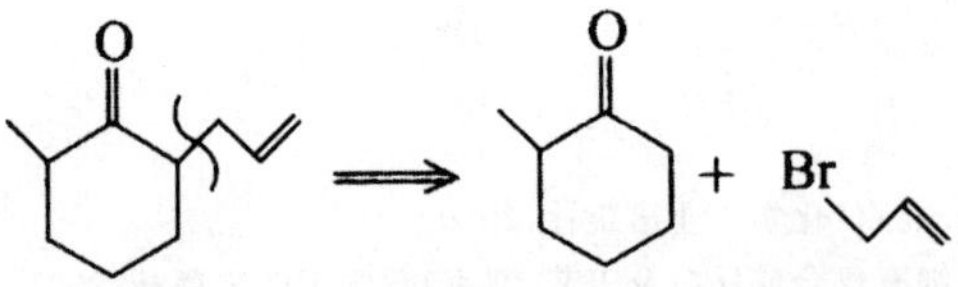

可以预料,当 α-甲基环己酮与烯丙基溴作用时,会生成混合产物,所以可以引入甲酰基活化导向控制反应的进行。

合成:

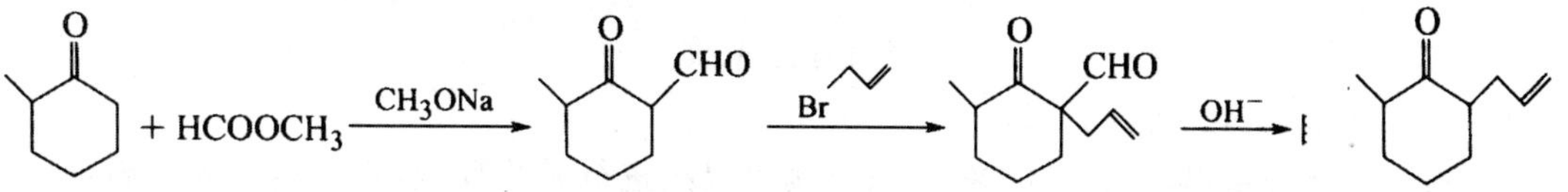

12.3.2　钝化导向

为了使多官能团化合物的某一反应中心突出来而将其他部位"钝化",或降低非反应中心的活泼程度而便于控制反应的基团,称为钝化导向基。其导向作用就是降低非反应中心的活泼程度,来合成所要的目标分子[①]。

下面以合成实例来解释钝化导向基在合成中的导向作用。

(1)设计对溴苯胺的合成路线

分析:氨基是一个很强的邻位、对位定位基,溴化时易生成多溴取代产物。为避免多溴代反应,必须降低氨基的活化效应,也即使氨基钝化到一定程度。这可以通过在氨基上乙酸化来达到此目的。乙酰氨基(—NHCOCH$_3$)是比氨基活性低的邻位、对位基,溴化时主要产物是对溴乙酸苯胺,然后水解除去乙酰基后即得目标分子。

合成:

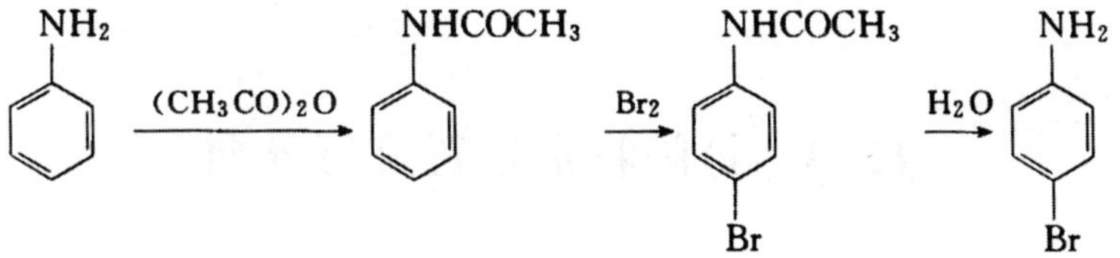

(2)设计 PhNH〜〜 的合成路线

分析:

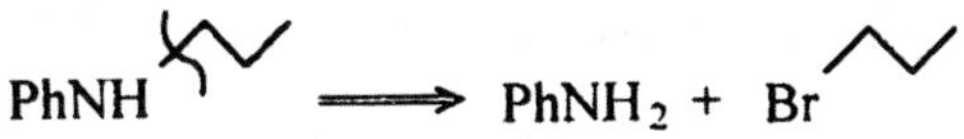

目标分子采用上述切断法效果不好,因为产物比原料的亲核性更强,不能防止多烷基化反应的发生。

解决的方法是利用胺的酰化反应,酰化反应不易产生多酰基化产物,得到的酰胺再用氢化铝锂还原。所以目标分子应进行下述逆推。

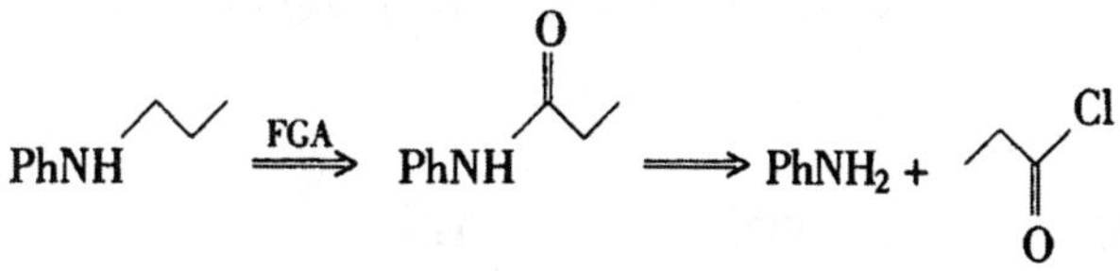

合成:

① 马军营,任运来等.有机合成化学于路线设计策略.北京:科学出版社,2008.

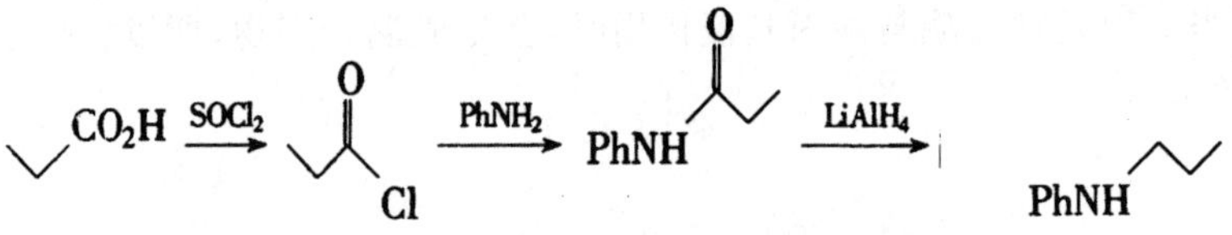

（将目标分子改为）

（3）设计间硝基苯胺的合成路线

分析：由于氨基是邻、对位定位基，苯胺直接用混酸进行硝化反应，不仅得不到间硝基苯胺，且苯胺将被氧化为苯醌。要得到间硝基苯胺，避免这一副反应发生，将苯胺先溶于浓硫酸中，使之成为硫酸氢盐，然后再硝化。这时的—NH_2 转变为—NH_3^+，是一钝化苯环的间位定位基，不仅可以防止苯胺的氧化，也起到钝化基的导向作用。

合成：

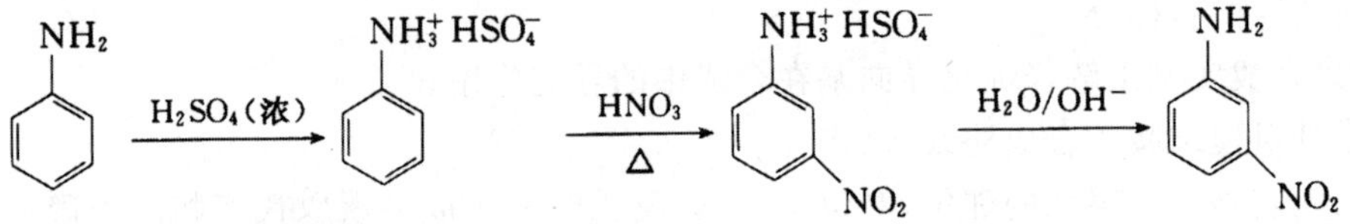

上述的方法也同样适用于对硝基苯胺的合成：

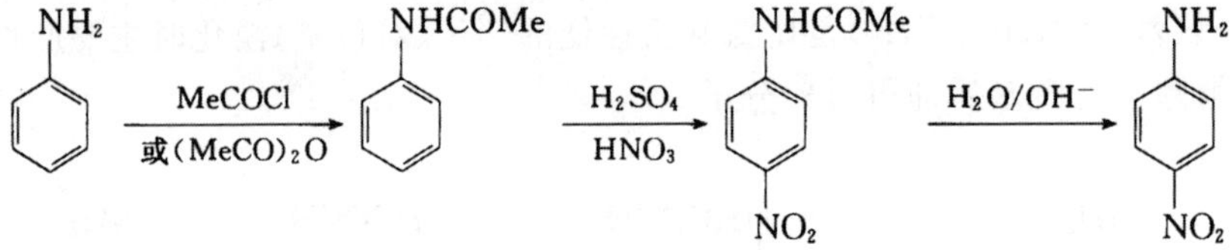

12.4　封闭特定位置进行导向

对分子中不需要反应且反应活性特强、有可能优先反应的部位，引入一个封闭基（阻塞基）将其占据，使基团进入不太活泼而确实需要进入的位置，这种导向称为封闭特定位置的导向作用。

可作为封闭位置的导向基很多，常用的有三种：—SO_3H、—$COOH$ 和—$C(CH_3)_3$ 等。下面以合成实例来解释钝化封闭基在合成中的导向作用。

（1）设计 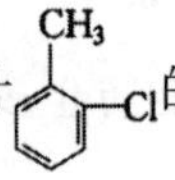 的合成路线

分析：甲苯氯化时，生成邻氯甲苯和对氯甲苯的混合物，它们的沸点非常接近（常压下分别为 159℃ 和 162℃），分离困难。合成时，可先将甲苯磺化，由于—SO_3H 体积较大，只进入甲基的对位，将对位封闭起来，然后氯化，氯原子只能进入甲基的邻位，最后水解脱去—SO_3H，就可得很纯净的邻氯甲苯。

合成：

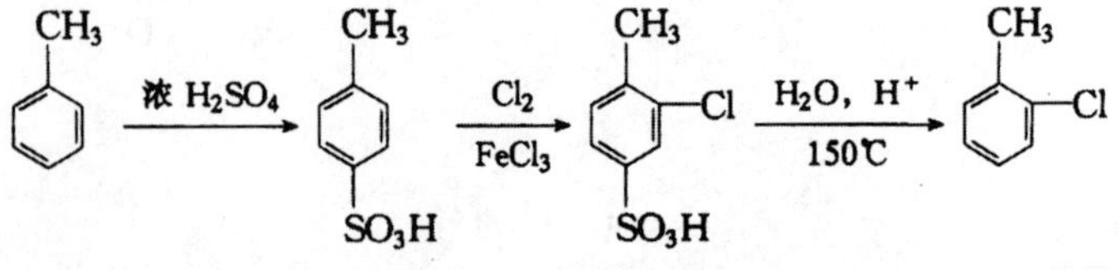

（2）设计 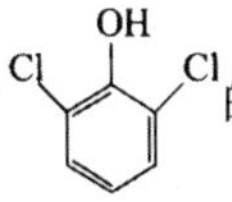 的合成路线

分析：在苯环上的亲电取代反应中，羟基是邻、对位定位基。要在羟基的两个邻位上引入氯原子，需要事先将羟基的对位封闭起来。以空间位阻较大的叔丁基为阻断基，不仅可以阻断其所在的部位，而且还能封闭其左右两侧，同时它还容易从苯环上除去而不影响环上的其他基团。

合成：

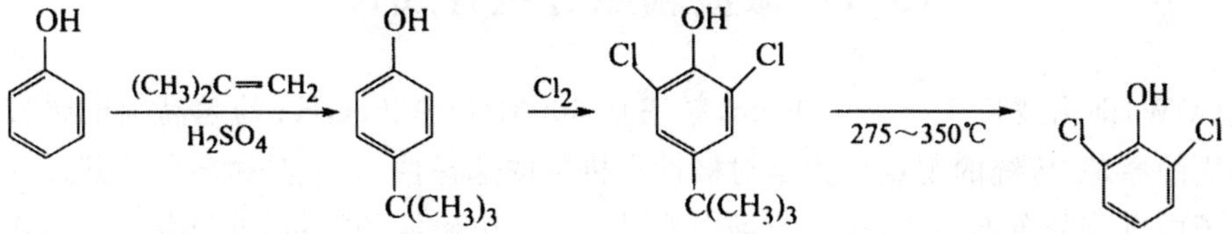

（3）设计 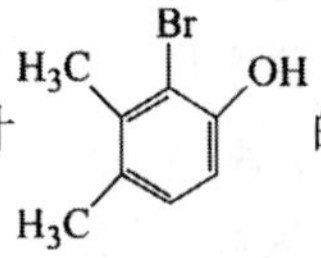 的合成路线

分析：3,4-二甲基苯酚的羟基有两个邻位，其 6-位比 2-位更容易发生溴化反应，而合成要求在 2-位上引入溴原子。为此，可用羧基将 6-位封闭起来，再进行溴化。

合成：

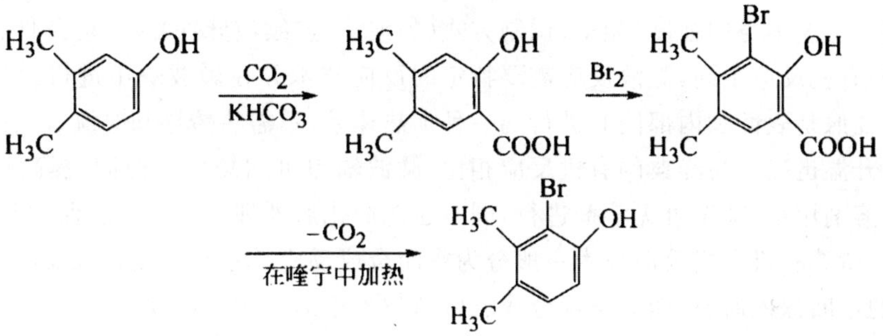

第 13 章　有机合成新技术

13.1　微波辐照有机合成技术

微波(MW)即指波长从 $0.1\sim100\text{cm}$,频率从 $300\text{MHz}\sim300\text{GHz}$ 的超高频电磁波。微波加速有机反应的原理,传统的观点认为是对极性有机物的选择性加热,是微波的致热效应。极性分子由于分子内电荷分布不平衡,在微波场中能迅速吸收电磁波的能量,通过分子偶极作用以每秒 4.9×10^9 次的超高速振动,提高了分子的平均能量,使反应温度与速度急剧提高。但其在非极性溶剂(如甲苯、正己烷、乙醚、四氯化碳等)中吸收 MW 能量后,通过分子碰撞而转移到非极性分子上,使加热速率大为降低,所以微波不能使这类反应的温度得以显著提高。实际上微波对化学反应的作用是复杂的,除具有热效应以外,还具有因对反应分子间行为的作用而引起的所谓"非热效应",如微波可以改变某些反应的机理,对某些反应不仅不促进,还有抑制作用。说明微波辐照能够改变反应的动力学,导敛活化能发生变化。此外,微波对反应的作用程度不仅与反应类型有关,而且还与微波本身的强度、频率、调制方式(如波形、连续或脉冲)及环境条件有关。

与一般的有机反应不同,微波反应需要特定的反应技术并在微波炉中进行。与常规加热方法不同,微波辐照是表面和内部同时进行的一种加热体系,不需热传导和对流,没有温度梯度,体系受热均匀,升温迅速。与经典的有机反应相比,微波辐照可缩短反应时间,提高反应的选择性和收率,减少溶剂用量,甚至可无溶剂进行,同时还能简化后处理,减少三废,保护环境,所以被称为绿色化学。微波有机合成反应技术一般分为密闭合成反应技术和常压合成反应技术等。随着对微波反应的不断深入研究,微波连续合成反应新技术逐渐形成并得到发展。目前,微波有机合成化学的研究主要集中在三个方面:第一,微波有机合成反应技术的进一步完善和新技术的建立;第二,微波在有机合成中的应用及反应规律;第三,微波化学理论的系统研究。

13.1.1　微波辐照有机合成反应

1.烷基化反应

α-苯磺酰基乙酸酯在微波辐照条件下,与卤代烃反应 2min 可得到 α-取代产物,产率为 80%。

以 K_2CO_3 或 KF/Al_2O_3 作为碱,以四丁基溴化铵(TBAB)作为相转移催化剂,在无溶剂条件下,将苯乙腈和卤代烷微波辐照 1.5min,得到 $79\%\sim85\%$ 产率的 C-烷基化产物。

$$C_6H_5CH_2CN+RX \xrightarrow[\text{MW,1.5min}]{\text{base,TBAB}} C_6H_5\overset{\overset{\displaystyle R}{|}}{C}HCN$$

将氯代烷、醇和碱在相转移催化剂作用下,于 $125℃$ 下微波辐照加热,发生 O-烷基化反应,反应 5min 得到 98% 的醚。

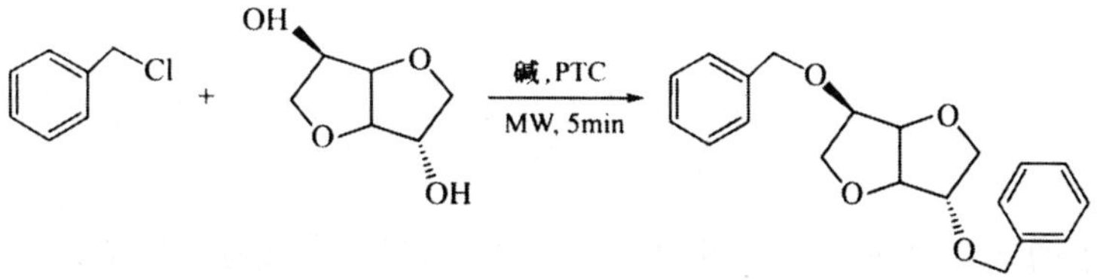

2. 羰基缩合反应

羟醛缩合反应是醛、酮的重要反应之一,也是有机合成中增长碳链的一个重要方法。在常规条件下,芳醛和丙酮的缩合反应是在稀碱溶液中进行的,其特点是反应时间长,且产率不高,仅为 50% 左右,尤其是在进行后处理时,因中和分离过程产生大量中性盐等废弃物而较难处理。近来有文献报道该反应在相转移催化剂 PEG-400 和 5% KOH 条件下进行,产率相应有所提高,但反应时间并未缩短,用适当的微波辐照功率及辐照时间,使芳醛和丙酮在碱性条件下的缩合反应快速完成,产品收率较高。反应式如下:

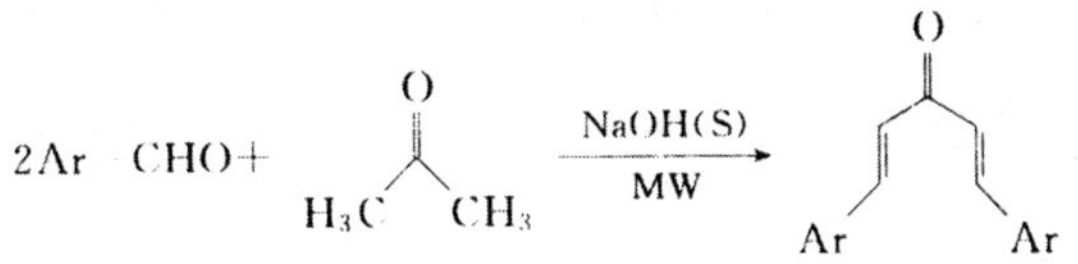

3. 磺化反应

萘的磺化反应如下:

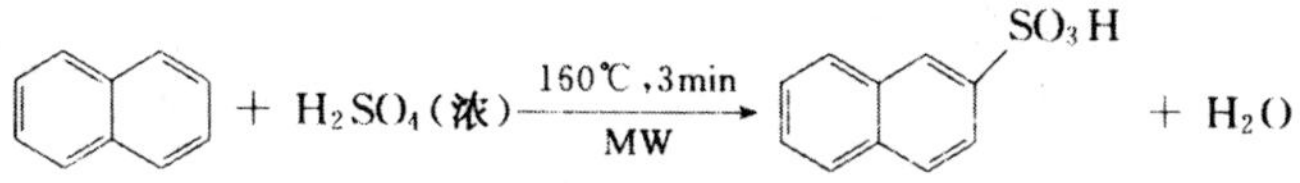

4. 酯化反应

在微波辐照条件下,羧酸和醇脱水生成酯,可免去分水器来除去生成的水。1996 年,Loupy 报道了合成对苯二甲酸二正辛基酯的反应,反应 6min 完成,产率 84%。而传统的加热方法用同样的时间,产率仅为 22%。

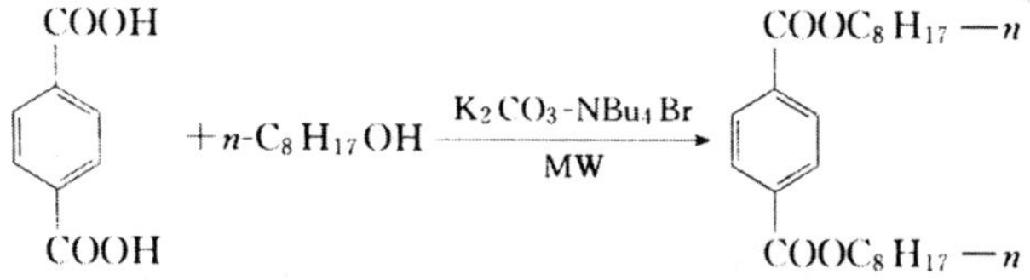

微波常压条件下由 L-噻唑烷-4-甲酸和甲醇合成 L-噻唑烷-4-甲酸酯的实验结果,微波作用下,反应 10min 产率达 90% 以上,比传统的加热方法快 20 倍。例如:

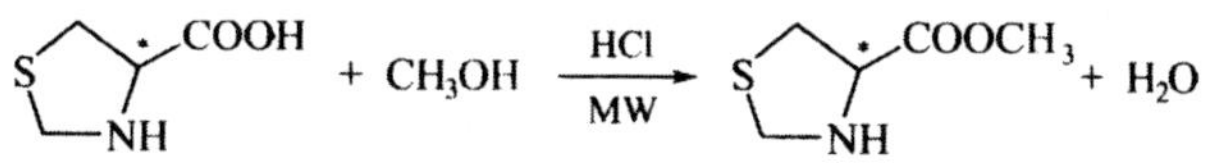

5. 氧化与还原反应

麻黄碱(ephedrine)原从植物麻黄中提取,现已可人工合成。苯甲醛经生物转化生成(−)-1-苯基-1-羟基丙酮,与甲胺缩合生成(R)-2-甲基亚氨基-1-苯基-1-丙醇,用硼氢化钠还原生成麻黄碱。上述合成路线利用微波技术,使缩合和还原两步反应时间分别缩短为 9min 和 10min,收率分别为 55% 和 64%。

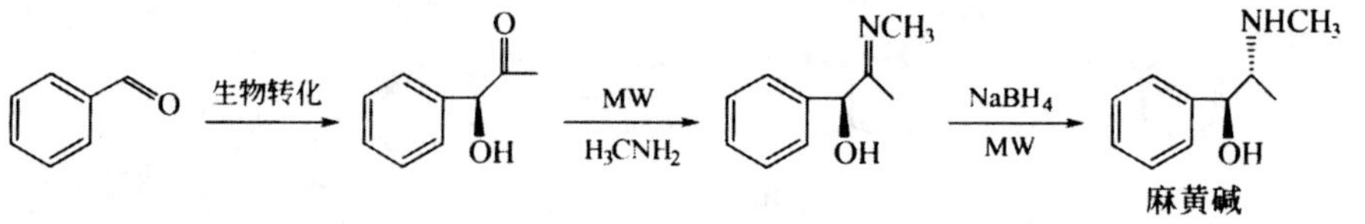

用 Al_2O_3 吸附的 $NaBH_4$ 可将羰基化合物还原为醇,反应在几秒内完成。

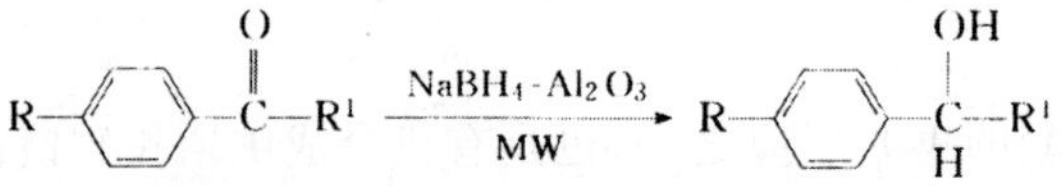

6.相转移催化反应

以固体季铵盐作载体,由于发生离子对交换作用,形成了松散的高反应性亲脂极性离子对 $NR_4^+Nu^-$,对微波敏感。在微波促进、相转移催化剂(PTC)作用下,在 $2\sim7min$,溴代正辛烷对苯甲酸盐进行的烷基化反应可达到 95% 的产率。与油浴加热产率相当,但反应时间大大缩短。

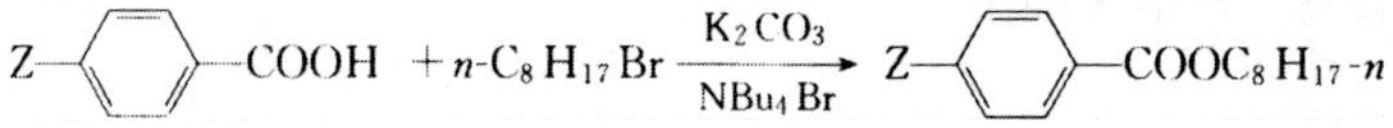

以醇和卤代烃为起始物,在季铵盐的存在下,在微波照射下合成脂肪族醚。在 $5\sim10min$ 内反应可以完成,产率 $78\%\sim92\%$。

7.取代反应

对甲基苯酚与氯甲磺酸钠在微波照射下的反应,只需 $40s$,产率为 95%。传统的方法需要在 $200℃\sim220℃$ 下反应 $4h$,产率只有 77%。

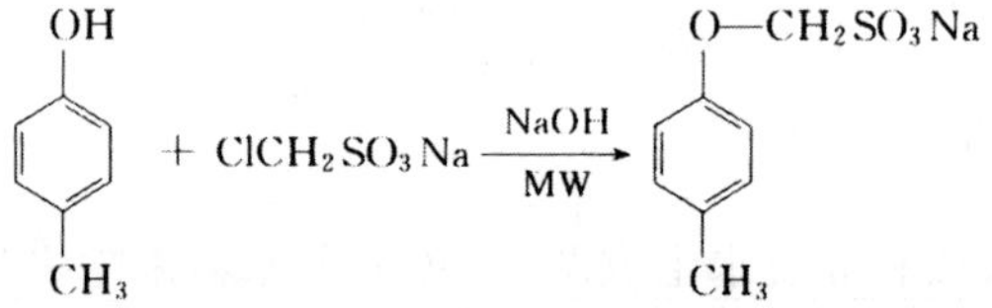

$5'$-D 烯丙基脱氧胸腺嘧啶苷具有抗病毒活性。以糖苷与烯丙基溴在室温搅拌反应 $4.5h$ 发生亲核取代反应得烯丙基糖苷产物,收率 75%。而在 $100W$ 的微波作用下,反应时间缩短至 $4min$,收率提高至 97%。

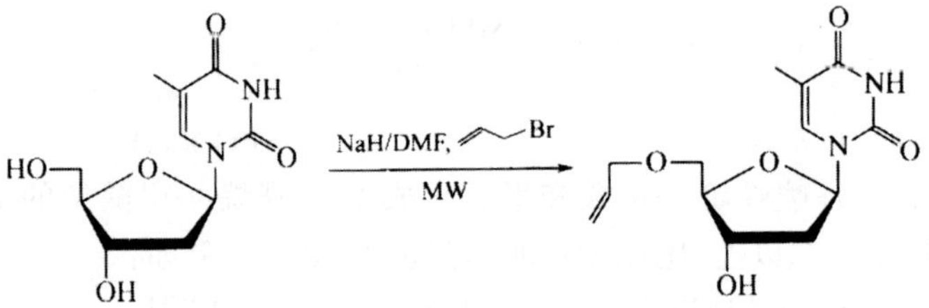

8.重排反应

Claisen 重排反应是重要的周环反应之一,微波辐照可以有效地促进这类反应的发生。例如,2-甲氧苯基烯丙基醚在 DMF 中,经微波辐照 $1.5min$ 即可得到收率为 87% 的重排产物,而在通常条件下加热($265℃$)反应 $45min$,只生成产率为 71% 的重排产物。

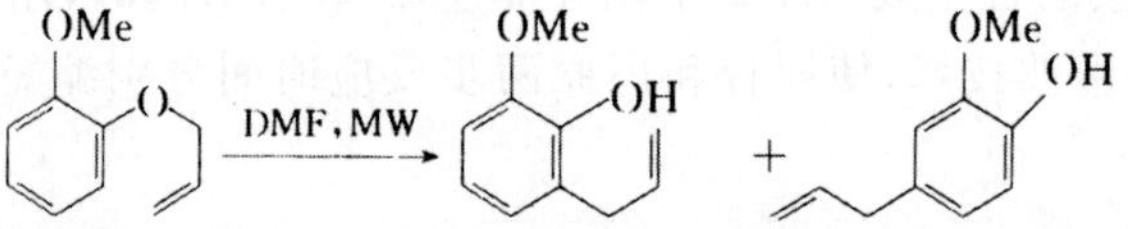

片呐醇重排成片呐酮是重排反应中的经典反应,金属离子的存在可以加速片呐醇重排成片

呐酮的微波反应。

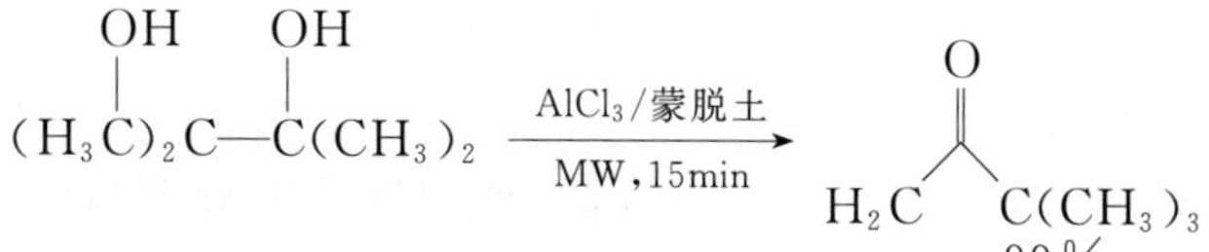

$$\underset{(H_3C)_2C\text{—}C(CH_3)_2}{\overset{\overset{OH\quad OH}{\mid\quad\mid}}{}} \xrightarrow[\text{MW,15min}]{\text{AlCl}_3/\text{蒙脱土}} \underset{H_2C\quad C(CH_3)_3}{\overset{\overset{O}{\parallel}}{}}$$
$$99\%$$

9. Diels-Alder 反应

在甲苯中,利用微波进行 C_{60} 上的 Diels-Alder 反应 20min 得到 30% 的加成产物,而传统方法回流 1h 产率仅为 22%。反应式如下:

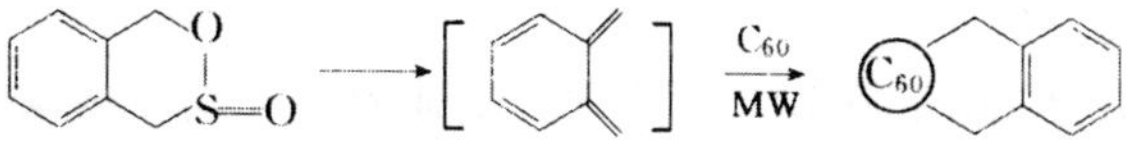

10. Michael 加成反应

Michael 加成反应是一类用途很广的反应,它是形成 C—C 键的方便的方法,不仅用于增长碳链,而且在成环和增环反应中也有应用,亦可通过受体与各种胺的 Michael 加成反应提供形成 C—N 键的有效途径。

用 α,β-烯酮与硝基甲烷、丙二酸二乙酯、乙腈、乙酰丙酮在无溶剂条件下,以 Al_2O_3 作催化剂,在 15～25min 内以 90% 的收率制得加成产物;而常规条件下该类反应往往需要十几个小时甚至十几天,其产率普遍低于微波加热所得产率。

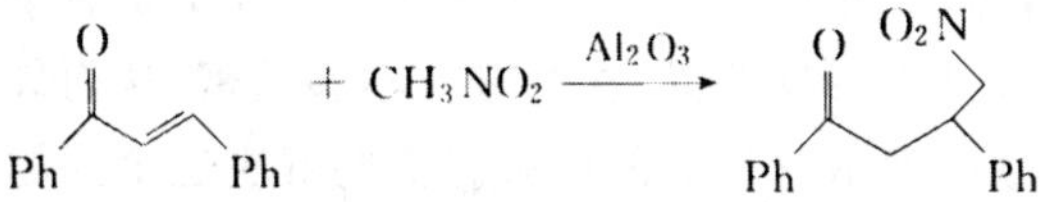

这一类反应体现了微波方法所具有的显著优点:环境安全性和廉价试剂的使用、反应速率的提高、产率的提高及操作简便等。

11. Perkin 反应

在 500W 微波辐照 4～12min 和乙酸钠的催化条件下,芳醛和乙(丙)酸酐通过缩合反应得到肉桂酸衍生物,收率为 20%～83%。反应如下:

$$R^1CHO+(R^2CH_2CO)_2O \xrightarrow{MW} R^1CH=\!\!=\!CR^2COOH+R^2CH_2COOH$$

12. Wittig 缩合反应

稳定的膦叶立德与酮进行 Wittig 反应时,反应较难进行。Spinella 等发现微波照射可以促进这类 Wittig 反应。与传统方法相比,时间更短,产率更高,并且不需溶剂。

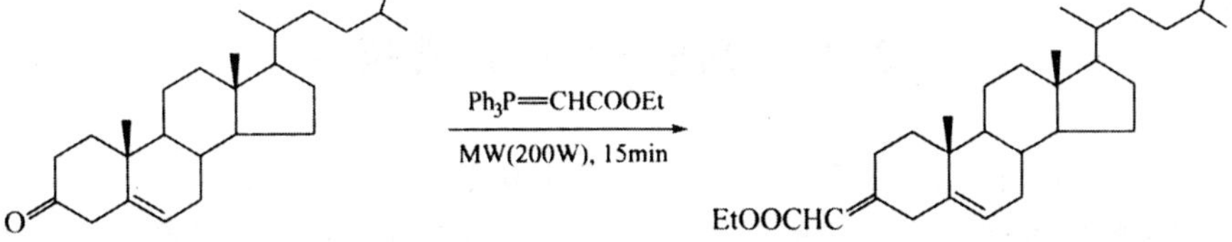

$$\xrightarrow[\text{MW(200W), 15min}]{\text{Ph}_3\text{P}=\text{CHCOOEt}}$$

85%

13.1.2　微波有机合成技术面临的困难与挑战

自 1986 年加拿大化学家 Gedye 等发现微波辐射下的 4-氰基苯氧离子与氯苄的 S_N2 亲核取代反应可以大大提高反应速率之后,微波促进的有机合成反应引起化学界的极大兴趣。自此,在短短的十几年里,微波促进有机化学反应的研究已成为有机化学领域中的一个热点,并逐步形成了一个引人注目的全新领域——MORE 化学(Microwave Induced Organic Reaction Enhancement Chemistry)。特别是近年来,随着人们环保意识的增强和可持续发展战略的实施,倡导发展高效、环保、节能、高选择性、高收率的合成方法,利用微波促进有机合成反应显得具有现实意义。

目前,大量的工作已经证实在很多有机合成反应中,微波加热能大大加快反应速率,因而有关微波对化学反应促进作用的研究工作迅速开展,并显示出了广阔的前景。但是,当把实验室中由家用微波炉所取得的研究成果推广到化学工业中时,却发现实际情况远比所预料的要复杂,主要问题如下:

①在大功率微波作用下,化学反应系统通常产生强烈的非线性响应,这些非线性响应对于微波系统和反应体系来说常常是有害的。例如,当用微波加快橄榄油皂化反应过程时,随着反应的进行,系统的等效介电系数突然变化,导致系统对微波的吸收突然增加,往往由于温度过高而将反应物烧毁。

②大容量的化学反应器都很难获得均匀的微波加热。反应系统的均匀加热问题直接关系到反应产物的质量和生产的效率。由于电磁场与反应系统的相互作用不同于传统加热情况,如何设计高效、对反应物加热均匀的微波化学反应器成为当今微波化学工业亟待解决的难题。

③在一定的条件下微波既能促进反应的进行,也能抑制反应的进行。在微波加快化学反应的过程中产生的一些"特殊效应"难以解释。这在科学界至今仍是有争议的问题。这主要是因为目前所用的微波反应器在设计上不够严谨、在制造上不够精密,从而导致许多有关微波加速机理的研究工作由于设备上的缺陷而缺乏足够的说服力。要解决这个问题,就需要有设计完善、制造精密的微波实验设备。

这些亟须解决的问题极大地限制了微波化学的进一步深入发展及其在工业上的广泛应用。对某一具体的化学反应是否适合于用微波加热、加热效果如何,这完全取决于反应物分子与微波发生相互作用的能力。微波对反应的作用程度除了与反应类型有关外,还与微波的强度、频率、调制方式及环境条件有关。此外,重要的是由于化学反应是一个非平衡系统,旧的物质在不断消耗,新的物质在不断生成,各相界面可能发生随机变化。与此同时,系统的宏观电磁场特性也在发生变化,而且在微波辐射下,这种变化还与所用的微波紧密相关。所有这些因素都将导致反应系统对微波的非线性响应。要解决这些问题必须首先搞清楚微波同化学反应系统之间的相互作用,才能通过计算预测反应系统对微波的非线性响应过程,同时对这些相互作用过程中所产生的非线性现象和"特殊效应"做出较为合理的解释。

13.2　等离子有机合成技术

物质在一定压力下随温度的升高可由固态变为液态,再变为气态,有的直接从固态变为气态。如果对气态物质再继续升高温度或放电,气体分子就要发生解离和电离,当电离产生的带电粒子密度达到一定数量时,出现集聚状态,这就是物质的第四态——等离子体。

产生等离子体的方法和途径是多种多样的,其中,宇宙天体和地球上层大气的电离层属于自然界产生的等离子体。人工产生的方法主要有气体放电法、光电离法、射线辐照法、燃烧法和冲击波法等。

13.2.1　等离子体有机合成装置

等离子体有机合成装置由放电电源、电极、反应器、真空部分和冷却部分等组成。等离子体有机合成装置,根据反应系统的具体要求有不同的型式,常见的管型外部电极式反应器如图 13-1 所示。

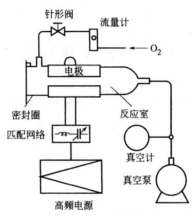

图 13-1　管式等离子体反应器

13.2.2　等离子体有机合成反应

等离子体技术在很多领域有广泛的应用,但在有机合成方面应用相对少一些,并主要是应用低温等离子体技术。

由低温等离子体引发的有机化学反应一般可分为:

①在气相中进行的电离、离解、激发和原子、分子内相互结合以及加成反应。

②在等离子体-固体界面发生的聚合或者固体的蚀刻、脱离反应。

③在固体或液体表面,由于等离子体发射的光和电子的照射引起的交联、分解反应,附着在表面的活性基团又会引发二次反应。在固体或液体中发生的反应又称为等离子体引发聚合反应。

1. 合成反应

不加催化剂时,通过等离子体状态,可以从单质或化合物出发,经过中间体合成各种氨基酸、卟啉、核酸盐等,这种合成可用于说明由原始大气产生生命的过程。例如:

$$\left.\begin{array}{l} H_2 \\ CH_4 \\ NH_3 \\ H_2O \\ CO \\ CO_2 \end{array}\right\} \xrightarrow{LTP} \left[\begin{array}{l} HCN \\ HN(CN)_2 \\ HCHO \\ HCOOH \\ CH_3COOH \end{array}\right] \xrightarrow{LTP} \begin{array}{l} H_2N-CH_2-CH_3 \\ H_2N-\underset{\underset{CH_3}{|}}{CH}-COOH \\ \text{其他有机化合物} \end{array}$$

式中,LTP 表示低温等离子体。

2.脱除反应

通过低温等离子体作用,有机物可发生脱除 H_2、CO、CO_2 等小分子的反应。例如:

$$C_2H_6 \xrightarrow{\text{LTP}} C_2H_4 \xrightarrow{\text{LTP}} C_2H_2$$

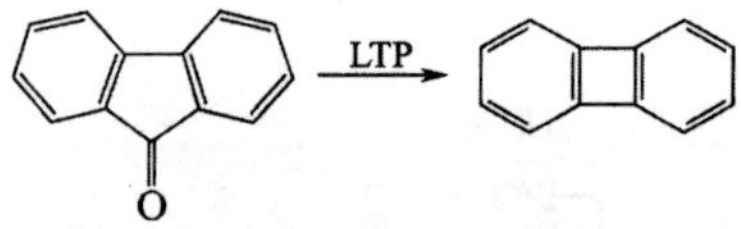

原子态氧与烷基作用时,先是脱氢发生羰基化,随着氧化的进行,最后,有机物分解为 CO_2 和 H_2O。例如:

$$RCH_2CH_3 + 2O \cdot \xrightarrow{\text{LTP}} RCOCH_3 + H_2O$$

若有机物中含有双键时,能与原子态的氧先环化,然后环氧化分解为产物。例如:

$$RCH = CH_2 + O \cdot \xrightarrow{\text{LTP}} RHC \overset{O}{\underset{}{\diagup\!\!\!\diagdown}} CH_2 \longrightarrow RCOCH_3$$

3.重排反应

芳香醚、芳香胺通过等离子体可发生各种重排反应。例如,苯甲醚在等离子体空间离解出烷基自由基,并转移到芳香环上,反应式为

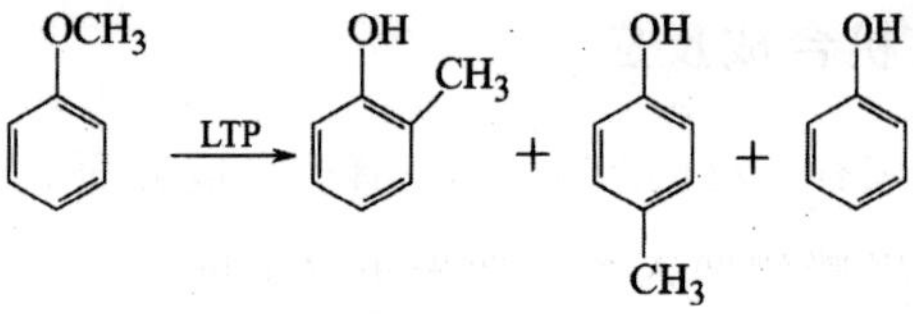

4.开环反应

对芳香族化合物只要稍提高电子能量就能打开苯环,生成顺反异构混杂的不饱和碳氢化合物,其中含氮环和苯胺都是以氰基为开环终端的。例如:

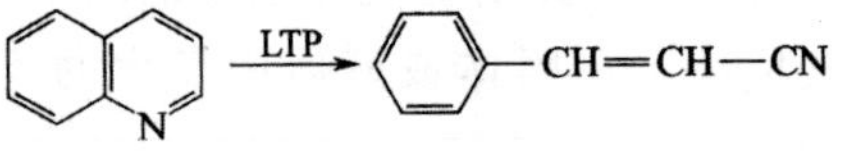

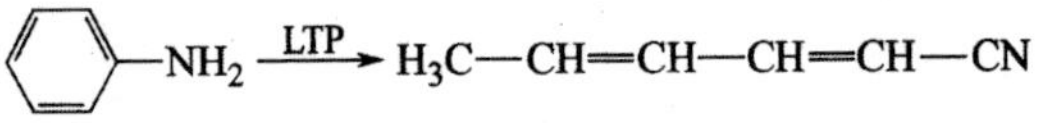

5.环化反应

二苯基化合物通过等离子体可环化生成各种多环化合物。例如:

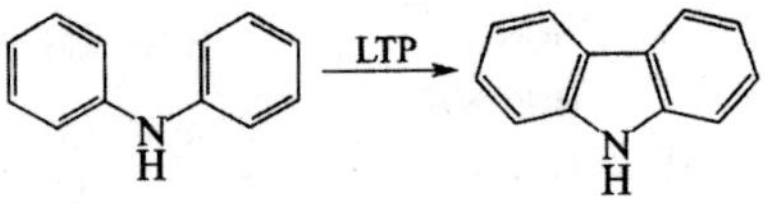

6.异构化反应

具有不饱和键的有机化合物的顺反异构化反应可在较低的电子能量下有效地进行。例如,反式二苯乙烯通过等离子体可变换为顺式异构体,反应式为

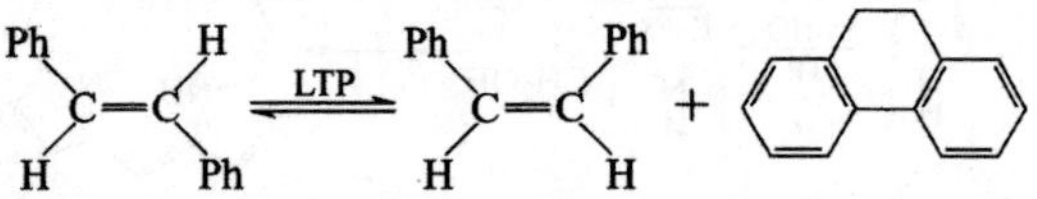

7.加成反应

等离子体的加成反应可以是自由基加成,也可以是分子间的加成。例如:

$$\text{（苯）} + CH_3CN \xrightarrow{LTP} \text{（苯基）} CN$$

除此之外,利用低温等离子体还可发生取代反应、聚合反应、分解反应、氧化反应等类型的反应。

等离子体有机化学反应不仅可得到热反应和光反应相同的产物,还可能得到热反应和光反应得不到的产物,其产物的多样性具有重要的意义。

13.3 有机电化学合成技术

13.3.1 有机电化学合成原理

有机电化学合成是指用电化学方法进行有机化合物的合成,是集电化学、有机合成、化学工程等多个学科为一体的一种边缘学科。有机电化学合成可以在温和的条件下进行,在反应过程中用电子代替那些会造成环境污染的氧化剂和还原剂,是一种环境友好的洁净合成方法。

有机电化学合成均在电解装置中进行,电解装置包括直流电源、电极、电解容器、电压表和电流表五部分,电极和盛电解液的电解容器构成电解池,也称电解槽。

直流电源通常用 20A/200V 的电源,如果电解液的导电性差,则选用 20A/100V 的电源。电解槽分为一室电解槽和二室电解槽两大类。如果主反应的反应物和产物在电解槽内不发生反应,则用无隔膜的一室电解槽,否则须用有隔膜的二室电解槽,如图 13-2 所示。电解方式主要有恒电位电解和恒电流电解。恒电位电解是利用恒电位仪使工作电极电势恒定的一种电解方式,优点是产物纯度高且易分离,缺点是恒电位仪价格较高,常在实验室使用恒电位电解。恒电流电解是通过恒电流仪实现的,优点是恒电流仪价格较低,缺点是产物纯度低,分离困难,只有在目标产物的生成受电位大小的影响较小时才使用,且多在工业上使用。

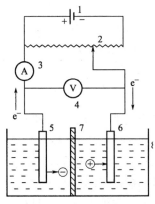

图 13-2 二室电解槽

电解合成的基本原理为通电前,电解质中的离子处于无秩序的运动中,通直流电后,离子做定向运动。阳离子向阴极移动,在阴极得到电子,被还原;阴离子向阳极移动,在阳极失去电子,被氧化。

13.3.2　有机电化学合成方法

近代有机电化学合成方法有间接电化学合成法、成对电化学合成法、电聚合、电化学不对称合成等。

1. 间接电化学合成法

直接有机电化学合成是依靠反应物在电极表面直接进行电子交换来生成新物质的一种方法。但缺点主要有：

①电极反应速率太慢。

②有机反应物在电解液中的溶解度太小。

③反应物或产物易吸附在电极表面上，形成焦油状或树脂状物质从而使电极污染，导致电化学合成的产率及电流效率较低等。

间接有机电化学合成是通过一种传递电子的媒质（易得失电子的物质）与反应物发生化学反应生成产物，发生价态变化的媒质再通过电解恢复原来的价态重新参与下一轮化学反应，如此循环便可以源源不断地得到目标产物。

例如，以钼为媒质，高价的 Mo^{n+} 将反应物 A 氧化为产物 B，自身被还原为低价的 $Mo^{(n-1)+}$，$Mo^{(n-1)+}$。通过电氧化失去电子又变成原来的高价 Mo^{n+}。具体过程表示如下：

$$A \xrightarrow[-e]{\text{阳极}} I \xrightarrow[+e]{\text{阴极}} B$$

上述过程中有机反应物并不直接参加电极反应，而是媒质通过电极反应而再生，然后与反应物发生化学反应变成产物，所以这一方法称为间接有机电化学合成法。

间接电化学合成可采用两种操作方式：槽内式和槽外式。槽内式是在同一个装置中同时进行化学反应和电解反应。槽外式是将媒质先在电解槽中电解，然后转移到反应器中与反应物发生反应生成产物，反应结束后与含媒质的电解液分离，然后媒质返回到电解槽中重新电解再生。槽内式的优点是可以节省设备投资，操作简便，但使用时必需满足两个条件：

①电解反应与化学反应的速率相近，温度、压力等基本条件基本相同。

②反应物和产物不会污染电极表面。

在间接电化学合成中使用的媒质分为金属媒质、非金属媒质、有机物媒质、金属有机化合物媒质等，其中金属媒质最常用。使用时可只使用一种媒质，也可以混合使用两种或两种以上媒质进行间接电化学合成。

2. 成对电化学合成法

成对电化学合成法是一种对环境几乎无污染的有机合成方法，被称为绿色工业。是指在阴、阳两极同时安排可以生成目标产物的电极反应，这种电极反应可以大大提高电流的效率（理论上可达 200%），可以节省电能、降低成本，提高了电合成设备的生产效率。成对电化学合成的两个电极反应的电解条件必需近似相同。根据实际情况可以决定是否使用隔膜。如果反应过程为反应物 A 在阳极氧化为中间产物 I，I 再在阴极上还原为目标产物 B。

$$A \xrightarrow[\text{阴极}]{-e} I \xrightarrow[\text{阴极}]{+e} B$$

成对电化学合成与间接电化学合成结合起来合成间氨基苯甲酸，合成原理如下：

阳极的电解氧化：　　　　$2Cr^{3+} + 7H_2O - 6e \longrightarrow Cr_2O_7^{2-} + 14H^+$

间硝基苯甲酸的槽外合成：

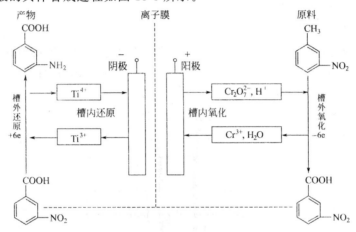

间氨基苯甲酸的具体合成过程如图 13-3 所示。

图 13-3　间接成对电化学合成间氨基苯甲酸示意图

3. 电聚合

电化学聚合是应用电化学方法在阴极或阳极上进行聚合反应，生成高分子聚合物的过程。例如，丙烯腈电解二聚合成己二腈：

电聚合反应机理包括链的引发、链的增长、链的终止三个阶段。链的引发是产生活性自由基的过程。单体 R 或引发剂 A 可以在电极上转移电子成为活性中心。

$$A+e \longrightarrow A^* \quad 或 \quad R+e \longrightarrow R^*$$

链的增长是活性中心转移和聚合物链不断增长的过程，链的终止是聚合物末端的活性基团失去活性而终止聚合的过程。

不同结构和性能的功能高分子材料可通过改变电极材料、溶剂、支持电解质、PH 值、电聚合方式等获得；高聚物的聚合度和相对分子质量可通过改变电解条件来实现。

4. 电化学不对称合成

电化学不对称合成是指在手性诱导剂、物理作用（磁场、偏振光等）等诱导作用的存在下将潜手性的有机化合物通过电极反应生成有光学活性化合物的一种合成方法。手性诱导剂包括手性反应物、手性支持电解质、手性氧化还原媒质（在间接电化学合成中）、手性修饰电极等。与传统的不对称合成相比，电化学不对称合成具有反应条件温和、易于控制、手性试剂用量少、产物较纯、易于分离等优点。其缺点为产物光学纯度不高、手性电檄寿命不长、重现性不佳等。

电化学不对称合成方法根据手性诱导剂的不同分为下列几种类型：

①电解手性物质合成新的手性产物。

②通过手性溶液合成手性物质。

③通过手性电极合成手性物质。

④通过磁场、偏振光等物理作用合成手性物质。

⑤在酶催化下电解合成手性物质。

5.固体聚合物电解质法

固体聚合物电解质法（SPE）是 20 世纪 80 年代初发展起来的一种新的电合成方法，它是利用金属与固体聚合物电解质的复合电极进行电解合成的一种方法。这种复合电极的固体聚合物膜一方面起隔膜作用，另一方面可以传递离子起导电作用。[①]

图 13-4 是固体聚合物电解质法电合成原理的示意图。

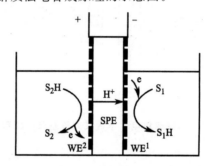

图 13-4　固体聚合物电解质法合成原理示意图

固体聚合物膜在电解池聚合物中间，将有机物 S_1 和 S_2H，起隔膜作用，膜两侧的金属层分别作为阴极和阳极。电解时阴、阳两极同时发生电合成反应。

13.3.3　有机电化学合成反应

1.氧化反应

在不同的电解条件下，双键氧化的产物不同，如乙烯的电氧化。

$$H_2C = CH_2 \longrightarrow$$

Pt, H_2SO_4 ⟶ $HOCH_2CH_2OH + 2e^-$

Pt, H_2SO_4, Hg_2SO_4 ⟶ $CH_3CHO + 2e^-$

C, LiAC ⟶ $H_2C = CH - O - \overset{O}{\overset{\|}{C}} - CH_3 + 4e^-$

Ag, C_6H_5COONa ⟶ $H_2C - CH_2 + 2e^-$ （环氧，底部为 O）

① 薛永强,张蓉.有机合成方法与技术(第 2 版)北京:化学工业出版社,2007.

芳香族化合物可以被电氧化成醌、醛、酸等。

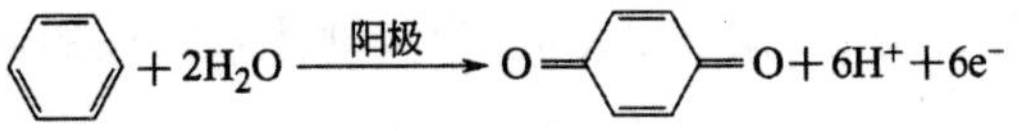

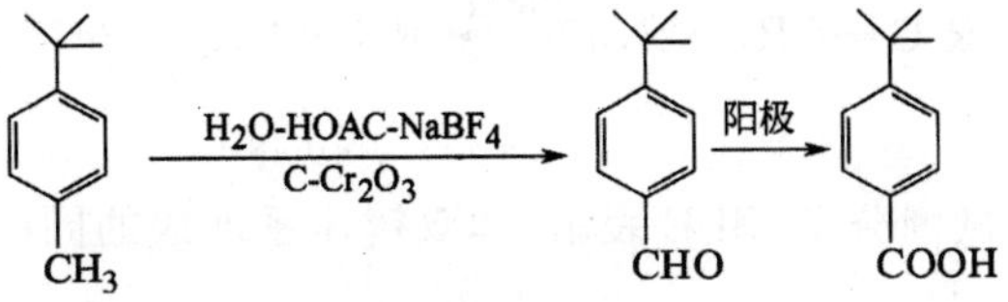

$$\bigcirc + 2H_2O \xrightarrow{\text{阳极}} O=\bigcirc=O + 6H^+ + 6e^-$$

杂环化合物也可以发生电氧化,如糠醛可被氧化成丁二酸。

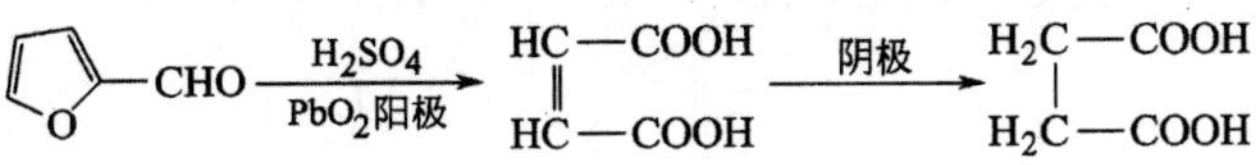

伯醇可被氧化成醛或酸,仲醇可被氧化成酮。

$$RCH_2OH \xrightarrow{\text{阳极}} RCHO \xrightarrow{\text{阳极}} RCOOH$$

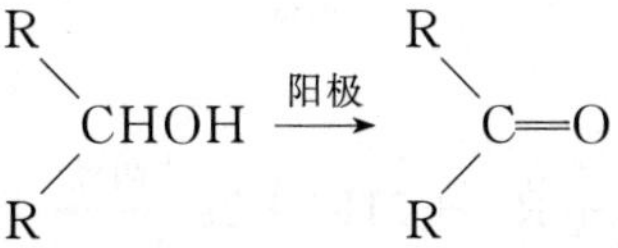

　　羧酸盐被电氧化脱羧生成较长碳链的烃,这就是有名的柯尔贝(Kolbe)反应,是最早实现工业化的有机电化学合成反应。

$$2RCOO^- \xrightarrow[CH_3OH]{\text{Pt 阳极}} R-R + 2CO_2 + 2e$$

2. 还原反应

羟基可被电还原成氢,如羟甲基可被电还原成甲基。

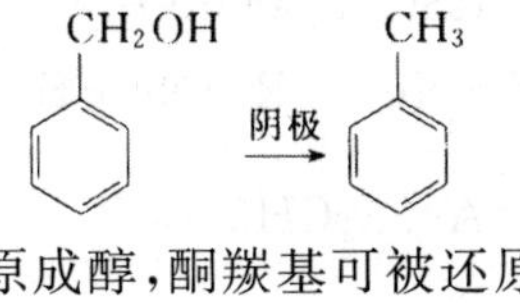

羰基能被电还原,如醛基可被还原成醇,酮羰基可被还原成亚甲基。

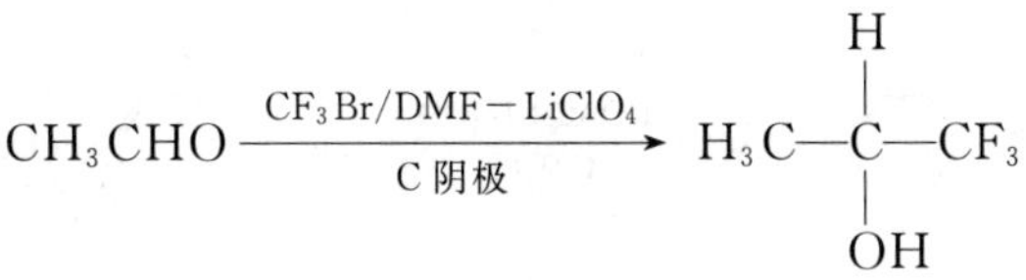

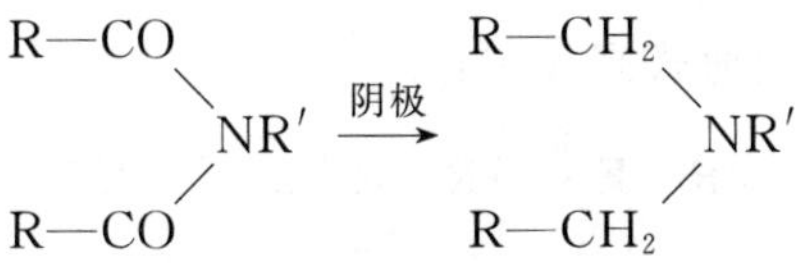

$$CH_3CHO \xrightarrow[\text{C 阴极}]{CF_3Br/DMF-LiClO_4} H_3C-\overset{\overset{\displaystyle H}{|}}{\underset{\underset{\displaystyle OH}{|}}{C}}-CF_3$$

　　一般情况下,羧基难以被还原,但羧基容易被电还原成醛和醇。

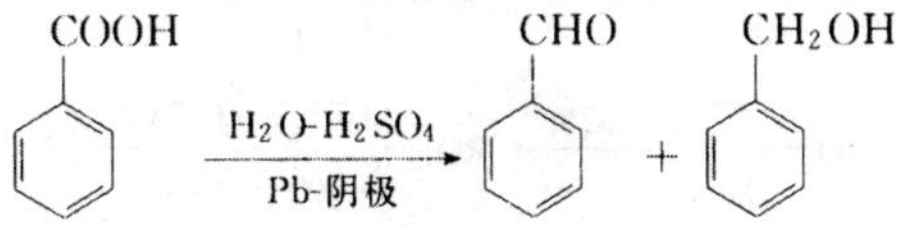

3.电加成反应

阳极加成是两个亲核试剂分子（用 Nu 表示）和双键体系加成的同时失去两个电子的反应，通式为：

$$R_2C{=}CR_2 + 2Nu^- \xrightarrow{\text{阳极}} \underset{\underset{Nu\ \ Nu}{|\ \ \ \ |}}{R_2C{-}CR_2} + 2e^-$$

阴极加成是两个亲电试剂分子（用 E 表示）和双键体系加成的同时加两个电子的反应，通式如下：

$$R_2C{=}CR_2 + 2E^+ + 2e^- \xrightarrow{\text{阴极}} \underset{\underset{E\ \ \ E}{|\ \ \ |}}{R_2C{-}CR_2}$$

例如，烯烃的氧化、还原加氢：

$$H_2C{=}CH_2 \xrightarrow[\text{C 阳极}]{H_2O-HCl(FeCl_3)} \underset{\underset{Cl\ \ \ Cl}{|\ \ \ \ |}}{H_2C{-}CH_2}$$

$$\overset{\displaystyle}{C{=}C} + R{-}\underset{\underset{O}{\|}}{C}{-}R' + 2H^+ + 2e^- \xrightarrow{\text{阴极}} HO{-}\underset{\underset{R'}{|}}{\overset{\overset{R}{|}}{C}}{-}\overset{|}{\underset{|}{C}}{-}\overset{|}{\underset{|}{C}}{-}H$$

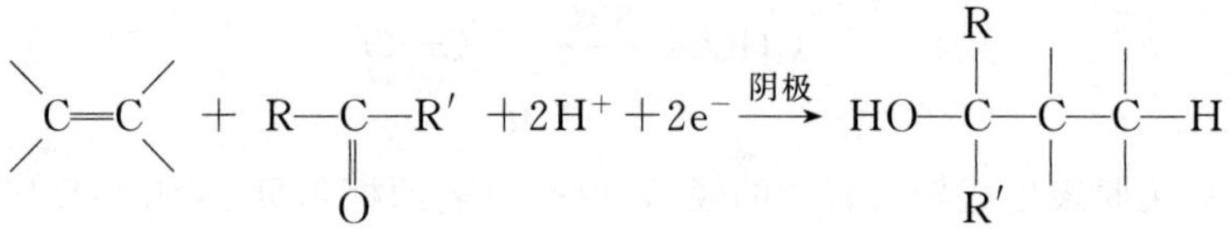

4.电取代反应

阴极取代反应是亲电试剂对亲核基团的进攻，阳极反应则正好相反。阴、阳两极的取代反应可用下列通式表示：

阴极取代 　　　　　　$R{-}Nu + E^+ + 2e^- \rightarrow R{-}E + Nu^-$

（$E{=}H$、CO_2、CH_3Br；$Nu{=}$卤素、RSO、RSO_2、NR_3）

阳极取代 　　　　　　$R{-}E + Nu^- \rightarrow R{-}Nu + E^+ + 2e^-$

（$E{=}H$、R3C、OCH3 或其他；$R{-}Ar$、$ArCH2$、卤素、$\overset{}{C{=}C{=}CH_2}$ 等）

例如：

苯侧环的取代 　　$H_3C{-}\langle\bigcirc\rangle{-}OAC \xrightarrow[\text{C 阳极}]{HOAC{-}CH_3OH} OHC{-}\langle\bigcirc\rangle{-}OAC$

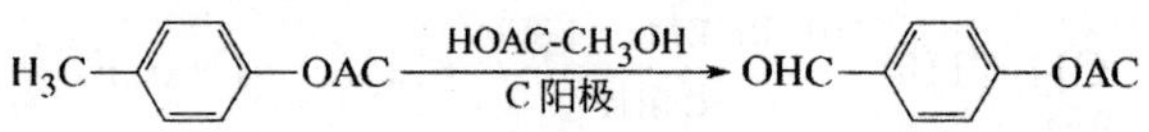

5.C-C 偶合反应

阳极 C-C 偶合反应可用下列通式来表示：

$$2R{-}E \xrightarrow{\text{阳极}} R{-}R + 2E^+ + 2e^-$$

或

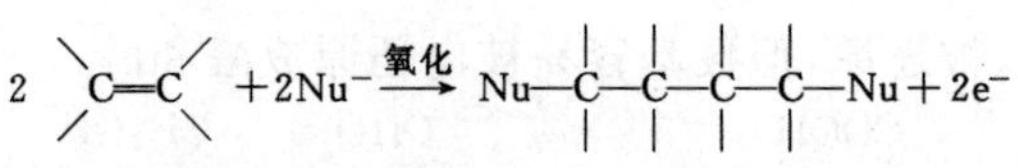

$$2\ \overset{}{C{=}C} + 2Nu^- \xrightarrow{\text{氧化}} Nu{-}\overset{|}{\underset{|}{C}}{-}\overset{|}{\underset{|}{C}}{-}\overset{|}{\underset{|}{C}}{-}\overset{|}{\underset{|}{C}}{-}Nu + 2e^-$$

具体反应如：

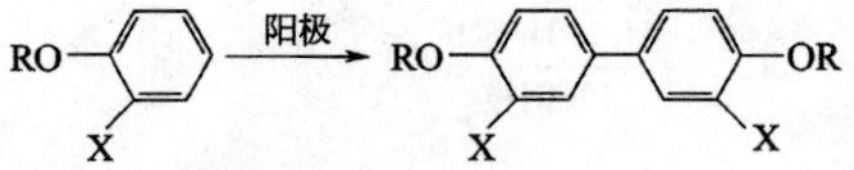

$$RO{-}\underset{X}{\langle\bigcirc\rangle} \xrightarrow{\text{阳极}} RO{-}\underset{X}{\langle\bigcirc\rangle}{-}\underset{X}{\langle\bigcirc\rangle}{-}OR$$

阳极 C-C 偶合反应可用下列通式来表示：

$$2R-Nu+2e^- \xrightarrow{\text{阳极}} R-R+2Nu^-$$

或

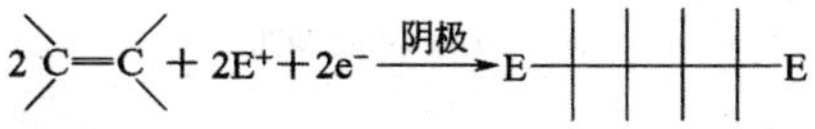

$$2\ \overset{|}{\underset{|}{C}}{=}\overset{|}{\underset{|}{C} }+2E^++2e^- \xrightarrow{\text{阴极}} E\overset{|}{\underset{|}{\ \ }}\overset{|}{\underset{|}{\ \ }}\overset{|}{\underset{|}{\ \ }}\overset{|}{\underset{|}{\ \ }}E$$

如有机卤代物的还原脱卤反应：

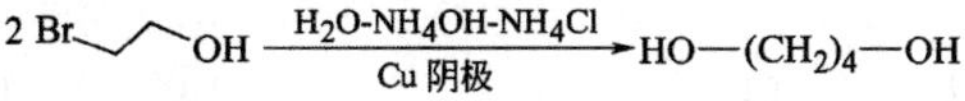

$$2\ Br\diagdown\diagup OH \xrightarrow[\text{Cu 阴极}]{H_2O\text{-}NH_4OH\text{-}NH_4Cl} HO-(CH_2)_4-OH$$

6. 电裂解反应

阴极的还原裂解反应：

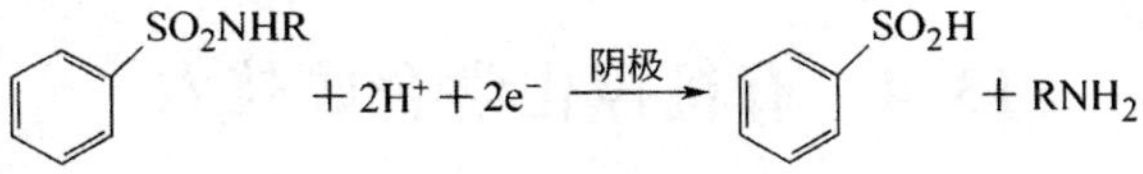

阳极氧化裂解反应：

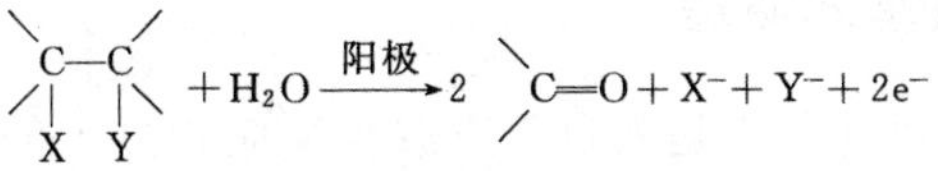

$$(X、Y=NR_2、OR、C_6H_6S)$$

7. 电环化反应

阳极电环化反应：

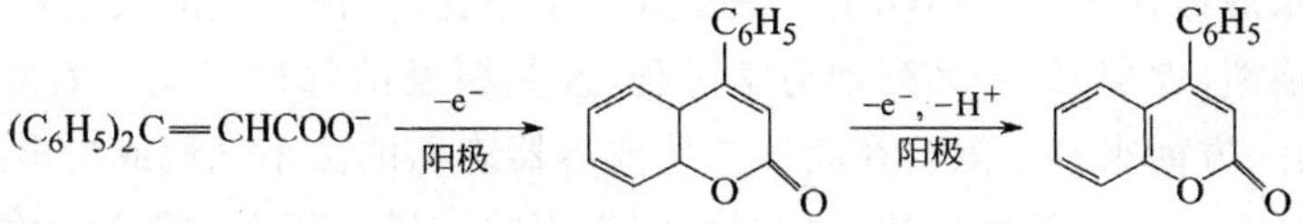

阴极电环化反应：

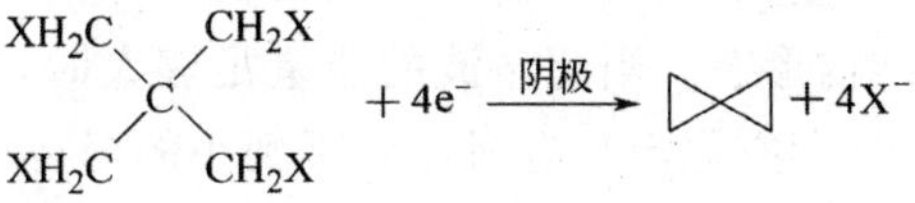

8. 电消除反应

阳极和阴极的电化学消除反应分别为阳极和阴极点加成反应的逆反应。

①阳极电消除反应（脱羧）。

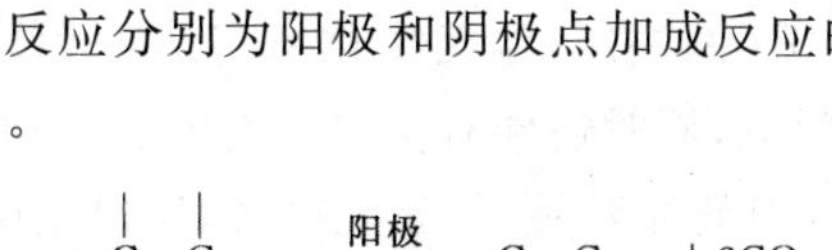

②阴极电消除反应。

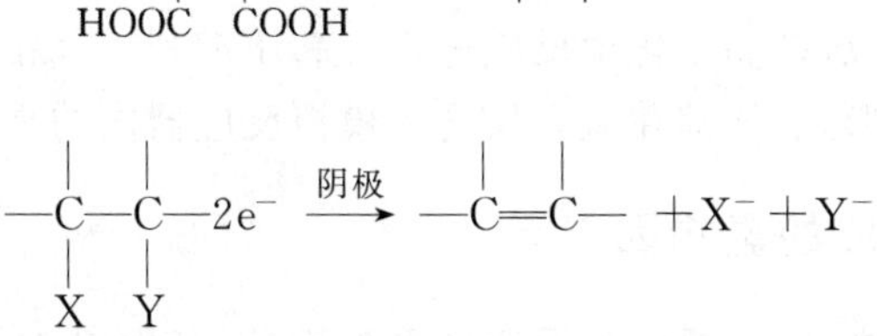

其中，X、Y=F、Cl、Br、I、RCOO、RSO_3、RS 等。

通过对全卤代（或部分卤代）芳香族化合物或杂环化合物的电还原消除反应，可区域选择地除去一个卤原子，得到特殊取代方式的芳香族卤代衍生物，此反应具有很高的选择性，例如：

13.4　有机声化学合成技术

13.4.1　声化学合成基本原理

超声波对化学反应的促进作用不是来自于声波与反应物分子的直接相互作用,虽然超声波对液相反应体系有显著的机械作用,可以加快物质的分散、乳化、传热和传质等过程,在一定程度上可以促进化学反应,但这不足以解释超声波可以成倍甚至上百倍地加速反应的事实。一个普遍接受的观点是:加快反应的主要作用是由于超声波的超声空化现象。

超声空化是指液体在超声波的作用下激活或产生空化泡(微小气泡或空穴)以及空化泡的振荡、生长、收缩及崩溃(爆裂)等一系列动力学过程,及其引发的物理和化学效应。液体中的空化泡的来源有两种:一方面来自于附着在固体杂质或容器表面的微小气泡或析出溶解的气体;另一方面,也是更主要的一方面,是来自超声波对液体作用的结果。超声波作为一种机械波作用于液体时,波的周期性波动对液体产生压缩和稀疏作用,从而在液体内部形成过压位相和负压位相,在一定程度上破坏了液体的结构形态。当超声波的能量足够大时,其负压作用可以导致液体内部产生大量的微小气泡或空穴(即空化泡),有时可以听到小的爆裂声,于暗室内可以看到发光现象。这种微小气泡或空穴极不稳定,存在时间仅为超声波振动的一个或几个周期,其体积随后迅速膨胀并爆裂(即崩溃),在空化泡爆裂时,在极短时间(10^{-9} s)在空化泡周围的极小空间内产生5000K 以上的高温和大约 50MPa 的高压,温度变化率高达 10^9 K $\cdot$ s^{-1},并伴随着强烈的冲击波和时速高达 400km $\cdot$ h^{-1} 的微射流,同时还伴有空穴的充电放电和发光现象。

这种局部高温、高压存在的时间非常短,仅有几微秒,所以温度的变化率非常大,这就为在一般条件下难以实现或不可能实现的化学反应提供了一种非常特殊的环境。高温条件有利于反应物种的裂解和自由基的形成,提高了化学反应速率。高压有利于气相中的反应。因此,空化作用可以看作聚集声能的一种形式,能够在微观尺度内模拟反应器内的高温高压,促进反应的进行。

13.4.2　声化学反应的影响因素

除了超声频率与强度之外,有机液相反应体系的性质,如溶剂的性质、成分、表面张力、黏度及蒸气压等也对声空化效应有重要影响。例如,在超声波作用下,偕二卤环丙烷与金属在正戊烷溶剂中几乎没有反应,在乙醚溶剂中反应缓慢,而在四氢呋喃溶剂中反应很快。

另外,超声波的使用方式(连续或脉冲)、外压、反应温度以及液体中溶解气体的种类和含量等也影响有机声化学反应。如温度升高,蒸气压增大,表面张力及黏度系数下降,使空化泡的产生变得容易。但是蒸气压增大,反过来又会导致空化强度或声空化效应下降。因此,为了获得较大的声化学效应,应该在较低温度下反应,而且应选用蒸气压较低的溶剂。

13.4.3 声化学反应器

声化学反应器是实现有机声化学合成的装置,一般由四部分组成:化学反应器部分,包括容器、加料、搅拌、回流、测温等;信号发生器及其控制的电子部分;换能部分;超声波传递的耦合部分。随着声化学的发展,各类的声化学反应器不断的出现,主要类型有以下四种:

1. 超声清洗槽式反应器

超声清洗槽式反应器的结构比较简单,由一个不锈钢水槽和若干个固定在水槽底部的超声换能器组成。将装有反应液体的锥形瓶置于不锈钢水槽中就构成了超声清洗槽式反应器,如图13-5 所示

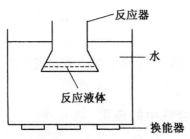

图 13-5 超声清洗槽反应器

该反应器方便可得,除了要求为平底外(超声波垂直入射进入反应液体的超声能量损失较小),无特殊要求。该类反应器的缺点是由于反应器与液体之间的声阻抗相差很大,声波反射很严重,例如对于玻璃反应器和液体的反射率高达 70%,不仅浪费声能,而且使反应液中实际消耗的声功率也无法定量确定;反应容器截面远小于清洗槽,能量损失严重;清洗槽内的温度难以控制,尤其在较长时间照射之后,耦合液(清洗槽中的水)吸收超声波而升温;各种不同型号的超声清洗槽式反应器的频率和功率都是固定的,而且各不相同,因此不能用于研究不同频率与功率下的声化学反应,也难以重复别人的实验结果。

超声清洗槽式反应器是一种价格便宜、应用普遍的超产设备,许多声化学工作者都是利用超声清洗槽式反应器来开始他们的实验工作。

2. 杯式声便幅杆反应器

将超声清洗槽式反应器与功率可调的声变幅杆反应器结合起来,就构成了杯式声变幅杆反应器,如图 13-6 所示。杯式结构上部可看成是温度可控的小水槽,装反应液体的锥形烧瓶置于其中,并接受自下而上的超声波辐射。

杯式声变幅杆反应器的优点有:频率固定,定量和重复结果较好;反应液体中的辐射声强可调;反应液体的温度可以控制;不存在空化腐蚀探头表面而污染反应液体的问题。缺点是反应液体中的辐射声强不如插入式的强;反应器的大小受到杯体的限制。

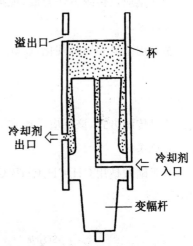

图 13-6 杯式声便幅杆反应器

3.探头插入式反应器

产生超声波的探头就是超声换能器驱动的声变幅杆(声波振幅放大器)。探头插入式反应器是将由换能器发射的超声波经过变幅杆端面直接辐射到反应液体中,如图 13-7 所示。可见,这是把超声能量传递到反应液体中的一种最有效的方法。

图 13-7　探头插入式反应器

探头插入式反应器的优点是探头直接插入反应液,声能利用率大,在反应液中可获得相当高的超声功率密度,可实现许多在超声清洗槽式反应器上难以实现的反应;功率连续可调,能在较大的功率密度范围内寻找和确定最佳超声辐射条件;通过交换探头可改变辐射的声强,从而实现功率、声强与辐射液体容量之间的最佳匹配。其缺点是探头表面易受空化腐蚀而污染反应液体;难以对反应液进行控温。

4.复合型反应器

将超声反应器与电化学反应器、光化学反应器、微波反应器结合起来便构成了复合型声化学反应器。

13.4.4　超声波在有机合成中的应用

与传统化学合成方法相比,声化学合成的反应条件温和、反应速率快、时间短、收率高,实验仪器简单,操作方便,易于控制。超声波辐照不仅促进液相均相反应,还可促进液-液、液-固非均相反应,显示出超声波化学合成的优越性。

1.氧化反应

$$CH_3(CH_2)_5—CH—OH \xrightarrow[\text{超声波辐照 1h}]{\text{KMnO}_4,\text{己烷}} CH_3(CH_2)_5—\overset{\displaystyle }{\underset{\displaystyle O}{C}}—CH_3$$
$$\overset{|}{CH_3} \qquad\qquad (92\%)$$

如此反应以传统方法合成,搅拌 5h,产率仅 2%。

2.还原反应

多采用金属和固体催化剂,此类反应超声波促进作用更显著:

$$\text{⬡} \xrightarrow[\text{25℃,超声波辐照1h}]{\text{H}_3\text{B·SMe}_2,\text{四氢呋喃}} \left(\text{⬡}\right)_3 B$$
$$(98\%)$$

若以传统方式,该反应需要在 25℃下搅拌 5h,产率方达 98%。

3.烷基化

苯亚磺酸钠用 $CH_3CH_2CHBrCH_3$ 烷基化,超声波干法合成,以无机固体材料 Al_2O_3 为载体,产率达 99%:

$$\text{⬡}—SO_2Na + CH_3CH_2CHCH_3 \xrightarrow[\text{超声波辐照}]{Al_2O_3} \text{⬡}—\overset{\displaystyle C_2H_5}{\underset{\displaystyle CH_3}{CH}} + HBr$$
$$\underset{Br}{}$$

萘以 $CuBr_2/Al_2O_3$ 的溴化反应：

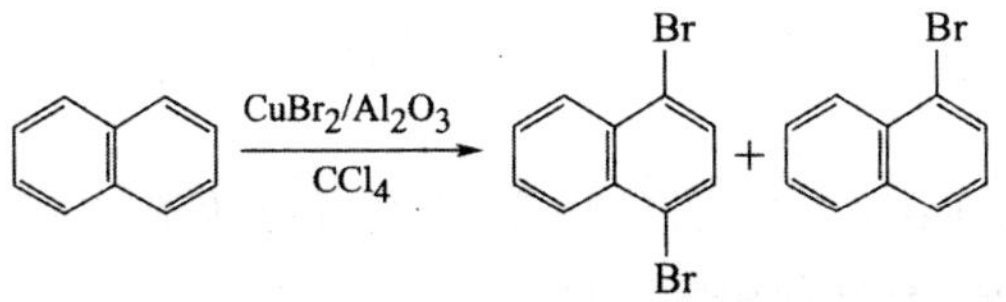

溴化铜与萘摩尔比为 5：1 时，超声波辐照活化 $CuBr_2/Al_2O_3$，萘转化 50% 所需时间 6min，而 $CuBr_2/Al_2O_3$ 未经超声波活化，萘转化 50% 时溴化时间 27min。

超声波辐照可改变反应途径，生成与机械搅拌不同的产物：

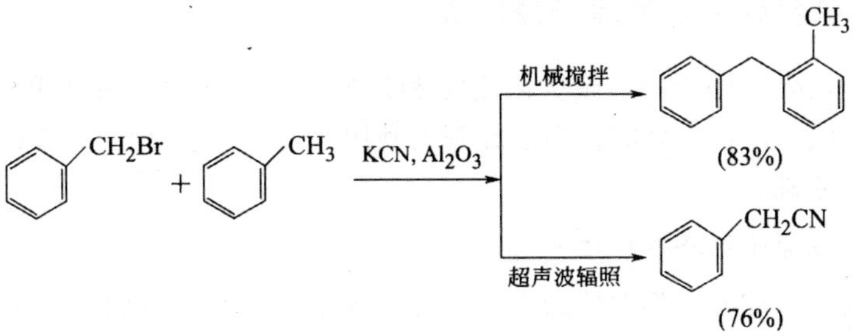

4. 其他反应

合成香料中间体 β-萘乙醚，采用传统合成法，反应温度较高，产率较低（50%～60%）；采用相转移催化法合成，反应温度较低，产率也不高（84%）；如将相转移催化法与超声波辐照相结合，反应温度为 75℃，催化剂用量减少 1/2，反应时间缩短 5h，其产率达到 94.2%。

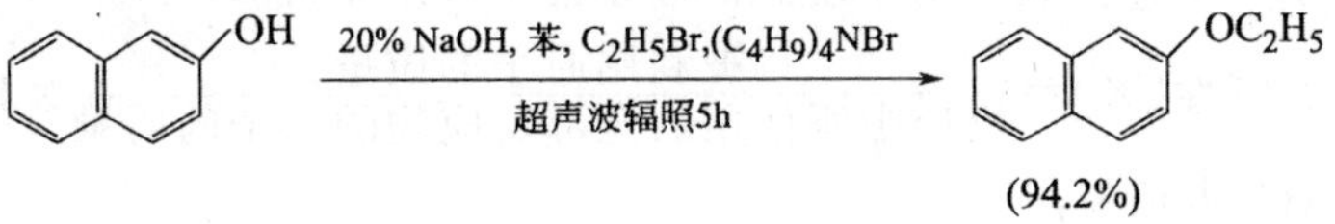

13.5　绿色有机合成技术

"绿色化学"是开发从源头解决问题的一门学科，对环境保护和可持续发展具有重要意义。绿色化学的主要特点是原子经济性，也就是说，在获取新物质的转化过程中充分利用每个原料的原子，实现"零排放"。它既能充分利用资源，又不产生污染。

绿色化学的核心问题是研究新反应体系，包括新合成方法和路线，寻找新的化学原料，探索新的反应条件，设计和研制绿色产品。通过化学热力学和动力学研究，探究新兴化学键的形成和断裂的可能性，发展新型的化学反应和工艺过程，推进化学科学的发展。

13.5.1　绿色化学遵循的原则

研究绿色化学的先驱者总结了这门新型学科的基本原理，为绿色化学的发展指明了方向。

① 从源头上防止污染，减少或消除污染环境的有害原料、催化剂、溶剂、副产品以及部分产品，代之以无毒、无害的原料或生物废弃物进行无污染的绿色有机合成。

② 设计、开发生产无毒或低毒、易降解、对环境友好的安全化学品，实现产品的绿色化。

③ 采用"原子经济性"评价合成反应，最大限度地利用资源，减少副产物和废弃物的生成，实现零排放。

④设计经济性合成路线,减少不必要的反应步骤。

⑤设计能源经济性反应,尽可能采用温和反应条件。

⑥使用无害化溶剂和助剂。

⑦采用高效催化剂,减少副产物和合成步骤,提高反应效率。

⑧尽量使用可再生原料,充分利用废弃物。

⑨避免分析检测使用过量的试剂,造成资源浪费和环境污染。

⑩采用安全的合成工艺,防止和避免泄露、喷冒、中毒、火灾和爆炸等意外事故。

13.5.2 有机合成反应的原子经济性

原子经济性是高效有机合成应最大限度地利用原料分子中每个原子并使之转化为目标分子,达到零排放。在设计合成路线时,力求经济地利用原子,避免任何不必要的衍生步骤,是绿色化学中无废生产的基础。

1.有机合成反应原子经济性概述

合成效率是当今合成方法学关注的焦点。合成效率选择性(包括化学、区域、非对映和对映选择性)和原子经济性两个方面,一个高效的合成反应不但要有高选择性,而且必须具备较好的原子经济性。理想的原子经济性反应是原料分子中的原子百分之百地变成期望的产物,同时不需要其他试剂或仅需要无损耗的促进剂。用下列反应表示原子经济性反应[1]:

$$A+B \rightarrow C+D$$

式中,C 为目标产物;D 为副产物。对于理想的原子经济反应来说,D=0。

$$原子经济性(\%)=\frac{被利用原子的质量}{反应中所使用的全部反应物的分子的质量}\times100\%$$

原子利用率(AU)表示为:

$$AU=\frac{目标产物的摩尔质量}{化工过程中产物的之和所有物质的摩尔质量\times100\%}$$

可见,原子利用率和原子经济性两者的表述不同,但实质是相同的。原子反应往往指的是原子利用率为 100％的反应。

目前工业生产中常用的产率的含义是:

$$产率(\%)=\frac{所得目标产品的实际质量}{目标产品的理论质量}\times100\%$$

比较评价合成效率的两种指标不难看出:原子经济性(或原子利用率)与产率是两个根本不同的概念:原子经济性不仅是对合成效率的评价,而且考虑了环境的影响;产率关注的仅仅是目标产品的转化率。显然只用反应产率或收率来衡量反应是否理想是不够的。当原料百分之百地转变为目标产物时,才能现零排放。可见,只有同时使用两种评估标准,才能使合成反应更有效、更"绿色化"。以下反应是工业已采用的原子经济性反应:

$$CH_3CH{=\!=}CH_2+CO+H_2 \longrightarrow CH_3CH_2CH_2\overset{\displaystyle O}{\overset{\|}{C}}{-}H$$

$$2CH_2{=\!=}CH_2+O_2 \longrightarrow 2 \underset{O}{\triangle}$$

---

① 薛永强,张蓉.现代有机合成方法与技术(第 2 版).北京:化学工业出版社,2007.

$$CH_2=CH-CH=CH_2+2HCN \rightarrow NC-CH_2CH_2CH_2-CN$$

2.常见有机合成反应的原子经济性

(1)重排反应

重排反应是通过热、光及化学诱导等方法来控制的。这类反应的特点之一就是反应物分子中的所有原子经重新组合后均转移至产物分子中,无内在的废物产生。重排反应中原子利用率达 100％,它是原子经济性反应,是绿色化学的首选反应类型之一。

结构互变的重排反应有许多,如 Beckmann 重排、Claisen 重排等。它们在有机化合物及药物合成中都有应用,是非常重要的有机合成反应,它是原子经济性反应。其通式为:

$$A \rightarrow B$$

例如:

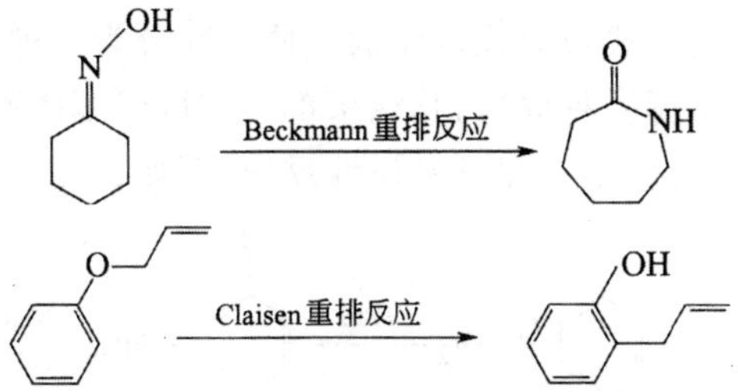

(2)氧化还原反应

在有机反应中,把加氧或去氢的反应称为氧化反应,而去氧或加氢的反应称为还原反应。有机氧化还原常用的氧化剂有:$KMnO_4$、$K_2Cr_2O_7$、PbO_2、有机过氧酸等,常用的还原剂有碱金属、金属氢化物、醇铝化合物等。例如:

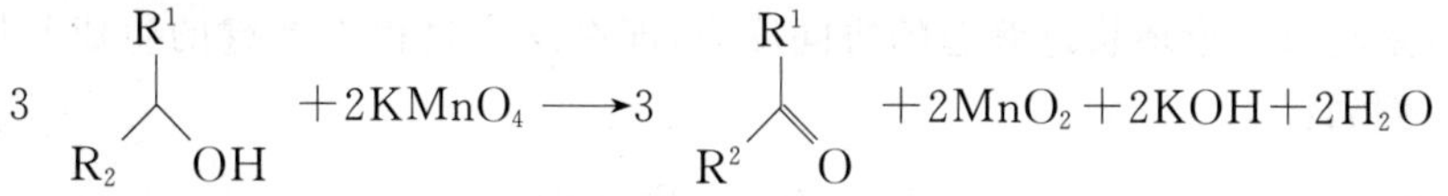

可见,氧化还原反应副产物多,原子经济性很差,是化学工业环境污染最严重的反应之一。从绿色化学角度看,电化学氧化还原比化学氧化还原更好一些。但总的来说,在设计合成路线时应尽量避免氧化还原反应,这是绿色化学所要求的。

(3)加成反应

加成反应中发生了不饱和 π 键的断裂和 σ 键的形成。根据进攻试剂的性质或 π 键断裂及 σ 键形成的方式不同,加成反应又分为亲电加成、亲核加成、催化加氢和环加成等类型,其通式为:

$$A+B \rightarrow C$$

由于加成反应是将一种反应物分子全部加到另一反应物分子上,因此是原子经济性反应。例如:

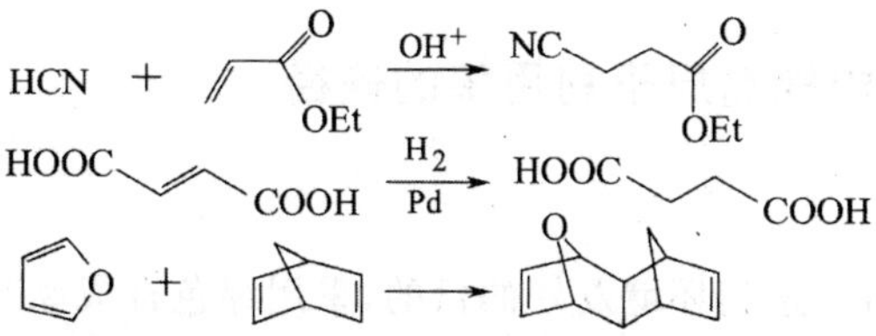

(4)消除反应

消除反应为有机物分子中除去两个原子或原子团生成不饱和化合物的反应。依据所消除的基团的所处位置的不同,将消除反应又可分为:α-消除、β-消除、γ-消除三类,其通式为

$$\begin{array}{c} A \\ | \\ B \end{array} \begin{array}{c} R^1 \\ | \\ R^2 \end{array} \longrightarrow \begin{array}{c} A \\ | \\ B \end{array} + \begin{array}{c} R^1 \\ \\ R^2 \end{array}$$

因为消除反应生成了其他小分子,反应过程中有副产物生成,所以消除反应也不是原子经济性反应,尤其是季铵碱的热分解反应制备烯烃,其原子利用率很低。例如:

$$CH_3CH_2CH_2-\overset{\underset{\displaystyle CH_3}{|}}{\underset{\underset{\displaystyle CH_3}{|}}{N^+}}-CH_3OH^- \longrightarrow CH_3-CH=CH_2 + \overset{\underset{\displaystyle CH_3}{|}}{\underset{\underset{\displaystyle CH_3}{|}}{N}}-CH_3 \quad + H_2O$$

$$35.30\%$$

(5)取代反应

取代反应按照化学键断裂方式或取代基团的性质不同分为三种基本类型,即亲核取代、亲电取代和游离基取代。但无论是哪一种取代,其结果都是被取代基团不再出现在目标产物中,而是作为废物被排放。因此,取代反应不是原子经济性反应,例如:

$$\bigcirc + Br_2 \xrightarrow{FeBr_3} \overset{Br}{\bigcirc} + HBr$$

取代反应不仅不是原子经济性反应,而且在资源利用及环境污染方面均有一定的不足。但这并不意味着它绝对不可取,如果一个取代反应在设计时,精心考虑和选择了离去基团使其对环境无害,则反应也可以是方便和高效的。

(6)周环反应

周环反应是经过一个环状过渡态的协同反应,即在反应过程中新键的生成与旧键的断裂是同时发生的。例如:

$$\bigcirc \xrightarrow{h\nu} \text{(环加成产物)}$$

$$\bigcirc \xrightarrow{h\nu} \bigcirc$$

$$\text{(降冰片二烯)} \xrightarrow{30℃} \text{(四环烷)}$$

这些反应的通式可表示为

$$A \longrightarrow B$$

周环反应的正反应一般都是原子经济性反应,由于逆反应需要把一个分子分解成两个分子,逆反应对环境不友好。

13.5.3 化学反应中提高原子利用率的途径

1.采用新的合成原料

在有机合成设计中,为了达到环境友好的目的,采用绿色合成原料可以在化学反应的源头预防、控制污染的产生。

碳酸二甲酯(DMC)是一种新型的绿色化学原料,其毒性远远小于目前使用的光气和 DMS。

DMC 不仅可以取代光气和 DMS 等有害、有毒的化学物质作羰基剂,还可以利用其独特的性质来制备许多衍生物。DMC 的传统光气制法有许多缺点,比如有毒气体泄露的危险和产品中残余的氯难以除去而影响使用等。新的改进方法有两种:

(1)甲醇氧化羰基化

$$2CH_3OH + CO + \frac{1}{2}O_2 \xrightarrow{Cu_2Cl_2} (CH_3O)_2CO + H_2O$$

(2)尿素纯化

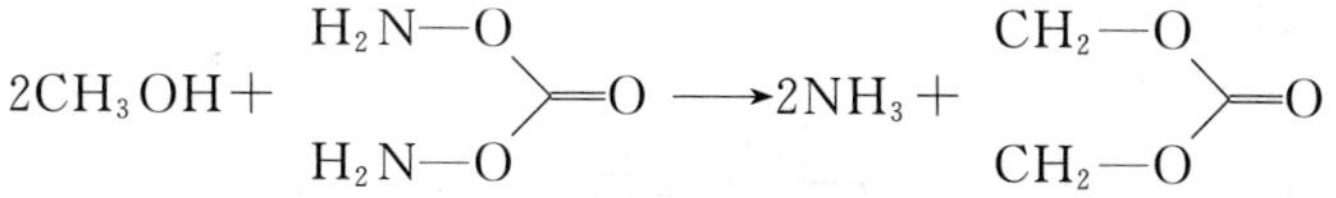

2.设计新的合成线路

在有机合成中,即使一步反应的收率较高,多步反应的总的原子利用率也不会很理想。若能设计新的合成路线来缩短和简化合成步骤,反应的原子利用率就会大大提高。布洛芬的合成就是很好的例子。过去布洛芬的合成需六步反应才能得到产品。原子利用率只有 40.04%。20 世纪 90 年代,法国 BHC 公司发明设计的新路线只需三步反应即可得到产品布洛芬,原子,利用率达 77.44%。新方法减少了 37% 的废物排放。BHC 公司也因此获得 1997 年度美国"总统绿色化学挑战奖"。布洛芬的两种合成路线见图 13-8。

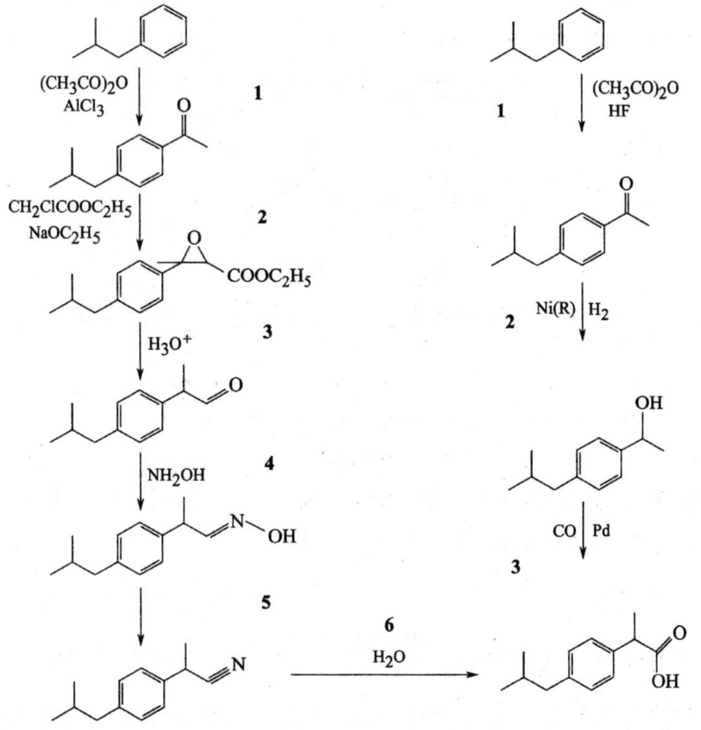

图 13-8　布洛芬的两条合成线路

3.开发新型催化剂

催化剂不仅可以提高化学反应速率,还可以高选择性的生成目标产物,据统计,工业上 80% 的反应只有在催化剂的作用下才能获得具有经济价值的反应速率和选择性,新催化材料是开发绿色合成方法的主要基础和提高原子经济性的方法之一,近年来,新型催化剂的开发取得了较大的进展,尤其是过渡金属催化剂的开发和利用。

(1)过渡金属催化剂的环加成反应

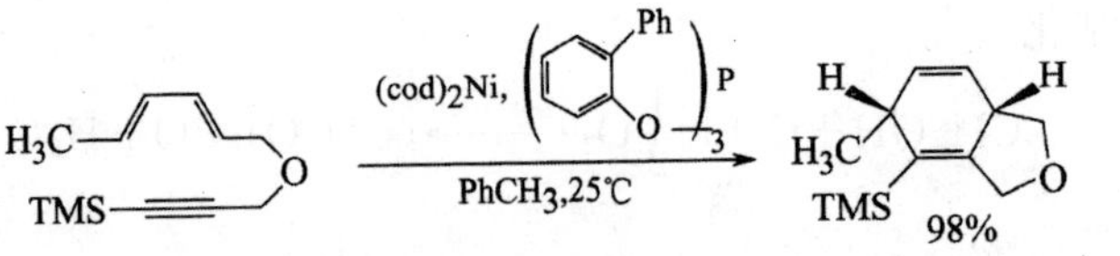

(2)烯炔的偶联反应

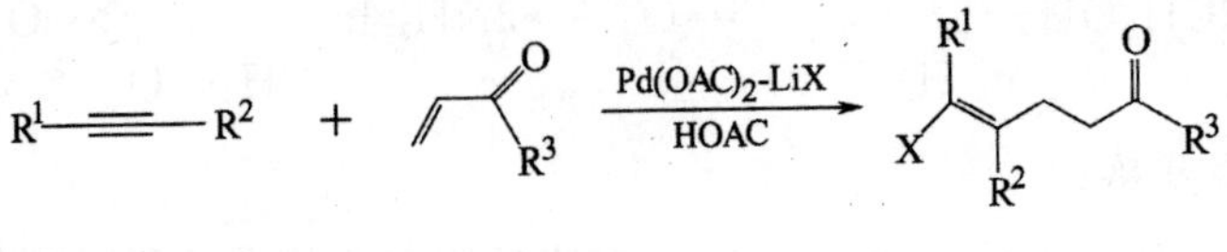

13.5.4 实现绿色合成的方法、技术与途径

1. 合成原料和试剂的绿色化

选择对人类健康和环境危害较小的物质为起始原料去实现某一化学过程将使这一化学过程更安全,是显而易见的。例如,传统芳胺合成方法涉及硝化、还原、胺解等反应,所用试剂、涉及中间体和副产物,多为有毒、有害物质。

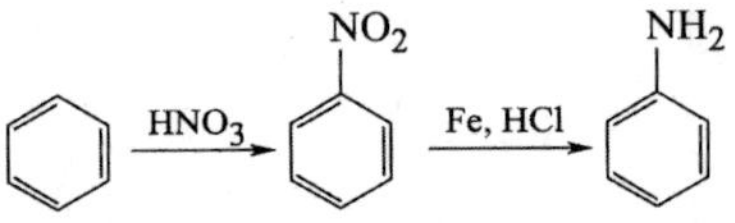

或

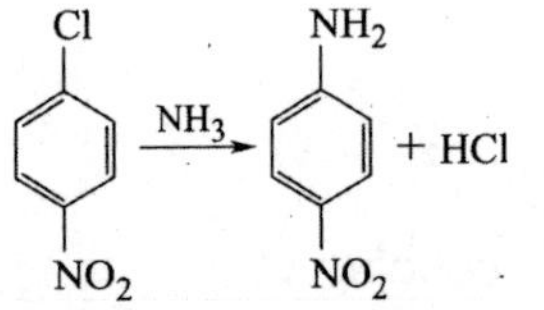

芳烃催化氨基化合成芳胺,其原料易得,原子利用率达 98%,氢是唯一的副产物。

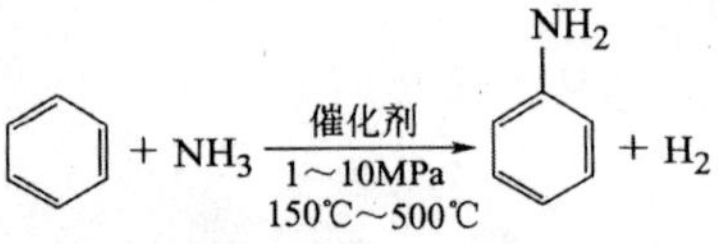

芳胺 N-甲基化,传统甲基化剂为硫酸二甲酯、卤代甲烷等,具有剧毒和致癌性。碳酸二甲酯是环境友好的反应试剂,可替代硫酸二甲酯合成 N-甲基苯胺:

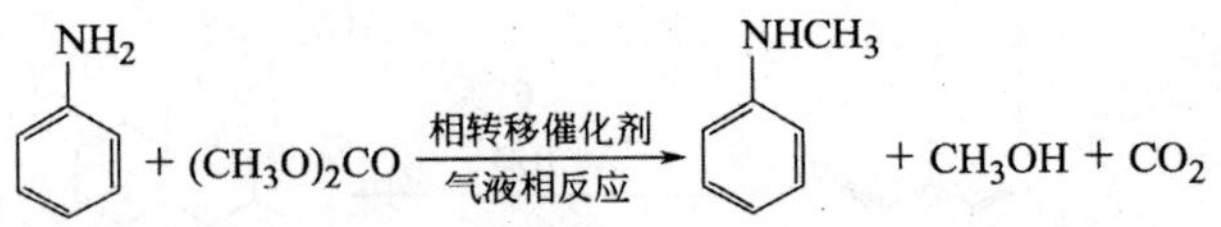

苯乙酸是合成农药、医药如青霉素的重要中间体,传统方法是氯化苄氰化再水解:

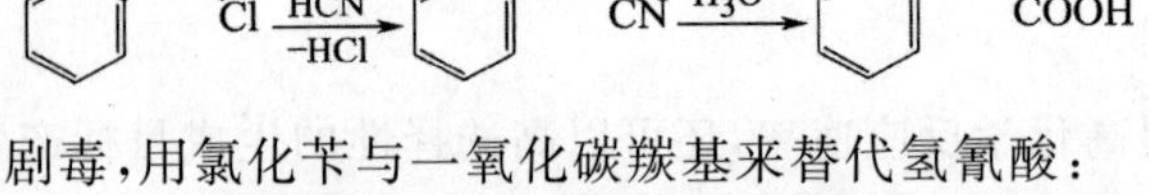

所用试剂氢氰酸有剧毒,用氯化苄与一氧化碳羰基来替代氢氰酸:

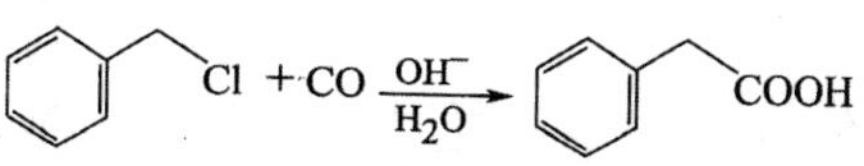

$$\text{PhCH}_2\text{Cl} + \text{CO} \xrightarrow[\text{H}_2\text{O}]{\text{OH}^-} \text{PhCH}_2\text{COOH}$$

2. 无毒无害的溶剂的利用

有机合成需要溶剂,多数的有机合成反应使用有机溶剂。有机溶剂易挥发、有毒,回收成本较高,且易造成环境污染。用无毒、无害溶剂,替代有毒、有害的有机溶剂或采用固相反应,是有机合成实现绿色化的有效途径之一。目前超临界流体、水以及离子液体作为反应介质,甚至采用无溶剂的有机合成在不同程度上取得了一定的成果和进展。

超临界流体(SCF)是临界温度和临界压力条件下的流体。超临界流体的状态介于液体和气体之间,其密度近于液体,其黏度则近于气体。超临界 CO_2 流体(311℃,7.4778MPa)无毒、不燃、价廉,既具备普通溶剂的溶解度,又具有较高的传递扩散速度,可替代挥发性有机溶剂。Burk 小组报道了以超临界 CO_2 流体为溶剂,催化不对称氢化反应的绿色合成实例:

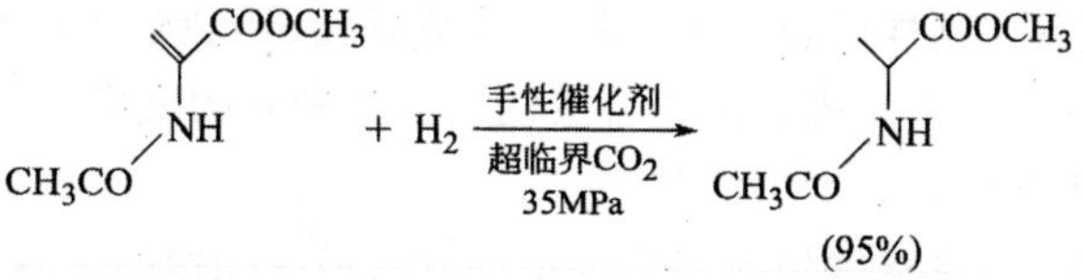

Noyori 等在超临界流体 CO_2 中,用 CO_2 与 H_2 催化合成甲酸,原子利用率达 100%。

$$CO_2 + H_2 \xrightarrow[\text{RuH}_2(\text{PCH}_3)_4]{\text{超临界 } CO_2,(C_2H_5)_3N} HCOOH$$

水是绿色溶剂,无毒、无害、价廉。水对有机物具有疏水效应,有时可提高反应速率和选择性。Breslow 发现环戊二烯与甲基乙烯酮的环加成反应,在水中比在异辛烷中快 700 倍。Fujimoto等发现以下反应在水相进行,产率达 67%～78%:

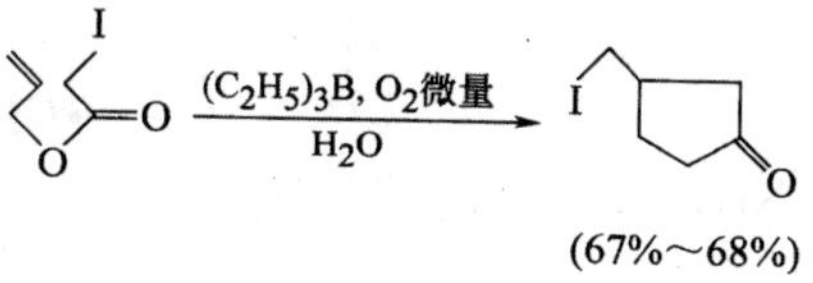

离子液体完全由离子构成,在 100℃ 以下呈液态,又称室温离子液体或室温熔融盐。离子液体蒸汽压低,易分离回收,可循环使用,且无味、不燃,不仅用于催化剂,也可替代有机溶剂。

3. 高选择性催化剂的利用

在反应温度、压力、催化剂、反应介质等多种因素中,催化剂的作用是非常重要的。高效催化剂一旦被应用,就会使反应在接近室温及常压下进行。催化剂不仅使反应快速、高选择性地合成目标产物,而且当催化反应代替传统的当量反应时,就避免了使用当量试剂而引起的废物排放,这是减少污染最有效的办法之一。

例如,抗帕金森药物拉扎贝胺传统合成历经八步,产率仅为 8%:

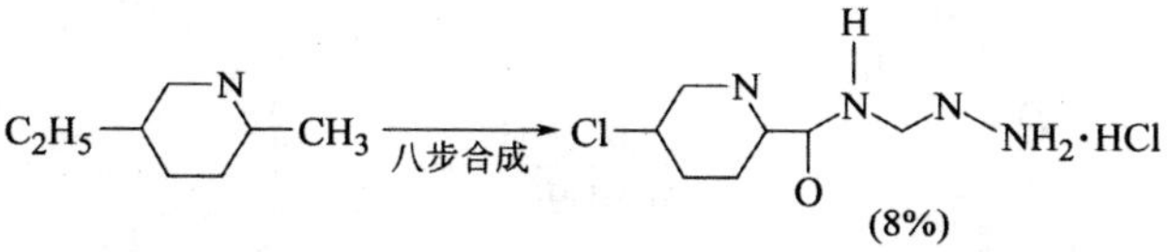

而以 Pd 作催化剂,一步合成:

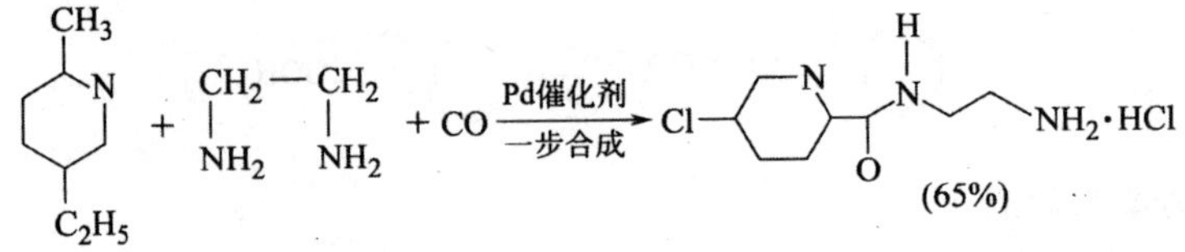

产率为 65％，原子利用率达 100％

4. 可再生生物资源的利用

以可再生的生物资源，如纤维素、葡萄糖、淀粉、油脂等物质，替代石油、煤、天然气，成为有机合成原料绿色化的必然趋势。

5. 高效的合成方法

对于传统的取代、消除等反应而言，每一步反应只涉及一个化学键的形成，就是加成反应包括环加成反应也仅涉及 2～3 个键的形成。如果按这样的效率，一个复杂分子的合成必定是一个冗长而收率又很低的过程。这样的合成不仅没有效率，而且还会给环境带来危害。近年来发展起来的一锅反应、串联反应等都是高效绿色合成的新方法和新的反应方式，这种反应的中间体不必分离，不产生相应的废弃物。

一锅合成法是在同一反应釜（锅）内完成多步反应或多次操作的合成方法。由于一锅合成法可省去多次转移物料、分离中间产物的操作，成为高效、简便的合成方法而得到迅速发展和应用。例如，甲磺酰氯的一锅合成。鉴于硫脲的甲基化、甲基异硫脲硫酸盐的氧化和氯化，均在水溶液中进行，故将氯气直接导入硫脲和硫酸二甲酯的反应混合物中氧化氯化，一锅完成甲磺酰氯的合成，降低了原材料消耗，提高收率（76.6％）。

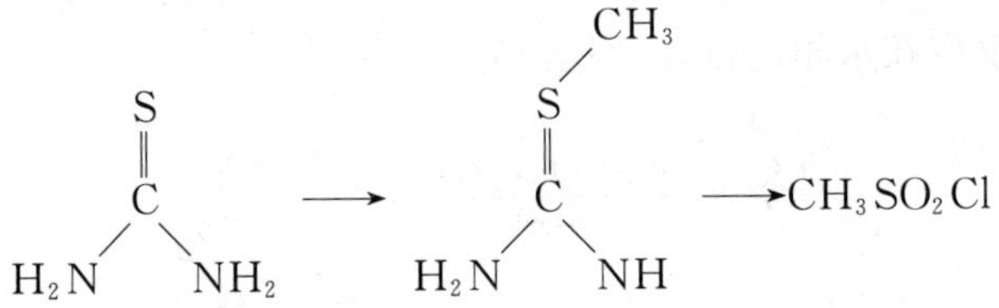

6. 改变反应反式

采用有机电合成方式是绿色合成的重要组成部分。由于电解合成一般在常温、常压下进行，无需使用危险或有毒的氧化剂或还原剂，因此在洁净合成中具有独特的魅力。例如，自由基反应是有机合成中一类非常重要的碳-碳键形成反应，实现自由基环化的常规方法是使用过量的三丁基锡烷。这样的过程不但原子利用率很低，而且使用和产生有毒的难以除去的锡试剂。这两方面的问题用维生素 B_{12} 催化的电还原方法可完全避免。利用天然、无毒、手性的维生素 B_{12} 为催化剂的电催化反应，可产生自由基类中间体，从而实现在温和、中性条件下化合物 1 的自由基环化产生化合物 2。有趣的是两种方法分别产生化合物 2 的不同的立体异构体。

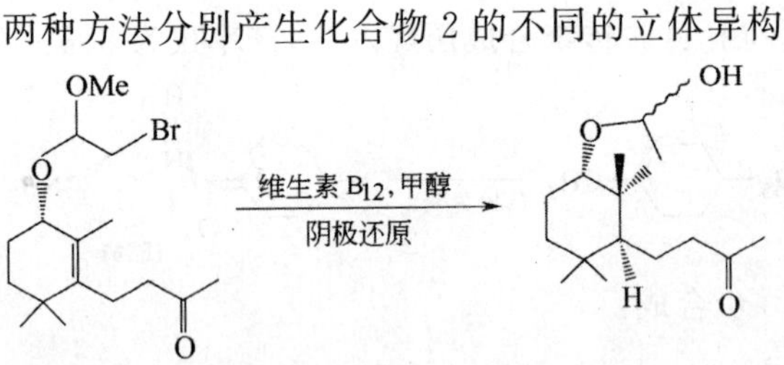

7. 固态化学反应

固态化学反应的研究吸引了无机、有机、材料及理论化学等多个学科的关注,某些固态反应已获得工业应用。固态化学反应实质上是一种在无溶剂作用、非传统的化学环境下进行的反应,有时它比溶液反应更为有效、选择性更好。这种干反应可在固态时进行,也可在熔融态下进行,有时需要利用微波、超声波或可见光等非传统的反应条件。例如:

这个反应可以在超声波或微波促进下进行,也可以在机械作用下通过固态研磨完成。

8. 计算机辅助的绿色合成设计

为研究和开发新的有机化合物,设计具有特定功能的目标产物,需要进行有机合成反应设计。有机合成反应的设计,不仅考虑产品的环境友好性、经济可行性,还有考虑原子经济性,以使副产物和废物低排放或零排放,实现循环经济,需要计算机辅助有机合成反应的设计,从合成设计源头上实现绿色化。有机合成设计计算机辅助方法,已日益成熟和普及应用。

13.6　无水无氧操作技术

13.6.1　无水无氧操作技术

无水无氧操作主要针对的是对空气敏感的物质,要求操作者具有较高的实验技能,操作时认真、细致、熟练,不允许有一丝疏忽,否则将会前功尽弃,造成实验失败。此外,在进行无水无氧操作之前,必须进行全盘、周密的实验计划,定出详细的实验方案,对每一步实验的具体操作、所用的仪器、加料次序、后处理方法等都胸有成竹。所需的试剂、溶剂需先经过无水无氧处理,以备实验之用;所用的仪器都要事先洗净、烘干。由于许多反应的中间体不稳定,也有不少化合物在溶液中比固态时更不稳定,因此该操作往往需要连续进行,直至得到较稳定的产物或把不稳定的产物储存好为止。

目前常采用的无水无氧操作技术主要有三种:高真空线操作技术、手套箱操作技术和 Schlenk 操作技术。这三种技术各有优缺点,具有不同的适用范围。

1. 高真空线操作技术

该技术真空度高,很好地排除了空气,适用于气体与易挥发物质的转移、储存等操作,而且没有污染。真空系统一般采用无机玻璃制作,该系统一般不适合氟化氢及其他一些活泼的氮化物的操作;若真空系统是用金属或碳氮化合物制成的仪器,则可以使用。高真空线操作系统中,所使用的试剂量较少,从毫克级到克级。

高真空线操作要求真空度一般在 $10^{-4} \sim 10^{-7}$ kPa,对真空泵和仪器安装的要求较高,一般使用机械真空泵和扩散泵,同时还要使用液氮冷阱。在高真空线上一般可进行样品的封装、液体的转移等操作。在真空中和一定温差下,液体样品可由一个容器转移到另一个容器里,这样所转移的液体不溶有任何气体。此外,可以在高真空线上进行升华和干燥。高真空线与 Schlenk 操作线和手套箱互为补充,方便操作,有时亦可与 Schlenk 操作线联结为一个整体。

2.手套箱操作技术

手套箱中的空气用惰性气体反复置换,在惰性气氛中进行操作,这对空气敏感的固体和液体物质提供了更直接的操作方法。其优点是可进行较复杂的固体样品的操作,如X衍射单晶结构分析挑选晶体、封装晶体;红外光谱样品制样等。它还可用于进行放射性物质与极毒物质的操作,这样避免了对操作者的危害和环境污染。其操作量可以从几百毫克至几千克。

手套箱操作技术的最大的缺点是不易除尽微量的空气,容易有"死角"产生。若在手套箱中放置用敞口容器盛放的对空气极敏感物质(如钾钠合金、三异丁基铝等),可进一步除去其中的氧气和水汽。要保持手套箱无水无氧的条件有一定的困难,难以避免箱外的空气往箱内渗入。另外,用橡皮手套进行操作不太方便,所以对于能够采用Schlenk操作进行的实验,就不采用手套箱操作。

3.Schlenk操作技术

Schlenk操作技术是在惰性气体气氛下,将体系反复抽真空—充惰性气体,使用特殊的Schlenk型的玻璃仪器进行操作。

用这一操作技术排除空气比手套箱操作技术的效果好,对真空度要求不太高,由于反复抽真空—充惰性气体,真空度保持大约0.1kPa就能符合要求,且比手套箱操作更安全、有效。实验操作迅速、简便,试剂处理量从几克到几百克。大多数的化学反应(回流、搅拌、加料、重结晶、升华、提取等)以及样品的储存皆可在其中进行,同时该操作技术可用于溶液及少量固体的转移。Schlenk操作技术是最常用的无水无氧操作体系。

13.6.2 无氧无水溶剂、试剂的处理

无水无氧操作的反应、分离、纯化中使用的一切试剂、溶剂必须严格纯化,除去水和氧。在储存时,也必须注意,防止空气、水汽侵入。反应中使用的无水无氧溶剂、液体试剂,在使用前应再加干燥剂予以处理,然后在惰性气体保护下蒸馏,进一步去除氧。蒸馏使用一般仪器,在出口处装一个三通管,一端接液封,一端经冷阱接真空泵;溶剂正沸物接收瓶有支管通惰性气体。在蒸馏瓶中插入通气的细玻璃管。惰性气氛下常压蒸馏装置见图13-9。

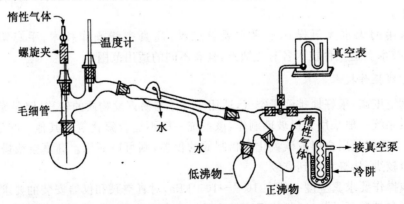

图13-9 惰性气氛下常压蒸馏装置

惰性气氛下常压蒸馏的具体操作是:

①所处理的溶剂先不要装在蒸馏瓶中,而用一空瓶代替。将空仪器系统抽真空,充惰性气

体,反复三次,达到去水、去氧的目的。

②将经无水处理过的溶剂装在蒸馏瓶中,并加入适量的干燥剂。在连续通惰性气体的情况下,将空瓶取下,把装溶剂的蒸馏瓶换上。通过细玻璃管向溶剂中通惰性气体至正压,然后抽真空(真空度不易太高,否则低沸点溶剂会沸腾)。如此至少反复三四次。

③将仪器出口连通液封,细玻璃管中再连续通惰性气体,将体系内的气体排出,然后关闭通惰性气体的活塞。体系尾气通液封。

④用电热套或油浴加热,由变压器控制温度,先收集低沸物,再将正沸物收集在有支管的接收瓶中。

⑤蒸馏结束后,停止加热,立即向正沸物瓶中通入惰性气体至正压,如不立即通气,体系易造成负压,导致液封中的液体石蜡和汞可能倒吸。在连续通惰性气体的情况下,取下正沸物接收瓶,盖上瓶塞,连在三排管上,充入惰性气体保存,备用。

有机金属化合物的制备和反应经常需要使用较大量的无水无氧溶剂,可以使用成套的、既可回流又可蒸馏的装置,即无水无氧溶剂蒸馏器,如图 13-10 所示。

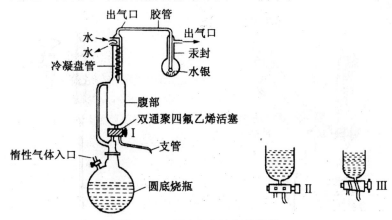

图 13-10　无水无氧溶剂蒸馏器

13.6.3　惰性气氛下进行反应的技术

1.“气球法”反应装置

常用橡胶制成气球,首先在气球上扎上注射针,然后充入惰性气体,通过反应瓶的隔膜橡胶塞插入反应瓶内,可以用惰性气体对体系加压。由于气球可以承受一定的压力,所以当容器内产生气体时也较安全。另外,使用具二通活塞的 Schlenk 管时可以不用橡胶塞。使用这种方法时,体系减压后可通过气球充入惰性气体,反复数次,即可除湿除氧。具体的反应装置如图 13-11 所示。

图 13-11　“气球法”反应装置

2.三针法反应装置

在进行半微量操作时,可用“三针法”反应装置,如图 13-12 所示。在一反应管管口盖有翻口橡皮塞,插两根注射针头作为惰性气体导入口和导出口,第三根针可向反应管内注射试剂。这种装置一般适用于在室温或低温下反应,用电磁搅拌。

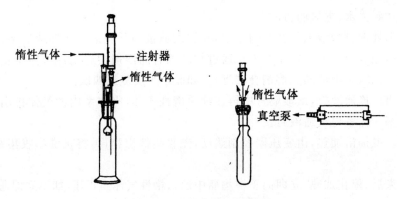

图 13-12 "三针法"反应装置

3. 在惰性气氛下的反应装置

几种在惰性气氛下的反应装置如图 13-13 至图 13-15 所示。

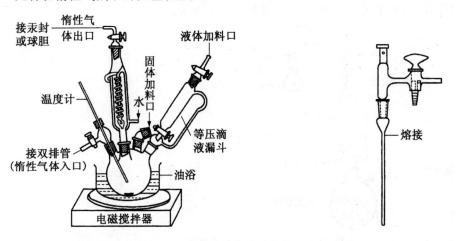

图 13-13 小型惰性气氛下的反应装置　　图 13-14 用核磁管在惰性气氛下的反应装置

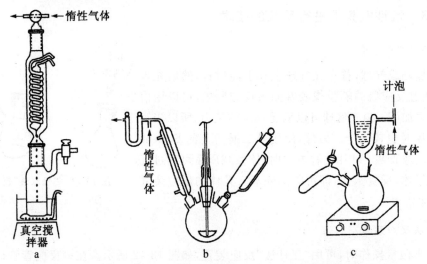

图 13-15 其他几种在惰性气氛下的反应装置

13.7　其他有机合成新技术

13.7.1　固相合成技术

1.简单化合物的固相合成

一些溶液中不易制备的简单化合物如果采用固相合成法则可得到理想的结果。11-十四烯酸乙酯是一种鳞翅目昆虫性诱剂,合成该物质的原料 11-十四炔-1 醇用普通办法难以合成,用固相法则可以合成,步骤如下:

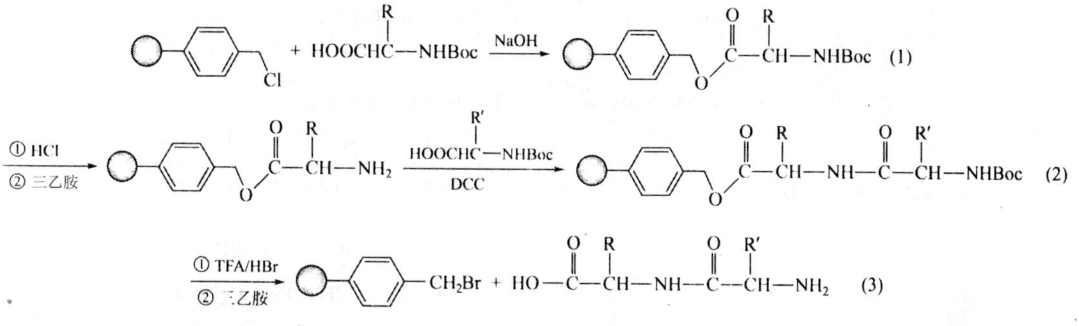

(TFA:三氟乙酸)

双取代的环己烯可用于制备香料或香料中间体,传统的液相合成法是使用丙烯酸酯与取代的 1,3-丁二烯进行环加成得到 3,4-双取代及 3,5-双取代两种加成产物,且 3,4-双取代为主要产物,选择性大于 80%。如果使用固相合成法,则由于载体的巨大位阻,产物以 3,5-双取代为主,选择性大于 90%。

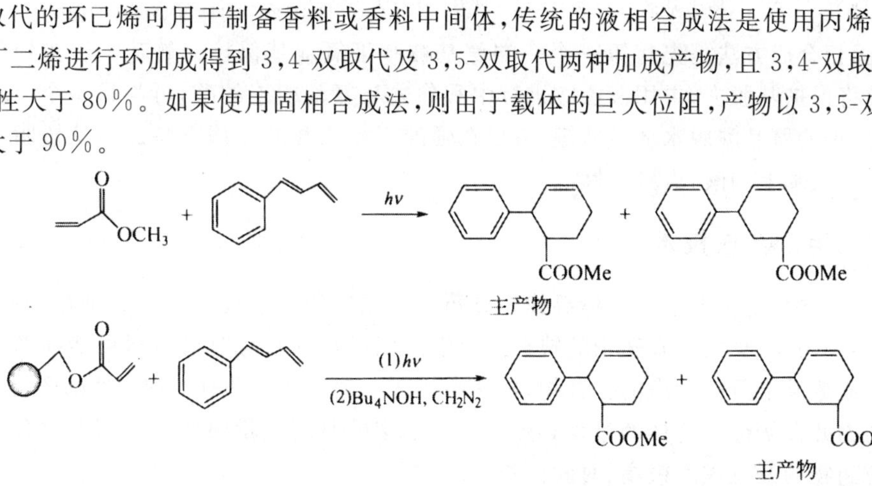

1-氨基 2,4-咪唑二酮是抗心律失常药阿齐利特、肌肉松弛剂丹曲林钠等药物的重要中间体。与传统的合成方法相比,固相合成得到的产品更纯净。在碱的作用下先合成羟基苯甲醛树脂,再与盐酸氨基脲在甲醇溶剂中回流下发生缩合反应生成苯甲醛缩氨基脲树脂,苯甲醛缩氨基脲树脂在乙醇钠的作用下与氯乙酸乙酯回流 24h 后生成苯基亚甲基氨基-2,4-二酮咪唑树脂。最后用盐酸溶液进行切割,得到 1-氨基-2,4-咪唑二酮盐酸盐。

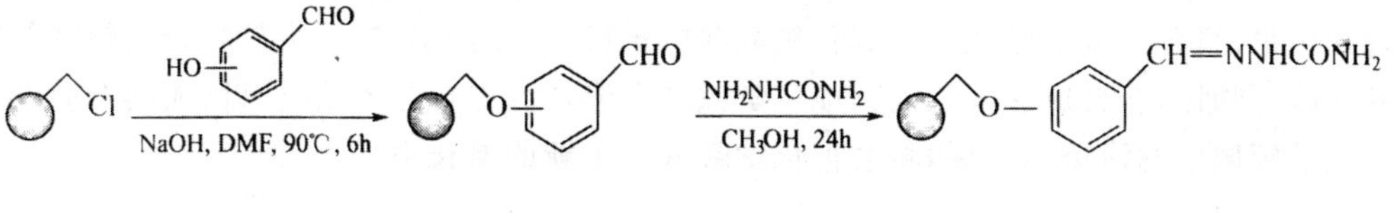

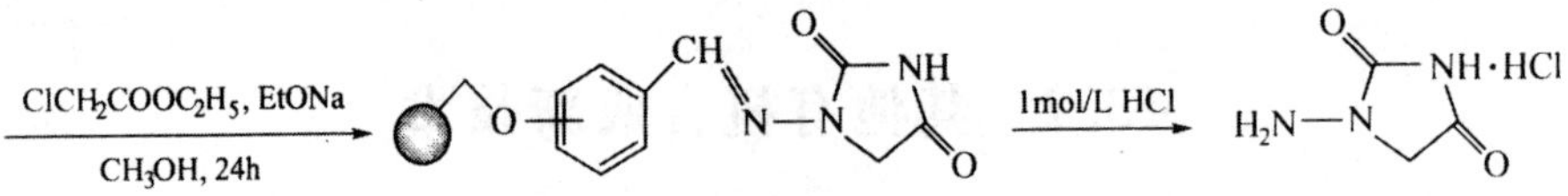

2. 多肽的固相合成

传统的多肽合成产物与反应物不易分离、操作烦琐、产率较低。使用固相合成法则可以克服这些缺点。以二肽的合成为例，来说明多肽的合成方法。传统的二肽的合成方法是先将第一个氨基酸的氨基保护，再将另一个氨基酸的羧基保护，然后将这两个被保护的氨基酸脱水形成酰胺肽键，最后将氨基和羧基脱保护形成二肽。

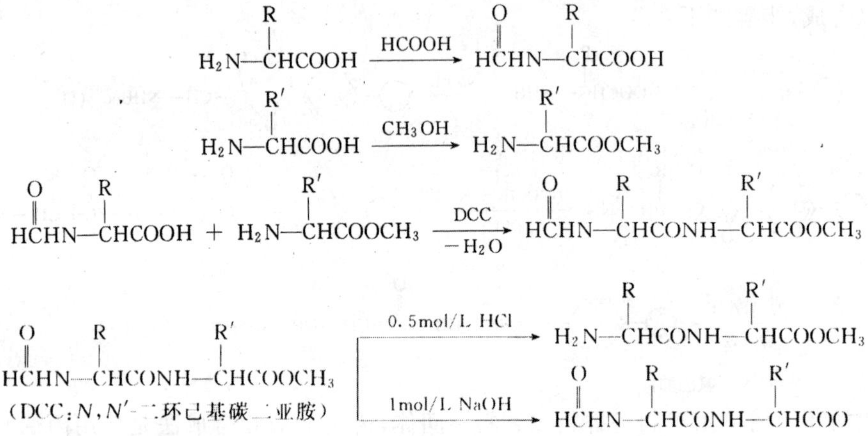

二肽的固相合成方法是先将第一个一端氨基被叔丁氧羰基保护的氨基酸连接到载体树脂上，然后用酸将保护基脱去，再用三乙胺进行中和除去与氨基相连的酸，再与另一个一端氨基被叔丁氧羰基保护的氨基酸脱水形成肽键，最后在强酸三氟乙酸的作用下将二肽从树脂上解脱下来，并用碱中和氨基上的酸，得到二肽。

13.7.2 组合合成技术

新药的开发往往是根据治疗目标寻找先导药物。先导药物的设计的目的是在于从无到有、发现新结构类型药物，克服已知药物的缺点。化学家们以往的目标是合成尽可能纯净的单一化合物，他们合成成千上万的纯净的化合物，再从中挑选一个或几个具有生物活性的产物作为候选药物，进行药物开发研究。这样的过程必然导致化学家的时间大量浪费在无用的化合物的合成上，也必然使药物的开发成本极高、时间极长。

近年来，分子药理学、分子生物学的高度发展，使人们可以直接从分子水平上探究底物与生物蛋白相互作用，生物筛选技术的迅速发展使新化合物的合成成为快速制药的关键所在，组合合成法就是在这样的背景下产生的。

组合合成法迅速发展，能够利用组合合成的反应也越来越多，如麦克尔反应、狄尔斯-阿尔德反应、狄克曼环化、羟醛缩合、有机金属加成、脲合成、维狄希反应、环化加成等。

近几年来，组合合成法已从药物制备领域向电子材料、光化学材料、磁材料、机械和超导材料的制备发展，同时组合合成法开始向其他化学领域中渗透。组合合成法具有巨大的发展潜力，其在更多化学领域中的渗透和发展，将会把化学带入一个新的增长空间。

1. 组合合成方法

以前化学家一次只合成一种化合物，一次发生一个化学反应，如 $A+B \longrightarrow AB$。然后通过重结晶、蒸馏或色谱法分离纯化产物 AB。在组合合成法中，起始反应物是同一类型的一系列反应物 $A_1 \sim A_n$ 与另一类的一系列反应物 $B_1 \sim B_m$，相对于 A 和 B 两类物质间反应的所有可能产物同时被制备出来，产物从 A_1B_1 到 A_nB_m 的任一种组合都可能被合成出来，反应过程如下：

$$A+B \longrightarrow AB \quad \begin{matrix} A_1 \\ A_2 \\ A_3 \\ \vdots \\ A_n \end{matrix} \quad + \quad \begin{matrix} B_1 \\ B_2 \\ B_3 \\ \vdots \\ B_m \end{matrix} \quad \longrightarrow \quad \begin{matrix} A_iB_j(i=1,2,3,\cdots,n,j=1,2,3,\cdots,m, \\ 共 n \times m \ 种化合物) \end{matrix}$$

若是更多的物质间的多步反应，产物的数量会按指数增加。这种组合合成法显然大幅度提高了合成化合物的效率，减少了时间和资金消耗，提高了发现目标产物的速度。

由此可得，组合合成法是指用数学组合法或均匀混合交替轮作方式，顺序同步地共价连接结构上相关的构建单元以合成含有千百个甚至数万个化合物分子库的策略。组合合成法可以同步合成大量的样品供筛选，并可进行对多种受体的筛选。

2. 集群筛选法

集群筛选法，如果将大量的不同种类的物质（混合物或纯净物）送交生物体系去筛选，应该较容易地选出具有临床意义的最佳药物。这种方法又称为集群筛选，该法主要用于混合组分中有效单体的结构识别。这种筛选方法必须在下列条件成立时才能应用：混合物之间不存在相互作用，互相不影响生物活性。

集群筛选并不是逐个测试单一化合物的活性及结构，而是从许多的微量化合物的混合体中通过特异的生物学手段筛选出特异性及选择性最高的化合物，而对其他化合物未作理会。因而它具有如下优点：

①筛选化合物量大，灵敏度高，速度快，成本低。

②对产物先进行活性筛选，再做结构分析。

③只对混合产物中生物活性最强的一个或几个产物进行结构分析。

④有的组合库在活性筛选完成时，其活性结构即被识别，无需再分析。

对活性产物的分析，可以从树脂珠上切下进行，也可连在树脂珠上用常规的氨基酸组成分析、质谱、核磁共振谱等手段进行结构鉴定。

3. 化合物库的合成

组合合成法包括大量归类化合物的合成和筛选，被称为库。库本身就是由许多单个化合物或它们的混合物组成的矩阵。合成库的方法通常有以下几类。

（1）混合裂分合成法及回溯合成鉴定法

混合裂分合成法及回溯合成鉴定法被用来在两天内合成百万以上的多肽，现在已成功地用于化合物库的建立。混合裂分合成法建立在 Merrifield 的固相合成基础上，其合成过程主要为以下几个步骤的循环应用：

①将固体载体平均分成几份。

②每份载体与同一类反应物中的不同物质作用。

③均匀地混合所有负载了反应物的载体。

从合成过程可以看出混合裂分合成法具有以下特点：

①高效性,如果用 20 种氨基酸为反应物,形成含有九个氨基酸的多肽,则多肽的数目为 20^n。

②这种方法能够产生所有的序列组合。

③各种组合的化合物以 1∶1 的比例生成,这样可以防止大量活性较低的化合物掩盖了少量高活性化合物的生理活性。

④单个树脂珠上只生成一种产物,因为每个珠子每次遇到的是一种氨基酸,每个珠子就像一个微反应器,在反应过程中保持自己的内容为单一化合物。

回溯合成鉴定法也叫倒推法,该法可实现活性物的筛选与结构分析同时完成。

（2）位置扫描排除法

位置扫描排除法的关键是开始就建立一定量的子库,子库中某一位置由一相同的氨基酸占据,其他位置则由各种氨基酸任意组合。分别用生物活性鉴定法鉴定各个子库的生物活性,从而确定最终活性物种的结构。当然,这种方法每个库化合物要被合成很多次。

（3）正交库聚焦法

用正交库聚焦法寻找活性物质,每个库化合物要被合成两次,被分别包含在两个子库 A 和 B 中,即 A、B 两个子库各包含了"一套"完整的化合物库。A、B 子库又分成多个二级子库。比如共 9 个化合物,则每个子库含 3 个二级子库,每个二级子库含 3 个化合物,但要保证每个化合物每次与不同的化合物组合。这样通过找到包含了活性组分的二级子库就可以确定活性化合物。A 库和 B 库中各包含了 1～9 全部的 9 个化合物,两个库都分为三个二级子库,每个子库中的库化合物的组合不同。如果利用生物活性鉴定法测出 A2 与 B2 两个二级子库有生物活性,则表明两者共同包含的库化合物 5 为目标活性物。含有 9 个化合物需要建立 2×3 个子库,对于含有 N 个化合物的库,则需要 $2 \times \sqrt{N}$ 个子库才能确定活性物,再通过质谱、核磁共振等手段进行成分鉴定。正交库聚焦法对于只存在一个活性化合物时效果最好,如果库内包含两个以上活性化合物,则找到可能活性化合物的数目会以指数级增长,但只要对这些可能的对象进行再合成,仍然可以鉴定出最好的化合物。

4.编码的组合合成

有时化合物库过于庞大,难以进行快速的结构鉴定与筛选。因此人们设想如果在每个反应底物进行编码,再通过识别编码,就能知道该树脂珠上的产物合成历程及成分。

近年来,微珠编码技术的发展极为活跃。主要可分为化学编码和非化学编码。化学编码包括:寡核苷酸标识、肽标识、分子二进制编码和同位素编码。化学编码的基本原理是化合物库内每个树脂珠上都被连接一个或几个标签化合物,用这些标签化合物对树脂珠上的库化合物作唯一编码。理想的微珠编码技术应该具有下述特点:

①标签分子与库组分分子必须使用相互兼容的化学反应在树脂珠上交替平行地合成。

②编码分子的结构必须在含量很少时就可以由光谱或色谱技术进行确定。

③标签分子含量应较低,以免占据树脂珠上太多的官能团。

④不干扰反应物和产物的化学性质,不破坏反应过程,且不干扰筛选。

⑤标签分子能够与库化合物分离。

⑥经济可行性。

在非化学编码中,射频(RF)编码法是一种极有前途的编码技术。非化学编码主要是射频编码法、激光光学编码、荧光团编码。将电子可擦写程序化只读记忆器(EEPROM)包埋在树脂珠内,通过从远处下载射频二进制信息来编码。当树脂珠经历了一系列化学转化后,芯片记录下相应的合成史对应的信息,再通过读取信息可知活性物质的成分。可以认为在低功率水平上的无线电信号的发射和接受,不会影响化合物库的合成。

5. 平行化学合成

混合裂分法合成化合物库固然效率很高,但其活性成分的鉴定往往需要再合成一系列子库,这无疑加大了工作量,而且其中某些子库的合成不易通过混合裂分法直接合成,这需要借助平行化学合成的手段。

平行化学合成是指在多个反应器中每一步反应同时加入不同的反应物,在相同条件下进行化学反应,生成相应的产物。

平行化学合成法的操作简单,可以通过机械手完成,目前已有商品化的有机合成仪出现。每个反应器内只生成一种产物,且每个产物的成分可通过加入反应物的顺序来确定。但是,用该法制备化合物的数目最多等于反应器的数目。常用的固相平行化学合成方法有多头法、茶叶袋法、点滴法、光导向平行化学合成法等。

6. 液相组合合成

液相反应的类型较广泛,生成产品量也较大。由于不用特制载体,相对成本要低。但是,液相组合合成要求每步反应之收率不低于 90%,并且仅允许一个简单的纯化过程,如使用了一个短小的硅胶层析柱就能达到目的,能够提高合成速度。它没有树脂负载量的影响,不受合成量的限制,反应过程中能对产物进行分析测定,进行反应的跟踪分析。相对于固相来说,液相合成更适合于步骤少、结构多样性小分子化合物库的合成。

液相组合合成的原理与固相组合合成相同,不同之处在于液相中若想保证每种物质以接近相等的量产出,需预先确定各反应物的反应活性,通过控制浓度使各反应物有接近的化学动力学参数。

液相反应迅速,但收率不高,产品不纯,需要纯化,费时较多,需进一步深入研究。

13.7.3 一锅合成技术

传统有机合成的步骤多、产率低、选择性差,且操作繁杂,近年来,迅速发展的一锅合成法为革新传统的合成化学开拓了新途径。采用一锅合成可将多步反应或多次操作置于一个反应器内完成,不再分离许多中间产物。采用一锅合成法,目标产物将可能从某种新颖、简捷的途径获得。如果一个反应需要多步完成,但反应步骤都是在同种溶剂的溶液中进行,反应条件相近,不同的只是体系中的具体组成或温度等,则可以考虑能否用一锅法的合成。

一锅合成多具有高效、高选择性、条件温和、操作简便等特点,它还能较容易地合成一些常规方法难以合成的目标产物。下面就常见的几种物质的一锅合成路线作简要的介绍。

1. 羧酸及其衍生物的一锅合成

在醇或醛的氧化过程中,生成的半缩醛中间体易氧化,于是开发了将伯醇或邻二醇转化为酯的一锅法,并成功地用于受性异构体的合成。例如,由 D-葡萄糖单缩酮合成木糖酸酯,反应式如下:

Deng 等以醇为底物,连续经过氧化-Homer-Wadsworth-Emmons 反应,将其氧化为不饱和酯,反应式如下:

用二异丙基锂处理氯代缩乙醛,易于产生烷氧基乙炔负离子,接着与碳基化合物反应并酸化,一锅合成 α,β-不饱合酯。所用碳基化合物可以是活泼的也可以是不活泼的,收率均较好。

以 α,β-不饱和醛及丙二酸单酯为原料,在吡啶中用催化量的二甲基吡啶进行处理,一锅法制得 2E-不饱和酯,反应式如下:

与其他方法相比较,这种方法不仅具有高的立体选择性,而且收率明显提高。例如,从丙烯醛或 2-丁烯醛合成 2,4-戊二烯酸甲酯或 2,4-己二烯酸甲酯用通常方法需要经三步反应,生成的收率分别为 30%、27%的,而采用一锅方法,目标物收率分别提高到 88%和 95%。

γ-丁内酯衍生物的一锅合成近年已有不少发展。如由 3-丁烯-1-醇及其衍生物经过硼氢化一氧化可合成 γ-丁内酯衍生物。采用手性底物可得到高光学纯度的手性内酯,利用不对称还原、环化,也可得到手性 γ-丁内酯衍生物。

一锅法合成羧酸酯,常采用串联反应。例如,采用氧化/二苯酯重排串联反应,立体选择性地一锅合成了 α-羟基酯,反应式如下:

酰胺或内酰胺的一锅合成已有不少实例。例如,将二乙酰酒石酸酐与烯丙基胺在室温下反应得到 N-烯丙基-(2R,3R)-二乙酰酒石酸单酰胺的烯丙基胺盐后,不经过酸和提纯,直接与乙酐在 400℃下反应,高收率和高纯度得到了目标化合物,反应过程为

2. 醛、酮的一锅合成

将酮转变为烯醇盐后与硝基烯烃进行共轭加成,水解得 1,4-二酮。起始物为不对称酮时,生成异构体产物,以长碳链二酮为主。例如:

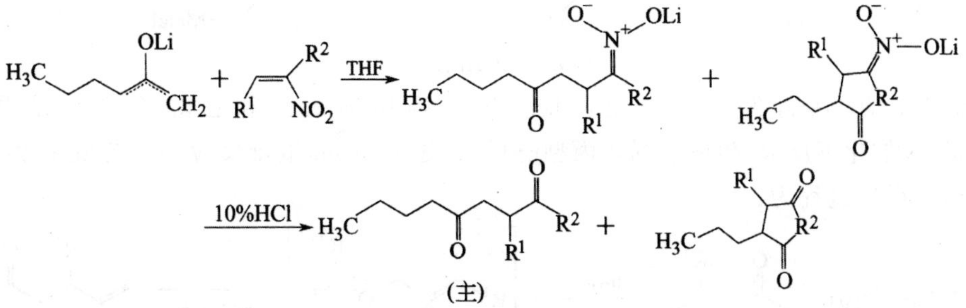

采用一锅法成功地实现了雌甾和化合物的高收率、高选择性的乙酰化、和甲酰化反应,并提出该甲酰化反应可能经历了两次酚镁盐与甲醛配位,最后经六员环状过渡态的负氢转移而完成,其反应过程为

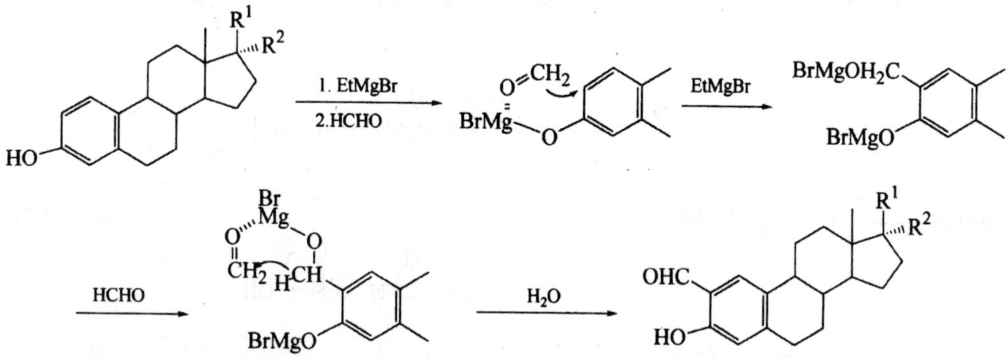

羧酸虽然可以转化为醛或酮,但中间需要几个步骤,而采用一锅方法则可以直接得到目标化合物,其反应过程为

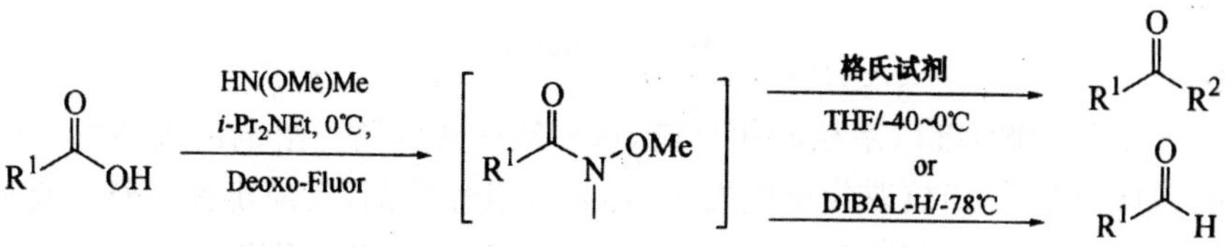

将羧酸酯经偶姻缩合和氯化亚砜处理,一锅合成对称 1,2-二酮;当偶姻缩合后,先用溴酸钠氧化再用氯化亚砜处理,则得到对称的单酮,反应过程为

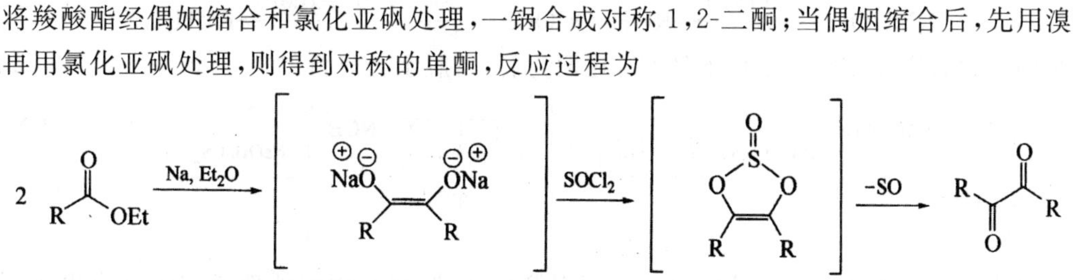

经叠氮化钠和三氟乙酸连续处理,可生成 2-氯腙衍生物。在 Lewis 酸催化下,环己-2-烯酮烯醇与二乙烯基酮连续发生三次 Michael 加成一锅合成三环二酮。这一新奇的一锅反应已用于一些复杂天然产物的合成,反应过程如下:

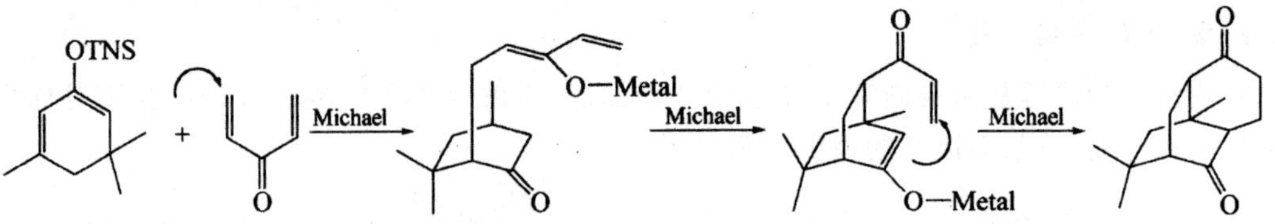

Metal = Si, Al or Ti

酯和醇反应，通常发生酯交换反应。Ishii 则用烯丙醇和乙酸乙烯或异丙烯酯在 [IrCl(cod)]₂ 催化下反应，生成乙烯烯丙型醚后，经过 Claisen 重排反应一锅合成了 γ,δ-不饱和羰基化合物，反应过程为：

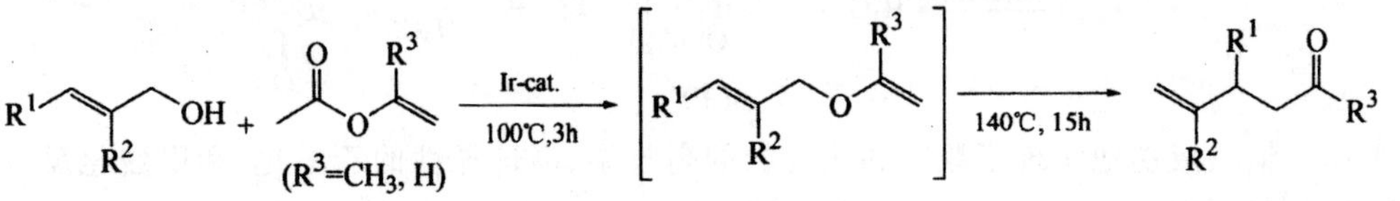

3. 腈、胺的一锅合成

由醛一锅合成腈有很多有效方法，其共同点是将醛转化为肟，接着以不同的消除反应完成。例如：

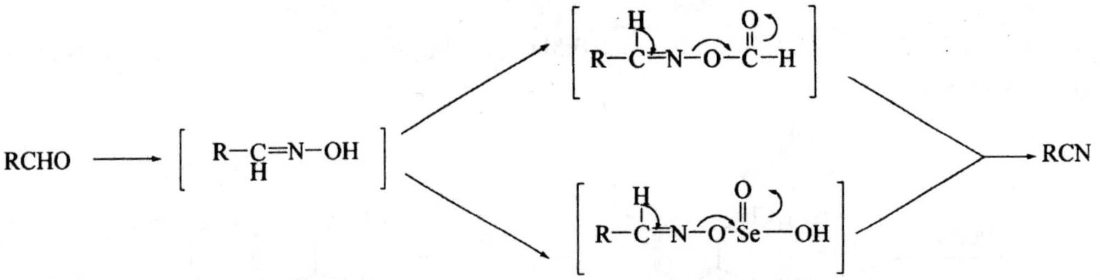

在氯化铵、铜粉和氧分子的参与下，芳醛、杂芳醛或叔烃基醛能有效地转化为腈。此法特别适宜于一些难制备、不稳定的腈的合成，也用于由容易获得的塔 NH_4Cl 合成标记的腈。反应式为：

$$RCHO \xrightarrow{^{15}NH_4Cl, CuO, O_2, Py} RC\equiv^{15}N$$

将伯醇经三氟乙酸酯，继以亲核取代反应，可一锅转化为腈。溶剂的极性对亲核取代反应影响很大，只用 THF 不能使亲核取代反应发生，加入高极性溶剂，反应迅速进行。反应路线为：

$$RCH_2OH \xrightarrow{CF_3COOH} [RCH_2OCOCF_3] \xrightarrow{NaCN, THF-HMPT} RCH_2CN$$

烯丙基化合物在相转移条件下经 CS_2 还原为肟，再脱水合成腈：

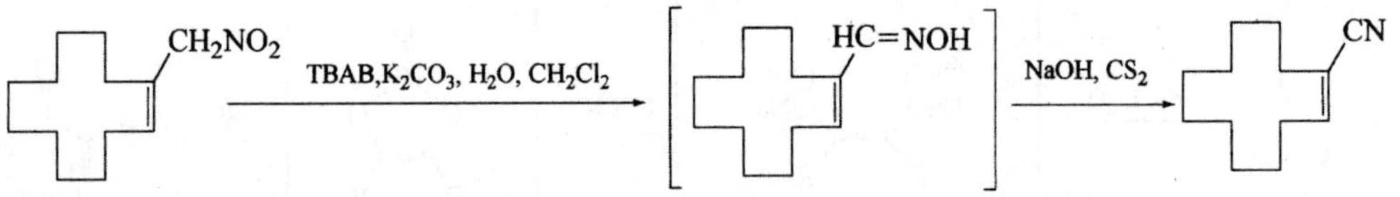

由卤代烃经 Staudinger 反应得到三乙氧基膦酰亚铵，然后用酸处理或与醛反应再还原分别合成胺或仲胺，反应路线为：

$$\text{RBr} \xrightarrow[\text{2)P(OEt)}_3]{\text{1)NaN}_3} \quad \left[R-N=P(OEt)_3 \begin{array}{l} \xrightarrow{\text{TsOH}} R-\overset{H}{N}-\overset{\overset{O}{\|}}{PH}(OEt)_2 \longrightarrow R\overset{\oplus}{N}H_3 TsO^{\ominus} \\[3mm] \xrightarrow{R'CHO} R-\overset{H}{N}=\overset{H}{C}-R' \end{array} \right] \xrightarrow{\text{NaBH}_4} R-\overset{H}{N}-\overset{H_2}{C}-R'$$

一锅合成腈的又一种方法是酮和丙二腈在乙酸铵溶液中和 Et_3B 或 RI_5/Et_3B 在 $50\,℃\sim$ $60\,℃$ 下反应,得到丙二腈的衍生物,反应路线为:

$$\overset{O}{\underset{R^1 \ \ R^2}{\overset{\|}{C}}} + CH_2(CN)_2 \xrightarrow{H_2O-NH_4OAc} \left[\begin{array}{c} R^1 \\ R^2 \end{array} C=C \begin{array}{c} CN \\ CN \end{array} \right] \begin{array}{l} \xrightarrow[\text{Et}_2O-H_2O]{\text{Et}_3B} \\[4mm] \xrightarrow[\text{Et}_2O-H_2O]{\text{RI/Et}_3B} \end{array}$$

芳酸或杂芳酸的酰氯与羟胺磺酸反应,经重排得到对应的胺。该法比 Hofmann 法、Lossen 法或 Curtius 重排具有原料易得、操作简便安全等优点。反应历程为:

$$Ar\overset{O}{\underset{}{\overset{\|}{C}}}Cl \longrightarrow \left[Ar\overset{O}{\underset{}{\overset{\|}{C}}}\overset{}{\underset{H}{N}}-O-SO_3H \xrightarrow{H^{\oplus}} Ar\overset{O}{\underset{}{\overset{\|}{C}}}\overset{H}{\underset{H}{N}}\overset{\overset{O}{\underset{\oplus}{O}}}{}-SO_3H \xrightarrow{\triangle} Ar\overset{\overset{H}{N}}{\underset{\oplus}{}}=C=O \right] \longrightarrow ArNH_2$$

Naeimi 等以 P_2O_5/Al_2O_3 为催化剂,由酮和伯胺反应,一锅合成了 Schiff 碱,是一个绿色过程。反应式为:

$$\overset{R^1}{\underset{R^2}{\diagdown}}C{=}O + R^3-NH_2 \xrightarrow[\text{无溶剂}]{P_2O_5/Al_2O_3} \overset{R^1}{\underset{R^2}{\diagdown}}C{=}N-R^3$$

4. 磷(膦)酸酯的一锅合成

磷酸酯、膦酸酯及其衍生物多具有生物活性和工业用途,对其合成方法的研究,越来越受到重视,近年来其一锅合成法进展迅速。

用 N-保护的丝氨酸、苏氨酸或酪氨酸和二烷氧基氯化磷在吡啶中反应,首先生成了双亚磷酸中间体,然后再用碘进行氧化即得产物,反应过程为:

$$R^1-\overset{H}{N}-\overset{\overset{OH}{|}}{\underset{}{CH}}-\overset{\overset{O}{\|}}{C}-OH \xrightarrow[\text{Py/THF}]{(R^2O)_2PCl} \left[R^1-\overset{H}{N}-\overset{\overset{O-P(OR^2)_2}{|}}{\underset{CH}{}}-\overset{\overset{O}{\|}}{C}-O-P(OR^2)_2 \right]$$

$$\xrightarrow{I_2/THF/H_2O} R^1-\overset{H}{N}-\overset{\overset{O-P(OR^2)_2}{|}}{\underset{CH}{}}-\overset{\overset{O}{\|}}{C}-O-P(OR^2)_2$$

$$R^1=Boc,Z;R^2=Me,Et,Ph$$

用 O,O-二烷基亚磷酸酯在三甲基氯硅烷和缚酸剂的共同催化下,与取代的 β-硝基苯乙烯反应,在很温和的条件下实现了在磷原子上发生 Abuzov 重排的同时进行加成、还原、关环的一锅反应,生成含 C—P 键的 1-羟基吲哚类新化合物。控制适当条件,还可高收率地制备另一类产物或聚合物,反应式为:

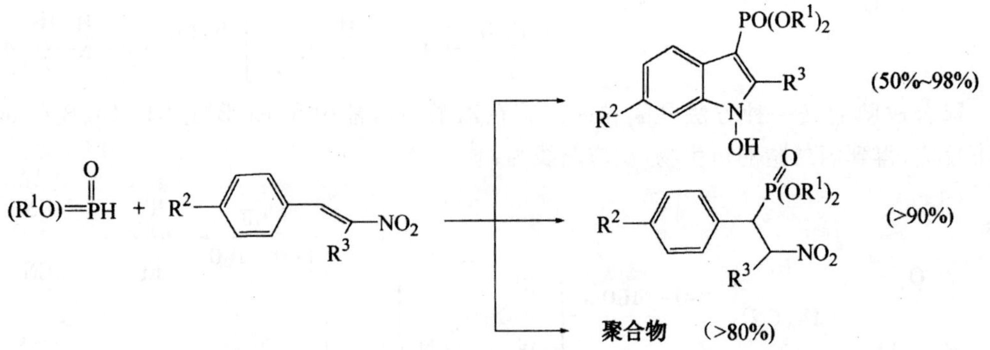

$$R^1=ET, n-Pr, i-Pr, n-Bu; \quad R^2=H, OH, OMe; \quad R^2=H, Me$$

在 Me_3SiCl/Et_3N 存在下,以 DMF 为介质,将亚磷(膦)酸酯与肉桂醛进行一锅合成反应,可以高收率地得到 1-羟基-3-苯基烯丙基膦(次膦)酸酯。

在固体 K_2CO_3 存在下,将二烷基亚磷酸酯或烷基苯基磷酸酯与等当量的 1-芳基-2-硝基-1-丙烯进行环化膦酰化,使 3-二烷氧膦酰基或 3-(烷氧基苯基膦酰基)-1-羟基吲哚衍生物的一锅合成更加简单实用,反应式为:

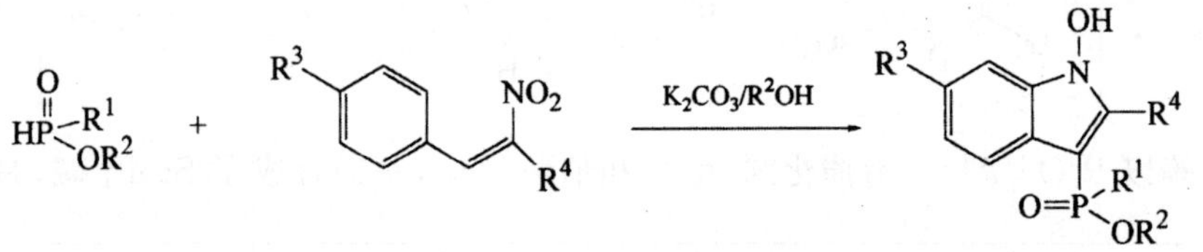

$$R^1=OEt, OPr-i, Ph; R^2=Et, i-Pr; R^3=H, Me; R^4=Me, Et$$

含磷阻燃剂 DOPO 即 9,10-二氢-9-氧杂-10-磷杂菲-10-氧化物,是一个膦酸酯,采用一锅法高纯度地合成了该化合物。例如:

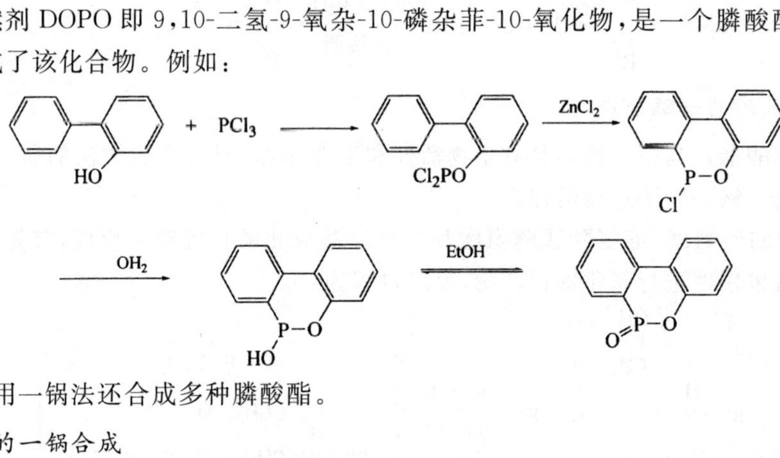

此外,采用一锅法还合成多种膦酸酯。

5.烯、炔的一锅合成

利用 Wittig-Horner 反应一锅合成烯、炔及其衍生物,近来取得了较大进展。将苯基氯甲基砜或苯基甲氧甲基砜,经二锂化物再转化为磷酸酯,继而与醛、酮反应,简便地制得一系列 α-官能化的烯基砜,进一步用碱处理,脱去氯化氢得乙炔基砜。总的反应过程为:

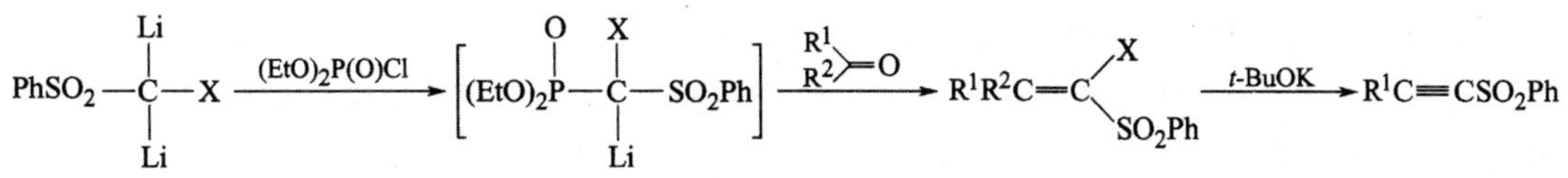

$$PhSO_2-\underset{Li}{\overset{Li}{C}}-X \xrightarrow{(EtO)_2P(O)Cl} \left[(EtO)_2\underset{O}{\overset{O}{P}}-\underset{Li}{\overset{X}{C}}-SO_2Ph\right] \xrightarrow{\underset{R^2}{\overset{R^1}{}}=O} R^1R^2C=C\underset{SO_2Ph}{\overset{X}{}} \xrightarrow{t\text{-BuOK}} R^1C\equiv CSO_2Ph$$

$$(X=Cl,\ OCH_3;\ R^1=CH_3,\ C_6H_5,\ p\text{-}CH_3C_6H_4 等;\ R^2=H,\ CH_3)$$

13.7.4　超临界有机合成技术

当流体的温度和压力处于其临界温度和临界压力以上时,称该流体处于超临界状态,此时的流体称为超临界流体(Supercritical Fluid,缩写为 SCF)。超临界流体在萃取分离方面取得了极大成功,并广泛用于化工、煤炭、冶金、食品、香料、药物、环保等许多工业领域。超临界流体作为反应介质或作为反应物参与的化学反应称为超临界化学反应。目前关于超临界有机合成的研究处于初始阶段,不过已经取得了一些很有实用价值的成果,充分显示了超临界有机合成技术的巨大潜在优势。

1.超临界化学反应的特点

超临界化学反应不同于传统的热化学反应,它具有以下特点:

①与液相反应相比,在超临界条件下的扩散系数远比液体中的大,黏度远比液体中的小。对于受扩散速度控制的均相液相反应,在超临界条件下,反应速率大大提高。

②在超临界流体介质中可增大有机反应物的溶解度或有机反应物本身作为超临界流体而全部溶解;尤其在超临界状态下,还可使一些多相反应变为均相反应,消除了相界面,减少了传质阻力;这些都可较大幅度地增大反应速率。

③因有机反应中过渡状态物质的反应速率随压力的增大而急剧增大,而超临界条件下具有较大的压力,从而可使化学反应速率大幅度增加,甚至可增加几个数量级。当反应物能生成多种产物时,压力对不同产物的反应速率的影响是不相同的,这样就可通过改变超临界流体的压力来改变反应的选择性,使反应向目标产物方向进行。

④超临界流体中溶质的溶解度随温度、压力和分子量的改变而有显著的变化,利用这一性质,可及时将反应产物从反应体系中除去,使反应不断向正向进行。这样既加快了反应速率,又获得了较大的转化率。

⑤许多重质有机化合物在超临界流体中具有较大的溶解度,一旦有重质有机物结焦后吸附在催化剂上,超临界流体可及时地将其溶解,避免或减轻催化剂上的积炭,大大地延长了催化剂的寿命。

⑥可用价廉、无毒的超临界流体(如 H_2O、CO_2 等)作为反应介质来代替毒性大、价格高的有机溶剂,既降低了反应成本,又消除或减轻了污染。

由于具有以上特点,使超临界有机合成受到世界各国化学界的高度重视。

2.超临界有机合成反应

(1)Fischer-Tropsch 合成

Fischer-Tropsch(F-T)合成是用 H_2 和 CO 在固体催化剂上合成烃类($C_1 \sim C_{25}$)混合物的反应:

$$H_2+CO \xrightarrow[\text{催化剂}]{\text{正己烷 SCF}} C_1 \sim C_{25} \text{的烃类}$$

这是煤炭间接液化过程中的重要反应,在反应过程中,生成的高分子量烃可吸附在催化剂表面造成催化剂失活、床层堵塞等问题。采用正己烷超临界流体,可有效地除去催化剂表面上生成的蜡,并且产物中烯烃的比例也有所提高。

(2)烷基化反应

对于异丁烷与丁烯合成 C_8 烷烃(三甲基戊烷)的反应,目前工业上仍使用强酸催化工艺,严重腐蚀设备和污染环境,且催化剂寿命也不长。如果以反应物异丁烷为超临界流体,采用固体酸催化剂,则可克服以上缺点。

(3)Diels-Aider 反应

Randy 等研究了在 SiO_2 催化条件下用超临界 CO_2 作为介质的 D-A 反应,发现随体系压力的升高,反应产率下降,但对反应的选择性无影响。

Thompson 等在超临界 CO_2 介质中研究了下面的 D-A 反应,发现了 40℃时反应速率常数随压力增高而降低的反常现象,还发现在临界点反应速率比液相反应(以乙腈或氯仿为溶剂)快,但在 CO_2 密度接近液体溶剂的高压条件下,反应速率比液相慢。

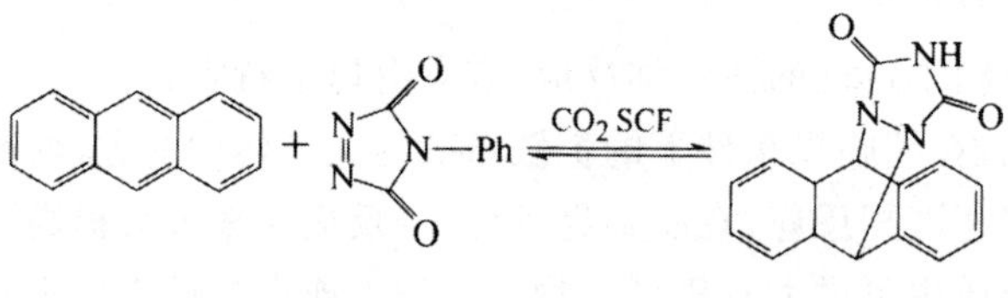

(4)氢化反应

双键氢化的反应速率与 H_2 在反应体系中的浓度成正比,因超临界 CO_2 能与 H_2 完全互溶,特别有利于氢化反应的进行。例如:

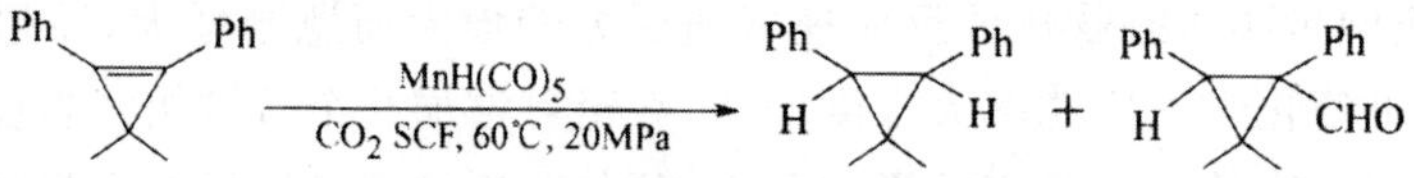

但是下面超临界反应速率要比在有机溶剂中慢,其原因还不完全清楚。

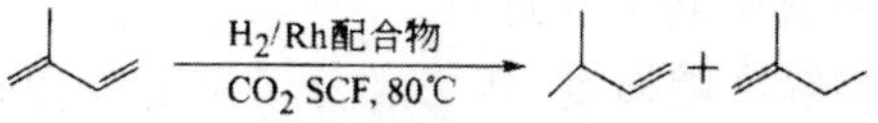

Sabine 等研究了在超临界条件下,亚胺的铱催化氢化反应,发现用超临界 CO_2 作为介质比用液相二氯甲烷作为溶剂的反应速率快,而选择性随催化剂的不同而有较大差异。

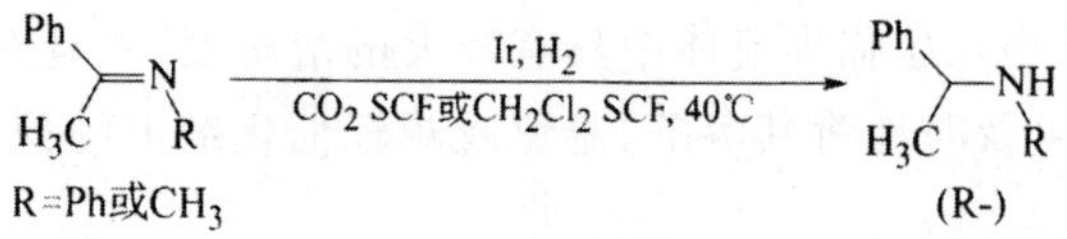

CO_2 加氢合成甲醇、甲酸是一条很有意义的有机合成途径,这是因为这一反应既能降低大气中的 CO_2,维护生态环境,又能以低成本的形式得到有用的产物。

(5)氧化反应

Noyori 对 2,3-二甲基丁烯在超临界 CO_2 介质中的过氧化物环氧化反应进行了研究,发现没有通常的副产物碳酸盐的生成。

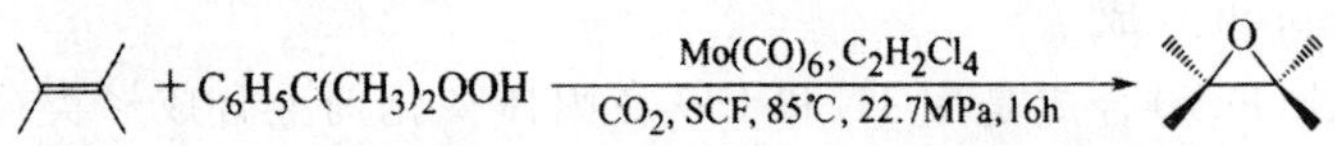

Tumas 小组在超临界 CO_2 介质中用含水的过氧化物 $(CH_3)_3COOH$ 对环己烯进行了氧化,主要生成环己二醇,同时发现如果用不含水的超氧化物,则产率只有 15%。

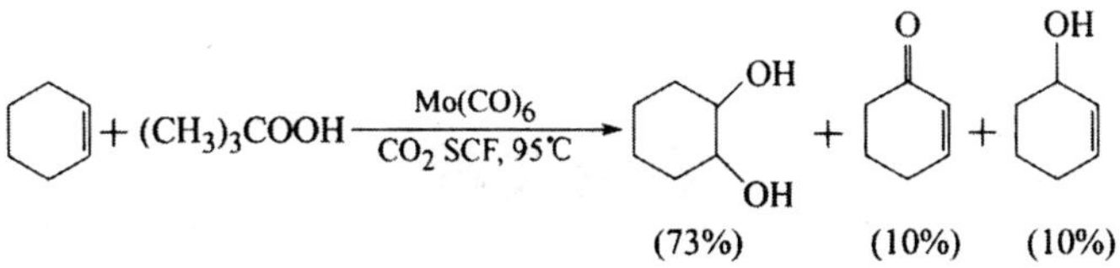

Wu 等在催化条件下研究了超临界 CO_2 对环己烷的非催化氧化反应：

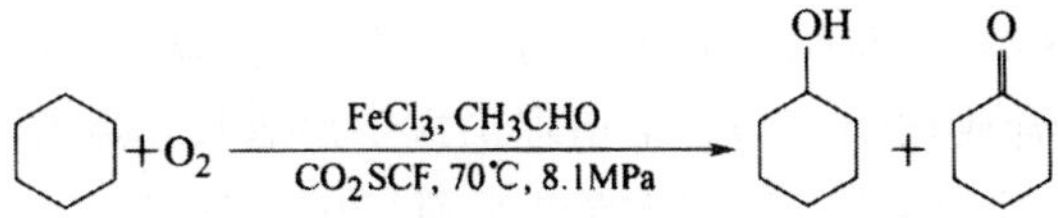

超临界水氧化（Supercritical Water Oxidation，缩写为 SCWO）是氧化分解有害有机物的一种新技术，这一技术可在不产生有害副产物情况下彻底去除有毒有机废物。当温度高于 647K，压力高于 22.1MPa 时，有机组分和氧气完全溶于超临界水中，使有机组分在单相介质中快速氧化为 CO_2、H_2O 和 N_2。这一技术在处理有机废水、废气时有广阔的应用前景。

（6）重排反应

频哪醇重排反应在液相中需要强酸作为催化剂，催化剂寿命又很短。尽管可用加大酸浓度的方法来提高反应速率，但反应速率和选择性仍然很低。Yutaka 等在 450℃、25MPa 的超临界水中，不加任何催化剂成功地进行了频哪醇的重排反应，反应速率要比回馏条件下在 $2.43 mol \cdot L^{-1}$ 的 H_2SO_4 溶液中快 100 倍。他们认为频哪醇之所以能够在无外加酸的超临界水中进行反应，氢键强度的变化是关键因素。

除以上反应类型外，在超临界流体中还可以有效地进行环化反应、烯键易位反应、羰基化反应、生成金属有机化合物的反应、聚合反应、酶催化反应、自由基反应、酯化反应、异构化反应、烷基化反应、脱除反应、水解反应、超临界相转移反应、超临界光化学反应等。

参考文献

[1]林国强,陈耀全,席婵娟.有机合成化学与线路设计.北京:清华大学出版社,2002.

[2]谢如刚.现代有机合成化学.上海:华东理工大学出版社,2003.

[3]杨光富.有机合成.上海:华东理工大学出版社,2010.

[4]郭生金.有机合成新方法及其应用.北京:中国石油出版社,2007.

[5]王玉炉.有机合成化学(第2版).北京:科学出版社,2009.

[6]田铁牛.有机合成单元过程.北京:化学工业出版社,2001.

[7]林峰.精细有机合成技术.北京:科学出版社,2009.

[8]吴毓林,麻生明,戴立信.现代有机合成进展.北京:化学工业出版社,2005.

[9]高晓松,张惠,薛富.仪器分析.北京:科学出版社,2009.

[10]陈治明.有机合成原理及路线设计.北京:化学工业出版社,2010.

[11]薛叙明.精细有机合成技术(第2版).北京:化学工业出版社,2009.

[12]纪顺俊,史达清.现代有机合成新技术.北京:化学工业出版社,2009.

[13]黄培强,靳立人,陈安齐.有机合成.北京:高等教育出版社,2004.

[14]马军营,任运来等.有机合成化学与路线设计策略.北京:科学出版社,2008.

[15]黄宪,王彦广,陈振初.新编有机合成化学.北京:化学工业出版社,2003.

[16]陆国元.有机反应与有机合成.北京:科学出版社,2009.

[17]金钦汉.微波化学.北京:科学出版社,1999.

[18]卢江,梁晖.高分子化学.北京:化学工业出版社,2005.

[19]潘祖仁.高分子化学(第4版).北京:化学工业出版社,2007.

[20]薛永强,张蓉.现代有机合成方法与技术(第2版).北京:化学工业出版社,2007.

[21]吾钦佩,李珊茂.保护基化学.北京:化学工业出版社,2007.

[22]唐培堃.精细有机合成化学及工艺学.天津:天津大学出版社,1993.

[23]白凤娥.工业有机化学主要原料和中间体.北京:化学工业出版社,1982.

[24]王利民,田禾.精细有机合成新方法.北京:化学工业出版社,2004.

[25](英)怀亚特(Wyatt,P)等.有机合成策略与控制.张艳,王剑波等译.北京:科学出版社,2009.